# 実践
# Redis
# 入門

林 昌吾



技術評論社

■——— サポート
　本書の書籍情報ページは下記です。こちらからサンプルファイルダウンロードやお問い合わせが可能です。

　https://gihyo.jp/book/2022/978-4-297-13142-5

# はじめに

本書はRedisの基礎から、実践、運用や調査に役立つ仕様などの詳細について解説した入門書です。Webサービスのアプリケーション開発者や、データベースなどの運用者側を主な対象として執筆しています。

世の中で稼働しているさまざまなシステムで、データの永続化のためにデータベースが使われています。その中でもMySQLやOracleなどのRDBMSは特に人気があります。RDBMSは汎用性が高く高性能な技術です。

本書で取り上げるRedisはRDBMSとは別の技術的系譜にあります。RedisはRDBMSでは解決しきれなかった課題も多く解消できるデータベースです。

Redisはインメモリー型のデータ構造ストアで高速に処理できる性質を持ち、さらに永続化機能を備えています。

String型、List型、Hash型、Set型、Sorted Set型に代表される豊富なデータ型を始め、データの表現力にも優れます。多くのプログラミング言語で見られるような、馴染みのあるデータ構造も持ち、あつかいやすさに特徴があります。Sorted Set型を活かしたリアルタイムアプリケーションのように、SQLでは扱いにくいような特性を持つデータモデルもシンプルかつ強力に表現できます。

さらにはレプリケーション機能、クラスター機能等、多様な機能が備わっています。

Redisは高いパフォーマンス、あつかいやすいデータ型、さらには設定も容易なことなどから広まってきました。現在は大小幅広いサービスで利用される技術となっています。

本書ではRedisについて理解を深め、より性能を引き出して効率的に活用するためにさまざまな特性について説明しています。Redisを単体で利用するだけでなく、既存のRDBMSを利用したアプリケーションと併用させるといったユースケースも想定します。次のような、Redisを実践的に活用したい方たちへ向けた内容になっています。

- **Redisの導入を検討しているが、まだ実際のアプリケーションには取り込めていない**
- **Redisをすでに導入してアプリケーションのコードを書いているが、挙動にあいまいな点があり活用しきれていない**

Redisの特徴やどのようなシーンで活躍するかといった説明から本書が始まり、Redisの開始方法についても取り上げます。Redisを活かしたアプリケーション開発の例についても取り上げます。

Redisの運用で、単純な操作で意図せずサービスへ影響を与えてしまったというケースは少なくありません。運用をより安全（円滑、安定的）にするため、Redisのしくみをより深く知るための知識を伝えます。クラウド上での運用や移行を円滑にするため、OSSとクラウドのRedis違いや利用方法、クラウドを活用したトラブルシューティングの説明をします。

本書がRedisの魅力を感じ、Redisを活用する助けとなることを願います。

## 対象とする読者

本書は、読者として以下のような方を想定しています。

- **まだRedisを導入していないが、これから検討している**
- **すでにRedisを導入していてクライアントアプリケーションからRedisを使用するコードを書いているが、Redisの挙動の理解にあいまいさを感じている方、もしくは活用しきれていないと感じている**
- **Redisを運用されている中で、問題発生時に困ったことがある**
- **クラウドでRedisを運用しているが活用しきれていないと感じている**
- **Redisの技術に興味がある、もしくは深く知りたい**

# 本書の構成と利用方法

本書はRedisの幅広い情報に触れています。初心者から、ある程度利用経験がある中級者まで楽しめる内容になっています。大まかに本書で扱う内容を分類します。

■ **基本**

- 第1章 はじめてのRedis。Redisの基礎を解説します。Redisの概要や活躍するシーンについて説明しつつ、実際に動作させます。
- 第2章 データ型と機能。代表的なデータ型の特徴やユースケース、コマンドの実行例を交えて説明します。
- 第3章 高度な機能。パイプライン、Lua（エフェメラルスクリプト（Ephemeral scripts）、Redisファンクション（Redis Functions））、トランザクション、モジュール機能等、そのほか押さえておきたい機能を紹介します。
- 第4章 Redisを活用したアプリケーション作成。各種データ型や機能を用いて実際にどう使用するのか、サンプルアプリケーションを紹介します。

■ **実践・運用**

- 第5章 Redisの運用管理。Redisを運用する上で意識しておきたい点について説明します。
- 第6章 トラブルシューティング。`INFO`コマンドをはじめとして、トラブルシューティングに役立つコマンドや機能の詳細を取り上げます。
- 第7章 レプリケーション。機能詳細やしくみについて説明しつつ、実際に動作させます。
- 第8章 Redisクラスター。第7章と同様に、機能詳細やしくみについて説明しつつ、実際に動作させます。
- 第9章 メモリー管理。Redisのメモリー管理のしくみ、注意しておくべき点、よりメモリーを効率的に使用するために意識しておくべき点などについて説明します。
- 第10章 クラウドで利用するRedis。OSSのRedisとの違い、クラウドにおける利用方法、トラブルシューティングの進め方について説明をします。

■ **発展**

- 第11章 Redisの構造を知る。Redisに関連する技術の詳細や、ソースコードからRedisをいくつかの視点で確認していきます。

■ **付録**

- Appendix Redisを活用し続けるために。Memcachedとの比較やRedisの今後などのトピックを紹介します。

Redisを触ったことがない方やとりあえず触り始めたい方は、基本の章を読んでみてください。本書全体を読まなくてもRedisを利用したアプリケーションをつくり始めるためのイメージをつかむことができるようになるでしょう。

実際に、Redisを運用される方やRedisを活かしきれていないと感じられる方、問題発生時のトラブルシューティングをする必要がある場合は、実践・運用の章まで読んでみてください。

基本や実践・運用では物足りず、もっと深くRedisを知りたいという方は、発展の章に挑戦してみてください。Redisの正確な動作の把握、Redisを効率的に扱う方法に加えて、よりクイックに必要な情報を引き出すことが期待できます。また、エッジケースのトラブルシューティングにも役立つときがあるでしょう。

## 実践Redis入門——目次

# 2
# データ型と機能 23

## 6 トラブルシューティング 257



## 7 レプリケーション 293

# 1

# はじめての Redis

Redis（REmote DIrectory Server）はインメモリーのデータストラクチャストア（data structure store、データ構造ストア）です。インメモリーで動作する高速さと、データ型や機能の豊富さが特徴の、非リレーショナルなデータベースの一種です。速度面のアドバンテージや豊富なデータ型や機能によるデータの表現力から、近年Webシステムなどで広く利用されています。データベースのほか、キャッシュ、メッセージブローカーなどとしても使えます。

## 1.1 Redisが使われるまで

RedisはBSDライセンスのオープンソースのソフトウェアです*1。ANSI Cで記述され、ごくわずかなフットプリントでデータを保持できます。インメモリーデータベースとしての高いパフォーマンス、シンプルながら柔軟なデータベースとしての機能、設定の容易さなどから利用が広まってきました。

2010年ごろ、NoSQLというキーワードが流行しました。NoSQLは、KVSや列指向データベース、ドキュメント指向データベース、グラフ指向データベースなど非SQLのデータベースを指す総称です*2*3。NoSQLは、特定のデータモデル専用の設計、高速さなどの利点から人気を集めました。RDBMSでなくては実現できない特性もあり、NoSQLとRDBMSは一般に優劣ではなくトレードオフで対比され、要件にもとづいて取り入れていく必要があります。RedisもこういったI一連のNoSQLの文脈で取り上げられることがあります。NoSQLの流行で、用途に応じて技術選定し、RDBMSとRedisなどデータベースを併用するといった構成が取られることが多くなってきました*4。

RDBMSは汎用性が高く、高性能です。ただ、万能というわけではありません。用途によっては速度が十分に出ない、一部データモデルを表現するための実装が煩雑になりうるという弱点があります。

インデックスの設定やクエリ設計、表の非正規化やトランザクション（3.3参照）の要件の緩和などでもある程度対応できます。しかしながら、このような場面では、ある分野の課題を解決することを得意とするNoSQLを取り入れるのがより効果的です。スケーラビリティを確保しつつ、得意分野のメリットを活用できます。RedisはRDBMSでは解決しきれなかった課題も解消できることがよくあります*5。

## 1.2 Redisの特徴

Redisは高速なインメモリーデータベースで、速度と表現力（データ型の活用の幅）を両立しながらも豊富な機能を備えているのが最大の特徴です。

*1　エンタープライズ版やマネージドサービスとして提供されているRedisもあります。本書ではこれらも補足することはありますが、基本的にOSS版のものを前提に解説します。各種サービスで提供しているものは異なる機能や異なる設定を採用しているケースもあるのは留意しておいた方が良いでしょう。サードパーティ製のRedisモジュール（3.4参照）を利用する場合はOSSではないこともありますので、注意してください。

*2　概念自体は以前より存在しましたが、人気が出たのは先述の2010年ごろからでしょう。代表的なNoSQLにはMongoDBやMemcachedなどがあります。

*3　NoSQLに分類されるものであってもSQLライクな処理方法、もしくはライブラリが提供されていることもあります。

*4　その後、NoSQLが持つ可用性やスケーラビリティとRDBMSが備える強い整合性やACID特性を保証する、それぞれのメリットを取り入れたNewSQLというキーワードも登場するようになりました。これらの技術で解決するスケーラビリティを始めとする内容が、実際の業務要件を満たすのに必要か、管理や構成の複雑性等のデメリットと比較したうえで検討すると良いでしょう。

*5　各種NoSQL間の比較はほかの書籍でも複数あるため説明は割愛し、本書ではRedisに焦点を当てて、説明していきます。

インメモリーデータベースとは、文字通りメモリー（RAM）上にデータを保管し、ボトルネックになりやすいディスクへの入出力のアクセスを避けることで速度面に優れたデータベースです。Redisは高速なメモリー上で処理を行い、さらにフットプリント最小化など各種の工夫があります。RDBMSでもメモリー上で処理するようになっていることが多くありますが、Redisではインメモリーで処理することに最適化した優れた速度が期待されます。現在のWebアプリケーションでは、高速な応答やリアルタイムのやりとりの重要性は増す一方です。そこで、速度にアドバンテージのあるRedisは欠かせない存在となりつつあります。

当然トレードオフもあります。Redisが動作するRAM（メモリー）*6はSSD/HDDに比べて高価であるため、容量が確保しづらいという問題があります*7。また、RedisはSQLのような表現力の高い手段*8が提供されておらず、トランザクション機能の一部なども犠牲にしています。汎用性の高いRDBMSと比べると、どうしても用途は絞られます。

そのため、多くは、RedisはRDBMS等と組み合わせて利用されます。たとえば、WebサービスではMySQL（マスターデータ）+Redis（キャッシュ）という構成は広く用いられています。イメージとしては、MySQLの前段にRedisを配置、できる限りRedisのインメモリー上からデータを取得しにいく構成でアプリケーションから利用されます。

**図1.1　MySQLとRedisの組合わせ例**

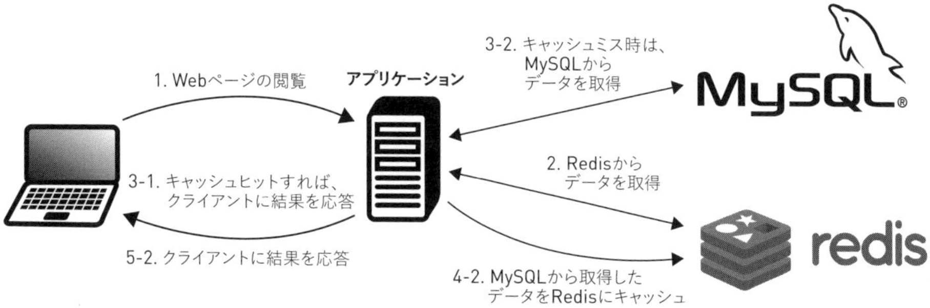


MySQLなどRDBMS単体でデータを永続化し、都度データを書き込み／取り出し、処理するWebアプリケーションは多いでしょう。このようなデータの管理運用は、多くの場合は十分に機能します。ただ、サービスの大規模化や複雑化で、想定通りに機能しづらくなっていくことがあります。

この問題に対して、RDBMSの使い方、インデックスの設定やクエリ設計を工夫する対策も一部では有効です。ただし、SQLのクエリをうまく設計してチューニングやノードのスペックやクラスターの台数等の構成等を進めても、管理コストが増加してしまうことがあります。

そこで得意分野が異なり、インメモリー上での高速な処理と、豊富なデータ型による高い表現力や多

*6　Redisは揮発性のRAM上で動作しますが、永続化のため、ディスクに保存する機能も備えています。

*7　マネージドサービスのようにサービスから提供されている場合は、SSDと組み合わせて使用頻度の低いキーはメモリからSSDに移動させることで、コストを最適化するものもあります。

*8　データベースへの問い合わせ手段。

くの機能を備えるRedisの出番です。たとえば、マスターデータはMySQL、テーブル内の処理結果のデータをキャッシュデータとしてRedisへ保管する構成にします。このようにすることで、アプリケーションの実装をシンプルにしつつ、ミリ秒未満の応答時間が必要とされるような要求の厳しいサービスでも高速な応答が期待できます。既存のデータの管理はRDBMSに残したまま、Redisの機能が活かされる箇所をRedisに差し替えるといった、全体の構成を変えることで恩恵を受けられます。

本書ではRDBMSとの併用を中心に取り上げていますが、RDBMSに限らずApache HBaseなど、ほかのサービスを永続化レイヤーとして利用できます*9。また、Webサービスに限らず、Apache Sparkと組み合わせて大規模なデータセットのリアルタイムなストリーム処理といったビッグデータ処理などにも活用できます*10*11。

### 1.2.1 Redisの動作イメージ

Redisがどのようにデータを保持するのか。試しに中身を覗いてみましょう。主なデータ型の概念と、実際にどのようなデータを保存するのに使われるかの図をお見せします。

図1.2 Redisのデータ型のイメージ

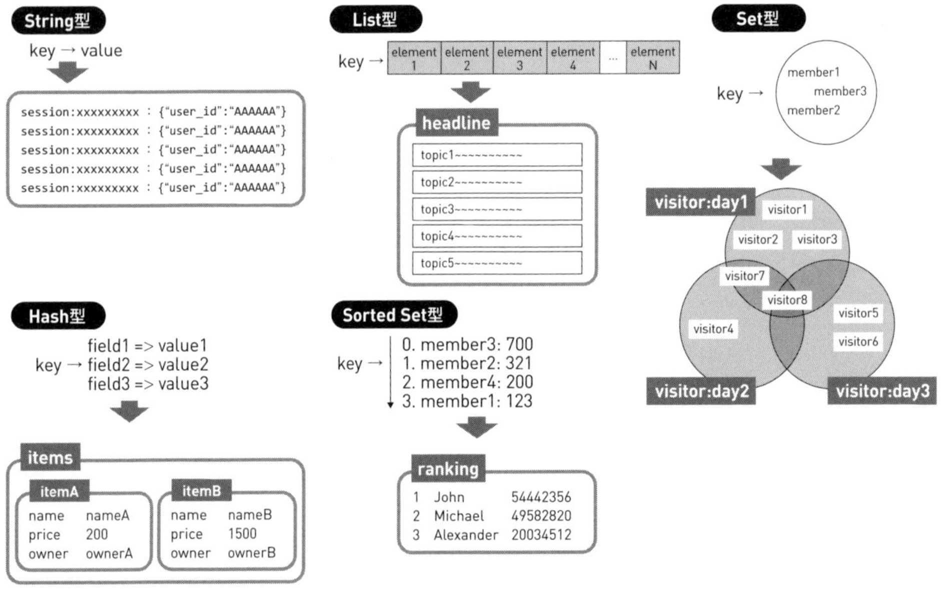


ここで注目すべきは、キーに紐付き、多様な型である程度複雑なバリューが保持されていることで

*9 https://hbase.apache.org/

*10 https://spark.apache.org/

*11 https://github.com/RedisLabs/spark-redis

す。リレーショナルデータベースとも違いますし、一般的なKVSよりも複雑な値が持てます。

Redisのデータの保存方法はなんとなくイメージできたでしょうか？　疑問に感じる箇所があれば、第2章を参照しながら読み進めてください。

Redisがどういったものかについては、実際に動かしてみないと見えない部分もあります。その第一歩として、本章ではRedisの機能の概要を解説し、導入・起動するところまでを説明します。

### 1.2.2 Redisはほかのデータベースとどう違うのか

Redisはデータベースと言っても、MySQLやOracleのようなRDBMSとは用途が異なります。Redisは、高い汎用性と優れた表現力を持つ**SQLを使うことはできません**[*12]。トランザクション処理の機能も一部犠牲にしているところがあります。

その代わり、Redisはインメモリー処理に最適化された実装のため、RDBMSより高速に処理できることが多くあります[*13]。高速さを保ちつつ、豊富なデータ型や機能も用意されています。このような特徴から、現代のWebシステムなどで利用が広まっています。

RDBMSにはRDBMSの、RedisにはRedisの得意なポイントがあり、併用されることが多いです。RedisはRDBMSを完全に置き換えるようなものではないことを念頭においてください。

RedisはMemcachedなどのKVSと比較されることが多いです。KVSは比較的機能がシンプルで、かつ高速さが要求されるという点でRedisと近い特徴を持ちます。実際に、RedisはKVSと同等の用途にも使えます。ただし、Redisには豊富なデータ型があり、ある程度複雑な形式でもデータを保持できます。シンプルなキーと値の一対ペアが中心のKVSとは、柔軟性で一線を画します。

### 1.2.3 依存が少ないRedis

ライブラリをインストールする際、そのライブラリが利用しているパッケージ間の依存関係の解消に悩まされたことがある方も多いのでしょう。Redisは、ビルドについてOS側では特に外部ライブラリを導入する必要がないように意識して実装されていることも特徴です。そのため、さまざまな環境で導入が簡単にできます。また、依存を減らすことで外部起因のバグが混入するリスクを小さくしています。

### 1.2.4 Redisはどう使われているのか

Redisは大規模Webサイト向けツールに限ったものではありません。Redisは、TwitterやGitHubのような大規模サービスはもちろん、中小規模のサービスでも幅広く利用されています[*14][*15]。

用途もWebアプリケーションのキャッシュに限りません。バッチ処理のメッセージキュー、Pub/Subシステムの構築なども可能です（第2章参照）。比較的適用範囲が広いので、Redisの基礎を学んでおく

*12　3章で説明するモジュール機能を使用して、SQLのように操作できるモジュールが提供されていることはあります。

*13　RDBMS等のディスクベースで処理を行うエンジンであってもメモリー上で処理を行い、ディスクに対するI/Oを必要としないことがあります。Redisでは、これらのバッファー管理等に伴うオーバーヘッドの省略や機能が絞られているなど、インメモリー処理に最適化されているため高速化を実現しています。Redisがどのようなしくみで高速化を実現しているかは本書全体にわたって説明をしていきます。データの永続化の章で言及するAOFを使用している場合はオーバーヘッドが大きくなり、扱いには注意が必要です。

*14　https://redis.io/docs/about/users/

*15　https://techstacks.io/tech/redis

と、開発時に役立つことが多いです。

データベースに関する情報をまとめたサイトDB-ENGINESによると、2022年11月現在ではほかのRDBMS等も含めたデータベースエンジンとしての人気で6位です*16。key-valueストアとしては長い間1位を維持し続けています*17*18。Stack Overflowによると、ほかのRDBMS等も含めて最も愛されているデータベースとしてランクインしています*19。Redisはコンテナイメージからも多く利用され、KubernetesのStatefulSetで最も使用されることの多いコンテナイメージというレポートもあります*20*21*22。人気の背景には、導入が容易であるにもかかわらず高い性能と幅広い表現力、豊富な機能を備えることがあると考えています。

Redisの使われ方として参考になるのは、Redisのオリジナルの開発者Salvatore Sanfilippo (Antirez) 氏の成功例です。Antirez氏は、MySQLベースのリアルタイムWebサイト分析アプリケーションによるサービスを提供していました。しかし、利用者が増加するにつれて、処理の負荷を対応しきれない状況に遭遇していました。そこで、Redisを開発・導入することでMySQLがボトルネックであった状況を解決しました*23。このように誕生時は後付けで導入されることになったRedisは、現在では最初の設計の段階から導入が検討されるまでに人気になってきています。

Redisが特に活躍するのは、次のような状況です。Redisを導入することで、アプリケーションの実装をシンプルにでき、かつ速度面で恩恵を受けることが期待できます。

- **RDBMSで処理性能（特に書き込み処理）がネックになる場合の打開策がほしい**
- **Redisの豊富なデータ型や機能（Redisクラスターや永続化機能など）がユースケースにマッチしている**

RDBMSで複数のテーブルを結合する処理で頻繁に参照が行われるようなケースは、Redisでキャッシュすれば高速化が期待できます。ソーシャルゲームのランキングでSorted Set型のデータ型を活用できることは、まさにRedisのキラーコンテンツと言えるでしょう。豊富なデータ型がなせるわざです。

### 1.2.5 高速・多機能なインメモリーデータストアRedis

Redisの魅力は、インメモリー上で処理することによる高速なデータ構造ストアというところにとどまりません。以下のような特徴をもっています。

- **インメモリーで動作することによる高速な処理**
- **豊富なデータ型や機能およびそれらに関するコマンド**

*16 https://db-engines.com/en/ranking

*17 https://db-engines.com/en/ranking_trend/key-value+store

*18 Redisのデータモデルとしてはkey-valueの形式であるもの、値としては多様なデータ型があります。本書ではこれまで筆者が見てきたRedisの失敗事例を踏まえて、String型に傾倒した使用方法の連想や、String型のようにキーと値のペアで保存するデータ型とほかのデータ型の混同を避けるためにkey-valueという表現を一部除いて意図的に避けています。2.1.3で詳細に説明します。

*19 https://insights.stackoverflow.com/survey/2021#section-most-loved-dreaded-and-wanted-databases

*20 https://www.datadoghq.com/container-report

*21 コンテナのオーケストレーションエンジン https://kubernetes.io/ja/

*22 ステートフルなPod（コンピューティングの最小のデプロイ単位）の管理に使用。https://kubernetes.io/ja/docs/concepts/workloads/controllers/statefulset/

*23 Redisが生まれてきた背景に由来します。

    - String型、List型、Hash型、Set型、Sorted Set型に代表されるデータ型
    - Bitmap（Bit Array）、地理空間インデックスの補助的なデータ型
    - Pub/Sub機能、HyperLogLog
    - Redisストリームによるストリーム処理
    - 各種データ型や機能に対する多くのコマンド
- **データの永続化機能**
- **レプリケーション/クラスター機能によるスケーラビリティ・高可用性**
- **クライアント/サーバーモデルによるリクエスト/レスポンスでのやりとり**
    - 多様なクライアント対応
- **Lua（エフェメラルスクリプト*24/Redisファンクション）などによる複雑なロジックの構築やアトミックな処理**
- **シングルスレッドによるリクエストのイベント駆動処理**

#### インメモリーで動作することによる高速な処理

ここまでも繰り返してきたように、Redisの処理速度は大きなアドバンテージです。インメモリー、極小のフットプリント、後述のイベント駆動リクエストなどもあって、とにかく高速に動作します。実行速度は、Redisが配布するredis-benchmarkというabのような負荷ベンチマークツールでも計測できます*25*26。

#### 豊富なデータ型やコマンド

Redisは豊富なデータ型で、ミリ秒未満の応答時間を実現しながら、複雑なデータ構造を保持できます。これにより、キャッシュ以外にも幅広い用途に適します。利用にあたって、ある程度ドキュメントや本書解説を読むべきではありますが、型は豊富と言ってもけっして難しいものではありません。コマンドの種類も豊富で、サブコマンドも含めると400種類近く用意されています*27。

型については第2章、それらをどう実際のコードに落とし込むかについては第4章を参照してください。

#### データの永続化機能

Redisはデフォルトでデータの永続化機能を備えています。インメモリーということで、データの揮発性が気になった読者もいるでしょう。Redisには、大きく2種類の永続化機能が提供されています。

スナップショットを作成する機能のRDB*28がデフォルトで有効になっており、設定したタイミングでバックアップを作成します。

また、RDBのほかに障害時などに活用しやすいAOF*29も存在します。こちらはデフォルトでは無効

---

*24 エフェメラルスクリプトは、Redis 7.0未満においてLuaをRedisから実行する唯一の手段でした。Redis 7.0以降ではRedisファンクションでもLuaを利用できるようになったため、区別してエフェメラルスクリプトやEVALスクリプトなどの呼称でドキュメント上に記載されています。

*25 https://httpd.apache.org/docs/2.4/programs/ab.html

*26 https://redis.io/docs/reference/optimization/benchmarks

*27 モジュールにより追加されるコマンドは含みません。

*28 Redis Databaseの略。Relational Databaseの略称もRDBとされることがあるため混同しないように注意してください。本書ではRedisにおける文脈として、前者の意味で使用しています。

*29 Append Only Fileの略。

ですが、RDBと組み合わせて有効にすることでデータをロストするリスクを抑えつつも、Redis再起動の時間短縮を実現します（5.1.3参照）。

### レプリケーション/クラスター機能によるスケーラビリティ・高可用性

Redisはレプリケーションとクラスターに対応しています。このため、スケーラビリティ、可用性の問題を比較的スマートに解決できます。本書ではレプリケーションを第7章で、Redisクラスターを第8章で紹介しています。こういった機能の拡充で、ますます人気を博しています。

### クライアント/サーバーモデルによるリクエスト/レスポンスでのやりとり

Redisは理解しやすいクライアント／サーバモデルを採用し、リクエスト／レスポンスでやりとりします。この点はシンプルでわかりやすいです。

Redisは、非常に多様な環境から利用できます。redis-cliという広く使われるCLIクライアントに加え、NetcatやTelnetからも利用できます*30。

さらに、Redisにはさまざまな言語のクライアント向けライブラリがあります。公式ドキュメントに掲載されているだけでも、50もの言語が対応しています（4.1参照）*31。このため、開発に使っている言語に左右されず、Redisを導入できます*32。

### Luaによる柔軟な処理

RedisはLuaによるスクリプト機能を組み込んでいます。これによって、スクリプトでRedisを操作できます。データの追加や取得など、redis-cliでできることをスクリプト経由で実行可能になります。また、C言語部分（本体）を触れずに、Redisの機能を拡張するためにも有効です。Luaスクリプトを用いることで、柔軟さが大きく増し、パフォーマンス上のメリットも期待できます。

ストアドプロシージャと似ているようなもの、と考えると、RDBMSを触ってきた方には親しみやすいでしょう。本来データベース側に持たせたい処理をクライアントに書く必要がなくなります。

LuaスクリプトをRedisサーバーに渡して一括で実行できます。一連のコマンドを一つずつ実行することなく、コードとして一括で実行可能です。Luaスクリプトを1つのコマンドとして実行できるのです（3.2参照）。この際、コードの実行はアトミックになります。

**アトミック**とは、一連のトランザクション内の操作については、すべて成功するか失敗するかのいずれかであることを意味する用語です*33。

ある処理の途中にほかのものが割り込んで実行されると期待通りの動作にならず困るような内容も多くあります。Luaスクリプトを利用すると、複雑な処理を行いつつ、単一コマンドとしてアトミックに処理が行えます。

Luaスクリプトによって、Redisは高い自由度でデータストアを処理できます。条件分岐を用いるよ

---

*30 基本的には多くのRedisクライアントはRESP（REdis Serialization Protocol）というプロトコルにもとづいた動作が行われています。ただし、NetcatやTelnetなどでもRESP形式でなくてもコマンドを実行できます。発展的な内容となりますが興味のある方は11.1.1を参照してください。

*31 Clients - Redis https://redis.io/docs/clients/

*32 ただし、各種言語やRedisクライアントによって機能サポートの充実具合が異なることがあります。詳細は4.1で取り上げます。

*33 ただし、ロールバック機能はありません。コマンド失敗時にエラー発生時点で終了しそれまでの処理が実行された状態になることや、そのまま残りの処理を継続する場合もあります。そのため、厳密には原子性（Atomicity）を持っているとは言えません。詳細は、3.2.1で説明します。

うなある程度複雑なロジックを、Redisサーバー側で実行可能です。Luaスクリプトの実行方法は、エフェメラルスクリプト、Redisファンクションの2つがあります（詳細は3.2）。

#### シングルスレッドによるリクエストのイベント駆動処理

Redisはシングルスレッドによるイベント駆動処理モデルを採用しています。シングルスレッドですが、イベントループを形成することで、多数のリクエストをさばけます。aeという（独自の）イベント駆動ライブラリを用いています。

シングルスレッドということで性能問題を気にする人もいるでしょう。ただ、適切に使用するとCPU全体がボトルネックになることは、ほかのメトリクスと比べると比較的少なく、Redisを複数インスタンス起動すればある程度はこの点もカバーできます。

また、Redisは完全なシングルスレッドではなく、性能のために部分的にマルチスレッドを採用しています。Redis 4.0以降では、`UNLINK`、`FLUSHDB`、`FLUSHALL`コマンドの`ASYNC`オプションのように削除系コマンドでマルチスレッド処理が行えるよう改良されています。Redis 6.0以降では、データアクセス部分はシングルスレッドのままですが、オプションでI/O部分はマルチスレッド処理を有効化できます。こうすることで、データの操作や保存、取り出しを効率化しています[*34]。

---

Column

### Redisの誕生から現在

Redisは2009年にリリースされました。その前史から見ていきましょう。

Redisの源流は、Antirez氏が作成・提供していた、アプリケーションLLOOGGにまでさかのぼります。LLOOGGはMySQLベースのリアルタイムWebサイト分析アプリケーションです。

当時のLLOOGGはMySQLをベースとしており、処理の負荷に対応しきれない状況が発生してきました。そのため、2009年よりLLOOGGの改良をはじめます。その中で、Redisが生み出され、独立したプロジェクトとして成立します。2009年5月にRedisがリリースされ、2009年6月にはLLOOGGはMySQLベースからRedisベースへと切り替えられました[*a*b*c]。

こういった背景から、Redisはスケーラビリティとリアルタイム性に非常に優れています。

Redisは、2010年からVMware、2013年からPivotal、2015年から現在まではRedis社（旧：Redis Labs）が開発をサポートしています。Redis社はRedisのクラウドサービスを提供する企業です。リリース後比較的早い時期から企業サポートのもと安定した開発が続いています[*d]。

2020年6月30日、Antirez氏はRedisメンテナーから退くことを発表しました[*e*f]。彼自身は自己表現のためにコードを書いており、副産物として実用性のあるものが生まれるだけという考えを持っていました。しかし、Redisが多くのサービスで使われるようになるにつれ、このスタンスを保つのは難しくなります。正確、高速、安全なソフトウェアの保守作業を各所から求められ、創造的な表現に時間を割けなくなっていきます。こういった背景から、Antirez氏はRedisメンテナーから退きます。

オリジナルの開発者が一線を退いたものの、Redisの開発は活発に続けられています。個人のソフトウェアというわけではなく、Redisコアチームが存在していますし、企業によるサポートも引き続きあります。Redisは開発モデルも整備されています。light governance modelを掲げています。長期にわたってコミットし続け、大きな貢献をしたメンバーに権限を与えることで安定的な開発を志しています。開発リポジトリも、以前はAntirez氏個人のものでしたが、Redisのプロジェクトを管理するためのものに移管

---

*34　クラウドサービスなど一部の環境ではRedisの機能であるマルチスレッドが無効化されており、独自の改善が行われている場合もあります。また、以前のバージョンからマルチスレッド処理が行われる場合もあります。

されています[*g*h*i]。

---

*a　https://github.com/antirez/lloogg

*b　https://groups.google.com/forum/#!topic/redis-db/DHBqQ7x4sOU

*c　LLOOGGは現在、提供されていません。

*d　https://redis.io/topics/sponsors

*e　http://antirez.com/news/133

*f　Redisと完全に関係を絶ったわけではなく、Redis社でRedisの新たな可能性を提供するためにアドバイザリーボードの一員として活動し続けています。

*g　https://redis.com/blog/new-governance-for-redis

*h　https://redis.com/blog/redis-core-team-update

*i　https://redis.io/docs/about/governance/

### 1.2.6　RDBMSとの比較

Redisを正しく導入、活用するためにはRDBMSとの比較という視点も大切です。RDBMSを普段活用しつつ、Redisの導入に興味を持つ読者も多いでしょう。

まずは、RDBMSの概要を簡単に説明します。リレーショナルデータベースはEdgar F. Coddが1969年に提唱します。その影響下で1974年にはSQLも登場しました。Oracle、MySQL、PostgreSQL、SQL Serverは代表的なRDBMS（リレーショナルデータベースマネジメントシステム）です。登場以後、長年人気を集め続け、枯れた技術としてノウハウも広く共有されています。

RDBMSでは、属性とそれらに従ったデータを格納した集合で関係性を定義します。SQLにおいてはそれらをテーブルとして考え、演算等を通してデータが扱われます。リレーショナルという名前の通り、データの関係性を、データ処理の原理としています。RDBMSは次の特徴を持ちます。

- **SQLによる強力で便利な表現により、非常に幅広いデータモデルを柔軟に表現可能**
- **データの一貫性等を含む、強いACID特性の実現性**[*35]
- **テーブル間での整合性の維持、正規化による冗長化の削減等を通して、全体的な最適化が可能な設計**

RDBMSは豊富な機能を持ち、汎用性に優れています。多くのユースケースではRDBMSを使用することが有用な選択肢となります。

ただ、RDBMSも完璧ではありません。インデックス設計することでクエリの速度を改善もできますが、RDBMS単体だと、一部のデータモデルの表現や速度面などで不満が出るケースがいくつかあります。RDBMSを不得手なところで無理に使うよりも、Redisに任せたほうが速度面や実装面で利益が得られることが見込まれます。

RDBMSは基本的にあらかじめスキーマが定義されていることを前提としています。スキーマを定義しておくことで、格納するデータが散乱しにくく、整合性を保ちやすいメリットはあります。しかし、

---

*35　ACID特性とはトランザクションシステムで持つべき性質として原子性（Atomicity）や一貫性（Consistency）、分離性（Isolation）、永続性（Durability）の頭文字を取ったものとなります。詳細は、1章のコラムで説明をします。

日々変化する要件に対してデータの設計を変えにくいという側面があります[*36][*37][*38]。

また、RDBMSでは構造の定義が明確ではない、スパース[*39]な大規模なデータセットの処理が困難な側面もあります。

Redisは特定の用途に特化しているため、RDBMSのような汎用性はありません。また、RDBMSで利用できるような強いACID特性はなく、トランザクション機能の一部を犠牲にしているところがあります。そのため、単純にRedisがRDBMSの代替となることはないでしょう。補完し合う関係にあります。

トランザクションを強いACID特性に準拠して処理をする必要がない、トランザクション機能自体を必要としないユースケースも多くあります。そのような場合は、NoSQLのデメリットとして指摘されることが多い点については、大きく問題にならないでしょう。これにはファイルサーバーのような用途や、RDBMSで重い処理した結果をRedisにキャッシュする、Redisのデータ型を利用してランキングを単一コマンドで取得することなどが例として挙げられます。もしくは一時的に一貫性等に問題があっても問題がなく、バッチ処理のように運用でカバーされるケースも考えられます。

Column

## ACID特性

ACID特性について、説明をよく目にする方も多いのではないでしょうか。ACIDと対比するようにBASE特性が説明されることもあります。最初に言及しますが、Redisを含めNoSQLや各種RDBMSといった製品をどちらか一方の特性に完全に分類しなければいけないといったものではありません。また、現実的には各種特性中のそれぞれの属性に完全に準じる必要もなく、パフォーマンスの兼ね合いなどを考慮しながら折衷していきます。後述しますが、業務要件や処理内容に応じてそれぞれの特性を活かしながら、適切な機能や設定を選択していくことが大事です。

トランザクションシステムが持つべき性質にACID特性があります。下記単語の頭文字を取ったものです。

＊36　主要なRDBMSの製品ではJSON型をサポートされていることも多く、データ設計に柔軟性を与えつつ、RDBMSの機能を活かせるメリットがあります。

＊37　NoSQLを利用してスキーマ定義が不要になった場合であっても、管理をしておかないとデータが散乱し扱うことが困難な状態になり得ます。そのため、スキーマ管理をしたほうが良い場面が多くあります。しかし、外部API利用時で、データ構造がわかりにくい場合や予期せず変わりうる時などには柔軟に対応できるメリットがあります。なお、NoSQLとして分類されることが多いCassandraは、現状スキーマ定義を前提とします。また、MongoDBでもドキュメントのバリデーション機能がオプションで提供されているなどの例外はあります。

＊38　RedisはString型でもJSONを保存できますが、パース処理をアプリケーション側で行う必要があります。RedisJSONのようなモジュールを利用することで、JSONを直接扱えます。クエリーの表現力等含めてMongoDBに代わるものではありませんが、すでにRedisを使っていて、かつほかにシンプルなユースケースを実現したいときなど利用を検討してみても良いでしょう。 https://oss.redis.com/redisjson Amazon ElastiCache（以下、ElastiCache）やAmazon MemoryDB（以下、MemoryDB）ではJSON機能が提供されています。 https://aws.amazon.com/blogs/database/unlocking-json-workloads-with-elasticache-and-memorydb/ https://docs.aws.amazon.com/ja_jp/AmazonElastiCache/latest/red-ug/json-gs.html https://docs.aws.amazon.com/ja_jp/memorydb/latest/devguide/json-gs.html

＊39　データ全体に対して、値のないフィールドが多い状態。疎な状態。

| 特性 | 英語表記 |
| --- | --- |
| 原子性 | Atomicity |
| 一貫性 | Consistency |
| 分離性 | Isolation |
| 永続性 | Durability |

原子性はトランザクションの実行結果がすべて成功かすべて失敗のどちらかになる性質を表します。先程、Luaによる処理がアトミックであることを説明しましたが、この特性に相当します。一貫性はトランザクションの前後でそのトランザクションの成功や失敗にかかわらず、それぞれの状態でデータの整合性に問題が生じていないことを表します。分離性はあるトランザクションがほかのトランザクションの影響を受けることがなく、その逆もまた同様である性質を表します。永続性はコミットされた内容について障害等発生しても消えることがない性質を表します。

データストアとしてRDBMSを利用する際、ACID特性をサポートしているエンジンを活用する場面が多いでしょう。実際にはパフォーマンスへの影響等で折り合いを考慮することになります。

たとえば分離性について、トランザクションの分離レベルとしてANSI/ISO SQL標準では、以下の4種類が定義されています。

- **READ UNCOMMITTED**
- **READ COMMITTED**
- **REPEATABLE READ**
- **SERIALIZABLE**

トランザクションどうしが相互に影響をなくそうとすると、同時実行性が落ちるためパフォーマンスが低下する可能性が高まります。実際の実装はエンジンごとに異なり、種類も4つとは限りません。いずれの場合もSERIALIZABLE以外の状況で想定される問題などを踏まえつつ、MVCC*[a]や扱うデータモデル、一貫性やパフォーマンスのトレードオフ等を考慮してどの分離レベルを利用するか考えるべきです。

また一貫性について、たとえばRDBMSの種類によってはマテリアライズドビューの機能で非同期に更新する手法が取られることがあります。

本書はデータベースの理論書ではないため個々の概念の詳細は割愛します。気になる方は「理論から学ぶデータベース実践入門 —— リレーショナルモデルによる効率的なSQL（奥野幹也著、技術評論社）*[b]」などの書籍を参考にしてみると良いでしょう。

一方でRedisをキャッシュサーバーとしてではなく、唯一のデータストアとして利用せざるをえないといった場合には、データロスが致命傷となります。

Redisは、以下の対応でACID特性を満たすことにより近付けることが可能です*[c]。ここで出てくる機能はのちほど解説します。

| 特性 | どう担保するか |
|---|---|
| 原子性 | Lua（3.2参照）もしくはトランザクション（3.3参照）の利用で担保 |
| 一貫性 | Luaもしくはトランザクションの利用で担保 |
| 分離性 | データアクセス部分がシングルスレッドで動作する性質によって担保（5.8参照） |
| 永続性 | AOFのappendfsyncをalwaysに設定することで担保（5.1参照） |

RedisのACID特性は、RDBMSのそれと比較すると限定的です。

たとえば原子性については、Redisは、RDBMSにおけるトランザクションのような失敗時のロールバックの機能はサポートしていません。コマンド失敗時もそのまま残りの処理を継続するパターンもあります。そのため、厳密には原子性を持っているとは言えません。こういった理由で原子性はないと考えた読者もいるかもしれませんが、Redis上でこの用語を使用しています。3.3で言及するように、この場合においてはアプリケーションの開発中など事前に検知可能と考えられるため避けられます。内部のアーキテクチャをシンプルでありながらも高速に処理できるようにするというのがRedisとしてのスタンスです。

あるいは永続性も課題はあります*d。AOFでappendfsyncの値をalwaysへ設定すると、書き込みごとにディスクへフラッシュするため、パフォーマンスへの影響が大きくなります。書き込みごとのパフォーマンス影響を考慮してAOFでappendfsyncの値をeverysecに設定し、書き込みごとではなく毎秒フラッシュすることによって影響を緩和できます。また、appendfsyncの値をnoでOSにフラッシュのタイミングを頼るといった対応も可能です。しかし、この場合は障害等発生時にフラッシュ以降のデータロスの可能性があります。AOFではなくスナップショットを行い、取得中の影響は考慮しつつも書き込みへのパフォーマンスを抑える対応も考えられます。ただし、スナップショットの場合、障害等が発生した場合は取得以降のデータにロスが起こります。そのため、パフォーマンスへの影響を考慮しながらアプリケーションやデータの性質や業務用件に応じて重視する項目などを比較検討し、Redisの使い所や設定を考えていくことが望ましいです。

ACIDの性質と対比して、特にNoSQLの文脈で多くBASEの性質について語られることがあるので、簡単に説明します。分散システム上でスケーラビリティのメリットを得るために、トランザクションを厳密に実行することはある程度諦めた現実的な考え方です。BASEのBAはBasically Availableの略です。データをクラスター内のノード間で分散し、データの可用性を高く基本的にいつでも利用できる状態を指します。SはSoft stateを指し、分散システムの環境でノード間にラグがあり、状態を決定できない状況が発生することも前提にした考え方です。EはEventually consistentの略です。更新直後に整合性が取られている必要はなく、最終的に取られれば良いという結果整合性の考え方です。NoSQLの各種サービスがすべて完全にBASEに従っているわけではありません。

RedisがACIDやBASEのモデルのどちらかに完全に従っているというものではなく、利用形態によってもそれぞれの特性の各属性がどの程度該当するか変わります。業務要件や処理内容に応じて適切な機能や設定を選択していくことが大事です。

---

*a　MultiVersion Concurrency Controlの略。

*b　https://gihyo.jp/book/2015/978-4-7741-7197-5

*c　https://redis.com/blog/your-cloud-cant-do-that-0-5m-ops-acid-1msec-latency

*d　Amazon MemoryDB for Redisは耐久性のあるRedis互換のインメモリーデータベースのサービスです。詳細は10章のコラムを参照してください。

### 1.2.7 Memcachedとの比較

MemcachedはRedisと比較されることが多いKVSです。Redis同様にインメモリー上にデータを保持します。RDBMSと比べて、MemcachedとRedisは比較的用途が近いです*40*41。

Memcachedでは、RDBMSに対するクエリー処理の結果を格納するなど、名前の通りキャッシュが主な用途です。もととなるデータソースがあり、そこをキャッシュとして補填する形で利用することになるでしょう。Redisと比較すると機能がシンプルなので、比較的用途は限定されます。

Redisも同様のキャッシュ用途で使えます。さらにはRedisでは単なるキーと値の文字列の関連付けの表現に限らず、さまざまなデータモデルの表現をインメモリー上で行えます。Redisはキャッシュに限らず、単体で主なデータベースとしても利用できるようにも設計されています。

RedisはMemcachedの単純な上位互換というわけでもありません。MemcachedはRedisより登場が古く、ライブラリ等も多くあり、比較的枯れた技術とみなされることが多いです*42。筆者自身としては、シンプルなキャッシュなどいくつかのケースでは、MemcachedはRedisと同等あるいはそれよりも使いやすいこともあると考えています。導入検討の際にはある程度複雑なデータモデルが予想される場合はRedis、単純なキャッシュ用途ならRedisとMemcachedで適宜検討というのがいいでしょう。

MemcachedとRedisの比較については、オリジナルの開発者であるAntirez氏も強く意識しており、Memcachedと比較した情報発信が多くあります。そのほかのMemcachedとの比較はAppendix A.1をご参照ください。

## 1.3 Redisサーバーのセットアップ

ここまで、Redisの機能の主な特徴に触れてきました。Ubuntu 22.04を例にRedisサーバーのインストール方法について取り上げます*43。

リポジトリと、OS標準のパッケージマネージャーでインストールする方法を紹介します。Redisは、後方互換性に優れ、どのバージョンでも安定して高速に動作します。そのため、無理に最新版を導入する必要はなく、PPA（CentOS系ならRemiリポジトリ等）を活用したパッケージマネージャーからのインストールで十分実用に足るでしょう。

しかし、最新の機能を使いたい、ほかの実行環境とバージョンをそろえたいというニーズもあるでしょう。ソースコードからのビルドも紹介します。

ここに示す手順で、Redisのサーバー／クライアントの`redis-server`/`redis-cli`が導入できます。

### 1.3.1 UbuntuでのRedisのインストール

UbuntuではAPTからインストールします。オフィシャルのリポジトリには、比較的古いバージョンが収録されています。そのため、PPA（Personal Package Archive）*44を利用して、Redis社から提供

*40 https://memcached.org
*41 https://github.com/memcached/memcached/wiki
*42 ただし、最近はRedisの利用実績が十分にあるため、このメリットも比較的薄くなっています。
*43 Redis Quick Start https://redis.io/docs/getting-started/

されているリポジトリから新しいバージョンのRedisをインストールしています。

リスト1.1　**Redisのインストール（Ubuntu 22.04）**

```
$ sudo add-apt-repository ppa:redislabs/redis
$ sudo apt update
$ sudo apt install redis -y
$ redis-server --version
Redis server v=7.0.4 sha=00000000:0 malloc=jemalloc-5.2.1 bits=64 build=c7d71d4b63066c
```

### 1.3.2　ソースコードからインストールする

Ubuntuでソースコードから Redis サーバーをビルドします。以下の手順でダウンロード、ビルド、インストールします。

リスト1.2　**Redisのビルド（Ubuntu 22.04）**

```
$ sudo apt update
$ sudo apt install make gcc -y # Dockerなど一部環境ではcurlも入れる
$ curl http://download.redis.io/releases/redis-7.0.4.tar.gz -o redis-7.0.4.tar.gz
$ tar xzf redis-7.0.4.tar.gz
$ cd redis-7.0.4/ &&  make && sudo make PREFIX=/usr/local/ install
```

前述の通り、RedisのビルドについてOS側では特に外部ライブラリを導入する必要がありません。Linux上でアプリケーションやミドルウェアをビルドした経験があるとわかりますが、外部ライブラリの追加導入などの必要がなく、かなりシンプルにビルドできます。

インストール後はバージョンを確認して、Redisサーバーがインストールされていることを確認します。ソースコードからビルドした場合は、`redis-server`が配置されている`bin/`ディレクトリ配下に`redis-cli`やほかのツールもあります。

```
$ redis-server -v
Redis server v=7.0.4 sha=00000000:0 malloc=jemalloc-5.2.1 bits=64 build=b4f49a4d620f29c4
```

## 1.4　Redisの操作を試す

Redisのインストールが済んだら、実際に動作させてみましょう。ここでは、Ubuntu 22.04の環境を使用し、サーバーとクライアントを同じマシンに動作させる前提で解説します。

### 1.4.1　redis-serverの起動とredis-cliによる接続

Redisはクライアント/サーバーモデルを採用しています。`redis-cli`などのクライアントから、`redis-server`に対して操作します。

`redis-cli`はRedisのCommand Line Interface（CLI）で、コマンドをRedisに送り、Redisサーバー

＊44　一般にPPAでリポジトリを追加する場合は、提供元が信頼できるところかを確認し自己責任のもとで導入する必要があります。
https://help.launchpad.net/Packaging/PPA

から送られるリプライを読み込むことができます。データの操作にはredis-cliなどのクライアントからコマンドを実行します。保存、取得、追加などの操作が可能です。

redis-cliにはユーザーがコマンドを入力して応答を受け取るインタラクティブモードと、redis-cliの引数としてコマンドを送り、引数として結果を出力するモードがあります。Redisを頻繁に使用する際にはたいへん重宝するツールになるでしょう。ここでは前者のインタラクティブモードにおける実行例で説明します。redis-cli以外の各種プログラミング言語のRedisクライアントを利用する場合であっても、コマンド体系は同じなので、同じ考え方で利用できます。

動作を確認していきます。まず、Redisサーバーをredis-serverコマンドで起動します。

```
$ redis-server
2586:C 29 Aug 2022 04:39:11.279 # oO0OoO0OoO0Oo Redis is starting oO0OoO0OoO0Oo
2586:C 29 Aug 2022 04:39:11.279 # Redis version=7.0.4, bits=64, commit=00000000, modified=0, pid=2586
, just started
2586:C 29 Aug 2022 04:39:11.279 # Warning: no config file specified, using the default config. In
order to specify a config file use redis-server /path/to/redis.conf
2586:M 29 Aug 2022 04:39:11.279 * Increased maximum number of open files to 10032 (it was originally
set to 1024).
2586:M 29 Aug 2022 04:39:11.279 * monotonic clock: POSIX clock_gettime
                _._
           _.-``__ ''-._
      _.-``    `.  `_.  ''-._           Redis 7.0.4 (00000000/0) 64 bit
  .-`` .-```.  ```\/    _.,_ ''-._
 (    '      ,       .-`  | `,    )     Running in standalone mode
 |`-._`-...-` __...-.``-._|'` _.-'|     Port: 6379
 |    `-._   `._    /     _.-'    |     PID: 2586
  `-._    `-._  `-./  _.-'    _.-'
 |`-._`-._    `-.__.-'    _.-'_.-'|
 |    `-._`-._        _.-'_.-'    |           https://redis.io
  `-._    `-._`-.__.-'_.-'    _.-'
 |`-._`-._    `-.__.-'    _.-'_.-'|
 |    `-._`-._        _.-'_.-'    |
  `-._    `-._`-.__.-'_.-'    _.-'
      `-._    `-.__.-'    _.-'
          `-._        _.-'
              `-.__.-'

2586:M 29 Aug 2022 04:39:11.280 # Server initialized
2586:M 29 Aug 2022 04:39:11.280 # WARNING overcommit_memory is set to 0! Background save may fail
under low memory condition. To fix this issue add 'vm.overcommit_memory = 1' to /etc/sysctl.conf and
then reboot or run the command 'sysctl vm.overcommit_memory=1' for this to take effect.
2586:M 29 Aug 2022 04:39:11.280 * Ready to accept connections
```

サーバー起動時、種々の情報が表示されます。redis-serverの起動オプションについては、redis-server -h/--helpで確認できます。

本書ではredis-cli/redis-serverの出力が見やすくなるように、それぞれ別のウィンドウ（ターミナルの別タブやtmuxの別セッション）で実行することを想定して操作します*45。

起動したRedisサーバーに対して、Redisクライアントをredis-cliコマンドで接続します。接続後、

*45　同一ウィンドウで実行したい場合は、設定ファイル（5.5参照）のdaemonizeディレクティブのパラメータをyesにします。もしくはsystemd等のシステムおよびサービスのマネージャーで管理し、そこから起動することでもできます。

**接続先アドレス:ポート番号>**という表示がされます。ここから対話式に操作できます。なお、先述の通り、別ウィンドウでの実行を前提とします。

```
$ redis-cli
127.0.0.1:6379>
```

接続できていない場合、以下の表示になります。対応は本章のコラム「接続できない際のトラブルシューティング」で解説します。

```
not connected>
```

`redis-cli --help`でヘルプを表示します。なお`-h`は接続ホスト指定のオプションです。

Column

## GUIクライアント

本書ではCLIツールのredis-cliを主に解説に用いています。基本的にはRedisに触れるときは各プログラミング言語+ライブラリや、このredis-cliを用いるべきでしょう。

ただ、直感的に使えるGUIツールにもニーズはあります[*a]。RedisではRedisInsightやMedis、Redis Desktop Manager（RDM）、Redsmin等のツールが1st/3rdパーティから提供されています[*b*c*d]。

ここではRedis社から公式に提供されているRedisInsight[*e*f*g]を取り上げます。Webブラウザ経由で利用するツールです。データの表示に加え、データの操作や、メモリー使用の内訳分析、プロファイラー機能、スローログの出力機能等を提供しています。

図1.3 RedisInsight

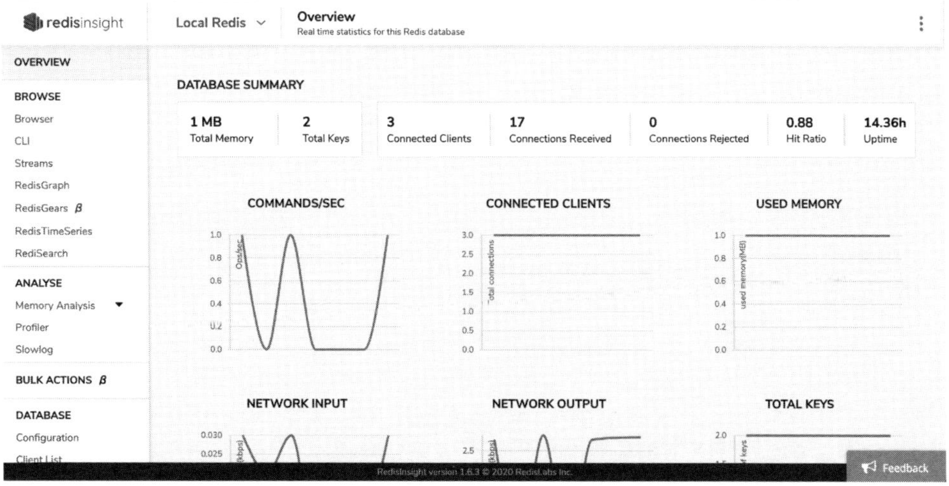


公式サイト[*h]からツールをダウンロードして、起動します[*i]。その後、Webブラウザで`http://localhost:8001/`のようにRedisサーバーが動作するアドレスに移動し、利用します。

`ADD REDIS DATABASE`のボタンをクリックして再度`Add Redis Database`等クリックします。遷移後の画面で、ホスト、ポート、ユーザーネーム、パスワード、TLSの使用の有無を入力することで接続します。デフォルト設定でRedisサーバーを起動している場合、ユーザーネーム、パスワードは空欄、TLSの使用の有無はチェックを入れない状態で問題ありません。

接続が完了すると、以下のような画面になります。左側のサイドメニューのBrowserを選択するとグラフィカルにデータを操作できます。CLIを選択するとredis-cliコマンド同様にCLI上の操作が可能です*j。

---

*a　Redisで使用できるCLIやGUI、プロキシのツールが公式ドキュメントで紹介されています。興味のある方は確認してみてください。 https://redis.io/docs/tools/

*b　https://redis.com/blog/so-youre-looking-for-the-redis-gui

*c　https://github.com/luin/medis

*d　ツールによっては本番環境での使用が非推奨とされる`KEYS *`コマンドに依存したツールもあります。使用する際には、これらの点には注意してください。

*e　https://redis.com/redis-enterprise/redis-insight

*f　https://docs.redis.com/latest/ri

*g　RDBToolsの後継のツールです。

*h　https://redis.com/redis-enterprise/redis-insight

*i　Docker イメージも提供されています。各種インストール方法の詳細はドキュメントを参照してください。 https://docs.redis.com/latest/ri/installing

*j　Amazon Web Services（AWS）で、Amazon ElastiCacheなどのようにAmazon VPC内部からのアクセスを想定したものを利用している場合、準備に一手間が必要になることがあります。たとえば、SSHポートフォワーディングやVPN接続を利用する必要があります。ブラウザベースのツールを自分でアプリケーションをホストする場合、同一VPC内のAmazon Elastic Compute Cloud（EC2）のインスタンス上にホストするなどの対応が必要なことがあります。AWSのサービスを活用する場合はAWS Systems Managerのポートフォワーディング機能が便利です。 https://docs.aws.amazon.com/ja_jp/systems-manager/latest/userguide/session-manager.html

Column

## 接続できない際のトラブルシューティング

redis-cliで接続できない場合の対策をまとめます。基本的にはRedisサーバー側、Redisクライアント側、およびその間で何らかの問題があることが考えられます。ネットワーク調査の方法を簡単にまとめます。この点は、特別なことはあまりありません。

`ping`でネットワーク層の接続性、`telnet`でトランスポート層での疎通性を確認して*a、対応するのが最初はいいでしょう*b。

```
$ ping <ip address or FQDN>
```

```
$ telnet <ip address or FQDN> 6379
```

ネットワーク層での接続性がない場合、ルーティングやRedisサーバーまでの過程でファイアウォールなどによるブロックがないか確認します。また、IPアドレスをパブリックIPアドレスやプライベートIPアドレスに切り替えて、クライアントの環境を変えてアクセスすることでも切り分けになる可能性があります。ただし、`ping`を使用する場合、別途ICMPのブロックを解除する必要があります。

トランスポート層で問題がある場合は、Redisサーバーが起動して6379番ポート（デフォルトから変更していない場合）がListen状態になっているか確認します。また、OS内部のファイアウォール（firewalldやiptables等）によるブロックについても確認しましょう。

また、`traceroute`で途中経路上に問題がないかの確認も有効なこともあります。適宜両サイドからの取得および数回分取得して、結果を見比べることが有効なこともあるでしょう。

```
$ sudo traceroute -T -p 6379 <ip address or FQDN>
```

そのほか、OS内部の設定等の要因で接続ができていない可能性もあります。Ubuntuをデフォルトで導入していれば問題はないはずですが、独自に設定を加えている場合などは注意しましょう。

アプリケーション層でRedisサーバーが稼働しているかの確認にはPINGコマンドを利用します。redis-cliコマンドなどでRedisサーバーへログイン後に実行します。正常なら、PONGという応答が返ってきます。

```
127.0.0.1:6379> PING
PONG
```

---

*a　Netcatの場合は、nc <ip address or FQDN> 6379のように実行します。

*b　慣れれば確認箇所がすらすら出てくるかもしれませんが、そうでないうちは"OSI参照モデル"や"TCP/IP"に代表されるようなレイヤー分けを意識してトラブルシューティングを進めていくと、切り分けがスムーズになります。ネットワークの知識が必要になりますが、興味があれば、検索エンジンでこれらのキーワード検索やネットワークに関する書籍で調べてみるとよいでしょう。

## 1.4.2 redis-cliの動作

実際に、Redisサーバーにデータを保存して取り出してみます。次の例を示します。

1. **SETコマンドによりString型でキーfooに対して値barを保存**
2. **GETコマンドによりキーfooから値を取得**

```
127.0.0.1:6379> SET foo bar
OK
127.0.0.1:6379> GET foo
"bar"
```

Redisではデータ型ごとにデータの設定、取得それぞれのコマンドが用意されています。SETとGETはそれぞれString型に対応します。データの保存、取得の詳細は2章を参照してください。

Redisクライアントから SHUTDOWNコマンドでRedisサーバーを終了させることもできます。

```
127.0.0.1:6379> SHUTDOWN
not connected>
```

先程、redis-serverコマンドを実行したRedisサーバーのホストからはシャットダウン時に以下のログが表示されます。

```
2662:M 29 Aug 2022 04:41:22.493 # User requested shutdown...
2662:M 29 Aug 2022 04:41:22.493 * Saving the final RDB snapshot before exiting.
2662:M 29 Aug 2022 04:41:22.498 * DB saved on disk
2662:M 29 Aug 2022 04:41:22.498 # Redis is now ready to exit, bye bye...
```

QUITコマンドでredis-cliから抜けることができます。

```
not connected> QUIT
$
```

redis-cliは対話モードに入っての操作に限らず、そのままコマンド実行も可能です。コマンド自体は対話モードのものと変わりません。

```
$ redis-cli set mykey "foo"
OK
$ redis-cli get mykey
"foo"
```

### 1.4.3 リモート接続で操作する

リモート接続は、`redis-cli -h <endpoint>` のように-hオプションでエンドポイントを指定して利用します。ただし、リモート接続はデフォルトでは動作しません。Redisサーバーの保護モード（Protected mode）が有効だからです。Redisは保護モードが有効だと、接続元が`127.0.0.1`に限定され[*46]、リモート接続できません[*47]。これは、セキュリティ上、Redisを危険な攻撃から守るための処理です。

保護モード下でリモート接続をするには以下の両方を行います。

- **`bind`ディレクティブ（設定項目、5.5参照）で接続を受け付けるRedisサーバーのホストマシン上のネットワークインタフェースのIPアドレスを1つもしくは複数、明示的に指定**
- **`requirepass`ディレクティブでRedisサーバーに対して認証用のパスワードを設定する**

もしくは以下のようにいずれかを実行し、保護モードを無効化します。

- **Redisサーバーの設定ファイル（詳細は5.5）で`protected-mode no`を指定**
- **`redis-server --protected-mode no`のように起動オプションに`--protected-mode no`を追加**

アプリケーションサーバーとRedisサーバー等を分離する際にはリモート接続をすることになります。しかしながら、Redisサーバーがパブリックサブネット[*48]のようなインターネットなどのように信頼できないクライアントが直接アクセスできるような環境におくようには基本的に設計されていません[*49]。そのため、本番運用ではセキュリティリスクを増大させる可能性が高いです。Redisサーバーを配置するサブネットについては十分に注意してください[*50]。

---

*46　Redis 3.2以降の動作。それまではリクエスト元のIPアドレスがすべて許可されていました。

*47　保護モード有効時において、`bind`ディレクティブで明示的にIPアドレスを指定していない状態で、かつパスワード（`requirepass`ディレクティブ）が設定されていない状態でもリモート接続自体は可能です。ただし、コマンドは実行できません。

*48　サブネットの用語に馴染みがない方は、ここでは管理の都合等により、あるネットワークを論理的に小さく分割したものと理解しておいてください。パブリックサブネットは、トラフィックがインターネットへルーティングできるサブネットを指しています。

*49　Redis 6.0以降、ACL機能が利用できます。ACL機能を利用したからといってインターネットからのアクセスが安全になるわけではないので、基本的にRedisはインターネットからのアクセスを想定した設計になっていないと認識しておいてください。ACL機能の詳細は5.6.2を確認してください。

*50　クラウドプロバイダーから提供されている場合、インターネットからのアクセスが制限されていて、インターネット上の信頼できないクライアントからのアクセスの懸念がないように設計されている場合もあります。

# 1.5 Redisのドキュメント・リソース

Redisの学習にあたっては、適宜ドキュメントを参照することも重要です。ここでは参考になるドキュメントや公式のリソースをまとめます。

## 1.5.1 Redis data types（Redisのドキュメント）

データモデルの理解、構築にはデータ型の知識は欠かせません。データ型に関するドキュメントはRedis公式のRedis data types*51が参考になります。第2章と合わせてお読みください。

## 1.5.2 Redisのトレーニング

Redisを動かして学ぶには無料の公式オンライン教材、Try Redis*52も参考になります。前述のRedisサーバーの構築やRedisクライアントの準備なしに、ブラウザ上でRedisを試せます。

Try Redis上での操作にあたっては、公式ドキュメント、Redis data types tutorial*53のコマンド実行例が参考になります。本書と合わせて、入門に活用してください。慣れてきたら、それ以外のRedisの代表的な各種データ型についての記述も一読してみると良いでしょう。

また、Redis University*54というトレーニングも用意されています。会員登録することで利用可能です。英語に苦手意識がなければこちらを通して学んでみるのも良いでしょう。

## 1.5.3 Redisを活用する

本番で運用される方、興味のある方は公式ドキュメント*55を見ましょう。

Redis公式サイト配下で最も参照することが多いのは、機能詳細等を把握するのに活用できるDocumentation – Redis*56のページでしょう。

Redisサーバーを起動して実際にredis-cliで操作してみるにあたっては、Redis CLI*57が参考になります。また、上記ドキュメントで取り上げられているもの以外にも、Redisにはさまざまなコマンドが用意されています。Commands*58では、コマンド一覧と各種のコマンドの詳細へのリンクが記載されています。実際に利用するデータ型でほかにどのような操作が可能かは`Filter by group`からデータ型や機能でフィルタリングして確認できます。さらに、各コマンドのドキュメント中にRedisの動作が詳細に書かれていることもあります。本書でも一応の解説はしますが、redis-cliの全容をつかみたければ、ぜひ読んでください。

---

*51 https://redis.io/docs/data-types/
*52 http://try.redis.io
*53 https://redis.io/docs/data-types/tutorial/
*54 https://university.redis.com/
*55 https://redis.io/
*56 https://redis.io/docs/
*57 https://redis.io/docs/manual/cli/
*58 https://redis.io/commands/

実際にアプリケーションからRedisを使い始める際には、The Home of Redis Developers | Redis Developer Hub*59が参考になります。導入に役立つ情報がたくさん集まっています。代表的な言語やユースケースごとに、サンプルアプリケーションの解説動画やソースコードが見られるRedis Launchpad*60というサービスがあります*61。また、実際のよくある問題について、Redisでどのように解決できるかのパターン集がRedis Best Practices*62として提供されています。Redisを使用したアプリケーションを開発するにあたって、最初に確認しておくと効率よく開発が進められる手がかりを得られる場合もあるでしょう。たくさんの例を確認できるので、目を通しておくとRedisの使われ方について理解が深まるでしょう。

Redisを利用するためには、各種言語に対応したRedisクライアントを使用します。Clients*63でこれらの情報を一覧できます。利用している言語ではどのようなクライアントがおすすめされているものか、直近6ヵ月で開発がアクティブかなどを確認して比較できます。

Redisユーザーのコミュニティもあります*64。Redis Discord Server*65では世界中のRedisユーザーやRedis社も方とのコネクションを持てます。質問したり、ナレッジ情報を共有したりできます*66。Redis Community Forum*67という形でも質問できます。

新機能のキャッチアップが必要な場合はメーリングリストやTwitterの関連アカウントもフォローしておくと良いでしょう。メーリングリストはRedis DB - Google Groups*68です。

ソースコードからビルドする、問題発生時にソースコードレベルで調査するときなどはGitHub - redis/redis*69を参照します。

Redis関連のアップデート情報を配信するTwitterアカウント、Redis News Feed*70も押さえておいて良いでしょう。23 Redis Experts To Follow on Twitter*71で23人のフォローするべきアカウントが紹介されています。こちらも参考にしてみてください。

Redisの開発を現在支援しているRedis社*72のサイトや、そのブログ*73でも、最新のRedis情報が確認できることがあります。Redis社ではRedisに関するホワイトペーパー*74も公開しています。ホワイトペーパーのダウンロードには、プロフィールの基本情報等の登録が必須です。

*59 https://developer.redis.com
*60 https://launchpad.redis.com
*61 https://redis.com/blog/introducing-redis-launchpad
*62 https://redis.com/redis-best-practices/introduction/
*63 https://redis.io/docs/clients/
*64 https://redis.com/community
*65 https://discord.com/invite/redis
*66 https://developer.redis.com/community/discord
*67 https://forum.redis.com
*68 https://groups.google.com/forum/#!forum/redis-db
*69 https://github.com/redis/redis
*70 https://twitter.com/redisfeed
*71 https://redis.com/blog/21-redis-experts-to-follow-on-twitter/
*72 https://redis.com/
*73 https://redis.com/blog/
*74 https://redis.com/whitepapers/

# 2
# データ型と機能

本章では、前章でも少し触れたデータ型について、より踏み込んで解説します。

Redisを効果的に活用するために、データ型は避けては通れません。Redisは、さまざまなデータ型が利用できるため、シンプルなKVSと比較すると幅広いデータモデルを表現可能です。より高速、安全、メモリ効率のいい運用のためにデータ型をきちんと身につけましょう。

2.1.1で各種データ型の実行例、関連するコマンド、特徴やユースケース等の概要を取り上げます。

発展的な内容として各種データ型における内部エンコーディング、および計算量についても説明します。

また、データ型と関連する、機能や補足的な型については2.7で解説します。

第4章では、ここで学んだデータ型をいくつか取り上げつつ、実装例のサンプルも交えて説明します。また、RDBMSなどほかのデータベースと併用するアーキテクチャのイメージについては、5.2で取り上げます。

# 2.1 データ型および機能の概要

各種データ型および機能を説明する前に、最初に全体像を簡単に説明します。

## 2.1.1 5つのデータ型（特徴・ユースケース・コマンド例）

Redisは主に5つのデータ型を持ちます。これらの主なデータ型に加えて、いくつかの機能や補足的な型も存在します。

ここまで繰り返してきたように、高い実行速度、豊富なデータ型による表現力・機能の多さを合わせ持つことがRedisの特徴です。

表現力を活用して、Redisを利用するために、データ型の理解は欠かせません。扱うデータモデルに対して適切なデータ型を選択することで、アプリケーションの実装をシンプルにし、かつパフォーマンスを引き出せます。

Redisの主なデータ型は、String型/List型/Hash型/Set型/Sorted Set型の5つです。いわゆるKVSのような、キーと値を1対1で関連付けるような用途には、String型が適します。シンプルな型で、平易なデータ構造を実現できます。JavaScriptのオブジェクトのようにフィールドと値でデータを保存するHash型、順序のある集合を表せるSorted Set型など複雑な型も活用できます。

シンプルな表現も、複雑な表現もこなせるのはRedisのデータ型の良いところです。

Redisでは、各種データ（データ型）ごとに読み込みや書き込み等のコマンドが用意されています。データごとのコマンドはCommands*1のページ中の`Filter by group`でデータ型を指定して一覧を確認できます。

主なデータ型の特徴を簡単にまとます。

| 型名 | 型の説明 | 利用例 |
|---|---|---|
| String型 | 文字列（Redisにおいては数値なども含む）。シンプルなキーと値の組み合わせ。 | セッション情報管理 |
| List型 | リスト。文字列のリスト。 | タイムライン |

*1 https://redis.io/commands

| 型名 | 型の説明 | 利用例 |
|---|---|---|
| Hash型 | ハッシュ。プログラミング言語では、連想配列やディクショナリーに類似する概念。 | オブジェクト表現 |
| Set型 | 集合。複数の値を順序なしで重複なく保持。 | タグ管理 |
| Sorted Set型 | ソート済み集合。順序（ランク）のある集合。 | ランキング |

なお、ここではどのようなデータ型を用いるかという点を重視し、実際のコードや構成例までには踏み込んでいません。

### 2.1.2 補助的なデータ型および機能

Redisには主に5つのデータ型があり、データ型に対応したデータを扱う体系が用意されています。それとは別に特定用途に特化させた、基本のデータ型を内部で利用した補助的なデータ型のようなものもあります。具体的には、下記が補助的なデータ型です。

- **Bitmap（Bit Array）**
- **地理空間インデックス**

また、どのようにデータを活用するかという視点で、以下のようなデータを直接扱う機能も用意されています。これらはデータ型のようにデータをどのように表現するかというより、データをどのように活用するかという点を意識した機能です。

- **Pub/Sub機能**
- **HyperLogLog**
- **Redisストリーム（Redis Streams）**

これらの補助的なデータ型および機能に特化したコマンドが用意されています。この点は5つのデータ型と同じです。そのため、本章内で代表的な5つのデータ型と、補助的なデータ型および機能を同様に扱います。

### 2.1.3 Redisによる幅広いデータモデルの表現性

問題に対して適切なデータ型を選ぶことで、データをシンプルに扱えるメリットが期待できます。

たとえば、Redisではキーと値のペアを無理やり組み合わせて複雑なデータも保存できます。しかし、そうするとアプリケーション側のロジックが複雑になったり、アトミックな処理の担保が困難になったりするなどの弊害を招く可能性があります。そのような状況に対してもRedisでは豊富な選択肢が用意されているため、表現するのにふさわしいデータ型を用いることが可能です。問題を解決できる幅が広がります。

本書ではRedisを誤解なく活用してもらえるように、一部を除いて意図的にKVSという用語の使用を避けています。ただし注意点として、Redisは多様なデータ型や機能を持ちますが、前提としてKVSであることも事実です。

KVSとして一つのキーに対して、値に対応する形で1つの各種データ型もしくは機能をデータとして持たせます。Redisでは原則、各キーはそれぞれ独立したものとして管理するべきで、キーどうしで関係性を持たせないようにしましょう。こういった側面でKVSであることを意識しておいたほうが良いです。

データベースの番号による識別（第5章のコラム「データベース」を参照）といった形で、ネームスペースのようにデータを管理できることもあります。しかし、基本はグローバル領域でキーと値のペアを管理するものであり、RDBMSでのテーブルのような概念はありません。RDBMSにおけるデータベース設計のように、テーブル間での関係性のようなデータの持たせ方などとは異なる考え方です*2。

ただ、今後はキーごとの関係性についてもRedisで取り扱えるようになっていくでしょう。キーアノテーション機能という機能も提案されており、ある処理をきっかけにして別のキーに対して処理をトリガーといった用途で利用できるようになる予定です。たとえば、ユーザーとその友達関係を管理するデータセットに対してあるユーザーを削除したときに、その友達からも削除されたユーザー情報を同時に削除するといった用途に利用できます（Appendix A.2参照）。

あくまでキーどうしの独立性は原則論としてとらえておいて、それにできるだけ沿うようにRedisにデータを持たせましょう。

1つのキーに関連づく値の範囲内（例として、Hash型の1つのオブジェクト内）では、関係性を持った単位として管理することがあります。

Redisでは多様なデータ型など、型優れた表現力を活かした処理を実現できます。String型に傾倒してRedisを使うのではなく、この点を意識しておくことが大事です。

KVSという形態を取りながらも、表現力の高さを備えることを踏まえてRedisを活用していくことで、Redisの能力を引き出していけます。キー名の設計については、本章のコラム「Redisのキー名の付け方」で取り上げます。

### 2.1.4 Redisのデータ型とコマンド

Redisのデータ型を学習する前に、簡単にRedisにおけるデータの操作をまとめます。

Redisはデータ構造ストアです。キーに対し、値を保持するというのが基本的なコンセプトです。データ型の豊富さなどに差異がありますが、考え方自体はシンプルなKVSと近いでしょう。

基本的には保存時にキーと値を指定し、取得時にはキーとそのほかのオプションを組み合わせます。

コマンドはすべての型に利用できるものと、各種データ型や機能ごとに利用できるものがあります。

データの保存、取得に際しては、基本的にはデータごとに独立したコマンドを用います*3。たとえば、String型ではSETで保存してGETで取得します。

```
127.0.0.1:6379> SET USER_X 100
OK
127.0.0.1:6379> GET USER_X
"100"
```

そのほかのデータ型に関するコマンドは使えません。Hash型のデータ型を保存するHSETでUSERをキーにして保存しても、GETからは取得できません。

*2 実際のところは、Redisでキーどうしに関係を持たせて管理する利用も多くあります。あくまで原則論です。

*3 データの取得と保存を同時に行うことができるコマンドもあります。

```
127.0.0.1:6379> HSET USER USER_ID 100 USER_LEVEL 99
(integer) 2
127.0.0.1:6379> GET USER
(error) WRONGTYPE Operation against a key holding the wrong kind of value
```

データの保存、取得について、複数のキーを同時に操作できるものもあります。たとえば、String型で単独のキーを操作するにはSETで保存、GETで取得しました。複数のキーを同時に操作するには、MSETとMGETコマンドが利用できます。複数キーの処理がアトミックに処理が行われます。

```
127.0.0.1:6379>  MSET USER_X 100 USER_Y 200 USER_Z 300
OK
127.0.0.1:6379> MGET USER_X USER_Y
1) "100"
2) "200"
```

SETやGETなど、コマンドは大文字小文字を区別しません。コマンドは公式ドキュメントでも大文字で記載するため、本書もそれに倣います。

ただし、キーや値は大文字小文字を区別します。

## 2.1.5 Redisのユーティリティコマンド

Redisではすべてのデータ型に対応したコマンドが存在します（2.7.6も参照）。これらのうち、特にデバッグなどの用途で多用するコマンドを紹介します。

- **KEYS**
- **EXISTS**
- **TYPE**
- **DEL**

RedisでキーAの一覧を確認したいときはKEYSコマンドを用います。引数について、下記例ならpatternで検索対象を絞り込みます。

```
KEYS pattern
```

patternにはワイルドカードが使えます。すべてのキーを表示するときは、*を使います。

```
127.0.0.1:6379> KEYS *
1) "USER_Y"
2) "USER"
3) "mykey"
4) "foo"
5) "USER_X"
6) "USER_Z"
```

KEYSコマンドは便利ですが、実行時間がかかるので本番環境で稼働するアプリケーションでは安易に使うべきではありません。実装中の動作確認や、調査時の利用にとどめるべきでしょう。公式ドキュメントでも本番環境での利用を非推奨としています*4。実際に、こちらが原因でCPUなどを大きく消費しパフォーマンスに影響を及ぼす事例が多数あります。注意してください。

本番環境でキーの一覧情報を取得するためにはSCAN/SSCAN/HSCAN/ZSCANコマンドのようなSCAN系コマンドの利用が推奨されています。これらは、データ型によって使い分ける必要があります。

EXISTSコマンドはキーの存在確認に用います。

```
EXISTS key [keys...]
```

引数のキーが存在する場合は1を、存在しない場合は0を返します。キーが複数ある場合はマッチした数（キーがある数）を返します。

```
127.0.0.1:6379> SET X valueX
OK
127.0.0.1:6379> EXISTS X
(integer) 1
127.0.0.1:6379> EXISTS Y
(integer) 0
127.0.0.1:6379> EXISTS X Y
(integer) 1
127.0.0.1:6379> SET Z valueZ
OK
127.0.0.1:6379> EXISTS X Y Z
(integer) 2
```

TYPEコマンドでデータ型や機能を確認できます。

```
127.0.0.1:6379> SET mykey myvalue
OK
127.0.0.1:6379> HSET myhash myfield myvalue
(integer) 1
127.0.0.1:6379> TYPE mykey
string
127.0.0.1:6379> TYPE myhash
hash
```

キー（とひもづく値）の削除はどの型も共通で、DELを用います。戻り値は削除したキーの数です。

```
DEL key [key ...]
```

```
127.0.0.1:6379> MSET L 0 M 0 N 0
OK
127.0.0.1:6379> EXISTS L M N
(integer) 3
127.0.0.1:6379> DEL L
(integer) 1
127.0.0.1:6379> EXISTS L M N
(integer) 2
127.0.0.1:6379> DEL M N
```

*4　https://redis.io/commands/keys

```
(integer) 2
127.0.0.1:6379> EXISTS L M N
(integer) 0
```

ここで紹介した以外にも、データ型を問わずにデータ（キー）を操作するコマンドはいくつかあります。一般的なコマンドに関するドキュメント[*5]を参考にしてください。

以降、実際にRedisで利用できるデータ型の詳細を見ていきます。

## 2.2 String型

String型は文字列、バイナリーデータなどのためのデータ型です。String型という名前ではありますが、バイナリーセーフなため、画像や実行ファイルなど文字列以外もこの型で保存できます。さらに、Redisでは数値（整数値や浮動小数点数）もString型に格納します。String型に格納した浮動小数点数を操作するための専用のコマンド（INCRBYFLOAT）なども存在します。

図2.1 **String型のイメージ**

キー名　値
key →value

String型に関連するところでは、Bitmap型というビット単位での操作が可能な補助的なデータ型も存在します。これは実際のデータ型ではなく、String型で定義されたものです（2.7.1を参照）。

String型というフレーズから想像するよりも多くを保存できます。いわゆるプログラミング言語的な文字列というよりも、シンプルな値はすべてString型（文字列）として保存処理すると考えたほうが正確でしょう。

**Redisではプログラミング言語におけるいわゆる文字列、バイナリーデータ、整数、浮動小数点数いずれもString型（文字列）です。**以後、String型というフレーズが出てきたときは（基本的には）Redisにおける文脈、文字列というフレーズが出てきたときはプログラミング言語などにおける文脈だと認識してください。

String型は多くのデータに対応するため、Redisでは最も広く使われるデータ型です。これだけでもシンプルなKVS相当のことができます。キャッシュ用途では、とりあえずString型でまかなえることが多いでしょう。

特徴とユースケースを記します。

### ■ 特徴

- キーに値を1対1対応で関連付ける、最もシンプルな型

*5　https://redis.io/commands#generic

- バイナリーセーフな文字列

**■ ユースケース**

- キャッシュ
  - シンプルなキー・値のペアで対応する文字列
  - セッション情報
  - 画像データなどのバイナリーデータ
- カウンター
  - 訪問者数などのアクセス数のカウント
- リアルタイムメトリクス
  - 各項目の数値を把握するメトリクスなど

Column

## RedisのString型は今でも512MBが上限か？

「RedisのString型のサイズは512MBが上限」と見聞きしたことがある方もいるかもしれません。
実際に、Redisの公式ドキュメントにも以下のように記載されています[*a]。

> The maximum allowed key size is 512 MB. A value can't be bigger than 512 MB.

この512MB制限は、キーと値のそれぞれ両方に適用される制限です。Redisの文字列はSDS（Simple Dynamic Strings、11.1.2参照）で管理されており、このSDSのバージョン1の制限によります。SDSバージョン2でその制限がなくなりましたが、512MBの制限撤廃のためにはRedis側でもこれに追随する必要があり、すぐに使えるようになったわけではありません。

今現在もデフォルトでは512MBの制限はあります。しかし、Redis 4.0.7で`proto-max-bulk-len`ディレクティブが追加され、設定変更で上限のサイズが変更できるようになっています。これによって、設定変更すれば512MB制限はなくなっています[*b][*c]。

たとえば、10GBのデータをStringで保存するためには`proto-max-bulk-len`ディレクティブの値を`10gb`に設定する必要があります。`client-query-buffer-limit`の値も必要に応じて`11gb`などのように10GBより少し大きめに設定するなどの対応してください。

`proto-max-bulk-len`ディレクティブは1つのリクエストの最大サイズであり、実際に実行するコマンドのバイト数の制限です。たとえば、`PING`コマンドはコマンド名自体が4バイトですが、許可するためには`proto-max-bulk-len`ディレクティブとして4の値だけ増加させないといけません[*d]。`client-query-buffer-limit`ディレクティブは一つのクライアントからのクエリーバッファーの最大サイズであり、RESPのフォーマットを含めたバイト数で制限されます。単純にコマンドの文字数分だけ増加させるのみではいけません。クライアント側のバグ等で、クライアントクエリーバッファーのメモリーを際限なく消費することを抑えるためなどに利用します。必要に応じてこちらのディレクティブも変更する必要があります。

---

*a　https://redis.io/topics/data-types-intro

*b　https://github.com/redis/redis/issues/757

*c　マネージドサービスとして提供されている場合、`proto-max-bulk-len`の上限として512MBで制限されていることもあります。

*d　設定ファイルに`proto-max-bulk-len`ディレクティブの設定を記述する場合は最低1MiB以上のサイズで指定しないといけません（Redis 6.0.7以降）。`CONFIG SET`コマンドであれば特にこの制限はありません。ここではわかりやすさのために例として4の場合の大きさを説明しています。

## 2.2.1 String型の活用─高速なセッションキャッシュ

Webアプリケーションのキャッシュをに任せるといった使い方は有名です。セッションキャッシュ（Cookieなど）、表示するWebページ、ショッピングカートの中身などの一時的な情報の保存などに利用できます。このような用途にはString型を使用します[*6][*7]。

図2.2 セッション情報

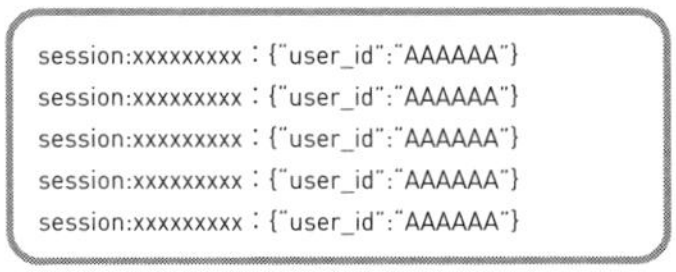


ここではXXXXXXXXXXなどのキーに対して、String型でJSONの情報を保持しています。セッション情報をこのような形でもっておくと、キーさえあれば高速に返せます。

一見するとJSONのための特別な型を使っているようですが、ここではあくまでString型で持っているだけです。RedisではJSONを表すためには、String型、Hash型などいくつかの適した型が存在します。基本的には、セッションなど多くの用途でString型が適しています。

## 2.2.2 String型と対応するコマンド

String型では保存にSET、取得にGET用います。それぞれSET key valueとGET keyのように使用します[*8]。

実行例をみていきましょう。キーfooに値bar（String型）をSETコマンドにより保存します。その後、キーfooから値をGETコマンドで取得します。

```
127.0.0.1:6379> SET foo bar
OK
127.0.0.1:6379> GET foo
"bar"
```

String型は、キーと値をペアとしたRedisの中で最もシンプルなデータ型です。コマンドもSET/GETと平易なものが割り当てられています。

複数のキーを同時に扱うこともできます。MSETコマンドでキーと値のペアを1つ以上指定することでアトミックに値を保存する処理が行われます。MGETコマンドでキーを1つ以上指定することで、それらの値を取得します。

```
127.0.0.1:6379> MSET mykey1 myvalue1 mykey2 myvalue2 mykey3 myvalue3
```

*6 Redisと比較されることの多いMemcachedも同じ用途で使用できます。

*7 http://oldblog.antirez.com/post/take-advantage-of-redis-adding-it-to-your-stack.html

*8 なお、初歩的な用法に限定し、一部オプションを省いています。

```
OK
127.0.0.1:6379> MGET mykey1 mykey3
1) "myvalue1"
2) "myvalue3"
```

なお、すでに存在するキーに書き込みをした場合、デフォルトで上書きする動作になります。

Column

## Redisのキー名の付け方

Redisのキー名は自由度が高く、数値や記号のみでも問題ありません。そのため、キー名の付け方についてはチーム内で方針を決めておくとよいでしょう。

本書では例としてごく簡単なキー名で説明しているものが多いです。しかし、実際は、**user:ユーザー番号**のようなキー名でスキーマにより大ジャンルごとにコロン（:）などの文字列で区切って、個別のデータを持たせることが多いです。

公式ドキュメントでは、キー名の付け方については以下の考え方を推奨しています*a。

1. **長すぎるキーは不適切**
2. **短すぎるキーも多くの場合不適切**
3. **スキーマ設計**

1の長すぎるキーは不適切について。キーが長すぎると、メモリーの使用効率悪化や、データセットからキーを探索する際にキーの比較コストが増加するとしています。長いキーの場合にはSHA1を使用することでメモリーや帯域幅の点で効率化できるとしています。

2の短すぎるキーも多くの場合不適切について。user:1000:followersなどのように表すと何を表しているのか読みやすくなります。これを、u1000flwのように省略するとメモリー消費が抑えられるものの、効果が小さいことも多いです。キー名を短くしたいときは、トレードオフを考慮しながらバランスを取ることが大事です。

3のスキーマ設計について。キーをobject-type:idのようにコロン（:）や区切りやドット（.)、ダッシュ（/）など、複数の単語のフィールド間を区切ってスキーマ設計することが良い方法としています。

値については引用符（"や'）で囲む必要は必ずしもありませんが、値に空白を含ませたい場合や引用符を含ませたい場合は囲う必要があります。値に引用符を含ませる場合は異なる種類のもので値を囲います。つまり、値に"を含ませるには'、'を含ませるには"で値を囲う形となります。

データモデリングに関する原則等については本書の趣旨ではないので、詳細な説明は取り上げません。各種ソフトウェアやサービスごとにモデリングの手法が公開されていることがあるので確認してみてください。また、ほかのNoSQLでも取り上げられるような一般的な手法なども参考にしてみると良いでしょう。

*a　https://redis.io/topics/data-types-intro

### 2.2.3 String型の数値

String型は名前から覚える印象に反して、数値なども格納できます。

さらに、同じString型でも格納した値の種別によって使えるコマンドに差異があります。たとえば、

String型に数値を格納した場合、数値増加のINCRコマンドが使えます。

```
127.0.0.1:6379> SET HIT_COUNT 100
OK
127.0.0.1:6379> TYPE HIT_COUNT
string
127.0.0.1:6379> INCR HIT_COUNT
(integer) 101
```

同じString型でも値が数値ではないと一部コマンドは使えません。

```
127.0.0.1:6379> SET HIT_EFFECT BOMB
OK
127.0.0.1:6379> TYPE HIT_EFFECT
string
127.0.0.1:6379> INCR HIT_EFFECT
(error) ERR value is not an integer or out of range
```

## 2.2.4 String型の各種コマンド

String型のコマンドは大別すると、値の内容にかかわらず利用できるものと、値が数値の場合のみに利用できるものがあります。それぞれ説明していきます。詳細は、Redisの公式ドキュメントのString型のコマンド[*9]を参照してください。

なお、各コマンドと合わせて計算量について記載しています。計算量についてやや発展的な内容なので、不明な方はいったん読み飛ばしていただいても問題ありません。計算量とは、簡単に説明すると、実際に実行するコンピューターの性能に依存しない、プロセッサーを使用する時間の見積もりを計算したものとなります[*10]。ここでは、扱う要素数に対して実行時間がどのように変化するかを表すものとざっくりと理解していただければ問題ありません。扱うデータ量が多い場合に特にこの計算量を意識することが大事です。増え方がどの程度急か、要素数に対して一定であるか等の参考にしてください。詳細は、章内のコラム「計算量」を参照してください。

以下、N（$O(N)$などの表記で利用）については同時に操作するキーの数もしくはデータ型内で操作する要素数とします[*11]。

### String型で値の内容にかかわらず利用可能な主なコマンド

String型で扱う値の内容にかかわらず利用可能なものとして、主に以下のコマンドがあります。

#### •——GET—キーの値を取得

キーの値を取得します。キーが存在しない場合はnilを返します。

計算量は$O(1)$。

---

*9 https://redis.io/commands#string

*10 ここでの計算量は、時間の視点から最悪の場合を表しています。$O(N)$は、$N$の増加に対して線形に増加していきますが、$O(N^2)$は、$N$の値が大きくなるほど増加のしかたが著しくなります。逆に$O(\log N)$については、$N$の増加に対して、増加のしかたがゆるやかになっていきます。詳細は章末のコラムに記載があります。こちらを参照の上、あらためて各種コマンドの計算量を見ていただくことでより理解が深まるでしょう。

*11 ただし、誌面のスペース上、計算量についてすべての場合を網羅的に載せることは困難なので、ここでは代表的なものを記載しています。

```
GET key
```

#### SET—キーに値をセット

キー・値のペアを指定し、キーに値をセットします。EXオプションなどのように時間を指定するオプションを指定することで、TTLも設定できます。

計算量は$O(1)$。

```
SET key value [ NX | XX] [GET] [ EX seconds | PX milliseconds | EXAT unix-time-seconds | PXAT unix-time-milliseconds | KEEPTTL]
```

#### MGET—複数のキーの値を取得

複数のキーを指定して一括で値を取得します。

計算量は$O(N)$。

```
MGET key [key ...]
```

#### MSET—複数のキーに値をセット

複数のキー・値のペアを指定し、一括でキーに値をセットします。キーがすでに存在する場合は上書き。

計算量は$O(N)$。

```
MSET key value [key value ...]
```

#### APPEND—キーに値を追記

キーが存在する場合は、キーの値の末尾に引数の内容を追記します。キーが存在しない場合は、引数を値にして新しくString型のキーを作成します。

計算量は$O(1)$。

```
APPEND key value
```

#### STRLEN—キーの長さを取得

キーの値の文字列の長さを返します。

計算量は$O(1)$。

```
STRLEN key
```

#### GETRANGE—範囲を指定してキーの値を取得

キーの値から範囲（始点・終点）を指定してデータを返します。始点は1文字目が0で始まります。始点・終点を含んだ範囲なので`GETRANGE x 0 3`なら1文字目から4文字目までの計4文字です。

計算量は$O(N)$。

```
GETRANGE key start end
```

•——SETRANGE—範囲を指定してキーに値をセット

キー・オフセット・値の組み合わせを指定し、指定したオフセットの位置を起点として、キーに値をセットします。

計算量は$O(1)$。

```
SETRANGE key offset value
```

•——String型のコマンドの補足

String型はSETコマンドで値を保存してGETコマンドで取得するといった操作に加えて、APPENDコマンドやSETRANGEコマンドで値を末尾、および部分的に操作できる柔軟性を持っています。

同時に複数のキーの値を保存、取得する際に、一つ一つGET/SETコマンドを実行するとその都度RTT*12が発生してリクエスト/レスポンスを往復する時間のオーバーヘッドが発生します。しかし、MGETコマンドやMSETコマンドを利用することでRTTを削減して効率よくデータの保存、取得できます*13。

### String型で値が数値の場合のみ利用可能なコマンド

String型で扱う値が数値の場合には以下のコマンドを実行できます。これらのコマンドはアトミックに扱えます。

•——INCR—値を1増加

キーの値を1だけ増加します。指定したキーが存在しない場合には、操作前に0の値がセットされます。値を整数として表せない場合にはエラーを返します。

計算量は$O(1)$。

```
INCR key
```

•——INCRBY—値を指定した整数だけ増加

キーの値を指定した値だけ増加します。指定したキーが存在しない場合には、操作前に0の値がセットされます。値が整数として表すことができない場合にはエラーを返します。

計算量は$O(1)$。

```
INCRBY key increment
```

•——INCRBYFLOAT—値を指定した浮動小数点数だけ増加

浮動小数点数で表されるキーの値を、指定した値だけ増加します。指定したキーが存在しない場合には、操作前に0の値をセットします。数値を減らす場合はincrementに負の数を指定します。

計算量は$O(1)$。

```
INCRBYFLOAT key increment
```

*12 Round Trip Timeの略。クライアント・サーバー間を何度も往復していると、その間の往復の時間が大きなレイテンシーにつながります。

*13 RTT削減のためにほかにはパイプラインも使用できます。パイプラインでは、複数のリクエストの往復を集約して無駄な往復を減らすことで最適化されたものとなります。そのほかの機能も含めて詳細は3章で説明します。Redisクラスターを扱う際に、複数のキーを同時に扱う場合は同一シャード内で完結する必要があるという制限があります。これに対応するにはハッシュタグの利用などひと工夫必要になります。詳細は、8.3.2で説明します。

#### DECR—値を1減少

キーの値を1だけ減少します。指定したキーが存在しない場合には、操作前に0の値がセットします。値を整数として表せない場合にはエラーを返します。

計算量は$O(1)$。

```
DECR key
```

#### DECRBY—値を指定した整数だけ減少

キーの値を指定した値だけ減少します。指定したキーが存在しない場合には、操作前に0の値がセットします。値を整数として表せない場合にはエラーを返します。

計算量は$O(1)$。

```
DECRBY key decrement
```

#### 数値のString型のコマンドの補足

INCRコマンドは指定したキーを1の値だけ増加、INCRBYコマンドは指定したキーについて次に指定した値の数だけ増加させます。逆に、DECRコマンドは指定したキーを1の値だけ減少、DECRBYコマンドは指定したキーについて次に指定した値の数だけ減少させます。たとえば、10の値が設定されたmykeyに対してINCRBY mykey 5を実行するとmykeyの値は15になります。これらのコマンドは対象のキーに関連する値が10進数の符号付き整数として解釈できる場合に実行されます。そうでない場合は(error) ERR value is not an integer or out of rangeのようなエラーが返されて実行できません。

INCRBYFLOATコマンドは指定したキーを、キーの次に指定した値の数だけ増加させます。これらのコマンドは対象のキーに関連する値が倍精度浮動小数点の数として解釈できる場合に実行されます。そうでない場合は(error) ERR value is not a valid floatのようなエラーが返されて実行できません。

Column

### そのほかのString型で利用可能なコマンド

上記で取り上げた主要コマンド以外にも以下のようなString型のコマンドがあります。RedisからString型を操作するコマンドが豊富に用意されています。先ほど取り上げたコマンドで目的を達成できない場合、確認してみてください。

#### GETEX—TTL（秒単位）を設定してキーに値を取得

キーの値を取得します。オプションで失効期限も設定できます（Redis 6.2.0〜）。

計算量は$O(1)$。

```
GETEX key [ EX seconds | PX milliseconds | EXAT unix-time-seconds | PXAT unix-time-milliseconds |
 PERSIST]
```

#### GETDEL—キーの値を取得後にそのキーを削除

キーの値を取得し、同時にそのキーを削除します（Redis 6.2.0〜）。

計算量は$O(1)$。

```
GETDEL key
```

• MSETNX—複数のキーが存在しないことを確認して値を保存

複数のキー・値のペアを指定し、一括でキーに値をセットします。引数のキーのうち、一つでもキーがすでに存在する場合はすべてのセットに失敗します。

計算量は$O(N)$。

```
MSETNX key value [key value ...]
```

Column

### String型で廃止予定／廃止可能性のあるコマンド

String型ではいくつかのコマンドが将来的に廃止される予定、もしくは可能性があります。代替可能なコマンドがあり、そちらが推奨されているからです。主なものをまとめます。

- **GETSET**
  - 廃止予定。キーの値を取得後に値を設定。 SETコマンドのGETオプションで代用可。
- **SETNX**
  - 廃止可能性。キーが存在しないことを確認して値を保存。SETコマンドのNXオプションで代用可。
- **SETEX**
  - 廃止可能性。TTL（秒単位）を設定してキーに値を保存。SETコマンドのEXオプションで代用可。
- **PSETEX**
  - 廃止可能性。TTL（ミリ秒単位）を設定してキーに値を保存。SETコマンドのPXオプションで代用可。

## 2.2.5 String型の実行例

String型を実際に利用します。

ユーザーIDごとに対応するフルネームを管理することをモデル化し、RedisのString型に落とし込んでみましょう。

String型でuser:1キーに対してSatoという値をSETコマンドにより保存します。続けてuser:1というキー情報から値をGETコマンドで取得しています。

```
127.0.0.1:6379> SET user:1 "Sato"
OK
127.0.0.1:6379> GET user:1
"Sato"
```

user:1というキーの値に対して、末尾にTaroという文字列をAPPENDコマンドで付与します。続けてuser:1というキー情報から値をGETコマンドで取得しています。

```
127.0.0.1:6379> APPEND user:1 " Taro"
(integer) 9
127.0.0.1:6379> GET user:1
"Sato Taro"
```

### 一括で操作する

以下のキーと値の組み合わせをMSETコマンドにより一括で保存します。

| キー | 値 |
|---|---|
| user:2 | Suzuki Jiro |
| user:3 | Takahashi Saburo |
| user:4 | Tanaka Shiro |
| user:5 | Ito Goro |

その後、user:2、user:4というキー情報から値をMGETコマンドで一括に取得します。

```
127.0.0.1:6379> MSET user:2 "Suzuki Jiro" user:3 "Takahashi Saburo" user:4 "Tanaka Shiro" user:5 "Ito
 Goro"
OK
127.0.0.1:6379> MGET user:2 user:4
1) "Suzuki Jiro"
2) "Tanaka Shiro"
```

### キーに書き込み時の挙動を変更する

すでに存在するキーに書き込みをした場合、SETコマンドやMSETコマンドなど多くのコマンドのデフォルトの挙動は上書きです。

SETコマンドにはキーに書き込みする際の挙動を変更するオプションが多数用意されています（2.2.6参照）。

また、オプションだけではなく、それらの挙動に対応するコマンドが用意されている場合もあります。

たとえば、指定したキーが存在しない場合のみ値を保存したい状況を考えてみます。コマンドなら、キーに対して値が未設定の場合のみ値を設定し、設定の成否を返すSETコマンドのNXオプションが利用できます。

```
127.0.0.1:6379> SET user:2 "Watanabe Rokuro" NX
(nil)
127.0.0.1:6379> SET user:6 "Watanabe Rokuro" NX
OK
127.0.0.1:6379> GET user:2
"Suzuki Jiro"
127.0.0.1:6379> GET user:6
"Watanabe Rokuro"
```

ここでは先程user:2のキーに対して値を保存していたため、SETコマンドをNXオプションで実行してもnil、つまり失敗が返されます。キーに値が設定されなかったということです。GETコマンドで取得してもともと保存されていた値が取得できることを確認できます。user:6というまだ値を保存していないキーに対して実行するとOK、成功が返されます。キーに値が設定されたことがわかります。GETコマンドで取得しても値が正常に設定されていることを確認できます。

SETコマンドのNXオプションと同等のことはSETNXコマンドでも可能です。ただし、完全に同等ではなく、成否の返し方は違います*14。

### TTLを設定する

キーにはTTL（生存期間）を設定できます。

SETEXコマンドでは、キーに値を設定すると同時にTTLも設定できます。設定後、TTLコマンドでキーの残りのTTLを確認する例を示します。TTLが返す値（生存期間）は以下の例の場合297です。TTLを300秒と設定して3秒経過後に実行したことがわかります。

```
127.0.0.1:6379> SETEX user:7 300 "Yamamoto Nanaro"
OK
127.0.0.1:6379> TTL user:7
(integer) 297
```

同様のことは、SETコマンドを実行後、EXPIREコマンドを実行することでも実現できます。

```
127.0.0.1:6379> SET user:7 "Yamamoto Nanaro"
OK
127.0.0.1:6379> EXPIRE user:7 300
(integer) 1
127.0.0.1:6379> TTL user:7
(integer) 297
```

あるいは、下記のようにSETコマンドのEXオプションを利用することでも実現できます。

```
127.0.0.1:6379> SET user:7 "Yamamoto Nanaro" EX 300
OK
127.0.0.1:6379> TTL user:7
(integer) 297
```

String型を使用しているなら、アトミックに操作できるのでSETコマンドのEXオプション（もしくはSETEXコマンド）を、それ以外はEXPIREコマンドを使用すると良いでしょう。

### 数値のString型の実行例

数値のString型の実行例を示します。

ある1日にある通路を利用するユーザー数をカウントすることをモデル化し、RedisのString型に落とし込んでみましょう。

INCRコマンドやDECRコマンドは、String型のコマンドですが扱う値が数値の場合に実行できます。実行する際に、キーに対して値が設定されていない場合、デフォルト値を0として扱います。

次に示すのはcounter:day:1というキーに対して、カウンターを使用する例です。最初にINCRコマンドを実行すると、デフォルト値である0に値を1つ加算して1、もう1回実行すると、さらに1つ加算して2になります。INCRBYコマンドを実行すると、引数として指定した値だけ加算できます。ここでは、4人が同時に通路を利用したことを想定して、2に4を足して6の値となっています。

```
127.0.0.1:6379> INCR counter:day:1
(integer) 1
```

*14 戻り値については、SETNXコマンドとSETコマンドで差異があります。SETNXコマンドは1か0です。SETコマンドでNXオプションをつけた場合は、OKか(nil)です。

```
127.0.0.1:6379> INCR counter:day:1
(integer) 2
127.0.0.1:6379> INCRBY counter:day:1 4
(integer) 6
```

誤って多くカウントしてしまい、減算が必要になったとします。

1人多くカウントした場合はDECRコマンドを実行すると、値を1つ減算します。ここでは前回のINCRBYの実行後の6から1つ減算して5になります。

ここではさらに誤って4人カウントしてしまったとして、4だけ減算するように指定します。DECRBYコマンドを実行すると、指定した値だけ減算できます。

```
127.0.0.1:6379> DECR counter:day:1
(integer) 5
127.0.0.1:6379> DECRBY counter:day:1 4
(integer) 1
```

### 2.2.6 SETコマンドとオプション

SETコマンドには豊富なオプションが用意されています。現時点で利用可能なオプションは以下のものがあります。詳細は公式ドキュメント*15を参照してください。

- **EX/PXオプション**
  - TTL*16という失効時間を設定する。EXは秒単位、PXはミリ秒単位で指定する。
- **NX/XXオプション**
  - キーの存在の有無の条件に適合するときのみ保存する。
  - NXはキーが存在しない場合、XXはキーが存在する場合のみに保存する。
- **KEEPTTLオプション**
  - キーに関連付けられたTTLを変更しないで操作する（Redis 6.0~）。
- **EXAT/PXATオプション**
  - UNIX時間で失効時間を設定する。
  - EXATは秒単位、PXATはミリ秒単位で指定する（Redis 6.2~）。
- **GETオプション**
  - キーを指定して値の取得後、設定を続けて行う（Redis 6.2~）*17。

なお、SETEXコマンドでEXオプション、PSETEXコマンドでPXオプション、SETNXコマンドでNXオプション、GETSETコマンドでGETオプションと同等の内容を実行できます。しかしながら、これらのコマンドは将来的に廃止される可能性があり、SETコマンドとオプションの組み合わせが推奨されています。SETコマンドを利用できる場合は、こちらを使っておくのが良いでしょう。

EXAT/PXATオプションを使用する場合は、設定するTTLがNTPの時刻同期の影響を受けます。時刻同

*15 https://redis.io/commands/set

*16 Time To Liveの略。キーが失効するまでの残りの生存期間の時間を表します。

*17 Redis 7.0.0以降、GETオプションはNXオプションと組み合わせて使用できるようになりました。 https://github.com/redis/redis/pull/8906

期の状態には注意してください。

# 2.3 List型

List型は文字列（RedisのString型の値）のリストです。

リストのキーに対して、複数の値を、順序を維持して保持できます。値の挿入した順序（位置）を保つ、並び順のある型です。そのためスタックやキューなどに使いやすいです。必ずしも同一のものではないですが、プログラミング言語におけるリストに近いものだとお考えください。

特徴とユースケースを記します。

- **特徴**
  - 文字列のコレクション。挿入された順序を保つ
- **ユースケース**
  - スタック
  - キュー
  - SNSの最新投稿（ツイートなど）
  - ログ

図2.3 **List型のイメージ**

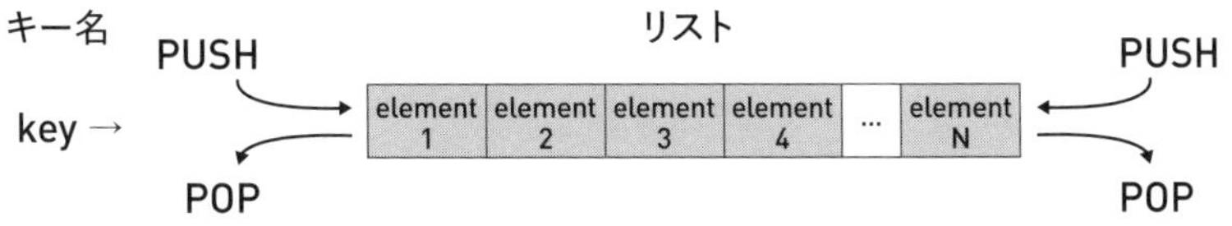


リストの左右それぞれについて、端に対する要素の追加・削除の操作やそれ以外でも部分的に要素を取得といった操作が可能です。新しい要素をリストの先頭や末尾に追加する操作は定数時間で完了します。しかし、中間部分へのアクセスが遅く、特に大きなデータで顕著になります。この挙動には注意を払うべきでしょう。

アプリケーションからの利用時にはこの点を考慮し、問題になる場合はリストをより小さい単位で管理する、あるいは別のデータ型でデータをより適切に表現できないか検討してみるとよいでしょう。

List型には、保存（追加）、取得ともにいくつかのコマンドがあります。

保存のコマンドで主なものは、リストの先頭（左端）に値を追加する`LPUSH`、リストの末尾（右端）に追加する`RPUSH`です。取得のコマンドでは範囲を指定して要素を返す、`LRANGE`（左端から）があります。

例を示します。List型の`mylist`というキー名のリストに対して、`LPUSH`で左から`foo`、`bar`、`baz`という値を順に入れていきます。`LRANGE`コマンドでリストの左から指定した範囲のデータを取り出します。

```
127.0.0.1:6379> LPUSH mylist foo bar baz
(integer) 3
127.0.0.1:6379> LRANGE mylist 0 -1
1) "baz"
2) "bar"
3) "foo"
```

mylistは左端からbaz bar fooで構成されています。挿入したのと同じ順序を持つ、文字列要素の集合です。

リストの左右それぞれについて、端に対する要素の追加・削除の操作やそれ以外でも部分的に要素を取得といった操作が可能です。先の例のLRANGE mylist 0 -1で示すように、0はリストに最初から取得することを意味します。-1はリストの最後を意味します。すなわち、リスト内の要素をすべて取り出すことを意味します。

### 2.3.1 List型の活用─人気コンテンツの表示

List型の活用を見てみましょう。

人気コンテンツの表示は、Redisの高速さが役立つ利用例です。ニュースサイトなどで直近の10個のトピックを表示する、Twitterなど投稿サイトのタイムラインを表示する際、Redisが活躍します。

このようなケースでは範囲指定して値を取得できるList型が最適です。

RDBMSから取得した直近10件を保持しておいて、RedisにList型としてキャッシュ、いつでも返せるようにするといった形で利用します。SQLのSELECT文でORDER BY time DESC LIMIT 10を実行してデータを取り出すよりも、Redisのほうが高速な処理が期待できます。

以下List型利用時のイメージ図です。ここでは、headlineというキーに対し、topic1...のように値が保存されています。

図2.4 ニュースのヘッドライン

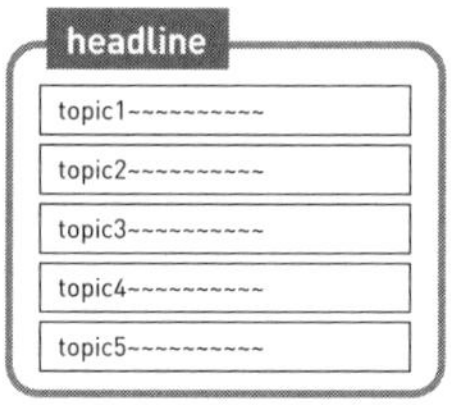


### 2.3.2 List型の各種コマンド

List型にどのようなコマンドがあるか説明します。

**List型で利用可能な主なコマンド**

List型のコマンドのうち、主なものを紹介します。詳細は、Redisの公式ドキュメントのList型のコマンド[*18]を参照してください。

**•——LPOP—リストの左から値を取得して削除**

キーで指定したリストから最初の要素を削除し、その値を返します。Redis 6.2以降はcountオプションで指定した数までの要素数を削除し、それらの値を返します。

計算量は$O(N)$。

```
LPOP key [count]
```

**•——LPUSH—リストの左から値を挿入**

キーで指定したリストに対して、指定した値をすべて先頭に挿入します。

計算量は$O(N)$。

```
LPUSH key element [element ...]
```

**•——RPOP—リストの右から値を取得して削除**

キーで指定したリストか末尾の要素を削除し、その値を返します。Redis 6.2以降はcountオプションで指定した数までの要素数を削除し、それらの値を返します。

計算量は$O(N)$。

```
RPOP key [count]
```

**•——RPUSH—リストの右から値を挿入**

キーで指定したリストに対して、指定した値をすべて末尾に挿入します。

計算量は$O(N)$。

```
RPUSH key element [element ...]
```

**•——LMPOP—リストの左もしくは右から複数の値を取得して削除**

キーで指定したリストから最初、もしくは最後から複数の要素を削除し、その値を返します（Redis 7.0.0〜）。以下の実行例のnumkeysで対象のリストのキーの数を指定します。countオプションで指定した数までの要素数を削除し、それらの値を返します。

計算量は$O(N+M)$。Mは返す要素数を表す。

```
LMPOP numkeys key [key ...] <LEFT | RIGHT> [COUNT count]
```

**•——BLMPOP—ブロック機能を備えたLMPOP**

キーで指定したリストから最初、もしくは最後から複数の要素を削除し、その値を返します（Redis 7.0.0〜）。countオプションで指定した数までの要素数を削除し、それらの値を返します。リストに要素がない場合は、処理をブロックし、順序付き集合に要素が追加されるまで処理を待機します。ただし、待機する最大時間は実行例のtimeoutで指定した値に制限されます。

計算量は$O(N+M)$。Mは返す要素数。

*18　https://redis.io/commands#list

```
BLMPOP timeout numkeys key [key ...] <LEFT | RIGHT> [COUNT count]
```

### LINDEX―リストで指定したインデックスにある値を取得

キーで指定したリストについて、指定したインデックスの位置にある要素を返します。

計算量は$O(N)$。

```
LINDEX key index
```

### LINSERT―リストで指定したインデックスに値を挿入

キーで指定したリストに対して、指定した要素の直前もしくは直後に同じく指定した要素を挿入します。指定した要素が見つからない場合には-1を返し、操作は行われません。

計算量は$O(N)$。

```
LINSERT key BEFORE|AFTER pivot element
```

### LLEN―リストの長さを取得

キーで指定したリストの長さを返します。

計算量は$O(1)$。

```
LLEN key
```

### LRANGE―リストで指定した範囲のインデックスにある値を取得

キーで指定したリストについて、インデックスの範囲（始点・終点）を指定してデータを返します。始点はインデックスが0ではじまります。始点・終点を含んだ範囲なので`LANGE x 0 3`なら先頭4つまで計4つの要素を返します。リスト内容のすべての要素を確認したい場合は`LRANGE x 0 -1`のように実行します。`RRANGE`コマンドはありません。あるインデックスから末尾に対して要素を取得したい場合は`LRANGE mylist -2 -1`のように負の整数を指定します。

計算量は$O(S+N)$。`S`は先頭もしくは末尾のうち、最も近いところから始点のオフセットの距離です。

```
LRANGE key start stop
```

### LREM―リストから指定した要素を指定した数だけ削除

キーで指定したリストについて、指定した要素を指定した要素数の数だけ削除します。指定した数が正であれば先頭から、負であれば末尾から、`0`であればすべての要素を削除します。

計算量は$O(N+M)$。`M`は削除する要素の数。

```
LREM key count element
```

### LSET―リストで指定したインデックスにある値を指定した値にセット

キーで指定したリストについて、指定したインデックスに対して値を更新します。

計算量は$O(N)$。

```
LSET key index element
```

#### LTRIM—指定した範囲のインデックスから構成されるリストに更新

キーで指定したリストについて、インデックスの範囲（始点・終点）を指定した要素のみから構成するリストに更新します。始点はインデックスが0ではじまります。始点・終点を含んだ範囲なのでLTRIM x 0 3なら先頭4つまで計4つの要素からなるリストに更新されます。

計算量は$O(1)$。

```
LTRIM key start stop
```

#### LPOS—リスト中の指定したインデックスにある値を取得

キーで指定したリストについて、探索対象の要素のインデックスを返す。デフォルトでは先頭から最初の一つのみを返します。オプションで何番目に一致した要素を返すか（RANKオプション）、いくつのインデックスを返すか（COUNTオプション）、探索する要素数（MAXLENオプション）を指定できます(Redis 6.0.6~)。

計算量は$O(N)$。

```
LPOS key element [RANK rank] [COUNT num-matches] [MAXLEN len]
```

#### List型のコマンドの補足

リストの左右一番端に要素を追加（プッシュ）するためにはLPUSH、RPUSHコマンド、要素を取り出すためにはそれぞれLPOP、RPOPコマンドを使用します。LPOP、RPOPコマンドによって実行された要素はリストから取り出され削除（ポップ）されます。

LRANGEコマンドで指定した範囲の要素も取得できます。

大きさに上限がリストのように最新の要素いくつかだけを保存する必要がある場合にはLTRIMというコマンドを利用できます。LRANGEコマンドは指定した範囲を表示してリストに変更を加えませんが、LTRIMコマンドでは表示せず変更が加えられるという違いがあります。

Column

### そのほかのList型で利用可能なコマンド

上記で取り上げた、主要なもの以外のList型のコマンドを紹介します。

Redisから List型を操作するコマンドが豊富に用意されています。先ほど取り上げた主なコマンドでは目的を実現できなかった場合、確認してみてください。

#### LPUSHX—リストがある場合のみ左から値を挿入

キーで指定したリストに対して、指定した値をすべて先頭に挿入します。ただし、LPUSHコマンドとは異なり、指定したキーが存在し、リストを保持している場合のみに操作が実行されます。

計算量は$O(N)$。

```
LPUSHX key element [element ...]
```

#### LMOVE—リスト間で要素を移動

指定したリストから先頭もしくは末尾の要素を削除し、その値を返します。同時にその値を宛先のリストの末尾または先頭に挿入します（Redis 6.2.0〜）。
計算量は$O(1)$。

```
LMOVE source destination LEFT|RIGHT LEFT|RIGHT
```

**•——— RPUSHX—リストがある場合のみ右から値を挿入**

キーで指定したリストに対して、指定した値をすべて末尾に挿入します。ただし、LPUSHコマンドとは異なり、指定したキーが存在し、リストを保持している場合のみ操作が実行されます。
計算量は$O(N)$。

```
RPUSHX key element [element ...]
```

**•——— BLPOP—ブロック機能を備えたLPOP**

キーで指定したリストから最初の要素を削除し、その値を返します。リストに要素がない場合は、処理をブロックし、リストに要素が追加されるまで処理を待機します。複数のリストをキーで指定した場合は、空ではないリストのうち、最初のものから値を削除し、その値を返します。
計算量は$O(1)$。

```
BLPOP key [key ...] timeout
```

**•——— BRPOP—ブロック機能を備えたRPOP**

キーで指定したリストから末尾の要素を削除し、その値を返します。リストに要素がない場合は、処理をブロックし、リストに要素が追加されるまで処理を待機します。複数のリストをキーで指定した場合は、空ではないリストのうち、最初のものから値を削除し、その値を返します。
計算量は$O(1)$。

```
BRPOP key [key ...] timeout
```

**•——— ブロックするコマンドのメリット**

LPOP、RPOPコマンドの動作にブロックする挙動が追加されたBLPOP、BRPOPというコマンドもあります。リストが空のような状況では、LPUSH、RPUSHコマンドによって実行できるようになるまで、最大タイムアウトで設定した時間だけ待機して接続をブロックします。タイムアウトとして0を設定した場合は無期限に待機します。プロセス間通信のようなアプリケーションでポーリングなどを実装しなくても、ブロック機能が利用できるコマンドを使用することでシンプルに実装できます。

Column

## List型で廃止予定／廃止可能性のあるコマンド

List型でもString型と同様にいくつかのコマンドが将来的に廃止される予定があります。主なものをまとめます。

- **RPOPLPUSH**
  - 廃止予定。リストの右から値を取得して削除して左から値を挿入。LMOVEコマンドのRIGHT LEFTオプションで代用可。

■ **BRPOPLPUSH**

■ 廃止予定。ブロック機能を備えたRPOPLPUSH。BLMOVEコマンドのRIGHT LEFTオプションで代用可。

### 2.3.3 List型の実行例

あるユーザー（1さん）のタイムラインに投稿された最新3件の投稿（ツイート）を表示することをモデル化して、RedisのList型に落とし込んでみましょう。

次に示すのは、List型のtimeline:1というキーに対して、LPUSHコマンドによりリストの左からHello!という値をプッシュする例です。その後、Breakfast Time、Lunch Time、Diner Time、Goodnight!という複数の値を同時に左から順番にプッシュできます。各コマンドの戻り値がリスト長となります。

```
127.0.0.1:6379> LPUSH timeline:1 "Hello!"
(integer) 1
127.0.0.1:6379> LPUSH timeline:1 "Breakfast Time" "Lunch Time" "Diner Time" "Good night!"
(integer) 5
```

先の例ではLPUSHの戻り値でリストの長さが確認できました。LLENコマンドでもリスト長を確認できます。ここではHello!、Breakfast Time、Lunch Time、Diner Time、Goodnight!の5つの値がtimeline:1のキーに含まれているため、LLENでは5の値が返されます。

```
127.0.0.1:6379> LLEN timeline:1
(integer) 5
```

LRANGEコマンドでは、リストの内容について範囲を指定して確認可能です。次の例では、リスト中の要素を左から3つ取得するように指定しています。なお、すべての要素を取得する場合は、LRANGE timeline:1 0 -1のように実行します。マイナスで逆から要素を数えた範囲となります。

```
127.0.0.1:6379> LRANGE timeline:1 0 2
1) "Good night!"
2) "Diner Time"
3) "Lunch Time"
```

## 2.4 Hash型

Hash型はフィールドと値を対としてマッピングされた、順番のない複数の対からなるデータ構造です。プログラミング言語では、連想配列やディクショナリーのような名称で同様のデータ構造を扱うことができます。RedisのHash型では、1つのキーに対してフィールドと値のペアから構成される複数の要素が関連付けられます。

特徴とユースケースをまとめます。

■ **特徴**

■ フィールドと値のペアの集合

- ■フィールドと、それに関連付けられた値から構成されるマップ。フィールドと値はどちらも文字列

**■ユースケース**

- ■オブジェクトの表現（たとえば、各ユーザーをオブジェクトと捉え、ユーザーごとに名前や年齢等の情報を保持する場合）

図2.5　**Hash型のイメージ**

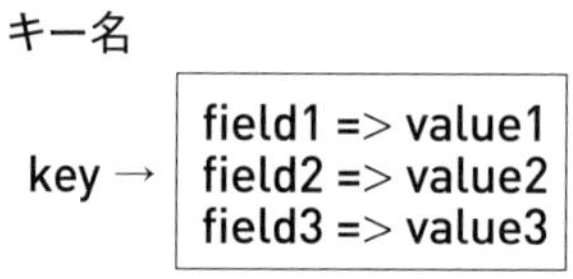


実行例を見ていきましょう。Hash型で、値としてあるオブジェクトを扱います。ここでは、Hash型でmyhashというユーザーのオブジェクトを指すキーに対して、以下のフィールドと値の組み合わせをHSETコマンドにより保存します。それからmyhashの名前情報を取り出すために、field1というフィールド情報から値をHGETコマンドで取得しています。

| フィールド | 値 |
|---|---|
| field1 | value1 |
| field2 | value2 |
| field3 | value3 |

```
127.0.0.1:6379> HSET myhash field1 value1 field2 value2 field3 value3
(integer) 3
127.0.0.1:6379> HGET myhash field1
value1
```

1つのハッシュに保存できるフィールド数は$2^{32}-1$（約43億）です。メモリー上に余裕があれば事実上制限はありません。そのため、アプリケーションでユーザーの名前や年齢といった特性をオブジェクトとして保存し、ユーザーごとにキーでマッピングして扱うといったことが可能です。

Hash型を上手に利用する工夫を紹介します。あるオブジェクトの複数の属性を異なる複数のString型の情報として保存している場合があったとします。

```
SET user:1:name "Suzuki Taro"
SET user:1:age 30
```

その場合、1つのHash型として管理することでメモリーを効率的に利用できます。これによって、より多くの情報を、Redis側で保存できる可能性が高まります。

リスト 2.1　HSETでHashとして管理

```
127.0.0.1:6379> HSET user:1 name "Suzuki Taro" age 30
(integer) 2
```

特にハッシュ内の要素数が少ない場合、要素の最大サイズが小さい場合には、Hash型のメモリー効率はより高まります*19。

また、一つのキーに複数の属性を持たせることで、ユーザー情報などの表現は扱いやすくなります。よりアプリケーション側の実装がシンプルになる可能性もあります。利用可能な場合はHash型を検討してみるとよいでしょう*20。

ただし、Hash型も万能ではありません。なんでも1つのHash型のキーに値を追加していくと、巨大なハッシュができあがり、コマンド実行時の処理時間で問題になりかねません。また、ハッシュ内の各フィールドには個別にTTLを設定できません（参照：Appendix A.2）。個別TTLの細かい設定が必要なら、String型を検討しましょう。

データ型の選択の判断に迷う場合はベンチマーク*21を取って比較するのも良いでしょう。

### 2.4.1　Hash型の活用―オブジェクトストレージ

Redisはオブジェクトストレージとしても利用できます。商品情報を保存する際に商品ごとの名前や価格、そのほか複数の属性があるようなオブジェクトストレージとして利用する場合は、RedisのHash型を利用することで容易に実現できます。

図2.6　オブジェクトストレージ

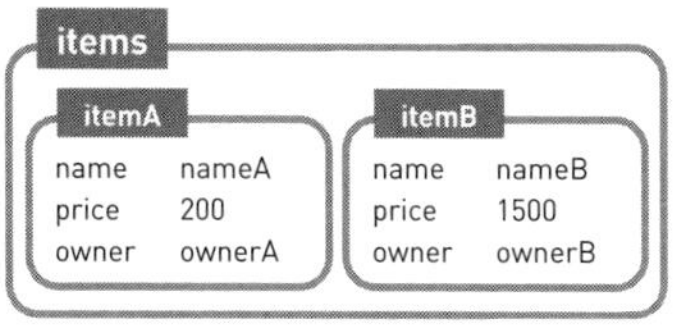


### 2.4.2　Hash型の主なコマンド

Hash型のコマンドについて解説します。

Hash型はString型同様にフィールドの値が数値の場合に利用できるコマンドと、値の内容にかかわらず利用可能なコマンドがあります。詳細は、Redisの公式ドキュメントのHash型のコマンド*22を参照してください。

*19　章内のコラムの内部エンコーディングで説明しますが、指定した要素数以下かつ指定したサイズ以下であればメモリー効率が非常に高い形式に内部的に変換されます。

*20　https://redis.io/topics/memory-optimization

*21　ベンチマークはあくまで参考程度に使用していただき、可能であれば本番環境と同等もしくはなるべく近い環境でテストしていただくことをおすすめします。

*22　https://redis.io/commands#hash

### Hash型で値の内容にかかわらず利用可能な主なコマンド

Hash型で扱う値の内容にかかわらず利用可能な、主なコマンドを取り上げます。

#### HDEL―ハッシュから指定したフィールドを削除

キーで指定したハッシュから指定したフィールドを削除します。

計算量は$O(N)$。

```
HDEL key field [field ...]
```

#### HEXISTS―ハッシュに指定したフィールドが存在することを確認

キーで指定したハッシュから指定したフィールドが存在すれば1、存在しなければ0を返します。

計算量は$O(1)$。

```
HEXISTS key field
```

#### HGET―ハッシュから指定したフィールドの値を取得

キーで指定したハッシュから指定したフィールドに関連づく値を返します。計算量は$O(1)$。

```
HGET key field
```

#### HGETALL―ハッシュからすべてのフィールドおよびそれに関連づく値のペアを取得

キーで指定したハッシュに含まれるすべてのフィールドおよびそれに関連づく値のペアを返します。

計算量は$O(N)$。

```
HGETALL key
```

#### HKEYS―ハッシュからすべてのフィールドを取得

キーで指定したハッシュに含まれる全フィールド名を返します。

計算量は$O(N)$。

```
HKEYS key
```

#### HLEN―ハッシュに含まれるフィールド数を取得

キーで指定したハッシュに含まれるフィールの数を返します。

計算量は$O(1)$。

```
HLEN key
```

#### HMSET―ハッシュから複数の指定したフィールドの値をセット

キーで指定したハッシュについて、複数のフィールド・値のペアを指定し、一括でフィールドに値をセットします。フィールドがすでに存在する場合は上書きします。

計算量は$O(N)$。

```
HMSET key field value [field value ...]
```

●――― **HSET―ハッシュから指定したフィールドの値をセット**

キーで指定したハッシュについて、フィールド・値のペアを指定し、フィールドに値をセットします。フィールドがすでに存在する場合は上書きします。Redis 4.0.0以降は複数のフィールド・値のペアを一括指定できます。

計算量は$O(N)$。

```
HSET key field value [field value ...]
```

●――― **HVALS―ハッシュからすべてのフィールドの値を取得**

キーで指定したハッシュについて、フィールドに関連づく値をすべて返します。

計算量は$O(N)$。

```
HVALS key
```

●――― **HSCAN―ハッシュをイテレート処理しながらフィールドおよびそれに関連づく値のペアの一覧を取得**

キーで指定したハッシュについて、フィールドの集合からイテレート処理して、フィールド名と関連づく値のペアの一覧を返します。

計算量は$O(1)$。

```
HSCAN key cursor [MATCH pattern] [COUNT count]
```

●――― **Hash型のコマンド（値に関係しないもの）の補足**

String型でGET/SETやMGET/MSETなどのコマンドがあったように、Hash型でもそれらに対応するようにHGET/HSETやHMGET/HMSETといったコマンドがあります。

HGETALLコマンドはキーに関連づく全フィールドと値のペアを返します。HKEYSコマンドはキーに関連づく全フィールドを、HVALSコマンドはキーに関連づく全値を返します。また、HLENコマンドでキーに関連づくフィールド数、HEXISTSコマンドで指定したフィールドがすでにキーに関連付けられているか、HDELコマンドは指定したフィールドをキーから削除します。

### Hash型で値が数値の場合のみ利用可能なコマンド

Hash型で扱うフィールドの値が数値の場合には以下のコマンドを実行できます。

●――― **HINCRBY―ハッシュで指定したフィールドの値を指定した整数だけ増加**

キーで指定したハッシュの指定したフィールドに関連づく値について、指定した値だけ増加します。指定したキーが存在しない場合には、操作前に0の値がセットされます。

計算量は$O(1)$。

```
HINCRBY key field increment
```

●――― **HINCRBYFLOAT―ハッシュで指定したフィールドの値を指定した浮動小数点数だけ増加**

キーで指定したハッシュの指定したフィールドに関連づく、浮動小数点数で表されるキーの値を、指定した値だけ増加します。指定したキーが存在しない場合には、操作前に0の値がセットされます。

計算量は$O(1)$。

```
HINCRBYFLOAT key field increment
```

Column

### そのほかのHash型で利用可能なコマンド

上記で取り上げた以外にも以下のようなHash型のコマンドがあります。

**• HSETNX—ハッシュにフィールドが存在しないことを確認して値を保存**

キーで指定したハッシュについて、フィールド・値のペアを指定し、フィールドに値をセットします。フィールドが存在しない場合は値を保存します。フィールドがすでに存在する場合は操作が行われません。

計算量は$O(1)$。

```
HSETNX key field value
```

**• HSTRLEN—ハッシュのフィールドの値の文字列の長さを取得**

キーで指定したハッシュについて、指定したフィールドの値の文字列の長さを返します。

計算量は$O(1)$。

```
HSTRLEN key field
```

**• HRANDFIELD—ハッシュに含まれるフィールド名をランダムに取得**

キーで指定したハッシュについて、ランダムでフィールドを返します。countオプションで返すフィールドの数を指定できます。マイナスの数を指定した場合はフィールドの重複を許可します。WITHVALUESオプションを指定した場合は、フィールドと値のペアを返します（Redis 6.2.0~）。

計算量は$O(N)$。

```
HRANDFIELD key [count [WITHVALUES]]
```

Column

### Hash型で廃止予定のコマンド

Hash型も将来的に廃止される予定のコマンドがあります。

■ **HMGET**

- 廃止予定。ハッシュから複数の指定したフィールドの値を取得。Redis 4.0.0以降、HSETコマンドで同等のことが実現可。

### 2.4.3 Hash型の実行例

あるユーザー（user:1）の個人情報を保存することをモデル化して、RedisのHash型に落とし込んでみましょう。

これまで本書を順に操作している場合は、キーの重複によりエラーになるため、FLUSHDBコマンドでデータベース内のデータを削除しておいてください。オプションは不要です。FLUSHDBコマンド（2.7.6

内のFLUSHDBを参照）の詳細は後述しますが、ひとまず現在操作しているRedisのデータベース内のデータをすべて削除するものと理解しておければ問題ありません。

```
127.0.0.1:6379> FLUSHDB
OK
```

Hash型でuser:1というキーに対してnameというフィールド名とTaroという値のペアをHSETコマンドにより保存する例となります。その後、user:1というキーのnameというフィールド情報から値をHGETコマンドで取得します。

```
127.0.0.1:6379> HSET user:1 name Taro
(integer) 1
127.0.0.1:6379> HGET user:1 name
"Taro"
```

user:1というキーについて、引き続き操作します。age、sex、emailというフィールドに対して、それぞれ30、male、taro@example.comという値をHMSETコマンドにより一括で保存する例です。

```
127.0.0.1:6379> HMSET user:1 age 30 sex male email taro@example.com
OK
```

上記フィールドのage、emailの値をHMGETコマンドで一括取得します。

```
127.0.0.1:6379> HMGET user:1 age email
1) "30"
2) "taro@example.com"
```

user:1というキーに対して、HDELコマンドによりフィールドの1つであるageを削除する例となります。その後、削除されたageのフィールドの内容を確認した場合nilが返ってくることが確認できます。

```
127.0.0.1:6379> HDEL user:1 age
(integer) 1
127.0.0.1:6379> HGET user:1 age
(nil)
```

user:1というキーに含まれるフィールド名の一覧情報を取得することがHKEYSコマンドの実行できます。

```
127.0.0.1:6379> HKEYS user:1
1) "name"
2) "sex"
3) "email"
```

Redisは基本的にシングルスレッドでリクエストを処理するため、コマンドの計算量が大きいと、処理実行中ほかのリクエストを受け付けない状態が発生します。HKEYSコマンドを含む*KEYS系のコマンドは$O(N)$と大きい計算量を持つため、本番環境での利用は推奨されません。

代わりに*SCAN系のコマンドでカーソルを設定して取得していくことが推奨されています。たとえば、

user:1に対してカーソルとして0を設定しフィールドを最初から取得する実行例となります。もし、レスポンスの最初の要素が0より大きければ、返された値をカーソルに設定して引き続き残りの値を取得していくことが可能です。

```
127.0.0.1:6379> HSCAN user:1 0
1) "0"
2) 1) "name"
   2) "Taro"
   3) "sex"
   4) "male"
   5) "email"
   6) "taro@example.com"
```

なお、user:1というキーに含まれる値の一覧情報取得はHVALSコマンドで可能です。

```
127.0.0.1:6379> HVALS user:1
1) "Taro"
2) "male"
3) "taro@example.com"
```

また、上記2つを組み合わせたuser:1というキーに含まれるフィールド名と値のペア情報の一覧情報を取得することがHGETALLコマンドの実行により可能です。

```
127.0.0.1:6379> HGETALL user:1
1) "name"
2) "Taro"
3) "sex"
4) "male"
5) "email"
6) "taro@example.com"
```

### 2.4.4 性能を発揮するための注意点

Hash型の性能を活かすには、いくつかの事項に注意を払わなくてはいけません。ユースケースによっては、String型を活用するほうがいいこともあります。ほかのデータ型でも似たような注意が必要なこともありますが、Hash型で陥りやすい罠もあるためここで取り上げます。

#### ハッシュの要素数もしくは最大要素数が大きいとき

1つのハッシュの要素数が多い場合もしくは最大要素数のサイズが大きい場合には、Hash型のメリットである内部エンコーディングのメモリー圧縮のメリットが活かしきれません（章内コラムの「内部エンコーディング」参照）。

このような状態に陥ったときは、内部エンコーディングに関するパラメーターを調整してメモリー圧縮をより効かせる、あるいはString型の利用を検討すると良いでしょう。

内部エンコーディングの変換にはCPUの負荷が伴います。パラメーターを調整する際は、留意すべきです。

内部エンコーディングを調整し、要素数のパラメーターを大きくする場合にはさらに注意点があります。内部的にはHGETコマンドはフィールドの値を取得する際には、ハッシュ内に含まれるすべてのフィールドの値を取得し、そこから指定したフィールドの値の情報を取り出し返す実装になっています。このとき、ハッシュの要素数がある値以下、かつ最大要素数のサイズがある値以下の場合には、線形時間のデータ構造になっています。

通常は要素数が小さいため定数時間で収まる範囲となります。しかしながら、要素数のパラメーターを大きくしすぎると、ハッシュ内のフィールド数に比例して探索に時間を要します。そのため、要素数の値を調整する際にはフィールドの取り出し等のオーバーヘッドの点でも十分に注意してください。

#### ハッシュの全体サイズが大きすぎる

1つのハッシュの全体のサイズが大きいと、Redisクラスター利用時（第8章参照）にはシャード間でデータの分散がしにくくなる可能性があります。

この場合は、String型のキーとして細かくして管理するとスケールが容易な構成になる可能性があります。

#### HDELコマンドの実行時間

キーで指定したハッシュがフィールド数の増加などで巨大なものになった場合、HDELコマンドを実行すると秒単位でリクエスト処理をブロックしてしまう可能性があります。HDELコマンドは、Nをハッシュ内のフィールド数としたとき、計算量が$O(N)$のコマンドです。すなわち、計算量がフィールド数に比例するコマンドとなります。同じHash型で計算量が$O(N)$であるHKEYSコマンドやHVALSコマンドなどを本番環境で使用してしまっている場合にはHSCANコマンドの置き換えで対応可能な場合があります。

スキーマ設計によっては、HDELコマンドは回避できないこともありえます。こうなるとスキーマ設計の見直し以外に問題を避けられなくなります。事前にベンチマークを取り、ハッシュをより細かい単位で分割して管理できないか、String型で管理するべきかといった点を考慮しながらスキーマ設計を検討してください。

## 2.5 Set型

Set型は文字列（RedisのString型の値）の集合です。集合のキーに対して、複数の値を順序なしで重複なく保持できます。

同じ値を複数回保存しても一つの値として保存されます。あるリソースに対して付与している1つ以上のタグ情報を管理する場合に使いやすいでしょう。また、日時ごとの訪問者を管理する集合に対して月単位のユニークな訪問者を算出するといった集合間の演算をする必要がある場合にも活用できます。

特徴とユースケースを記します。

- **特徴**
  - 順序なしの一意な文字列の集合
  - 対象の要素が含まれているかの確認や、集合間での和集合、差集合などの操作で共通要素や差分などの取り出しが可能
- **ユースケース**

- メンバーシップ
- タグ管理

図2.7 Set型のイメージ

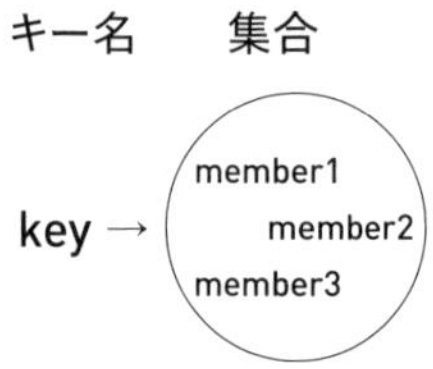


Set型でmysetというキー名を集合としてmember1、member2、member3というメンバーをSADDコマンドにより追加する例です。

```
127.0.0.1:6379> SADD myset member1 member2 member3
(integer) 3
```

その後、SMEMBERSコマンドで集合に対してメンバーの一覧を確認します。

```
127.0.0.1:6379> SMEMBERS myset
1) "member3"
2) "member1"
3) "member2"
```

RedisにおいてSet型は、各キーに対して1つの集合がマッピングされたもので、各集合はメンバーの重複が許可されないため一意な値となっています。またメンバー間で順番を持ちません。集合に対するメンバーの追加・削除に加えて、集合間での和集合や差集合、結合などの操作も可能です。

ある集合の要素数のカウントにSet型を利用する場合、データセットのサイズに比例して消費するメモリー量も大きくなります。その場合、多少誤差が許容できるような用途ではHyperLogLog機能（2.7.4）を活用できます。

### 2.5.1 Set型の活用—ユニークな利用者を調べる

一定期間におけるユニークな利用者数を調べるとなった場合、Redisが活躍します。RedisのSet型を利用することで重複を除外した利用者の集合を管理できます。

グループごとに集合として和集合などの演算結果を得ることもできます。HyperLogLogという機能で、多少の誤差はあるものの省メモリーにユニークな利用者を計算できます。ほかのデータ型などと組み合わせることで、より多様なリアルタイムな統計も少ない手間でモデル化できます。

図2.8　ユニークな利用者数の集計

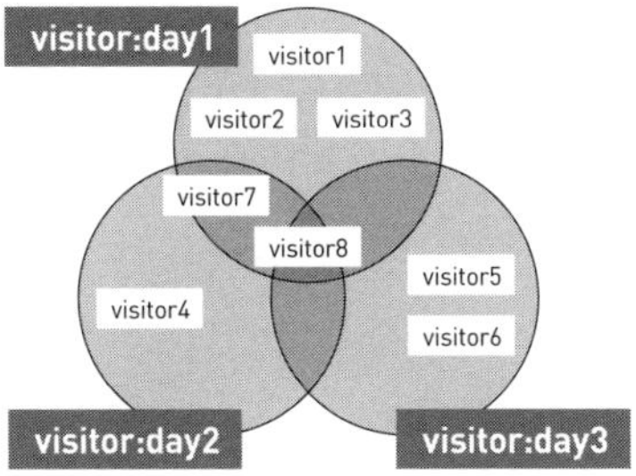


## 2.5.2　Set型のコマンド

Set型の主なコマンドを説明します。

### Set型で利用可能な主なコマンド

Set型のコマンドのうち主なものを取り上げて紹介します。詳細は、Redisの公式ドキュメントのSet型のコマンド*23を参照してください。

#### SADD—集合に1つ以上のメンバーを追加

キーで指定した集合について、指定した1つ以上のメンバーを追加します。

計算量は$O(1)$。

```
SADD key member [member ...]
```

#### SCARD—集合に含まれるメンバーの数を取得

キーで指定した集合について、保存されているメンバーの数を返します。

計算量は$O(1)$。

```
SCARD key
```

#### SISMEMBER—集合に指定したメンバーが含まれるかを判定

キーで指定した集合について、指定したメンバーが集合に含まれるかを表す真偽値を返します。

計算量は$O(1)$。

```
SISMEMBER key member
```

#### SMEMBERS—集合に含まれるすべてのメンバーを取得

キーで指定した集合について、すべてのメンバーを返します。

計算量は$O(N)$。

*23　https://redis.io/commands#set

```
SMEMBERS key
```

**SPOP—集合に含まれるメンバーをランダムで取得**

キーで指定した集合について、ランダムにメンバーを返します。countオプションを指定した場合は、最大で指定した要素数まで値を返します。

計算量は$O(1)$。

```
SPOP key [count]
```

**SREM—集合から1つ以上のメンバーを削除**

キーで指定した集合について、指定した1つ以上のメンバーを削除します。

計算量は$O(N)$。

```
SREM key member [member ...]
```

**SSCAN—集合をイテレート処理しながらメンバーの一覧を取得**

キーで指定した集合について、各メンバーをイテレート処理してメンバーの一覧を返します。

計算量は$O(1)$。

```
SADD key member [member ...]
```

**Set型のコマンドの補足**

SADDコマンドで集合へのメンバーの追加、SREMコマンドで集合からメンバーを削除します。SPOPコマンドは集合からランダムでメンバーを取り出し、同時にそれらのメンバーを削除します。引数で数値を指定すると、指定した数だけメンバーを取り出せます。SRANDMEMBERコマンドはSPOPコマンドと類似した挙動で、ランダムにメンバーを取り出しますが、取り出したメンバーの削除は行わない点で異なります。また、引数で数値を指定すると、指定した数だけメンバーを取り出すようになっています。

SMEMBERSコマンドは、指定したキーに関連づく集合のメンバー一覧を表示します。SISMEMBERコマンドは、指定したキーとフィールドについて、集合の中にそのフィールドが含まれるかを判定します。

### Set型で利用可能な集合演算のコマンド

集合を扱う上で、集合間の演算をする必要がある場面もあるでしょう。Redisでは集合演算のために次のコマンドを実行できます。

**SDIFF—集合間の差集合を取得**

キーで指定した1つ以上の集合について、それらの差集合を返します。

計算量は$O(N)$。

```
SDIFF key [key ...]
```

**SDIFFSTORE—集合間の差集合を取得して保存**

キーで指定した1つ以上の集合について、それらの差集合を指定した宛先のキーに保存します。SDIFFコマンドと類似した挙動ですが、指定した宛先のキーに保存し、戻り値は結果の集合に含まれる要素数である点において異なります。

計算量は$O(N)$。

```
SDIFFSTORE destination key [key ...]
```

#### SINTER―集合間の積集合を取得

キーで指定した1つ以上の集合について、それらの積集合を返します。

計算量は$O(N * M)$。Nは最も小さい集合の要素数、Mは集合の数です。

```
SINTER key [key ...]
```

#### SINTERSTORE―集合間の積集合を取得して保存

キーで指定した1つ以上の集合について、それらの積集合を指定した宛先のキーに保存します。SINTERコマンドと類似した挙動ですが、指定した宛先のキーに保存し、戻り値は結果の集合に含まれる要素数である点において異なります。

計算量は$O(N * M)$。Nは最も小さい集合の要素数、Mは集合の数です。

```
SINTERSTORE destination key [key ...]
```

#### SINTERCARD―集合間の積集合に含まれるメンバーの数を取得

キーで指定した1つ以上の集合について、それらの積集合のメンバーの数を返します。

計算量は$O(N * M)$。Nは最も小さい集合の要素数、Mは集合の数です。

```
SINTERCARD numkeys key [key ...] [LIMIT limit]
```

#### SUNION―集合間の和集合を取得

キーで指定した1つ以上の集合について、それらの和集合を返します。

計算量は$O(N)$。

```
SUNION key [key ...]
```

#### SUNIONSTORE―集合間の和集合を取得して保存

キーで指定した1つ以上の集合について、それらの和集合を指定した宛先のキーに保存します。SUNIONコマンドと類似した挙動ですが、指定した宛先のキーに保存し、戻り値は結果の集合に含まれる要素数である点において異なります。

計算量は$O(N)$。

```
SUNIONSTORE destination key [key ...]
```

#### 集合演算のコマンドの補足

和集合はSINTER/SINTERSTORE、差集合はSDIFF/SDIFFSTORE、結合はSUNION/SUNIONSTOREコマンドで行えます。

コマンドの名前の末尾にSTOREがついているものと、ついていないもので対になっています。STOREがついていない場合は結果を表示して元の集合には変更を加えないのに対して、STOREがついている場合は変更後の値を保存するキー名を指定します。

Column

### そのほかのSet型で利用可能なコマンド

上記で取り上げた以外にも以下のようなSet型のコマンドがあります。

**SMISMEMBER―集合に指定したメンバーが含まれるかを複数判定**

キーで指定した集合について、指定した1つ以上の各メンバーが集合に含まれるかを表す真偽値を返します（Redis 6.2.0~）。

計算量は$O(N)$。

```
SMISMEMBER key member [member ...]
```

**SMOVE―集合間でメンバーを移動**

キーで指定した集合について、指定したメンバーを宛先の集合に移動します。

計算量は$O(1)$。

```
SMOVE source destination member
```

**SRANDMEMBER―集合に含まれるメンバーをランダムで取得**

キーで指定した集合について、ランダムにメンバーを返します。countオプションを指定した場合は、最大で指定した要素数まで値を返します。マイナスの値を指定した場合は取り出すメンバーの重複を許可します。SPOPコマンドと類似した挙動ですが、SRANDMEMBERコマンドは実行後取り出した値を削除しない点で異なります（SPOPコマンドでは削除します）。

計算量は$O(N)$。

```
SRANDMEMBER key [count]
```

### 2.5.3 Set型の実行例

2022年8月29日と30日の計2日間で、ある場所に訪れた訪問者を管理することをモデル化して、RedisのSet型に落とし込んでみましょう。

Set型で2022年8月29日に訪れた訪問者の管理をするために、visitor:20220829というキー名を集合としてTaro、Jiro、SaburoというメンバーをSADDコマンドにより追加する例となります。戻り値は集合に追加されたメンバー数となります。

```
127.0.0.1:6379> SADD visitor:20220829 Taro Jiro Saburo
(integer) 3
```

visitor:20220829というキー名の集合に対してメンバーの一覧は、以下のようにSMEMBERSコマンドで確認できます。

```
127.0.0.1:6379> SMEMBERS visitor:20220829
```

```
1) "Saburo"
2) "Taro"
3) "Jiro"
```

visitor:20220829というキー名の集合に含まれる一意なメンバーの数はSCARDコマンドで確認できます。

```
127.0.0.1:6379> SCARD visitor:20220829
(integer) 3
```

同様に2022年8月30日に訪れた訪問者を管理します。visitor:20220830というキー名を集合としてJiro、Shiro、Goro、Rokuro、Nanaroというメンバーを追加したものを定義しておきます。

```
127.0.0.1:6379> SADD visitor:20220830 Jiro Shiro Goro Rokuro Nanaro
(integer) 5
```

SUNIONコマンドで集合間の和の結果を返します。

```
127.0.0.1:6379> SUNION visitor:20220829 visitor:20220830
1) "Nanaro"
2) "Saburo"
3) "Rokuro"
4) "Shiro"
5) "Taro"
6) "Jiro"
7) "Goro"
```

SINTERコマンドで集合間の積の結果を返します。

```
127.0.0.1:6379> SINTER visitor:20220829 visitor:20220830
1) "Jiro"
```

SDIFFコマンドで集合間の差の結果を返します。

```
127.0.0.1:6379> SDIFF visitor:20220829 visitor:20220830
1) "Taro"
2) "Saburo"
```

上記3つの演算コマンドには対応する*STORE系のコマンドがあります。これは第一引数として指定したキーに演算結果を格納します。たとえば、以下はvisitor:20220829とvisitor:20220830のキー名の集合に対して和を取った結果をvisitor:20220829-20220830というキー名の集合に格納する例となります。SMEMBERSコマンドでvisitor:20220829-20220830の内容を確認しても演算結果が格納されていることが確認できます。これは、2022年8月29日と30日の2日間の間に訪れた一意のユーザー名の一覧であることを意味します。ここで確認したSCARDコマンドの結果である7の値が、2日の間に訪れた一意のユーザーの数を表します。

```
127.0.0.1:6379> SUNIONSTORE visitor:20220829-20220830 visitor:20220829 visitor:20220830
(integer) 7
127.0.0.1:6379> SMEMBERS visitor:20220829-20220830
1) "Saburo"
2) "Nanaro"
3) "Rokuro"
4) "Shiro"
5) "Taro"
6) "Goro"
7) "Jiro"
127.0.0.1:6379> SCARD visitor:20220829-20220830
(integer) 7
```

ある集合に対して、メンバーがその集合に含まれているかをSISMEMBERコマンドで確認できます。たとえばvisitor:20220829というキー名の集合にはTaroというメンバーが含まれているため1という結果が返り要素が含まれています。逆にGoroというメンバーは含まれていないため、0という結果が返り、要素が含まれていないことが確認できます。

```
127.0.0.1:6379> SISMEMBER visitor:20220829 Taro
(integer) 1
127.0.0.1:6379> SISMEMBER visitor:20220829 Goro
(integer) 0
```

集合間でメンバーの移動できます。以下は、visitor:20220829というキー名の集合からvisitor:20220830というキー名の集合へvisitor:20220829-20220830のメンバーを移動する例となります。仮にあるメンバーを別の集合に誤って入力した場合であっても修正し、期待した集合に入力し直すこともできます。

```
127.0.0.1:6379> SMOVE visitor:20220829 visitor:20220830 Taro
(integer) 1
```

visitor:20220829-20220830のメンバーの移動後はvisitor:20220829というキー名の集合にはTaroというメンバーが含まれていません。そのため、あらためてSISMEMBERコマンドの結果を確認すると0という結果が返り、要素が含まれていることが確認できます。また、visitor:20220830というキー名の集合にはTaroというメンバーが含まれているため1という結果が返り要素が含まれていることが確認できます。

```
127.0.0.1:6379> SISMEMBER visitor:20220829 Taro
(integer) 0
127.0.0.1:6379> SISMEMBER visitor:20220830 Taro
(integer) 1
```

BitmapやHyperLogLogでも同じ例を用いて説明していますが、Set型はデータの追加、削除等の柔軟性を持ちながら、正確な値で合計数を算出しています。しかし、メモリーの使用量はメンバー数に比例して大きくなります。

## 2.6 Sorted Set型

Sorted Set型は、名前の通り、順序のあるSet型のようなものです。ゲーム系企業などがリアルタイムのランキングに活用することも多く、Redisの特徴とも言えるデータ型です。

Sorted Set型は各キーに対してスコアを持ったメンバーからなる1つの集合がマッピングされ、各集合はメンバーの重複が許可されないため一意な値となっています。

特徴とユースケースを記します。

- **特徴**
  - 順序ありの一意な文字列の集合
  - Set型と類似しているが、すべての要素にはスコアと呼ばれる浮動小数点数が関連付け。要素は常にスコアによりソートされており、Set型とは違い特定の範囲の要素を取り出すことが可能
- **ユースケース**
  - ランキング
  - アクティビティフィード

図2.9 **Sorted Set型のイメージ**

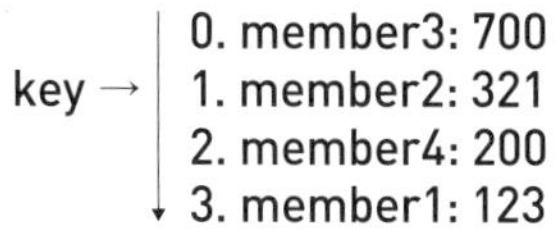


Sorted Set型の各キーは一意で、それぞれのキーはスコアと関連づいた順序付き集合です。スコアの高い上位10人のユーザーを算出するといったランキングなどの機能に活用できます。

各メンバーに対してスコアが関連付けられる点ではHash型と類似しています。しかし、Hash型の各フィールド情報は順序情報を持たないため、スコアの高い上位のユーザーを算出できません。

各集合内のメンバーの重複が許可されない点でSet型と類似しています。しかし、ユーザー情報とスコアの情報を同時に持たせるため、Redis側の機能では実現できません。メンバー情報にスコア情報も合わせて連結しても、メンバー間で順序情報を持たないため、簡単にスコアの高い上位ユーザーを算出できません。Sorted Set型はHash型とSet型が混在したような順序付き集合の型となって、より広範囲なデータモデルを実現しています。

Sorted Set型で`myzset`というキーに対して以下のメンバーと値の組み合わせを`ZADD`コマンドで追加する実行例です。

| メンバー | 値 |
|---|---|
| member1 | 123 |
| member2 | 321 |
| member3 | 700 |
| member4 | 200 |

その後、ZREVRANGEコマンドのWITHSCORESオプションでスコアが高い順にメンバーとスコアを対で表示しています。

```
127.0.0.1:6379> ZADD myzset 123 member1
(integer) 1
127.0.0.1:6379> ZADD myzset 321 member2
(integer) 1
127.0.0.1:6379> ZADD myzset 700 member3
(integer) 1
127.0.0.1:6379> ZADD myzset 200 member4
(integer) 1
127.0.0.1:6379> ZREVRANGE myzset 0 -1 WITHSCORES
1) "member3"
2) "700"
3) "member2"
4) "321"
5) "member4"
6) "200"
7) "member1"
8) "123"
```

### 2.6.1 Sorted Set型の活用―リアルタイムランキング

リアルタイムランキングを高い精度で実装しようと思ったとき、Redisは第一の選択肢になるでしょう。

Redisはゲーム会社などでリアルタイムのランキングに利用されることがあります。RDBMSは次のような処理についてパフォーマンスを落とさずにモデル化することがあまり得意ではありません。

1. **アイテム（ユニークなプレイヤーなど）のリストを保持**
2. **スコアでソート**
3. **リアルタイムに何度も更新する**

RedisではSorted Set型を利用することで、こういった処理を容易かつシンプルに実現できます*24。このような状況をモデル化することでパフォーマンスを引き出せ、より高速にデータの取得・更新も実現できます。

*24 注意点として、Sorted Set型は同一スコアを持つメンバーが複数ある場合、そのメンバー間はキーの辞書順でソートしてランク付けをします。これではユーザー名等によってランク付けの有利・不利等が出て、都合が悪いこともあるでしょう。その場合は、データの格納方法に一工夫加えれば、問題ないことが多いはずです。たとえば、時刻順で優劣をつけたい場合、スコアに10のべき乗をかけておき（ビット演算では左にシフトさせる形）、下何桁に時刻情報を格納する形が考えられます。ほかには、キーにプレフィックスを付与したり、サフィックスを付与してアプリケーション側でそれにもとづいた処理をするといった具合です。 https://redis.io/commands/zadd

図2.10 リアルタイムランキング

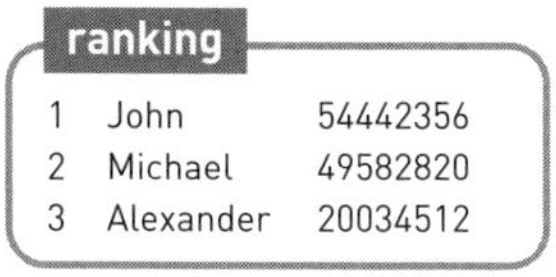


## 2.6.2 Sorted Set型のコマンド

Sorted Set型でどのような種類のコマンドがあるのか説明をします。

### Sorted Set型で利用可能な主なコマンド

Sorted Set型のコマンドは現在以下の種類のものがあります。詳細は、Redisの公式ドキュメントのSorted Set型のコマンド*25を参照してください。

#### ZADD―順序付き集合に1つ以上のスコアとメンバーペアを追加

キーで指定した順序付き集合について、指定したスコアとメンバーのペアを追加します。

計算量は$O(\log N)$。

```
ZADD key [ NX | XX] [ GT | LT] [CH] [INCR] score member [ score member ...]
```

NXやXXオプションはSETコマンドのオプション（2.2.6参照）と同様の要領で使用できます。GTオプションは指定したメンバーに現状登録されているスコアよりも、指定したスコアの方が大きい場合のみ値が更新されます。反対に、LTオプションは指定したスコアのほうが小さい場合のみ値が更新されます。

#### ZCARD―順序付き集合に含まれるメンバーの数を取得

キーで指定した順序付き集合について、保存されているメンバーの数を返します。

計算量は$O(1)$。

```
ZCARD key
```

#### ZRANK―順序付き集合で指定したメンバーのスコアの順位を低い順で取得

キーで指定した順序付き集合について、指定したメンバーの低い順での順位を取り出します。順位は0から始まります。

計算量は$O(\log N)$。Mは取り出される要素数です。

```
ZRANK key member
```

#### ZREVRANK―順序付き集合で指定したメンバーのスコアの順位を高い順で取得

キーで指定した順序付き集合について、指定したメンバーの高い順での順位を取り出します。順位は0から始まります。

*25 https://redis.io/commands#sorted_set

計算量は$O(\log N)$です。

```
ZREVRANK key member
```

### ZRANGE—順序付き集合で指定したスコアの範囲にあるメンバーの一覧を低い順で取得

キーで指定した順序付き集合について、指定したスコアの範囲にあるメンバーの一覧を低い順で取り出します。デフォルトでは最小値、最大値ともに指定した値も包含する形になります。

例として、1 < score <= 5のように指定する場合は、ZRANGE zset (1 5 BYSCORE。5 < score < 10なら、ZRANGEBYSCORE zset (5 (10のように実行します。WITHSCORESオプションでメンバーと関連づくスコアのペアの一覧を取り出します。Z*RANGE*系（*は0文字以上の文字列）のコマンドはZRANGEコマンドにオプションを使用したものに置き換えられます（Redis 6.2.0～）。

計算量は$O(\log N + M)$。Mは取り出される要素数です。

```
ZRANGE key min max [ BYSCORE | BYLEX] [REV] [LIMIT offset count] [WITHSCORES]
```

### ZRANGESTORE—順序付き集合で指定したスコアの範囲にあるメンバーの一覧を低い順で取得して保存

キーで指定した順序付き集合について、指定したスコアの範囲にあるメンバーの一覧を宛先のキーに保存します（Redis 6.2.0～）。ZRANGEコマンドと類似した挙動ですが、指定した宛先のキーに保存し、戻り値は結果の順序付き集合に含まれる要素数である点において異なります。

計算量は$O(\log N + M)$。Mは宛先の順序付き集合に保存される要素数です。

```
ZRANGESTORE dst src min max [ BYSCORE | BYLEX] [REV] [LIMIT offset count]
```

### ZREM—順序付き集合で指定したメンバーを削除

キーで指定した順序付き集合について、指定したメンバーを削除します。

計算量は$O(M * \log N)$。Mは取り出される要素数です。

```
ZREM key member [member ...]
```

### ZCOUNT—順序付き集合で指定したスコアの範囲にあるメンバーの要素数を取得

キーで指定した順序付き集合について、指定したスコアの範囲にあるメンバーの要素数を返します。1 < score <= 3のように指定する場合は、ZCOUNT myzset (1 3のように実行します。

計算量は$O(\log N)$。

```
ZCOUNT key min max
```

### ZPOPMAX—順序付き集合でスコアが最大のメンバーを削除し取得

キーで指定した順序付き集合からスコアが最大のメンバーを1つ削除し、そのメンバーと関連づくスコアのペアを返します（Redis 5.0.0～）。countオプションを指定した場合はその数だけ返します。

計算量は$O(M * \log N)$。Mは取り出される要素です。

```
ZPOPMAX key [count]
```

### ZPOPMIN—順序付き集合でスコアが最小のメンバーを削除し取得

キーで指定した順序付き集合からスコアが最小のメンバーを1つ削除し、そのメンバーと関連づくスコアのペアを返します（Redis 5.0.0〜）。countオプションを指定した場合はその数だけ返します。

計算量は$O(M * \log N)$。Mは取り出される要素数です。

```
ZPOPMIN key [count]
```

### ZSCORE—順序付き集合で指定したメンバーのスコアを取得

キーで指定した順序付き集合について、指定したメンバーのスコアを返します。

計算量は$O(1)$。

```
ZSCORE key member
```

### ZMSCORE—順序付き集合で複数指定したメンバーのスコアを取得

キーで指定した順序付き集合について、指定した1つ以上のメンバーのスコアを返します（Redis 6.2.0~）。

計算量は$O(N)$。

```
ZMSCORE key member [member ...]
```

### ZSCAN—順序付き集合でイテレート処理してメンバーの一覧を取得

キーで指定した順序付き集合について、各メンバーをイテレート処理してメンバーの一覧を返します。

計算量は$O(\log N)$。

```
ZSCAN key cursor [MATCH pattern] [COUNT count]
```

### ZMPOP—順序付き集合でスコアが最大もしくは最小のメンバーから複数削除して取得

キーで指定した順序付き集合からスコアが最大もしくは最小のメンバーを複数削除し、そのメンバーと関連づくスコアのペアを返します（Redis 7.0.0〜）。countオプションを指定した場合はその数だけ返します。

計算量は$O(K) + O(N * \log M)$。Kは指定する順序付き集合の数、Mは取り出される要素数です。

```
ZMPOP numkeys key [key ...] <MIN | MAX> [COUNT count]
```

### BZMPOP—ブロック機能を備えたZMPOP

キーで指定した順序付き集合からスコアが最大もしくは最小のメンバーを複数削除し、そのメンバーと関連づくスコアのペアを返します（Redis 7.0.0〜）。countオプションを指定した場合はその数だけ返します。順序付き集合に要素がない場合は、処理をブロックし、順序付き集合に要素が追加されるまで処理を待機します。

計算量は$O(K) + O(N * \log M)$。Kは指定する順序付き集合の数、Mは取り出される要素数です。

```
BZMPOP timeout numkeys key [key ...] <MIN | MAX> [COUNT count]
```

#### Sorted Set型のコマンドの補足

以下のように、Sorted Set型のコマンドでSet型にも相当するコマンドがありました。

| Sorted Set型 | Set型 |
|---|---|
| ZADD | SADD |
| ZCARD | SCARD |
| ZINTERSTORE | SINTERSTORE |
| ZREM | SREM |
| ZUNIONSTORE | SUNIONSTORE |
| ZSCAN | SSCAN |

Sorted Set型ではさらに各メンバー間にスコアが関連付けられており、ZRANKコマンドとZREVRANKコマンドでそれぞれ順序付き集合内における、小さい順と大きい順でのメンバーの順位を確認できます。また、ZSCOREコマンドでメンバーのスコアを確認、ZMSCOREコマンドで複数のメンバーを指定して一括でスコアを確認できます。

ZRANGEコマンドは、指定した範囲内の順序でメンバーを一覧表示します。REVオプションを使用した場合は逆順序で表示します。BYLEXオプションを付与した場合は、キーで指定した順序付き集合について、指定した辞書順の範囲にあるメンバーの一覧を低い順で取り出します。BYSCOREオプションを付与した場合は、指定した範囲内のスコアの順序でメンバーを一覧表示します。こちらのコマンドを実行する際、スコアに偏りがあり大量のデータを取得することで実行時間がかかり、処理をブロックしてしまわないように注意が必要です。

### Sorted Set型で利用可能な集合演算のコマンド

Sorted Set型は順序付き集合を扱います。集合を扱うという点でSet型と共通しており、Set型と同様に集合演算のためのコマンドが利用できます。

#### ZINTER—順序付き集合間の積集合を取得

キーで指定した1つ以上の順序付き集合について、それらの順序付きの積集合を返します（Redis 6.2.0~）。

計算量は$O(L + (N - K) * \log N)$。

```
ZDIFF numkeys key [key ...] [WITHSCORES]
```

#### ZINTERSTORE—順序付き集合間の積集合を取得して保存

キーで指定した1つ以上の順序付き集合について、それらの順序付きの積集合を指定した宛先のキーに保存します。入力するキーの数はnumkeysで指定します。ZINTERコマンドと類似した挙動ですが、指定した宛先のキーに保存し、戻り値は結果の集合に含まれる要素数である点において異なります。

計算量は$O(N * K + M * \log M)$。

```
ZINTERSTORE destination numkeys key [key ...] [WEIGHTS weight [weight ...]] [AGGREGATE SUM | MIN |
MAX]
```

#### ZINTERCARD—順序付き集合間の積集合に含まれるメンバーの数を取得

キーで指定した1つ以上の順序付き集合について、それらの順序付きの積集合のメンバーの数を返します（Redis 7.0.0〜）。

計算量は$O(N * K)$。Nは最も小さい順序付き集合の要素数、Kは順序付き集合の数です。

```
SINTERCARD numkeys key [key ...] [LIMIT limit]
```

#### ZDIFF—順序付き集合間の差集合を取得

キーで指定した1つ以上の順序付き集合について、それらの順序付きの差集合を返します（Redis 6.2.0〜）。

計算量は$O(L + (N - K) * \log N)$。

```
ZDIFF numkeys key [key ...] [WITHSCORES]
```

#### ZDIFFSTORE—順序付き集合間の差集合を取得して保存

キーで指定した1つ以上の順序付き集合について、それらの順序付きの差集合を指定した宛先のキーに保存します（Redis 6.2.0〜）。入力するキーの数はnumkeysで指定します。ZDIFFコマンドと類似した挙動ですが、指定した宛先のキーに保存し、戻り値は結果の集合に含まれる要素数である点において異なります。

計算量は$O(L + (N - K) * \log N)$。Lはすべての順序付き集合内の全要素数。Nは最初の片側の順序付き集合の要素数。Kは結果の順序付き集合の要素数。

```
ZDIFFSTORE destination numkeys key [key ...]
```

#### ZUNION—順序付き集合間の和集合を取得

キーで指定した1つ以上の順序付き集合について、それらの順序付きの和集合を返します（Redis 6.2.0〜）。

計算量は$O(\log N)$。

```
ZUNION numkeys key [key ...] [WEIGHTS weight [weight ...]] [AGGREGATE SUM | MIN | MAX] [WITHSCORES]
```

#### ZUNIONSTORE—順序付き集合間の和集合を取得して保存

キーで指定した1つ以上の順序付き集合について、それらの順序付きの和集合を指定した宛先のキーに保存します。ZUNIONコマンドと類似した挙動ですが、指定した宛先のキーに保存し、戻り値は結果の集合に含まれる要素数である点において異なります。

計算量は$O(N + M * \log M)$。Mは取り出される要素数です。

```
ZUNIONSTORE destination numkeys key [key ...] [WEIGHTS weight [weight ...]] [AGGREGATE SUM | MIN |
MAX]
```

Column

### そのほかのSorted Set型で利用可能なコマンド

上記で取り上げた以外にも以下のようなSorted Set型のコマンドがあります。

**•——— ZREMRANGEBYLEX—順序付き集合で指定した辞書順の範囲にあるメンバーをすべて削除**

キーで指定した順序付き集合について、指定した辞書順の範囲にあるメンバーをすべて削除します。

計算量は$O(\log N + M)$。Mは取り出される要素数です。

```
ZREMRANGEBYLEX key min max
```

**•——— ZREMRANGEBYRANK—順序付き集合で指定した順位の範囲にあるメンバーをすべて削除**

キーで指定した順序付き集合について、指定した順位の範囲にあるメンバーをすべて削除する。順位は0から始まります。

計算量は$O(\log N + M)$。Mは取り出される要素数です。

```
ZREMRANGEBYRANK key start stop
```

**•——— ZREMRANGEBYSCORE—順序付き集合で指定したスコアの範囲にあるメンバーをすべて削除**

キーで指定した順序付き集合について、指定したスコアの範囲にあるメンバーをすべて削除します。デフォルトでは最小値、最大値ともに指定した値も包含する形になりますが、最小の要素から2より小さいスコアのランクの範囲を指定する場合は、ZREMRANGEBYSCORE myzset -inf (2のように実行します。

計算量は$O(\log N + M)$。Mは取り出される要素数です。

```
ZREMRANGEBYSCORE key min max
```

**•——— ZLEXCOUNT—順序付き集合で指定した辞書順の範囲にあるメンバーの要素数を取得**

キーで指定した順序付き集合について、指定した辞書順の範囲にあるメンバーの要素数を返します。

計算量は$O(\log N)$。

```
ZLEXCOUNT key min max
```

**•——— ZRANDMEMBER—順序付き集合に含まれるメンバーをランダムで取得**

キーで指定した順序付き集合について、ランダムにメンバーを返します（Redis 6.2.0~）。countオプションを指定した場合は、最大で指定した要素数まで値を返します。マイナスの値を指定した場合は取り出すメンバーの重複を許可します。WITHSCORESオプションでメンバーと関連づくスコアのペアの一覧を取り出します。

計算量は$O(N)$。

```
ZRANDMEMBER key [count [WITHSCORES]]
```

**•——— ZINCRBY—順序付き集合のスコアを指定した整数だけ増加**

キーで指定した1つ以上の順序付き集合について、指定したメンバーに指定した値を加算します。マイナスのスコアを指定した場合は減算します。

計算量は$O(\log N)$。

```
ZINCRBY key increment member
```

**•——— BZPOPMIN—ブロック機能を備えたZPOPMIN**

キーで指定した順序付き集合からスコアが最小のメンバーを1つ削除し、そのメンバーと関連づくスコアのペアを返します（Redis 5.0.0~）。countオプションを指定した場合はその数だけ返します。順序付き集合に要素がない場合は、処理をブロックし、順序付き集合に要素が追加されるまで処理を待機します。

計算量は$O(\log N)$。

```
BZPOPMIN key [key ...] timeout
```

**BZPOPMAX―ブロック機能を備えたZPOPMAX**

キーで指定した順序付き集合からスコアが最大のメンバーを1つ削除し、そのメンバーと関連づくスコアのペアを返します（Redis 5.0.0~）。countオプションを指定した場合はその数だけ返します。順序付き集合に要素がない場合は、処理をブロックし、順序付き集合に要素が追加されるまで処理を待機します。

計算量は$O(\log N)$。

```
BZPOPMAX key [key ...] timeout
```

**Sorted Set型の集合関連のコマンドの補足**

Redis 6.2.0以降、ZRANGEコマンド関連の体系が整理されました。それ以前のコマンドに対する、ZRANGEコマンドのオプションの対応関係は以下のとおりです。これらのコマンドは互換性のため、現在も利用できるものの、将来的に廃止される予定です。

| オプション（新） | コマンド（旧） |
|---|---|
| REVオプション | ZREVRANGEコマンド |
| BYLEXオプション | ZRANGEBYLEXコマンド |
| REVオプションとBYLEXTオプションの同時指定 | ZREVRANGEBYLEXコマンド |
| BYSCOREオプション | ZRANGEBYSCOREコマンド |
| REVオプションとBYSCOREオプションの同時指定 | ZREVRANGEBYSCOREコマンド |

Sorted Set型についてもString型やHash型と同様にフィールドの値が数値の場合に利用できるコマンドと、値の内容にかかわらず利用可能なコマンドがあります。値が数値の場合に扱えるものとしてZINCRBYコマンドがあり、指定したメンバーに指定した値だけ加算します。スコアをマイナスするために、ZDECRBYコマンドといったものは用意されていません。ZINCRBYコマンドでマイナスのスコアを指定することで減算できるためです。

Column

## Sorted Set型で廃止予定／廃止可能性のあるコマンド

Sorted Set型でもいくつかのコマンドが将来的に廃止される予定があります。主なものをまとめます。

■ **ZREVRANGE**

■ 廃止予定。順序付き集合で指定したスコアの範囲にあるメンバーの一覧を高い順で取得。ZRANGEコマンドのREVオプションで代用可。

■ **ZRANGEBYSCORE**

■ 廃止予定。順序付き集合で指定したスコアの範囲にあるメンバーの一覧を低い順で取得。ZRANGEコマンドのBYSCOREオプションで代用可。

■ **ZREVRANGEBYSCORE**
- 廃止予定。順序付き集合で指定したスコアの範囲にあるメンバーの一覧を高い順で取得数)。ZRANGEコマンドのBYSCOREとREVオプションで代用可。

■ **ZRANGEBYLEX**
- 廃止予定。順序付き集合で指定した辞書順の範囲にあるメンバーを低い順で取得。ZRANGEコマンドのBYLEXオプションで代用可。

■ **ZREVRANGEBYLEX**
- 廃止予定。順序付き集合で指定した辞書順の範囲にあるメンバーを高い順で取得。ZRANGEコマンドのBYLEXとREVオプションで代用可。

### 2.6.3 Sorted Set型の実行例

あるゲームのイベント（イベント1とする）で、ユーザー間でスコアを競い合い、ランキングを表示することをモデル化してRedisに落とし込んでみましょう。

Sorted Set型でrank:event:1というキーに対して次のメンバーをZADDコマンドにより追加する実行例です。

- **324891というスコアを持ったTaro**
- **276302というスコアを持ったJiro**
- **255547というスコアを持ったSaburo**
- **311121というスコアを持ったShiro**

```
127.0.0.1:6379> ZADD rank:event:1 324891 Taro
(integer) 1
127.0.0.1:6379> ZADD rank:event:1 276302 Jiro
(integer) 1
127.0.0.1:6379> ZADD rank:event:1 255547 Saburo
(integer) 1
127.0.0.1:6379> ZADD rank:event:1 311121 Shiro
(integer) 1
```

ZRANGEコマンドでスコアを小さい順に指定した範囲の順位のメンバーを表示します。ただし、ランキングなどではスコアの高い順に使用することも多いでしょう。その場合、ZREVで始まるコマンドを使用します。ZRANGEコマンドを逆順で表示させたい場合はZREVRANGEコマンドを使用します。0で最初の要素から、マイナスで逆から数えた要素の箇所を指定します。WITHSCORESオプションも指定しておくことでスコアも同時に取り出せます。

```
127.0.0.1:6379> ZREVRANGE rank:event:1 0 -1 WITHSCORES
1) "Taro"
2) "324891"
3) "Shiro"
4) "311121"
5) "Jiro"
6) "276302"
7) "Saburo"
8) "255547"
```

メンバーのスコアはZSCOREコマンドで確認できます。以下の例では、先程指定したShiroのメンバーに311121のスコアが設定されていることが確認できます。

```
127.0.0.1:6379> ZSCORE rank:event:1 Shiro
"311121"
```

また、順位は0から始まるため、以下の例のようにZREVRANKコマンドの結果がShiroメンバーがスコアの高い順で1、つまり全体では1の値を足した2位であることが確認できます。

```
127.0.0.1:6379> ZREVRANK rank:event:1 Shiro
(integer) 1
```

Redis 5.0.0以降利用可能なZPOPMAXコマンドの実行例です。スコアが最も高い要素を持ったメンバー名とスコアが返され、その結果がポップして取り除かれています。例では実際に、TaroとShiroの結果がrank:event:1のキーからなくなっていることが確認できます。

```
127.0.0.1:6379> ZPOPMAX rank:event:1
1) "Taro"
2) "324891"
127.0.0.1:6379> ZPOPMAX rank:event:1
1) "Shiro"
2) "311121"
127.0.0.1:6379> ZREVRANGE rank:event:1 0 -1 WITHSCORES
1) "Jiro"
2) "276302"
3) "Saburo"
4) "255547"
```

## 2.7 代表的な機能と関連するコマンド

ここまで、Redisの主なデータ型とコマンドについて解説してきました。Redisでは5つのデータ型でデータを操作できますが、それ以外にも特定の用途に特化した補助的なデータ型もあります。これらの補助的なデータ型は5つのデータ型のいずれかを内部的に利用しています。

また、データを直接操作する豊富な機能があります。こちらは、データをどのように表現するかというより、データをどのように活用するかという点を意識した機能です。

この補助的なデータ型および機能に付随してコマンドが整理されているため、ここではデータ型と並べて紹介しています。

ここから、そのほかの代表的な補助的なデータ型および機能とそれらに関連するコマンドについて解説していきます。

### 2.7.1 Bitmap（Bit Array）

Bitmapはビット配列（Bit Array）とも呼ばれるデータ構造です。

扱っているデータモデルがビットのセットの有無および位置関係で対応付けられる場合、こちらの機能に落とし込むことで省メモリー化を実現できる可能性があります。たとえば、各ビットの位置をユーザーIDと対応付けられる場合、その位置の`1`か`0`の値を確認することで、ある機能を利用の有無などをユーザーごとに管理できます。

Redisでは Bitmap機能としてビット関連の操作が提供されているため、一見すると独自のデータ型のように見えます。しかしながら、実際にはString型で定義された、ビット操作できるように特定用途に特化した補助的なデータ型です。

図2.11 **Bitmap機能のイメージ**

Bitmapの動作例を紹介します。`mybit`というキーに対して`100`の値のオフセットの位置に`1`の値を`SETBIT`コマンドでセットします。その後、`GETBIT`コマンドで`100`および`101`のオフセットのビットを確認します。

```
127.0.0.1:6379> SETBIT mybit 100 1
(integer) 0
127.0.0.1:6379> GETBIT mybit 100
(integer) 1
127.0.0.1:6379> GETBIT mybit 101
(integer) 0
```

このように、Bitmapでビット列を扱うことが可能です。真か偽かの2値で表される情報に対してメモリー空間を効率的に扱うことが可能です。

特徴とユースケースを記します。

- **特徴**
  - ビット列による操作
  - 個々のビットをセットまたはクリアしたり、ビットの数のカウント、最初の0もしくは1がセットされているビットの位置の検索、演算したりできる
  - Bitmapを複数キーに分割してシャーディングすることも容易
- **ユースケース**
  - 全種類のリアルタイム分析
  - オブジェクトIDに関連づく2値情報の保存

メモリー空間を効率的に扱えることがメリットではあります。しかしながら、一定期間内の数を数え

るといった用途で対象の数が少ない場合にはBitmapで扱うと非常にスパースな状態となり、あまり効率的に使用できない可能性もあります。こういった状況下では、Set型の方が効率的に使用できる可能性もあります。

また、既存のBitmapのサイズが小さい状態でオフセットを大きくしてビットをセットした場合、Bitmapにメモリーを追加で割り当てられて拡張され0で埋め合わされます。その間、Redisサーバーがブロックされる可能性もあります。

なお、先程の実行例に連続してTYPEを試すと、SETBITで生成したはずのmybitもString型だとわかります。

```
127.0.0.1:6379> TYPE mybit
string
```

#### Bitmapで利用可能なコマンド

Bitmapには以下のコマンドがあります。詳細は、Redisの公式ドキュメントのString型のコマンド*26を参照してください。

##### •―― GETBIT―指定したオフセットのビットの値を取得

キーで指定したBitmapについて、指定したオフセットのビットの値を取り出します。

計算量は$O(1)$。

```
GETBIT key offset
```

##### •―― SETBIT―指定したオフセットにビットの値をセット

キーで指定したBitmapについて、指定したオフセットにビットの値のセットおよび解除します。戻り値として、オフセットにもともと設定されていたビットの値を返します。

計算量は$O(1)$。

```
SETBIT key offset value
```

##### •―― BITCOUNT―Bitmapのビット数を取得

BITCOUNTコマンドでBitmap内のビットの数を数えます。探索する範囲も指定できます。デフォルトではバイト単位で開始と終了時点を指定できますが、Redis 7.0.0以降ではBITオプションを指定することによりビット単位で取得する範囲を指定できます。

計算量は$O(1)$。

```
BITCOUNT key [start end [BYTE | BIT]]
```

##### •―― BITOP―ビット演算の結果を算出

指定した1つ以上のキーで指定したBitmapについて、演算結果を指定した宛先のキーに保存します。演算子としてAND、OR、XOR、NOTが利用できます。

計算量は$O(N)$。

＊26 https://redis.io/commands#string

```
BITOP operation destkey key [key ...]
```

#### BITPOS—指定したビットの最初の位置を取得

キーで指定したBitmapについて、指定したビットの最初の位置を返します。探索する範囲も指定できます。デフォルトではバイト単位で開始と終了時点を指定できますが、Redis 7.0.0以降ではBITオプションを指定することによりビット単位で取得する範囲を指定できます。

計算量は$O(1)$。

```
BITPOS key bit [start [end [BYTE | BIT]]]
```

#### BITFIELD—複数のビットフィールドを同時に操作

キーで指定したBitmapについて、1つ以上のビットフィールドを同一コマンド上で同時に操作できます。複数の操作を指定した場合は、配列として値を返し、各要素に対して各操作で行った結果が格納されます。

計算量は$O(1)$。

```
BITFIELD key GET encoding offset | [OVERFLOW WRAP | SAT | FAIL] SET encoding offset value | INCRBY
encoding offset increment [ GET encoding offset | [OVERFLOW WRAP | SAT | FAIL] SET encoding offset
value | INCRBY encoding offset increment ...]
```

#### BITFIELD_RO—読み込み専用のBITFIELDコマンド

BITFIELDコマンドを読み込み専用にしたものです（Redis 6.2.0〜）。読み込み専用コマンドを利用することで、Redisクラスターのリダイレクトの不要な実行を避けられます。

計算量は$O(1)$。

```
BITFIELD_RO key GET type offset
```

#### Bitmapのコマンドの動作の詳細

SETBITコマンドで指定したオフセットに値を設定し、GETBITコマンドで指定したオフセットの値を取得します。BITPOSコマンドで指定したビットの値が、指定した範囲で最初に現れる位置を絶対的な位置で返します。指定した範囲からの相対的な位置ではありません。

BITCOUNTコマンドでBitmap内のビットの数を数えます。オプションで数える対象の範囲指定もできます。

BITOPコマンドでビット演算もできます。BITOPではサブコマンドとして、AND、OR、XOR、NOTコマンドを使用できます。たとえば、キー名を名前空間として一定期間ごとに分けている場合、ORコマンドで指定したキーにおける期間の全体数の集計などに使うことができます。

BITFIELDコマンドでBitmap内の1つ以上のビットフィールドを同一コマンド上で同時に操作できます。サブコマンドとして、GET、SET、INCRBY、OVERFLOWが用意されています。

それぞれのオプションの詳細は以下の通りとなります。コマンドの引数として指定する<type>は64ビットまでの符号付き整数、および63ビット以下の符号なし整数を表します。たとえば、5ビットの符号あり整数（signed Integer）の場合はi5、4ビットの符号なし（Unsigned integers）整数の場合はu4のように指定します。

- **GET**（**GET <type> <offset>**）
  - 指定したオフセットのビットの値を取り出す。
- **SET**（**SET <type> <offset> <value>**）
  - 指定したオフセットにビットの値のセットおよび解除する。
  - 戻り値として、オフセットにもともと設定されていたビットの値を返す。
- **INCRBY**（**INCRBY <type> <offset> <increment>**）
  - 指定したオフセットのビットの値を指定した値だけ増加させる。
  - 値を減少させるために、String型のDECRBYのようなコマンドは用意されておらず、INCRBYオプションで負の値として指定する。
- **OVERFLOW**（**OVERFLOW [WRAP|SAT|FAIL]**）
  - INCRBYオプション実行時にtypeで指定したデータの範囲を上回る（オーバーフロー）もしくは下回る（アンダーフロー）時の挙動を定義します。
  - 次のOVERFLOWオプションまでのINCRBYオプションで指定した値のみ影響する。
  - WRAPはオーバーフローおよびアンダーフロー時に値を折り返します。たとえば、typeで指定した最大値を超える場合には最小値の値から開始します。
  - SATはオーバーフロー時にtypeで指定した最大値、アンダーフロー時はtypeで指定した最小値に値を設定します。
  - FAILはオーバーフローやアンダーフローが検出されても何も処理を行いません。

### Bitmapのコマンドの実行例

Set型と同じ例を用いて、2022年8月29日と30日の計2日間である場所に訪れた訪問者を管理することをモデル化して、RedisのBitmap機能に落とし込みます。

本書を順に操作している場合は、異なるデータ型でキーの重複によりエラーになるため、いったんオプションなしでFLUSHDBを実行してください。

Bitmapで2022年8月29日に訪れた訪問者を管理します。visitor:20220829というキーに対して、ユーザーID 100、200、300のメンバーをオフセットの値として指定し、SETBITコマンドで記録します。

```
127.0.0.1:6379> SETBIT visitor:20220829 100 1
(integer) 0
127.0.0.1:6379> SETBIT visitor:20220829 200 1
(integer) 0
127.0.0.1:6379> SETBIT visitor:20220829 300 1
(integer) 0
```

visitor:20220829というキーに対して300のオフセットのビットについて確認すると1の値がセットされていることを確認できます。一方で、何も操作していない301のオフセットのビットについて確認すると0の値がセットされていることを確認できます。

```
127.0.0.1:6379> GETBIT visitor:20220829 300
(integer) 1
127.0.0.1:6379> GETBIT visitor:20220829 301
(integer) 0
```

同様にvisitor:20220830というキーに対してユーザーID 200、400、500、600、700をオフセットの値として指定し、SETBITコマンドにより追加する1にセットします。

```
127.0.0.1:6379> SETBIT visitor:20220830 200 1
(integer) 0
127.0.0.1:6379> SETBIT visitor:20220830 400 1
(integer) 0
127.0.0.1:6379> SETBIT visitor:20220830 500 1
(integer) 0
127.0.0.1:6379> SETBIT visitor:20220830 600 1
(integer) 0
127.0.0.1:6379> SETBIT visitor:20220830 700 1
(integer) 0
```

1日目のデータをvisitor:20220829のキー、2日目のデータをvisitor:20220830のキーに対応させます。このとき、同じ値のオフセットには同じユーザーIDに対応するものとして、2日間の合計人数を計算するためにBITOP ORコマンドで演算するとします。ここでは演算結果をvisitor:20220829-20220830に格納しています。その結果をBITCOUNTコマンドで確認すると、100、200、300、400、500、600、700に1のビットが設定されているため、1のビットの数の合計である7の値が返されます。

```
127.0.0.1:6379> BITOP OR visitor:20220829-20220830 visitor:20220829 visitor:20220830
(integer) 88
127.0.0.1:6379> BITCOUNT visitor:20220829-20220830
(integer) 7
```

Set型と同じ例を用いましたが、Set型のようにデータの追加、削除等の柔軟性を持ちながら省メモリーに同じ動作を実現しています。また、後述するHyperLogLog（2.7.4参照）のように近似値ではなく、正確な値で合計数を算出しています。

### 2.7.2 地理空間インデックス

地理空間情報は、住所や経度・緯度など地球上の地理的な位置の情報を表します。この地理空間情報を使って、ユーザーから近い店舗を紹介するなど、ユーザーの場所にもとづいて異なる情報を提示できます。しかしながら、この位置情報を利用するためにアプリケーションを実装しようとすると、各位置間の距離計算や検索等の点で扱い方が難しいことがあります。

このような場面でもRedisが活躍します。Redisでは、地理空間インデックスの機能が提供されています。地理空間インデックスの機能を利用することで、ある場所までの距離などの位置情報にもとづくアプリケーションをシンプルかつ高速に実現できます。

Redisでは各位置情報について、緯度・経度の二次元の地理空間の情報のインデックスとして、Geohashを利用しています。Geohashとは簡単に説明すると、緯度・経度の2つの座標を1つの文字列にまとめたものとなりグリッド上の領域を表します。Geohashの詳細は章内のコラムを参照してください。

図2.12　地理空間インデックスで表現できるデータ

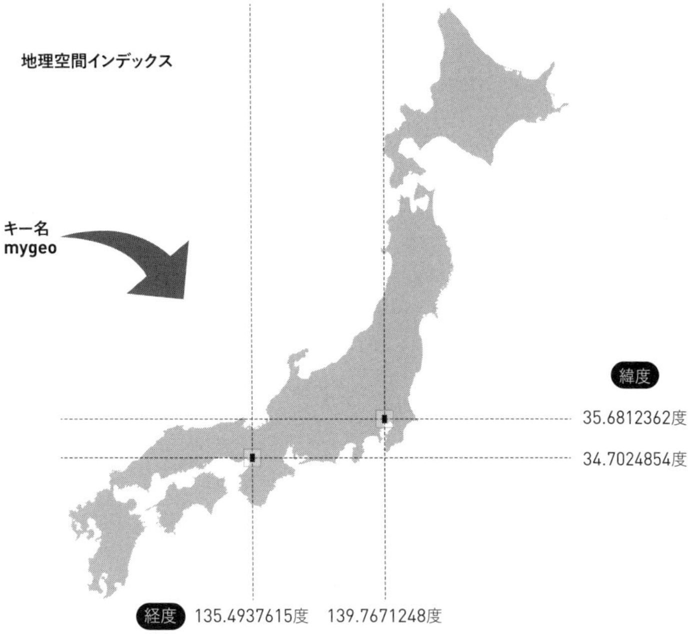


地理空間インデックスは、内部的にはSorted Set型でキーが保存されています。つまり、地理空間インデックスは地理空間情報を扱うことに特化した補助的なデータ型と言えるでしょう。

地理空間インデックスの実行例を見ていきましょう。地理データでmygeoというキーに、以下のメンバーと位置情報の組み合わせをGEOADDコマンドにより追加します。

| メンバー | 位置情報 |
|---|---|
| Tokyo Station | 経緯 139.7671248 度、緯度 35.6812362 度 |
| Osaka Station | 経緯 135.4937619 度、緯度 34.7024854 度 |

その後、Tokyo StationとOsaka Stationの2地点間の距離をGEODISTコマンドで確認する例となります。GEOADDコマンドの戻り値は追加された要素数となり、ここでは2つ追加されたことを意味しています*27。GETDISTコマンドの戻り値はデフォルトではメートル単位となります。ここでは東京駅（Tokyo Station）と大阪駅（Osaka Station）の距離が403362.9301メートルであることを表します。Geohashについては、緯度35.681236度・経度139.767125度のTokyo Stationの場合、GEOHASHコマンドによりxn76urx6606pのように表されることがわかります。

```
127.0.0.1:6379> GEOADD mygeo 139.7671248 35.6812362 "Tokyo Station" 135.4937619 34.7024854 "Osaka
```

＊27　CHオプション指定時は、値が追加または更新された要素数を返します。

```
Station"
(integer) 2
127.0.0.1:6379> GEODIST mygeo "Tokyo Station" "Osaka Station"
"403362.9301"
127.0.0.1:6379> GEOHASH mygeo "Tokyo Station"
1) "xn76urx6600"
```

TYPEコマンドの結果を確認してみるとzsetと返されます。このzsetはSorted Set型を意味します。内部的にSorted Set型を利用しているため、これらのコマンドを利用して地理空間インデックスのデータの操作もできます。

```
127.0.0.1:6379> TYPE mygeo
zset
127.0.0.1:6379> ZRANGE mygeo 0 -1
1) "Osaka Station"
2) "Tokyo Station"
127.0.0.1:6379> ZSCORE mygeo "Osaka Station"
"4170458278646923"
```

Column

## Geohash

地理データを扱うとき、空間テーブルによる検索や位置情報を文字列で表現するための方法として、Geohash[*a]/GeoHex[*b]/Quadkey[*c]/Locapoint[*d]などがあります。

Redisの地理系コマンドはGeohashを利用しています。Geohashは緯度・経度の2つの座標を1つの文字列にまとめたものとなりグリッド上の領域を表します。たとえば、緯度35.681236度・経度139.767125度の場合、xn76urx6606pのように表されます[*e]。

図2.13 Geohash

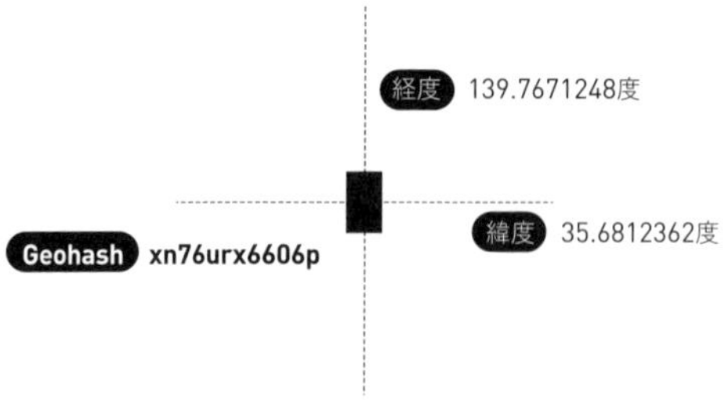


桁が増えるごとにグリッド領域が狭まります。これは位置情報としての精度が上がることを意味しています。逆に桁を減らすとグリッド領域が広がり、位置情報としての精度が下がります。2つのGeohashの先頭何文字かが一致しているとき、その一致している先頭部分を表すGeohashの領域が、2つのGeohash

のそれぞれの表す重複した範囲となります。

Geohashについて、ある地点における具体的な変換方法について説明します。経緯と緯度をそれぞれ2進数で表現します。緯度は-90から90、経度は-180から180の間で、2分木探索で対象の緯度・経度が、指定した精度の範囲で2分割したデータの前半か後半のどちらに属するかを比較していきます。木を親から子にたどっていき、どちらに進むかで0、1のビットを割り当てていきます。変換後、経度を偶数ビット、緯度を奇数ビットとして、それぞれの2進数の各値を交互に並べていきます。5ビットごとにBase32によるエンコーディングで0〜31の値を対応する値に変換します。その結果、Geohashが奇数長のときは縦長、偶数長のときは横長になる特性があります。2分木について、本書はアルゴリズムとデータ構造の書籍ではないため説明は割愛します。興味のある方は書籍や**アルゴリズムとデータ構造 2分木**などの検索ワードで調べてみてください。

Redisにおいては、エンコーディング・デコーディングする際の2分木探索する際の最初の最大、最小の座標の値が異なり、緯度の最小を-85.05112878、最大を85.05112878としています。標準のGeohashとは異なりますが、標準と互換性のある文字列の形式で表現されます*f*g。コマンドの実行結果として11文字の文字列となります。ただし、最後の一文字が不正確であることがわかったため、Redis 6.0以降は互換性のために0埋めで表示されるようになっています*h。

Geohashは、MySQLでは空間Geohash関数*i、PostgreSQLではPostGISの拡張機能*jで利用できます。

*a　geohash.org http://geohash.org/
*b　GeoHex http://www.geohex.org/
*c　LPaddress (LocaPoint2) http://lpaddress.com/
*d　Quadkey https://docs.microsoft.com/en-us/bingmaps/articles/bing-maps-tile-system
*e　http://geohash.org/xn76urx6606p
*f　https://redis.io/commands/geohash
*g　https://github.com/redis/redis/blob/7.0.4/src/geohash.h
*h　https://github.com/redis/redis/commit/5a72c5058c27cdc778cde8f61d16691b11a6adc5
*i　https://dev.mysql.com/doc/refman/8.0/en/spatial-geohash-functions.html
*j　https://postgis.net/docs/ST_GeoHash.html

### 地理空間インデックスで利用可能なコマンド

地理空間インデックスのコマンドを解説します。地理空間インデックスのコマンドは、Geoのコマンドと表現することもあります。詳細は、Redisの公式ドキュメントの地理空間インデックスのコマンド*28を参照してください。

#### GEOADD—位置情報を追加

キーで指定した位置情報について、経度、緯度情報を持った1つ以上のメンバーを追加します。

計算量は$O(\log N)$。

```
GEOADD key [NX|XX] [CH] longitude latitude member [longitude latitude member ...]
```

#### GEOHASH—位置情報のGeohashの値を取得

キーで指定した位置情報について、指定した一つ以上のメンバーのそれぞれについて各Geohashの

*28　https://redis.io/commands#geo

値を返します。
計算量は$O(\log N)$。

```
GEOHASH key member [member ...]
```

#### GEOPOS―経度・緯度の値を取得

キーで指定した位置情報について、指定した一つ以上のメンバーのそれぞれについて経度・緯度の値を返します。
計算量は$O(\log N)$。

```
GEOPOS key member [member ...]
```

#### GEODIST―メンバー間の距離を取得

キーで指定した位置情報について、2つのメンバー間の距離を返します。デフォルトではメートルの単位で値が表示されます。
計算量は$O(\log N)$。

```
GEODIST key member1 member2 [ M | KM | FT | MI]
```

#### GEOSEARCH―ある経度・緯度の地点から指定した条件にあるメンバー一覧を取得

キーで指定した位置情報について、ある経度・緯度の地点に対して、指定した半径内の距離もしくは長方形の領域内等の条件に一致するメンバーを表示します（Redis 6.2.0～）。GEORADIUSコマンドの拡張です。
計算量は$O(N + \log M)$。Mはインデックス内の要素数です。

```
GEOSEARCH key FROMMEMBER member | FROMLONLAT longitude latitude BYRADIUS radius M | KM | FT | MI |
BYBOX width height M | KM | FT | MI [ ASC | DESC] [ COUNT count [ANY]] [WITHCOORD] [WITHDIST] [
WITHHASH]
```

#### GEOSEARCHSTORE―ある経度・緯度の地点から指定した条件にあるメンバー一覧を取得して保存

キーで指定した位置情報について、ある経度・緯度の地点に対して、指定した半径内の距離もしくは長方形の領域内等の条件に一致するメンバーを指定したキーに保存します（Redis 6.2.0～）。GEOSEARCHコマンドと類似した挙動ですが、指定した宛先のキーに保存し、戻り値は結果の位置情報に含まれる要素数である点において異なります。
計算量は$O(N + \log M)$。Mはインデックス内の要素数です。

```
GEOSEARCHSTORE destination source FROMMEMBER member | FROMLONLAT longitude latitude BYRADIUS radius M
 | KM | FT | MI | BYBOX width height M | KM | FT | MI [ ASC | DESC] [ COUNT count [ANY]] [STOREDIST]
```

#### 地理空間インデックス関連のコマンドの補足

距離の単位として、以下のいずれかの値が入ります。

| 単位 | 説明 |
|---|---|
| M | メートル |
| KM | キロメートル |
| FT | フィート |
| MI | マイル |

GEOADDコマンドで経度・緯度をメンバー名とともに登録、GEOHASHコマンドで登録されたメンバーのGeohashを確認、GEOPOSコマンドで登録されたメンバーの経度・緯度を確認、GEODISTコマンドで登録された2つのメンバー間の距離を求めることができます。GEORADIUSコマンドである経度・緯度の地点に対して、指定した半径内の距離にある登録されたメンバー名を表示できます。GEORADIUSBYMEMBERコマンドはGEORADIUSコマンドと少々似ており、経度・緯度の代わりに登録されたあるデータをメンバーとして指定して、指定した半径内の距離になる登録されたメンバー名を表示できます。

Redis 6.2.0以降では新たに3つのオプションが追加されました。それぞれのオプションの詳細は以下のとおりです。

- **XX**
  - キーで指定した位置情報が存在するときのみ要素を更新する。
- **NX**
  - キーで指定した位置情報が存在しないときのみ新規に要素を追加する。
- **CH**
  - デフォルトでは新規に追加された要素数を返します。CHオプションを指定することで戻り値の挙動を変更し、新規に追加された要素と既存の要素で値が更新された要素数の合計の数を返す。

また、Redis 6.2以降ではGEORADIUSコマンドは非推奨で将来的に廃止される予定です。代わりにGEOSEARCHコマンドで置き換えられます。GEOSEARCHコマンドでは、ある経度・緯度の地点に対して、指定した半径内の距離もしくは長方形の領域内等の条件に一致するメンバーを返します。GEOSEARCHSTOREコマンドはGEOSEACHコマンドと類似した挙動ですが、指定した宛先のキーに保存し、戻り値は結果の位置情報に含まれる要素数である点において異なります。

Column

### 地理空間インデックスで廃止予定のコマンド

地理空間インデックスでもいくつかのコマンドが将来的に廃止予定です。主なものをまとめます。

- **GEORADIUS**
  - 廃止予定。ある経度・緯度の地点から指定した半径内にあるメンバー一覧を取得。GEOSEARCHコマンドやGEOSEARCHSTOREコマンドで代用可。
- **GEORADIUSBYMEMBER**
  - 廃止予定。あるメンバーの場所から指定した半径内にあるメンバー一覧を取得。GEOSEARCHコマンドやGEOSEARCHSTOREコマンドで代用可。

#### 地理空間インデックスのコマンドの実行例

地理データ関連のコマンドの実行例について説明します。

地理データでbuilding-locationというキーに、以下のメンバーと位置情報の組み合わせをGEOADDコマンドにより追加する例となります。戻り値は集合に追加されたメンバー数となります。

| メンバー | 位置情報 |
|---|---|
| Tokyo Station | 経緯139.7671248度、緯度35.6812362度 |
| Osaka Station | 経緯135.4937619度、緯度34.7024854度 |

```
127.0.0.1:6379> GEOADD building-location 139.7671248 35.6812362 "Tokyo Station" 135.4937619 34.702485
4 "Osaka Station"
(integer) 2
```

building-locationというキーに対してTokyo StationとOsaka StationのGeohashをGEOHASHコマンドで同時に確認できます。

```
127.0.0.1:6379> GEOHASH building-location "Tokyo Station" "Osaka Station"
1) "xn76urx6600"
2) "xn0m7jrs9k0"
```

building-locationというキーに対してTokyo Stationの経度・緯度をGEOPOSコマンドで同時に確認できます。

```
127.0.0.1:6379> GEOPOS building-location "Tokyo Station"
1) 1) "139.76712495088577271"
   2) "35.68123554127875963"
```

building-locationというキーに対してTokyo StationとOsaka Stationの2地点間の距離が403362.9301メートルであることをGEODISTコマンドで確認できます。

```
127.0.0.1:6379> GEODIST building-location "Tokyo Station" "Osaka Station"
"403362.9301"
```

building-locationというキーに対して、ある地点における経度・緯度を指定した距離の半径以内にある登録されたデータをGEORADIUSコマンドで出力できます。たとえば、経度140度・緯度40度から半径700km以内には東京駅と大阪駅がともに含まれていますが、半径650km以内では東京駅のみになります。半径100kmではどちらも含まれていないことが確認できます。

```
127.0.0.1:6379> GEORADIUS building-location 140 30 700 km
1) "Osaka Station"
2) "Tokyo Station"
127.0.0.1:6379> GEORADIUS building-location 140 30 650 km
1) "Tokyo Station"
127.0.0.1:6379> GEORADIUS building-location 140 30 100 km
(empty array)
```

GEORADIUSBYMEMBERコマンドは経度・緯度の代わりに、登録されたある地点とその周囲を半径の距離で指定します。たとえば、東京駅から半径400km以内は自身のみが含まれますが、410km以内では大阪駅も含まれていることが確認できます。

```
127.0.0.1:6379> GEORADIUSBYMEMBER building-location "Tokyo Station" 400 km
1) "Tokyo Station"
127.0.0.1:6379> GEORADIUSBYMEMBER building-location "Tokyo Station" 410 km
1) "Osaka Station"
2) "Tokyo Station"
```

### 2.7.3 Pub/Sub機能

Pub/Subモデルとは、情報を保持せずに送信者となるPublisherが、受信者となるSubscriberにメッセージを送るパターンです。Redisに備わるPub/Subはデータ型ではなく、Redisの機能です。

Subscriberは、興味のあるトピックに関する1つ以上のチャンネルを購読できます。Publisherはあるチャンネルを指定し、このチャンネルを通してメッセージを発行します。Publisherによってメッセージは、発行されたチャンネルを購読しているすべてのSubscriberがメッセージを受け取ることが可能です。

図2.14 Pub/Sub機能のイメージ

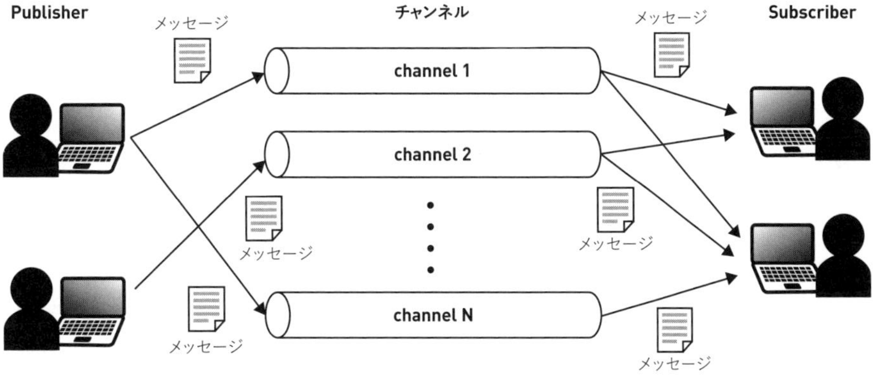


たとえば、チャット部屋を作成し、複数のユーザー間でやりとりが可能なチャットシステムを想像してみましょう。各ユーザーは興味のあるチャンネルを購読します。購読している間、別のユーザーが購読中のチャンネルで発言をした場合、その発言を受け取ることができます。各チャンネルは複数のユーザーが同時に購読できるため、1人の発言を同時に複数人が受け取ることができます。

RedisのPub/Sub機能を利用することでこのようなシステムを簡単に実現できます。Pub/Sub機能で実現する場合、メッセージを送る人をPublisher（発行者）、メッセージを受け取る人をSubscriber（購読者）、各チャット部屋のような空間をチャンネルとして対応付けられます。Publisherは直接、複数のSubscriberに対してメッセージを発行するわけではありません。各Subscriberは関心のあるチャンネルの購読を指定するのみで良いので、メッセージを受け取る対象が複数いる場合でもスケールしやすい構成となります。

Pub/Sub機能でmychannel1、mychannel2、mychannel3という名前のチャンネルをSUBSCRIBEコマンドで購読する例です。別ウィンドウからは、そのうちのチャンネルmychannel2に対して、Hello, World!というメッセージを発行します。

Subscriberの操作です。

```
127.0.0.1:6379> SUBSCRIBE mychannel1 mychannel2 mychannel3
Reading messages... (press Ctrl-C to quit)
1) "subscribe"
2) "mychannel1"
3) (integer) 1
1) "subscribe"
2) "mychannel2"
3) (integer) 2
1) "subscribe"
2) "mychannel3"
3) (integer) 3
```

続けて、Publisher側の操作です。Subscriberとは別のウィンドウで操作します。

```
127.0.0.1:6379> PUBLISH mychannel2 "Hello, World!"
(integer) 1
```

その結果、Subscriber側を確認するとPublisherが発行したメッセージが届いていることが確認できます。

```
1) "message"
2) "mychannel2"
3) "Hello, World!"
```

**Pub/Sub機能で利用可能なコマンド**

Pub/Sub機能には、機能に特化したコマンドが用意されています。これまでのデータ型とは異なる傾向のコマンド体系です。詳細は、Redisの公式ドキュメントのSorted Set型のコマンド*29を参照してください。

**PUBLISH—Publisherがメッセージを発行**

Pub/Sub機能で、Publisherとして指定したチャンネルにメッセージを発行します。

計算量は$O(N+M)$。Mは購読しているパターンの数です。

```
PUBLISH channel message
```

**SUBSCRIBE—Subscriberがチャンネルを購読**

Pub/Sub機能で、Subscriberとして指定したチャンネルを購読します。

計算量は$O(N)$。

```
SUBSCRIBE channel [channel ...]
```

*29 https://redis.io/commands#pubsub

**UNSUBSCRIBE—Subscriberがチャンネルの購読を終了**

Pub/Sub機能で、Subscriberが指定したチャンネルの購読を終了します。1つ以上のチャンネルを指定できます。指定しない場合はすべてのチャンネルの購読を終了します。

計算量は$O(N)$。

```
UNSUBSCRIBE [channel [channel ...]]
```

**PSUBSCRIBE—Subscriberがパターンで指定したチャンネルを購読**

Pub/Sub機能で、Subscriberとして指定したチャンネルを購読します。SUBSCRIBEコマンドと異なり、?、*、[]でチャンネル名をパターンで指定できます。

計算量は$O(N)$。

```
PSUBSCRIBE pattern [pattern ...]
```

**PUNSUBSCRIBE—Subscriberがパターンで指定したチャンネルの購読を終了**

Pub/Sub機能で、Subscriberが指定したチャンネルの購読を終了します。1つ以上のチャンネルを指定できます。指定しない場合はすべてのチャンネルの購読を終了します。?、*、[]でチャンネル名をパターンで指定できます。

計算量は$O(N+M)$。

```
PUNSUBSCRIBE [pattern [pattern ...]]
```

**SPUBLISH—Publisherがメッセージを発行（Sharded Pub/Sub機能）**

Sharded Pub/Sub機能（後述）で、Publisherとして指定したシャードチャンネルにメッセージを発行します。

計算量は$O(N)$。

```
SPUBLISH shardchannel message
```

**SSUBSCRIBE—Subscriberがチャンネルを購読（Sharded Pub/Sub機能）**

Sharded Pub/Sub機能で、Subscriberとして指定したチャンネルを購読します。

計算量は$O(N)$。

```
SSUBSCRIBE shardchannel [shardchannel ...]
```

**SUNSUBSCRIBE—Subscriberがチャンネルの購読を終了（Sharded Pub/Sub機能）**

Sharded Pub/Sub機能で、Subscriberが指定したチャンネルの購読を終了します。1つ以上のチャンネルを指定できます。指定しない場合はすべてのチャンネルの購読を終了します。

計算量は$O(N)$。

```
UNSUBSCRIBE [channel [channel ...]]
```

•——PUBSUB—Pub/Sub機能の状態を調査

サブコマンドとセットで使用し、Pub/Sub機能の状態の調査コマンドに使用します。サブコマンドの種類は現在、CHANNELS、NUMSUB、NUMPAT、SHARDCHANNELS、SHARDNUMSUBがあります。

### Pub/Sub機能のコマンドの動作の詳細

PUBLISHコマンドでPublisherがメッセージを発行し、SUBSCRIBE／PSUBSCRIBEコマンドでSubscriberが購読したいチャンネルを指定して購読します。

UNSUBSCRIBE／PUNSUBSCRIBEコマンドは逆に購読を終了したいチャンネルを指定して終了します。

PUBSUBコマンドではPub/Sub機能の状態の調査ができます。PUBSUB CHANNELSコマンドでSubscriberが1人以上いるアクティブなチャンネルをリスト化できます。引数にパターンを指定した場合はそのチャンネルが、指定しない場合は全チャンネルが対象となります。PUBSUB NUMSUBコマンドは、引数として複数のチャンネルを指定した場合、指定したチャンネルのSubscriberの数を数えます。ただし、パターンでチャンネルを購読しているクライアントはカウントの対象から除外します。チャンネルを指定しない場合、空の結果が返ります。PUBSUB NUMPATコマンドは全クライアントが購読しているパターンの合計数を返します。

SubscriberはSUBSCRIBE、PSUBSCRIBE、UNSUBSCRIBE、PUNSUBSCRIBE、PING、QUITコマンドのみが許可されます。redis-cliの場合、Subscriberとなるとコマンドは受け付けず、Ctrl-Cを使って終了する必要があります。

注意点としては、RedisのPub/Sub機能は、Subscriberがチャンネルを購読する際、過去にそのチャンネルに対して発行されたメッセージは受け取ることができません。たとえばネットワークの切断等でチャンネルへの接続が中断し、クライアント側の実装リトライによって再接続する処理をしている場合に関しても、再接続の間に発行されたメッセージは受け取ることができなくなります。

そのため、こちらの動作でも問題がないユースケースで利用するか、そのような状況を考慮してList型にもデータを保持する等の工夫をして実装する必要があります。

Redis 5.0以降であれば、Redisストリームを利用できます（2.7.5参照）。

Subscriberでメッセージを消費できないクライアントがいる場合などにRedisサーバー側の負荷が大きくなる可能性があります。その場合Pub/Sub用のクライアント出力バッファーについてはクライアントごとに制限をかけておくと対象のクライアントを切断できます。詳細は、9.1も合わせて参照してください。

Pub/Sub機能の最大コネクション数も通常のクライアント同様に最大クライアント数に準じた動作となります。最大クライアント数は設定ファイルのmaxclientsディレクティブで制御可能です。ただし、マネージドサービスで提供されている場合は、変更できないこともあります。

レプリケーションを使用している場合はマスターに発行されたメッセージはレプリカへも複製されます。レプリカへ発行されたものはほかのノードは影響を受けず、そのノードに対して購読しているSubscriberのみにメッセージが届けられます。メッセージをマスターに対してコマンドで発行した際の戻り値は、そのノードに対して購読しているSubscriberの数となります。レプリカに対して購読しているものは考慮されません。

なお、Pub/Sub機能はキー空間との関係を持ちません。異なるデータベースを含めてPub/Sub機能のメッセージは分離して管理されることはなく、全データベースのメッセージを受けることになります[*30]。ただし、チャンネル名でプレフィックスによる識別し、メッセージの発行先を制御できます。

### Sharded Pub/Sub機能

Redis 7.0未満でRedisクラスターを使用している場合は、ノードに発行されたメッセージはすべてのほかのノードに伝搬されるため、すべてのノードで購読されます[*31][*32]。そのため、高いスループット要件のPub/Subのワークロードを処理すると、クラスターバスのバッファー管理により、メインスレッドのCPUが高くなる可能性があります。これでは、スケールのしやすさに問題があります。そういった事象が問題になる場合には、Redisクラスターの使用を避けるといった回避策がありました[*33][*34]。

Redis 7.0以降では、Sharded Pub/Sub機能が導入されました。これにより、Redisクラスターを使用している場合、メッセージの反映がシャード内に制限されます[*35]。キーがあるスロットへ割り当てられるのと同様に、シャードチャンネルがスロットに割り当てられます。これにより、クラスターバス内のデータ量が抑えられるため、シャードを追加することで水平方向へのスケールがしやすくなります。

SPUBLISHコマンドがPUBLISHコマンド、SSUBSCRIBEコマンドがSUBSCRIBEコマンド、SUNSUBSCRIBEコマンドがUNSUBSCRIBEコマンドにそれぞれ対応します。PUBSUBコマンドのサブコマンドとしてはSHARDCHANNELSとSHARDNUMSUBを使用できます。PUBSUB SHARDCHANNELSコマンドはPUBSUB CHANNELSコマンド、PUBSUB SHARDNUMSUBコマンドはPUBSUB NUMSUBコマンドに相当して同様に使用できます。

### Pub/Sub機能のコマンドの実行例

あるチャットツールをRedisのPub/Sub機能に落とし込んでみましょう。興味のある技術のチャンネルに入ると、ほかのユーザーがその技術に向けてメッセージを発信したときに、そのチャンネルに入っているユーザー全員にメッセージを届けられる状況をモデル化します。

各技術の興味深い情報を共有するチャンネル名はすべて-interestというサフィックスを持つものとします。たとえば、あるトピックに興味のあるユーザーが入るチャンネル名の組み合わせを以下の通りとします。

| トピック | チャンネル名 |
|---|---|
| Redis | redis-interest |
| Memcached | memcached-interest |
| MongoDB | mongodb-interest |

Pub/Sub機能で上記チャンネルをSUBSCRIBE redis-interest memcached-interest mongodb-interestのように実行して購読します。

```
127.0.0.1:6379> SUBSCRIBE redis-interest memcached-interest mongodb-interest
```

*30 Redisにおけるデータベースはネームスペースのようなものです。異なるデータベースであれば同じ名前のキーも持つことができます。詳細は5章のコラムを参照してください。

*31 https://redis.io/topics/cluster-spec#publishsubscribe

*32 Redisクラスターの詳細は第8章を参照してください。

*33 https://docs.aws.amazon.com/ja_jp/AmazonElastiCache/latest/red-ug/BestPractices.PubSub.html

*34 https://github.com/redis/redis/issues/10863

*35 https://github.com/redis/redis/pull/8621 https://github.com/redis/redis/pull/10792

```
Reading messages... (press Ctrl-C to quit)
1) "subscribe"
2) "redis-interest"
3) (integer) 1
1) "subscribe"
2) "memcached-interest"
3) (integer) 2
1) "subscribe"
2) "mongodb-interest"
3) (integer) 3
```

別ウィンドウから、そのうちのチャンネルredis-interestに対して、Hey, guys. Good news about Redis.というメッセージの発行をPUBLISHコマンドのように実行します。

```
127.0.0.1:6379> PUBLISH redis-interest "Hey, guys. Good news about Redis."
(integer) 1
```

すると、先程SUBSCRIBEしていたクライアントからは、1番目の要素にmessageという、PUBLISHコマンドを通してメッセージを受けた結果である出力がされています。2番目の要素にredis-interestというチャンネル名、3番目の要素に発行されたメッセージであるHey, guys. Good news about Redis.を受け取っていることが確認できます。

```
1) "message"
2) "redis-interest"
3) "Hey, guys. Good news about Redis."
```

パターンを指定してチャンネルをSubscribeしておくことがPSUBSCRIBEコマンドの実行で可能です。さらに別のウィンドウであらかじめ、*-interestというパターンを指定します。-interestのサフィックスを持つチャンネル、ここではredis-interest、memcached-interest、mongodb-interestのチャンネルをすべて購読できます。このようにしておくことで、先程redis-interestチャンネル宛に発行されたメッセージを受信できていることが確認できます。

```
127.0.0.1:6379> PSUBSCRIBE *-interest
Reading messages... (press Ctrl-C to quit)
1) "psubscribe"
2) "*-interest"
3) (integer) 1
1) "pmessage"
2) "*-interest"
3) "redis-interest"
4) "Hey, guys. Good news about Redis."
```

### 2.7.4 HyperLogLog

PV数のように対象の数を重複も含めてカウントアップするだけであれば管理コストはそれほど大きくありません。しかしながら、ユニークな数を計算するためには、すでにカウントした対象も管理する必要があります。

たとえば、Set型で管理するとユニークな数に比例したメモリー空間が必要で、メモリーを多く消費します。あるいはRedisを離れてSQLを使用してGROUPBYで項目ごとに集計をとってDINSTINCTにより重複したレコードを除いた後COUNT()関数で集計した場合、リアルタイムな処理が困難となります。

HyperLogLogはそのような状況にも効果を発揮して、ユニークな数を計算する、確率的な計算手法となります。誤差がわずかに含まれることとトレードオフで、メモリー空間を効率的に使用できます。訪問者数などのおおよその値を知ることができれば十分な場面もあるでしょう。そのような正確な値を知る必要はない場面に活用できるでしょう。

HyperLogLogのアイデアとしては、コインを連続して投げたときに同じ面が連続して何個でるかという試行を何回か試すことを想定します。多くの連続した面が出たということは、多くの回数を試行したのであろうことを示すという発想に近いものとなります。偶然のこともあるので誤差も含まれます。要素数が少ない場合は誤差が大きくなります。

Amazon Redshift*36やGoogle Cloud BigQuery*37、PG-Strom*38などさまざまなサービスで利用できます。

RedisでもこのHyperLogLogを利用できます。使い方のイメージとしては、Redisのキーで参照するHyperLogLogのデータ構造に対して、要素を追加していきます。その後、HyperLogLogのデータ構造中の要素数を求めたり、あるいは複数のHyperLogLogのデータ構造を一つに統合したりできます。

RedisにおけるHyperLogLogの動作のしくみは11.1.7で詳細に取り上げています。

*36 https://docs.aws.amazon.com/ja_jp/redshift/latest/dg/r_HLL_CARDINALITY.html

*37 https://cloud.google.com/bigquery/docs/reference/standard-sql/hll_functions

*38 https://heterodb.github.io/pg-strom/hll_count

図2.15 HyperLogLogのイメージ

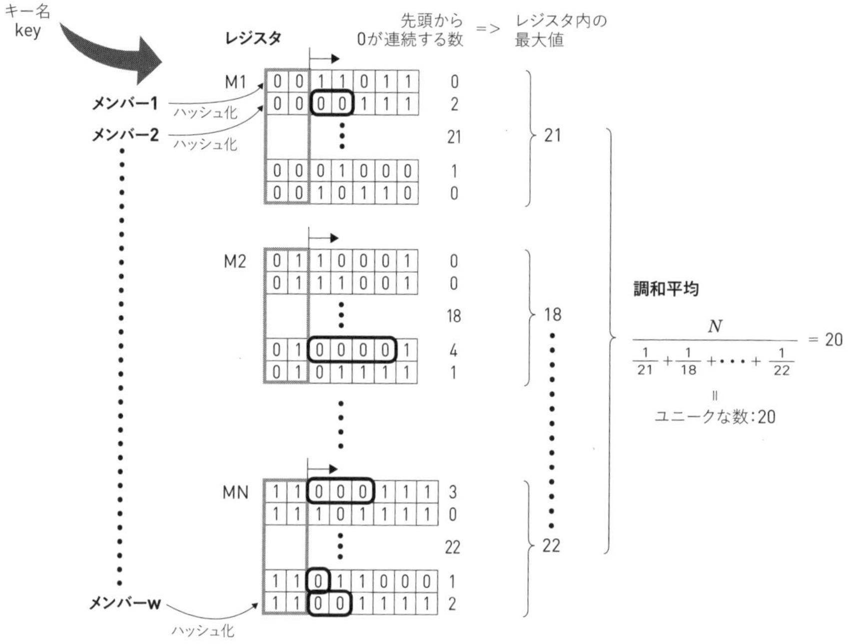


HyperLogLogで訪問者数についてカウントする例です。ここでは1日目にvisitor1~visitor7の7人が訪問しているため、PFADDコマンドでcounter:day1というキーに追加しています。訪問者の追加は同時でも分けて追加も可能です。PFCOUNTコマンドで訪問者数を確認すると7という値を返していて、実際の訪問者数と一致することが確認できます。

```
127.0.0.1:6379> PFADD counter:day1 visitor1 visitor2 visitor3
(integer) 1
127.0.0.1:6379> PFADD counter:day1 visitor4 visitor5
(integer) 1
127.0.0.1:6379> PFADD counter:day1 visitor6 visitor7
(integer) 1
127.0.0.1:6379> PFCOUNT counter:day1
(integer) 7
```

また、2日目にvisitor2、visitor5、visitor8、visitor9の4人が訪問しています。2日目の訪問者数をPFCOUNTコマンドで確認すると4が返されており、4人という値と一致しています。

```
127.0.0.1:6379> PFADD counter:day2 visitor8
(integer) 1
127.0.0.1:6379> PFADD counter:day2 visitor2 visitor5 visitor9
```

```
(integer) 1
127.0.0.1:6379> PFCOUNT counter:day2
(integer) 4
```

2日間の合計の訪問者数を見てみましょう。この2日間ではvisitor1~visitor9の9人が訪れています。1日目と2日目のうち、visitor2とvisitor5は両方の日程で訪れています。

そのため、シンプルに1日目と2日目の訪問者数の合計にはなりません。HyperLogLogで2つのHyperLogLogのデータ構造を統合して要素数を確認すると、しっかりと重複文は取り除かれて、実際のユニークな訪問者数である9という値を返していることが確認できます。

```
127.0.0.1:6379> PFMERGE count:total counter:day1 counter:day2
OK
127.0.0.1:6379> PFCOUNT count:total
(integer) 9
```

上記のように、HyperLogLogはユニークな数を計算する確率的な計算手法です。メモリー空間の効率良さと引き換えに誤差は1%未満含まれます。

特徴とユースケースを記します。

- **特徴**
  - ユニークな数を計算する確率的な計算手法。メモリー空間の効率良さと引き換えに誤差は1%未満含む。
  - メリット/デメリット
    - *メリット
      - ·数え上げる対象の数に比例するメモリーを必要とせず、一定量のメモリーのみ
      - ·最大でも約12kバイトのメモリー量。要素数が非常に少ない場合はより小さい
    - *デメリット
      - ·標準誤差1%未満の計算誤差あり
- **ユースケース**
  - ユニークな訪問者数の計算

Webサイトの訪問者数のような、多少誤差があっても許容できるような場合にはHyperLogLogを活用できる可能性があります。Set型を使用して集合内のユニークな数を数えるためにはデータセットのサイズに比例したメモリーを必要とします。扱うデータが大きい場合にはメモリーも多く消費する側面がありましたが、HyperLogLogでは最大のメモリー消費量が約12kバイト程度で、効率的に使用できます。

### HyperLogLogで利用可能なコマンド

HyperLogLogのコマンドを解説します。Pub/Sub機能と同様に、データ型とは異なる傾向のコマンド体系です。HyperLogLog機能に特化したコマンドが用意されています。詳細は、Redisの公式ドキュメントのHyperLogLogのコマンド*39を参照してください。

**PFADD—HyperLogLogに値を追加**

キーで指定したHyperLogLogのデータ構造について、指定した1つ以上の要素を追加します。

*39 https://redis.io/commands#hyperloglog

計算量は$O(1)$。

```
PFADD key element [element ...]
```

#### ●――PFCOUNT―HyperLogLogでカウントした値の近似値を取得

キーで指定したHyperLogLogのデータ構造について、近似した要素数を返します。複数のキーを指定した場合は、キーで指定したHyperLogLogを一つに統合した結果の要素数を返します。

計算量は$O(N)$。

```
PFCOUNT key [key ...]
```

#### ●――PFMERGE―HyperLogLogのデータ構造を統合

キーで指定した1つもしくはHyperLogLogのデータ構造について、一つに統合し、指定した宛先のキーに保存します。戻り値は、キーで指定したHyperLogLogを一つに統合した結果の要素数です。つまり、PFCOUNTコマンドで得られる結果に等しくなります。

計算量は$O(N)$。

```
PFMERGE destkey sourcekey [sourcekey ...]
```

#### ●――PFDEBUG―HyperLogLog機能のデバッグのための機能

このコマンドはほかとは違う、特殊なデバッグ用コマンドです。Redis自体の開発に関わり、HyperLogLog機能に関する実装をする場合でない限り活用する場面は基本的にないでしょう。サブコマンドとして、GETREG、DECODE、ENCODING、TODENSEコマンドの4種類が現状利用でき、続けてキー名を指定する形で使用します。詳細は11.1.7を確認してください。

```
PFDEBUG subcommand key
```

#### ●――HyperLogLogのコマンドの補足

PFADDコマンドで要素の追加し、PFCOUNTコマンドで一意な要素数を近似計算します。PFMERGEコマンドで指定した異なるキー間の情報を統合します*40。詳細は、11.1.7を参照してください。

### HyperLogLogのコマンドの実行例

Set型と同じ例を用いて、2022年8月29日と30日の計2日間である場所に訪れた訪問者を管理することをモデル化して、RedisのHyperLogLogの機能に落とし込んでみましょう。

FLUSHDBでデータベース内のデータを削除しておいてください。

HyperLogLogで2022年8月29日に訪れた訪問者の管理をするため、visitor:20220829をキー名としてTaro、Jiro、Saburoというメンバーを PFADDコマンドにより追加する例を示します。戻り値はHyperLogLog内の少なくとも一つの要素が変更されれば1、そうではなければ0となります。また、カーディナリティーと呼ばれる一意な数はPFCOUNTコマンドで確認できます。

*40　各コマンドの接頭文字になっているPFは、HyperLogLogの論文を発表したPhilippe Flajolet氏に敬意を表してのものとなります。

```
127.0.0.1:6379> PFADD visitor:20220829 Taro Jiro Saburo
(integer) 1
127.0.0.1:6379> PFCOUNT visitor:20220829
(integer) 3
```

同様に2022年8月30日に訪れた訪問者の管理をするために、visitor:20220830をキー名としてJiro、Shiro、Goro、Rokuro、Nanaroというメンバーを追加したものを定義しておきます。5つの要素を追加したのでPFCOUNTコマンドの実行結果も5の値を返しています。

```
127.0.0.1:6379> PFADD visitor:20220830 Jiro Shiro Goro Rokuro Nanaro
(integer) 1
127.0.0.1:6379> PFCOUNT visitor:20220830
(integer) 5
```

複数のキーに対する要素を1つのキーに統合することもPFMERGEコマンドで容易にできます。以下はvisitor:20220829とvisitor:20220830のHyperLogLogの情報を統合したものをvisitor:20220829-20220830に格納する例となります。ここで確認したPFCOUNTコマンドの結果である7の値が、2日の間に訪れた一意のユーザーの数を表します。

```
127.0.0.1:6379> PFMERGE visitor:20220829-20220830 visitor:20220829 visitor:20220830
OK
127.0.0.1:6379> PFCOUNT visitor:20220829-20220830
(integer) 7
```

Set型やBitmapと同じ例を用いましたが、省メモリーに同じ動作を実現しています。ただ、計算結果が近似値である点については留意しておくべきでしょう。

Column

## 内部エンコーディング

Redisでは各種データを保存する際に内部的にエンコーディングを実施しています。内部エンコーディングでは、各種データをパラメーター等の条件に応じて異なる種類のものへ自動的に変換します。このしくみによりメモリーを効率的に使用し、メモリー上でより多くのデータを保存できる可能性が増えます。

エンコーディングの変換処理にはCPUの使用を伴います。CPU/メモリーの使用のトレードオフを考慮して、要件に応じて適切にパラメーター等で設定もできます。通常は特にこの点を意識しなくても困ることはありませんが、どういった基準でエンコーディングが行われるためにCPUを消費しやすいか押さえておくことで、トレードオフを考慮してチューニングできるでしょう。

以下、内部エンコーディングの詳細です。

### ■ String型

- int
  - *64ビットの符号付き整数
- embstr
  - *44バイト以下の文字列
- raw
  - *44バイトより大きい文字列

- **List型**
  - quicklist
    - ＊List型はlistpack（Redis 7.0未満ではziplist）が使用されますが、両端はパラメーターが以下の条件を満たす範囲で未圧縮状態、それ以外はLZFで圧縮[*a]
      - ・`list-max-listpack-size`（Redis 7.0未満では`list-max-ziplist-size`）ディレクティブの値以下
      - ・`list-compress-depth`ディレクティブの値以下
- **Hash型**
  - listpack（Redis 7.0未満ではziplist）
    - ＊以下の条件を同時に満たす場合のエンコーディング
      - ・`hash-max-listpack-entries`（Redis 7.0未満では`hash-max-ziplist-entries`）ディレクティブの値以下[*b]
      - ・`hash-max-listpack-value`（Redis 7.0未満では`hash-max-ziplist-value`）ディレクティブの値以下[*c]
  - hashtable
    - ＊listpack（Redis 7.0未満ではziplist）の条件を満たさない場合のエンコーディング
- **Set型**
  - intset
    - ＊以下の条件を満たす場合のエンコーディング
      - ・全要素が整数
      - ・`set-max-intset-entries`ディレクティブの値以下
  - hashtable
    - ＊intsetの条件を満たさない場合のエンコーディング
- **Sorted Set型**
  - listpack（Redis 7.0未満ではziplist）
    - ＊以下の条件を同時に満たす場合のエンコーディング
      - ・`zset-max-listpack-entries`（Redis 7.0未満では`zset-max-ziplist-entries`）ディレクティブの値以下の要素数
      - ・`zset-max-listpack-value`（Redis 7.0未満では`zset-max-ziplist-value`）ディレクティブの値以下のバイト数
  - skiplist
    - ＊listpack（Redis 7.0未満ではziplist）の条件を満たさない場合のエンコーディング
- **HyperLogLog**
  - Sparse
    - ＊`hll-sparase-max-bytes`ディレクティブの値以下の場合のエンコーディング。ランレングス符号化を利用して圧縮することによりメモリー使用量を効率化
  - Dense
    - ＊Sparseの条件を満たさない場合のエンコーディング
- **地理空間インデックス**
  - 52ビットのGeohash
- **Redisストリーム**
  - ストリームはRAXによるツリー型のデータ構造で、ツリーの各ノードにlistpackを使用
  - サイズとエントリー数が以下の条件を満たす限り末尾にエントリーを追加
    - ＊`stream-node-max-entries`ディレクティブの値以下の要素数
    - ＊`stream-node-max-bytes`ディレクティブの値以下のバイト数

通常は、上記Redisの組み込みの内部エンコーディングを使用することで十分です。データセットのうちほとんどのデータにアクセスする場合やトラフィックが一定の場合には、シリアライゼーションや圧縮アルゴリズムなどのRedisに限らない一般的な手法が効果的なことも場合によってはあります[*d]。ただし、内部エンコーディングをできるだけ活用しておくと、アプリケーション側で意識して実装することなくRedis側で勝手に変換してくれるため楽に実現できます。アプリケーションの維持管理という点においてもRedisの組み込みの機能を活用するメリットは大きいです。

*a　Redis 3.2以前では同条件を満たすときにziplist、そうでないときはLinked Listが使用されていました。

*b　Redis 2.6未満の場合、`hash-max-zipmap-entries`ディレクティブの値以下。

*c　Redis 2.6未満の場合、`hash-max-zipmap-value`ディレクティブの値以下。

*d　以下のブログにメモリー最適化のためのさまざまなテクニックが紹介されています。環境によらず、適用できるものがほとんどです。参考にしてみてください。 https://aws.amazon.com/blogs/database/optimize-application-memory-usage-on-amazon-elasticache-for-redis-and-amazon-memorydb-for-redis/

### 2.7.5 Redisストリーム（Redis Streams）

Redisストリームはストリーム処理に利用される機能です。チャットなどのメッセージのやりとりなどにも活用できます。

強力なメッセージ処理機能を持つ、基本的に追記型のデータ構造を利用しています[*41]。ログデータ構造という、連続した順序で末尾に連続した不変なレコードを追加していくデータ構造があります。Redisストリームでは、これまでのList型やデータ型やPub/Subなどの機能と比較して、より幅広い状況を扱うことができるようログデータ構造をモデル化しています。

Redisのレプリケーション機能やRedisクラスターなどでも利用できます。

*41　Redis 5.0.0以降、Redisストリームを利用できます。

図2.16 Redisストリームのイメージ

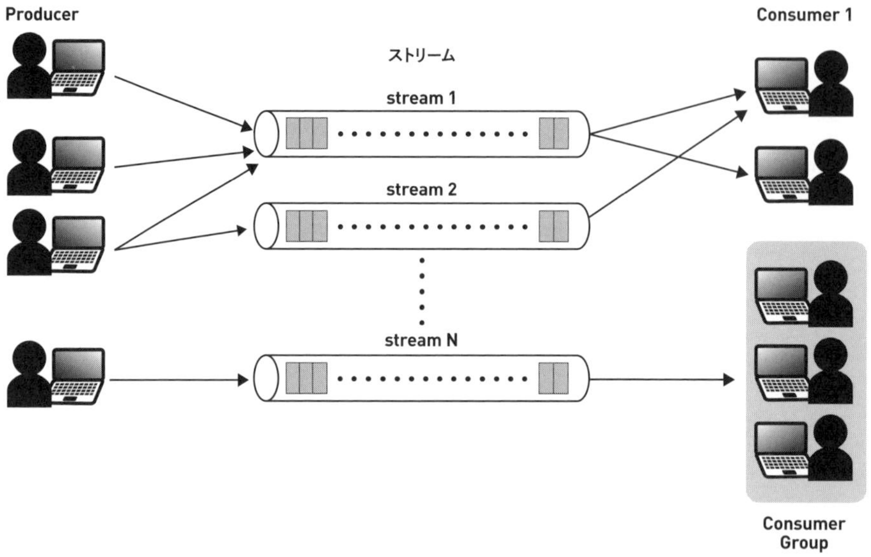


特徴とユースケースを記します[*42][*43][*44]。

■ **特徴**

- データが連続的で大量に発生するような状況において追加していくのに適したデータ構造。既存のデータを変更せずに追加することが可能
  - ＊例）チャットのメッセージ、温度・湿度などのセンサーデータ
- 各エントリーに対して複数のフィールドを持つ構造化されたデータを持つことが可能
- 過去のデータも保持することが可能
- エントリーIDおよびUNIX時間でエントリーの取得範囲を指定可能
- Redis独自の機能として、Consumer Group機能のサポートでグループ内のクライアントが協働可能
  - ＊Consumerが指定したエントリーを処理することが可能
  - ＊Consumerが指定したエントリーを正しく処理したことを確認することが可能
  - ＊適切に処理されていなかった場合は、ほかのConsumerに割り当てて、処理を継続することが可能
  - ＊Kafkaと概念は似ているが、Kafkaがメッセージを読み込む元でパーティションに分割。対して、Redisではメッセージの処理が可能な、あらかじめ用意されたConsumerの状態にもとづいて論理的にパーティションを実現。Kafkaと同等に実現するためには、キーを複数に分割することで類似したパーティショニングが可能

■ **ユースケース**

＊42 https://redis.io/topics/streams-intro

＊43 http://antirez.com/news/114

＊44 http://antirez.com/news/128

- チャットシステム
- メッセージブローカー
- キューイングシステム
- 統合ログ

たとえば、チャットツールをPub/Sub機能で実現する場合、チャンネルを購読していない間に送られたデータを受け取ることができません。通信が切断してリトライ処理をしている間に送られたデータの受け取りを取りこぼすこともあります。そのため、要件次第ではアプリケーション側の工夫でフォローしないといけず、実装が難しくなります。また、履歴を保持する場合には別途保存するために、List型などと併用しないといけません。

Redisストリームを利用することで、それ単体でデータの受け取りの取りこぼしをなくし、それ単体で履歴の保持も実現します。Redisストリームは、ログデータ構造をより柔軟性を持って扱えるため、幅広いユースケースでシンプルかつ高速に利用できます。Redisストリームを活用できる場合には、積極的に利用を検討してみると良いでしょう。Redisストリームで表現できるデータモデルは、次に紹介する各機能と照らし合わせて検討してください。

Redis 5.0以降の機能なので、古いバージョンでは利用できない点は注意してください。Redis 5.0未満ならRedis本体のバージョンアップ、従来のデータ型や機能で実現する、ほかのミドルウェアの機能を利用して実現するといった手段が考えられます。

RedisストリームはRAXによるツリー型のデータ構造で、ツリーの各ノードにlistpackが使用されています（RAXは11.1.4を参照）。listpackはziplistの置き換えの候補としてよりメモリーを効率的に使用することを目的に設計された内部エンコーディングです*45。

Redisストリームが使用できるクエリーモードには、以下の3種類があります。

- **メッセージングシステム**
- **時系列データ**
- **Consumer Group**

メッセージングシステムのクエリーモードでは、ストリームに追加されたメッセージで同様の内容を複数のConsumerに渡すといったことが可能です。時系列データのクエリーモードでは、時間の範囲で指定したり、過去の履歴をカーソルでメッセージを追っていったりできます。Redisでは分散ストリーム処理も想定して設計されています。

Consumer Groupのクエリーモードでは、Consumer Group内の1つ以上のConsumer内でストリーム内のエントリーを分散しながら、共同で処理していくことが可能です。Consumer Groupを1つの単位として、同一グループ内の1つ以上のConsumerはパーティションで分けられています。メッセージ処理はそれぞれのパーティション内のConsumerのみで完結します。それによって複数のConsumerでタスクを分割して処理できるため、Consumerをスケールアウト構成にできるように設計されています。また、Redisサーバー内で、複数のConsumerからのエントリーの処理状況を管理できます。1つのストリーム内で複数のConsumer Groupを作成も可能で、同じストリームのデータをそれぞれ違った形の進捗で処理をしていくことが可能です。

実際にコマンドの利用例を見ていきましょう。Redisストリームで`mystream`というキーに対して、以

*45 https://www.slideshare.net/RedisLabs/redisconf17-rax-listpack-and-safe-contexts

下のフィールドと値の組み合わせをXADDコマンドにより追加しています。その後、XRANGEコマンドで指定した範囲のメッセージを表示しています。

| フィールド | 値 |
|---|---|
| name | Taro |
| age | 32 |
| message | Hello, World! |

```
127.0.0.1:6379> XADD mystream * name Taro age 32 message "Hello, World!"
"1661750096616-0"
127.0.0.1:6379> XADD mystream * name Jiro age 26 message "Hi, Taro"
"1661750100743-0"
127.0.0.1:6379> XADD mystream * name Saburo age 30 message "Hi, Jiro"
"1661750105209-0"
127.0.0.1:6379> XRANGE mystream - +
1) 1) "1661750096616-0"
   1) 1) "name"
      1) "Taro"
      2) "age"
      3) "32"
      4) "message"
      5) "Hello, World!"
2) 1) "1661750100743-0"
   1) 1) "name"
      1) "Jiro"
      2) "age"
      3) "26"
      4) "message"
      5) "Hi, Taro"
3) 1) "1661750105209-0"
   1) 1) "name"
      1) "Saburo"
      2) "age"
      3) "30"
      4) "message"
      5) "Hi, Jiro"
```

Redisストリームはログデータ構造をこれまでのデータ型や機能と比較してより抽象的に扱います。より幅広い状況に対して利用することを想定したものであるため、ほかのデータ型などと比較すると、内容にボリュームがあります。それでは、Redisストリームについて解説します。

### クエリーモードにかかわらず利用可能なコマンド

Redisはクエリーモードによって利用可能なコマンドが異なります。クエリーモードにかかわらず利用可能な主なコマンドを紹介します。詳細は、公式ドキュメントRedisストリームのコマンド*46を参照してください。

#### XADD―ストリームにエントリーを追加

指定したキーのストリームにエントリーを追加します。トリミング時にN個のエントリーを退避する場合には、O(N)の計算量の処理を伴います。

*46 https://redis.io/commands#stream

計算量は$O(1)$。

```
XADD key [NOMKSTREAM] [<MAXLEN | MINID> [= | ~] threshold [LIMIT count]] <* | id> field value [field
value ...]
```

#### XRANGE―ストリームで指定した範囲にあるエントリーをIDで小さい順に取得

指定したキーのストリームについて、指定したエントリーIDの範囲内に一致するすべてのエントリーをIDが小さい順に返します。XREVRANGEコマンドと類似しているが、範囲を小さいIDから大きいIDの順に指定する点と、IDが小さい順で結果を返す点が異なります。

計算量は$O(N)$。

```
XRANGE key start end [COUNT count]
```

#### XREVRANGE―ストリームで指定した範囲にあるエントリーをIDで高い順に取得

指定したキーのストリームについて、指定したエントリーIDの範囲内に一致するすべてのエントリーをIDが大きい順に返します。XRANGEコマンドと類似していますが、範囲を大きいIDから小さいIDの順に指定する点と、IDが大きい順で結果を返す点が異なります。

計算量は$O(N)$。

```
XREVRANGE key end start [COUNT count]
```

#### XREAD―ストリームからエントリーを取得

指定した1つ以上のキーでストリームについて、それらから指定したエントリーID以降のエントリーのデータを読み出します。

計算量は$O(N)$。

```
`XREAD [COUNT count] [BLOCK milliseconds] STREAMS key [key ...] ID [ID ...]
```

#### XLEN―ストリーム内のエントリー数を取得

指定したキーのストリーム内のエントリー数を返します。

計算量は$O(1)$。

```
XLEN key
```

#### XDEL―ストリーム内のエントリーを削除

指定したキーのストリームについて、指定したIDのエントリーを削除します。

計算量は$O(1)$。

```
XDEL key ID [ID ...]
```

#### XTRIM―ストリーム内のエントリー数をトリミング

指定したキーのストリームについて、閾値を指定してエントリーを削除することでエントリー数を制限します。

計算量は$O(N)$。

```
XTRIM key MAXLEN|MINID [=|~] threshold [LIMIT count]
```

#### XINFO—ストリームの各種詳細情報を取得

ストリームや関連づくConsumer Groupの詳細な情報を取得します。サブコマンドとしてCONSUMERS,GROUPS,STREAM,HELPがあります。

XINFO CONSUMERSコマンドはConsumer Groupに所属するConsumerの一覧を取得します。

計算量は$O(1)$。コマンド実行のフォーマットは以下のとおりです。

```
XINFO CONSUMERS key groupname
```

XINFO GROUPSコマンドは指定したストリームのConsumer Groupの一覧を取得します。

計算量は$O(1)$。コマンド実行のフォーマットは以下のとおりです。

```
XINFO GROUPS key
```

XINFO STREAMコマンドは指定したストリームの状態の詳細を取得します。

計算量は$O(\log N)$。コマンド実行のフォーマットは以下のとおりです。

```
XINFO STREAM key [FULL [COUNT count]]
```

XINFO HELPコマンドはXINFOコマンドのためのヘルプコマンドです。各種サブコマンドの使い方を知りたい場合に利用します。

計算量は$O(1)$。コマンド実行のフォーマットは以下のとおりです。

```
XINFO HELP
```

#### Redisストリームのコマンドの動作の詳細

XADDコマンドは、指定したキー名のストリームにエントリーを追加します。同じストリーム内のメッセージは1つのキーに対応します*47。

メッセージングシステムのクエリーモードでは、XRANGEコマンドを使用でき、指定したエントリーIDの範囲内に一致するすべてのエントリーを表示します。XRANGEコマンドでは、特殊IDとして-と+を使用でき、それぞれ、ストリーム内における最小のIDと最大のIDを表します。XREVRANGEコマンドはXRANGEコマンドと類似していますが、結果が逆順になります。指定する開始位置、終了位置の引数の順番も逆の順番に指定する点で注意が必要です。

エントリーIDは、以下の形式で表します。

```
<Unix 時間>-<同一時間におけるエントリーの数だけ加算していったID(0始まり)>
```

*47 同じストリーム内のメッセージに対して、書き込みクエリーは自動で複数のキャッシュノードへ分散されないため、分散する必要があれば複数のキーを使用してRedisクラスター（第8章）を活用するといった工夫が必要です。

エントリーIDを指定する際は、UNIX時間のみで指定も可能です。Redis 7.0.0以降ではXADDコマンド実行時にエントリーIDを自動生成できます。<Unix 時間>-*のような形で指定します。

ストリーム内のエントリー数が増加し続けてメモリーを圧迫するのを避けるため、一定のエントリー数を持つストリームが必要になるユースケースもあります。この場合、XADDコマンドのMAXLEN <number>オプションを利用でき、制限を超えた場合は古いエントリーをメモリーから退避していきます。MAXLENオプションによりエントリーを管理することは、基数木で表現することに伴うコストが大きくなります。しかし、MAXLEN ~ 1000のように数値の前に~の記号を入れると、コストを下げることが可能です。厳密に指定した値でエントリー数に制限する必要がなく、多少多いことも許容するといった場合に使用できます*48。

XTRIMコマンドではエントリーを追加せずにMAXLENオプションで同様にエントリー数に制限をかけることができます。

XRANGEコマンドの引数のIDとしてUNIX時間を指定も可能です。また、COUNT <number>オプションを付与することで取得するエントリー数の制限もできます。

時系列データのクエリーモードでは、ストリームに新規で届いたエントリーを購読でき、Pub/Sub機能に近い挙動をします。XREADコマンドで1つ以上のキー名でストリームを指定することで、それらから指定したエントリーID以降のエントリーのデータを読み出すことができます。$を指定することで、コマンド実行以降に新しく届いたメッセージを取得可能です。また、0を指定するとエントリーIDが0-0より大きいものとして、全エントリーが読み出されます。

XINFOコマンドはサブコマンドとして、STREAM/GROUPS/CONSUMERSの3つが利用できます。

XINFO STREAMコマンドでは、ストリームの一般的な情報を確認できます。エントリー数、最適化やデバッグ用の基数木に関する情報、ストリーム内におけるConsumer Groupの数、最後に生成されたエントリーのID、最初のエントリーの内容、最後のエントリーの内容を確認できます。FULLオプションを使用することで、最初と最後のエントリーの内容だけではなく、ストリーム内のエントリー全体の内容が確認できます*49。また、Consumer Group全体および、それぞれのグループのPEL（Pending Entries List）およびConsumer全体の内容も確認できます。

XINFO GROUPSコマンドで、指定したキー名のストリームにおける各Consumer Groupの情報を確認できます。具体的にはConsumer Group名、Consumerの数、保留状態のエントリーの数、最後に届けられたエントリーのIDを確認できます。

XINFO CONSUMERSコマンドは、Consumer Groupに対して使用します。指定したキー名のストリームのConsumer Group内における各ConsumerのConsumer名、保留状態のエントリーの数、アイドル時間をミリ秒で確認できます。

XLENコマンドでストリーム内のエントリー数を確認できます。

Redisストリームは基本的に追記型のデータ構造と考えることができますが、例外もあります。XDELコマンドによって指定したIDのエントリの削除もできます。XDELコマンドはプライバシー規制などのアプリケーションで利用できます。ただし、こちらのコマンドは実際にデータをメモリーから回収するわけではないので、使い方には注意が必要です。

---

*48 Redis 6.2.0以降、MINIDオプションで最小IDを指定して、閾値を超えた古いエントリーをメモリーから退避してきます。また、デフォルトではキーが存在しない場合、指定したキー名でストリームの作成が行われますが、NOMKSTREAMオプションでストリームの作成を無効化します。

*49 Redis 6.0で導入されました。

Redisストリームでは、メッセージの管理にエントリーIDが使用され、**<UNIX時間>-<同一時間におけるエントリーの数だけ加算していったID（0始まり）>**の形式で表されることを説明しました。エントリーIDには、特殊IDと呼ばれる特別な意味を持つIDがあり、-、+、$、>、*の5種類あります。

| 特殊ID | 説明 |
|---|---|
| - | 全ストリーム内における最小のエントリーID |
| + | 全ストリーム内における最大のエントリーID |
| $ | コマンド実行後、ストリームに新しく来たメッセージのエントリーID |
| > | XREADGROUPコマンドで、Consumer Group内でどのConsumerにも届けられていないメッセージのID |
| * | XADDコマンドで追加した、新しいエントリーへ付与される新規ID |

Redisストリーム以外のコマンドでは、キーに対応するデータ構造中の要素が含まれなくなった際にはキー自体の削除が行われますが、Redisストリームでは要素数が0でもキーを残したままデータ構造を保持できます。こちらはRedisストリームのストリームが複数のConsumer Groupを持っている可能性があり、そのConsumer Group内の情報を保持しておきたいというユースケースによるものとなります。

### Consumger Groupのクエリーモードの各種コマンド

Consumger Groupのクエリーモードにおける各種コマンドを説明します。

#### XGROUP—Consumer Groupを管理

指定したキーのストリームについて、指定したグループ名のConsumer Groupの作成などをします。サブコマンドとしてCREATE、CREATECONSUMER、DELCONSUMER、DESTROY、SETID、HELPがあります。DESTROYを使用する場合は、Consumer Groupの待機中のエントリーをM個削除した場合は$O(M)$の計算量の処理を伴います。

XGROUP CREATEコマンドは指定したグループ名でConsumer Groupを作成します。

計算量は$O(1)$。コマンド実行のフォーマットは以下のとおりです。

```
XGROUP CREATE key groupname id | $ [MKSTREAM] [ENTRIESREAD entries_read]
```

XGROUP CREATECONSUMERコマンドは指定したConsumer Group名にConsumerを作成します。

計算量は$O(1)$。コマンド実行のフォーマットは以下のとおりです。

```
XGROUP CREATECONSUMER key groupname consumername
```

XGROUP DELCONSUMERコマンドはConsumerを削除します。

計算量は$O(1)$。コマンド実行のフォーマットは以下のとおりです。

```
XGROUP DELCONSUMER key groupname consumername
```

XGROUP DESTROYコマンドはConsumer Groupを削除します。

計算量は$O(N)$。コマンド実行のフォーマットは以下のとおりです。

```
XGROUP DESTROY key groupname
```

XGROUP SETIDコマンドの計算量は$O(1)$。コマンド実行のフォーマットは以下のとおりです。

```
XGROUP SETID key groupname id | $ [ENTRIESREAD entries_read]
```

XGROUP HELPコマンドの計算量は$O(1)$。コマンド実行のフォーマットは以下のとおりです。

```
XGROUP HELP
```

• XREADGROUP―Consumer Group内の各Consumerが共同でそれぞれエントリーを取得

指定したキーのストリームについて、Consumer Group内の各Consumerが共同でそれぞれエントリーを取得して処理します。XREADコマンドと類似した挙動ですが、Consumer Groupに対応している点で異なります。

計算量は$O(N)$。

```
XREADGROUP GROUP group consumer [COUNT count] [BLOCK milliseconds] [NOACK] STREAMS key [key ...] id [
id ...]
```

• XACK―Consumer Group内でエントリーの処理が完了したことを報告

指定したキーのストリーム内のConsumer Groupについて、1つ以上のエントリーIDの処理が完了したことを伝えます。報告されたエントリーは、Consumer GroupのPELからエントリーの削除が行われます。

計算量は$O(1)$。

```
XACK key group ID [ID ...]
```

• XCLAIM―Consumer Group内でエントリーの所有権をほかのConsumerに変更

指定したキーのストリーム内のConsumer Groupについて、ほかのConsumerにエントリーの所有権を変更します。

計算量は$O(\log N)$。

```
XCLAIM key group consumer min-idle-time id [id ...] [IDLE ms] [TIME unix-time-milliseconds] [
RETRYCOUNT count] [FORCE] [JUSTID]
```

• XPENDING―Consumer Group内で保留状態のエントリー数を取得

指定したキーのストリーム内のConsumer Groupについて、保留状態のエントリーを返します。

計算量は$O(N)$。

```
XPENDING key group [[IDLE min-idle-time] start end count [consumer]]
```

• XAUTOCLAIM―Consumer Group内でタイムアウトしたエントリーの所有権を自動的にほかのConsumerに変更

指定したキーのストリーム内のConsumer Groupについて、指定した時間以上保留状態のエントリーの所有権を変更します（Redis 6.2.0～）。XPENDINGコマンドとXCLAIMコマンドの組み合わせた挙動に近く、SCANコマンドと類似した方法で繰り返し処理を扱えます。

計算量は$O(1)$。

```
XAUTOCLAIM key group consumer min-idle-time start [COUNT count] [JUSTID]
```

**•—— Consumer Groupに関連するコマンドの補足**

XGROUPコマンドで、Consumer Groupを作成する操作が可能です。Consumer Groupを作成する場合は、最初のConsumerが接続時に次に受け取るメッセージに関する情報も指定する必要があります。そのほか、XGROUPコマンドではConsumer Groupの削除やConsumer GroupからConsumerを除外もできます。

XREADGROUPコマンドはConsumer Groupに対応したXREADコマンドのようなものとなります。Consumer Group内の各Consumerが共同でそれぞれエントリーを取得して処理を終了後、XACKコマンドで対象のエントリーIDの処理が完了したことを伝えます。

あるConsumerに送られたエントリーは、PEL（Pending Entries List）に記録します。XACKコマンドで報告されたエントリーは、Consumer GroupのPELからエントリーの削除が行われ、IDをスペース区切りで複数指定することによって一括に対応も可能です。先ほどエントリーIDで特殊IDの一つに>があることを説明しました。これはXREADGROUPコマンドで、Consumer Group内でどのConsumerにも届けられていないメッセージのIDを表しますが、このPELを参照しています[*50]。

保留状態のエントリーはXPENDINGコマンドで確認できます。このコマンドも前述のPELからエントリーを参照します。もしあるキャッシュノードに問題が発生し復旧することがない場合、エントリーを取得したConsumerが処理できないため、XCLAIMコマンドでほかのConsumerにエントリーの所有権を変更できます[*51]。

### Redisストリームのコマンドの実行例

あるチャンネルに投稿されたメッセージを投稿、取得し、それぞれのメッセージ情報には投稿者の属性（名前、年齢）をメタデータとして追加することをモデル化して、Redisストリームの機能に落とし込んでみましょう。

Redisストリームで以下のフィールドと値の組み合わせをXADDコマンドにより追加します。ストリーム名の後にはエントリーIDを指定しますが、新規IDを発行するため*を指定します。同様にして計3つのエントリーを追加します。

| フィールド | 値 |
| --- | --- |
| name | Taro |
| age | 32 |

*50 PEL中にXACKコマンドが実行されていないエントリーがある状態で、XDELコマンドやXTRIMコマンドなどによりストリームからエントリーを削除する可能性がある状況の場合、注意しないといけない点があります。この状況でConsumer Groupを使用してストリームから保留中のデータを読み込むと、IDを持ったエントリーが空（nil）のものが返されます。ストリームからエントリーを削除するようなプロセスをどこかほかで実行している状況で、PELから読み込んだレスポンスを処理するスクリプト等がある場合には、条件チェックで注意しておきましょう。
https://github.com/redis/redis/blob/7.0.4/src/t_stream.c#L1822-L1825

*51 Redis 6.2.0以降、IDLEオプションでアイドルタイムアウトフィルター機能によって指定したミリ秒以上アイドル状態だったエントリーに制限します。XCLAIMコマンド実行時には最小のアイドル時間を設定できます。この時間によりエントリーの重複処理を防止します。ただし、XCLAIMコマンド自体もアイドル時間としてカウントしていた時間をリセットする点には注意です。また、XAUTOCLAIMコマンドで、指定したキーのストリーム内のConsumer Groupについて、指定した時間以上保留状態のエントリーの所有権を変更できます。XPENDINGコマンドとXCLAIMコマンドの組み合わせた挙動に近く、SCANコマンドと類似した方法で繰り返し処理を扱え、簡単に同様の操作を行えるようになりました。COUNTオプションで所有権を変更するエントリー数の上限を指定し、JUSTIDオプションで実際のエントリーを返さず、エントリーIDの配列のみを返します。

| フィールド | 値 |
|---|---|
| message | Hello, World! |

```
127.0.0.1:6379> XADD channel:1 * name Taro age 32 message "Hello, World!"
"1661750133449-0"
127.0.0.1:6379> XADD channel:1 * name Jiro age 26 message "Hi, Taro"
"1661750137196-0"
127.0.0.1:6379> XADD channel:1 * name Saburo age 30 message "Hi, Jiro"
"1661750141001-0"
```

channel:1というキー名のストリームに含まれるエントリー数がXLENコマンドから確認できます。

```
127.0.0.1:6379> XLEN channel:1
(integer) 3
```

メッセージングシステムのクエリーモードでは、XRANGEコマンドにより指定した範囲のメッセージを表示します。エントリーIDに-や+を使用すると、それぞれストリーム内における最小のエントリーID、最大のエントリーIDとして使用できます。また、UNIX時間の指定もできます。COUNTオプションを指定することで取得するエントリー数に制限をかけることもできます。

```
127.0.0.1:6379> XRANGE channel:1 - +
1) 1) "1661750133449-0"
   2) 1) "name"
      2) "Taro"
      3) "age"
      4) "32"
      5) "message"
      6) "Hello, World!"
2) 1) "1661750137196-0"
   2) 1) "name"
      2) "Jiro"
      3) "age"
      4) "26"
      5) "message"
      6) "Hi, Taro"
3) 1) "1661750141001-0"
   2) 1) "name"
      2) "Saburo"
      3) "age"
      4) "30"
      5) "message"
      6) "Hi, Jiro"
127.0.0.1:6379> XRANGE channel:1 1661750133449 1661750137197
1) 1) "1661750133449-0"
   2) 1) "name"
      2) "Taro"
      3) "age"
      4) "32"
      5) "message"
      6) "Hello, World!"
2) 1) "1661750137196-0"
   2) 1) "name"
```

```
       2) "Jiro"
       3) "age"
       4) "26"
       5) "message"
       6) "Hi, Taro"
127.0.0.1:6379> XRANGE channel:1 1661750133449 + COUNT 2
1) 1) "1661750133449-0"
   2) 1) "name"
      2) "Taro"
      3) "age"
      4) "32"
      5) "message"
      6) "Hello, World!"
2) 1) "1661750137196-0"
   2) 1) "name"
      2) "Jiro"
      3) "age"
      4) "26"
      5) "message"
      6) "Hi, Taro"
```

XREADコマンドにより、ストリームに新規で届いたエントリーを購読できます。Pub/Sub機能と少し類似しているところもあります。XREADコマンドで1つ以上のキー名でストリームを指定することで、それらからデータを読み出せます。XREAD BLOCK 0 STREAMS channel:1 $のようにコマンドを実行しておいてください。XREADコマンドではエントリーIDを引数として指定する必要がありますが、初回は特に何もないため新しく来たメッセージを表す、$を指定します。

次に、以下のコマンドでストリームにエントリーを追加します。

```
127.0.0.1:6379> XADD channel:1 * name Shiro age 35 message "Hi, Saburo"
"1661750246393-0"
```

以下のように出力されます。

```
127.0.0.1:6379> XREAD BLOCK 0 STREAMS channel:1 $
1) 1) "channel:1"
   2) 1) 1) "1661750246393-0"
         2) 1) "name"
            2) "Shiro"
            3) "age"
            4) "35"
            5) "message"
            6) "Hi, Saburo"
(14.05s)
```

先程XREADコマンドでエントリーを読み取った際に、最後のエントリーのIDが1661750246393-0であることを確認できました。こちらのエントリーIDを指定することでそれ以降にストリームが受け取ったエントリーから読み取りできます。XREAD BLOCK 0 STREAMS channel:1 1661750246393-0のようにコマンドを実行してください。実際のアプリケーションでは、このような処理をループ内で実行することなどで実現します。

追加で、以下のコマンドでストリームにエントリーを追加します。

```
127.0.0.1:6379> XADD channel:1 * name Goro age 20 message "Hi, Shiro"
"1661750291894-0"
```

```
127.0.0.1:6379> XREAD BLOCK 0 STREAMS channel:1 1661750246393-0
1) 1) "channel:1"
   2) 1) 1) "1661750291894-0"
         2) 1) "name"
            2) "Goro"
            3) "age"
            4) "20"
            5) "message"
            6) "Hi, Shiro"
(7.34s)
```

Redisストリームで1つ以上のConsumer内でストリーム内のエントリーを分散しながら、共同で処理していくことが可能なConsumer Groupの機能も利用できます。投稿されたメッセージを分析用途で取得する例を示します。

channel:1というキーのストリーム内にmessage-analyticsというConsumer GroupをXGROUPコマンドで作成します。分析単位など用途ごとで割り振ることに使われます。最初のConsumerが接続した際に、新しく来たメッセージから受け取るためには、$を指定します。

```
127.0.0.1:6379> XGROUP CREATE channel:1 message-analytics $
OK
```

ストリーム内にメッセージがない間は、XREADGROUPコマンドはnilを返します。

```
127.0.0.1:6379> XREADGROUP GROUP message-analytics analyzer:1 BLOCK 2000 COUNT 10 STREAMS channel:1 >
(nil)
(2.10s)
```

その後、同ストリーム内にメッセージが下記コマンドのように追加されるとします。

```
127.0.0.1:6379> XADD channel:1 * name Rokuro age 26 message "Hi, Goro"
"1661750331595-0"
```

XREADGROUPコマンドを実行すると、同じConsumer Group内でほかのConsumerに届けられていないエントリーがある場合は取得できます。

```
127.0.0.1:6379> XREADGROUP GROUP message-analytics analyzer:1 BLOCK 2000 COUNT 10 STREAMS channel:1 >
1) 1) "channel:1"
   2) 1) 1) "1661750331595-0"
         2) 1) "name"
            2) "Rokuro"
            3) "age"
            4) "26"
            5) "message"
            6) "Hi, Goro"
```

この状態の場合、channel:1のキーのmessage-analyticsというConsumer Group内では、保留状態のエントリーが1つ増えています。アイドル時間も合わせて確認できます。具体的には、Consumer名となるnameという項目でanalyzer:1となっているConsumerの保留状態であるpendingが1となっていることから確認できます。また、アイドル時間もミリ秒で確認できます。

```
127.0.0.1:6379>  XINFO CONSUMERS channel:1 message-analytics
1) 1) "name"
   2) "analyzer:1"
   3) "pending"
   4) (integer) 1
   5) "idle"
   6) (integer) 11467
```

XPENDINGコマンドでも保留状態のエントリー情報を確認できます。オプションで表示範囲の指定もできます。

```
127.0.0.1:6379> XPENDING channel:1 message-analytics
1) (integer) 1
2) "1661750331595-0"
3) "1661750331595-0"
4) 1) 1) "analyzer:1"
      2) "1"
127.0.0.1:6379> XPENDING channel:1 message-analytics - + 1
1) 1) "1661750331595-0"
   2) "analyzer:1"
   3) (integer) 31016
   4) (integer) 1
127.0.0.1:6379> XPENDING channel:1 message-analytics - + 1 analyzer:1
1) 1) "1661750331595-0"
   2) "analyzer:1"
   3) (integer) 35035
   4) (integer) 1
```

処理を終えたエントリーのIDに対してXACKコマンドを返します。

```
127.0.0.1:6379> XACK channel:1 message-analytics 1661750331595-0
(integer) 1
```

保留状態のエントリーがなくなり、先程のエントリーは処理が完了したものと見なされるのが確認できます。

```
127.0.0.1:6379> XINFO CONSUMERS channel:1 message-analytics
1) 1) "name"
   2) "analyzer:1"
   3) "pending"
   4) (integer) 0
   5) "idle"
   6) (integer) 71842
```

XINFOのCONSUMERSのサブコマンド以外の2つのサブコマンドも確認します。

XINFO STREAMでは、ストリームの一般的な情報を確認できます。以下の情報を確認できます。

- **最適化やデバッグ用の基数木に関する情報**
- **ストリーム内におけるConsumer Groupの数**
- **最後に生成されたエントリーのID**
- **ストリームから削除されたエントリーの最大のID**
- **ストリームに追加されたエントリー数**
- **最初のエントリーID**
- **最後のエントリーID**

channel:1のキーのストリーム内には7個のエントリーがあることがここからわかります。

```
127.0.0.1:6379> XINFO STREAM channel:1
 1) "length"
 2) (integer) 7
 3) "radix-tree-keys"
 4) (integer) 1
 5) "radix-tree-nodes"
 6) (integer) 2
 7) "last-generated-id"
 8) "1661750331595-0"
 9) "max-deleted-entry-id"
1)  "0-0"
2)  "entries-added"
3)  (integer) 7
4)  "recorded-first-entry-id"
5)  "1661750133449-0"
6)  "groups"
7)  (integer) 1
8)  "first-entry"
9)  1) "1661750133449-0"
    1) 1) "name"
       1) "Taro"
       2) "age"
       3) "32"
       4) "message"
       5) "Hello, World!"
10) "last-entry"
11) 1) "1661750331595-0"
    1) 1) "name"
       1) "Rokuro"
       2) "age"
       3) "26"
       4) "message"
       5) "Hi, Goro"
```

XINFO GROUPSでchannel:1のキー内における各Consumer Groupの情報を確認できます。

- **Consumer Group名**
- **Consumerの数**
- **保留状態のエントリーの数**
- **最後に届けられたエントリーのID**
- **Consumer Group内に送られた最後のエントリーのIDに到達するまでに読み込まれた数**

■ Consumer Groupに送られることを待機しているストリーム内のエントリー数

```
127.0.0.1:6379> XINFO GROUPS channel:1
1)  1) "name"
    1) "message-analytics"
    2) "consumers"
    3) (integer) 1
    4) "pending"
    5) (integer) 0
    6) "last-delivered-id"
    7) "1661750331595-0"
    8) "entries-read"
   1)  (integer) 7
   2)  "lag"
   3)  (integer) 0
```

Column

## Redisストリームと類似した型および機能の比較

Redisストリームは、これまでに説明したデータ型や機能とユースケースが近いと感じたかもしれません。

たとえば、メッセージの送受信はRedisストリームだけでなく、Pub/Subで実現できます。Redisストリームは List型のようなキューの形で、メッセージを送受信できます。また、各メッセージをHash型のようなオブジェクトで表現も可能です。Sorted Setではスコアの値にもとづく順序付きの情報を保持できましたが、RedisストリームではIDで順序を管理しているため順序のあるデータを扱える点で類似しています。

Redisストリームとこれらのデータ型、どちらを用いるべきなのでしょう。Redisストリームと類似するデータ型・機能の差異を解説します。使い分けの参考にしてください。

Pub/Sub機能や、List型、Hash型、Sorted Set型はRedisストリームと比較すると、それぞれ以下のような特徴があります。

■ **Pub/Sub機能**

- あるメッセージについて、待機している複数のクライアントで受信できるという点で類似
- Pub/Sub機能では、Subscriberがチャンネルを購読していない間に送られたメッセージは受け取ることができない。つまり、過去に送られたデータや、通信が切断してリトライ処理をしている間などに送られたデータを受け取ることができない。Redisストリームでは、データを保持することが可能

■ **List型**

- キューに入れられたメッセージをクライアントが取得することが取得できるという点で類似
- List型では1クライアントがメッセージをリストから取り出すと、削除されて複数クライアントからのメッセージの受け取りといった場合に使用できない。Redisストリームでは複数のクライアントからのメッセージの受け取りが可能
- 複数フィールドをもたせる場合、List型ではフィールドと値をアプリケーションで区別（解析）する処理を実装する必要あり。Redisストリームの方はRedisで識別可能

■ **Hash型**

- フィールドを複数持つことができるという点で類似
- Hash型では順序を持たないが、Redisストリームでは入力された順序を維持

■ **Sorted Set型**

- スコアおよびIDでソートされるという点で類似。ストリーム/ログデータをSorted Set型で保存する場合はタイムスタンプをスコアとして使用
- Sorted Set型はメンバーの値の重複を許可しない。Redisストリームではこちらの点について問題がない

上記のような特徴を押さえておくことが大事です。場面ごとに適切なデータ型を選択できるようにしておき、よりRedisを活用できるようにしましょう。

## 2.7.6 データ型を問わず利用できるコマンド

これまで、主に各種データ型ごとに用意されたコマンドの説明をしてきました。しかしながら、どのデータ型にも使用できるコマンドもあります。特に利用頻度の高いものを解説します。

### TTLに関連するコマンド

Redisの主な用途の一つにキャッシュサーバーがあります。キャッシュを扱う上では、オリジナルのデータソースとの整合性が問題になります。元のデータソースの更新を適切に反映しなければキャッシュが古くなり、キャッシュと元のデータで齟齬が生じるためです。そのため、古いデータはいつまでもキャッシュしないように適宜削除する必要があります。

一方で、キャッシュのデータは可能な限り削除せずに利用したいという要望もあります。オリジナルのデータソースへのアクセスを抑え、パフォーマンスを引き出すためには、可能な限りキャッシュを再利用すべきだからです。こういった要件に対しては、Redisでは適切なTTL（Time to Live、失効時間）を設定して対処します。適切なキャッシュの失効時間を設定し、古いデータが残らず、かつ必要な期間はデータをキャッシュから返すことを目指します。

たとえば、最新のデータが必要なケースではTTLを短く、ある程度古いデータを返しても問題ないケースではTTLを長く設定します。

TTLに関連するコマンドとして以下のコマンドがあります。

**EXISTS―キーが存在することを確認**

1つ以上の複数のキーの内、存在しているキーの数を返します。キーが存在しているかの確認に使用できます。

計算量は$O(1)$。

```
EXISTS key [key ...]
```

**TTL―キーのTTL（秒）を確認**

キーの残りのTTLの値を秒単位で返します。

計算量は$O(1)$。

```
TTL key
```

**PTTL―キーのTTL（ミリ秒）を確認**

キーの残りのTTLの値をミリ秒単位で返します。

計算量は$O(1)$。

```
PTTL key
```

#### EXPIRE―キーにTTL（秒）を設定

キーに対してTTLとして指定した値を秒単位で設定します。

計算量は$O(1)$。

Redis 7.0以降では、オプションが利用できます。

- **NX/XXオプション**
  - キーの存在の有無の条件に適合するときのみTTLを設定する。
  - NXはキーが存在しない場合、XXはキーが存在する場合のみにTTLを設定する。
- **GT/LTオプション**
  - 設定するTTLと現在設定されているTTLの値を比較して条件に適合するときのみTTLを設定する。
  - GTは設定するTTLの方が大きい場合、LTは設定するTTLの方が小さい場合のみにTTLを設定する。

```
EXPIRE key seconds [NX | XX | GT | LT]
```

#### PEXPIRE―キーにTTL（ミリ秒）を設定

キーに対してTTLとして指定した値をミリ秒単位で設定します。

計算量は$O(1)$。

```
PEXPIRE key milliseconds
```

#### EXPIREAT―キーにUNIX時間でTTL（秒）を設定

キーに対してTTLとして指定したUNIX時間を秒単位で設定します。

計算量は$O(1)$。

```
EXPIREAT key timestamp
```

#### PEXPIREAT―キーにUNIX時間でTTL（ミリ秒）を設定

キーに対してTTLとして指定したUNIX時間をミリ秒単位で設定します。

計算量は$O(1)$。

```
PEXPIREAT key milliseconds-timestamp
```

#### EXPIRETIME―キーが失効するUNIXタイムスタンプ（秒）を確認

キーが失効するUNIXタイムスタンプを秒単位で返します。

計算量は$O(1)$。

```
EXPIRETIME key
```

#### PEXPIRETIME―キーが失効するUNIXタイムスタンプ（ミリ秒）を確認

キーが失効するUNIXタイムスタンプをミリ秒単位で返します。

計算量は$O(1)$。

```
PEXPIRETIME key
```

#### PERSIST―キーに指定したTTLを削除

キーに設定されたTTLの設定を削除します。

計算量は$O(1)$。

```
PERSIST key
```

#### TTL関連のコマンドの補足

TTL設定専用のコマンドが用意されている一方、SETコマンドなどはキーに値を保存する際にオプションで同時にTTLを設定できます。

EXPIREAT/PEXPIREATコマンドを使用する場合は、SETコマンドのEXAT/PXATオプション同様に、設定するTTLがNTPの時刻同期の影響を受けます。時刻同期の状態に注意してください。

なお、注意点としてはTTLが失効したキーはすぐにメモリーから削除されるわけではありません。使用されていたメモリーは再利用されることや、自動的でアクティブに削除していく動作もあります。詳細は9.2.1を参照してください。

### データ削除に関するコマンド

Redisを運用しているとメモリー上の不要なデータ削除を行いたい場面も出てきます。データ型にかかわらず利用できる削除関連のコマンドを解説します。データ型ごとの削除については本章の各種データ型のコマンドの説明をご確認ください。

#### DEL―キーを同期的に削除

指定したキーを削除します。処理をしている間はほかのリクエスト処理をブロックします。

計算量は$O(N)$。

```
DEL key [key ...]
```

#### UNLINK―キーを非同期で削除

指定したキーを削除します（Redis 4.0~）。処理をしている間はほかのリクエスト処理をブロックしません。

計算量は$O(1)$。

```
UNLINK key [key ...]
```

#### FLUSHDB―データベース内の全キーを削除

現在のデータベース内の全キーを削除します。デフォルトの挙動は同期的に行います。オプションによってSYNCの場合は同期（Redis 6.2〜）、ASYNCの場合は非同期に変更できます（Redis 4.0〜）。

計算量は$O(N)$。

```
FLUSHDB [ASYNC|SYNC]
```

#### FLUSHALL―全データベース内の全キーを削除

全データベース内の全キーを削除します。デフォルトの挙動は同期的に行います。オプションによってSYNCの場合は同期（Redis 6.2〜）、ASYNCの場合は非同期に変更できます（Redis 4.0〜）。

計算量は$O(N)$。

```
FLUSHALL [ASYNC|SYNC]
```

#### データ削除に関するコマンドの動作の詳細

Redisでは指定したキーを削除するのにDELとUNLINK、2種類のコマンドがあります。

通常キーと関連づくオブジェクトのサイズが小さければ、削除は非常に短い時間で行われます。ただし、削除するキーと関連づく値が何百万といった要素を含むと秒単位で時間を要することもあります*52。この間、DELコマンドで同期処理として削除すると、Redisはほかのリクエストを処理できずブロックが発生します。

そのような問題に対して、Lazy Freeing機能として、UNLINKコマンドが用意されています。UNLINKコマンドは、いったんバックグラウンドでキューに入れられ、ほかのスレッドによって非同期に順次削除していきます。このようにクライアントに対する影響を最小に抑える工夫がされています*53。ただし、非同期であり、コマンド実行直後にすべて削除される保証はありません。その間のメモリー等には余裕がある状況に使うと良いでしょう*54。

FLUSHALLコマンドで全データベース内、FLUSHDBコマンドで現在のデータベース内の全キーを削除できます。前述のLazy Freeing機能として、それぞれのコマンドでASYNCオプションが利用できます。これらのコマンドでも非同期で削除できるようになっています*55。

エフェメラルスクリプト（3.2参照）のスクリプトを削除するSCRIPT FLUSH、Redisファンクション（3.2.2参照）のスクリプトを削除するFUNCTION FLUSHでもSYNC/ASYNCオプションが利用できます*56。

### 汎用的なコマンド

TTL、データ削除以外の汎用的なコマンドを挙げます。

#### KEYS—キーの一覧を取得

現在のデータベース内について、パターンで指定したキーの一覧を取得します。

計算量は$O(N)$。

```
KEYS pattern
```

*52 https://github.com/redis/redis/issues/1748

*53 この機能のリリースに伴い、同期的にデータを削除する場面について、非同期にデータを削除できるようにディレクティブで変更可能になりました。具体的な場面としては、メモリーの使用量がmaxmemoryを超えた際のキーの退避時の挙動やキーに設定されたTTLが失効した際の挙動があります。RENAMEコマンドなどのコマンドのサイド効果の影響やレプリケーションで完全同期の際に元のデータを削除する際の挙動にも適用されます。それぞれlazyfree-lazy-eviction、lazyfree-lazy-expire、lazyfree-lazy-server-del、replica-lazy-flushディレクティブに対応します。

*54 アプリケーションのコードでDELコマンドをUNLINKコマンドにすぐには置き換えられない状況も場合によってはありえます。その場合、Redis 6.0以降ではlazyfree-lazy-user-delディレクティブがあり、デフォルトのnoからyesに変更することで、DELの挙動をUNLINKと同じ振る舞いに変更できます。

*55 アプリケーションのコードでASYNCオプションをすぐには追加できない状況も場合によってはありえます。その場合、Redis 6.2以降ではlazyfree-lazy-user-flushディレクティブがあります。デフォルトのnoからyesに変更することで、デフォルトの挙動を非同期に変更できます。これはASYNCオプション利用時の挙動です。SCRIPT FLUSHコマンドにも適用されます。

*56 Redis 6.2.0以降で利用できます。

#### SCAN—イテレート処理しながらキーの一覧を取得

現在のデータベース内について、キーの一覧をイテレート処理で取得します。

計算量は$O(1)$。

```
SCAN cursor [MATCH pattern] [COUNT count] [TYPE type]
```

#### DBSIZE—現在のデータベース内のキーの数を取得

現在のデータベース中に含まれるキーの数を返します。

計算量は$O(1)$。

```
DBSIZE
```

#### SORT—指定した基準でキーをソート

指定したキーをオプションにもとづいてソートします。SORTコマンドは豊富なオプションを持ちます。

計算量は$O(N + M * \log M)$。Mは返される要素の数。

```
SORT key [BY pattern] [LIMIT offset count] [GET pattern [GET pattern ...]] [ ASC | DESC] [ALPHA] [
STORE destination]
```

#### SORT_RO—SORTコマンドの読み取り専用バージョン

挙動は基本的にSORTコマンドと同じです。ただし、STOREオプションなど書き込みに関するものは拒否するため、読み込み専用のレプリカでも安全に使用できます。

計算量は$O(N + M * \log M)$。Mは返される要素の数。

```
SORT_RO key [BY pattern] [LIMIT offset count] [GET pattern [GET pattern ...]] [ASC | DESC] [ALPHA]
```

#### 押さえておきたいコマンドの動作の詳細

KEYSコマンドでは引数にキー名のパターンを指定でき、データベース内の条件に一致するキーの一覧を取得します。たとえば、以下のように実行します。KEYS *コマンドで、現在のデータベース内のすべてのキーを表示します。KEYS my*などのように部分的にもワイルドカードを使用できます。

これまでと同様にFLUSHDBコマンドを実行して、データベース内のキーを削除しておいてください。それから、下記コマンドを実行してください。

```
127.0.0.1:6379> SET mykey1 myvalue1
OK
127.0.0.1:6379> SET mykey2 myvalue2
OK
127.0.0.1:6379> SET mykey3 myvalue3
OK
127.0.0.1:6379> SET yourkey1 yourvalue1
OK
127.0.0.1:6379> SET yourkey2 yourvalue2
OK
127.0.0.1:6379> SET hiskey1 hisvalue1
OK
```

```
127.0.0.1:6379> SET herkey1 hervalue1
OK
127.0.0.1:6379> KEYS *
1) "yourkey2"
2) "mykey1"
3) "mykey2"
4) "mykey3"
5) "yourkey1"
6) "herkey1"
7) "hiskey1"
127.0.0.1:6379> KEYS my*
1) "mykey1"
2) "mykey2"
3) "mykey3"
```

こちらのコマンドは$O(N)$の処理となり、基本的にリクエストをシングルスレッドで処理するRedisの性質上、影響が大きくなることが懸念されます。本番環境において、アプリケーション中で使用することは推奨されていません*57。基本的にデバッグ用途での利用が想定されています。

キーの一覧表示するコマンドにSCANコマンドもあります。KEYSコマンドとの違いとして、SCANコマンドはカーソルベースでデータを参照しにいきます。そのため、KEYSコマンドと比較して少々直感的ではないと感じられる方もいらっしゃるでしょう。

SCANコマンドは以下のように利用します。第一引数にはカーソルを指定します。最初は0からスタートします。

```
127.0.0.1:6379> SCAN 0
1) "0"
2) 1) "yourkey1"
   2) "mykey1"
   3) "mykey2"
   4) "yourkey2"
   5) "mykey3"
   6) "herkey1"
   7) "hiskey1"
127.0.0.1:6379> SCAN 0 MATCH *rkey*
1) "0"
2) 1) "yourkey1"
   2) "yourkey2"
   3) "herkey1"
```

結果は1つ目の要素として、現在のカーソル位置を表す値、2つ目の要素として取得した配列という2つの要素からなる配列を返します。SCANコマンドでは一度の呼び出しで少しずつ取得していきますが、まだほかに未取得の値がある場合0以外の値を返します。コマンドの実行結果として288というカーソルが返された場合、次回実行時はSCAN 288のように実行することで続きから取得できます。SCANコマンドでもKEYSコマンド同様に取得するキーのパターンを指定でき、たとえば、キー名の途中にrkeyという名前を含むキーの一覧を取得したい場合はSCAN 0 MATCH *rkey*のように実行します。

*57 https://raw.githubusercontent.com/antirez/redis/5.0/00-RELEASENOTES

```
127.0.0.1:6379> SCAN 0 MATCH *rkey*
1) "0"
2) 1) "yourkey1"
   2) "yourkey2"
   3) "herkey1"
```

あまり細かく分けてデータを取得しすぎると、RTTが大きくなるトレードオフもあります。一度に取り出す要素数がCOUNTオプションとして用意されています。これで調整できることも頭に入れておくとよいでしょう。デフォルトでは10個ずつの取り出しです。各種データ型ごとに、Set型ではSSCAN、Hash型ではHSCAN、Sorted Set型ではZSCANコマンドも利用できます。

本番環境でキーの一覧情報を取得するためには、イテレート処理で順次処理が可能なSCAN系のコマンドの利用が推奨されています。カーソルベースでデータを分割して参照していくため、パフォーマンスへの影響を抑えてデータを参照できますので、本番環境ではSCAN系のコマンドを基本的に使うべきです。

もし、どうしてもKEYSコマンドを本番環境で利用したい場合、KEYSコマンドを利用するためにレプリカを用意し、ほかのアプリケーションからは参照されないようにする方法もあります。ただし、この場合でもレプリカで負荷が高まります。場合によってはレプリケーションが切断されて完全同期を起こすとマスターに影響を及ぼす可能性もありえます。そのため、事前検証することをおすすめします。レプリケーションの詳細は第7章を参照してください。

リアルタイムでキーの一覧を取得する必要がない場合は、スナップショット機能で取得したRDBファイルを分析する方法もあります（5.1.1参照）。

本番環境でSCANコマンドを利用する場面で、KEYSコマンドを利用しているために、運用中のサービスで事故を起こす事例を筆者は数多く見てきています。KEYSコマンドを利用していることでCPU使用率が高くなります。リクエスト処理がブロックされるほか、前述の通りレプリケーション処理でマスター・レプリカ間の接続が切断されることで、再度マスターでスナップショットの取得がトリガーされて別の影響まで及ぶといったこともあります。Redisを扱うエンジニアがこの点を十分に心得て、コードレビューなどで未然に防ぐ体制を築きましょう。

TTLが失効したキーはすぐにメモリーから削除されるわけではなく、メモリーは再利用されることもあります。クライアントから特定のキーへアクセスを行う際にそのキーのTTLが切れているとわかった場合、キーは削除され、メモリーを再利用する動作となります。

このような挙動を利用して、TTLが切れた全キーを回収するためにKEYS *コマンドを実行する運用をされる方も見かけることがあります。これは危険な操作なので、やめておくべきです*58。

DBSIZEコマンドは現在のデータベース中に含まれるキーの数を返します。SORTコマンドはList型やSet型、Sorted Set型のいずれのデータもソートでき、指定したオプションにもとづいてソートする方法やデータを返すだけか結果を格納するかを決定できます*59。

*58　このような現状を受けて、Redis 5.0.1からKEYS *でも失効したキーを回収しないように動作が変更されています。

*59　https://redis.io/commands/sort

Column

## 計算量

Redisはリクエストを基本的にシングルスレッドで処理します。その性質上、時間のかかる処理があると後続の処理がブロックされます。このため、使用するアイテムの数やサイズに応じて実行するコマンドの計算量を意識することは重要です。

問題になりがちなコマンドとしては、以下のようなものがあります。

- **KEYS *コマンド**
- **FLUSHALLコマンド、FLUSHDBコマンド、DELコマンド（同期削除の場合）**
- **Set型、Sorted Set型の要素の操作（例：SMEMBERSコマンド）**
- **Lua（エフェメラルスクリプト、Redisファンクション）**
- **MULTI/EXECコマンド**

複数の要素に対して操作するようなHMGET、HMSET、MSETNX、PFCOUNT、PFMERGE、SDIFF、SDIFFSTORE、SINTER、SINTERSTORE、SUNION、SUNIONSTORE、TOUCH、ZDIFF、ZDIFFSTORE、ZINTER、ZINTERSTOREコマンドなどにも注意しておくとよいでしょう。

計算量を意識せずにZREVRANGEBYSCOREコマンドを使用していると問題になる可能性もあります。指定するスコア間のデータに大きく偏りがあり大量のデータを取得してしまう場合、実行に時間がかかり処理を長い時間ブロックするといったことにもつながりかねません。

処理時間の見積もりとして、計算量について考えることが大事となります。一般的には、計算量について時間計算量と空間計算量の種類があり、計算量の算出にあたっては最大の場合を考える最悪計算量と平均の場合を考える平均計算量の場合があります。この時間計算量は、実際に実行するコンピューターの性能に依存しない、プロセッサーを使用する時間に見積もりを計算したものとなります。

計算量は、$O$記法（ビッグ・オー記法、Big-O notation）で表現されることがあり、この$O$記法は与えられた関数の漸近的な挙動を表現したものとなります。たとえば、$O(g(n))$は、オーダー$g(n)$であるという表現をします。$O(n)$は、$n$の増加に対して線形に増加していきます。$O(n^2)$は、$n$の値が大きくなるほど増加のしかたが著しくなります。逆に$O(\log n)$については、$n$の増加に対して、増加のしかたがゆるやかになっていきます。

$n$の値を大きくしていった際の計算量としては、以下のような関係が顕著になっていきます。ここでは$M$を定数とします。

$O(M) < O(log(n)) < O(n) < n \log n < O(n^2) < O(2^n) < O(n!)$

以下、$O(n)$の関係式のグラフとなります。

図2.17　$O(n)$ の関係式

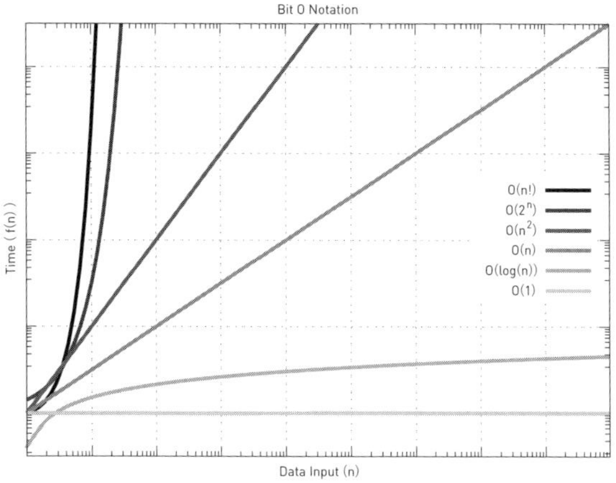


Redisのコマンドのドキュメントでは、時間計算量について最悪計算量が各コマンドのページに記載されており、$O$ 記法が用いられています[*a]。Redisにおいてコマンドの空間計算量を直接意識することは基本的にないでしょう。メモリー管理のアーキテクチャ（9.1参照）や運用の知識（第5章参照）、章内のコラムの内部エンコーディングなどのようにRedisのしくみをおさえて扱えば問題ないはずです。

問題になりがちとして名前を上げたコマンドは、計算量が多いため注意しておきたいものです。

そのほかのコマンドでも使用するデータについて、計算量で問題になることがないかは事前に検討しておきたい点です。使用予定のコマンドのドキュメントを確認し、計算量が $O(n)$ や $O(\log n)$ の場合は特に注意しておきましょう。今後のデータの増加の可能性なども考慮に入れて確認するようにしましょう。

LATENCYモニタリングの fast-commandイベントでは $O(1)$ と $O(\log n)$ が含まれています。しかし、$O(\log n)$ についても要件次第ではありますが、注視しておいてもよいでしょう。

*a　Command reference – Redis https://redis.io/commands

Column

## そのほかのコマンド

ここではデータ型を中心にキー操作などのコマンドを紹介してきましたが、Redisにはキー操作以外の機能も含まれています。例を挙げます。

- **エフェメラルスクリプト（3.2参照）**
  - EVALコマンドなどエフェメラルスクリプトによるLua実行に関するもの
- **Redisファンクション（3.2.2参照）**
  - FCALLコマンドやFUNCTIONコマンドのRedisファンクション（現状Luaのみ）に関するもの
- **トランザクション制御（3.3参照）**
  - MULTIコマンドやEXECコマンドなどトランザクションに関するもの
- **モジュール機能（3.4参照）**

- MODULEコマンドなどモジュール機能に関するもの
- **バックアップ関連（5.1参照）**
  - BGSAVE、BGREWRITEAOFコマンドなどバックアップに関連するもの
- **サーバー管理（5.5、5.6参照）**
  - CONFIG（設定の取得・変更）、ACL（アクセスコントロールリスト）、AUTH（パスワード認証）コマンドなどのセキュリティ等含むサーバーやデータベース全体の管理に関するもの
- **調査用情報取得（第6章参照）**
  - INFOコマンドやSLOWLOG、MONITOR、LATENCY、MEMORYコマンドなどのサーバー内の調査用に情報取得に関するもの
- **レプリケーションの制御（第7章参照）**
  - REPLICAOF、FAILOVERコマンドなどのレプリケーションに関するもの
- **Redisクラスターの制御（第8章参照）**
  - CLUSTERコマンド（クラスター）などクラスター制御に関するもの
- **クライアントの制御**
  - CLIENTコマンドでクライアント関連の情報に取得や制御に関するもの
- **接続**
  - PINGコマンドなど通信・接続に関するもの
- **複雑なアルゴリズム処理**
  - LCSコマンドでString型を操作する複雑なアルゴリズムに関するもの[*a]
- **コマンド詳細**
  - COMMANDコマンドでコマンドの詳細確認に関するもの

公式ドキュメントのコマンド一覧ページ[*b]には、JSON.で始まるコマンド（RedisJSONモジュール）やFT.で始まるコマンド（RediSearchモジュール）など、Redis Stackにバンドルされているモジュールに関するコマンドも記載されています[*c]。

これらの機能も、ほかのクライアントから利用できることが多いです。関連する章や公式のドキュメントを参照しながら、適宜学習してください。各種プログラミング言語を利用する場合はRedisクラスター機能の対応の有無等、利用する機能に対応しているか、利用予定のクライアントのドキュメントを参照してください。

*a　最長共通部分列のアルゴリズム。以前はSTRALGOコマンドのサブコマンドとして用意されていましたが、Redis 7.0でSTRALGOコマンドが廃止され、LCSコマンドがスタンドアローンとして用意されました。

*b　https://redis.io/commands/

*c　https://redis.com/blog/introducing-redis-stack/

# 3

# 高度な機能

第2章では、Redisの基本的な型と機能を紹介しました。第2章と、実際にテーマを定めてRedisを動かす第4章を読めば、おおよそのRedisの使い方は身につくでしょう。

ただ、Redisには多くの高度な機能があります。トラブルシューティングや、より高い性能を出すためにはこれらを知っておくべきです。本章ではこういった事項を主に解説します。

- **パイプライン**
- **Luaによるスクリプティング（エフェメラルスクリプト、Redisファンクション）**
- **モジュール**
- **キー空間通知**
- **クライアントサイドキャッシュ**

章末のコラムではこれらの機能の比較も行っています。

# 3.1 パイプライン

パイプラインは前のリクエストへのレスポンスを待たずに、新しいリクエストを送ることを可能にする機能です。複数のコマンドを同時に送信し、ネットワークのRTTを節約します。

複数のキーの値を保存／取得する際に、一つずつ`GET`/`SET`コマンドを実行していれば、その都度RTTが発生してレイテンシーが大きくなってしまいます。`MSET`/`MGET`も一括で複数のキーを操作できますが、パイプラインはより汎用的です。活用できる場面ではパイプラインを使いましょう。

図3.1　操作回数を減らす効果

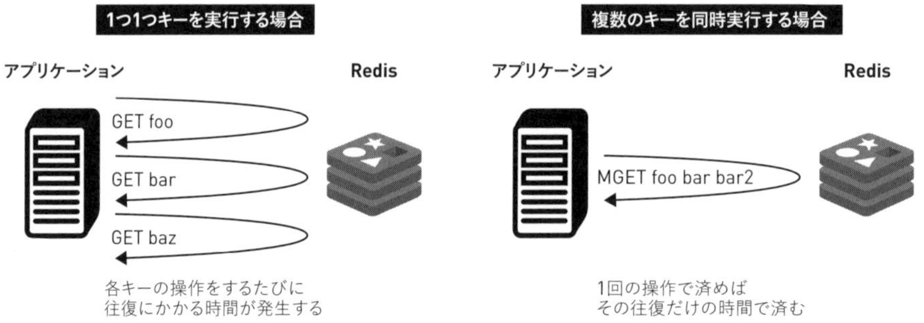


パイプラインでは、複数のコマンドをまとめて処理でき、シンプルです。ただ、条件分岐などが扱えないため、ある程度複雑なロジックの記述には向きません。また、クライアントからリクエストに書き込みと読み込みの両方が含まれる場合には、書き込みコマンドを実行する前に読み込みのコマンドの結果を待機しないといけないため、レイテンシーが大きくなります。さらに、ほかのクライアントも接続しているような状況ではコマンドが割り込んでしまう可能性もあります。そのため、スクリプトがアト

ミックに処理されることが保証されません。

複雑なロジック、アトミックな処理の必要があれば次の技術を用います。

- **トランザクション**
  - アトミック処理
- **Lua（エフェメラルスクリプト、Redisファンクション）**
  - 複雑なロジックの実装
  - アトミック処理
- **モジュール**
  - 複雑なロジックの実装
  - アトミック処理

パイプライン内での順番は保証されているため、複数のコマンドをすばやく送りつつ、レスポンスはあとでまとめてで問題ないケースに有効です*1。さらに、ほかのクライアントから割り込み処理があっても問題ないユースケースであれば、検討してみてもよいでしょう。また、処理の切り替えによるオーバーヘッドを削減できます*2*3。これはレイテンシーの問題を回避するために有用です。

### 3.1.1 パイプラインの実行例

パイプラインの実行例を示します。ローカルホストで稼働するRedisサーバーに対して、Netcatを用いて、コマンドを実行しています。各コマンド間はCR+LFで改行しています。ここでは最低限しかパイプラインを利用しないためシンプルな実行例をお見せします。かつ、後述の`redis-cli`のパイプモードと比較するためNetcatを用いて説明しています。

```
$ echo -e "TIME\r\nPING\r\nECHO \"test\"\r\n" | nc localhost 6379
*2
$10
1662383436
$6
228121
+PONG
$4
test
```

Netcatなどを使用した場合、全データが転送されたかなどの管理できません。このようなケースではredis-cliの`--pipe`オプションが役立ちます。

redis-cliや、多くのRedisライブラリでは大量のデータ挿入を目的とした機能をサポートしています*4。`--pipe`オプションを使用して実行すると、以下のような応答が得られます。実行に成功したコマンド数が`replies`に、エラーになったコマンド数は`errors`に反映されます。

---

*1　Redis pipelining https://redis.io/docs/manual/pipelining/

*2　ユーザーランドからカーネルランドへの移動でコンテキストスイッチの影響が大きい`read()`や`write()`のシステムコール（ソケットI/O）を減らすことによる効果となります。

*3　ここで出てくる各種OS関連の用語についてはわからなくても本書を読む進める上で問題ありません。興味のある方は、用語について調べてみてください。

*4　Bulk loading https://redis.io/docs/reference/patterns/bulk-loading/

```
All data transferred. Waiting for the last reply...
Last reply received from server.
errors: 0, replies: 3
```

処理の途中でエラーが発生した場合は、先程実行例で動作を確認に使用したNetcatやredis-cliのパイプモードともに、発生時点でエラーメッセージが表示されます。

Redisのパイプライン機能は多くのRedisクライアントから利用可能です。ライブラリのドキュメントをpipelining、pipelineなどで検索してください。本書で用いるreids-rbのドキュメント[*5]にもパイプラインの項目があります。

# 3.2 Lua

Redisは組み込みのスクリプト言語としてLuaを採用しています[*6]。コマンドだけでは達成できない柔軟な処理やRedisの機能拡張を、優れた実行速度のもと実現できます。

Redisでコマンドの組み合わせ以上のある程度複雑なことをやろうとしたとき、アプリケーション側（RedisとやりとりするWebアプリケーションなど）に処理をまとめるという方法もなくはありません。しかし、先ほど紹介したようなレイテンシーや実行速度の問題がついてまわります。

Luaを用いることで、Redisで一連の処理をアトミックに操作できます。この点でパイプラインと大きく異なります。

アトミックとは複数の操作について、すべてのコマンドが処理されるもしくは何も処理されないか、いずれかの状態となることです。

パイプラインは便利ですが次の課題があります。

- **複数の種類のコマンドを処理できるが、条件分岐などのロジックなどにもとづいた処理はできない。**
- **書き込みと読み込み両方のコマンドが含まれる場合、書き込みを実行する前に読み込み結果（リプライ）を待機しないといけない。レイテンシーが小さくない。**

これらの状況が懸念されるとき、次の特徴を持つLuaは最適です。

- **条件分岐など複雑なロジックが記述できる。**
- **書き込みと読み込みのレイテンシーが最小限になるようにつくられている。**

Redisでは長い間、エフェメラルスクリプトによりLuaを実行できました。Redis 7.0以降ではRedisファンクションでもLuaを実行できるようになりました[*7]。

Redis 7.0以降ではRedisファンクション、それ以前のRedisや過去資産を活かす必要がある場合などはエフェメラルスクリプトでLuaを実行することになるでしょう。使い分けや機能の差異については、以後の解説を参照してください。

*5　https://github.com/redis/redis-rb#pipelining

*6　http://oldblog.antirez.com/post/redis-and-scripting.html

*7　https://redis.io/docs/manual/programmability/

### 3.2.1 エフェメラルスクリプト（Ephemeral scripts）

RedisからLuaを利用する方法について、Redis 7.0未満ではこのエフェメラルスクリプトによる方法のみが提供されていました*8。まずはエフェメラルスクリプトによるLuaの利用例を見ていきます。できることを把握しておくと、エフェメラルスクリプトの実行機能のより深い理解につながります。

**データの保存時にTTLを設定したい場合**

あるデータに対してTTLを設定するとき、データ保存のコマンド実行時にオプションでTTLを設定できるものと、実行時には設定できないものがあります。

| TTL設定の可否 | コマンド例 |
|---|---|
| TTLをオプションで設定できるもの | SETコマンド |
| TTLをオプションで設定できないもの | SADDコマンドやLINSERTコマンドなどのString型以外のコマンド、String型のMSETコマンド、INCRコマンドなど |

コマンド実行時に設定できない場合は次のように、データを保存後にTTLを設定します。

1. **データを保存する**
2. **データのTTLを設定する**

これを素朴に実行すると、RTTのオーバーヘッドが出ます。パイプラインで実行すればそこは削減できますが、アトミックな処理は保証されません。エフェメラルスクリプトなら下記のように一回のRedisへの呼び出しで、アトミックな処理を書けます。

ここでは、例としてRubyとredis-rbを使用し、RubyからLuaのコードを呼び出しています（サンプルの利用方法は、4.3を参照）。

1日（$60 * 60 * 24$秒）のTTLを設定したuser:1という各種属性を持ったハッシュを作成しています。

```
require 'redis'

# script内にLuaのコードを記述
script = <<EOF
  redis.call('HMSET', KEYS[1], ARGV[1], ARGV[2], ARGV[3], ARGV[4])
  redis.call('EXPIRE', KEYS[1], ARGV[5])
EOF

redis = Redis.new
# scriptに保存したLuaのコードを読み込む
hashed_script = redis.script(:load, script)
# evalshaで読み込んだLuaのコードを実行
redis.evalsha(hashed_script, keys: ['user:1'], argv: ['age', 30, 'email', 'taro@example.com', 60*60*2
4])
```

エフェメラルスクリプトを用いるとRTTを削減し、アトミックな処理もシンプルに実現できます。

*8 ドキュメント中ではEVALスクリプトなどと呼ばれることもあります。エフェメラルスクリプトという用語自体がRedisファンクションの登場に伴い、Redis 7.0以降登場したもので、古いドキュメントに掲載されてない点などは注意してください。

### 複数の要素を同時に操作する

複数の要素の同時操作するケースも多くありますが、Redisのビルトインコマンドだけだと対処が難しいです。

複数の値を同時に扱うことができるコマンド（MSETやHMSETなど）もありますが、制限があります。たとえば、MSETコマンドであれば、String型のキーしか同時に指定できません。HMSETコマンドであれば、1つのキー内でしか、複数のフィールドを同時に扱うことができません。

ここでは投票として、立候補者である各ユーザーに投票された場面をSet型で管理している状況を想定しています。ある時点における、ユーザーIDが1,2,3の3人の候補者に投票された数をカウントし表示しています*9。各集合の要素数を同時に表示するコマンドは提供されていませんが、Luaを利用して以下のように書けます。

```
require 'redis'

script = <<EOF
  local counts = {}

  for i, key in ipairs(KEYS) do
    counts[i] = redis.call('SCARD', key)
  end

  return counts
EOF

redis = Redis.new
hashed_script = redis.script(:load, script)
result = redis.evalsha(hashed_script, keys: ['user:1:votes', 'user:2:votes', 'user:3:votes'])

puts result
```

このようなケースでもエフェメラルスクリプトが有効です。

### エフェメラルスクリプトによる複雑なロジックの実装

Luaで複雑なロジックの処理をする実行例を示します。ここでは、1から引数で入力した数までの数字の合計を算出して取得する例です。この場合、引数で入力した数が10なので、1から10までの合計の数となる55の値が返されています。ここでは、すぐに試せるEVALコマンドによる実行例です。

```
127.0.0.1:6379> EVAL "local val = 0; for i = 1, ARGV[1] do val = val + i; end; return val" 0 10
(integer) 55
```

なお、Luaのデバッグのために、Luaデバッガー機能が搭載されています*10*11*12。複雑なコードの実行時は役立つでしょう。

---

*9 例に出したスクリプトを実行するためには、事前にSADD user:1:votes vote:1 vote:2 vote:3、SADD user:2:votes vote:4、SADD user:3:votes vote:5 vote:6のようにSet型のキーを保存していることを想定しています。

*10 https://redis.io/docs/manual/programmability/lua-debugging/

*11 http://www.antirez.com/news/97

*12 https://www.slideshare.net/itamarhaber/redis-lua-scripts

### エフェメラルスクリプトのコマンド

Redisでエフェメラルスクリプトを実行する主な方法はEVALコマンド、EVALSHAコマンドです。それぞれのコマンドに対応した読み込み専用版のEVAL_ROコマンド、EVALSHA_ROコマンドも利用できます[*13]。

実際に本番で用いることが多いのはEVALSHAでしょう。EVALとEVALSHAの両コマンドを解説します。

#### EVAL実行例

EVALコマンドでは引数に文字列でスクリプトを渡します。EVALの引数は第一引数にスクリプトの内容、第二引数にスクリプト中で使用キーの種類の数、第三引数に第二引数で指定した数だけスクリプト中で使用するキーを列挙していきます。その後、スクリプト中で使用する引数があれば列挙していきます。

```
EVAL script numkeys key [key ...] arg [arg ...]
```

以下のように実行します。KEYS変数やARGV変数については後述します。

```
127.0.0.1:6379> EVAL "return {KEYS[1],KEYS[2],ARGV[1],ARGV[2],ARGV[3]}" 2 key1 key2 value1 value2
value3
1) "key1"
2) "key2"
3) "value1"
4) "value2"
5) "value3"
```

#### EVALSHA実行例

EVALSHAコマンドの引数や実行内容はEVALと類似しています。異なる点は第二引数です。スクリプト本体ではなく、スクリプトのハッシュ値を指定します。このハッシュ値はSCRIPT LOADコマンド実行時に確認できます。

SCRIPT LOADコマンドはスクリプトを読み込んでRedisサーバーに保存し、その後、SHA1によるスクリプトをハッシュ化した値を返すコマンドです。

```
EVALSHA sha1 numkeys key [key ...] arg [arg ...]
```

以下のように実行します。5b62720354d3ac0755d47fe9d802b4be77bbecdcの文字列は、SCRIPT LOADコマンドで取得したハッシュ値です。

```
127.0.0.1:6379> EVALSHA "5b62720354d3ac0755d47fe9d802b4be77bbecdc" 2 key1 key2 value1 value2 value3
1) "key1"
2) "key2"
3) "value1"
4) "value2"
5) "value3"
```

#### EVAL/EVALSHA詳細

EVALコマンドは実行するスクリプトを直接引数に指定します。そのため、スクリプトに対応するハッ

---

*13 RO、READ ONLYの名前の通りLuaではデータの読み出しのみ可能です。Lua内でSETやDELのようなデータを変更するコマンドが実行できません。Redis 7.0以降で利用可能です。

シュ値の対応付けを管理するようなコストがありません。

ただし、EVALコマンドでは実行の都度、スクリプトがクライアントからRedisサーバーへ送られるため、そのぶん帯域を消費します。

EVALコマンド実行時の注意点として、Redisであるキーのデータを操作したいとき、EVALコマンドの引数でそのキーを指定して操作対象として明示します。スクリプト中で使用するkey1やkey2のようにキー名を指定する形です。

引数として列挙したキーは、Lua中のグローバル変数でKEYS変数の配列として格納されます。また、それらに続く引数として列挙した値は、Lua中のグローバル変数でARGV変数の配列として格納されます*14。スクリプト中ではこれらの配列に格納されたキーおよび値を利用して処理を書きます。

スクリプト中で使用するキーについて、EVALコマンドの引数としてキーを宣言しておくことは強制ではありません。EVALコマンドの引数としてキーを指定せずに、スクリプト中でKEYS変数を使用しないこともできます。

しかしながら、特にRedisクラスターを利用している場合は引数に指定したキーの値を元にルーティング先のキャッシュノードを決めます。Redisクラスターを利用しなければ動作する可能性はありますが、今後も問題なく動作するかは保証されません。通常はスクリプト中で使用するキーを引数として指定しておくようにしてください。

EVALSHAコマンドでは、スクリプト本体は送らず、ハッシュ値でのスクリプトの指定となるため、帯域削減の効果があります*15。ただし、そのためには、SCRIPT LOADコマンドで事前にスクリプトを読み込んでおく必要があります。送られたスクリプトはキャッシュされます。スクリプトを送ったあとに、スクリプトをSHA1でハッシュ化した値が返されます*16。EVALSHAではスクリプトを指定するために、このハッシュ値を引数として指定します。

コマンドの実行例を確認してみましょう。SCRIPT LOADコマンドでスクリプトを読み込んでおくとSHA1のハッシュ値が返されます。

```
127.0.0.1:6379> SCRIPT LOAD "return {KEYS[1],KEYS[2],ARGV[1],ARGV[2],ARGV[3]}"
"5b62720354d3ac0755d47fe9d802b4be77bbecdc"
```

EVALコマンドで第一引数としてスクリプトを指定していたところを、今度はEVALSHAコマンドで第一引数としてハッシュ値を使用することで同様にスクリプトを使用できます。

```
127.0.0.1:6379> EVALSHA "5b62720354d3ac0755d47fe9d802b4be77bbecdc" 2 key1 key2 value1 value2 value3
1) "key1"
2) "key2"
3) "value1"
4) "value2"
```

*14 Luaでは通常、配列のインデックスが0ではなく1から始まる点については注意が必要です。

*15 異なるノード間でもスクリプトの中身が同じであることを確認の上、実行できるというメリットもあります。

*16 こちらの挙動のため、実はSCRIPT LOADコマンドを使用しなくても、スクリプトそのものをSHA1でハッシュ化した値が利用できます。この計算した値をEVALSHAコマンドの引き渡すことでRedisサーバー内にキャッシュされたスクリプトを実行できます。先程の1から引数で入力した数までの数字の合計を算出して取得するスクリプトの例に取り上げてみます。この場合、echo -n "local val = 0; for i = 1, ARGV[1] do val = val + i; end; return val" | openssl sha1の値を計算します。このSHA1のハッシュ値をEVALSHAコマンドに引き渡すことで、Redisサーバー内にキャッシュされたスクリプトを再利用できます。ただし、今後も同様の動作をするか保証されませんので、止むを得ない場合を除いてRedisの機能として用意されているSCRIPT LOADコマンドを使用しておくのが良いでしょう。

```
5) "value3"
```

EVALコマンドだと毎回Luaスクリプトをサーバーへ送らねばならず、オーバーヘッドが大きいです。そのため、実際の運用ではEVALSHAコマンドが使われることが多いです。

ただし、スクリプトサイズに伴う帯域節約の効果が薄ければ、管理コスト削減のためにEVALコマンドを用いることも戦略としてあります[*17]。また、EVALSHAコマンドはハッシュ値を取得していない状態では、事前にSCRIPT LOADコマンドを実行する必要があり、Redisサーバーとの往復回数が増加する傾向があります。そのため、やりとりの回数を減らすためにもEVALコマンドが利用されることがあります。

Redisサーバーは実行したLuaスクリプトをキャッシュの内部処理によって、毎度コンパイルする作業を省略して、RedisサーバーがLuaスクリプトを処理する計算資源コストの削減をしています。

ただし、RedisでのLuaの実行にはいくつか制約があります。まず、Luaの実行バージョンはLua 5.1です[*18]。また、グローバル変数の利用に制限があり、ローカル変数のみ利用可能です。

さきほどLuaではアトミックな処理もシンプルに実現できることを説明しました。エフェメラルスクリプトについて現状ロールバック機能は実装されていないため、スクリプト内部で発生したエラーについては、スクリプトの実装次第でエラーが発生した時点でスクリプトが終了することもあります。スクリプトの途中、エラーで処理が終わるということがありえます[*19]。つまり厳密な意味でのアトミックさは保証されていないのは、勘違いしやすい点です。こちらの挙動を頭においておき、アプリケーション開発時にこのようなエラーを避ける一工夫が必要です。

### スクリプトの消去

EVALやEVALSHAで実行されたスクリプトは、削除のための操作（再起動も含む）を行わない限り、Redisインスタンスにキャッシュが残り続けます。スクリプトを残し続ける理由は高速化のためです。

キャッシュに対して容量面でネガティブな印象を覚える方もいらっしゃるでしょう。しかし、異なるスクリプトのキャッシュがほかにあったとしてもメモリーの問題は引き起こしにくいです。巨大なアプリケーションであっても、スクリプトの数はせいぜい数百程度であることが多いでしょう。さらに各スクリプトもRedisまわりの処理と用途が限られているため、極端に複雑なもの生まれづらく、容量は小さく保たれるはずです。アプリケーションがたびたび修正されてスクリプトが何回変更されても、メモリーの使用量は無視できる量と考えられます。

ただし、メモリーの使用量を抑えるために、ちょっとした工夫が必要な場面もあります。スクリプト中で使用する列挙されたキーはグローバル変数としてKEYS変数、スクリプト中で使用する引数はグローバル変数としてARGV変数に配列として格納されることを先程説明しました。もし、これらのパラメータを使用せずに直接、値を直接スクリプトに埋め込んだものを使用するとそれらはすべて異なるスクリプトのデータとなります。そのため、キャッシュがどんどん増えていってしまいます。KEYS変数やARGV変数を通して積極的にパラメーター化できる際には、パラメーター化し、スクリプトを共通化できます。

---

*17　Redisクラスターの場合、スクリプトのキャッシュはシャードごとに管理する必要があります。これはシャードを追加した場合、再計算などで管理コストの高いものとなります。redis-cliの--cluster-only-mastersオプション（8.6.1参照）の使用や、スクリプトが短く帯域削減のメリットが小さい場合にはハッシュ値を使用しないで毎回スクリプトの実行を検討することも1つの方法です。Redisクラスターの詳細については後の章で取り上げます。

*18　現在はLua 5.1.5のバージョンを使用しています。

*19　Redisでのエフェメラルスクリプトによる処理でもロールバック機能の実装に前向きな姿勢ではあるものの、課題点が多く実現の見通しはまだのようです。 https://github.com/redis/redis/issues/10576

それによってメモリーの使用量を抑えることができます。

アプリケーションの規模がかなり大きくなってくる場合にはエフェメラルスクリプトによる上記のメモリー消費も問題になることが場合によってはありえます。後述するRedisファンクションではこういった課題も改善されています。

スクリプトのキャッシュの削除は、SCRIPT FLUSHコマンド、もしくはRedisサーバーの再起動で行います。

SCRIPT FLUSHコマンドによるスクリプトのキャッシュの削除は、これまで実行された全スクリプトが削除されます。キャッシュを強制的にすべて消したいときに用います。開発環境で頻繁にキャッシュを消したいときや、本番環境でも、必要に応じて不要なキャッシュがたまっていて再利用することがない状況では定期的に実行すると良いでしょう。

なお、2回のスクリプトの実行間で再起動していないことの確認には、サーバーとの接続が永続的で閉じられていないこともしくはクライアントがINFOコマンドのrunidフィールドの確認を明示的に行う方法が挙げられます。しかしながら、実用的には管理者が明示的にSCRIPT FLUSHコマンドを実行していたかのみを確認すれば、ハッシュ値によるスクリプトの実行をする形でも問題ないケースが多いことが想定されます。

なお、スクリプトの実行中はキーを失効しません。これは同じスクリプトの同じデータセットに対して、同じ効果があることを保証するための動作です。

スクリプトが存在することの確認はSCRIPT EXISTSコマンドで可能です。

#### SCRIPT EXISTSの実行例

SCRIPT EXISTSコマンドで、引数で指定したハッシュ値に相当するスクリプトが存在するときは1が返され、存在しないときは0が返されます。想定しているスクリプトがすでにRedisサーバー内にあるかを確認できます。スクリプトを実行するために、すでにRedisサーバーに存在する場合は、EVALSHAコマンドを使うことでスクリプト本体を再度送らずにスクリプトを処理できます。存在しない場合はSCRIPT LOADコマンドでスクリプト本体をRedisサーバーに保存し、EVALSHAコマンドでスクリプトを実行する必要があります。

実行例を見てみましょう。先程SCRIPT LOADコマンド実行時に取得したハッシュ値（5b62720354d3ac0755d47fe9d802b4be77bbecdc）を引数に指定してSCRIPT EXISTSコマンドを実行しました。すると、戻り値として1が返ってきました。これはスクリプトが存在することを意味します。一方で、存在しないハッシュ値（xxxxxxxxxxxxxxxxxxxxxxxxxxxxxxxxxxxxxxxx）を指定した場合、戻り値として0が返ってきます。これはスクリプトが存在しないことを意味します。

```
127.0.0.1:6379> SCRIPT EXISTS "5b62720354d3ac0755d47fe9d802b4be77bbecdc"
1) (integer) 1
127.0.0.1:6379> SCRIPT EXISTS "xxxxxxxxxxxxxxxxxxxxxxxxxxxxxxxxxxxxxxxx"
1) (integer) 0
```

#### SCRIPT FLUSHの実行例

SCRIPT FLUSHでスクリプトのキャッシュを削除します。SCRIPT EXISTSも交えてコマンド実行例を見ていきましょう。

```
127.0.0.1:6379> SCRIPT FLUSH
OK
```

スクリプトのキャッシュを削除すると、先程存在していたスクリプトも存在しないことが確認できます。

```
127.0.0.1:6379> SCRIPT EXISTS "5b62720354d3ac0755d47fe9d802b4be77bbecdc"
1) (integer) 0
```

**スクリプトの停止**

実行中のエフェメラルスクリプトを停止可能なコマンドは、SCRIPT KILLやSHUTDOWN NOSAVEがあります*20。

スクリプトを実行中、データセットに変更が加えられていなければ（読み込みコマンドのみを利用している）、タイムアウトの設定が可能です。busy-reply-threshold（Redis 7.0未満ではlua-time-limit）ディレクティブで設定可能であり、デフォルトでは5秒となります。ミリ秒単位での処理が行われるため、デフォルトの5秒の値はかなり大きい値となります。設定した値を超えた場合は、現在実行していて、かつ読み込みコマンドのみを実行するスクリプトをSCRIPT KILLコマンドで中止させることが可能です。

スクリプトを実行中、データセットに変更を加えて（書き込みコマンドを利用している）いれば、busy-reply-threshold（Redis 7.0未満ではlua-time-limit）による制御はできません。タイムアウト値を超えると、SHUTDOWN NOSAVEコマンド以外受け付けなくなり、このコマンドを実行して強制シャットダウンで問題を解決するしか解決策がなくなります。これには理由があります。

これまでLuaを用いることで、Redisで一連の処理をアトミックに操作できることや、Redisには現状ロールバック機能がないことを説明しました。もし、書き込みをした状態でRedisが正常に終了できることを想定すると、データセットが中途半端な状態になる可能性がありスクリプトがアトミックである性質に反します。そのため、この性質を満たすように設計されています。

実際にこの動作を確認するために、エフェメラルスクリプトからデータセットに変更を加えて、無限ループを実行してみます*21。redis.call()関数の詳細については、3.2.3で取り上げます。ひとまずここでは、LuaからRedisを呼び出すための関数として認識しておいてください。

```
127.0.0.1:6379> EVAL 'redis.call("SET", KEYS[1], "bar"); while 1 do redis.debug("infinite loop") end'
 1 foo
```

スクリプトは実行中であるため、SCRIPT KILLコマンドとSHUTDOWN NOSAVEコマンド以外は受け付けられません。

```
127.0.0.1:6379> PING
(error) BUSY Redis is busy running a script. You can only call SCRIPT KILL or SHUTDOWN NOSAVE.
```

5秒以上経過すると、Redisサーバー側に以下のようなログが出力されます。

```
199647:M 21 Sep 2022 11:24:00.814 # Slow script detected: still in execution after 5000 milliseconds.
 You can try killing the script using the SCRIPT KILL command. Script name is: d738672a484abf61097e34
```

*20 https://redis.io/commands/shutdown/

*21 本番環境で実行してはいけません。

```
5a02956bddb2f86681.
```

SCRIPT KILLコマンドを実行してみると以下のようなエラーが返されます。

```
127.0.0.1:6379> SCRIPT KILL
(error) UNKILLABLE Sorry the script already executed write commands against the dataset. You can
either wait the script termination or kill the server in a hard way using the SHUTDOWN NOSAVE command
.
```

SHUTDOWN NOSAVEコマンドであれば、Redisサーバーを終了できます。このコマンドを実行すると、redis-cliの画面からも抜けます。

```
127.0.0.1:6379> SHUTDOWN NOSAVE
$
```

SHUTDOWN NOSAVEコマンドは全クライアントからの接続を中断し、AOF有効時にはAOFのフラッシュ処理を行った上でRedisサーバーの終了を処理します。スクリプト実行中の内容は反映されずに破棄されます。このコマンドはsaveディレクティブによるスナップショット取得処理が設定されていても、こちらの処理をスキップします。メモリー上のデータのロスが問題にならない場合の最終的な手段として実行するものと考えてください。Redis 7.0以降、EVAL_RO/EVALSHA_ROが追加されています。それぞれEVAL/EVALSHAの読み込み専用コマンドに相当します。これにより読み込み専用のスクリプトであれば常にレプリカで実行され、SCRIPT KILLコマンドが実行できるよう保証できます。そのため、意図した書き込みによって問題を起こすのを防止できます。

#### redis-cliからの実行例

redis-cliからLuaファイルを実行する場合、--evalオプションを使用します。オプションの引数としてファイル名を指定します*22。

たとえば、test.luaというファイル名で以下の内容のスクリプトを作成します。

```
return {KEYS[1],KEYS[2],ARGV[1],ARGV[2],ARGV[3]}
```

test.luaファイルを--evalオプションで指定します。EVALコマンドやEVALSHAコマンドとは異なり、キーの数を引数で指定しません。また、キーと引数の間は,で区切る必要があります。,の前後に半角スペースが必要な点にも注意です。

```
$ redis-cli --eval test.lua key1 key2 , value1 value2 value3
1) "key1"
2) "key2"
3) "value1"
4) "value2"
5) "value3"
```

*22 https://redis.io/docs/manual/cli/

### フラグ

Redis 7.0以降、エフェメラルスクリプトでフラグ機能が利用できます。エフェメラルスクリプト内でLuaがどのように振る舞うか、Redisは事前に知ることができません。そのため、事前にフラグで動作を伝えておくことでRedisの動作を制御することを目的とした機能です。

ただし、不適切に使うと意図しない挙動になるので、理解したうえで使用するようにしましょう。

フラグを指定するためには、スクリプト内で以下のようにshebangとluaの文字列を続けた#!luaを最初の行で宣言し、続けてflags=以降にフラグをカンマ区切りで続けます。

```
#!lua flags=no-writes,allow-stale
local result = redis.call('get','x')
return result
```

以下のフラグがあります。

- **no-writes**
  - スクリプトがデータの読み込みのみを行い、書き込みをしないことを宣言
- **allow-oom**
  - Redisサーバーが Out of Memory（OOM）の状況でも実行できるスクリプトであることを宣言
- **allow-stale**
  - レプリカがマスターからコネクションが切断される等でデータが古い状態であってもスクリプトを実行も可能であることを宣言
- **no-cluster**
  - Redisクラスター内で実行できないスクリプトであることを宣言
- **allow-cross-slot-keys**
  - Redisクラスターで複数のスロットからキーにアクセスするスクリプトであることを宣言

直感的な名前のものが多いですが、no-clusterを例に説明します。no-clusterフラグはRedisクラスターではない環境で実行することを指定するものです。Redisクラスター上でこのフラグがついたスクリプトを実行すると(error) ERR Can not run script on cluster, 'no-cluster' flag is set.が返されます。

### Luaデバッガー

エフェメラルスクリプトのデバッグのために、Luaデバッガーが利用できます*23。redis-cliでは、--ldbオプションと--ldb-sync-modeオプションの2種類のオプションが用意されています。

--ldbオプションはノンブロッキングな非同期デバッグです。有効中に変更した操作はロールバックされて破棄されます。

一方で、--ldb-sync-modeオプションはブロッキングな同期デバッグです。有効中に変更した操作も反映されます。あるバグのトラッキングなどの際に各デバッグセッションでキー空間に行われた変更を保持する必要があるといった場合に同期デバッグを使用します。

サンプルでdebug-sample.luaというファイル名の以下の内容のコードで試してみます。

*23 https://redis.com/blog/5-6-7-methods-for-tracing-and-debugging-redis-lua-scripts

```
local key = 'test'

redis.call('SET', key, 10)
local result = redis.call('INCR', key)

return result
```

Luaデバッガーのモードで起動すると以下のような画面が表示されます。

```
$ redis-cli --ldb --eval debug-sample.lua
Lua debugging session started, please use:
quit    -- End the session.
restart -- Restart the script in debug mode again.
help    -- Show Lua script debugging commands.

* Stopped at 1, stop reason = step over
-> 1   local key = 'test'
lua debugger>
```

helpコマンドを実行すると、Luaデバッガーで使用できるコマンドの一覧とその詳細を確認できます。

```
lua debugger> help
Redis Lua debugger help:
[h]elp                Show this help.
[s]tep                Run current line and stop again.
[n]ext                Alias for step.
[c]ontinue            Run till next breakpoint.
[l]ist                List source code around current line.
[l]ist [line]         List source code around [line].
                      line = 0 means: current position.
[l]ist [line] [ctx]   In this form [ctx] specifies how many lines
                      to show before/after [line].
[w]hole               List all source code. Alias for 'list 1 1000000'.
[p]rint               Show all the local variables.
[p]rint <var>         Show the value of the specified variable.
                      Can also show global vars KEYS and ARGV.
[b]reak               Show all breakpoints.
[b]reak <line>        Add a breakpoint to the specified line.
[b]reak -<line>       Remove breakpoint from the specified line.
[b]reak 0             Remove all breakpoints.
[t]race               Show a backtrace.
[e]val <code>         Execute some Lua code (in a different callframe).
[r]edis <cmd>         Execute a Redis command.
[m]axlen [len]        Trim logged Redis replies and Lua var dumps to len.
                      Specifying zero as <len> means unlimited.
[a]bort               Stop the execution of the script. In sync
                      mode dataset changes will be retained.

Debugger functions you can call from Lua scripts:
redis.debug()         Produce logs in the debugger console.
redis.breakpoint()    Stop execution like if there was a breakpoint in the
                      next line of code.
```

lと入力することで、現在の行の周辺のスクリプトの内容を確認できます。

```
lua debugger> l
-> 1   local key = 'test'
   2
   3   redis.call('SET', key, 10)
   4   local result = redis.call('INCR', key)
   5
   6   return result
```

bと行数を入力することで、ブレークポイントを設定します。

```
lua debugger> b 4
   3   redis.call('SET', key, 10)
  #4   local result = redis.call('INCR', key)
   5
```

cと入力することで、次のブレークポイントまで実行します。

```
lua debugger> c
* Stopped at 4, stop reason = break point
->#4   local result = redis.call('INCR', key)
```

sと入力することで、ステップ実行で現在の行を実行後停止します。

```
lua debugger> s
<redis>
<reply> 11
* Stopped at 6, stop reason = step over
-> 6   return result
```

pと変数名を入力することで、変数の内容を確認できます。

```
lua debugger> p result
<value> 11
```

そのまま、スクリプトの実行が完了すると、Redisサーバーに接続された状態で入力を受け付ける画面になります。

```
lua debugger> c

(integer) 11

(Lua debugging session ended -- dataset changes rolled back)

127.0.0.1:6379>
```

--ldbオプションや--ldb-sync-modeオプションでredis-cliを起動しなくてもSCRIPT DEBUGコマンドでLuaデバッガーも使用できます。引数をYESとすることで非同期デバッグ、引数をSYNCとすることで同期デバッグ、引数をNOとすることでデバッグモードを無効化します。

### 3.2.2 Redisファンクション（Redis Functions）

RedisでLuaを実行する方法として、もう一つRedisファンクションがあります[*24]。Redisファンクションは Redis 7.0を代表する機能です。端的に説明すると、エフェメラルスクリプトの課題を克服することを目的とした、これにとって代わる機能です。

既存の資産を使い回さないといけないといった状況でない限りは、Redis 7.0を利用していてLuaを使いたい場合、基本的にRedisファンクションを利用することをおすすめします。

#### エフェメラルスクリプトの課題

Redisファンクションを理解するために、エフェメラルスクリプトの課題をまとめます。

エフェメラルスクリプトではスクリプトはユーザーのアプリケーションの一部として考える必要があります。言い換えると、ユーザーがRedisを使用するアプリケーション側にスクリプトのソースコードも保持しておく必要があることを意味します。これは説明したように、Redisサーバー側にキャッシュされるだけであり、いつでも削除される可能性があるからです。簡単なユースケースでは特に問題がありませんが、アプリケーションが複雑になってきてスクリプトを多用するほど、スクリプトを管理しておくことが難しくなります。また、トランザクション内からスクリプトを呼び出すと必要なスクリプトが削除されているといった可能性も増加します。

Redisファンクションのコンセプトとして、スクリプト周りの開発の一連のプロセスをアプリケーションロジックから切り離して独立して開発できることが挙げられます。Redisファンクションを使用し始めるためにはスクリプトの実装を先に読み込んでおく必要がありますが、これはRedisサーバーの運用者の作業としてアプリケーション開発者の作業から切り離して独立に作業できます。

エフェメラルスクリプトの課題としてほかには以下のものが挙げられます。

- **SHA1のダイジェストの値が直接何かを意味を表現するものではないためデバッグが困難**
- **KEYSとARGVを適切に使用せずに、スクリプトをそのままレンダリングするアンチパターンに従う可能性**
- **スクリプトから別のスクリプトを呼び出しができず、スクリプト間のコード共有や再利用が困難**
- **利用可能なのがLuaのバージョン5.1のみ**

Redisファンクションは、こういった課題点を改良するようにつくられています。

#### Redisファンクションの概要

Redisファンクションはエフェメラルスクリプトによる Luaに置きわかるものだけあって、やはりアトミックな処理が保証されます。実行中は処理が終わるまでエフェメラルスクリプトと同様にほかの処理をブロックするため、長時間実行するのは避けるべきです。

Redisファンクションがほかと違う点については、関数はマスターからレプリカへレプリケーションされることや、スナップショットやAOFとして永続化されデータと同等の耐久性もあります[*25]。

他の大きな異なる点としては、ライブラリという概念を導入し、コードの共有が簡素化しています。

---

*24 https://redis.io/docs/manual/programmability/functions-intro/ https://developer.redis.com/create/redis-functions/ https://github.com/redis/redis/pull/9780 https://github.com/redis/redis/pull/10004

*25 Redisファンクションのみのバックアップを取りたい場合は、`redis-cli --functions-rdb`コマンドのように実行により可能です。

1つのライブラリは複数の関数から構成され、各関数は1つのライブラリに属します。ライブラリ内の1つの関数を部分的に更新できず、ライブラリ内のすべての関数を1つの操作でまとめて更新されます。これにより、同じライブラリ内のある関数からほかの関数を呼び出したり、ライブラリ内で関数を共通に再利用もできます。

エフェメラルスクリプトではLua 5.1のみに限定しますが、Redisファンクションでは、仕様上、エンジンとして使用するプログラミング言語を制限しません。今後はJavaScript対応などが予定されています*26。このため厳密にはLua実行用の機能ではありません。ただし、現状はLua 5.1のみサポートのみとなっています。

### 実行例

Redisファンクションはさまざまな言語から利用することを想定して設計されていますが、現状はLua 5.1のみの対応になっています。

エフェメラルスクリプトとRedisファンクションは、共通のLua APIを使用しています。そのため、似たような要領でコーディングできます。ただし、一部共通に使用できない変数などはあります。詳細は、3.2.3で説明します。

Redisファンクションの実行例を示します。ここでは、Luaの以下の無名関数をRedisから呼び出す例を示します。この関数では0から引数で入力した値までのすべての整数の合計を返す関数です。

```
function(keys, args)
  local val = 0

  for i = 1, args[1] do
    val = val + i
  end

  return val
end
```

Redisファンクションでは、各関数は1つのライブラリに属します。ここでは`mylib`という名前のライブラリに関数を登録します。Redisファンクションには`FUNCTION`コマンドを用います。`FUNCTION LOAD`コマンドで以下のように登録します。

```
127.0.0.1:6379> FUNCTION LOAD "#!lua name=mylib\nredis.register_function('calculator', function(keys,
 args) local val = 0; for i = 1, args[1] do val = val + i; end; return val end)"
"mylib"
```

登録した関数を実行するためには、`FCALL`コマンドを利用して以下のように実行します。ここでは10を引数に設定しているので0から10までのすべての整数を合計した55の値が返されていることが確認できます。`0`はスクリプト内でRedisサーバーのデータベース内を処理するキーの数です。

```
127.0.0.1:6379> FCALL calculator 0 10
(integer) 55
```

*26 https://github.com/redis/redis/issues/11128

不要であれば以下のように指定したライブラリおよびそのライブラリに登録されたすべての関数を削除します。

```
127.0.0.1:6379> FUNCTION DELETE mylib
OK
```

すべてのライブラリを削除する場合はFUNCTION FLUSHコマンドを実行します。

Luaスクリプトのファイルに記述した内容を直接登録もできます。たとえば、以下のようにmylib.luaという名前のLuaのファイルを作成します。

リスト3.1 **mylib.lua**

```
#!lua name=mylib

local function sum(keys, args)
  local val = 0

  for i = 1, args[1] do
    val = val + i
  end

  return val
end

redis.register_function('calculator', sum)
```

今度はFUNCTION LOAD REPLACEコマンドを使用して以下のように登録します。

```
$ cat mylib.lua | redis-cli -x FUNCTION LOAD REPLACE
"mylib"
```

redis-cliコマンドでRedisサーバーにログインして、先ほどと同様にコマンドを実行できることが確認できます。

```
127.0.0.1:6379> FCALL calculator 0 10
(integer) 55
```

FUNCTION DUMPコマンドでRedisファンクション内のライブラリをシリアライズされた状態でダンプできます。FUNCTION RESTOREコマンドでシリアライズされたデータを指定することで、データを復元できます。以下のようにデータをダンプして、データベース内のライブラリをすべて削除し、最後に復元してみます。

```
127.0.0.1:6379> FUNCTION DUMP
"\xf5\xc3@\x85@\x94\x1f#!lua name=mylib\nredis.register_\x16function('calculator', \xe0\x00\x16\rkeys
, args) lo #\x01 v \x03\t= 0; for i \n\x001\x80\x1f\x05[1] do\xa0\x1e@$\x0f+ i; end; return`\x14 \x0f
\x00)\n\x00\x96\x9f\xb5|O\"\xdf\xef"
127.0.0.1:6379> FUNCTION FLUSH
OK
127.0.0.1:6379> FUNCTION RESTORE "\xf5\xc3@\x85@\x94\x1f#!lua name=mylib\nredis.register_\x16function
('calculator', \xe0\x00\x16\rkeys, args) lo #\x01 v \x03\t= 0; for i \n\x001\x80\x1f\x05[1] do\xa0\x1
```

```
e@$\x0f+ i; end; return`\x14 \x0f\x00)\n\x00\x96\x9f\xb5|O\"\xdf\xef"
OK
```

登録しているライブラリおよび各ライブラリ内の関数一覧はFUNCTION LISTコマンドで確認できます。先ほど復元した関数がリストに含まれていることが確認できます。

```
127.0.0.1:6379> FUNCTION LIST
1) 1) "library_name"
   1) "mylib"
   2) "engine"
   3) "LUA"
   4) "functions"
   5) 1) 1) "name"
         1) "calculator"
         2) "description"
         3) (nil)
         4) "flags"
         5) (empty array)
```

Redisファンクションの統計データ取得のためにはFUNCTION STATSコマンドを実行します。現在実行中のスクリプトの関数名、コマンド、実行時間（ミリ秒）の情報とともにRedisファンクションがサポートしているエンジンごとに読み込まれているライブラリの数や関数の数が確認できます。

```
127.0.0.1:6379> FUNCTION STATS
1) "running_script"
2) (nil)
3) "engines"
4) 1) "LUA"
   1) 1) "libraries_count"
      1) (integer) 1
      2) "functions_count"
      3) (integer) 1
```

#### 関数実行の停止

実行中の関数を停止可能なコマンドは、FUNCTION KILLコマンドやSHUTDOWN NOSAVEコマンドがあります。実行コマンドが異なるのみで、基本的な動作はエフェメラルスクリプトと同様です。(3.2.1参照)。

パラメーターはエフェメラルスクリプト同様にbusy-reply-thresholdディレクティブで設定可能であり、デフォルトでは5秒です。設定した値を超えた場合は、現在実行していて、かつ読み込みコマンドのみを実行するスクリプトをFUNCTION KILLコマンドで中止させることが可能です。

FCALL_ROコマンドはFCALLコマンドの読み込み専用コマンドに相当します。これにより読み込み専用のスクリプトであれば常にレプリカで実行され、FUNCTION KILLコマンドが実行できるよう保証できます。そのため、意図した書き込みによって問題を起こすのを防止できます。

#### Redisファンクションのフラグ

Redisファンクションにおいても、エフェメラルスクリプト同様にフラグ機能が提供されています。

Redisファンクションにおけるフラグの利用例を確認します。FCALL_ROコマンドはFCALLコマンドの読み込み専用コマンドです。先ほど作成したcalculator関数は0から指定した引数までのすべての整数の合計を求める関数でRedisのデータベースに書き込みは伴わない処理でした。この関数に対して、FCALL_ROコマンドを実行してみるとどのようになるのか確認すると、以下のようなエラーが発生します。

```
127.0.0.1:6379> FCALL_RO calculator 0 10
(error) ERR Can not execute a script with write flag using *_ro command.
```

デフォルトではRedisファンクションは書き込みと読み込みを両方行うものと仮定しているため、このような挙動になります。どうすれば、Redisが関数内で読み込み処理のみを行っていると認識できるでしょうか。いちいち、処理内容を追うようなことをするのは非効率です。Redisファンクションでは、以下のように関数の実装時にフラグとしてどのように関数が振る舞うかを指定します。たとえば、以下のようにmylib-ro.luaという名前のLuaのファイルを作成します。

リスト3.2 **mylib-ro.lua**

```
#!lua name=mylib

local function sum(keys, args)
  local val = 0

  for i = 1, args[1] do
    val = val + i
  end

  return val
end

redis.register_function{
  function_name='calculator',
  callback=sum,
  flags={ 'no-writes' }
}
```

ここでは読み込み専用であることを指定したいので、no-writesフラグを指定します。mylib.luaと比較して、mylib-ro.luaではregister_functionは()ではなく、{}の括弧書きであることに注意してください。また、function_name=やcallback=といった記述を追加しています。

mylib.luaと同様に関数を追加します。

```
$ cat mylib-ro.lua | redis-cli -x FUNCTION LOAD REPLACE
"mylib"
```

今度はFCALL_ROコマンドが実行できます。

```
127.0.0.1:6379> FCALL_RO calculator 0 10
(integer) 55
```

フラグの種類は、エフェメラルスクリプトと同様です（3.2.1内のフラグを参照）。フラグのデフォルトの挙動については、Redisファンクションとエフェメラルスクリプトで異なることは注意が必要です。

### 3.2.3 RedisにおけるLuaプログラミング

エフェメラルスクリプトとRedisファンクションでLuaを使用する際、共通のLua APIを使用しています。そのため、一部共通では使用できない変数などはあるものの、似たような要領でコーディングできます。

ここでは、いずれの実行方法でも、Redis内でLuaを使用するにあたって押さえておくべき知識を解説します。

Luaは、Redisサーバーが稼働しているホスト内にはアクセスできないよう、サンドボックス環境で実行されます。この環境では、グローバル変数や関数を自由に使うことは制限されています。事前に予約されたものを除いて基本的にローカル変数および関数のみが使用できます。事前に定義されたものとして、後述するredisオブジェクトやエフェメラルスクリプトで使用できるKEYS変数やARGV変数があります。ローカル変数を使用するためには、`local foo = 'bar'`のように`local`キーワードを頭につけます。

Luaのライブラリも一部利用できます。標準ライブラリに加え、RedisのコマンドをLuaから呼び出すためのライブラリなどRedis側で用意してあるものも使えます。ただし、このサンドボックスの実行環境においてスクリプト内部から任意のライブラリをインポートしてくることはできません。あらかじめRedisで用意されているもののみが使用できます。詳しい用途は各種ライブラリのドキュメントを参照してください。

ライブラリには、Luaの標準ライブラリや外部ライブラリ、Redis固有のライブラリが含まれます。具体的には、以下のものが組み込まれています。

- **base**（Lua標準ライブラリ*27）
- **table**（Lua標準ライブラリ）
- **string**（Lua標準ライブラリ）
- **math**（Lua標準ライブラリ）
- **struct**（サードパーティ）*28
- **cjson**（サードパーティ）*29
- **cmsgpack**（サードパーティ）*30
- **bitop**（サードパーティ）*31
- **redis**（Redis固有）

Redisサーバー内で稼働するスクリプトからRedisのコマンドを呼び出すためにはredisオブジェクトのAPIを使用します。このモジュールからRedisのコマンドを実行するには、以下の2つ方法があります。

- **redis.call()**

*27 https://www.lua.org/manual/5.1/manual.html#5
*28 http://www.inf.puc-rio.br/~roberto/struct
*29 https://www.kyne.com.au/~mark/software/lua-cjson.php
*30 https://github.com/antirez/lua-cmsgpack
*31 http://bitop.luajit.org

■ **redis.pcall()**

redis.call()関数を使用する場合、スクリプト中でlocal val = redis.call('GET', key)のように呼び出します。上記2つの関数ではエラー時の挙動が異なります。redis.call()関数は、エラー発生時にその場で処理を終了してERR Error running scriptのように、エラーの発生行数とエラー内容が表示されます。対して、redis.pcall()関数は、エラー発生時にエラーを補足して処理を継続します。これら2つの違いについては別途後述します。

他にはたとえば以下の関数も使用できます。

■ **redis.sha1hex()**
■ **redis.breakpoint()**
■ **redis.debug()**

redis.sha1hex()はSHA1ダイジェストを計算する関数、redis.breakpoint()とredis.debug()はデバッグ用途で使用します。redis.breakpoint()は特定条件時のみなど、動的なブレークポイントを設定できます。redis.debug()は変数の中身を表示するなどの用途に使用します。

ほかにも多くのAPIが用意されています。詳細な利用方法はRedis Lua API reference*32を参照してください。

### redis.call()とredis.pcall()の違い

redis.call()とredis.pcall()について先程簡単に説明しましたが、具体的にどういった違いがあるのかわかりやすい例を見ていきましょう。たとえば、文字列の値がセットされたString型のキーに対してINCRコマンドを使用すると、INCRコマンドは値が数字であることを想定するため、下記のようなエラーが発生します。このときの挙動の差異を確認します。

```
127.0.0.1:6379> SET key1 value1
OK
127.0.0.1:6379> INCR key1
(error) ERR value is not an integer or out of range
```

redis.call()でのエラーが発生する場合をみていきます。キーのkey1に値value1を設定して1つ値の増加を試み、キーkey2に対して値value2をセットの処理を試みる処理内容です。ここでは3つredis.call()を使用しますが、2つめのところでエラーが発生するため、こちらに注目してください。

```
127.0.0.1:6379> EVAL "redis.call('SET',KEYS[1],ARGV[1]); redis.call('INCR',KEYS[1]); redis.call('SET
',KEYS[2],ARGV[2]);return 1;" 2 key1 key2 value1 value2
(error) ERR value is not an integer or out of range script: d22b40ccdc36fbdf7c2ae171e0f5758df5a4139a,
 on @user_script:1.
```

すると、Redisからエラーが返されました。ここでキーkey1とkey2にはどのような値がセットされているかみてみると、キーkey1には値value1がセットされていますが、キーkey2には値がセットされていないことがわかります。

*32 https://redis.io/docs/manual/programmability/lua-api/

```
127.0.0.1:6379> GET key1
"value1"
127.0.0.1:6379> GET key2
(nil)
```

では、redis.pcall()でのエラーが発生する場合を見ていきましょう。ここでは1つめと3つめにredis.call()、2つめでredis.pcall()を使用しますが、2つめのところでエラーが発生するため、こちらに注目してください。

```
127.0.0.1:6379> EVAL "redis.call('SET',KEYS[1],ARGV[1]); local result = redis.pcall('INCR',KEYS[1]);
redis.call('SET',KEYS[2],ARGV[2]); return result;" 2 key3 key4 value3 value4
(error) ERR value is not an integer or out of range
```

この場合もエラーが返されました。ここでキーkey3とkey4にはどのような値がセットされているかみてみると、キーkey3には値value3がセットされていますが、キーkey4にはvalue4の値がセットされていることがわかります。

```
127.0.0.1:6379> GET key3
"value3"
127.0.0.1:6379> GET key4
"value4"
```

redis.call()とredis.pcall()のエラー文について振り返ってみてください。先程とエラー内容が微妙に異なっていることに気付いたでしょうか。これはエラー文の生成元が異なるからです。要するに、redis.call()では関数内でエラーが発生したため、その時点でスクリプトの処理が終了します。エラー文はRedisサーバーから返されたエラーでした。redis.pcall()では関数内部でエラーが発生した場合でもそのまま処理を継続し、代わりにredis.pcall()の関数の戻り値としてエラー内容を返します。上記の例ではredis.pcall()で戻り値をローカル変数resultに格納し、こちらの値を関数の戻り値としてセットしていました。つまり、変数の値がエラー文として見えていたということです。

redis.call()とredis.pcall()では上記のような違いがありますので、違いを押さえて使い分けましょう。

## 3.3 トランザクション

トランザクションはさまざまな文脈で使用される言葉ですが、技術用語としては、分けて扱ってはいけない複数の処理を一つのグループとしてまとめて扱う単位を指すことが多いです。トランザクションシステムが持つべき性質としてACID特性と呼ばれるものがあります。RedisとRDBMSとのトランザクション処理の違いについて、1章のコラムでACID特性の観点から詳細を説明しています。詳細はこちらを参照してください。

Redisでは個々のコマンドレベルではアトミックな処理が保証されます。しかし、複数のコマンドを実行するとき、それぞれのコマンドの処理は独立です。そのため、特に何も意識しなければアトミックな処理は保証されません。つまり、あるクライアントが一連の処理をしているときに、ほかのクライアントが同じキーを処理していると割り込まれる可能性があります。

Redisではトランザクション機能が提供されており、MULTI/EXECコマンド実行内でほかのクライアントが割り込むことなくアトミックに処理できます。トランザクションではMULTIコマンド以降に宣言されたコマンドをキューイングしていきます*33。

たとえば、以下のような内容のトランザクションを実行するとします。

```
MULTI
    SET foo 10
    INCR foo
    INCR foo
    GET foo
EXEC
```

redis-cliで実行すると以下のように、MULTIコマンドでOKが返され、その後実行するコマンドはQUEUEDという文字列が返されキューイングされていることを確認できます。最後にEXECコマンドを実行すると、途中実行した一連のコマンドの結果を確認できます。

```
127.0.0.1:6379> MULTI
OK
127.0.0.1:6379(TX)> SET foo 10
QUEUED
127.0.0.1:6379(TX)> INCR foo
QUEUED
127.0.0.1:6379(TX)> INCR foo
QUEUED
127.0.0.1:6379(TX)> GET foo
QUEUED
127.0.0.1:6379(TX)> EXEC
1) OK
2) (integer) 11
3) (integer) 12
4) "12"
```

上記のように、Redisのトランザクションは実行したコマンドをキューイングするだけなので、データセットに変更が加えられていません。そのため、途中で演算した結果の値を元に次の処理をするといった一連の処理には向かない点については注意が必要です。その場合、Luaによる処理をご検討ください。

トランザクション実行時は、以下のような理由で失敗することがあります。

1. **コマンドのキューイングに失敗。コマンドの文法ミス（引数の数、コマンド名ミス、データ型ミス）やOut of Memory（OOM）*34等**
2. **EXECコマンド実行時（誤った値を持ったキー操作）**

1つめのようなキューイング中にエラーが発生した場合、現在の挙動としてはEXECコマンド実行時に

*33 Transactions https://redis.io/docs/manual/transactions/

*34 Redis上におけるOut of Memory（OOM）は、追加でメモリーを要求する際に使用するメモリー量が設定されたRedisの最大メモリー量を上回り、メモリーを解放できない場合には発生します。詳細はメモリー管理の章で説明します。

トランザクションの実行を拒否して自動的に破棄するようになっています。2つめの場合については、キューイングに成功したコマンドはいずれも実行され、エラー部分についてはそのエラー内容が表示される形で実行されます。文法が正しいかの確認は行いますが、コマンドの実行内容が正しいかの確認までは行いません。問題がある部分の処理についてはトランザクション処理中にエラーを返し、キューイングされた残りのコマンドの実行を継続します。

1つ目のコマンドのキューイングに失敗する場合について挙動を確認します。たとえば、以下のトランザクションを実行するとします。

```
MULTI
    SET foo 10
    INCR foo
    INCR foo
    GET foo
    SET foo "bar"
    NOSUCHACOMMAND foo
    INCR foo
    GET foo
EXEC
```

MULTIコマンドを実行し、途中存在しないコマンド（下記例のNOSUCHACOMMAND fooコマンド）を実行すると、以下のようになります。(error) ERR unknown command ``NOSUCHACOMMAND``, with args beginning with: ``foo``のようなエラー文が返さることが確認できます。その場合、現在の挙動としては継続してコマンドをキューイングします。しかし、EXECコマンド実行タイミングで(error) EXECABORT Transaction discarded because of previous errors.が返されます。トランザクションは実行されません。

```
127.0.0.1:6379> MULTI
OK
127.0.0.1:6379(TX)> SET foo 10
QUEUED
127.0.0.1:6379(TX)> INCR foo
QUEUED
127.0.0.1:6379(TX)> INCR foo
QUEUED
127.0.0.1:6379(TX)> GET foo
QUEUED
127.0.0.1:6379(TX)> SET foo "bar"
QUEUED
127.0.0.1:6379(TX)> NOSUCHACOMMAND foo
(error) ERR unknown command 'NOSUCHACOMMAND', with args beginning with: 'foo'
127.0.0.1:6379(TX)> INCR foo
QUEUED
127.0.0.1:6379(TX)> GET foo
QUEUED
127.0.0.1:6379(TX)> EXEC
(error) EXECABORT Transaction discarded because of previous errors.
```

コマンドの文法ミスのように文脈に依存しない際は上記挙動となっていました。しかし、たとえば対象のキーで文字列が設定されているところにINCRコマンドを実行すると、INCRコマンドはキーと関連付けられた値が10進数の符号付き整数として解釈できることを前提しています。そのため、コマンド自体には問題がなくても実行時に問題が発生します。その場合、トランザクション中のキューイングされた各コマンドは実行されますが、整数として解釈できない文字列に対してINCRコマンドをした部分の実行結果はその旨のエラーが表示されます。

たとえば、以下のトランザクションを実行するとします。この場合、トランザクション中の5つめのコマンドでfooのキーに対してbarの文字列を設定しています。それに対してINCRコマンドを実行しています。

```
MULTI
    SET foo 10
    INCR foo
    INCR foo
    GET foo
    SET foo "bar"
    INCR foo
    INCR foo
    GET foo
EXEC
```

実行すると、キューイングされた各コマンドは実行されていますが、実行時にエラーが発生するINCRコマンド部分についてはそのエラー内容が表示されています。

```
127.0.0.1:6379> MULTI
OK
127.0.0.1:6379(TX)> SET foo 10
QUEUED
127.0.0.1:6379(TX)> INCR foo
QUEUED
127.0.0.1:6379(TX)> INCR foo
QUEUED
127.0.0.1:6379(TX)> GET foo
QUEUED
127.0.0.1:6379(TX)> SET foo "bar"
QUEUED
127.0.0.1:6379(TX)> INCR foo
QUEUED
127.0.0.1:6379(TX)> INCR foo
QUEUED
127.0.0.1:6379(TX)> GET foo
QUEUED
127.0.0.1:6379(TX)> EXEC
1) OK
2) (integer) 11
3) (integer) 12
4) "12"
5) OK
6) (error) ERR value is not an integer or out of range
7) (error) ERR value is not an integer or out of range
8) "bar"
```

Redisのトランザクションは RDBMS で提供しているようなロールバック機能はサポートしておら

ず、コマンド失敗時もそのまま残りの処理を継続します。コマンドの失敗は上記のような場合が考えられ、アプリケーションの開発中など事前に検知可能と考えられるため、機能を省くことでよりシンプルかつ高速に動作するように設計されています。DISCARDコマンドでトランザクションを途中で打ち切りキューを捨てることができますが、キューイングに成功したコマンドは実行時にエラーが発生してもそれ以外のコマンドは実行されます。

また、CAS（check-and-set）機能がWATCHコマンドで提供され、EXECコマンド実行前に対象のキーに変更が加えられていたらトランザクション全体の実行を中止します。このように競合しないことを期待して処理を行っていく種類のロックを楽観的ロックと呼びます。なお、WATCHコマンドのキーを対象から除外するためにUNWATCHコマンドもあります。EXECコマンド実行、およびクライアントが接続を終了した際には全キーが自動でUNWATCHされます。

## 3.4 モジュール

Redis 4.0以降、モジュール機能が提供されています*35。モジュール機能では、Redisのソースコードを改良することなくRedisサーバーの実装とは独立して、C言語で処理を実装して追加できます。これによって、Redisは拡張可能なシステムとなり、より強力になったといえます。

Redisサーバーのバージョンに依存しないように互換性も意識した実装となっています。互換性を実現するにあたってRedisはモジュールのためにAPIを用意し、モジュールはこちらのAPIを通してRedisと連携できます*36*37。RedisモジュールのAPIのバージョンをRedisサーバーと認識合わせをすることで動作するようになっており、モジュールの機能登録時にバージョンを指定する必要があります*38*39。

### 3.4.1 モジュールで実現できること

モジュールをどういったことに利用できるか説明します。

まずモジュール機能によって、独自のデータ型を追加できます*40。5つの代表的なデータ型を始めとする既存のデータ型では満たせないニーズもこれで満たせます。また複雑なロジックの実装や独自コマンドの実装も可能になり、クライアント側から直接実装した独自コマンドを呼び出すことができます。そのため、モジュール機能によってさらにさまざまなデータモデルの表現が可能で、複雑な処理も行うことができます。サードパーティーのライブラリも多数公開されており、それらも活用できます*41*42。このようなライブラリを利用することで、容易にモジュール機能を導入できるでしょう。モジュール機能をより容易に導入できるよう、最初から機能が組み込まれているRedis Stackというサービスもあります*43。

*35 https://redis.io/docs/reference/modules/
*36 https://redis-module-redoc.readthedocs.io
*37 https://redis.io/docs/reference/modules/modules-api-ref/
*38 http://antirez.com/news/106
*39 http://antirez.com/news/110
*40 https://redis.io/docs/reference/modules/modules-native-types/
*41 https://redis.io/docs/modules/
*42 https://redis.com/community/redis-modules-hub

Luaを用いたほうが手軽なことも多いですが、既存のデータ型では扱っているデータモデルをうまく当てはめることができない状況などで、処理が複雑化するような状況もあるでしょう。新しくデータ構造を定義しないといけない、高いパフォーマンスが必要な場合にはモジュール機能の出番です。Luaの制限で実現できず、モジュール機能の豊富なAPIや制限の少なさで実現できる場合もあるので、この場合もモジュール機能を検討してみると良いでしょう。

Redisのモジュール機能では、Redisサーバーのデータ空間にアクセスするための高レベルAPIと低レベルAPIの2種類のAPIが提供されています。低レベルAPIではRedisのデータ構造を高速にアクセスして操作するための一連の関数が用意されており、ネイティブのRedisのコマンドに相応する処理速度を実現しています。そのため、基本的には目的の処理に対して低レベルAPIが利用可能な場合は、こちらのAPIを利用することが推奨されています。一方で、高レベルAPIはLuaがRedisのコマンドを呼び出して結果を取得するために、Redisにクライアントからアクセスする方法と似たような形で処理できます。高レベルAPIは、低レベルAPIの中でモジュール機能として用意されているAPIでは実現できないRedisの機能を利用したい場合に使用します。

Redisのモジュール機能では、自動メモリー管理機能が提供されていることも特徴の1つです。C言語にはメモリーの自動管理機能がありませんが、Redisのモジュール機能を使用中は開いたキーや応答、`RedisModuleString`オブジェクトなど不要なものを自動で解放できます。基本的にはこちらの機能を使用することが良い方法とされていますが、手動で制御することにより、スピードやメモリー使用量の管理をより適切に行えることができる場合は必ずしも使用する必要ありません。

### 3.4.2 モジュールを実際に利用するとき

モジュールを実際に利用する場合の利用方法などを解説します。

実際にモジュール機能の利用にあたって、モジュールは`RedisModule_OnLoad`関数の処理から開始されます。ここで`RedisModule_Init`関数によって、モジュールの登録と初期化や独自のデータ構造やコマンドを登録します。この部分の処理でモジュールのAPIのバージョンを指定する必要があり、現在は`REDISMODULE_APIVER_1`で定義されたバージョン1のみとなっています。

初期化後にたとえば独自コマンドを定義する場合、`RedisModule_CreateCommand`関数で登録し、コマンドの処理内容を記述する関数名を指定しておきます。

作成したモジュールは設定ファイルで`loadmodule`ディレクティブ、もしくは`MODULE LOAD`コマンドでモジュールのファイル名を指定して読み込みを行います。その際、`RedisModule_OnLoad`関数の`RedisModuleString`ポインターの配列として`argv`の引数もスペース区切りで渡すことができます。

```
loadmodule mymodule.so foo bar 1234
```

モジュールの実装の際には、各種モジュールに関するドキュメントやAPIリファレンスを参照します。また、`src/modules/`以下のサンプルコードや、ソースコード*44*45、モジュールの書き方などのブログが公開されていることもあるので参考にできます*46。

*43 https://redis.com/blog/introducing-redis-stack/

*44 https://github.com/redis/redis/blob/7.0.4/src/module.c

*45 https://github.com/redis/redis/blob/7.0.4/src/redismodule.h

それでは実際に自作モジュールの作成をしてみましょう。ここでは、引数として入力した値に対して、Welcome, <inputvalue>!と返すだけのシンプルな内容のものを作成します。

mymodule.cというファイル名で以下の内容のコードを用意します。

```
#include "redismodule.h"

/**
mymodule.hello <name>
*/
int HelloCommand(RedisModuleCtx *ctx, RedisModuleString **argv, int argc) {
  RedisModule_AutoMemory(ctx);

  if (argc != 2) {
    return RedisModule_WrongArity(ctx);
  }

  RedisModuleString *message = RedisModule_CreateStringPrintf(ctx, "Welcome, %s!",
RedisModule_StringPtrLen(argv[1], NULL));

  if (RedisModule_ReplyWithString(ctx, message) == REDISMODULE_ERR) {
    return REDISMODULE_ERR;
  }
  return REDISMODULE_OK;
}

int RedisModule_OnLoad(RedisModuleCtx *ctx, RedisModuleString **argv, int argc) {
  if (RedisModule_Init(ctx, "mymodule", 1, REDISMODULE_APIVER_1) == REDISMODULE_ERR) {
    return REDISMODULE_ERR;
  }

  if (RedisModule_CreateCommand(ctx, "mymodule.hello", HelloCommand, "readonly",
    1, 1, 1) == REDISMODULE_ERR) {
    return REDISMODULE_ERR;
  }

  return REDISMODULE_OK;
}
```

上記のファイルの中身について説明します。

モジュールを実装するソースコードでは、#include "redismodule.h"のようにredismodule.hを読み込む必要があります。redismodule.hはRedisのリポジトリの/src/直下に置かれています[*47]。RedisModule_OnLoad関数から処理が開始され、RedisModule_Init関数内において、作成するmymoduleというモジュール名の登録とモジュールのAPIのバージョンを指定しています。ここでは独自コマンドを定義するため、RedisModule_CreateCommand関数内で作成するmymodule.helloというコマンド名を登録します。また、コマンドの処理内容を記述するHelloCommandという関数名を指定しています。RedisModule_CreateCommand関数の4番目の引数ではreadonlyという指定していますが、ここでは実装する関数の挙動についてフラグで指定をします。フラグには、以下のような種類があります。

＊46 Writing Redis Modules https://redis.com/blog/writing-redis-modules

＊47 https://github.com/redis/redis/blob/7.0.4/src/redismodule.h

- write
- readonly
- admin
- deny-oom
- deny-script
- allow-loading
- pubsub
- random
- allow-stale
- no-monitor
- fast
- getkeys-api
- no-cluster

複数種類のフラグを指定する場合は、スペース区切りで指定します。詳細は、APIリファレンスを参照してください*48。その後、HelloCommand関数で作成したいコマンドの実装をしています。正常にリプライに応答した場合はREDISMODULE_OKで応答します。

次に実装したソースコードを利用するまでの流れについて説明をします。最初に.cのC言語のファイルから.soの識別子の共有ライブラリへコンパイルします。

```
$ sudo apt install gcc -y
$ gcc -shared -o mymodule.so -fPIC mymodule.c
```

redis-cliでRedisサーバーへ接続後、MODULE LOADコマンドで引数として先程作成した共有ライブラリのパスを指定して、作成したモジュールを読み込みます。ここでは、/tmpディレクトリー以下でmymodule.soのファイルを生成した場合の例となっていますが、環境に合わせて適宜変更してください。

ただし、Redis 7.0以降はMODULEコマンドやDEBUGコマンドがデフォルトで無効化されています。MODULEコマンドを有効にするためにはenable-module-commandディレクティブの値をlocalもしくはyesに変更します。ここでは、ローカル接続のみ許可すれば良いので、localに設定します。設定方法の詳細については、5.5を参照してください。

```
127.0.0.1:6379> MODULE LOAD /tmp/mymodule.so
(error) ERR MODULE command not allowed. If the enable-module-command option is set to "local", you can run it from a local connection, otherwise you need to set this option in the configuration file, and then restart the server.
```

MODULEコマンドを許可することで以下のようにコマンドが実行できます。

```
127.0.0.1:6379> MODULE LOAD /tmp/mymodule.so
OK
```

*48 https://redis.io/docs/reference/modules/modules-api-ref/

MODULE LISTコマンドで読み込まれているモジュールの一覧を確認できます。

```
127.0.0.1:6379> MODULE LIST
1) 1) "name"
   1) "mymodule"
   2) "ver"
   3) (integer) 1
   4) "path"
   5) "/home/ubuntu/mymodule.so"
   6) "args"
   7) (empty array)
```

実際に作成したmymodule.helloコマンドに対して、引数としてTaroを入力して実行すると、Welcome, Taro!が返されることを確認できます。

```
127.0.0.1:6379> mymodule.hello Taro
"Welcome, Taro!"
```

MODULE UNLOADコマンドで、モジュールの読み込み状態を解除できます。

```
127.0.0.1:6379> MODULE UNLOAD mymodule
OK
```

ただし、カスタムデータ型については、アンロードできない制約があります。実行すると、以下のエラーが表示されます。

```
(error) ERR Error unloading module: the module exports one or more module-side data types, can't
unload
```

そのため、アンロードにはRedisサーバーを再起動する必要があります。設定ファイルから読み込んでいる場合は、再起動前に対象モジュールの読み込みの記述を削除しておく必要があります。

なお、マネージドサービスを利用している場合は、モジュール機能が使用できないこともあるので要件として必要な際は事前にご確認ください。

Column

### パイプライン/エフェメラルスクリプト/Redisファンクション/トランザクション/モジュールの機能比較

RTT削減は、パイプラインやエフェメラルスクリプトを用いなくても達成できます。MGET/MSETコマンドやHMGET/HMSETコマンドは複数キーを同時に送信できます。これらは複数キーの処理をアトミックに処理が行われます。しかし、複数の種類のコマンドを送るといった場面では複数キーを扱うコマンドでは対応できません。このような場合にはパイプラインを活用できます。

ただし、パイプラインでは実行中ほかのクライアントも処理を実行できるため、処理スクリプトがアトミックに処理が行われることが保証されません。エフェメラルスクリプト/トランザクションでは、処理を実行中、ほかのクライアントが割り込むことができないためアトミックに処理を行うことが可能です。しかし、実行コマンドがほかのコマンドと影響し合うものでなければパイプラインの方はほかのクライアントがトランザクション完了を待たずに処理できるため、パフォーマンスが期待できます。

パイプラインはクライアント側でコマンドのキューイングし、トランザクションはサーバー側でキューイングをします。ただし、パイプラインにおいてもサーバー側での応答についてキューにいれてメモリーを消費することにつながるため、パイプラインで巨大なクエリーを連続して実行する際は適切な数で分割する必要がある可能性を考慮ください。

Redis 1.2以降ではトランザクション機能が提供され、MULTI/EXECコマンド実行間の処理中にほかのクライアントが割り込むことなくアトミックに処理できます。Redisのトランザクションは実行したコマンドをキューイングするのみとなりますので、データセットに変更が加えられていません。そのため、途中で演算した結果の値を元に次の処理をするといった一連の処理には向きません。その場合、エフェメラルスクリプトによる処理を検討してください。

Redis 2.6以降はエフェメラルスクリプトの機能も提供されており、こちらも一連のコマンドをアトミックに処理することが保証されます。エフェメラルスクリプトは、RTT削減に加えて、読み込み/書き込みコマンドの両方を最小レイテンシーで利用できるメリットがあります。レイテンシーを気にする環境では特に効果を発揮します（3.2参照）。

トランザクションは、エフェメラルスクリプトと機能が重複しています。トランザクションはシンプルに使える便利さから機能が残されています。ただし、トランザクションできるすべてのことはエフェメラルスクリプトでもできるものとして、トランザクションが使用されなくなったら廃止する可能性が言及されています。そのため、迷ったらエフェメラルスクリプトを使っておくことをおすすめします。

Redis 4.0以降は、モジュール機能も追加されました。エフェメラルスクリプトより制約も限定的なものとなり、Redisサーバーが保持する権限の範囲で多様な処理が可能です。エフェメラルスクリプトと比較すると以下のような特徴があります*[a]。

1. **Cライブラリで動作するためより高速に動作**
2. **独自のデータ構造、独自のコマンド**
3. **クライアントから直接呼び出し可能**
4. **サードパーティーライブラリとの関連付け**
5. **APIが豊富**

エフェメラルスクリプトでは既存のデータ型やコマンドのロジックをカスタマイズした処理が可能でしたが、モジュール機能を使うことで、独自のデータ構造も定義できます。そのため、さらにさまざまなデータモデルの表現が可能になりました。また、独自コマンドを定義することで、それらを操作し複雑な処理も行えます。

RedisファンクションはRedis 7.0以降利用可能で、エフェメラルスクリプトの課題を克服することを目的としてこれにとっておき代わる機能です。エフェメラルスクリプトでは、ユーザーがRedisを使用するアプリケーション側にスクリプトのソースコードも保持しておく必要がありましたが、Redisファンクションでは不要です。Redisファンクションではデータと同等の耐久性もあります。また関数の再利用性が高く、エンジンは現状Luaのみですが、今後JavaScript対応予定など拡張性もあります。

モジュールではAPIも豊富で、サードパーティのライブラリとの関連付けなどの面でも拡張性が大きくなっています。

複数のキーを同時に扱うことができるコマンドおよび機能について、大きくまとめると以下のようになります。機能選定の際のおよその参考にしてください。

| 比較項目 | MSET | パイプライン | トランザクション | エフェメラルスクリプト | Redis ファンクション | モジュール |
|---|---|---|---|---|---|---|
| RTTの削減 | ○ | ○ | ○ | ○ | ○ | ○ |
| 異なるデータ型のキーの同時扱い | × | ○ | ○ | ○ | ○ | ○ |
| アトミック処理の有無 | ○ | × | ○ | ○ | ○ | ○ |
| 複雑なロジックを組めるか | × | × | × | ○ | ○ | ○ |
| 処理途中で演算した結果を利用できるか | × | × | × | ○ | ○ | ○ |
| コマンド群（スクリプト）のサーバー内での耐久性 | × | × | × | △ | ○ | ○ |
| 独自のデータ構造やコマンドの利用 | × | × | × | × | × | ○ |
| サードパーティーライブラリの利用 | × | × | × | × | × | ○ |

RTTの削減については、レイテンシーの改善のために、Twemproxy[*b]といったプロキシもよく利用されます。更新がないことを理由に採用を避けていた場合には再検討の余地があるでしょう。8.3.4でもあらためて説明します。

*a　Writing Redis Modules https://redis.com/blog/writing-redis-modules

*b　6年ほどリリースが止まっていた時期もありましたが、2021年7月14日にバージョン0.5.0がリリースされ、活動が再開されたようです。

# 3.5 キー空間通知

キー空間通知機能は、Redisサーバーに格納しているデータセットに変更、もしくはRedisサーバーに何らかのイベントが発生した際に通知するしくみです。たとえば特定キーの退避や失効、特定のデータ型に対するコマンドが実行された場合などに、ほかの処理を行うことにつなげるようトリガー処理を実行するようしかけることができます。

キー空間通知はPub/Subの機能を利用して受け取るしくみであるため、通知を受け取るためにはクライアント側でこちらの機能のコマンドを使用します。Redisサーバー側から通知を受け取るためには、設定で事前に準備をしておく必要があります。`notify-keyspace-events`ディレクティブで受け取る通知の種類を設定することで、指定した種類の通知が配信されます。

キー空間通知がトリガーされた際には、キー空間通知とキーイベント通知との2種類のイベントが通知されます。

- **キー空間通知**
  - あるキーが変更された際に通知
- **キーイベント通知**
  - あるイベントが発生した際に通知

たとえば、データベース0番中のキーfooに対して、SET foo barコマンドを実行した場合には、Redisサーバー側からは以下の2種類のコマンドが実行されます。

```
PUBLISH __keyspace@0__:foo set
PUBLISH __keyevent@0__:set foo
```

その場合、PSUBSCRIBE '__key*__:*'コマンドを実行しているクライアントでは以下のように2種類のキー空間通知を検知していることを確認できます。PSUBSCRIBEコマンドの詳細は、2-2-1章のPub/Sub機能の詳細をご参照ください。

```
1) "pmessage"
2) "__key*__:*"
3) "__keyspace@0__:foo"
4) "set"
1) "pmessage"
2) "__key*__:*"
3) "__keyevent@0__:set"
4) "foo"
```

notify-keyspace-eventsディレクティブで指定可能な内容は以下のようになります。これらの文字を連続して並べて使用します。

| 種類 | 説明 |
|---|---|
| K | キー空間通知 |
| E | キーイベント通知 |
| g | 一般コマンド |
| $ | 文字列型コマンド |
| l | リスト型コマンド |
| s | SET型コマンド |
| h | HASH型コマンド |
| z | Sorted Set型コマンド |
| x | 失効イベント |
| e | 退避イベント |
| A | g$lshzxeのエイリアス |

通知を受け取るためには、notify-keyspace-eventsディレクティブはK（キー空間通知）かE（キーイベント通知）のいずれかを最低限設定する必要があります。Aはg$lshzxeと同等の内容となります。つまり、KEAで全イベントを通知します。

全コマンドのイベントは、キーの値が変更されたタイミングでしか通知されません。失効イベントは、TTLが切れたタイミングではなく、実際に削除されたタイミングとなる点について注意が必要です。Redisには失効したキーを実際に削除するため、キーを回収する手段として、アクティブな方法とパッシブな方法の2種類があります。それぞれ以下の内容となります。

**■ アクティブな方法**

- 1秒間に10回、20個のランダムなキーをサンプリングして、失効した全キーの削除。失効の対象がサンプリングされたキーの25%以下になるまで、処理を繰り返し。

■ パッシブな方法
- 失効したキーを初めてアクセスした際に失効していることを検知して削除

そのため、失効するタイミングが近いキーが大量にある場合、25%以下のサンプリングの繰り返しでTTLが切れたタイミングと実際に失効イベントの通知がされるまでにはギャップが発生する可能性があります。

Redis 6.0以降、失効サイクルのアルゴリズムが改良され、従来のサイクル相当のスロー失効サイクルに加えてファスト失効サイクルの処理が行われます。ファスト失効サイクルではイベントループのサイクルごとに実行されます。失効したキーの数の割合が10%以下もしくはメモリー合計の25%以下のサイズの消費サイズであれば、各データベースのチェックを中断します。`active-expire-effort`ディレクティブで設定可能で1から10までの値を指定します。値が大きくなるほどメモリーの使用効率が上がりますが、CPUを消費することでサイクル中の期間が長くなり、レイテンシーの増加にもつながります。

## 3.6 クライアントサイドキャッシュ

Redisサーバー内のデータを取得するために、クライアントからRedisサーバーに毎回アクセスすると、その都度リクエストがクライアントからRedisサーバーへ行って戻ってくる時間（RTT）が発生します。この時間を削除することでパフォーマンスを向上させようとしたものが、クライアントサイドキャッシュ機能です*49*50。

ローカルにキャッシュとして保持しておくと、ほかのクライアントがキャッシュされたキーを更新した場合など、データの整合性の観点から対処が必要となります。Redisでは、デフォルトモードとしてサーバー側で無効化テーブルと呼ばれる1つのグローバルテーブルを保持しておき、あるキーをキャッシュしたクライアントのリストを記録しておきます。もし、対象のキーが更新された場合、保持しているクライアントに無効化メッセージを送信し、受け取ったクライアントはそのキーのキャッシュを無効化します。この方法ではアクセスされたキーと対象のキーをリクエストしたクライアントを記録しておくため、Redisサーバー側ではそれらの数に比例した量だけメモリーを消費します。

対して、どのキーがアクセスされたかを記憶しないことでRedisサーバー側のメモリー消費を抑えるブロードキャストモードもあります。この方法では、キーのプレフィックスを指定しておき、このプレフィックスに一致するキーの操作時に対象のクライアントへ無効化メッセージが送られます。メモリーの使用量を適切に管理するために、Redisによって記憶されるキーの最大数を適切な値に設定するか、ブロードキャストモードによりRedis側のメモリー消費を削減できることを抑えておく必要があります。

クライアントサイドキャッシュ利用の際は、`CLIENT TRACKING ON`コマンドのように実行することで追跡を開始します*51。デフォルトではデフォルトモードが使用されます。ブロードキャストモードを使用するためには`BCAST`オプションを指定し、合わせて`PREFIX`オプションとそれに続けて指定したいプレ

*49 Redis 6.0以降で利用できるようになりました。
*50 https://redis.io/docs/manual/client-side-caching/
*51 https://redis.io/commands/client-tracking/

フィックスを指定することで、対象のプレフィックスを追跡します。

RESP3モード*52を使用時は、同一接続内でデータクエリーを実行し、無効化メッセージを受け取ることができます。RESP3未対応のクライアントを使用していてRESP2でクライアントサイドキャッシュ機能を使用したい場合にも利用する方法があります。データアクセス用の接続とは別に無効化メッセージ用の1つ目の接続を開き、Pub/Sub機能で購読することによって実現できます。具体的には、`CLIENT LIST`コマンドでフラグがPub/Sub機能でSubscriberを意味する`P`となっているIDを取得します*53。無効化メッセージを異なる接続へリダイレクトするために、`CLIENT TRACKING ON REDIRECT <ID>`のように取得したIDを指定して実行することで実現可能です。

なお、Pub/Sub機能同様にクライアントサイドキャッシュ機能はキー空間との関係を持ちません。別のデータベースの番号に対する同一名のキーの変更に対しても無効化メッセージが送られる点については注意が必要です。

*52　RESPの詳細は11.1.1をご参照ください。

*53　https://redis.io/commands/client-list/

# 4

# Redisを活用したアプリケーション作成

Redisには、さまざまな言語向けに多くのクライアントライブラリがあります。実際にRedisを使用するにあたっては、利用環境や実装されている機能を比較して選べます*1。

本章では、まず各種のクライアントを紹介します。

その後、Ruby、PHP、Pythonを使ってクライアントの使い方を学びます。

それぞれクライアントのインストールと操作方法について説明し、実際にRedisのデータ型や機能を活用したアプリケーションを構築していきます。

本章で各種プログラミング言語における、Redisやそのデータ型の使い方、アプリケーションのアーキテクチャの両方を身につけましょう。

## 4.1 多様な言語に対応するRedis

Redisは多様な環境から操作できます。Python、PHP、Ruby、JavaScript、Java、C#、Goなどの主要な言語はもちろん、数多くの実行環境に対応しています。Redisの公式ドキュメントに挙げられているものだけでも、実行環境は50以上あります。主要な実行環境と、対応するRedisクライアントを表にまとめました。そのほかのクライアントについては公式ドキュメントをご確認ください*2。

| 実行環境 | クライアント | URL |
|---|---|---|
| C | hiredis | https://github.com/redis/hiredis |
| C# | StackExchange.Redis | https://github.com/StackExchange/StackExchange.Redis |
| Go | go-redis | https://github.com/go-redis/redis |
| Go | Radix | https://github.com/mediocregopher/radix |
| Java | Jedis | https://github.com/redis/jedis |
| Java | lettuce | https://github.com/lettuce-io/lettuce-core |
| Java | Redisson | https://github.com/redisson/redisson |
| Node.js | ioredis | https://github.com/luin/ioredis |
| Node.js | node_redis | https://github.com/redis/node-redis |
| Perl | Redis | https://github.com/PerlRedis/perl-redis |
| PHP | PhpRedis | https://github.com/phpredis/phpredis |
| PHP | Predis | https://github.com/predis/predis |
| Python | redis-py | https://github.com/redis/redis-py |
| Python | aioredis | https://github.com/aio-libs/aioredis-py |
| Ruby | redis-rb | https://github.com/redis/redis-rb |
| Rust | redis-rs | https://github.com/mitsuhiko/redis-rs |
| Scala | scala-redis | https://github.com/debasishg/scala-redis |

Redisクライアントを選択する際は、以下の点を確認しましょう。

**■ 枯れているか（APIの変更、バージョニングなどがきちんとしているか）**

*1 https://redislabs.com/resources/how-to-redis-enterprise/
*2 https://redis.io/docs/clients/

- **メンテナンスされているか**
- **機能の実装度合い**

枯れているか、メンテナンスされているかは、読者の皆さんがほかのソフトウェアやライブラリを導入する際も気にするポイントでしょう。

注意すべきは、機能の実装度合いです。必ずしもクライアント側で、最新のRedisの全機能を実装しているとは限りません。たとえば、Redisクラスター機能のサポートやコネクションプーリング機能、TLS機能がサポートされているかは確認しておくべきです。Redisクラスター対応とされる場合も、一部機能が未対応ということはありえます。

### 4.1.1 プログラミング言語とRedisを組み合わせる

第3章で、Redis単体での使い方を説明しました。本章ではプログラミング言語とRedisを組み合わせて、アプリケーションを実装していきます。

Ruby、PHP、Pythonを例にRedisクライアントについて説明します。それぞれ、言語別にクライアントのインストール方法と使用例について紹介します。

クライアントの説明後に、Redisの各種データ型を活かして実際にアプリケーションを作成していきます。比較的平易なコードを書くので、実装方針の参考になるでしょう。同様の理由で全体としてフルスタック系ではなく、機能が絞り込まれているという点で軽量系のフレームワークを使用するようにしています。異なるフレームワークを利用している等、環境が違う場合でも、直感的に理解しやすい部分も多く参考になるはずです。サンプルアプリケーションを参考にする上での注意点は別途コラムで簡単に説明します。適宜参照してください。

本章ではUbuntu 22.04をベースに解説します。なお、Linuxや各言語、関連ライブラリのインストールについては最低限の解説しかしていません。

なお、Redis社から代表的な言語やユースケースごとにサンプルアプリケーションの解説動画やソースコードが見られるRedis Launchpad*3というサービスが提供されています。Redisを使用したアプリケーションを開発するにあたって、最初に確認しておくと効率よく開発が進められる手がかりを得られる場合もあるでしょう。また、たくさんの例を確認できるので、目を通しておくとRedisの使われ方について理解が深まるでしょう。もっとアプリケーションの例を知りたい方はこちらも合わせて確認してみてください。

---

*3 https://launchpad.redis.com

Column

### Redis OM

Redis社からRedis OMというRedis用のObject Mapperのライブラリも提供されています*a。プログラミングで何らかのデータを扱う際にモデル化する際、オブジェクト指向で表現することが多いです。Redis OMを使用することで、オブジェクトを透過的にRedisに保持し、各種APIでデータを操作できます。.NET、Node.js、Python、Spring向けの4つのライブラリが提供されています。今現在は、プレビュー版としての提供なので、利用の際にはご注意ください。

*a https://redis.com/blog/introducing-redis-om-client-libraries

Column

### RedisとTLS

TLS機能はRedisネイティブの機能としては、Redis 6.0以降で利用できます*a*b。Redis 6.0以前のバージョンでTLS機能を利用するためには、Spiped*cやstunnel*dによるTLSトンネルを作成する方法があります。また、マネージドサービスでは、6.0以前のバージョンでもTLS機能を提供していることがあります。

*a http://www.antirez.com/news/131
*b https://github.com/redis/redis/pull/6236
*c https://www.tarsnap.com/spiped.html
*d https://www.stunnel.org/

## 4.2 PHPでRedisを操作する

PHPでRedisを操作します。次の機能を備えたアプリケーションを実装します。

- **PHPでセッション情報のキャッシュ管理**
- **List型を用いたニュースの投稿機能**

まずはPHP（PhpRedis）を導入します。
Ubuntuでは、APTでphp-redisをインストールするだけで完了です*4*5。

```
$ sudo apt update
$ sudo apt install redis
$ sudo apt install php8.1-cli php-redis -y
```

*4 APT経由でインストールする場合、PHPのバージョンが最新版と比較して少々古いです。必要があれば適宜最新のPHPを導入し、それに合わせてライブラリの導入も変更してください。

*5 アプリケーションの要件次第では、php-redisなどライブラリはPECLやpickleで導入、もしくはソースからビルドして利用（https://github.com/phpredis/phpredis/blob/develop/INSTALL.markdown）してください。

### 4.2.1 PhpRedisで操作する

phpredis-client.phpのようなファイル名で以下の内容のファイルを作成します。SET foo barコマンドを実行後にGET fooコマンドでfooのキーの値を取得し、表示する内容です。

リスト4.1 **phpredis-client.php**

```
<?php

// Redisインスタンス作成
$redis = new Redis();

// Redisと接続
$redis->connect("127.0.0.1",6379);

$redis->set('foo', 'bar'); // SET foo bar
$value = $redis->get('foo'); // GET foo
echo $value;
```

Redisサーバーへ接続しています。

リスト4.2 **phpredis-client.phpの接続箇所**

```
$redis->connect("127.0.0.1",6379);
```

以下の部分でSET foo barコマンドを実行しています。プログラミング言語のRedisクライアントを使用する場合でも、基本的にRedisのコマンド名と同じ名前の関数名でメソッドが用意されています。そのため、クライアントのドキュメントでデータ型ごとに用意されているメソッドの一覧を見れば、利用するべき関数がわかります*6。

リスト4.3 **phpredis-client.phpでSETを実行**

```
$redis->set('foo', 'bar');
```

以下の部分でGET fooコマンドを実行しています。こちらもRedisのコマンドから連想できる内容です。

リスト4.4 **phpredis-client.phpでGETを実行**

```
$value = $redis->get('foo');
```

別ウィンドウでUbuntuに接続し、Redisサーバーを起動します。

```
$ redis-server
```

先程のウィンドウから作成したスクリプトを実行します。期待通り動作していることを確認します。これで、基本はできました。

*6 コマンドと完全に一致しない名前の関数を持つクライアントも存在します。その場合、各種ドキュメントで仕様を確認するのがより大事です。

```
$ php phpredis-client.php
bar
```

### 4.2.2 セッション情報のキャッシュ管理

セッション情報のキャッシュ管理に、Redisを利用することが多いです。Webアプリケーションにおいて、ユーザーのセッション情報（ログイン状態やカートの中身など）の管理をするものが多くあります。これらはセッションIDというユーザーごとに一意な識別子と個々の情報を紐付けるKey-Valueの形式で行われることが多いです。

セッション情報は比較的シンプルなデータモデルとして表現でき、かつ高い応答速度が求められます。同時に、RDBMSがあるなどメモリー上のデータが消えてしまっても何らかの形で復元できて影響が小さいことが多いです。Redisに適したユースケースの一つと言えるでしょう。

ここでは、PhpRedisを使用して、簡単なセッション情報の管理方法を解説します*7。

Webサーバーとしてnginx、nginxとPHPを連携するためにPHP FPMを導入します。そしてPHP上でRedisを利用した実装をします。

#### セットアップ

必要なソフトウェアをインストールします。サーバー用のnginxと、nginxとやりとりするためのPHP FPM*8を導入します。

```
$ sudo apt install nginx php8.1-fpm  -y
```

nginxとPHP FPMを連携させます。まずはPHP FPMの設定を確認します。`www.conf`を開き、`listen`に設定されている値を控えておきます*9。ここでは以下のように`/run/php/php8.1-fpm.sock`の値であることが確認できます。

```
$ less /etc/php/8.1/fpm/pool.d/www.conf
```

リスト4.5　www.confのlisten部分

```
listen = /run/php/php8.1-fpm.sock
```

この値をもとに、nginxの設定（`default`）を変更します*10。

```
$ sudo vi /etc/nginx/sites-available/default
```

`server`ディレクティブ内の`location`、さらにその中の`fastcgi_pass`のうちunixソケット箇所のコメントアウトを外します。この`fastcgi_pass`には先程確認した値を設定します。これによって、nginxとPHP FPMがUNIXソケットで連携します。

*7　https://github.com/phpredis/phpredis#php-session-handler
*8　PHP FPMはPHPのFast CGI用のライブラリです。nginxとの連携に必要です。
*9　本書のように`less`を用いるなら、`/listen`のようにコマンドを実行して、該当箇所までジャンプして確認するとスムーズです。
*10　`vi`がUbuntuにない場合は`vim`パッケージをインストールしてください。

リスト 4.6 **default**

```
location ~ \.php$ {
        include snippets/fastcgi-php.conf;
#
#       # With php-fpm (or other unix sockets):
        fastcgi_pass unix:/run/php/php7.4-fpm.sock;
#       # With php-cgi (or other tcp sockets):
#       fastcgi_pass 127.0.0.1:9000;
}
```

PHPはセッションハンドラーを切り替えられます。Redisを使うように設定（php.ini）を編集します[*11]。ここではFPMを使用するので、以下のファイルを操作します。

```
$ sudo vi /etc/php/8.1/fpm/php.ini
```

編集箇所はsession.save_handlerとsession.save_pathのパラメーターです。デフォルトでは以下のような値になっています。

リスト 4.7 **php.ini**

```
session.save_handler = files
;session.save_path = "/var/lib/php/sessions"
```

これらを以下のように編集します。Redisをセッションハンドラーに指定し、保存先としてRedisサーバーが動作する接続先を指定しています。

リスト 4.8 **php.ini**

```
session.save_handler = redis
session.save_path = "tcp://localhost:6379"
```

PHPの設定面からはこれで準備完了です[*12]。

### セッション管理のコード

それでは、実際にセッションの操作をしてみましょう。index.phpを編集します。

```
$ sudo vi /var/www/html/index.php
```

ファイルの中身は以下のようになっています。session_start()関数でセッション処理を開始します。クライアントからのセッションIDをCookie（PHPSESSIDに値を保存）等を通して確認し、一致すればセッションを再開し、一致しない場合はセッションIDを新規に作成します。$_SESSION変数に情報を格納しています[*13]。

---

*11 php.iniのファイルについて、念の為バックアップを取っておいてもいいでしょう。ディレクトリが見つからない場合は、sudo find /etc -name php.iniなどのようにコマンドを実行して該当ファイルを探してみてください。

*12 Redisクラスターの場合はredisではなくredisclusterを指定します。

*13 実際に素のPHPのままでWebアプリケーションを管理することは少ないでしょう。利用しているアプリケーションごとに、セッションの管理方法についてドキュメントを確認してみてください。

```
<?php

session_start();

echo "session_id=" . session_id() . " ";
$count = isset($_SESSION['count']) ? $_SESSION['count'] : 0;

$_SESSION['count'] = ++$count;

echo $count;
```

nginxとPHP FPMを起動します。

```
$ sudo systemctl restart nginx
$ sudo systemctl enable nginx
$ sudo systemctl restart php8.1-fpm
$ sudo systemctl enable php8.1-fpm
```

ブラウザからアクセスして確認してみましょう。http://<サーバーのパブリックIPアドレス>/index.phpのようにアクセスしてください。アクセスがあると$_SESSION変数に格納されたcountの値がカウントされており、セッションが引き継がれている様子が確認できます。

```
session_id=0jn4h2l4j9ue2r2fpaen31pvpf 1
session_id=0jn4h2l4j9ue2r2fpaen31pvpf 2
session_id=0jn4h2l4j9ue2r2fpaen31pvpf 3
```

事前にRedisサーバーに対してMONITORコマンドを実行して、Redisサーバー内で実行されているコマンドを観察できるようにしておくと、以下の状況が確認できます。デフォルトの動作で、キーのプレフィックスにPHPREDIS_SESSION:が付加されることが確認できます。

```
127.0.0.1:6379> MONITOR
OK
1661754859.697739 [0 127.0.0.1:48458] "GET" "PHPREDIS_SESSION:0jn4h2l4j9ue2r2fpaen31pvpf"
1661754859.697994 [0 127.0.0.1:48458] "SETEX" "PHPREDIS_SESSION:0jn4h2l4j9ue2r2fpaen31pvpf" "1440" "
count|i:1;"
1661754860.422949 [0 127.0.0.1:48460] "GET" "PHPREDIS_SESSION:0jn4h2l4j9ue2r2fpaen31pvpf"
1661754860.423224 [0 127.0.0.1:48460] "SETEX" "PHPREDIS_SESSION:0jn4h2l4j9ue2r2fpaen31pvpf" "1440" "
count|i:2;"
1661754863.896600 [0 127.0.0.1:48462] "GET" "PHPREDIS_SESSION:0jn4h2l4j9ue2r2fpaen31pvpf"
1661754863.896943 [0 127.0.0.1:48462] "SETEX" "PHPREDIS_SESSION:0jn4h2l4j9ue2r2fpaen31pvpf" "1440" "
count|i:3;"
```

Redisサーバー内のキーの一覧を確認すると、セッションのキーが保存されていることが確認できます。

```
127.0.0.1:6379> KEYS *
1) "PHPREDIS_SESSION:0jn4h2l4j9ue2r2fpaen31pvpf"
```

また、PHPREDIS_SESSION:ra8p4tgjjcb0uvrkgjeetsds5aのキーに関連づく値を確認してみると、countの値が3として保存されていることがわかります。先程ブラウザからのアクセスを3回実行し、最後に

$countの値が3であることを確認しました。こちらの値と一致することが確認できます。

```
127.0.0.1:6379> GET PHPREDIS_SESSION:0jn4h2l4j9ue2r2fpaen31pvpf
"count|i:3;"
```

TTLの値をTTLコマンドで確認してみると、値が設定されていることも確認できます。ここでは、php.ini中でsession.gc_maxlifetimeのデフォルト値として設定されている1440の値が適用されています。ここでは、TTLが残り1410秒であり、1440-1410=30秒の時間が経過していることが確認できます。

```
127.0.0.1:6379> TTL PHPREDIS_SESSION:0jn4h2l4j9ue2r2fpaen31pvpf
(integer) 1389
```

以上で、Redisによるセッションキャッシュが実現できました。実際のアプリケーション開発時はフレームワーク側の機能でRedisを呼び出すことの方が多いでしょう。使用方法についてはフレームワークによって大きく変わります。利用予定のサービスのドキュメントを確認してください。しかし、設定内容や動作はここで解説したものが参考になります。コラムでも詳細を説明しています。興味のある方は確認してみてください。

Column

## サンプルアプリケーションの注意点

セッション管理について、本書ではRedisにおけるセッション管理のしくみを理解しやすいように簡単な実装を利用して説明しています。しかしながら、セッションIDの管理方法が不適切な場合、第三者に知られると悪用される可能性があります。

サンプルアプリケーションはセキュリティの対策については割愛しています。実際のアプリケーションを制作する上では、たとえば次のようなリスクなどに注意する必要があります。

- **セッション固定化攻撃**
- **クロスサイトスクリプティング（XSS）攻撃**
- **ネットワークの盗聴**
- **マルウェア等による物理的な侵入**

たとえば、セッションIDの推測や第三者による取得、特定IDの強制などさまざまな手段で、第三者によるセッションIDの不正な利用が行われる可能性があります。

特に要件がなければ、利用しているWebアプリケーションなどから提供される機能を利用することを推奨します。要件によっては、自前で用意することが求められる可能性もあります。しかし、安全なセッション管理のシステムを実装することは技術的なスキルを要しますので、不容易に手出しをするのは危険でしょう。

特に古いバージョンのソフトウェアの機能を利用している場合にはデフォルト設定を利用する場合も業務要件に沿っているか今一度設定を確認してみてください。

詳細は、利用環境によって異なるので割愛します。興味のある方は「体系的に学ぶ 安全なWebアプリケーションの作り方 第2版（徳丸浩著、SBクリエイティブ）」*[a]などの書籍を参考にしてみると良いでしょう。

セッション管理以外の本書で取り上げているサンプルアプリケーションも含め、セキュリティ面以外にも以下の点など、実際のアプリケーションでは諸々考慮するべき点が多くあります。

- **エラーハンドリングや例外処理、バリデーションチェック**
- **問題発生時のロールバック処理等を含めたトランザクション処理**

そのほかには、高負荷の影響を緩和するためにリバースプロキシや、ローカルキャッシュを利用したりしてキャッシュを複数ヵ所で利用するようなアーキテクチャを取る場合もあります。このとき、キャッシュ情報の一貫性管理がたいへんになります。たとえば、ある処理でデータ更新した時に、一部のみ古いデータを持ち続けていては困るような場面があります。キャッシュを適切に扱うために管理しきれているのかの点についても確認が大事です。また、問題が発生した後のトラブルシューティングの際には、当時のキャッシュのデータの確認などで難易度が少し上がる点も留意点でしょう。キャッシュがなければ負荷に耐えられないか、パフォーマンスが許容できないか等の視点から各所で使用されているキャッシュの必要性についても検討してみると良いでしょう。

本書でのアプリケーションの実装はシンプルさによる理解のしやすさを重視しています。そのため、本章で取り上げるサンプルアプリケーションでは基本的に上記のような点について考慮していません。実際に本番環境で稼働するコードはさまざまな状況を想定しながら、対応をしてください。本書のサンプルアプリケーションを参考にされる際は自己責任の下で行うよう注意してください。

＊a　https://www.sbcr.jp/product/4797393163/

### 4.2.3　ニュースの投稿機能

ニュースの投稿機能を、List型を使用して実装していきます。

Redisクライアントとして PhpRedis、Webアプリケーションフレームワークに Slim 3を使用してサーバーを構築します[＊14][＊15]。

このアプリケーションでは、ユーザー名とメッセージを入力していくと直近の10件分の投稿が表示され、新しいメッセージほど上の方に表示されます。

今回のアプリケーションは、SQLでSELECT文を使用してRDBMSのみでも実現できます。こうすると、アーキテクチャやデータの一貫性等の管理もシンプルになるメリットはあります。

しかしながら、Redisを採用するメリットはそれ以上に大きいです。

今回のタイムラインのように、最新のデータをリストの端にデータを保存して古いデータをリストの端から取り出すような状況を表現したい場合、RedisならList型で上手に表現できます。アーキテクチャやデータの管理は多少複雑になっても、コードの実装はより素直なものにできるでしょう。

また、前段にRedisをおいてキャッシュサーバーにすることで、パフォーマンスを向上させられます。このようなアーキテクチャを取ることでRDBMSの負荷軽減にもつなげられます。

作成するアプリケーションの読み込み時のフローは以下のようになっています。書き込みはRedisのみに行います。

＊14　Installation http://www.slimframework.com/docs/v3/start/installation.html
＊15　Web Servers http://www.slimframework.com/docs/v3/start/web-servers.html

図4.1 **Redisを前段に置きキャッシュサーバー**

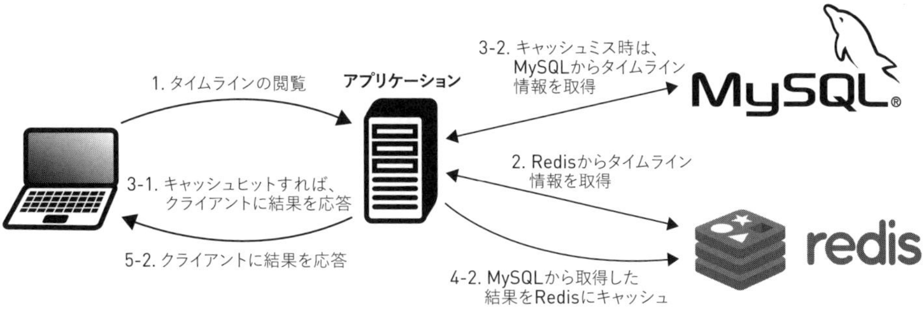


**アプリケーションの作成**

アプリケーションを作成するディレクトリを作成し、移動します。

```
$ mkdir ListTimeline; cd $_
```

Composerを利用し、Slim3のインストールを行います。テンプレートエンジンにはTwigを使用します*16。

```
$ curl -sS https://getcomposer.org/installer | php
$ sudo mv composer.phar /usr/local/bin/composer
```

**MySQLの導入**

PHPからMySQLを利用する環境をセットアップします。

```
$ sudo apt install mysql-server php8.1-mysql -y
$ sudo systemctl start mysql
$ sudo systemctl enable mysql
```

mysqlコマンドのバージョンを表示し、インストールされていることを確認します。

```
$ mysql --version
mysql  Ver 8.0.30-0ubuntu0.22.04.1 for Linux on x86_64 ((Ubuntu))
```

セキュリティの設定をします。いくつか質問が聞かれます。ここではパスワードの検証ポリシーはいずれの値でも良いため0とし、それ以外の質問はすべてyで問題ありません。

```
$ sudo mysql_secure_installation
```

*16 Templates http://www.slimframework.com/docs/v3/features/templates.html

MySQLにログインします。rootユーザーでログインするため、sudoが必要です。

```
$ sudo mysql -u root -p
```

アプリケーションで接続するユーザーを作成します。任意のホスト（%）に対して、appユーザーを作成しています。

```
CREATE USER app@'%' IDENTIFIED BY 'P@ssw0rd';
GRANT ALL PRIVILEGES on sample.* to app@'%';
```

アプリケーションで使用するMySQLのデータベースおよびテーブルを作成します。

```
CREATE DATABASE sample DEFAULT CHARACTER SET utf8mb4;
USE sample
CREATE TABLE timeline (
     id INT NOT NULL AUTO_INCREMENT,
     name VARCHAR(128) NOT NULL,
     message VARCHAR(140),
     PRIMARY KEY (id)
);
```

exitでMySQLの接続から抜けたら、念の為作成したユーザーでログインできることを確認します。確認できれば、MySQLのセットアップは終了です。

```
$ mysql -u app -p
```

**Slimの導入**

それでは先程利用したComposerを利用して、PHPの軽量フレームワークSlim（Slim 3）をインストールします。合わせて、SlimからTwigというテンプレートエンジンを利用するためのライブラリもインストールします。

```
$ composer require slim/slim:3.*
$ composer require slim/twig-view:2.*
```

Slimアプリケーションを実装します。

```
$ mkdir public templates
$ vi public/index.php
```

index.phpは以下の内容で作成します。

リスト4.9 **index.php**

```
<?php

use \Psr\Http\Message\ServerRequestInterface as Request;
use \Psr\Http\Message\ResponseInterface as Response;

require 'vendor/autoload.php';
```

```
$app = new \Slim\App;

$container = $app->getContainer();

// トップページをテンプレートエンジンのTwigでレンダリング
$container['view'] = function ($container) {
    // テンプレートエンジンのディレクトリを指定して起動（templates）
    $view = new \Slim\Views\Twig('templates', []);

    $router = $container->get('router');
    $uri = \Slim\Http\Uri::createFromEnvironment(new \Slim\Http\Environment($_SERVER));
    $view->addExtension(new \Slim\Views\TwigExtension($router, $uri));

    return $view;
};

// トップページの表示
$app->get('/', function ($request, $response) {
    // templates以下のtimeline.htmlをひな形に描画
    return $this->view->render($response, 'timeline.html', []);
});

// トップページからメッセージのリストを非同期に取得
$app->post('/timeline', function ($request, $response) {
    $user = $request->getParsedBodyParam('user');
    $message = $request->getParsedBodyParam('message');
    $isFirst = $request->getParsedBodyParam('isFirst');

    $key = 'timeline';

    // Redisへの接続処理
    $redis = new Redis();
    $redis->connect('127.0.0.1',6379);

    // MySQLへの接続処理
    $db = new PDO('mysql:host=127.0.0.1;dbname=sample;charset=utf8mb4', 'app', 'P@ssw0rd');

    // 投稿されたメッセージを保存
    if ($isFirst === 'false') {
        // Redisへの保存はキャッシュ用途なので、バックエンドとなるRDBMSのMySQLにINSERT文で保存
        $statement = $db->prepare("INSERT INTO timeline (name, message) VALUES (:name, :message↵
)");
        $statement->bindParam(':name', $user, PDO::PARAM_STR);
        $statement->bindValue(':message', $message, PDO::PARAM_STR);
        $statement->execute();
    }

    // `LRANGE timeline 0 9`のような形式でコマンドを実行することで、直近10件の投稿を取得
    $messages = $redis->lRange($key, 0, 9);

    // キャッシュからメッセージが取得できない場合に、別途バックエンドとなるMySQLからデータの取得↵
処理およびRedisへの保存
    if (empty($messages)) {
        $redis->delete($key);
        $messages = [];
```

```
        // MySQLからSELECT文で直近10件の投稿を取得
        $statement = $db->query("SELECT name,message FROM timeline ORDER BY id DESC LIMIT 10", PDO↩
::FETCH_ASSOC);
        foreach($statement as $row) {
            $record = $row['name'] . ': ' . $row['message'];
            $messages[] = $record;

            // `RPUSH timeline hayashier:hello`のような形式でコマンドを実行して、MySQLから取得し↩
たデータをRedisにも保存
            $redis->rPush($key, $record);
        }
        // `EXPIRE timeline 60`のような形式でコマンドを実行して、RedisのリストにTTLとして60秒を設↩
定
        $redis->expire($key, 60);
    }

    return json_encode($messages);
});

$app->run();
```

HTMLファイルを作成します。これは、PHP（Slim）側から読み込むテンプレートです。先程作成したニュースの投稿および、取得をして表示するだけのシンプルな内容です。

```
$ vi templates/timeline.html
```

リスト 4.10 **timeline.html**

```
<!DOCTYPE html>
<html>
    <head>
        <title>Redis Lists - Timeline</title>
        <style>
            #messages { margin: 50px 10px; }
            #messages li { padding: 5px 10px; list-style-type:none; }
            #messages li:nth-child(odd) { background: #eee; }
        </style>
    </head>
    <body>
        <h1>Redis Lists - Timeline</h1>
        <form id='send-message' onsubmit="sendMessage(event)">
            <div> User: <input type='text' id='user' /></div>
            <textarea cols='70' rows='3' id='message' autocomplete="off"></textarea>
            <button id='send'>Send</button>
        </form>
        <div id='status'>Let's send message!</div>
        <ul id='messages'>
        </ul>

        <script src="https://ajax.googleapis.com/ajax/libs/jquery/3.6.0/jquery.min.js"></script>
        <script>
          sendMessage(null);

          function sendMessage(event) {
            var isFirst = false;
```

```
            if (event == null) {
              isFirst = true;
            } else {
              event.preventDefault();
            }

            // Update ranking information with asynchronous communication
            $.ajax({
              url: '/timeline',
              type: 'POST',
              dataType: "json",
              data: {
                user: $('#user').val(),
                message: $('#message').val(),
                isFirst: isFirst
              },
              timeout: 1000,
            })
            .done(function(messages) {
              if (!isFirst) $('#status').text('done!');

              $('#messages').empty();
              $.each(messages, function(index, message) {
                var record = message.split(':');
                $('#messages').append($('<li>').text(record[0] + " : " + record[1]));
              })
            })
            .fail(function() {
              $('#status').text('Failed to send.');
            });
          }
        </script>
    </body>
</html>
```

サーバーを起動します。

```
$ php -S 0.0.0.0:8888 -t public public/index.php
```

ブラウザからhttp://<サーバーのパブリックIPアドレス>:8888にアクセスすると以下のように確認できます。

図4.2 ニュース投稿機能

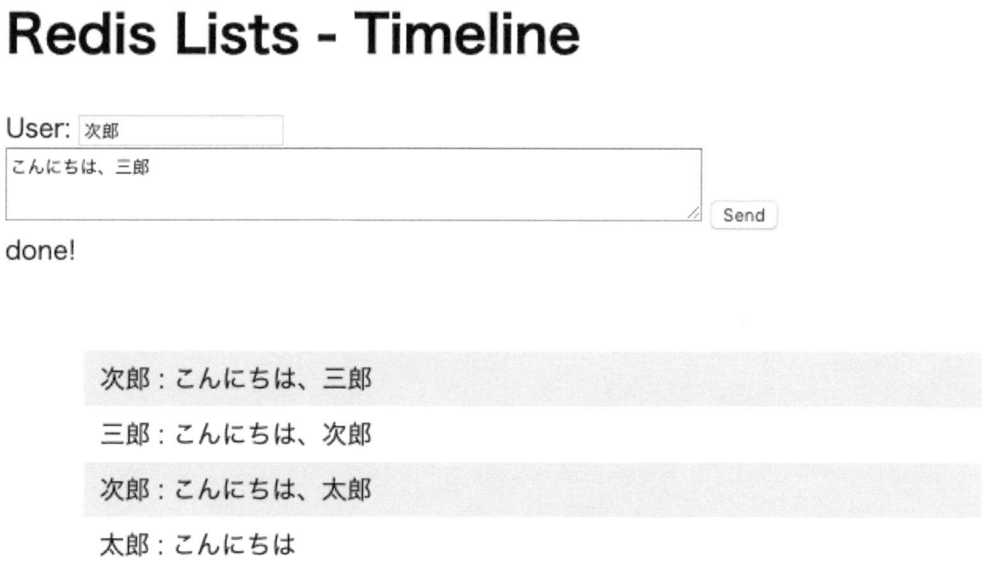


### Redisによる操作およびRDBMSとの併用

ユーザーとそれに対するメッセージの格納は、**リスト4.11**で行っています。List型の`RPUSH`コマンドを使用しています。List型はユーザー名とメッセージ情報をRedis側で分けて管理できません。そのため、ユーザー名とメッセージ名をコロン（`:`）区切りで識別できるようにしています。PhpRedisでは`rPush`関数で機能提供されています。

リスト4.11 **index.phpのユーザーとメッセージの格納箇所**

```
$redis->rPush($key, $record);
```

直近10件の投稿の取得については、`LRANGE`コマンドを使用しています。PhpRedisでは`lRange`関数で機能提供されています。

リスト4.12 **index.phpの直近10兼の投稿取得箇所**

```
$messages = $redis->lRange($key, 0, 9);
```

実際の環境ではRedis単体で使うことはあまりありません。Redisはあくまでキャッシュ用途として使用し、バックエンドには別に永続化層としてMySQLなどのRDBMSでデータを保存していることが多いです。

以下のようにMySQLにもメッセージおよびその投稿をしたユーザー名を格納します。

リスト4.13 **index.phpでMySQLにも格納している箇所**

```
$statement = $db->prepare("INSERT INTO timeline (name, message) VALUES (:name, :message)");
$statement->bindParam(':name', $user, PDO::PARAM_STR);
$statement->bindValue(':message', $message, PDO::PARAM_STR);
$statement->execute();
```

何らかの理由で読み込み時にデータが削除されていることがわかる状況も想定されます。そのような場合にはバックエンドとなるMySQLから以下のようにSELECT文で最新のメッセージを取得しています。

リスト4.14 **index.phpでMySQLからデータを読み込む箇所**

```
$statement = $db->query("SELECT name,message FROM timeline ORDER BY id DESC", PDO::FETCH_ASSOC);
```

同時に、取得したデータをキャッシュであるRedisに保存しています。

リスト4.15 **index.phpで取得したデータをキャッシュとしてRedisに保存**

```
$redis->rPush($key, $record);
```

Redis上でキャッシュしたデータにTTLを設定しています。

リスト4.16 **index.php**

```
$redis->expire($key, 60);
```

TTLが切れた場合には、先程のLRANGEコマンドで取得しても空のデータしか返ってきません。その場合は、MySQLのSELECT文でバックエンドとなるデータベースからデータを取得し、同時にRedisにも再度データをキャッシュします。

ここでは、書き込んだメッセージをすぐ確認する必要はないことを想定しています。書き込みは永続化層であるMySQLのみに行っています。一方で、読み込み時は基本的にキャッシュであるRedisから行いますが、もしメモリー上にデータがない場合はMySQLから読み込みを行っています。同時にMySQLから取得したデータをRedisにも行い、キャッシュの更新をしています。

Redisを使用するにあたって、アーキテクチャの選択方法は要件に応じて変わります（5.2参照）。ここでは、遅延読み込みの方法でRedisを利用しています。この方法はリクエストされたデータのみをキャッシュし、使用しないデータをキャッシュとして利用するサイズが小さいというメリットがあります。一方で、古いデータを読み込む可能性があることや、キャッシュミス時のオーバーヘッドが大きいといったデメリットがあります。

### 発展

今回は、PHP組み込みのWebサーバー、アプリケーションサーバー、Redisサーバー、MySQLサーバーをすべて一つのサーバーにインストールしました。実際にはサービスの規模などの要件に応じて、それらはそれぞれ別のサーバーとして用意、それぞれ複数台から構成し、Webサーバーやアプリケーションサーバーはロードバランサー配下に置くなどの構成を取ることが一般的です。

それぞれのサーバーは求められる特性が異なります。上記のように分離することでそれぞれのコンポーネントに対して、状況に応じて柔軟に対応できます。

Redisサーバーのキャパシティが足りていないケース考えてみましょう。読み込みのキャパシティが足りていない場合、レプリカを追加することで読み込み処理をスケールアウトさせることができます。書き込みのキャパシティが足りていない場合、書き込み処理もスケールアウトするために何百ものシャードを持つRedisクラスターも構成できます。マイクロ秒単位で高速な処理が可能なRedisを、世界中にユーザーを抱え大規模なトラフィックを受けるようなサービスであっても、高い可用性を備えた構成で処理できます。もしすべてのサーバーを一つで稼働していると、ほかのサーバーではキャパシティ的に余裕があっても多めに確保しないといけなかったり、スケーラビリティを確保した構成を取りにくかったりするなどの問題があります。

アプリケーションサーバーをAmazon Web Services（AWS）の環境で、EC2*17上で稼働させている方もいらっしゃるでしょう。その場合、ElastiCache*18（10.1参照）のようなマネジメントサービスを活用することも検討してください。日々の運用の負担を軽減できます。

## 4.3 RubyでRedisを操作する

RubyでRedisを使います。RubyでSet型を用いた投票管理の実装方法について紹介します。

まずは、redis-rb（Ruby）でセットアップします。必要なコマンドやライブラリのインストールをAPTで行い、rbenvでRubyの実行環境を構築します（一部はインストール済）。変更内容を読み込んだ後、rbenvによりRubyを管理してダウンロードします（ここでは3.0.2）。最後に、redis-rbをインストールします。

```
$ sudo apt install build-essential libssl-dev libreadline-dev zlib1g-dev libgdbm-compat-dev
libmysqlclient-dev ruby ruby-bundler ruby-dev -y
$ ruby -v
ruby 3.0.2p107 (2021-07-07 revision 0db68f0233) [x86_64-linux-gnu]
$ sudo gem install redis
```

### 4.3.1 redis-rbで操作する

redis-rb-client.rbで以下の内容のファイルを作成します。先程のPHPの例と同じく、RubyでSET foo barコマンドを実行後にGET fooコマンドでfooのキーの値を取得し、表示する内容です。

```
require 'redis'

redis = Redis.new # インスタンス生成・接続確立

redis.set('foo', 'bar'); # SET foo bar
value = redis.get('foo'); # GET foo
puts value
```

別ウィンドウでUbuntuに接続し、Redisサーバーを起動します。

*17 Amazon Elastic Compute Cloud（Amazon EC2）。本書ではEC2と記載します。

*18 Amazon ElastiCache for Redis。本書ではElastiCacheと記載します。

```
$ redis-server
```

先程のウィンドウから作成したスクリプトを実行します。期待通り動作していることを確認します。

```
$ ruby redis-rb-client.rb
bar
```

### 4.3.2 投票管理

Set型を使用して、投票管理機能を実装します。Redisクライアントにredis-rb、Webアプリケーションフレームワークに Sinatraを使用してサーバーを構築します*19*20。

RubyでWebアプリケーションを実装するときには、Ruby on Railsを利用される方も多いでしょう。本書では実装をシンプルにするため、Sinatraを利用していますが、Ruby on Railsなどほかのフレームワークでもおおよそ同様に実装できるはずです。GETやPOSTのリクエスト処理部分、RedisやMySQLのインスタンスの生成箇所などについては各種フレームワークのお作法に従って記述する必要がありますが、それ以外は基本的には同様に実装できるでしょう。

このアプリケーションでは、ユーザー名を入力後、投票したい候補者をクリックします。候補者は何人でも選択できますが、1人の候補者に対しては1人1回までしか投票は加算されないようになっています。また、各候補者における全体の投票数の合計も表示されるようになっています。

先程の例と同様に、SQLでSELECT文を使用してRDBMSのみでも実現できます。ここでは前段にRedisをキャッシュサーバーとして使用し、パフォーマンスを向上させます。集合はRedisがデータを表現する際に武器となるものの一つです。特に集合演算等も交えると、SQLの表現ではコストが大きい処理になる場合があります。このような状況でもRedisのSet型で上手に表現できるため、アプリケーションの実装もシンプルになり、Redisの力を引き出すことができます。ここでは、投票管理を集合として表現することで、RedisのSet型を活用しています。

作成するアプリケーションの読み込み時のフローは以下のようになっています。書き込みはRedisとMySQLの両方に行います。

*19 http://sinatrarb.com
*20 http://sinatrarb.com/intro.html

図4.3 投票管理をRedisで実装する

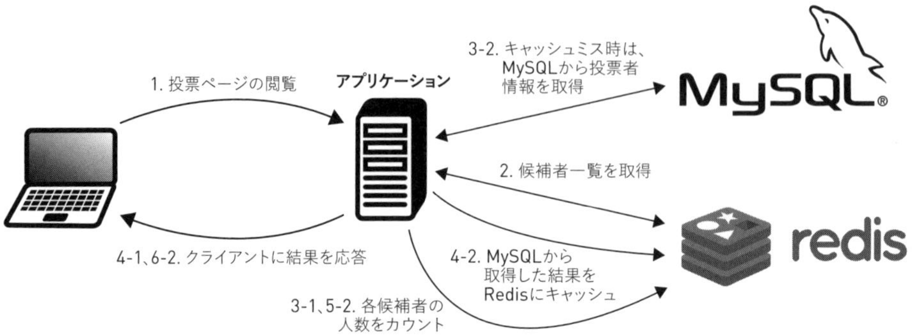


### アプリケーションの作成

最初にアプリケーションを作成するディレクトリを作成し、移動します。

```
$ mkdir SetVoting; cd $_
```

Gemfileファイルを作成し、ライブラリを指定、インストールします。

```
$ vi Gemfile
```

リスト 4.17 **Gemfile**

```
source 'https://rubygems.org'

gem 'sinatra'
gem 'sinatra-contrib'
gem 'redis'
gem 'mysql2'
```

```
$ bundle install
```

MySQLにログインします。

```
$ sudo mysql -u root -p
```

テーブルを作成しておきます。

```
USE sample
CREATE TABLE votes (
    id INT NOT NULL AUTO_INCREMENT,
    candidate VARCHAR(128) NOT NULL,
    voter VARCHAR(140),
```

```
    PRIMARY KEY (id)
);
```

Sinatraのアプリケーションの実装をします。ファイル名はmain.rbとします。

```
$ vi main.rb
```

/のパスに対してはトップで表示するページを、/voteのパスに対しては、/のページ中でjQueryによるAjax通信で使用されるPOSTによるリクエスト処理の内容を実装しています。

```
require 'sinatra'
require 'sinatra/reloader'
require 'redis'
require 'mysql2'

# Redisへの接続処理
redis = Redis.new

# MySQLへの接続処理
mysql = Mysql2::Client.new(:host => '127.0.0.1', :username => 'app', :password => 'P@ssw0rd', :
database => 'sample')

# トップページ取得のためのGETメソッド
get '/' do
    erb :index
end

# トップページから非同期通信に使用されるPOSTメソッド
post '/vote' do
    # 各候補者に投票した人を追加
    if !params[:candidate].empty? && !params[:voter].empty?
      # 永続化のためにMySQLにデータを追加
      insert_statement = mysql.prepare("INSERT INTO votes (candidate, voter) VALUES (?, ?)")
      result = insert_statement.execute(params[:candidate], params[:voter])

      # `SADD candidate:1 hayashier`のような形式でコマンドを実行し、Redisにデータを追加
      redis.sadd(params[:candidate], params[:voter])
    end

    # `SCAN 0 MATCH candidate:*`のような形式でコマンドを実行し、候補者の一覧を取得
    cursor = 0
    candidates = []
    loop {
      cursor, keys = redis.scan(cursor, :match => "candidate:*")
      candidates += keys
      break if cursor == "0"
    }

    # キャッシュからメッセージが取得できない場合に、別途バックエンドとなるMySQLからデータの取得処理お
よびRedisへの保存
    if candidates.length <= 1
      # 永続化のためにMySQLにデータを追加
      select_statement = mysql.prepare("SELECT candidate, voter FROM votes")
      result = select_statement.execute()
```

```
      counts = {}
      candidates = []
      result.each { |element|
        # `SADD candidate:1 hayashier`のような形式でコマンドを実行し、Redisにデータを追加
        redis.sadd(element["candidate"], element["voter"])
        candidates += [element["candidate"]]
      }
    end

    counts = {}
    candidates.each { |candidate|
      # `SCAN 0 MATCH candidate:*`のような形式でコマンドを実行し、各候補者の投票人数をカウント
      counts[candidate] = redis.scard(candidate)
    }
    counts = counts.sort.to_h
    counts.to_json
end
```

表示用のviews/index.erbを作成します。これは、Ruby（Sinatra）側から読み込むテンプレートです。

```
$ mkdir views
$ vi views/index.erb
```

index.erbは以下の内容で作成します。このHTMLの内容は先程作成した投票状況を送信および、取得をして表示するだけのシンプルな内容です。

```
<html>
    <head>
        <title>Redis Sets - Voting</title>
    </head>
  <body>
    <h1>Redis Sets - Voting</h1>
    <form>
      Your Name: <input type="text" class="voter">
      <div class="vote">
        <input type="button" id="vote1" value="candidate:1">
        <input type="button" id="vote2" value="candidate:2">
        <input type="button" id="vote3" value="candidate:3">
        <input type="button" id="vote4" value="candidate:4">
      </div>
    </form>

    <div id="status">Let's vote!</div>
    <div id="result"></div>

    <script src="https://ajax.googleapis.com/ajax/libs/jquery/3.6.0/jquery.min.js"></script>
    <script>
      getRanking(null,null);
      $('[id^=vote]').on('click', function() {
        $('#status').text('Now voting...');
        getRanking($('.voter').val(), $(this).val())

      })
```

```
      function getRanking(voter, candidate) {
        // 非同期通信でランキングを更新
        $.ajax({
          url: '/vote',
          type: 'POST',
          dataType: "json",
          data: {
            voter: voter,
            candidate: candidate
          },
          timeout: 1000,
        })
        .done(function(candidates) {
          $('#result').empty();
          $.each(candidates, function(candidate, count) {
            $('#result').append($('<li>').text(candidate + " : " + count));
          })
        })
        .fail(function() {
          $('#status').text('Failed to vote.');
        });
      }
    </script>
  </body>
</html>
```

-o 0.0.0.0は外部からのアクセスを許可するために指定しています。

```
$ ruby main.rb -o 0.0.0.0
```

ブラウザでhttp://<サーバーのパブリックIPアドレス>:4567にアクセスすると以下のようなページを確認できます。

図4.4 投票管理

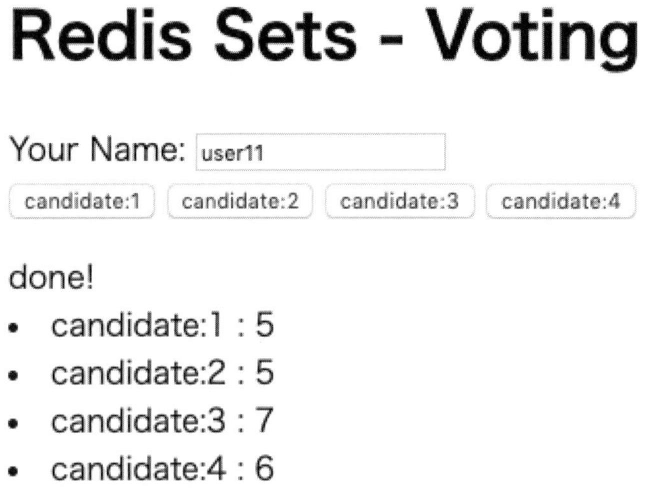


#### Redisによる操作およびRDBMSとの併用

候補者ごとに、どのユーザーが投票したか管理するためには、ユーザーの追加が必要です。ユーザーを追加する処理は、以下のようにMySQLにINSERT文でデータを格納しています。

```
insert_statement = mysql.prepare("INSERT INTO votes (candidate, voter) VALUES (?, ?)")
result = insert_statement.execute(params[:candidate], params[:voter])
```

MySQLへのデータ追加時、直後に、キャッシュであるRedisにもデータを保存しています。Set型のSADDコマンドを使用しています。redis-rbではsadd関数で機能提供されています。

```
redis.sadd(params[:candidate], params[:voter])
```

候補者データの読み込みについて、候補者に関するデータを保存したキーをリスト化するためにSCANコマンドを使用しています*21。redis-rbではscan関数で機能提供されています。

```
cursor = 0
candidates = []
```

*21 KEYS *コマンドでも結果は得られますが、シングルスレッドのRedisでは性能上の影響が大きくなりえる$O(N)$の処理で、推奨されません。KEYSコマンドは基本的にデバッグ用途などに使用することが想定されており、アプリケーション中で使用することは推奨されていません。そのような用途ではSCAN系のコマンドが推奨されています。

```
loop {
  cursor, keys = redis.scan(cursor, :match => "candidate:*")
  candidates += keys
  break if cursor == "0"
}
```

各候補者のSet型で表された集合について、一意な要素数の計算にSCARDコマンドを使用しています。redis-rbではscard関数で機能提供されています。

```
counts[candidate] = redis.scard(candidate)
```

また、Redisでエンジンの再起動など、何らかの理由でデータがメモリから削除されているような状況も想定されます。そのような場合にはバックエンドとなるMySQLから以下のようにSELECT文でデータを取得しています。

```
select_statement = mysql.prepare("SELECT candidate, voter FROM votes")
result = select_statement.execute()
```

その後、MySQLで取得したデータをあらためてRedisに保存し、キャッシュを更新しています。

```
redis.sadd(element["candidate"], element["voter"])
```

**発展**

ここでは、書き込んだメッセージをすぐ確認する必要があることを想定しています。書き込みは永続化層であるMySQLとキャッシュであるRedisの両方に行っています。対して、読み込み時は基本的にキャッシュであるRedisから行いますが、もしメモリー上にデータがなければMySQLから読み込みを行っています。同時にMySQLから取得したデータをRedisにも行い、キャッシュの更新をしています。

5.2における、書き込みスルーの方法でRedisを利用しています。書き込みスルーだとRedisサーバー上のキャッシュデータが常に最新であり、読み込み時もメモリーにデータがある限りはオーバーヘッドが少ないというメリットがあります。しかし、この方法はすべての書き込みデータをキャッシュし、未使用なキャッシュデータの生成によりメモリーを無駄遣いしてしまう可能性があります。また、MySQLとRedisの両方にデータを書き込むため、書き込みのオーバーヘッドが大きいデメリットもあります。先程説明した遅延読み込みでは読み込み時にオーバーヘッドが発生する可能性がありましたが、書き込みスルーの方法では書き込み時にオーバーヘッドが大きくなります。更新処理に時間がかかるのはある程度直感に一致するため、ユーザー体験としては受け入れられやすくなる可能性があります。そのため、最新の情報を利用する必要があり、キャッシュデータを利用したい場合などに検討してみると良いでしょう。

## 4.4 PythonでRedisを操作する

PythonのRedisの操作について解説します。ここでは、PythonでRedisストリームを用いたリアルタイムチャットを実装します。

Pythonは人気の言語で、いくつかのライブラリがありますが、本書ではaioredisを用います。aioredisはPythonのasyncio（非同期I/O）に対応した、Redisのライブラリです。Ubuntuにおけるインストール手順について取り上げます。Python 3.6以上をインストール後、pipでaioredisをインストールすると完了です。

```
$ sudo apt install python3-pip -y
$ pip3 install --user aioredis
```

### 4.4.1 aioredisで操作する

aioredis-client.pyを以下の内容で作成します。PHP、Rubyの例と同じく、Pythonで`SET foo bar`コマンドを実行後に`GET foo`コマンドで`foo`のキーの値を取得し、表示する内容です。

リスト 4.18 aioredis-client.py

```
import asyncio
import aioredis

async def main():
    # Redisインスタンス生成・接続の確立
    redis = aioredis.from_url(
        'redis://' + '127.0.0.1')
    await redis.set('foo', 'bar') # SET foo bar
    val = await redis.get('foo') # GET foo
    print(val)

    await redis.close() # Redisとの接続を切る

if __name__ == '__main__':
    loop = asyncio.new_event_loop()
    asyncio.set_event_loop(loop)
    loop.run_until_complete(main())
```

別ウィンドウでUbuntuに接続し、Redisサーバーを起動します。

```
$ redis-server
```

先程のウィンドウから作成したスクリプトを実行します。期待通り動作していることを確認します。

```
$ python3 aioredis-client.py
b'bar'
```

### 4.4.2 リアルタイムチャット

Redisストリームを使用して、リアルタイムチャットを実装します。

Redisストリームはチャットシステムのような用途にはぴったりです。Redisストリームは Redisの高速な処理を活かしつつも、これまでのデータ型や機能と比較してより幅広い状況を扱うことができるような設計だからです（2.7.5参照）。List型で表現しようとするとキューに入れられたメッセージを取り出して取得するといった表現はできます。しかし、複数のクライアントがいる場合に一つのクライアントがメッセージを取得すると削除されてしまうため、ほかのクライアントは同じメッセージを処理できません。Pub/Sub機能では複数のクライアントで同じメッセージを処理できるものの、データを保持する機能はありません。そのため、チャンネルを購読していない間に受け取っていないメッセージは再度購読しても受け取れません。各メッセージに複数のフィールドを持たせられる点ではHash型と類似していますが、そもそもHash型はストリーム処理を想定して設計されたものではありません。Redisストリームでほかのデータ型では扱いきれない状況に対してもうまく処理できるように表現できます。

このアプリケーションでは、ユーザー名と部屋名を入力して部屋に入室すると、部屋に入った旨が表示されます。その後、自分が送ったメッセージやほかのユーザーが送ったメッセージでリアルタイムにやりとりできます。ブラウザでタブを閉じるなどチャットを終了すると、ほかのユーザーには、そのユーザーがチャット部屋から退室の旨が表示されます。IRC（Internet Relay Chat）のようなツールを想定しています。あるユーザーが参加しているチャンネルについて、IRC起動時には同じチャンネルに参加しているメンバーに入室したことが表示されます。誰かがIRCから抜けると、同じくチャンネルに参加しているメンバーに退室したことが表示されます。チャンネルに入室している間に誰かが送ったメッセージはリアルタイムに受け取り、全員でお互いにメッセージのやりとりができます。IRC退室中に送られたメッセージは受け取りません。

作成するアプリケーションの読み込み時のフローは以下のようになっています。

図4.5 Redisで実装するチャット

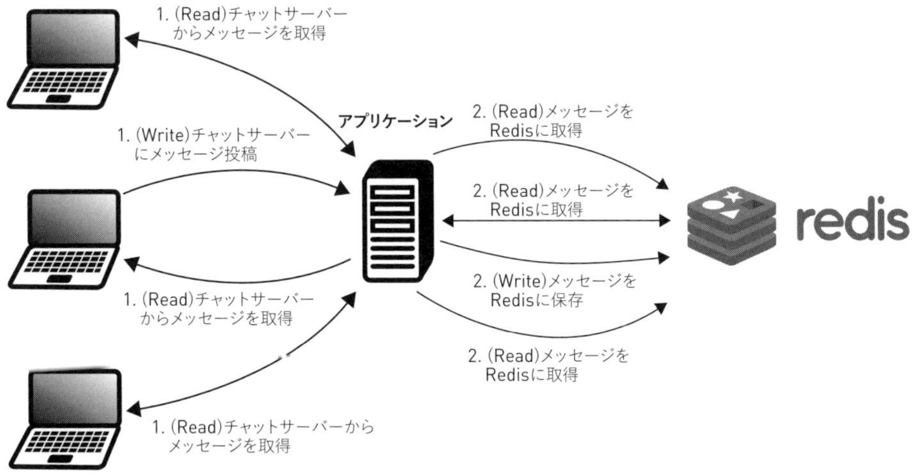

**アプリケーションの作成**

List型やPub/Sub機能も、Redisストリームと似たような用途で利用できます。しかし、チャットルームに複数人いる状況に拡張する場合など、様々なユーザーで同じメッセージを受け取ることができる点などList型よりも拡張性が高いです。また、Redisに後で接続しにいってデータを取得することで、つないでいない間のメッセージも取得できる点などで、Pub/Sub機能よりも優れています。

ここでは、リアルタイムチャットで各メッセージをストリームデータとして扱います。Redisストリームの機能を利用すると、データを上手に扱えるため、Redisの力を引き出すことができます。また、キャッシュサーバーではなく、単体のデータストアとしてRedisを利用しています。RDBMSでSQLのSELECT文でも似たような操作はできます。しかし、退室中のメッセージは保管しなくていいなどRDBMSで求められる永続化の必要がないユースケースであるため、高速でシンプルに利用できるRedisを使っています。

今回のアプリケーションの工夫として、WebSocketを利用しています。詳細は追って実装を確認してください。Redisクライアントとしてaioredis*22*23*24、Webアプリケーションフレームワークとしては FastAPIを使用します*25*26。

最初にアプリケーションを作成するディレクトリを作成し、移動します。

```
$ mkdir StreamChat; cd $_
```

requirements.txtを作成して、必要なライブラリをインストールします。

```
$ vi requirements.txt
```

リスト4.19 **requirements.txt**

```
fastapi
starlette
uvicorn[standard]
aioredis
uvloop
```

```
$ pip3 install -r requirements.txt --user
```

メインのアプリケーションのファイルを作成します。このファイルにFastAPIを使用したWebアプリケーションを実装します。streams-chat.pyという名前でファイルを作成します。

```
$ vi streams-chat.py
```

*22 aioredis https://github.com/aio-libs/aioredis
*23 https://aioredis.readthedocs.io/
*24 https://redislabs.com/blog/async-await-programming-basics-python-examples
*25 WebSockets - FastAPI https://fastapi.tiangolo.com/tutorial/websockets
*26 FastAPIがPython 3.6以上を使用する必要がある点についてはご注意ください。

リスト 4.20 **streams-chat.py**

```
from fastapi import FastAPI, Depends
from starlette.responses import HTMLResponse
from starlette.websockets import WebSocket
from starlette.staticfiles import StaticFiles
import asyncio
import uvloop
import uvicorn
import aioredis
import datetime

HOST = "0.0.0.0"
PORT = 8080
REDIS_HOST = HOST
REDIS_PORT = 6379
STREAM_MAX_LEN = 1000

app = FastAPI()

# index.htmlの静的ファイルの表示を有効にする
app.mount("/static", StaticFiles(directory="static"), name="static")

# Redisへの接続処理
redis = aioredis.from_url(
    'redis://' + '127.0.0.1')

# メッセージの読み込み処理を定義
async def read_message(websocket: WebSocket, join_info: dict):
    connected = True
    is_first = True
    stream_id = '$'
    while connected:
        try:
            count = 1 if is_first else 100
            # `XREAD COUNT 100 BLOCK 100000 STREAMS room1 $`のような形式でコマンドを実行し、新規↩
メッセージの受付および読み込み
            results = await redis.xread(
                    streams={join_info['room']: stream_id},
                    count=count,
                    block=100000
            )
            for room, events in results:
                if join_info['room'] != room.decode('utf-8'):
                    continuc
                for e_id, e in events:
                    now = datetime.datetime.now()

                    # WebSocketを通して、同じチャンネルに参加しているユーザー全員にメッセージを送↩
信
                    await websocket.send_text(f"{now.strftime('%H:%M')} {e[b'msg'].decode('utf-8↩
')}")

                    # 最後に受け取ったIDを保存しておき、`XREAD COUNT 100 BLOCK 100000 STREAMS ↩
room1 <ID>`のような形式でIDを指定して実行すると、続きからメッセージを受け取ることができる
                    stream_id = e_id
                if is_first:
```

```
                    is_first = False
        except:
            await redis.close()
            connected = False

# メッセージの書き込み処理を定義
async def write_message(websocket: WebSocket, join_info: dict):
    await notify(join_info, 'joined')

    connected = True
    while connected:
        try:
            data = await websocket.receive_text()
            # `XADD room1 MAXLEN 1000 * username Taro msg "Hello, everyone!"`のような形式でコマン↩
ドを実行し、新規メッセージの書き込み
            await redis.xadd(join_info['room'],
                             {
                                 'username': join_info['username'],
                                 'msg': data
                             },
                             id=b'*',
                             maxlen=STREAM_MAX_LEN)
        except:
            # For example, if user closes the browser tab, other users will see the message, "↩
username has left"
            await notify(join_info, 'left')
            await redis.close()
            connected = False


# ユーザーがチャットルームに入った時に、ルーム内の全ユーザーに"Taro has joined"のようなメッセージ↩
書き込み
async def notify(join_info: dict, action: str):
    # `XADD room1 MAXLEN 1000 * username Taro msg "Taro has joined"`のような形式でコマンドを実行↩
し、新規メッセージの書き込み
    await redis.xadd(join_info['room'],
                     {'msg': f"{join_info['username']} has {action}"},
                     id=b'*',
                     maxlen=STREAM_MAX_LEN)

async def get_joininfo(username: str = None, room: str = None):
    return {"username": username, "room": room}

# WebSocketによる通信に使用。async/awaitを使用
@app.websocket("/ws")
async def websocket_endpoint(websocket: WebSocket, join_info : dict = Depends(get_joininfo)):
    await websocket.accept()
    asyncio.set_event_loop_policy(uvloop.EventLoopPolicy())
    await asyncio.gather(write_message(websocket, join_info), read_message(websocket, join_info))

if __name__ == "__main__":
    uvicorn.run(app, host=HOST, port=PORT)
```

チャットを表示するHTMLを用意します。FastAPIからこれを読み込みます。

```
$ mkdir static
$ vi static/index.html
```

`index.html`のページを作成します*[27]。ソースコード中のIPアドレスである`203.0.113.10`は例示に利用可能なドキュメント用のパブリックIPアドレスの一つです*[28]。ご自身の環境に合わせて置き換えてください。このHTMLの内容は先程作成したチャットのメッセージ内容を投稿および、取得をして表示するだけのシンプルな内容です。

**リスト 4.21 index.html**

```
<!DOCTYPE html>
<html>
    <head>
        <title>Redis Streams - Chat</title>
        <style>
            #messages { margin: 50px 10px; }
            #messages li { padding: 5px 10px; list-style-type:none; }
            #messages li:nth-child(odd) { background: #eee; }
        </style>
    </head>
    <body>
        <h1>Redis Streams - Chat</h1>
        <form name="join-info" id="join-info" action="" onsubmit="joinRoom(event)">
            User: <input type="text" name="username" id="username" /> Room: <input type="text" ↩
name="room" id="room" />
            <button>Join</button>
        </form>
        <ul id='messages'>
        </ul>
        <form action="" onsubmit="sendMessage(event)">
            <textarea cols=70" rows="10" id="messageText"></textarea>
            <button>Send</button>
        </form>

        <script src="https://ajax.googleapis.com/ajax/libs/jquery/3.6.0/jquery.min.js"></script>
        <script>
            // Communication with WebSocket
            var ws = null
            function joinRoom(event) {
                event.preventDefault()

                if (ws != null) ws.close();

                ws = new WebSocket("ws://203.0.113.10:8080/ws?" + $('#join-info').serialize())
                ws.onmessage = function(event) {
                    $('#messages').append($('<li>').text(event.data));
                    $('#messages').scrollTop($('#messages').get(0).scrollHeight);
                };
            }
```

*27 Static Files - FastAPI https://fastapi.tiangolo.com/tutorial/static-files

*28 https://tools.ietf.org/html/rfc5737

```
            function sendMessage(event) {
                var username = $('#username').val()
                var input = $("#messageText").val()
                ws.send(username + " : " + input)
                $("#messageText").text('')
                event.preventDefault()
            }
        </script>
    </body>
</html>
```

以下のコマンドで起動しておきます。すると8080番ポートでサーバーが起動します。

```
$ python3 streams-chat.py
```

ブラウザを開いて`http://<サーバーのパブリックIPアドレス>:8080/static/index.html`のようにアクセスすると、WebSocketを利用してリアルタイムチャットを使用できます[*29][*30]。サーバーのパブリックIPアドレスはここでは`203.0.113.10`です。

*29 XADDコマンドやXREADコマンドに対してasync/awaitを使用することで読み書きの動作をしていますが、こちらのRedisの操作が非同期による処理でないと機能しない点についてはご注意ください。また、Fast API 0.41.0以降Starlette 0.12.9以上の使用が必要となりますので、インストールがうまく行かない場合はバージョンにご注意ください。

*30 Release Notes - FastAPI https://fastapi.tiangolo.com/release-notes

図4.6 リアルタイムチャット

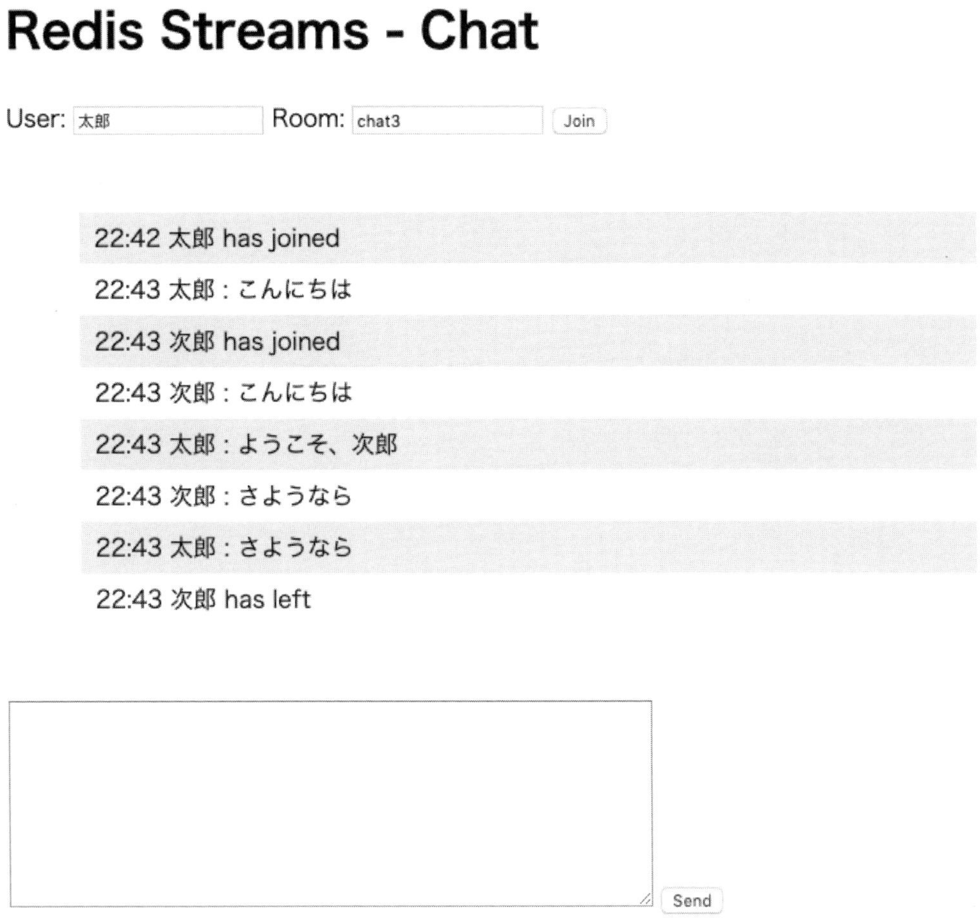


**Redisによる操作**

メッセージの読み込み処理は**リスト 4.22**で行っています。`XREAD`コマンドを使用しています。ここでは、IRCのようにチャット部屋に入室後、それ以降に受け取ったメッセージを表示することを想定しています。そのため、エントリーIDとして特殊IDとなる$を使用しています。コマンド実行後ストリームに新しく来たメッセージのエントリーID以降のメッセージを読み取るように指定をしています。最初から受け取る場合は、エントリーIDとして`0`のように指定可能です。その後、`XREAD`コマンドを実行して取得したメッセージの際のエントリーIDを取得しておきます。次回`XREAD`コマンド実行時は、そのエントリーIDを指定して、それ以降にRedisサーバーが受け取ったメッセージの取得をします。aioredisでは`xread`関数で機能提供されています。

リスト 4.22 **streams-chat.pyのメッセージの読み込み**

```
connected = True
is_first = True
stream_id = '$'
while connected:
    try:
        count = 1 if is_first else 100
        results = await redis.xread(
                streams={join_info['room']: stream_id},
                count=count,
                block=100000
        )
        for room, events in results:
            if join_info['room'] != room.decode('utf-8'):
                continue
            for e_id, e in events:
                now = datetime.datetime.now()
                await websocket.send_text(f"{now.strftime('%H:%M')} {e[b'msg'].decode('utf-8')}")
                stream_id = e_id
            if is_first:
                is_first = False
    except:
        connected = False
```

メッセージの書き込みは**リスト 4.23**で、XADD**コマンド**を使用しています。Redisストリームでは、各エントリーに対して複数のフィールドを持つ構造化されたデータを持つことが可能ですが、ここではusernameとmsgという2つのフィールドの値をエントリー情報として持っています。エントリーIDとして、Redisサーバー上で追加した新しいエントリーに対して新規IDを割り振ることを意味する特殊IDの*を使用しています。また、ストリーム長の制限もMAXLENオプションで行っています。aioredisではxadd関数で機能提供されています。

リスト 4.23 **streams-chat.pyのメッセージ書き込み**

```
await redis.xadd(join_info['room'],
                {
                    'username': join_info['username'],
                    'msg': data
                },
                id=b'*',
                maxlen=STREAM_MAX_LEN)
```

チャット部屋での入退室のメッセージの追加は以下の箇所で行っています。メッセージの書き込みと同様にXADDコマンドを使用しています。

リスト 4.24 **streams-chat.pyの入退室メッセージ**

```
await redis.xadd(join_info['room'],
                {'msg': f"{join_info['username']} has {action}"},
                id=b'*',
                maxlen=STREAM_MAX_LEN)
```

**発展**

ここでは、Redisをキャッシュサーバーとして使用しておらず、一時的なデータストアとして利用しています。そのため、5.2で示した遅延読み込みや書き込みスルーのような方法は使用していません。IRCのようにアプリケーションを起動している間のみメッセージのやりとりができれば良い状況を想定しているためです。データを保存しておきたい場合は、適宜バックアップを取っておくと良いでしょう。永続化を検討する場合は、適宜キャッシュサーバーで説明したような説明のアーキテクチャを参考にしても良いでしょう。また、マイグレーションによる実装も可能です（5.2参照）。都合の良いタイミングでRDBMSなど永続化層として使用しているRDBMSなどにデータを保存するようにバッチ処理をする形で保存します。

Column

## データ型を適切に選ぶ

Redisでは、扱うデータモデルを考慮してデータ型を選択することが重要です。

本章では各種データ型を利用したアプリケーションを作成しました。ただし、実際には特に大規模なデータを扱う場合、String型以外の利用は慎重になったほうが良いことがあります*a。スケーラビリティや運用面で今後本当に問題がないか考えてみることも大事な点です。

今回List型やSet型のデータ型を利用した説明をしました。これらのデータ型は、第2章で示したような性能上の課題も考慮して利用しなくてはいけません。

たとえば、1つのキーで巨大なHash型の値を扱うときについて考えてみます。Hash型には実行するコマンドの計算量が$O(N)$のものもあります。このように要素数に応じて計算量が大きくなるコマンドだと、巨大ハッシュを扱う状況ではCPUが大きく消費されることがあります。なんでもHash型で管理し巨大なものができあがってくると、このようなコマンドについて実行せざるを得ない場合に、苦しい状況になります。データが増えるにつれて、コマンドの処理に時間を要するためです。その結果、サービスに影響が出る可能性も考えられます。

せっかくRedisを使っても、十分なパフォーマンスが発揮できなければ、意味がありません。1つのキーでデータが大きくなってしまうと、スケールアウトのために、ノードを追加しても効果がありません。扱うトラフィック量などを考慮して、より小さな単位に適宜分割してHash型で管理することも考えられます。この場合、listpack（Redis 7.0未満ではziplist）の内部エンコーディングを満たすことも意識すれば、メモリー消費量も最適化できます（2章コラムを参照）。しかし、Hash型のデータをより細かくすることで管理コストも同時に大きくなる可能性もあります。

あるいは、データセット全体を取得等の操作をするのではなくサブセットのみを処理する*bなどほかにもいくつか対策はありますが、いずれも煩雑です。

パフォーマンス上の課題にあたったときは、一度立ち止まって、String型を工夫してデータを管理する方が良いこともあります。たとえば、user:のように共通のプレフィックスをキー名に使用すれば、ある程度String型でもデータを整理して管理できます。

問題になりやすい例として、1つのHash型のテーブルで全ユーザーのIDを管理している状況を想定します。usersというキーと関連づくハッシュに対してユーザーを追加するごとに、フィールドにuserA、値にXXXXXXXXXXのようなIDとなる情報を保存していくとします。すると、ユーザーが増えるごとにハッシュが大きくなっていき、GB単位など巨大なハッシュデータができてしまう可能性があります。このような状況になってしまうと、簡単には問題を解消できません。あらかじめ設計の段階で慎重に検討しておくことが大事です。

たとえば、String型を使用してキー名としてuser:A:id、値としてXXXXXXXXXXのようにすることで巨大なハッシュができることを回避できるため、上記のような問題を回避できます。必要に応じてこのような分割手法も検討してみてください。

データ型の選出によって、どの程度パフォーマンスに差異が出るか気になる方も多いでしょう。ワークロードに依存することも多くあるので、一概には言えません。

本番環境に近いワークロードで検証するのが確実でしょう。手軽に試したい場合はベンチマークを取って、動作検証してみながら、方針を検討していくのがいいでしょう。

---

*a　String型は性能上の問題を起こしづらいというメリットがあります。

*b　HGETALLコマンドの代わりに、HGETコマンドやHMGETコマンドを用いるなど。

# 5

# Redis の運用管理

ここまでの章では、基本的なコマンドやアプリケーションなどの実装例を紹介しました。

ここからは、本書を読み進めて基礎的な知識を持っている、あるいはすでに運用済でRedisをより活用したい方に向けた内容を解説します。

本章ではRedisを運用するにあたって押さえておきたいデータの永続化や、RDBMS等利用しながらRedisサーバーをどのように利用してアーキテクチャを組んでいくべきか解説します。

Redisクライアントを使用してアプリケーションを実装時の注意点も含めてRedisをどのように利用すると良いか、設定ファイル`redis.conf`の詳細、セキュリティやベンチマークについても説明します。

# 5.1 データの永続化

データの永続化はデータベースを運用する上で避けては通れない話題です。RDBMSでもバッファープールのようにメモリー上にデータを置くことはあるものの、基本的にはディスク上にデータを保存します。しかしながら、Redisはインメモリーデータベースの性質上、基本的にはすべてのデータをインメモリーで処理します。メモリー上でのデータの保存だけだとサーバーの再起動時などにデータが消失してしまいます。

単純なキャッシュサーバーとして利用するなら、アーキテクチャやパフォーマンスの要件等には依存しますが、データの揮発性は多くのケースで大きな問題にはなりません。仮にデータが消えてしまっても、RDBMS側へもう一度取りに行ってキャッシュするなど、復帰させられるからです。

ただし、それを実現するにあたってはキャッシュミスでRDBMS等のデータベース取得に伴うパフォーマンスへの影響が許容できて、かつRDBMSの処理が過負荷にならず処理しきれるか等、事前の十分な検討が不可欠です。

実際にはRedisサーバー内のデータ消失時のパフォーマンスへの影響を考慮できてない現場をたくさん見かけます。Redisをキャッシュサーバーとして使用しつつもデータストアのように永続化されていることを前提に運用してしまっている状況です。この場合、メンテナンス対応等ではじめて問題が浮き彫りになることが多いです。

Redisには永続化のための設定はあります。ただ、永続化に関する機能をすべて有効にするような使い方は推奨できません。パフォーマンスと耐久性の妥協点を探し、そこに合わせて設定するべきです。

Redisではそれらのトレードオフも考慮しながら、適切に永続化の戦略を考えておくことが大事です。Redisに置いているデータをいざ必要となる可能性があるかなど、業務要件や扱うデータの性質等を考慮してデータを永続化するか、バックアップの取得方法などについて考えておかないといけません*1。

Redisではデータの永続化のために、スナップショットとAOFの2種類の方法が提供されています*2。これらの二方式は組み合わせられます。このためスナップショット、AOF、スナップショット+AOF、永続化なしの都合4通りの永続化の戦略が取れます。これらを利用してバックアップを取得します。デフォルトの挙動として、スナップショットについては以下の条件で取得する設定がされており、AOFは無効化されています。

- **1時間に最低1つのキーが変更された場合**

---

*1　もちろん、Redisに限らずRDBMSでもバックアップを取得する必要はあります。

*2　https://redis.io/docs/manual/persistence/

- **5分間で最低100個のキーが変更された場合**
- **1分間で最低10000個のキーが変更された場合**

スナップショットは、ある一時点のデータベース内の内容をRDBという形式のファイルとして保存します。そのファイルをリストアする形でデータを再利用します。

たとえば1時間、1日、1ヵ月のように期間を指定して、そのタイミングでスナップショットを取得します。なお、RDBはRedis Databaseの略称です。

AOFはAppend-Only Fileの略で追記専用ファイルを意味します。Redisへの書き込み処理を、同様にファイルへ追記していく形でデータを記録します。このファイルを元に、起動時にログファイルのデータを再生する形でデータの復元が行われます。

それでは、スナップショットとAOFの詳細を順番にみていき、これらを比較して使い分けの指針を説明していきます。

### 5.1.1 スナップショット

まずはスナップショットの特徴から押さえましょう。先程も説明しましたが、スナップショットは、ある一時点のデータベース内の内容をRDBという形式のファイルとして保存します（詳細は本章の「RDBファイルのフォーマット」というコラムを参照）。

スナップショットは、自動・手動で取得できます。

手動でスナップショットを取得する場合は、SAVEコマンドもしくはBGSAVEコマンドを用います。SAVEコマンドは同期処理、BGSAVEコマンドは非同期処理です。

Redisは基本的にシングルスレッドでリクエストの処理が行われます。SAVEコマンドは同一スレッド上でRDBファイルの取得処理が行われます。この動作によりダンプ中はリクエストをブロックするため、本番環境での利用は推奨されていません。

BGSAVEコマンドが望ましいものの、こちらはメモリーを多く消費することがあります。残りのメモリー量が少ない状況かつリクエスト処理への影響が許容できる場合に止むを得ず使う形でのみ、SAVEコマンドを使用します。

BGSAVEコマンドは、バックグラウンドで以下のような処理を行います。

1. **リクエスト処理を行っている処理からRDBファイルをダンプするための子プロセスをfork処理して生成**
2. **子プロセスは、データセット全体を一時的なRDBファイルとしてダンプ**
3. **ダンプ処理が終了すると、設定しているRDBファイル名に書き換え**

リクエストを処理するスレッドとは別のものでスナップショット取得処理をするので、リクエスト処理への影響を抑える効果があります。

自動でもスナップショットを取得できます。その場合は、スナップショットはある時間内に最低いくつのキーの変更が加えられたかという基準を設定します。ほかのダンプ処理が実行中でなければBGSAVEコマンドが実行され、全データをディスク上のファイルへダンプします。

設定ファイルのsaveディレクティブで設定します。複数指定も可能です。複数のsaveディレクティブを設定する場合、前回のスナップショット取得成功後から1つでも条件を満たすと取得処理が実行されます。スナップショット取得の自動化を無効化する場合はコメントアウトもしくは対象行の削除で可能です。

設定ファイルの書き方や項目の詳細については、5.5で説明します。

ファイルを出力する先のディレクトリーは`dir`ディレクティブで、RDBファイル名は`dbfilename`ディレクティブで指定します。

RDBファイルをダンプするための子プロセスを生成する際のメモリー確保には、Copy on Write（CoW）（11.1.5参照）のしくみが利用されます。そのため、親プロセスおよび子プロセスで書き込みが発生し、内容に差分が出た場合は、そのぶんだけ別の場所のメモリーを確保する形となります*3。

`BGSAVE`コマンドのようなRDB取得によるバックアップの処理はfork処理の際にパフォーマンスへ影響が出ることが考えられます。利用に際しては以下の点を確認しておくことが望ましいです。

1. **スナップショットで使用するためのメモリーに余裕があるかの確認**
2. **スナップショットをレプリカからの取得で影響を抑えられるかの確認**
3. **取得時間はサービスへの影響が最も少ない時間に取得**

1の点について、ElastiCacheのようなマネージドサービスを利用している場合、`reserved-memory-percent`（`reserved-memory`）のようにパラメーターが利用できることもあります*4。3の点について、ElastiCacheで自動バックアップ機能を利用している場合、バックアップウィンドウでバックアップの開始時間を設定しておくこともできます。

取得したファイルは、cronジョブやsystemd.timerなどでリストアするために、定期的にAmazon S3などに保存しておくような運用もあるでしょう。リストアのためには指定したディレクトリに指定したファイル名でRDBファイルを配置して起動します。

そのほか、ファイルの圧縮やチェックサム、RDBファイル取得負荷時の書き込み処理を受け付けるかどうかのチューニングも可能です。RDBファイルをダンプする際に文字列オブジェクトをLZFで圧縮するかどうかのオプションもあります。RDBファイルを圧縮してサイズを変更できる代わりに、CPUを消費するデメリットもあります。`rdbcompression`ディレクティブで制御可能であり、デフォルトでは`yes`になっています。また、RDBファイルの末尾にCRC64のチェックサムを付与することでファイルの破損していないかを確認します。こちらの機能を有効にしていると、RDBファイルの保存および読み込み時におおよそ10%程度のパフォーマンスの影響があります。

最後のバックグラウンドでのスナップショットの保存処理に失敗していると、デフォルトではRedisは書き込みのリクエストを受け付けない動作をします。このような動作をするのは、データの永続化を適切にディスクへ行われていないと問題発生時にデータロスが発生する可能性があり、永続化できていない状態を管理者に気付かせるためです。したがって、適切にRedisサーバーや永続化処理について監視していればこちらの機能を無効化して、スナップショット取得処理失敗時も書き込み処理の受け付けを継続させることも可能です。パラメーターとしては`stop-writes-on-bgsave-error`ディレクティブで設定可能です。

---

*3　ElastiCacheではCopy on Writeによるメモリーを確保できずメモリーがあまりない状況等で、リクエストを処理するスレッドと同一のスレッドでバックアップの処理を取得処理するように工夫がされています。このようにすることで、バックアップ時にOut of Memory（OOM）などの問題を引き起こすリスクを抑えます。ただし、パフォーマンスに影響はありますので、ElastiCacheを利用する場合においてもメモリーは十分に余裕を持った状態で管理してください。Redis 6以降ではさらに挙動が改善されています。 https://docs.aws.amazon.com/ja_jp/AmazonElastiCache/latest/red-ug/backups.html

*4　2017年3月16日以降に開始した場合、`reserved-memory-percent`パラメーターで、2017年3月16日以前に開始した場合、`reserved-memory`パラメーターという名前になっています。

なおスナップショット取得中に、4MB（Redis 7.0未満では32MB）のデータが生成される度にfsyncを行うことが可能です。ファイルからディスクへのコミット処理を増分的に行うことで、大きなレイテンシーを防げます。パラメーターとして`rdb-save-incremental-fsync`で制御可能です。

Column

### CRC

CRC（巡回冗長検査）は、巡回符号を利用した誤り検出符号の1つで、データ転送などに伴う偶発的な誤りの検出によく使用されています。

送信側は定められた生成多項式で除算した余りを検査データとして付加して送信し、受信側で同じ生成多項式を使用してデータを除算します。除算した際の余りを照合することによって、受信データの誤り・破損を検出します。生成多項式はデータを表す情報についてビット列を多項式として表したときに、それ以下の次数でかつ割り切れる多項式を符号として考えた場合、割る側の多項式となります。

$k$ビットの情報$P(x)$について、$x^{n-k}$を掛けて、$n$ビットの値を考えます。生成多項式$G(x)$で割った余りを$R(x)$とすると、以下のように表されます。

$x^{n-k} * P(x) = Q(x) * G(x) + R(x)$

これを$F(x)$とします。

$F(x) = Q(x)G(x) + R(x)$

受信側では、送信された$F(x)$に伝送路で誤り$E(x)$が加わり$A(x) = F(x) + E(x)$を受信したものとします。$A(X)$に生成多項式$G(x)$で割り、その余り$R(x)$を求め、0でなければ誤りであることを判定します。

この場合、$n$ビットで伝送されることになり、$k$ビットが対象のデータのサイズになります。そのため、伝送効率は$\frac{k}{n}$となります。

チェックする値が固定長であることから、ハッシュ関数としても使用されるユースケースもあります。

Redisでは、RDBファイルでチェックサムを有効にする（rdbchecksumディレクティブがyes時）とCRC64が利用されます。また、Redisクラスターのハッシュスロットの計算にもキーに対してCRC16で計算した値に16384の剰余を取ったものが利用されています（参照：8.3.1）。Antirez氏によると、さまざまなワークロードに対して、16,384のスロットに均等に分散されることが検証で確認されたとしています[*a]。CRC64では65ビットの定数に相当する生成多項式を使用して64ビットのCRCを求め、CRC16では17ビットの定数に相当する生成多項式を用いて16ビットのCRCを求めます。

実際に使用される生成多項式の詳細について、CRC64は`crc64.c`[*b]、CRC16は`crc16.c`[*c]で確認できます。

---

*a　https://redis.io/docs/reference/cluster-spec/
*b　https://github.com/redis/redis/blob/7.0.4/src/crc64.c
*c　https://github.com/redis/redis/blob/7.0.4/src/crc16.c

## 5.1.2 AOF

前述の通り、スナップショットはある一時点の状態を保存します。

Redisサーバーで問題が発生した場合、最終のスナップショット以降のデータは当然失われてしまいます。

対して、AOFは書き込みを随時ファイルの末尾に追記していきます。ほぼリアルタイムでバックアップが構築されていくため、障害耐性が高い特徴があります。

しかし、随時追記していく性質上、AOFファイルは個々のスナップショットで取得したRDBファイルより大きくなる傾向があります。また、再起動時はAOFファイルのコマンドの内容をリプレイしてメモリーに展開していく形となるため、ファイルのサイズが大きいほど再起動に時間がかかります。

Redisサーバーが受け取ったコマンドをファイルへ書き込むためには、一度ファイルをバッファーに保持します。このバッファーをAOFバッファーと呼びます。その後、バッファー上のデータをRedisもしくはOSがフラッシュすることで、ディスク上のファイルへと永続化されます。

スナップショットは自動か手動の取得を選択できましたが、AOFは自動取得のみとなります。

AOFはデフォルトで有効ではない環境が多いです。有効化のためには設定ファイルに対して、`appendonly`ディレクティブを指定します。

Redis 7.0未満では、ファイルを出力する先のディレクトリーはスナップショットと同様に`dir`ディレクティブ、AOFファイル名は`appendfilename`ディレクティブで設定可能です。7.0以降では、マルチパートAOF機能を搭載します。これによってファイルを出力する先のディレクトリーがスナップショットから分離されて`appenddirname`ディレクティブで設定できるようになり、AOFファイル名は`appendfilename`ディレクティブで設定した値がプレフィックスとなります。ファイルの種類に応じて、`.1.base.rdb`（ベースファイル）、`.1.incr.aof`（追記用ファイル）、`.manifest`（マニフェスト）のサフィックスが追加されます。

AOFではfsyncでディスクへの書き込みが行われます。`appendfsync`ディレクティブの設定に応じて自動取得のタイミングを設定できます。

- `always`
- `everysec`
- `no`

`always`を選択した場合、書き込みごとにデータがバッファーからディスクへフラッシュされます。そのため、問題発生時でも1つのコマンドしか失われることがありません。データロスに対する耐久性が高い一方で、パフォーマンスへの影響が大きくなります。`no`を選択した場合、Redisからトリガーされることはなく、OS側のタイミングで実行されます。`everysec`を選択した場合、pthreadでバックグラウンドスレッドを生成し、毎秒バッファーからディスクへデータがフラッシュされます[*5][*6]。そのため、問題発生時でも最大で1秒間の間に実行されたコマンドしか失われることがありません。`always`ほどにはデータロスに対する耐久性は強くありませんが、パフォーマンスへの影響は小さいため、基本的には`always`と`no`のバランスを取った形の`everysec`の設定が推奨されています。`everysec`がデフォルトで使用されています。

`appendfsync`の設定が`always`もしくは`everysec`になっている場合、バックグラウンドでのスナップショット取得やAOF書き換えは大量のI/Oが発生します。そのため、Linuxの設定次第では呼び出しをブロックさせてしまう問題があります。大量のI/O中はリクエストを処理しているプロセスからの呼び出しをしないように設定してOS側に委ねることが可能で、`no-appendfsync-on-rewrite`ディレクティブで制御します。このとき、バックグラウンドでのスナップショット取得やAOF書き換え処理中は

*5 https://github.com/redis/redis/blob/7.0.4/src/aof.c#L910-L914

*6 https://github.com/redis/redis/blob/7.0.4/src/bio.c#L158-L163

appendfsyncディレクティブの値がnoneの設定と同じ状態になります。そのため、レイテンシーの問題などが特にない限りデータロスの耐久性の観点でこちらの機能は無効化しておきます。

ファイルサイズが大きくなった際には自動で、AOF書き換え機能によりBGREWRITEAOFコマンドの処理が行われます。すでに削除や失効されたキー、同一キーに対して複数の操作していた場合などにそれらの処理をまとめてサイズを小さくする処理が行われます。AOFの書き換え処理は、ファイルの変更を検出して行います。具体的には起動時のファイルサイズもしくは前回書き換え後のファイルサイズと、現在のファイルサイズを比較し、設定値を超える変化があれば書き換えます。なお、ファイルが小さくても処理がトリガーされることがないように書き換え対象となるファイルのサイズの最小値も設定しておくことが可能です。トリガーする割合はauto-aof-rewrite-percentageディレクティブ、ファイルの最小サイズはauto-aof-rewrite-min-sizeディレクティブで変更可能です。

#### AOFのしくみ

Redis 7.0未満のAOF書き換え処理、7.0以降のマルチパートAOFの処理について解説します。まずは7.0未満のAOFの書き換え処理の流れを示します。

1. **リクエスト処理を行っている処理からAOF書き換え処理を実行するための子プロセスをfork処理して生成**
2. **子プロセスは、新規の書き換え後のファイルを作成し、書き換えの実行結果を保存**
3. **子プロセスによる新規のAOFファイルの書き換え完了後、親プロセスにシグナルを送信**
4. **シグナルを受け取った親プロセスは、AOF書き換えバッファーに保存しておいたfork処理後の書き込み処理の内容を子プロセスに送り、子プロセスは差分のデータを新規で作成したAOFファイルへ反映**
5. **古いAOFファイルを新しいAOFファイルへ置き換え**

AOFファイルの書き換え処理を実行するための子プロセスを生成する際のメモリー確保には、スナップショット同様にCoWのしくみが利用されます。そのため、親プロセスおよび子プロセスで書き込みが発生し、内容に差分が出た場合はそのぶんだけ別の場所のメモリーを確保する形となります。

AOF書き換え処理中はAOF書き換え処理が途中で失敗しても問題がないように、現在使用されているAOFファイルにそのまま書き込みコマンドが継続して追記されていきます。その後、新しいAOFファイルの作成が完了すると、元の古いファイルを置き換えます。

Redisサーバー起動時でAOFファイルを読み込む際にファイルが途中で切り捨てられていることがわかった場合、デフォルトでは可能な限りのデータを読み込みますが、エラーを返して起動に失敗させることも可能です。その場合、redis-check-aofのツールでAOFファイルを修正する必要があります。パラメーターとしては、aof-load-truncatedディレクティブで設定可能です。こちらのパラメーターはファイルの破損に対応しているものではなく、あくまでフォーマットとしては正常で途中でファイルが切れている場合に有効なものとなります。

子プロセスでAOFファイルを書き換え時に、4MB（Redis 7.0未満では32MB）生成される度にディスクへフラッシュ可能です。ファイルからディスクへのコミット処理を増分的に行うことで大きなレイテンシーを防げます。aof-rewrite-incremental-fsyncディレクティブで制御可能です。

Redis 7.0以降ではマルチパートAOF機能が導入されました*7。これまでの動作では、AOFの書き換え処理時にメモリー消費やディスクI/Oが激しいため問題になるような状況がありました。このような

*7　https://github.com/redis/redis/pull/9788

問題を解決するために、マルチパートAOFでは従来1つだったAOFファイルを分割しました。データセット全体を保持するベースファイルと後から追記された分を保持する追記用ファイルを分離する形になります。追記用のファイルについては複数存在することもあります。履歴用ファイルも作成されますが、デフォルトでは自動で削除されます*8。

マルチパートAOFにおけるAOF書き換え処理は以下の流れとなります。

1. **リクエスト処理を行っている処理からAOF書き換え処理を実行するための子プロセスをfork処理して生成**
2. **親プロセスは追記用のAOFファイルを作成**
3. **子プロセスは、書き換え用のロジックを実行し、新しいベースのAOFファイルを作成**
4. **親プロセスが、新しく作成されたベースファイルと追記用ファイルの情報を一時的に作成されたマニフェストファイルに更新**
5. **新しいベースファイルと追記用のファイルの準備ができたら、マニフェストファイルを反映させるために置き換え**
6. **古いベースファイルと追記用ファイルを履歴用ファイルに変換し、もとのファイルを削除**

Redis 7.0未満のAOF書き換え処理の4番目のステップにあったような親プロセスが子プロセスに追記分のデータを送る必要もないため、CPU処理時間も削減されます。

上記のような動作をするため、従来AOFファイルのバックアップはファイルのコピーのみで済んでいました。注意点として、マルチパートAOFの利用時においては、バックアップの際にAOF書き換えを一時的に無効にしておかないとファイルが無効なものになってしまう可能性があります。そのためAOF書き換えが実行されていないことを確認したうえで、AOFファイルをコピーする必要があります。

具体的には、`auto-aof-rewrite-percentage`ディレクティブの値を`0`に設定することでAOF書き換えを無効化します。その後、`INFO persistence`コマンドを実行して`aof_rewrite_in_progress`の値が`1`であれば`0`になるまでAOF書き換え処理が完了するのを待機します。

### 5.1.3 スナップショット・AOFの比較

前述の通りスナップショットはメモリー内のデータをダンプする形で取得されます。定期的な取得をしている場合には、バックアップ後に問題が発生するとその期間のデータが失われます。また、ダンプの取得においては、リクエストを処理しているプロセスをfork処理してダンプする処理が行われるため、fork処理自身による影響があります。

AOFはRedisで実行されたコマンドを追記型で記録していきます。問題が発生しても直前までのデータはファイルに記録されています。そのため、どうしてもデータの欠損が許容できない場合にはAOFを利用する必要があります。

しかし、AOF有効時は書き込みのパフォーマンスが低下することが想定されます。パフォーマンスが絡むため、AOFを有効にするかどうかでアーキテクチャ面の見直しが必要になりえます。また、Redisサーバーの起動時にファイルの読み込みで時間がかかる可能性があります。ほかには、AOFのファイルの膨張に伴う管理面の課題もあるでしょう。

---

*8 デフォルトのredis.confには記載されていませんが、`aof-disable-auto-gc`ディレクティブをyesにすることで自動削除を無効化できます。 https://github.com/redis/redis/blob/7.0.4/src/config.c#L2975

スナップショットとAOFのメリット・デメリットはそれぞれ以下の通りとなります。

- **スナップショット**
  - メリット
    - ある一時点の状態のダンプであり、ファイルサイズが小さい
    - 子プロセスのfork処理時のみパフォーマンスに影響する可能性があり、残りの処理はバックグラウンドで行うため、パフォーマンスへの影響が小さい
    - AOFより起動が早い
    - LFUやLRUの情報を含むため、復元された直後からより正確に退避される（Redis 5.0以降）[*9][*10]
  - デメリット
    - 問題発生時、前回のスナップショット以降のデータは失われるので、データのロスに対する耐久性はAOFと比べて低い
- **AOF**
  - メリット
    - データの耐久性が高い
  - デメリット
    - REDOログのような形でトランザクションログが記録されていき、実際のデータを記録しているわけではないので、同じデータセットでもたいていAOFの方が大きくなる（ただしAOF書き換え機能によるサイズの縮小機能あり）
    - AOFの方がスナップショットよりパフォーマンスの低下への影響が大きい（影響の度合いはappendfsyncディレクティブのポリシーに依存）
    - Redisサーバー起動時、読み込みに時間がかかる可能性
    - 過去にBRPOPLPUSHコマンドのようなブロックを伴うコマンドで、同じデータセットで正確に復元されないバグ事例あり。スナップショットでは起き得ない
    - ElastiCacheのようなマネージドサービスを利用している場合、AOFによる復元の効果がない状況がある。基盤障害時はノードの入れ替えが行われるが、AOFファイルはインスタンスストアに保存されるので、入れ替わったあとのノードで適用できないため
    - （Redis 7.0未満）AOF書き換え中に書き込み処理が多くあると、メモリーを大きく消費
    - （Redis 7.0未満）AOF書き換え中のすべての書き込み処理はディスクへ2度書き込まれる重複処理が発生
    - （Redis 7.0未満）書き換え処理中の書き込み処理を、書き換え処理の最後で新しいAOFファイルに書き込んでfsyncする場合、処理がフリーズする可能性

データを安全に保持しておくために、スナップショットとAOFの両方を有効にしておくことも可能です。スナップショットとAOFが同時に存在する場合はAOFが優先して読み込まれます。これはAOFの方がデータの一貫性に対して強いことが想定されての挙動となります。Antirez氏によるとAOF単体での使用は非推奨です。両方を有効化するのは、AOFのバグの際のデータロスを防ぐためとしています。

オープンソースのRedisではデフォルトでスナップショット/AOFの混合フォーマットが有効になっています。RedisはまずAOFの最初の5文字を確認します[*11]。REDISという文字列で始まっている場合

*9 https://raw.githubusercontent.com/antirez/redis/5.0/00-RELEASENOTES

*10 Redis 5.0からは、スナップショットで使用するRDBファイルにLFUやLRUの情報が含まれるようになりました。RDBファイルからスナップショットのリストア後に使用するメモリーサイズがmaxmemoryを超えた際にmaxmemory-policyで設定した値を考慮します。LFU/LRUを使用するポリシーに設定している場合、スナップショット取得時の各データのLFU/LRUの状態を持ち越す形で行われるようになりました。そのため、スナップショット取得前の状態を考慮できるようになったと言えます。

にはAOFファイルは混合フォーマットであると判定されます。その後、Redisサーバーはまずスナップショットの読み込みを行い、次にAOFの読み込みが行われます*12。この動作によって、データをロストするリスクを抑えつつも、Redisを再起動する時間短縮も実現しています。スナップショットとAOFの両者のメリットを取り入れたとも言える動作です。

なお、AOFを有効にしていない場合はAOFファイルへはコマンドが追記されず、混合型に設定しても効果を発揮しません。スナップショット/AOFの混合フォーマットについては、`aof-use-rdb-preamble`ディレクティブで設定可能で、デフォルトでは有効化（yes）されています*13。

AOFを有効にするかは一度検討すべきです。ユースケースにもよりますが、基本的にスナップショットを定期的に取得することをおすすめします。スナップショット取得間にデータ損失が懸念され、永続性が必要な場合はバックエンドのRDBMSのデータに保存するといった運用もできます。

筆者は、スナップショットは有効にすべきだと考えています。スナップショットの取得頻度については、デフォルトのものを採用すれば多くは問題ないでしょう。そのうえで業務要件に応じてデータロスをどの程度抑えたいか、スナップショット取得時のパフォーマンスへの影響がどの程度許容できるかに応じて頻度を調整します。加えて、パフォーマンスの低下を許容してでもデータロスのリスクより避けたい場合にはAOFの有効化および頻度の見直しを行います*14。また、キャッシュサーバーとして利用している場合、データの永続化についてRDBMSとの併用といった選択肢を検討すべきです。

Amazon Web Services（AWS）からMemoryDB*15というサービスが提供されています（10.1内コラム参照）。こちらはマルチAZで耐久性のあるRedis互換のインメモリーデータベースであり、キャッシュ用途のみならず、メインのデータベースとして使うことができます。マイクロ秒単位での読み込みとミリ秒単位での書き込みを実現しながら、データの耐久性を利用できるサービスです。AOFの問題点が懸念され、データの耐久性が課題になっている場合は利用を検討する価値があるでしょう。

### 5.1.4 データの削除パターン

Redisには永続化機能が用意されているものの、メモリーにデータがのっているだけの状態では不意にデータが削除される可能性があります。

実際にRedisを運用していて、Redis上のデータが消えた原因がわからないというケースを見かけます。障害によるものか、単に意図しない操作をしていることによるものかを知って原因を把握しておきたいでしょう。Redisの耐久性を考慮する上でも、Redisにおけるデータ削除の挙動をある程度知っておく必要があります。

原因を特定したあとには、そのような状況がなぜ発生したのか考えることが大事です。もちろん、問

*11 Redis 4.0以降の挙動です。

*12 https://raw.githubusercontent.com/antirez/redis/4.0/00-RELEASENOTES

*13 Redis 5.0以前はデフォルトで無効化されていました。

*14 マネージドサービスにおいては、AOFの利用が推奨されないケースがあります。ElastiCacheではデフォルトで無効、かつ、2.8.22より古いバージョンでしか利用できません。ほかにもAOFが利用できないサービスはあります。さらに、マネージドサービスではAOFを有効にしていても、ノード障害でノードの切り替えなどが行われるとAOFからの復元が不可能なこともあります。このため、データ永続化を期待するときは、スナップショットは最低限取得しておくことをおすすめします。ユースケースにもよりますが、基本的にはAOFの代わりに定期的なスナップショット取得で永続化対応することをおすすめします。スナップショット取得時のパフォーマンスへの影響も考慮して、レプリケーション構成にしたうえで、レプリカからのスナップショットを取得することを検討してもよいでしょう。データの永続化についてRDBMSなどのバックエンドのデータベースと併用し、データロス時にはバックエンドのデータベースから復元するなど問題がないように設計しておきましょう。

*15 Amazon MemoryDB for Redis。本書ではMemoryDBと記載。

題発生後のみではなく事前に十分に検討しておき、未然に防いでおくことも大事です。

データが消えるときの例を挙げます。

- **エンジンの再起動**
- **Redisサーバー全体に障害**
- **コマンド実行**
  - DEL/HDEL/XDELコマンド
  - FLUSHALL/FLUSHDBコマンド
  - UNLINKコマンド
- **TTLの失効**
  - EXPIRE/EXPIREAT/PEXPIRE/PEXPIREATコマンド
  - SETコマンドのEXオプション等
- **退避**
- **非同期のレプリケーション**
- **Redisクラスターでネットワーク分断**
- **その他**
  - キーのリネーム（RENAMEコマンドで名前を変更して、古いキー名を指定してしまう）
  - データベースの選択ミス（本章のコラム「データベース」を参照）
  - そもそもデータが挿入されていない

メモリー上にしかないデータは、エンジンを再起動することで当然消えてしまいます。レプリケーションを使用している場合、マスターで再起動をすると、空になったマスターのデータをレプリカにレプリケーションします。このためレプリケーションを構成するキャッシュノード全体が空になります。要注意です。マネージドサービスでは、設定によってはエンジンの再起動が制限されていることもあります。

めったにあることではありませんが、構成するマスターとレプリカ全体で同時に障害が発生した場合にもデータが失われる可能性があります。

単純に削除系のコマンドを実行することで、データが消えている場合もあります。案外気付かないうちに実行されてしまっているところも見かけます。INFO Commandstatsを実行することで過去に実行したコマンドの統計が確認できるので、参考になるでしょう*16。

キーの失効によってデータが削除される場合もあります。EXPIREコマンドやSETコマンドのEXオプション等で、キーにTTLを設定できます。INFO Statsコマンドのexpired_で始まる項目によって失効の実行状況の詳細を確認できます。INFO Commandstatsコマンドのデータベースごとにavg_ttlの値によりTTLの平均値を確認できますので、キーに設定されたTTLのおおよそ参考にできます。TTLが切れた後のデータの失効のしくみの詳細は、9.2.1を参照してください。

データの使用量がmaxmemoryを超えて、かつmaxmemory-policyディレクティブの値をnoeviction以外の値に設定している場合には、データの退避が行われます。INFO Statsコマンドのevicted_keysの項目で退避の実行状況を確認できます。

---

*16 ElastiCacheを利用している場合、各コマンドの実行傾向を表すメトリクスが用意されていますが、FLUSHALL/FLUSHDB、SCAN系コマンドはキーの実行数を表すメトリクスに反映されないので注意が必要です。INFO Commandstatsコマンドで確認する必要があります。

Redisのレプリケーションは非同期の形を取ります。そのため、まだレプリカまでデータが反映されていない状況で、クラッシュ等でマスターがダウンすると、データロスが起こりえます。

Redisクラスターでネットワーク分断の障害が影響を及ぼすこともあります。1つのクラスターがネットワーク分断により2つに分けられてしまったという状況を仮定します。Redisクラスターは過半数以上のマスターが機能することを前提としています。そうではない側のクラスターに書き込まれたデータは失われてしまう可能性があります（詳細は8.1.3を参照）。

キー名変更、操作ミスやRedisのデータベースの選択ミスを検知するには、キー空間通知機能やMONITORコマンドでRedisサーバー内の操作状況を監視しておくことが考えられます。

また、クラウド、マネージドサービスを利用している場合には別途考慮すべき点もあります。たとえば、ElastiCacheの場合、以下のようなパターンでデータをベストエフォートで保持します。計画的なものについては事前に対処可能です。データ削除が懸念されるなら、バックアップをとりましょう。

- **障害の自動復旧に伴うキャッシュノードの入れ替え**
- **エンジンバージョンのアップグレードプロセス**
- **スケールアッププロセス（キャッシュノードタイプの変更）**
- **フェイルオーバー時の同期**

データの削除パターンを示してきました。具体的にRedis内のどのような操作やしくみで削除されたのか原因を特定したあとには、そもそもなぜそのような状況が発生したのか考えましょう。いくつか原因は考えられますが、大別して以下のような状況で発生し得ます。

- **キャッシュノードやストレージの故障といった障害**
- **メンテナンス等の意図した人為的な操作もしくはシステムによる機械的な処理**
- **オペレーションミスなど意図しない人為的な操作**
- **アプリケーションのバグ**

キャッシュノードやストレージの故障といった障害の発生時について、キャッシュサーバーとして利用している場合を考えてみましょう。その場合は、障害発生中はバックエンドとなるRDBMSにオリジナルのデータを取得しにいくといったアプリケーションの実装による対応が考えられます。RDBMS側で増加する負荷の影響については別途考慮する必要はあるものの、レイテンシーが大きくなる程度の影響にとどまります。

マネージドサービスを利用している場合は、障害がキャッシュノードで発生している場合は自動で入れ替えられるので、リトライ処理等による対応も考えられます。永続化を前提としたデータストアとして利用している場合には、これでは対応が不十分なことも考えられます。5.2.4でも詳細を説明しますが、そもそもそのような要件の場合に本当にRedisを使う必要があるかをよく検討しておく必要があります。実際の現場としては、消えてしまっては困るデータを一部Redisサーバー上に載せてしまっていることもあるでしょう。データストアとして利用することの懸念点を踏まえた上で、それでもデータストアとして利用すると判断することも場合によってはありえます。その場合はRedisのレイヤーだけでは担保できないものをほかでカバーできるように、事前に対応方針を検討しておく必要があります。ハードウェアやOS、Redisなどの視点でそれぞれのレイヤーでどのような対応が取ることができるか、利用している環境に応じて事前に調査して準備しておくべきでしょう。

RDBファイルのバックアップをコピーとして取ってあり、かつリストアができれば、キャッシュノードやハードウェアレベルで問題が発生してもデータを復旧できる可能性があります。逆にバックアップおよびリストアの準備ができていないと、データを復旧させるのが困難になります。

メンテナンス対応については、事前に予測できるものがほとんどと考えられます。予測できない場合は、社内の部署間で調整しておくなどして連絡体制を整えておく対応が必要です。マネージドサービスであれば、実施時間を設定できたり、メール等の手段でお知らせされたりする場合もあるでしょう。メール等の通知を受け取り、気付けるようにしておくことが大事です（第10章参照）。対応方法についてはメンテナンスの内容によって大きく異なることもあります。メンテナンスの都度、実施内容を事前に把握しておきましょう。

オペレーションミスによるデータ消失の対策については、たとえば不必要に権限を与えないといった対応が考えられます。Redisの機能としてはRedis 6以降であればACL（5.6.2参照）でユーザーごとにどういったコマンドや操作するキーの範囲を制御できます。Redis運用に関係のない人が操作して削除してしまわないように事前に設定できます。また、`rename-command`ディレクティブでコマンド名を変更しておき、意図しない操作を避ける方法もあります（参照：5.6）。

それでも、操作するのが人間であれば許可された範囲であってもミスしてしまう可能性はあります。そういった場合に備えて、バックアップがこまめにとられるようにスナップショット機能もしくはAOFをある程度の頻度で取得するようにしておきましょう。これらの操作により、サービスへ大きな影響が出ないように5.1.1や5.1.2での内容をおさえておくと良いでしょう。

Redisを利用するアプリケーションのバグによって、意図せずデータが削除される、あるいは意図しない更新が行われてしまう可能性もあります。そういった場合は、オペレーションミスのときと同様にある程度の頻度でバックアップを取っておくことが大事です。

Redis 7.0以降では、AOFでポイントインタイムリカバリ（Point In Time Recovery：PITR）の機能が利用できるようになりました*17。特定時点へのデータの復元が可能になるため、復旧対応がより容易かつ柔軟に対応できます。`aof-timestamp-enabled`ディレクティブで有効化できます。ただし、AOFファイルのフォーマットが変更され、何らかのAOFのパーサを使用している場合に互換性がなくなる可能性があるため、デフォルトでは無効化されています。`redis-check-aof`コマンドのタイムスタンプを引数として`--truncate-to-timestamp`オプションで指定できます。

PITRが利用できない環境では、ある程度の頻度で取っているスナップショットやAOFから復元する必要があります。キャッシュサーバーとしてのみ利用している場合は、一時的なレイテンシーの増大のみで復元できたり、再度データを再計算する処理したりすることで復元できる場合もあるでしょう。業務要件やRedisの利用方法に応じて、対応方針を考えることが大事です。

Column

### RDBファイルのフォーマット

Redisでは、メモリー上のデータのスナップショットにRDBファイルを使用します。RDBファイルはバイナリー形式のフォーマットで、たとえば以下の内容になります。

*17 https://github.com/redis/redis/pull/9326

```
$ hexdump -C dump.rdb
00000000  52 45 44 49 53 30 30 31  30 fa 09 72 65 64 69 73  |REDIS0010..redis|
00000010  2d 76 65 72 05 37 2e 30  2e 34 fa 0a 72 65 64 69  |-ver.7.0.4..redi|
00000020  73 2d 62 69 74 73 c0 40  fa 05 63 74 69 6d 65 c2  |s-bits.@..ctime.|
00000030  4d 67 0c 63 fa 08 75 73  65 64 2d 6d 65 6d c2 b8  |Mg.c..used-mem..|
00000040  d9 0f 00 fa 08 61 6f 66  2d 62 61 73 65 c0 00 fe  |.....aof-base...|
00000050  00 fb 02 00 12 06 6d 79  6c 69 73 74 01 02 15 15  |......mylist....|
00000060  00 00 00 02 00 85 6c 66  6f 6f 33 06 85 6c 66 6f  |......lfoo3..lfo|
00000070  6f 32 06 ff 00 03 66 6f  6f 03 62 61 72 fe 01 fb  |o2....foo.bar...|
00000080  03 01 02 05 6d 79 73 65  74 03 07 6d 65 6d 62 65  |....myset..membe|
00000090  72 31 07 6d 65 6d 62 65  72 32 07 6d 65 6d 62 65  |r1.member2.membe|
000000a0  72 33 10 06 6d 79 68 61  73 68 c3 31 40 47 13 47  |r3..myhash.1@G.G|
000000b0  00 00 00 08 00 86 66 69  65 6c 64 31 07 86 76 61  |......field1..va|
000000c0  6c 75 65 20 07 60 0f 00  32 a0 0f 20 07 60 0f 00  |lue .`..2.. .`..|
000000d0  33 a0 0f 20 07 60 0f 00  34 a0 0f 02 34 07 ff fc  |3.. .`..4...4...|
000000e0  06 aa 74 e8 82 01 00 00  00 04 66 6f 6f 31 04 62  |..t.......foo1.b|
000000f0  61 7a 31 ff e0 8b 19 48  8a 23 ea e2              |az1....H.#..|
000000fc
```

redis-check-rdbのツールを使うことでバイナリー形式のフォーマットの解析してくれます。

```
$ redis-check-rdb dump.rdb
[offset 0] Checking RDB file dump.rdb
[offset 26] AUX FIELD redis-ver = '7.0.4'
[offset 40] AUX FIELD redis-bits = '64'
[offset 52] AUX FIELD ctime = '1661757261'
[offset 67] AUX FIELD used-mem = '1038776'
[offset 79] AUX FIELD aof-base = '0'
[offset 81] Selecting DB ID 0
[offset 127] Selecting DB ID 1
[offset 252] Checksum OK
[offset 252] \o/ RDB looks OK! \o/
[info] 5 keys read
[info] 1 expires
[info] 0 already expired
```

上記のRDBファイルは、以下の操作により作成されたものとなります。

```
127.0.0.1:6379> SET foo bar
OK
127.0.0.1:6379> LPUSH mylist lfoo2 lfoo3
(integer) 2
127.0.0.1:6379> SELECT 1
OK
127.0.0.1:6379[1]> SET foo1 baz1 EX 100
OK
127.0.0.1:6379[1]> HMSET myhash field1 value1 field2 value2 field3 value3 field4 value4
OK
127.0.0.1:6379[1]> SADD myset member1 member2 member3
(integer) 3
127.0.0.1:6379[1]> SAVE
OK
```

先程確認したRDBファイルは以下の内容で構成されています[*a][*b]。

図5.1 RDBファイルの内容

最初はマジックバイトから始まり、`REDIS` + `<RDBのバージョン>` から構成されています。RDBにはバージョンがあり、この例では、`REDIS0010`となっているように、バージョン10が使用されています*c。RDBのバージョンはRDBファイルのダンプで確認できますが、これにはひと手間あり、毎回の確認には面倒です。Redisのソースコードの`rdb.h`のファイルの`RDB_VERSION`という定数でもRDBのバージョンを確認できるので、こちらの方法も活用すると良いでしょう*d。Redisの各バージョンはそれぞれ1つのRDBのバージョンに対応します。

RDBのバージョンはレプリケーションが可能なマスターとレプリカ間のエンジンのバージョンの違いに影響します。RDBのバージョンが同じであれば、マスターとレプリカのエンジンのバージョンが異なっていても、レプリケーションの実施が可能です。

ただし、例外があります。Redis 3.2.1以前では、異なるバージョンのRDBを採用しているRedisとは、バージョン互換性がありませんでした。しかしながら、それ以降のバージョンではより古いRDBのバージョンであってもリストアできるように改良されています*e。

そのため、レプリカがRedis 3.2.1以降であれば、マスターのRDBのバージョンがレプリカのRDBより古いバージョンであっても互換性があるためレプリケーションできます。

古いバージョンのまま放置し続けてしまったキャッシュノードに対してレプリケーションできるかについて、このバージョンの境目は参考にできます。レプリケーションのエンジンがこのバージョン（Redis 3.2.1）以降であれば、マスターはRDBのバージョンがレプリカより古くてもレプリケーション可能です。

このRDBのバージョン間の挙動は、Redisのバージョンアップ対応に応用できます。Redisのエンジンのバージョンアップによるダウンタイムを減らしたい場面があるでしょう。この場合、レプリケーション構成で、レプリカをバージョンアップしてからフェイルオーバーを実行し、その後新マスターをバージョンアップするという方法が考えられます。上記挙動の詳細を抑えておくことで、フェイルオーバー前後で正常に動作するのか、あらかじめ参考にできます。

続いて、AUXフィールドでメタデータ、すなわちRDBの内容についていくつかの情報が含まれます。現在、以下の種類のものがあります。

| メタデータ | 説明 |
|---|---|
| redis-ver | Redisのバージョン |
| redis-bits | Redisが稼働しているホストのアーキテクチャ |
| ctime | RDBファイルが作成されたUNIX時間 |
| used-mem | メモリー使用量 |
| repl-stream-db | レプリケーションの際に選択されているデータベース番号 |
| repl-id | マスターのレプリケーションID |
| repl-offset | マスターのレプリケーションのオフセット |
| aof-base | マルチパートAOFを使用するか[*f] |
| lua | 再起動後の部分同期の際にレプリカ上でマスターから送られたレプリケーションのバックログ内でスクリプトのキャッシュからEVALSHAコマンドを処理する際に使用 |

各項目の前にはopcodeとしてFAのバイトが使用され、フィールド名とその値が続きます。

その後、データベースごとにキー・値のペアの情報が続きます。各データベースの情報の初めには、opcodeとしてFEのバイトが使用され、続いてデータベース番号が続きます。この例では、fe 00やfe 01となっている部分を確認できます。これは、それ以降データベース0番一番の情報がそれぞれ続くことを意味します。

次に、opcodeとしてFBのバイトが使用され、対象のデータベース内のキーの数とTTLが設定されたキーの数が順に表示されます。この例ではデータベース0側でfb 02 00、データベース1側でfb 03 01となっています。それぞれ、データベース0ではキーの数は2個でTTLが設定されたキーが0個、データベース1ではキーの数は3個でTTLが設定されたキーが1個であることを表します。

その後、実際のデータセットのデータが続いていきます。各キー・値のペアの前にopcodeとしてFDのバイトが使用されている場合、失効時間が秒数で保存されています。FCのバイトが使用されている場合、失効時間がミリ秒数で保存されています。各キー・値のペアの前にopcodeがない場合は、失効時間が設定されていません。その後、値の型、Redisの文字列エンコーディングされたキー、値の型に応じてエンコーディングされた値が続きます。

値の型は以下の種類のものがあります。

1. **String型エンコーディング**
2. **List型エンコーディング**
3. **Set型エンコーディング**
4. **Sorted Set型エンコーディング**
5. **Hash型エンコーディング**
6. **Sorted Set型のバージョン2。倍精度浮動小数点数型をバイナリー形式で保存**
7. **モジュール**
8. **モジュールv2**
9. **zipmap型エンコーディング**
10. **ziplist型エンコーディングのList型**
11. **intset型エンコーディング**
12. **ziplistエンコーディングのSorted Set型**
13. **ziplistエンコーディングのHash型**
14. **quicklistエンコーディングのList型**

15. **listpackエンコーディングのRedisストリーム**
16. **listpackエンコーディングのHash型**
17. **listpackエンコーディングのSorted Set型**
18. **quicklistエンコーディングのList型 v2**
19. **listpackのエンコーディングのRedisストリーム v2**

文字列エンコーディングには、以下の種類があります。

- **長さプレフィックス付き文字列**
- **8,16,32ビット整数**
- **LZF圧縮文字列**

長さエンコーディングの際に、1バイトを読み込んだ際の最初の2ビットが11ではじまりかつその次の整数が0、1、2のいずれかであれば、それぞれ8、16、32ビット整数が続きます。

最初の2ビットが11ではじまり、かつ残りの6ビットが4であればLZF圧縮文字列となります。

最初の2ビットが00の場合残りの6ビットが長さを表し、01の場合追加でもう1バイトを読み込み14ビットが長さを表します。

01の場合残りの6バイトは無視され、追加の4バイトを読み込み、その4バイトが長さを表します。

その後、データの型ごとに応じたエンコーディングされた値が続きます。

データセットの情報が終わると、EOFで`FF`のバイトが使用されます。最後に、RDBのチェックサムの機能を有効にしていると8バイトのCRC64チェックサムが付与されます。この例では、`e0 8b 19 48 8a 23 ea e2`となっている部分となります。

*a https://redis.io/docs/reference/internals/rdd/

*b https://github.com/sripathikrishnan/redis-rdb-tools/wiki/Redis-RDB-Dump-File-Format

*c https://github.com/sripathikrishnan/redis-rdb-tools/blob/master/docs/RDB_Version_History.textile

*d https://github.com/redis/redis/blob/7.0.4/src/rdb.h#L39-L41

*e https://raw.githubusercontent.com/antirez/redis/3.2/00-RELEASENOTES

*q Redis 7.0以前では、`aof-preamble`という項目が使用され、AOFとRDBの混合フォーマットを使用するかを表していました。 https://github.com/redis/redis/pull/10283

# 5.2 キャッシュサーバーとしてのRedisのアーキテクチャ

Redisの用途としてはデータ消えても困らないキャッシュサーバーとしての利用、データを保持したいデータストア（データベース）としての利用の大きく分けて2つのユースケースがあります。

ここでは、Redisをキャッシュサーバーとして利用する場合のキャッシュ戦略について解説します[*18*19*20]。キャッシュ戦略はいくつかのパターンがあり、このパターンに応じてRedisをどのようなアーキテクチャで使用するかが決まります。

*18 https://docs.aws.amazon.com/ja_jp/AmazonElastiCache/latest/red-ug/Strategies.html

*19 https://docs.aws.amazon.com/ja_jp/whitepapers/latest/database-caching-strategies-using-redis/caching-patterns.html

*20 https://aws.amazon.com/jp/getting-started/hands-on/boosting-mysql-database-performance-with-amazon-elasticache-for-redis/

実際の環境ではさまざまな状況が考えられますが、ここでは読み込み視点と書き込み視点に分類して説明します。読み込みと書き込み視点それぞれを組み合わせるアーキテクチャも考えられます。ひとまずRedisを扱う上ためにはまずは、特に遅延読み込み（Lazy Loading, Cache-Aside）パターンと書き込みスルー（Write-Through）パターンは最低限押さえておいてください。

## 5.2.1　読み込み視点のアーキテクチャ

読み込み視点のアーキテクチャとして、以下の2つのパターンを紹介します。

- **遅延読み込み（Lazy Loading、Cache-Aside）パターン**
- **読み込みスルー（Read-Through）パターン**

### 遅延読み込みパターン

遅延読み込みパターンは、データ読み込時の視点からアプローチしたアーキテクチャです。

元データはMySQLのようなRDBMSなどに永続化しておいて、Redisはその前段に配置するといった形で使用します。アプリケーションは以下の流れで処理を行います。

1. **アプリケーションは、Redisにデータをリクエスト**
2. **リクエストされたデータがRedisサーバー上にデータが存在するか、有効期限以内かどうかで処理内容を分岐**

- **2-1. リクエストされたデータがRedisサーバー上にデータが存在し、有効期限以内であれば、Redisからアプリケーションへ応答**
- **2-2. リクエストされたデータがRedisサーバー上にデータが存在しない、もしくは存在していても有効期限が過ぎている場合**
  - 2-2-1. アプリケーションはバックエンドのデータベースからデータを取得
  - 2-2-2. アプリケーションは取得したデータをRedis上のキャッシュに更新

**図5.2　遅延読み込みパターン**

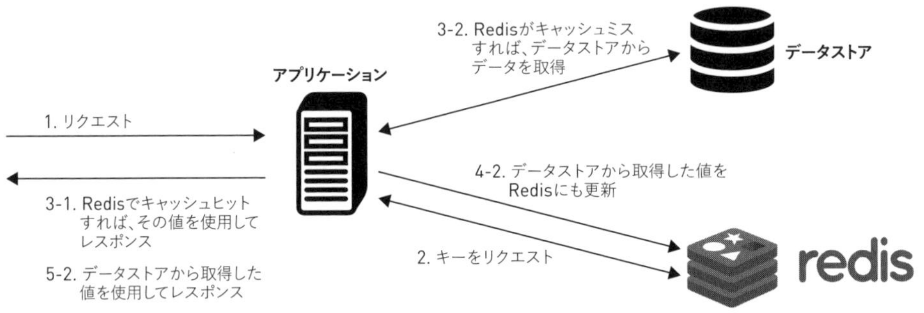

このアーキテクチャにおけるメリット/デメリットは大きく以下の点が挙げられます。

- **メリット**
  - Redisのキャッシュノード障害時にダウンタイムを抑えることができ、バックエンドへのデータ取得に伴うレイテンシーの影響に抑えられる
  - リクエストされたデータのみをキャッシュし、使用しないデータをキャッシュとして利用するサイズが小さい
- **デメリット**
  - 取得したデータが古い可能性がある
  - キャッシュミス時のオーバーヘッドが大きい

もちろん、アプリケーション側の実装にもメリット/デメリットは依存します。

#### 読み込みスルーパターン

読み込みスルーパターンについても簡単に紹介します。遅延読み込みパターンの亜種のようなアーキテクチャです。

読み込みスルーパターンも遅延読み込み同様に、Redisにデータをリクエストし、キャッシュミス時はデータベースからキャッシュにデータを読み込みます。遅延読み込みパターンとの大きな違いは、データベースからのデータの読み込みをアプリケーションが意識する必要がない点です。代わりに、ライブラリ等を用いてデータベースからRedisへのデータの読み込みを行う必要があります。

Redisの組み込みの機能としてこちらの方法は提供されていません。サードパーティソフトやモジュール等でこのようなことが実現可能な機能がないか確認する必要があります。

### 5.2.2 書き込み視点のアーキテクチャ

書き込み視点のアーキテクチャとして、以下の3つのパターンを紹介します。

- **書き込みスルー（Write-Through）パターン**
- **書き込みバック（Write-Back）パターン**
- **書き込みアラウンド（Write-Around）パターン**

#### 書き込みスルーパターン

書き込みスルーパターンは、データ書き込み時の視点からアプローチしたアーキテクチャとなります。こちらのパターンの場合、アプリケーションは以下の流れで処理を行います。

1. **アプリケーションは、データベースへデータを書き込み**
2. **アプリケーションは、1と同様のデータをRedisサーバーへ書き込み**

図5.3 書き込みスルーパターン

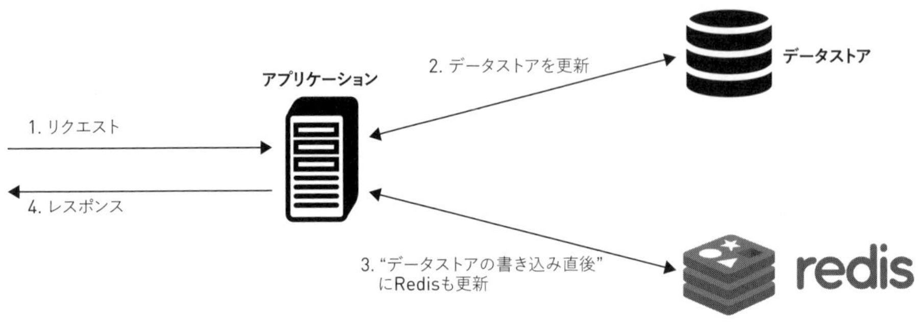


このアーキテクチャにおけるメリット/デメリットは大きく以下の点が挙げられます。

- **メリット**
  - Redisサーバー上のキャッシュデータが常に最新
  - 読み込み時のオーバーヘッドが少ない
- **デメリット**
  - データベースへの変更が加えられるまでキャッシュデータがない
  - 未使用なキャッシュデータの生成
  - 書き込み時にデータベースとキャッシュの書き込みの2回発生するため、オーバーヘッドが大きい

データの読み込み時より書き込み時のレイテンシーの多少の増加が許容できる場合に有効な方法となります。また、データベースへの変更の度にRedisサーバーへ書き込みを行うため、使用しないデータがRedisへ保存されていくことになります。

新規起動やキャッシュノード障害で新しくキャッシュノードを追加した場合、キャッシュ上のデータが存在しないことになります。これに対して似たようなパターンで、データベースに保存されたデータをRedis上のメモリーにコピーしておくアーキテクチャも考えられます。以降データ書き込み時にデータベースとRedisサーバーへ同時に書き込みを行います。この場合、データセット全体が最新状態になります。

#### 書き込みバックパターン

書き込みバックパターンは、キャッシュへの書き込み後、ある程度の遅延後に定期的など裏側で非同期にRDBMSなどのデータベースを更新していくパターンです。データベースがRDBMSなら、永続化のタイミングで正規化してテーブルに保存します。

図5.4 書き込みバックパターン

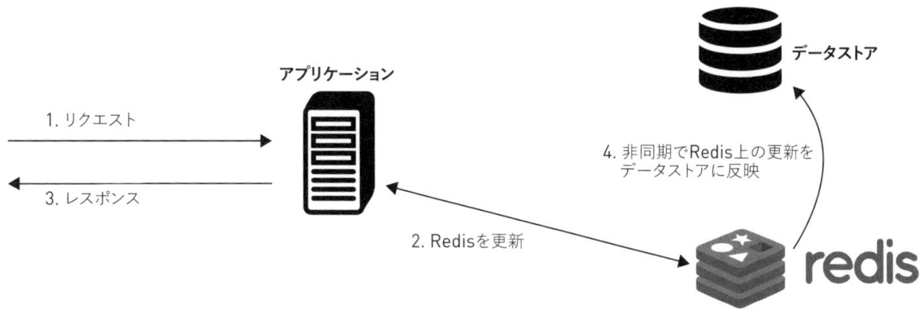


遅延読み込みパターンや書き込みスルーパターンのようなアーキテクチャにおける書き込み/読み込み時のオーバーヘッドを省略できます。そのため、高速に書き込みの処理をできますが、その期間内にRedisで問題が発生した場合データロスにつながります。そのため、アプリケーションやデータの性質、リカバリー方法等は事前に十分に検討しておく必要があります。パフォーマンス優先で、最悪データロスが発生しても割り切れる場合などに採用する余地があるでしょう。リカバリーの際には、計画的に取得しておいたスナップショットで復元します。スナップショット取得以降に保存されたデータについては、AOFでディスクへフラッシュしていない限り失われますが、この場合諦める必要があります。

書き込みバックパターンの亜種として、マイグレーションパターンについても紹介します。たとえば、イベント等で一時的に大量のリクエストの流量がある期間はRedisにデータを保存し、イベント終了後などのあるタイミングでバックエンドのデータベース永続化します。この場合もメリット、デメリットは類似しています。アーキテクチャがシンプルになる可能性があるものの、データロスの懸念がやや大きくなるデメリットは考慮しておくべきでしょう。

これらのパターンは、キャッシュとデータベース間のデータの整合性のとり方も事前によく検討しておく必要があります。たとえば、RDBMSなどのデータベースに永続化できたものもあれば、永続化する前に途中でキャッシュノードに障害が発生して消えてしまったデータもあったとします。もし、それらのデータを両方とも同時に扱うとなった場合には、整合性に問題が発生する可能性が考えられます。キャッシュサーバーではいつでも障害が起こる可能性があるものという気持ちで構えておき、そのような状況が発生した場合でも問題のないように事前に計画を練っておきましょう。

このアーキテクチャにおけるメリット/デメリットは大きく以下の点が挙げられます。

- **メリット**
  - Redisサーバー上のキャッシュデータが常に最新
  - 高速に書き込みの処理できる
- **デメリット**
  - データロスのリスクが高い

#### 書き込みアラウンドパターン

書き込みアラウンドパターンは、データを直接データベースへ書き込むパターンです。AWS DMS[*21]などによりCDC（Change Data Capture）機能でデータベースからRedisへ変更内容をレプリケーションし、Redisから直接データを読み取るといった構成も考えられます[*22][*23]。

図5.5　書き込みアラウンドパターン

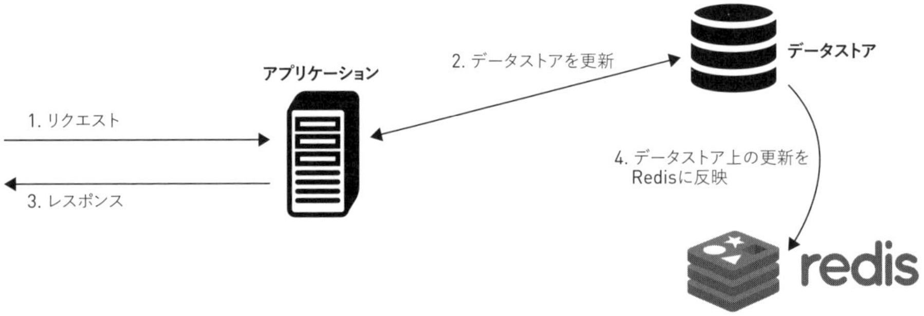


このアーキテクチャにおけるメリット/デメリットは大きく以下の点が挙げられます。

- **メリット**
  - データロスのリスクが低い
- **デメリット**
  - デメリットは実現方法および、読み込み視点のアーキテクチャに依存

### 5.2.3　アーキテクチャのアンチパターン

実際に、Redisのキャッシュノードのダウンにより、アプリケーションが使用できなくなったという事例があります。このような事態が起きる場合アーキテクチャが適切でない可能性も考えられます。アプリケーションやデータの性質、要件等をあらためて考えて、リトライ処理などアプリケーションの実装やアーキテクチャの見直しも検討すべきです。

遅延読み込みのアーキテクチャでキャッシュノードがダウンした場合の影響ついても事前に考慮しておきましょう。バックエンドのデータベースへデータを取得することで、アプリケーションとしてダウンタイムを抑えてレイテンシーの増加のみの影響につなげられないかを念頭に、確認をおすすめします。Redisでオフロードされていた負荷がデータベースへ回ってくることにより、データベースで問題

*21　AWS Database Migration Service。本書ではAWS DMSと記載。
*22　https://docs.aws.amazon.com/ja_jp/dms/latest/userguide/CHAP_Target.Redis.html
*23　https://aws.amazon.com/blogs/database/replicate-your-data-from-amazon-aurora-mysql-to-amazon-elasticache-for-redis-using-aws-dms

が発生するような場合や、データベースのクライアント側の設定等によるタイムアウトにも注意しておきたい点です。

### 5.2.4 データストアとしてのRedisのアーキテクチャ

アプリケーションやデータの性質次第では、Redis特有の機能を利用していてリレーショナルデータベースでは実現が困難といった状況や、結果整合性が問題にならず書き込みが激しい小さなデータを利用するといった場合もあります。その場合は、Redisをデータストアとして利用し、目的別にリレーショナルデータベースと併用することも考えられます。それぞれのメリット/デメリットを活かして住み分けられます。

しかしながら、データストアとして採用するにあたっては注意点が多く、利用する場合はそれらの課題をクリアできるか事前に熟慮すべきです。注意点のうちいくつかを挙げます。

- **使用するRedisの機能がデータストアとしての要件を満たすか**
- **問題発生時のリカバリー方法**
- **ほかのリレーショナルデータベースなどと組み合わせて使用する場合におけるロールバック発生時のデータの整合性の観点等でアプリケーション側の実装に問題がないか**
- **Redisのレプリケーション機能やスナップショットの取得の下準備**

キャッシュサーバーとデータストア、役割が異なるのに1つのキャッシュノードでまかなおうとすると管理が複雑化します。コスト面の要件等にもよりますが、リソースを追加して、目的別にキャッシュノードを分けるのが妥当でしょう。

Redisは単体のデータストアとしてもそれなりに優れた性能を有します。ただし、唯一のデータストアとして利用する場合はユースケースが妥当か慎重になるべきです。Redisは永続化などにトレードオフがあります。どうしてもデータモデルとしてRedisのデータ型や機能を使わざるを得ない状況を除けば、RDBMSがふさわしいケースも多いでしょう。実際にAntirez氏自身、既存のデータベースから切り替える必要はないと考えています。少しずつ（システム内にRedisを採用し）最適化していく、新機能の作成からRedisを利用していくといったように、ゆるやかに移行していくことを提案しています*24。

Amazon Web Services（AWS）ではRedisに関するサービスとしてElastiCacheがあります。それ以外にもMemoryDBというマルチAZで耐久性のあるRedis互換のインメモリーデータベースのサービスが提供されています（参照10.1のコラム）。大きな特徴としては、キャッシュ用途のみならず、メインのデータベースおよびデータストアとしても使えることが挙げられます。

## 5.3 ベストプラクティス

Redisをよりよく扱う上で、事前に確認しておくべき事項をベストプラクティスとしてまとめました。ここに書いてあることは大事なので、見逃しがないかについても含めて確認しておくと良いでしょう。

*24 http://oldblog.antirez.com/post/take-advantage-of-redis-adding-it-to-your-stack.html

### 5.3.1 TTLの設定

Redisをキャッシュサーバーとして利用する場合、基本的に消えても問題がないデータを保存することになります。データストアとして利用しない限りは、通常長期間データを保存する必要はありません。必要な期間以上にデータを保存していることは、かえって不適切な使い方となりえます。基本的にはキャッシュに保存するデータのキーには最低限キャッシュに保持しておく時間をTTLとして設定し、古くなったら失効させます。

5.2のキャッシュ戦略や4.2.3のサンプルアプリケーションでも説明しましたが、遅延読み込みパターンをはじめとしてRedisをキャッシュサーバーとして利用する場合、メモリー上にデータがあればそのデータを返します。キャッシュ上にデータがない場合には、バックエンドのRDBMSなどのデータベースにデータを取得しにいきます。このとき、キャッシュ上のデータは最新のものになります。TTLを短くしすぎると、RDBMSなどのデータベースを圧迫する可能性があります。そのため、TTLの値はバランスが大事です。

また、TTLを設定することでデータが古くなりすぎるのを防げます。こうすることで、バックエンドのデータベースからのキャッシュへの更新を促し、データを最新のものに更新します。残存する不要なデータによるメモリーの圧迫も防げます。

TTLの設定方法としては、SETコマンドのEX/PXオプションやEXAT/PXATオプションがあります。また、SETコマンドを利用できない場合であってもEXPIREやPEXPIRE、EXPIREAT、PEXPIREAT、PEXPIREコマンドでTTLを設定できます。設定されたTTLを無効化する場合は、PERSISTコマンドを使用します。詳細は、2.2.6や2.7.6を参照してください。

#### TTLの確認

各データベース内のキーのTTLの設定状況については、INFO Keyspaceコマンドの実行結果を参考にできます*25。たとえば、コマンドを実行することで、以下のような出力結果が得られます。keysがデータベース内のキーの数、expiresがデータベース内のキーのうちTTLが設定された数、avg_ttlの値からでRedisサーバー内の各データベースの平均TTLをミリ秒単位で表したものです。

```
127.0.0.1:6379> INFO Keyspace
# Keyspace
db0:keys=1002,expires=0,avg_ttl=0
db1:keys=2,expires=0,avg_ttl=0
```

この場合、データベース0番にはキーが3つ保存されていますが、そのうち2つのキーにTTLが設定されていることが確認できます。1つのキーにはTTLを設定されていません。このようにデータベース内全体のキーの数とTTLが設定された数を確認することで、TTLの設定し忘れのものがないか参考にするとよいでしょう。このとき、キャッシュサーバーとして利用しているキーの数がどの程度か、データストアとして利用しているキーがどの程度か等を業務要件から考えておき、比較するとよいでしょう。

具体的にどのキーにTTLが設定されていないかについてはこの結果からはわかりません。そのため、

*25 ElastiCacheを利用している場合には、TTLを設定しているキーの数をCurrVolatileItemsメトリクスで確認できます。キャッシュ内全体のキーの数はCurrItemsメトリクスで確認できますので、全体のうちどれだけのキーがTTLを設定できているかの目安にすると良いでしょう。

Redisクライアントを利用しているアプリケーションでRedisにデータを保存している箇所の実装を確認して当たりをつけると良いでしょう。それが困難な場合は、SCANコマンド等でキーの一覧を探りながら、TTLコマンドで各キーに設定された残りのTTLの値を確認すると確実です。

また、avg_ttlの値からデータベース内の平均TTLをミリ秒単位で確認できるので、値を大きく設定しすぎていないか等の参考にもできます。たとえば、データの更新が一日頻度であればTTLもそのぐらいの値に設定しておけば十分です。

対して、更新頻度の多いデータだが参照されることもそれなりに多いデータについては、TTLを秒単位など短めに設定しておく状況などが考えられます。このようなRedisを利用するワークロードを考えたときに、avg_ttlで確認したデータベース内の平均TTLに、要件にあった値が設定されているか参考にできるでしょう。ただし1.2.4でも簡単に触れましたがアーキテクチャにはよるものの、キャッシュサーバーとしては書き込み頻度が低く、読み込み処理が中心のときに最もパフォーマンス面で効果を発揮します。書き込み頻度の比重の方が高い場合には、Redisをキャッシュサーバーとして使う効果があるのか再考してみるとよいでしょう。

### 5.3.2 退避ポリシーの設定

メモリー使用量がmaxmemoryディレクティブで設定された値に達した際には、メモリー確保のためにキーの退避が行われます。このときの退避の方法はmaxmemory-policyディレクティブで設定したポリシーに従います（9.2.2）。

キャッシュサーバー、データストアなど用途によらず、この退避ポリシーを設定しておくことが望ましいです。パラメーターとしては、maxmemory-policyディレクティブで設定可能です。キャッシュサーバーとして利用している場合、以下のようにポリシーを選択することを1つの指針として参考にしてみてください。

- **TTLを設定しているキーを対象としたvolatile-で始まるポリシーを選択**
- **データストアとしても利用している場合、全キーを対象としたallkeys-で始まるポリシーを選択**

LRU、LFU、ランダム、TTLにもとづいたポリシーの選択はアプリケーションやデータの性質を考慮して設定してください。

ただし、メモリーの退避はTTLによる失効処理と比較して、処理のコストが大きくなる可能性があります。前述の通り、キーにTTLが設定できないかの点でまずは確認しましょう。

### 5.3.3 バックアップ

バックアップには、スナップショットとAOFの2種類の方法があります。

このうち、特に重要なスナップショット取得の実施にあたって、スナップショット等、データセット以外のメモリーの確保、スナップショット取得のタイミング、レプリカからの取得の視点であらかじめ考慮すべき点について説明します。

スナップショット取得の際に、リクエストを処理しているスレッドから通常fork処理を行って作成された新規スレッドでRDBファイルの取得処理が行われます。このとき、バックアップ等のデータセット以外のメモリーの確保についてはCoWという方法が利用されます。リクエストを処理しているスレッドから通常fork処理した先のダンプ処理を行うスレッドは、fork処理直後、親スレッドと同じ範囲のメモリー領域を使用します。その後、マスター・レプリカそれぞれ変更が伴う場合、それぞれ独立してメモリー領域を別に用意して徐々に元の一致していたメモリー領域から分離させて使用していきます。そのため、読み込みのみのワークロードであればスナップショット取得中も大きくメモリーの使用量が増加するわけではありませんが、書き込みが激しいワークロードでは最大2倍近くのメモリー消費が多くなることになります。そのためRedisを使用する際、データ領域のために使用するメモリー量はRedisが使用できるメモリー量の50%程度などのように余裕を持っておくことが望ましいです。それ以外の領域をスナップショットやレプリケーションなどデータ以外で使用される処理のためにメモリーを確保しておくように監視しておいてください。

マネージドサービスを利用している場合には、パラメーターによってデータ以外で使用するメモリー領域を予約できるようになっていることもありますので活用をご検討ください。ElastiCacheでは、`reserved-memory-percent`（`reserved-memory`）ディレクティブが用意されています。ElastiCacheでは、通常メモリーに余裕がない際にはfork処理なしのスナップショット取得機能が利用されています。これにより、fork処理有りで書き込みが激しい状況ではCoWによるメモリー消費が大きくなることにより伴って発生するOut of Memory（OOM）などの問題を抑制できます。Redisのシングルスレッドでリクエストを処理する性質上、同一スレッドでスナップショットを取得するとその間リクエストに対して影響を与えてしまい、大きくレイテンシーの増加につながることも考えられます。この場合、CoWによる2倍近くにメモリーが増加することもないため、25%程度確保しておくだけで十分だとも言えます。そのため、`reserved-memory-percent`の推奨値を25としています。

バックアップのタイミングにも注意が必要です。バックアップのためにスナップショットを取得する場合、前述の通りサービスへの影響が発生することが想定されます。そのため、サービスへの影響が最も少ない時間帯に実施することを検討してください。

レプリカからの取得について、スナップショットの取得は、リクエストを処理しているスレッドから通常fork処理を行って作成された新規スレッドでRDBファイルの取得の処理が行われます。その場合、fork処理そのものの影響もあり、環境によっては特に、処理時間などの問題が顕著になることがあります。ElastiCacheにおけるfork処理なしのスナップショット取得の場合は、fork処理自体による影響はありませんが、同一スレッドでスナップショットを取得するとその間リクエストに対して影響を与えてしまいます。そのため、上記のようなサービスへの影響を考慮すると、スナップショットはマスター側で取得するよりレプリカ側で取得する方が書き込み処理を行うサービスへの影響を小さく抑えることができます。Redisのレプリケーションは非同期のため、マスター側と若干の差異がある可能性が想定される点についてはご注意ください。

また、レプリカ側でスナップショットを取得していても、特に書き込みが多いような状況では、スナップショットの取得に伴いマスターからレプリカへの非同期でのレプリケーションの処理が追いつかない状況が発生することがあります。その場合、レプリケーション出力バッファーが溢れ、完全同期が行われてしまう可能性もあります。この完全同期の際に、マスター側はforkでダンプするといった処理を行うことになり、マスター側のリクエスト処理にも影響が出る可能性もあります。こうなると、レプリカでスナップショットを取得しているにもかかわらず、マスターとレプリカの両方でクライアントからのリクエストに対する応答に影響が発生することになります。各箇所のメモリーに余裕があることは確認しておきたい点です。

### 5.3.4 コネクションプーリング

コネクションを毎回確立して接続すると、確立に伴うコストが高くオーバーヘッドがあります。新規コネクション数が多い状況などでは特に問題が大きくなり、レイテンシーの増加につながることも考えられます。そのような場合、クライアント側でコネクションプーリングの機能が提供されていることがあります。コネクションプーリングを利用することでコネクションの再利用が行われ、より効率的に処理できることが期待できます。利用しているRedisクライアントで当該機能サポートの可否を確認し、対応していたら利用をご検討ください。最大同時コネクション数に加えて、新規コネクション数が多い場合でも問題が発生してレイテンシーにつながる可能性があります。ここは監視しておきたい点です。

最大同時コネクション数は`maxclients`ディレクティブの設定が可能です。デフォルトで10,000に設定されています*26。この10,000の値はRedisとしてのデフォルト値となっており、マネージドサービスを利用している場合は、65,000で変更不能な値になっていることもあります。なお、Redisが開くことができるファイルディスクリプターの最大数についてカーネルにソフトな制限を設けています。最大クライアント数に32を加えた値を上限として設定します。この32の値は、データの永続化やソケットのリッスンやログファイル等の内部操作のためにRedis側で予約している数となります。設定できない場合は、最大クライアント数を実際に処理できる値に調整します*27*28。

### 5.3.5 リトライ処理

アプリケーション側のクライアントとRedisサーバー間の疎通性が一時的に失われた際などには、クライアント側からリトライ処理を行うことが有効なこともあります。

リトライ処理を行う上で大事な要素として、リトライ回数やタイムアウト値、リトライ間隔の時間、リトライ回数の上限があります。場合によっては、ジッターと呼ばれるある程度のランダム性を追加して、再試行を分散させる手法も取られます。

筆者のおすすめのリトライ方法は、エクスポネンシャルバックオフアルゴリズム*29にもとづいたリトライ処理です。最初にアクセスして失敗した際には、短い時間だけ待機して、その後リトライ処理をします。成功すれば終了ですが、失敗した場合は先程待機した時間にたとえば2をかけた値だけ待機します。その後リトライ処理をします。この処理を繰り返します。このようにリトライ間隔の時間を指数関数上に大きくしていきます。無限にリトライ処理を繰り返さないように、リトライ回数の上限値も設定しておくことも多いです。

リトライ処理を行うクライアントが多数ある場合、それらが同時にリトライ処理をすると、Redisサーバー側に対して集中的に負荷がかかる可能性があります。そのような場合にジッターが効果的です。ジッターはリトライ間隔の時間を単純に2の値を掛けていった値だけ指数関数上に大きくしていくだけではなく、ある程度ランダム性のある小さな時間を追加します。このようにすることで、多数のクライアントからの同時接続が繰り返される状況を回避して、Redisサーバー側が過負荷になるのを抑え

*26 https://github.com/redis/redis/commit/58732c23d53d6fc652668a516556ea182b0ed0f8#diff-1a75827fc1e080d1600e2a6843aa311d

*27 server.h https://github.com/redis/redis/blob/7.0.4/src/server.h

*28 server.c https://github.com/redis/redis/blob/7.0.4/src/server.c

*29 https://aws.amazon.com/blogs/architecture/exponential-backoff-and-jitter/

られます。

アプリケーションやデータの性質などを考慮して上記のような各種パラメーターの値を適切に設定してください。

redis-pyやPhpRedisのように、クライアントの機能としてエクスポネンシャルバックオフに対応していることがあります*30*31。利用している各種Redisクライアントのドキュメントを確認してみると良いでしょう。現在利用しているバージョンでは対応していなくても最新のバージョンではサポートされていることも考えられます。

### 5.3.6 そのほかのベストプラクティス

クライアント側に設定されたソケットのタイムアウトの設定値を確認しておくと良いです。少なくとも1秒以上で設定することをおすすめします。値が小さいと、Redisサーバー側に対して負荷が高まる度にソケットによるデータの送受信に時間を要し、タイムアウトエラーをたくさん引き起こしてしまう可能性があります。しかし、値が大きすぎると、接続問題を検知するのに時間が掛かる可能性があります。要件に合わせてバランスの取れた値に設定してください。クライアントの種類やバージョンによってはソケットの接続に要する時間のタイムアウトの設定とソケットのタイムアウトの設定を、同一のパラメータで制御することもあります。利用しているクライアントのドキュメントで仕様を確認してください。

Redisサーバーへの接続先にFQDNを利用していて、かつ、クライアント側でDNSキャッシュを利用している場合、TTLを小さめに設定することをおすすめします。値が小さすぎると、名前引きの頻度が増えることによる、オーバーヘッドが増加する可能性があります。しかし、TTLの値が大きいと、問題発生時等にキャッシュノードへのアクセスできない時間が長くなる可能性もあります。そのため、要件に合わせてバランスの取れた値を設定してください。ホストゾーンで直接該当レコードを調べることや、できない場合であっても`dig <エンドポイント>`を実行した結果で`ANSWER SECTION`を確認することなどで、該当レコードのTTLを調べられます。その値より小さめの値のキャッシュ時間に設定することを一つの目安として検討してみてください。

AWSから公開されているブログであるBest practices: Redis clients and Amazon ElastiCache for Redis*32とOptimize Redis Client Performance for Amazon ElastiCache and MemoryDB*33も参考になるでしょう。クライアント側でどういう点を意識しておくと良いか、クライアントの実装ごとにどの程度の効果があるか等の参考になるはずです。Redis社から公開されている7 Redis Worst Practices*34も参考になるでしょう。

*30 https://github.com/redis/redis-py/pull/1494
*31 https://github.com/phpredis/phpredis/pull/1986
*32 https://aws.amazon.com/blogs/database/best-practices-redis-clients-and-amazon-elasticache-for-redis/
*33 https://aws.amazon.com/jp/blogs/database/optimize-redis-client-performance-for-amazon-elasticache/
*34 https://redis.com/blog/7-redis-worst-practices/

# 5.4 キャッシュノードのサイジング

Redisサーバーを構築するにあたり、どの程度の大きさのキャッシュノードをいくつ用意すればよいかについて、判断が難しいと感じたかもしれません。ここでは、おおよその目安について説明をします。

## 5.4.1 サイジングの目安

Redisをどのように扱うかでサイジングの目安がおおよそですが見えてきます。

### Redisクラスター

まず、Redisクラスターの必要性から考えてみてください。Redisクラスターを構築する場合は最低でもマスターとして3つのキャッシュノードが必要になります*35。

■ **Redisクラスターを利用するか**

1. Redisクラスターを利用する必要があるか（Redisクラスターではない Redisサーバーで良いか）
2. 利用しているクライアントがRedisクラスターに対応しているか

Redisクラスターは主に、高い書き込み負荷を処理するケースや、高い可用性を求められるケースで必要となります。また、要求されるメモリー容量が巨大な場合に、キャッシュノードを増やしてメモリー容量を増やせるRedisクラスターが必要とされることもあります。

Redisクラスターを採用すると、キャッシュノードの数が増え、動作のしくみ等で理解しておくことが増えます。また、用途や負荷によってはRedisクラスターなしでもまかなえるでしょう。そのため、不必要ならRedisクラスターを選択しない方がよいこともあります。

利用予定のクライアントがRedisクラスターに対応していなければ、そもそもRedisクラスターを利用できません*36。クライアントに機能として用意されているか確認してください。Redisクラスターが必要なら、対応クライアントを利用しましょう*37。

### 実際の用途から算出する

次に実際に提供するサービスの要件を考慮したうえで、Redisサーバーが下記の点でどの程度のデータを処理する必要があるか考えてみてください。

1. **全体のデータ量**
2. **ピーク時におけるキーの合計数**
3. **1つキーの平均サイズと最大サイズ**
4. **秒間あたりのキー操作数**
5. **ネットワークトラフィック**

---

*35 OSS版のRedisの場合。マネージドサービスの場合、必ずしもそうではない場合もあります。しかし、Redisクラスターのしくみを活用するためにはいずれにしても最低3つのマスターを用意しておくことが基本でしょう。

*36 Redisクラスターの詳細やこのあとに登場するシャードの意味については、8.1で説明しています。適宜こちらの内容を参照してください。

*37 Redisクラスター互換ではないクライアントでもRedisクラスターを利用できるように手段が提供されていることもあります。どうしても必要なら、Redisプロキシのサードパーティソフトや、そういったサービスも検討できるかもしれません。

#### 6. 実行するコマンドの内訳

全体のデータ量は特に大事です。キャッシュノード全体でデータを格納しきれないとメモリー不足になります。Redisクラスターではない、Redisをサーバーとして利用する場合、全体のデータ量を格納できるメモリーが搭載されたキャッシュノードを利用する必要があります。

Redisクラスターにおいてシャード間でデータが均等に分散すると単純に仮定した場合は、全体のデータ量に対して、シャード数の分で割った値のメモリー量が搭載されたキャッシュノードを利用する必要があります。ただし、現実的にシャード間でデータが均等に分散することは、よほど注意深く設計しない限りありません。余裕を持たせてメモリーが搭載されたものを選びましょう。Redisクラスターを利用する場合、メモリー量の大きいキャッシュノードでシャード数を少なくするか、メモリー量の小さいキャッシュノードでシャード数を多くするかといったことも検討事項になってきます。

キャッシュノードを選択する際、キャッシュノードが小さすぎると、ワークロードによっては、キャッシュノードが処理できるネットワークの帯域等のスループットが上限を超えてしまう可能性もあります。ざっくりでも全体のデータ量を把握しておき、余裕をもって処理可能な大きなキャッシュノードを利用してください。

一つあたりのキーのサイズが大きい場合も考慮する必要があります。たとえば、Hash型で一つのキーで巨大なハッシュを保持している場合、仮に複数のシャードがあったとしてもデータの分散が困難です。

第4章でも簡単に触れましたが、スケーラビリティや運用面を考慮すると、扱うデータモデルを考慮してデータ型を選択することが大事です。しかしながら、特に大規模なデータを扱う場合には、String型以外を扱うことには慎重になったほうが良いことがあります。一度立ち止まって、String型を工夫してデータを分散しやすいように管理する方が良いこともあります。

コマンドの内訳も考慮事項です。たとえば、計算量のオーダーが$O(1)$などのように小さいものが多い場合、特に問題ありません。しかしながら、計算量のオーダーが$O(N)$などのように要素数（$N$）に比例して実行時間が大きくなるコマンドが多い場合、そのシャードに対する負荷が大きくなります。

これらを考慮して、キャッシュノードの大きさや台数を決定します。Redisクラスターの場合、シャード数等決めた後、実際に処理できるかは、本番環境と同等もしくはそれに近いワークロードで検証することがベストです。

ここまで事前にキャッシュノードのサイジングを検討する方法を解説しましたが、まずは初手として大雑把に規模感を把握しておくのも良いでしょう。一台のキャッシュノードに対してベンチマーク（5.7参照）を取り、一台当たりで処理できるリクエスト数などを見てみる方針も一つの選択肢です。処理する必要がある秒間あたりのキーの操作数から割って、かなりざっくりとキャッシュノードの台数を考えます。台数を見積もってRedisサーバーを起動した後、全体に対してあらためてベンチマークで処理できるかについても検証してください。

特にOSS版のRedisクラスターでは、キャッシュノードの数に比例してパフォーマンスが大きくなるとは限りません。大規模な環境でもRedisクラスターが運用されている実績は十分にあります。しかしながら、大規模なクラスターではヘルスチェックのためのメッセージの量が多くなります。そのため、パフォーマンスが低下したり、動作の不安定化につながったりすることもわずかながらにあります*38。

*38 今現在、こちらの挙動の改善も含めて、バージョン2のRedisクラスターの案が考案されています。 https://github.com/redis/redis/issues/8948

Redisクラスターの動作のしくみについては第8章で詳細を説明します。

検証する際には、ワークロードで負荷をかけている間は、各種メトリクスを監視することも大事です。ボトルネックになるような値がないか確認して、適宜スケールアウト/スケールインやスケールアップ/スケールダウン等の判断材料にしてください。メトリクスの監視の要領については、10.3.1で言及しています。AWSにおける監視方法の説明をしていますが、ほかのサービスを利用する場合においても適宜読み替えていただくことで、大いに活用できるでしょう。

#### クラウドの場合のサイジング

クラウドのサービス等を利用している場合には、バックアップ機能に対応しているか、ノードのサイズごとの性質、Redisのバージョンごとによるサービス特有のエンジンの機能等も考慮すべきです。

機能や制限等を確認して、Redisクラスターを使用する上で業務要件を満たすか事前にドキュメントに目を通す等して確認しておきましょう。

## 5.5 設定ファイルredis.conf

Redisサーバーは設定ファイルで動作をカスタマイズできます。各種機能の有効・無効の切り替えやチューニングなどに用いることが多いです。

ディレクティブ（項目）と対応する値を記入することで動作を指定します*39。

```
ディレクティブ 値
ディレクティブ 値1, 値2, ... 値N
```

特に要件がなければやみくもにあれこれとパラメータをいじらずに、デフォルト設定の状態で使用するのが良いでしょう。要件や環境に応じて必要な箇所のみを変更していく形で利用してください。

設定ファイルを作成する場合、デフォルトで用意されているredis.confを編集したり、それらをコピーしたものを編集したり、ゼロから自分で設定を記述可能です。カスタムしたものを配置する場所はどこでもかまいません。ファイル名もご自身で好きなものをつけていただいて問題ありません。redis-server <設定ファイルの場所>のようにRedisサーバーを実行することで設定が適用されます*40。

デフォルトで用意されているredis.confの設置場所については、インストール環境や方法によります。たとえば、APTやYumなどのパッケージ管理を利用してインストールした場合は/etc/redis/redis.confや/etc/redis.confのような場所に配置されます*41。すでに実行しているRedisサーバーの設定ファイルについて、デフォルト以外のものが適用されていることを確認する場合は、INFO Serverコマンドのconfig_fileを確認してみてください。

設定ファイル名はredis.conf以外の名前を使用されることもありますので、本書では、これらのこと

*39 https://redis.io/docs/manual/config/

*40 ここでは各種実験をした際のログ出力を確認したり、フェイルオーバー時の挙動を確認したりするために、Systemdのようなシステムおよびサービスのマネージャーにより管理しない方法での起動を想定します。Systemdを利用する場合でも設定ファイルの編集方法は同様です。

*41 設定ファイルが見つからない場合は、sudo find / -name redis.conf -type f 2> /dev/null（適宜、特定用途のシステムボリューム等を除外する場合は、sudo find / -name redis.conf -type f -not -path "/System/Volumes/*" 2> /dev/nullのように-not -path "/Path/To/*"オプションで対象ディレクトリを除外）を実行して探してみると良いでしょう。

を指す場合、設定ファイルと記載します。

設定の変更はCONFIG SETコマンド*42やredis-serverコマンドのオプションとして渡す方法もあります。これらはテスト用途でちょっとした動作確認に活用すると良いでしょう。本番環境では、こちらの方法ですべて管理しようとすることはおすすめしません。

設定ファイルの書き換えでは、都度Redisサーバーを立ち上げ直す必要がありますが、CONFIG SETコマンドではその場で設定変更の適用を試せます。設定値を確認するためには、**CONFIG GET <ディレクティブ名>**で取得します*43。ディレクティブ名の中に*のように任意の文字列にマッチするパターンマッチも利用できます。Redis 7.0.0以降では、複数のディレクティブの値の取得および設定も同時に実行できます*44。

現在の設定を設定ファイルに反映するためにはCONFIG REWRITEコマンドを実行します*45。ただし、この方法に対応していないディレクティブもあります。サポートされているディレクティブはCONFIG GET *コマンドで確認できます。

redis-serverコマンドのオプションとして設定を渡すにはディレクティブ名の先頭に--をつけます。たとえば、portディレクティブは--port 6380オプションのように付与して使用します。

実際に本番環境で稼働させる場合は基本的に設定ファイルを編集することで対応します。以下、設定ファイルの各項目について説明します。

**表5.1　ネットワーク関連のディレクティブ**

| ディレクティブ | 詳細 |
|---|---|
| bind | Redisサーバーが接続を受け付けるインタフェースのIPアドレス。複数指定する場合は半角スペース区切りで列挙 |
| bind-source-addr | (Redis 7.0以降) 外方向の接続 (レプリカからマスター、クラスターバス接続等) を特定のIPアドレスと関連付ける |
| protected-mode | 保護モード。有効時はbindディレクティブが指定されていない、もしくはパスワードが未設定の場合、ループバックインタフェースとUNIXドメインソケットからのアクセスしか利用できない |
| enable-protected-configs | (Redis 7.0以降) PROTECTED_CONFIGフラグが付与された設定の変更をブロック*46*47 |
| enable-debug-command | (Redis 7.0以降) DEBUGコマンドをブロック |
| enable-module-command | (Redis 7.0以降) MODULEコマンドをブロック |
| port | 接続を受け付けるポート番号。デフォルトは6379番ポート。無効化する場合は0を指定。 |
| tcp-backlog | SYNキュー (不完全な接続のキュー) とAcceptキュー (完全な接続のキュー) の2つのキューからなり、後者のTCPがESTABLISHED状態で使用されるAcceptキューの大きさ。毎秒のリクエストが多い状況では高く設定する必要がある可能性 |
| unixsocket | 接続を受け付けるUNIXソケットのパス。デフォルトでは無効でUNIXソケットで受け付けない |
| unixsocketperm | UNIXソケットのパーミッション |
| timeout | 接続を閉じるまでにクライアントがアイドル状態である秒数。0で無効化。 |
| tcp-keepalive | TCPキープアライブでTCPのACKを送る間隔。クライアントの非正常時の検知や接続維持に役立つ |

*42 https://redis.io/commands/config-set/

*43 https://redis.io/commands/config-get/

*44 https://github.com/redis/redis/pull/9748 https://github.com/redis/redis/pull/9914

*45 https://redis.io/commands/config-rewrite

*46 Redis 7.0.4時点でこのフラグが付与された設定はdbfilenameディレクティブとdirディレクティブのみです。

*47 Redis 7.0で導入されたenable-のプレフィックスで始まるディレクティブは攻撃範囲を狭めるための設定でデフォルトでは無効化 (no) に設定されています。有効にするためには、yesの値、ローカルからの接続のみを許可する場合はlocalの値に設定します。

| ディレクティブ | 詳細 |
|---|---|
| socket-mark-id | (Redis 7.0以降) ルーティングやフィルタリング機能の設定に向けてリッスンするソケットを固有のIDでマークするために、OS固有のしくみを適用する |

表5.2 **TLS関連のディレクティブ（Redis 6.0以降）**

| ディレクティブ | 詳細 |
|---|---|
| tls-port | TLSの有効化およびTLS接続で受け付けるポート番号 |
| tls-cert-file | サーバー認証で使用するX.509証明書のファイル名。PEMでフォーマットされたものを指定 |
| tls-key-file | サーバー認証で使用する秘密鍵を指定。PEMでフォーマットされたものを指定 |
| tls-key-file-pass | サーバー認証で使用する鍵ファイルにパスフレーズを設定している場合にパスフレーズを指定 |
| tls-client-cert-file | クライアント認証で使用するX.509証明書のファイル名。PEMでフォーマットされたものを指定 |
| tls-client-key-file | クライアント認証で使用する秘密鍵を指定。PEMでフォーマットされたものを指定 |
| tls-client-key-file-pass | クライアント認証で使用する鍵ファイルにパスフレーズを設定している場合にパスフレーズを指定 |
| tls-dh-params-file | ディフィー・ヘルマン鍵共有（Diffie–Hellman key exchange）を有効にするためにDHパラメーターファイルを指定 |
| tls-ca-cert-file | 信頼されたルートCAとして、CA証明書のバンドルファイルを必要に応じて指定 |
| tls-ca-cert-dir | 信頼されたルートCAとして、CA証明書のディレクトリーを必要に応じて指定 |
| tls-auth-clients | TLS使用時、デフォルトでクライアント証明書を要求する動作を変更 |
| tls-replication | レプリケーションの接続でTLSを使用するように変更 |
| tls-cluster | Redisクラスタークラスターバスの接続でTLSを使用するように変更 |
| tls-protocols | 使用するTLSのバージョンを指定。複数設定する場合はスペース区切りで指定 |
| tls-ciphers | TLS 1.2以下で使用する暗号を指定 |
| tls-ciphersuites | TLS 1.3で使用する暗号スイートを指定 |
| tls-prefer-server-ciphers | 暗号スイートのネゴシエーション時にサーバーの優先順位を有効にするか（デフォルトはクライアントの優先順位に従う） |
| tls-session-caching | TLSセッションを無効化する際に指定 |
| tls-session-cache-size | TLSセッションをキャッシュする数を変更 |
| tls-session-cache-timeout | TLSセッションのキャッシュのタイムアウト値を変更 |

表5.3 **プロセス管理関連のディレクティブ**

| ディレクティブ | 詳細 |
|---|---|
| daemonize | デーモンとして稼働するか |
| supervised | UpstartやSystemdからRedisを起動している場合の制御先の指定。auto/systemd/upstart/noから選択 |
| pidfile | デーモン起動時のPIDファイルのパス。ベストエフォートでの作成 |
| loglevel | ログファイルの出力レベル。debug/verbose/notice/warningから設定。debugが最も詳細。warningはクリティカルなメッセージのみ |
| logfile | ログファイルの出力先のパス。空文字列の場合、デーモン起動出ない場合は標準出力、デーモン起動時は/dev/nullへ出力 |
| syslog-enabled | syslogの有効化の有無 |
| syslog-ident | syslogの識別子 |
| syslog-facility | syslogのファシリティ（ログの種別）。userもしくはlocal0からlocal7の中から指定 |

**表5.4　スナップショット関連のディレクティブ**

| ディレクティブ | 詳細 |
|---|---|
| save | RDBの書き出し頻度。何秒以内に最低いくつのキーに変更があった場合に実行するかといった形で指定。複数指定可能。 |
| stop-writes-on-bgsave-error | 最後のBGSAVEコマンド失敗時にRedisへの書き込みを停止することで、管理者にその旨を気付かせる |
| rdbcompression | RDBダンプ時にLZFで文字列のオブジェクトを圧縮。CPUとメモリー使用効率のトレードオフ |
| rdbchecksum | RDBのバージョン5以降、CRC64チェックサムをファイルの末尾に置くことによるファイルの破損に対する対策 |
| dbfilename | RDBのファイル名 |
| dir | RDBファイルやAOFファイルを生成するディレクトリのパス |
| rdb-save-incremental-fsync | スナップショット取得中に、4MB（Redis 7.0未満では32MB）のデータが生成される度にディスクへのフラッシュを行うか。ファイルからディスクへのコミット処理を増分的に行うことで大きなレイテンシーを防げる |
| sanitize-dump-payload | （Redis 6以降）RDBファイルの読み込みやRESTOREコマンド時にziplistやlistpackなどのサニタイゼーションを有効化する際に使用 |

**表5.5　AOF関連のディレクティブ**

| ディレクティブ | 詳細 |
|---|---|
| appendonly | AOFの機能を利用するか |
| appendfilename | （Redis 7.0以降）AOFファイル名のプレフィックス。（Redis 7.0未満）AOFのファイル名 |
| appenddirname | （Redis 7.0以降）AOFファイルが保存されるディレクトリ |
| appendfsync | AOFでバッファーからディスクへフラッシュする間隔。always/everysec/noから選択 |
| no-appendfsync-on-rewrite | BGSAVEコマンドやBGREWRITEAOFコマンドが実行中の場合、AOFのディスクへのフラッシュが行われると大量のI/OでRedisが長い時間ブロックするため、この間はディスクへのフラッシュを実行しないようにする設定 |
| auto-aof-rewrite-percentage | auto-aof-rewrite-min-sizeディレクティブで指定した値以下のサイズかつ、AOFのファイルサイズが最後の書き換えの際から指定した割合のサイズになった際にAOFの書き換えを実行 |
| auto-aof-rewrite-min-size | auto-aof-rewrite-percentageディレクティブで指定した割合に到達かつ、AOFのファイルサイズが指定した値以上になった際にAOFの書き換えを実行 |
| aof-load-truncated | Redisが稼働するシステムがクラッシュし、特にext4のファイルシステムがdata-orderedオプションなしでマウントされている場合には、Redis起動時にAOFをメモリーに読み込む際に切り捨てられていることがあります。その際に、可能な範囲で読み込むかエラーを返すか |
| aof-use-rdb-preamble | （Redis 4.0以降）RDB/AOFの混合フォーマットをサポートするか。有効にするとRedisサーバーはまずRDBの読み込みを行い、その後AOFの読み込みが行われる動作 |
| aof-rewrite-incremental-fsync | バックグラウンドでAOF書き換え処理時に、4MB（Redis 7.0未満では32MB）のデータが生成される度にディスクへのフラッシュを行うか。ファイルからディスクへのコミット処理を増分的に行うことで大きなレイテンシーを防げる |
| aof-timestamp-enabled | （Redis 7.0以降）特定の時間におけるデータを復元するためにAOFにタイムスタンプアノテーションを記録。既存のAOFパーサと互換性がなくなる可能性を考慮してデフォルトでは無効化。 |

**表5.6　レプリケーション関連のディレクティブ**

| ディレクティブ | 詳細 |
|---|---|
| replicaof | レプリカの場合、マスターのIPアドレス、ポート番号の記述 |
| masterauth | レプリカの場合、マスターがパスワード認証を設定時（requirepassディレクティブの使用時）、設定されたパスワードを指定 |

| ディレクティブ | 詳細 |
|---|---|
| masteruser | (Redis 6以降) Redis ACL機能利用時にレプリケーション機能に必要なコマンドを実行可能な特殊ユーザーを指定する際に指定 |
| replica-serve-stale-data | レプリカの場合、マスターとの接続が失われていれば、古いデータできる限り応答するか |
| replica-read-only | レプリカが読み込み専用か、書き込みを許可するか。一時的に書き込み、それを元に処理するといった場合には役に立つ可能性あり。再同期時に削除 |
| repl-diskless-sync | ディスクレスレプリケーションによる同期を有効にするか |
| repl-diskless-sync-delay | 新規にレプリカを追加する場合のために、一定時間待ってからfork処理を行い、それぞれのレプリカに並列にRDBファイルを転送 |
| repl-diskless-sync-max-replicas | (Redis 7.0以降) 指定したレプリカの数だけ接続状態になれば、遅延時間をまたずにレプリケーションを開始 |
| repl-ping-replica-period | レプリカがマスターへPINGを送る間隔 |
| repl-timeout | レプリケーションのタイムアウト。レプリカの視点からは、SYNC中のバルク転送I/Oやマスターからのデータ、PING。マスターの視点からは、レプリカからのREPLCONF ACKのpingが対象 |
| repl-disable-tcp-nodelay | レプリカ上でTCP_NODELAYを無効にするか。高いトラフィックやマスター・レプリカ間の距離が遠い場合はパケットを遅延させてまとめてパケットを送ることによりレプリケーションの帯域を削減 |
| repl-backlog-size | レプリケーション切断時、回復後に部分同期のためにレプリケーション切断中のマスターへの書き込みを蓄えておくバッファーのサイズ |
| repl-backlog-ttl | レプリケーション切断時、回復後に部分同期のためにレプリケーション切断中のマスターへの書き込みを蓄えておくバッファーに蓄えておく時間 |
| repl-diskless-load | (Redis 6以降) レプリケーション時にRDBファイルのディスクレス読み込みを有効にする場合に使用。ソケットから直接データを解析するオプションが使用できる。(disabled,on-empty-db,swapdb) (データロスの懸念があり実験的段階) |
| replica-priority | (Redis Sentinelの場合) フェイルオーバー時に昇格するレプリカを選択する際の優先度 |
| propagation-error-behavior | (Redis 7.0以降) マスターからのレプリカへコマンドを処理中やAOFファイルからの読み込み中に処理されたコマンドが意図せずエラーになった場合の挙動を制御。デフォルトではエラーを無視して継続処理する。 |
| replica-ignore-disk-write-errors | (Redis 7.0以降) マスターから受け取ったコマンドをディスクへ書き込みできない場合のレプリカの挙動を制御。デフォルトではクラッシュさせる。 |
| min-replicas-to-write | レプリケーションラグがmin-replicas-max-lagディレクティブで指定した値以内のレプリカが、指定した台数未満になるとマスターへの書き込み停止。書き込みされたデータが失われるリスクを抑える目的 |
| min-replicas-max-lag | min-replicas-to-writeディレクティブで、レプリケーションラグの閾値に使用 |
| replica-announce-ip | NATやポートフォワーディングを利用するDockerのようなコンテナ環境で、ROLEコマンドやINFOコマンドのReplicationセクションからIPアドレスやポート番号を使用する場合書き換わって正常に動作しないため、指定したIPアドレスを報告 |
| replica-announce-port | replica-announce-ipディレクティブ同様に指定したポート番号を報告 |
| replica-announced | (Redis 6.0以降、Redis Sentinelの場合) Redis Sentinelにおいて有効化されたレプリカをレポートの結果から除外 |
| rdb-del-sync-files | (Redis 6.0以降) 完全同期後に残るRDBファイルを削除。AOFとスナップショット無効化時のみ有効にできる |

**表5.7 Redisクラスター関連のディレクティブ**

| ディレクティブ | 詳細 |
|---|---|
| cluster-enabled | Redisクラスターを利用するか |
| cluster-config-file | Redisクラスターの設定を保存する自動生成される設定ファイル名。永続化することで再起動等の際にRedisクラスターへの再加入が可能 |

| ディレクティブ | 詳細 |
|---|---|
| cluster-node-timeout | Redisクラスターを構成するノード間の通信のタイムアウト値となる時間のミリ秒 |
| cluster-port | Redisクラスターでクラスターバスにバインドするポート番号 |
| cluster-replica-validity-factor | 古いデータを持ったレプリカはフェイルオーバーの対象から避けることができるが、その際にノード間通信のタイムアウトに一定の比率の掛け算をして見積もる際に使用される比率。値が大きいほど古いデータを許容 |
| cluster-migration-barrier | 正常なレプリカがないマスターが1台でもあるとき、最も多いレプリカを持つマスターのレプリカを正常なレプリカがないマスターへ自動でマイグレーションできるが、その際にマイグレーション元のマスターが最低限保持しておくレプリカ数 |
| cluster-allow-replica-migration | シャード間でのレプリカの異動を無効化する際に使用 |
| cluster-allow-reads-when-down | クラスターが過半数以上のマスターが正常である条件を満たさなければ、読み込みクエリーを受け付ける際に設定 |
| cluster-allow-pubsubshard-when-down | (Redis 7.0以降) クラスター全体が正常でないときでもPub/Sub機能を使えるかを制御 |
| cluster-link-sendbuf-limit | (Redis 7.0以降) クラスターバスのリンクのsend bufferのメモリーサイズの上限を制御 |
| cluster-announce-hostname | (Redis 7.0以降) キャッシュノードのホスト名を設定 |
| cluster-preferred-endpoint-type | (Redis 7.0以降) クライアントがどのようにクラスターに接続するべきかを宣伝(ip,hostname,unknown-endpoint) |
| cluster-require-full-coverage | 1つでも利用できないハッシュスロットが検出されると、クラスター全体でクエリーの受け付けを停止するか |
| cluster-replica-no-failover | 手動操作以外でマスター障害時にレプリカが昇格するのを防止。データセンターをまたぐ際のマスターが稼働するホストがあるデータセンターの障害時の対応などを想定 |
| cluster-announce-ip | (Redis 4.0以降) NATやポートフォワーディングを利用するDockerのようなコンテナ環境でRedisクラスターを稼働させるために、クラスター内のほかのキャッシュノードに伝える自身のキャッシュノードのIPアドレス |
| cluster-announce-port | cluster-announce-ipディレクティブ同様に、報告するポート番号 |
| cluster-announce-bus-port | cluster-announce-ipディレクティブ同様に、報告するクラスターバスのポート番号 |
| cluster-announce-tls-port | (Redis 6.0以降) cluster-announce-ipディレクティブ同様に、報告するTLS接続のポート番号 |

**表5.8　ACL機能関連のディレクティブ(Redis 6.0以降)**

| ディレクティブ | 詳細 |
|---|---|
| aclfile | ACL機能の要。どのユーザーにどのコマンドを許可するなどの設定を記載した外部ファイルを指定 |
| user | ACL機能のユーザーごとの制御を外部ファイルの代わりに、設定ファイルに直接記述することも可能。aclfileかどちらか片方しか使用できない |
| acllog-max-len | 失敗したコマンドやACL関連の認証イベントで追跡するログのエントリー数 |
| acl-pubsub-default | Pub/SubチャンネルをACLルール機能で制御*48 |

**表5.9　クライアント追跡関連のディレクティブ(Redis 6.0以降)**

| ディレクティブ | 詳細 |
|---|---|
| tracking-table-max-keys | クライアントサイドキャッシュで使用する無効化テーブル中に保持しておくキー最大数 |

*48　Redis 6.2以降で利用可能。Redis 7.0以降ではデフォルトで拒否設定。それ以前のバージョンではバージョン以降の互換性を保つためにデフォルトではすべてのチャンネルを許可。拒否する際に使用。明示的に拒否設定にすることを推奨。

**表5.10　セキュリティ関連のディレクティブ**

| ディレクティブ | 詳細 |
|---|---|
| requirepass | Redisの認証機能でコマンド実行前にコマンドの実行を許可するためにAUTHコマンドで指定されるパスワード |
| rename-command | コマンドの実行を制限するために推測されにくいコマンド名に変更もしくは無効化。将来的に廃止予定(deprecated) |

**表5.11　クライアント関連のディレクティブ**

| ディレクティブ | 詳細 |
|---|---|
| maxclients | 同時に接続できる最大のクライアント数。そのうち、32個をRedisが内部で使用するファイルディスクリプターとして使用。ただし、OS側で開くことができるファイルディスクリプターの数は超えることができず、下回る場合OS側の設定に調整 |

**表5.12　メモリーの最大使用量に関連するディレクティブ**

| ディレクティブ | 詳細 |
|---|---|
| maxmemory | Redisサーバーが使用できる最大のメモリー量 |
| maxmemory-clients | (Redis 6以降) Redisサーバーが使用できるクライアント接続に対する最大のメモリー量 |
| maxmemory-policy | maxmemoryディレクティブに指定した値に達したときに、メモリーから退避するキーの選択方法のポリシー |
| maxmemory-samples | maxmemory-policyで退避するキーの候補を選定する際に、候補となるランダムに選ばれるキーの数 |
| maxmemory-eviction-tenacity | (Redis 6.0以降) 退避に要する時間の調整。書き込みが激しい場合に増加することで退避を効率よく行える可能性があるが、レイテンシーも増加する。0以上100以下の値で指定する。 |
| replica-ignore-maxmemory | (Redis 5.0以降) レプリカがmaxmemoryを無視。キーの退避はマスターにより実施 |
| lfu-log-factor | LFUで使用するMorrisによるカウント方法で使用する指数 |
| lfu-decay-time | LFUで頻度を計算するにあたって、カウンターの値を減少させるために必要な時間 |

**表5.13　アクティブデフラグメンテーション関連のディレクティブ(Redis 4.0以降)**

| ディレクティブ | 詳細 |
|---|---|
| activedefrag | アクティブデフラグメンテーションの有効・無効を制御 |
| active-defrag-ignore-bytes | メモリーフラグメンテーションによって有効に利用できないメモリーの最小サイズの閾値 |
| active-defrag-threshold-lower | メモリーフラグメンテーションの割合の最小の閾値 |
| active-defrag-threshold-upper | メモリーフラグメンテーションの割合の最大の閾値 |
| active-defrag-cycle-min | CPU使用率の最小の閾値 |
| active-defrag-cycle-max | CPU使用率の最大の閾値 |
| active-defrag-max-scan-fields | Set/Hash/Sorted Set/List型をスキャンする最大フィールド数 |
| jemalloc-bg-thread | (Redis 6以降) Jemallocによるパージ処理のバックグラウンド処理を無効化にする際に使用 |

アクティブデフラグメンテーション関連のディレクティブには、実行を判断するためのパラメーターが多いです。

表5.14　そのほかのメモリー管理に関連するディレクティブ

| ディレクティブ | 詳細 |
| --- | --- |
| client-output-buffer-limit | クライアント出力バッファーのサイズ。クラスの種類として、normal/replica/pubsubを指定可能。ハードリミットのサイズや、ソフトリミットのサイズおよび超えた際に切断すると判断するのに必要な秒数 |
| client-query-buffer-limit | クライアントのクエリーバッファーのサイズ |
| proto-max-bulk-len | 実際に実行するコマンド自体のサイズの制限。なお、client-query-buffer-limitディレクティブはRESPのフォーマットを含めたバイト数による制限 |
| activerehashing | アクティブリハッシュの機能を有効にするか |
| active-expire-effort | (Redis 6以降) 失効サイクルのファスト失効サイクルにおいて、値が大きくなるほどメモリーの使用効率が上がりますが、CPUを消費し、サイクル中の期間が長くなり、レイテンシーの増加にもつながります。 |

表5.15　タイマーイベント関連のディレクティブ

| ディレクティブ | 詳細 |
| --- | --- |
| hz | 1秒間に指定した値の回数だけRedisで処理されるタイマーイベントを実行 |
| dynamic-hz | (Redis 5.0以降) hzディレクティブの値をベースラインとして、接続クライアント数に比例させることでアイドル状態のCPU使用量の調整が可能 |

タイマーイベントは、Redisサーバーのバックグラウンドで一定時間ごとに実行されます。

表5.16　Lazy Free機能関連のディレクティブ (Redis 4.0以降)

| ディレクティブ | 詳細 |
| --- | --- |
| lazyfree-lazy-eviction | キーの退避が行われる際に、Lazy freeingの機能で非同期に削除を行うか |
| lazyfree-lazy-expire | 失効したキーの回収が行われる際に、Lazy freeingの機能で非同期に削除を行うか |
| lazyfree-lazy-server-del | RENAMEコマンドやSUNIONSTOREコマンドなどのようにコマンドのサイド効果により元のデータが削除される際に、Lazy freeingの機能で非同期に削除を行うか |
| lazyfree-lazy-user-del | Lazy Freeing機能でDELコマンドをUNLINKコマンドと同様にバックグラウンド処理する挙動に変更する際に使用 |
| lazyfree-lazy-user-flush | Lazy Freeing機能でFLUSHALLコマンドまたはFLUSHDBコマンドについて、ASYNCオプション使用時と同様にバックグラウンド処理する挙動に変更する際に使用 |
| replica-lazy-flush | レプリカが完全同期で元のデータベース全体の内容を削除する際に、Lazy freeingの機能で非同期に削除を行うか |

表5.17　マルチスレッド関連のディレクティブ (Redis 6以降)

| ディレクティブ | 詳細 |
| --- | --- |
| io-threads | マルチスレッド処理機能で、リクエスト処理後にユーザーにデータを返す際のソケットへの書き込み時の処理部分に使用するスレッド数 |
| io-threads-do-reads | マルチスレッド処理機能で、クライアントからのリクエストについて、ソケットからの読み込み時の処理部分をマルチスレッド処理有効にする際に使用 |

表5.18　カーネルOOM制御関連のディレクティブ（Redis 6以降）

| ディレクティブ | 詳細 |
|---|---|
| oom-score-adj | カーネルのOOM Killerにメモリー不足時にどのプロセスを殺すべきかのヒントをRedisから与えることを有効にする場合に使用（no,yes（relativeのエイリアス）,absolute,relative） |
| oom-score-adj-values | oom_score_adjを調整する値。oom-score-adjの値がrelativeのときは、oom_score_adjの値との相対値が使用され、absoluteもしくはyesのときは、絶対値を使用。スペース区切りでマスター、レプリカ、バックグラウンドの子プロセスの値の3つを指定 |

表5.19　カーネル透過的Huge Page制御関連のディレクティブ（Redis 6以降）

| ディレクティブ | 詳細 |
|---|---|
| disable-thp | 透過的Huge Page制御を有効にする際に使用。通常はfork処理やCoWでレイテンシーが問題にならないように無効化 |

表5.20　長時間ブロックするコマンドのタイムアウトを設定するディレクティブ

| ディレクティブ | 詳細 |
|---|---|
| busy-reply-threshold | LuaやRedisファンクション、allow-busyフラグが付与されたMODULESのコマンド実行時のタイムアウトを設定 |
| lua-time-limit | エフェメラルスクリプトのタイムアウトとなる時間のミリ秒。Redis 7.0以降はbusy-reply-thresholdディレクティブのエイリアス。 |

表5.21　スローログ関連のディレクティブ

| ディレクティブ | 詳細 |
|---|---|
| slowlog-log-slower-than | スローログを記録する閾値となる時間のマイクロ秒 |
| slowlog-max-len | スローログを保持するエントリー数 |

表5.22　レイテンシーモニター関連のディレクティブ

| ディレクティブ | 詳細 |
|---|---|
| latency-monitor-threshold | レイテンシーモニタリングで操作を記録する閾値となる時間のミリ秒 |

表5.23　レイテンシートラッキング機能関連のディレクティブ（Redis 7.0以降）

| ディレクティブ | 詳細 |
|---|---|
| latency-tracking | レイテンシートラッキング機能の有効・無効の制御 |
| latency-tracking-info-percentiles | INFO latencystatsコマンドで出力するレイテンシーのパーセンタイル分布の設定 |

レイテンシートラッキングはコマンドごとのレイテンシーを追跡し、INFO latencystatsコマンドでパーセンタイル分布の出力や、LATENCYコマンドで累積したレイテンシーの分散を有効にします。

表5.24 キー空間通知機能関連のディレクティブ

| ディレクティブ | 詳細 |
| --- | --- |
| notify-keyspace-events | キー空間通知機能で通知するイベントの種類 |

表5.25 内部エンコーディング関連のディレクティブ（Redis 7.0以降）

| ディレクティブ | 詳細 |
| --- | --- |
| hash-max-listpack-entries | Hash型でlistpackの内部エンコーディングを選択する際に満たさないといけないエントリー数の最大値 |
| hash-max-listpack-value | Hash型でlistpackの内部エンコーディングを選択する際に満たさないといけない値の最大値 |
| list-max-listpack-size | リストノードごとに追加できる最大要素数、もしくは最大のサイズ。正の値の場合は要素数。負の値の場合は対応するサイズ |
| zset-max-listpack-entries | Sorted Set型でlistpackの内部エンコーディングを選択する際に満たさないといけないエントリー数の最大値 |
| zset-max-listpack-value | Sorted Set型でlistpackの内部エンコーディングを選択する際に満たさないといけない値の最大値 |

表5.26 内部エンコーディング関連のディレクティブ（Redis 7.0未満）

| ディレクティブ | 詳細 |
| --- | --- |
| hash-max-ziplist-entries | Hash型でziplistの内部エンコーディングを選択する際に満たさないといけないエントリー数の最大値 |
| hash-max-ziplist-value | Hash型でziplistの内部エンコーディングを選択する際に満たさないといけない値の最大値 |
| list-max-ziplist-size | リストノードごとに追加できる最大要素数、もしくは最大のサイズ。正の値の場合は要素数。負の値の場合は対応するサイズ |
| zset-max-ziplist-entries | Sorted Set型でziplistの内部エンコーディングを選択する際に満たさないといけないエントリー数の最大値 |
| zset-max-ziplist-value | Sorted Set型でziplistの内部エンコーディングを選択する際に満たさないといけない値の最大値 |

Redis 7.0未満ではList型、Hash型、Sorted Set型でziplistが使用されていましたが、Redis 7.0以降ではlistpackが使用されています。

表5.27 内部エンコーディング関連のディレクティブ（Redis 7.0以降と未満で共通）

| ディレクティブ | 詳細 |
| --- | --- |
| list-compress-depth | リストの両サイドで圧縮の対象外とするリストの深さ |
| set-max-intset-entries | Set型でintsetの内部エンコーディングを選択する際に、全要素が整数かつ満たさないといけないエントリー数の最大値 |
| hll-sparse-max-bytes | HyperLogLogでSparseの内部エンコーディングを選択する際に満たさないといけないサイズの最大値 |
| stream-node-max-bytes | Redisストリームで末尾にエントリーを追加するために満たさないといけないサイズの最大値 |
| stream-node-max-entries | Redisストリームで末尾にエントリーを追加するために満たさないといけないエントリー数の最大値 |

表5.28 CPUアフィニティー関連のディレクティブ（Redis 6.0以降）

| ディレクティブ | 詳細 |
| --- | --- |
| server_cpulist | Redisサーバーおよび I/Oスレッドに使用するCPUリスト |
| bio_cpulist | bioスレッドに使用するCPUリスト |
| aof_rewrite_cpulist | AOF書き換えの子プロセスに使用するCPUリスト |
| bgsave_cpulist | BGSAVEコマンドを実行する子プロセスに使用するCPUリスト |

通常は、Linuxカーネルがプロセスおよびスレッドをどの CPU プロセッサで実行するのかを決定しますが、ユーザー側でCPUアフィニティーとして制御することでサーバーのパフォーマンスを最大限に引き上げることができます。CPUアフィニティー関連のディレクティブを設定ファイルから指定して制御します。

なお、これらはtasksetコマンド（UNIXコマンド）でも制御可能で、CPUリストの記載方法はtasksetコマンドと同様です。

表5.29 シャットダウン時の挙動に関するディレクティブ（Redis 7.0以降）

| ディレクティブ | 詳細 |
| --- | --- |
| shutdown-timeout | シャットダウン時にデータロスを防ぐために、指定した時間だけ待機し、遅れたレプリカが追いつく時間を設ける。 |
| shutdown-on-sigint | SIGINTを受け取った際のシャットダウン時の挙動を制御（default,save,nosave,now,force） |
| shutdown-on-sigterm | SIGTERMを受け取った際のシャットダウン時の挙動を制御（default,save,nosave,now,force） |

表5.30 ここまでの分類に属さないディレクティブ

| ディレクティブ | 詳細 |
| --- | --- |
| include | 設定ファイルを複数に分けている場合、別途ファイルの読み込み。重複するディレクティブがある場合、最後のものに上書き |
| loadmodule | 起動時にモジュールの読み込み。複数指定可能 |
| databases | データベース数。非推奨の機能 |
| always-show-logo | Redis起動時にASCIIアートのロゴを表示するか |
| crash-log-enabled | （Redis 6以降）組み込みのクラッシュログ機能を無効化する際に使用 |
| crash-memcheck-enabled | （Redis 6以降）組み込みのクラッシュログを出力時に実行されるメモリーチェックを無効化する際に使用。Redisをより早く終了させたい場合に使用 |
| set-proc-title | （Redis 6以降）topコマンドやpsコマンドで出力されるプロセス情報にランタイム情報などを付与するなどのタイトル変更を加える動作の無効化する際に使用 |
| proc-title-template | （Redis 6以降）プロセス情報として表示するプロセスタイトルのテンプレートを設定する際に使用 |
| ignore-warnings | （Redis 6以降）システムの状態が良くない場合で警告を出力することで起動できない場合に、抑制する警告のリストをスペース区切りで指定可能 |
| gopher-enabled | （Redis 6限定）おまけ／ジョーク機能。テキストベース検索システムGopherを有効にする。Redis 10周年で追加*49。 |

*49 https://redis.io/docs/reference/gopher/

# 5.6 セキュリティ

Redisはセキュリティモデルとして、信頼された環境からのアクセスのみを想定して設計されています。完全な認証機能やアクセス制御は想定されていません。パフォーマンスを最大限に引き出すことと実装のシンプルさに最適化されています*50*51。

信頼できないRedisへのアクセスについては、アクセス制御リスト（Access Control List：ACL）機能、もしくはユーザーからの入力の検証をするレイヤーを中間に挟むことが推奨されます。これらいずれかの方法でRedisに対してどの操作をするか決定するような構成にし、意図しないアクセスによる脆弱性を防ぎます。

一般にACL機能は、あるリソースに対して、アクセス元と可能な操作を指定したものをリスト化して制御します。Redisではバージョン6以降でこのACL機能に対応し、単体で利用できるようになりました。このACL機能は信頼されていない環境からのアクセスを防ぐことに利用できます。さらに、信頼されている環境からのアクセスであっても最小限のアクセスレベルのみを与えることでセキュリティを向上させられます。

ユーザーからの入力の検証をするレイヤーの役割はWebアプリケーションなどが相当します。

## 5.6.1 セキュリティ設定

セキュリティ設定には複数の視点があり、一つ一つ確認していくことが望ましいです。

**ネットワークセキュリティ**

`bind`ディレクティブでIPアドレスを指定が可能です。

転送時の暗号化について、OSS版のRedisではRedis 6.0以降で利用できます*52*53*54。それ以前のバージョンで転送時の暗号化に対応するためにはSpiped*55/stunnel*56などを導入する必要がありました。なお、ElastiCacheなどマネージドサービスでは6.0以前でも保管時の暗号化機能に加えて転送時の暗号化としてTLS通信の機能が提供されていることもあります*57*58。TLSの機能を利用するためにはクライアント側も機能をサポートしている必要があります。利用するクライアントにTLSを利用するためのオプションがあるかご確認ください。`redis-cli`コマンドでは`--tls`オプションを使用します。クライアント側が対応していない場合、前述したSpipedやstunnelのようなプロキシを稼働させることで対応可能か確認しましょう。たとえば、6.0以前の`redis-cli`コマンドはTLSをサポートしませんが、これらのプロキシを利用することでTLSによる通信が可能となります。

---

*50 https://redis.io/docs/manual/security/
*51 http://antirez.com/news/96
*52 https://redis.io/docs/manual/security/encryption/
*53 http://www.antirez.com/news/131
*54 http://antirez.com/news/132
*55 http://www.tarsnap.com/spiped.html
*56 https://www.stunnel.org/
*57 https://docs.aws.amazon.com/ja_jp/AmazonElastiCache/latest/red-ug/in-transit-encryption.html
*58 https://docs.aws.amazon.com/ja_jp/AmazonElastiCache/latest/red-ug/at-rest-encryption.html

保護モード（Protected mode）という、モードも用意されており、デフォルト有効になっています。有効時はループバックインタフェースとUNIXドメインソケットからのアクセスでしか利用できません。

#### コマンドの制限

第三者からのコマンドなどを実行させないために、特定コマンドを無効化できます[*59]。こちらはコマンド名を予測できない名前に変更する形で実行します。たとえば、`CONFIG`/`FLUSHALL`/`FLUSHDB`コマンドなど、通常のユーザーには必要のないコマンドの実行を制限します。

`rename-command`ディレクティブを使用して、`rename-command CONFIG b840fc02d524045429941cc15f59e41cb7be6c52`のように設定ファイルへ記述します。コマンド名変更には`CONFIG`コマンドを使用します。ただし、Redis 6.0以降ACL機能によって要件が満たせるため、将来的に廃止予定です。

マネージドサービスでは`CONFIG`コマンドを制約していることもあります。ElastiCacheでは、5.0.3以降`rename-commands`のパラメーターが提供されており、こちらでコマンド名を変更可能です[*60]。

#### 認証

認証機能として、設定ファイル中で`requirepass`ディレクティブによってパスワードを設定できます。クライアントからは`AUTH`コマンドでパスワードを指定して接続します。`AUTH`コマンドの実行自体の転送は暗号化されていないため盗聴には効果がありません。

なお、Redis 6.0以降はACL機能も利用できます。ユーザーを作成して認証パスワードを設定でき、実行コマンドやアクセス可能なキーを接続に対して細かく制限可能になりました。この機能により信頼できない環境からのアクセスを防ぎ、信用できるクライアントからのアクセスも最小限のアクセスレベルに制限できるため、よりセキュリティを向上させられます[*61][*62]。ソフトウェアエラーや手動のミスによるデータや設定のダメージ回避も実現でき、運用の安全性も高められます。

`requirepass`ディレクティブを使ったパスワードを設定する方法も動作しますが、デフォルトユーザーであるdefaultユーザーに対して適用される形で動作します。そのほか、ACL機能導入以前はコマンドを無効化するために前述の`rename-command`ディレクティブの機能が利用されていましたが、こちらの機能で同様のことが実現可能となります。

ElastiCacheはAWS Identity and Access Management（IAM）を認証に使えます（Redis 7.0～）。

#### 外部クライアントからの攻撃

外部クライアントからの注意深く選択された入力による攻撃もありえます。

たとえば、計算量が大きくなるように逆算して入力する攻撃を受ける可能性は考慮しておく必要があります。具体的には、ハッシュテーブルで同じバケットへのハッシュの文字列を入力してワーストケースの$O(N)$でのCPU消費やDoS攻撃が挙げられます。対策として、実行ごとに擬似ランダム関数のシードを使用することが挙げられます。`SORT`コマンド（qsortアルゴリズム）は、現時点で完全にランダム化されていないので入力次第でワーストケースとなり得ます。

---

*59 未認証状態のRedisサーバーを狙った暗号通貨のマイニングを仕込むなどの攻撃事例が観測されています。https://github.com/redis/redis/issues/4791 https://thehackernews.com/2022/09/over-39000-unauthenticated-redis.html

*60 https://docs.aws.amazon.com/ja_jp/AmazonElastiCache/latest/red-ug/supported-engine-versions.html#redis-version-5-0.3

*61 https://redis.io/docs/manual/security/acl/

*62 http://antirez.com/news/131

文字列エスケープとNoSQLインジェクションについても考慮事項でしょう。Redisプロトコルでは文字列エスケープの概念がなく挿入は通常できませんが、信頼できないソースから入手できる文字列を使うLuaスクリプトからボディを構成するといったことは避けるべきです。

**コードセキュリティ**

Redisはバッファーオーバーフローやフォーマットバグ、そのほかメモリー破壊問題を防止した実装になっています。しかし、`CONFIG`コマンドでスナップショットによるRDBファイルのディレクトリ等のパスは変更できるため、これがセキュリティ問題につながる可能性があります。Redisの動作に基本的にルート権限は必要がありません。無駄な権限のないRedis向けのユーザーを作成し、こちらの権限で動作させることによって対策可能です。

### 5.6.2 ACL機能

Redisは基本的には信頼できないネットワークからのアクセスを想定しない設計です。しかしRedis 6.0でACL機能を導入し、アクセス制限をRedis本体の機能で実現できるようになりました*63。セキュアな運用をするうえで非常に重要な機能なので、詳細を解説します。

パフォーマンスとシンプルな実装のために、これまでRedisは信頼された環境からのアクセスのみ想定したセキュリティモデルを採用していました。

しかしながら、エンタープライズ向けの環境などでアクセス制御が厳しく管理される環境も少なくありません。Redis 6.0でACL機能が利用可能になったことで、より幅広い環境で導入しやすくなったと言えるでしょう。

以下のようなユースケースが考えられます。

1. **信頼できないクライアントへはアクセスを許可せず、信頼できるクライアントには最小限のアクセス権のみを付与**
2. **人為的ミスの予防**
3. **マネージドサービス**

1つめ、特定用途で接続しているクライアントについて、使用するコマンドやキーのみを指定してアクセスを許可できます。たとえば、読み取り専用のクライアントに対して読み取りの許可のみを与えるといった用途が想定されます。ACL機能を利用して、キープレフィックスを設計して機密情報には一部のユーザーしかアクセスできないようにするといったことも実現できます。

2つめ、ソフトウェアのバグで意図しないキーを操作することを防ぎます。あるいは本番環境のRedisサーバーへログイン中に誤って`KEYS`コマンドなどの重い処理を実行したり、`FLUSHALL`コマンドを実行してデータベース内のデータを削除したりしてしまうなどのオペレーションミスを防ぎます。人間が間違いを犯さないことは困難なので、システム面から間違っても問題ないように準備をしておきましょう。

3つめ、各種クラウドプロバイダーなどのマネージドサービスとしてRedisが提供されている場合、プロバイダー側で一部管理しているため、ユーザー側では一部コマンドおよびサブコマンドが制限されていることがあります。そのような用途にもACL機能が利用できます。

*63 ElastiCacheではACL機能をサポートするためにRole-Based Access Control (RBAC)機能が提供されています。ほかのクラウドを利用される場合はどのようにACL機能を利用できるか各種ドキュメントを確認してください。

RedisのACL機能では実行可能なコマンドとアクセス可能なPub/Sub機能のチャンネル名、アクセスできるキーの範囲の大きく3つの視点でアクセス制御を行います。

以前はパスワードの設定にrequirepassディレクティブを利用していました。ACL機能で同様の機能を実現できます。現在は互換性のためにrequirepassディレクティブが残されていますが、ACL機能と同時に使用できません。以前はコマンドの無効化にrename-commandディレクティブを利用し、CONFIGコマンドなどの実行してはいけないコマンドについては長くて予測できない別名にコマンド名を変更するといった対応が取られていました。しかしながら、ACL機能でこれらのことも実現できるため、rename-commandは現在非推奨の機能となっています。

Redis 7.0以降から、ACLはバージョン2として機能改善されました。後方互換性があるため、これまでと同様に利用できます。バージョン2では、大きく以下のような機能が追加されています。

- **1つのユーザーで複数の独立したルールを指定できるセレクター（Sectors）機能**
- **キーに対して読み込み専用もしくは書き込み専用などが指定できるキー認可（Key permissions）機能**

ACL機能によって実現できる制御内容の詳細、設定方法を確認していきます。

### ACL機能による制御内容

実際に例を見ていきましょう。ACL LISTコマンドを実行することで、Redisサーバー内で利用できるユーザーおよび、それぞれのアクセス制御の詳細を確認できます。デフォルトではdefaultというユーザー名、パスワード認証なしで、すべてのキーに対して、すべてのコマンドを実行できる状態のものが用意されています。このdefaultユーザーは、ACL機能登場以前のRedisのバージョンと互換性を保つために提供されています。

```
127.0.0.1:6379> ACL LIST
1) "user default on nopass ~* &* +@all"
```

ACL機能の各ユーザーに設定されるACLルールは、以下のようなフォーマットで構成されます。

```
user USERNAME <on/off> [sanitize-payload/skip-sanitize-payload] PASSWORD ~KEY_PATTERN &PUBSUB_PATTERN
 <+/->COMMAND_PATTERN
```

各項目はどのような順番でも指定できますが、実際にユーザーへ適用されるルールは、左から右の順へたどっていった結果の通りに解釈します。ルールの順序が重要な点は覚えておいてください。

user USERNAMEについて、USERNAMEの部分は実際に使用するユーザー名です。先程の例ではdefaultのユーザーを宣言しています。<on/off>の部分について、宣言したユーザーの有効化（on）・無効化（off）を設定します。

Redis 6.2から、RDBファイルの読み込み時やRESTOREコマンド実行時にサニタイゼーションを実行するかの挙動をsanitize-dump-payloadディレクティブで制御できます。noの値をしている場合はサニタイゼーションを実行せず、yesの値をしている場合はサニタイゼーションを実行します。clientsの値を指定している場合は、以下を除外してユーザー接続のサニタイゼーションを実行します。

- **RDBファイルやマスター接続からのRESTOREコマンド**
- **ACL機能でskip-sanitize-payloadフラグを付与されたユーザー**

ACL機能はデフォルトではsanitize-payloadフラグが適用されています。

PASSWORDの部分ではパスワードの設定をします。たとえば、P@ssw0rdのようなパスワードを設定する場合には>P@ssw0rdのように記述します。各ユーザーには複数のパスワードを設定できます。削除する場合には<P@ssw0rdのように設定します[*64]。SHA256でハッシュ化されたパスワードとしても登録、削除できます。追加は#HASHED_PASSWORD、削除には!HASHED_PASSWORDのように、それぞれ先頭に#、!を付与します。64文字の小文字の16進数で表記された文字列のみを受け付けます。nopassを記述した場合は、ユーザーに設定されたパスワード情報は削除され、パスワードを必要としない状態になります。resetpassを記述した場合は、ユーザーに設定されたパスワード情報は削除されます。一人のユーザーに複数のパスワードを設定するユースケースについては、パスワードの更新をオンラインで実施したい場合などが考えられます。旧パスワードでアクセスしている状況で、新パスワードを追加で設定します。その後、アプリケーション側のクライアントに設定されたパスワードを新しいものに置き換えましたら、ACL機能から旧パスワード情報を削除することで更新対応が可能です。

~KEY_PATTERNの部分では、アクセスを許可するキーの範囲を指定します。たとえば、キーの名前がsess:で始まるもののみに制限をかけたい場合は~sess:*のように記述します。すべてのキーを追加する場合は、~*のように指定します。この場合は、allkeysをエイリアスとして使用できます。resetkeysはこれまで許可したキーの範囲を取り消します。

Redis 6.2から&PUBSUB_PATTERNの部分では、Pub/Sub機能でユーザーがアクセス可能なチャンネルの範囲を指定できます。指定方法の考え方は~と同様です。すべてのキーを追加する場合は、&*のように指定します。この場合は、allchannelsをエイリアスとして使用できます。resetchannelsはこれまで許可したキーの範囲を取り消します。acl-pubsub-defaultディレクティブによって、Pub/Sub機能でユーザーがアクセス可能なチャンネルの範囲のデフォルト値を指定できます。以前のバージョンではPub/Sub機能のチャンネルへのアクセスの制限がなかったため、Redis 7.0未満では互換性のためにデフォルト値はallchannelsが指定されています。Redis 7.0以降は、デフォルト値はresetchannelsに変更されています。

<+/->COMMAND_PATTERNの部分では、アクセスを許可するコマンドを指定します。GETコマンドを許可するときには+getのように指定します。許可を取り消す場合には-getのように指定します。あるコマンドのサブコマンドのみを追加する場合は、コマンド名の直後に|のセパレーターを指定し、続けてサブコマンドを指定します[*65]。たとえば、CLIENT SETNAMEコマンドの場合は、+client|setnameのように指定します。Redis 7.0未満では、-のように削除するよう指定はできません。Redis 7.0以降からは-でも|によるサブコマンド指定ができます。

+や-に続けて@を指定することでコマンドのカテゴリー単位でアクセスの許可、削除をできます。すべてのコマンドを許可する場合+@allのように指定します。ほかに指定可能なカテゴリーは以下のようにACL CATコマンドで確認できます。

```
127.0.0.1:6379> ACL CAT
 1) "keyspace"
```

*64 実際にパスワードを設定する場合は、例のようなデフォルトパスワードで使われることがないような強固なものを設定してください。

*65 最初の引数を含めてアクセス制御もできます。たとえば、DEBUG DIGESTコマンドのみ許可する場合は-debug +debug|digestのように指定できます。ただし、この機能はRedis 7.0において非推奨で、今後削除予定です。

```
 2) "read"
 3) "write"
 4) "set"
 5) "sortedset"
 6) "list"
 7) "hash"
 8) "string"
 9) "bitmap"
1)  "hyperloglog"
2)  "geo"
3)  "stream"
4)  "pubsub"
5)  "admin"
6)  "fast"
7)  "slow"
8)  "blocking"
9)  "dangerous"
10) "connection"
11) "transaction"
12) "scripting"
```

各カテゴリーに含まれるコマンドはACL CAT <CATEGORY_NAME>のように指定して確認します。keyspaceのカテゴリーに含まれるコマンドを確認する例を示します。

```
127.0.0.1:6379> ACL CAT keyspace
 1) "expireat"
 2) "ttl"
 3) "expire"
 4) "pexpireat"
 5) "persist"
 6) "scan"
 7) "migrate"
 8) "rename"
 9) "dbsize"
10) "flushdb"
11) "exists"
12) "restore-asking"
13) "type"
14) "copy"
15) "object|freq"
16) "object|encoding"
17) "object|idletime"
18) "object|help"
19) "object|refcount"
20) "pexpiretime"
21) "flushall"
22) "restore"
23) "move"
24) "expiretime"
25) "keys"
26) "unlink"
27) "renamenx"
28) "dump"
29) "touch"
30) "randomkey"
```

```
31) "swapdb"
32) "pexpire"
33) "pttl"
34) "del"
```

なお、allcommandsは+@all、nocommandsは-@allのエイリアスとして使用できます。

resetはユーザー作成直後と同じ状態にするためのコマンドです。つまり、resetpass、resetkeys、off、-@allを実行した状態になります。

ここまでの説明を振り返って、デフォルト状態で作成されていたdefaultユーザーの状態をあらためて確認してみましょう。user default on nopass ~* &* +@allのように指定されていました。defaultというユーザー名でパスワード認証なし、すべてのキーに対して、すべてのコマンドを実行できる状態であることがわかります。

### ACL機能の設定方法

ACL機能で制御する方法は3つあります。

1. **ACL SETUSERコマンド**
2. **設定ファイルでuserディレクティブを指定**
3. **設定ファイルでaclfileディレクティブによってacl.confのような外部ファイルを指定**

ACL SETUSERコマンドを使用した実行方法について、たとえば、読み取り専用ユーザーを作成する場合、ACL SETUSER myuser on >P@ssw0rd ~* +@readのように実行します。設定ファイルでuserディレクティブを指定する場合、user myuser on >P@ssw0rd ~* +@readのような行を追記します。設定ファイルでaclfileディレクティブによってacl.confのような外部ファイルとしてACLファイルを指定する方法もあります。この場合、userディレクティブを改行で列挙したものをacl.confなどのファイルに記載します。記載したファイルをaclfile /etc/redis/acl.confのように指定します。設定ファイルにuserディレクティブを直接記述する方法とACLファイルをaclfileディレクティブで指定する方法の両方を同時に使用できません。そのため、シンプルなユースケースには前者を使用し、複数のユーザーを指定するなどの環境では後者を使用するなどの方針で使い分けましょう。

レプリケーション機能で専用ユーザーを作成してコマンドを制限したい場合は、以下のように実行します。

```
ACL setuser replica-user on >somepassword +psync +replconf +ping
```

では、myuserというユーザー名で、P@ssw0rdのパスワード、すべてのキーに対してアクセス可能な読み込み専用ユーザーを作成する例を説明します。ACL SETUSER myuser on >P@ssw0rd ~* +@readコマンドを実行してください。

```
127.0.0.1:6379> ACL SETUSER myuser on >P@ssw0rd ~* +@read
OK
```

ACL LISTコマンドで、ユーザー情報とアクセス制御情報の詳細を確認できますが、myuserのユーザー情報も追加されていることがわかります。

```
127.0.0.1:6379> ACL LIST
1) "user default on nopass ~* &* +@all"
2) "user myuser on #b03ddf3ca2e714a6548e7495e2a03f5e824eaac9837cd7f159c67b90fb4b7342 ~* resetchannels
 -@all +@read"
```

なお、ACL SETUSER myuser +setとACL SETUSER myuser +getのように複数回ACL SETUSERコマンドを実行した場合、+setと+getの両方が認識される形になります。

Redis 7.0以降、設定したACLが実際に機能するか確かめるためにドライラン機能もあります。以下のようにDRYRUNのサブコマンドを使用して実行することで実際に実行したいコマンドによる影響を与えることなく、ACLによるルールを通過するか確かめられます。

```
127.0.0.1:6379> ACL DRYRUN myuser SET key1
(error) ERR wrong number of arguments for 'set' command
```

作成されたユーザーについては、AUTH <USERNAME> <PASSWORD>のようにユーザー名とパスワードを引数にAUTHコマンドを実行します。ACL機能登場以前は、AUTH <PASSWORD>のようにAUTHコマンドは引数にパスワードのみを受け取る形でしたが、現在は互換性のために両方のフォーマットをサポートしています。

```
127.0.0.1:6379> AUTH myuser P@ssw0rd
OK
```

誤ったパスワードでログインしたら、どうなるか確認してみましょう。ユーザー名とパスワードの組み合わせが異なるか、ユーザーが無効化されていることがエラー文から確認できます。

```
127.0.0.1:6379> AUTH myuser wrongpassword
(error) WRONGPASS invalid username-password pair or user is disabled.
```

また、ACL機能ではセキュリティイベントをリストとして確認できます。ACL LOGコマンドを実行すると、イベントの一覧を確認できます。認証に失敗した情報や接続元のクライアント情報などの詳細も確認できます。コマンドの実行が拒否されたものや認証に失敗したものがログに記録され、メモリー上に保持されます。

```
127.0.0.1:6379> ACL LOG
1)  1) "count"
    1) (integer) 1
    2) "reason"
    3) "auth"
    4) "context"
    5) "toplevel"
    6) "object"
    7) "AUTH"
    8) "username"
   1)  "myuser"
   2)  "age-seconds"
   3)  "28.617999999999999"
   4)  "client-info"
```

```
   5) "id=3 addr=127.0.0.1:48490 laddr=127.0.0.1:6379 fd=8 name= age=192 idle=0 flags=N db=0 sub=0
psub=0 ssub=0 multi=-1 qbuf=46 qbuf-free=20428 argv-mem=23 multi-mem=0 rbs=1024 rbp=0 obl=0 oll=0
omem=0 tot-mem=22319 events=r cmd=auth user=myuser redir=-1 resp=2"
```

許可されていない書き込みコマンドを実行すると、権限がないというエラー文が返ってきます。

```
127.0.0.1:6379> SET samplekey test
(error) NOPERM this user has no permissions to run the 'set' command
```

ACL LOGコマンドで、コマンドが失敗したことも追記されます。

```
1)  1) "count"
    2) (integer) 1
    3) "reason"
    4) "command"
    5) "context"
    6) "toplevel"
    7) "object"
    8) "set"
    9) "username"
   10) "myuser"
   11) "age-seconds"
   12) "16.823"
   13) "client-info"
   14) "id=4 addr=127.0.0.1:48492 laddr=127.0.0.1:6379 fd=8 name= age=74 idle=0 flags=N db=0 sub=0
psub=0 ssub=0 multi=-1 qbuf=38 qbuf-free=20436 argv-mem=16 multi-mem=0 rbs=1024 rbp=0 obl=0 oll=0
omem=0 tot-mem=22312 events=r cmd=set user=myuser redir=-1 resp=2"
```

セキュリティイベントとして保持できるエントリーの最大数はacllog-max-lenディレクティブで制御でき、デフォルトは128です。ACL LOG RESETコマンドで、ACLログの内容をリセットします。

**セレクター（Selectors）**

ACLで複数ルールを指定した場合、ルールの順序が大事です。左から右の順へたどっていった結果の通りに解釈します。すなわち、一連のルールは依存関係があります。

OR条件を適用したいこともあります。たとえば、sample-とtest-のプレフィックスのキーだけSETコマンドを許可して、sample-のプレフィックスのキーのみGETコマンドを許可するようなケースです。

このために、Redis 7.0以降、ACLでセレクター機能が利用できます。1つめのルート権限に続けて、セレクターと呼ばれるものを()の丸括弧でくくって指定していきます。

以下の実行例は、+SET ~test-*をルート権限として、セレクターとして+SET ~sample-*と+GET ~sample-*を指定しています。

```
127.0.0.1:6379> ACL SETUSER myuser on >P@ssw0rd +SET ~test-* (+SET ~sample-*) (+GET ~sample-*)
OK
```

上記コマンドを実行すると、sample-とtest-のプレフィックスのキーだけSETコマンドを実行でき、それ以外のプレフィックスであるkey-1のキーでは実行できません。

```
127.0.0.1:6379> AUTH myuser P@ssw0rd
```

```
OK
127.0.0.1:6379> SET test-1 value-1
OK
127.0.0.1:6379> SET sample-1 value-1
OK
127.0.0.1:6379> SET key-1
(error) ERR wrong number of arguments for 'set' command
```

一度追加したセレクターはあとから変更できませんが、clearselectorsのキーワードによりセレクターをすべて削除できます。

#### キー認可（Key permissions）

アクセスを許可するキーの範囲を指定するためには、~KEY_PATTERNのように~をキーのパターンの前につけます。

Redis 7.0以降、この前に%PERMISSION~KEY_PATTERNという形で%と認可の種類を指定することでコマンドが扱いキーの種類を指定できます。現状、読み込みと書き込みに対応しており、それぞれ%Rと%Wに対応します。組み合わせて指定もでき、%RW~KEY_PATTERNのように指定した場合は、~KEY_PATTERNと同じ意味になります。

以下の実行例は、%W~sample-*のように指定することでsample-のプレフィックスのキーには書き込みはできますが、読み込みはできないように設定しています。

```
127.0.0.1:6379> ACL SETUSER myuser on >P@ssw0rd +@all %W~sample-*
OK
```

実際に、期待した動作になることが確認できます。

```
127.0.0.1:6379> AUTH myuser P@ssw0rd
OK
127.0.0.1:6379> SET sample-1 value-1
OK
127.0.0.1:6379> GET sample-1
(error) NOPERM this user has no permissions to access one of the keys used as arguments
```

### ACL機能関連のコマンド

ACL機能に関するコマンドとして、現在以下の12種類があります。

| コマンド | 説明 |
|---|---|
| ACL CAT | コマンド制御に利用できるカテゴリー一覧を表示。引数にカテゴリーを指定した場合、指定したカテゴリーで使用できるコマンドの一覧を表示 |
| ACL DELUSER | ACLユーザーを削除。削除されたユーザーが接続中の場合は、接続を終了 |
| ACL DRYRUN | 引数に指定したコマンドを実際に実行することなく、設定したACLによる通過の可否を確認できる（Redis 7.0.0~）。 |
| ACL GENPASS | SHA256でハッシュ化されたパスワードを生成。オプションで引数として数字を指定した場合はそのビット数のパスワードを生成 |
| ACL GETUSER | ACLユーザーの詳細を表示 |
| ACL HELP | ACLコマンドの用法および各種サブコマンドの内容を表示 |
| ACL LIST | ACLユーザーの一覧、およびそれぞれのACLルールの表示 |
| ACL LOAD | ACLファイルからACLユーザーを読み込み |

| コマンド | 説明 |
|---|---|
| ACL LOG | ACLログエントリーを表示。引数として数値を指定した場合、その数だけさかのぼって表示。引数としてRESETを指定すると、ACLログを削除 |
| ACL SAVE | 現在の設定をACLファイルへ保存 |
| ACL SETUSER | ACLユーザーの作成および修正 |
| ACL USERS | ACLユーザーの一覧 |
| ACL WHOAMI | 現在接続しているユーザー名の表示 |

# 5.7 ベンチマーク

Redisの処理速度は、さまざまな要因に左右されます。CPU、ネットワーク帯域、データの大きさ、キャッシュヒット率、RTTの影響度合いなどが主なところだけでも挙げられます。実際にRedisを利用するにあたって、使用するアプリケーションの特性を考慮しながら、どの程度の処理速度があるか確認しておくことが重要です。

redis-benchmarkはRedisに同梱されており、上記の項目についてベンチマークを取れます*66。

実際に利用するアプリケーションの状況を考慮しながら、Redisクライアント数、データのサイズやコマンド等を変更した際の状況を設定できます。パイプラインを利用することでどの程度パフォーマンスが改善するかといったことも確認可能です。それらの結果を元に、Redisサーバーの各種メトリクスの傾向や問題が発生しないか等を確認します。

実際のアプリケーション目線で評価する場合は、アプリケーションと同一ホスト上からテストすることでより近い状況を確認できます。

**redis-benchmark**コマンドに用意されている各オプションの内容は下記の通りとなります。**--help**オプションで確認でも、**redis-benchmark**コマンドのオプションの詳細が確認できます。**--help**オプションでは実行方法の例も確認できます。

| オプション | 説明 | デフォルト値 |
|---|---|---|
| -h | Redisサーバーのホスト名 | 127.0.0.1 |
| -p | Redisサーバーのポート番号 | 6379 |
| -s | サーバーのソケット | |
| -a | 認証パスワード | |
| --user | 認証ユーザー（ACL機能） | |
| -u | Server URI | |
| -c | 並列接続するクライアント数 | 50 |
| -n | 合計のリクエスト数 | 100000 |
| -d | SET/GETコマンドのデータサイズのバイト数 | 3 |
| --dbnum | 指定するデータベースの番号 | 0 |
| -3 | RESP3プロトコルモードでセッション開始 | |

*66 https://redis.io/docs/reference/optimization/benchmarks/

| オプション | 説明 | デフォルト値 |
| --- | --- | --- |
| --threads | マルチスレッド有効化 | |
| --cluster | クラスターモード有効化 | |
| --enable-tracking | クライアント追跡有効化 | |
| -k | キープアライブの使用の有無 | 1 |
| -r | SET/GET/INCR/SETコマンドで、使用するキー空間のキーの種類の大きさ。SETコマンドの場合は使用する値の種類の多さ | |
| -P | パイプライン中のリクエスト数 | 1 |
| -q | 詳細出力の省略。各コマンドの秒間当たりのクエリー数のみを表示 | |
| --precision | レイテンシー出力に表示する小数点以下の桁数 | 0 |
| --csv | CSV形式で結果を出力 | |
| -l | redis-benchmarkコマンドをループ処理 | |
| -t | ベンチマークするコマンドを限定。カンマ区切りで指定 | |
| -I | 指定した数だけアイドル状態の接続を開いて待機 | |
| -x | STDINから最後の引数の読み取り | |
| --tls | TLS接続を確立 | |
| --sni | 指定したホスト名でSNI（Server name indication）によるTLS通信 | |
| --cacert | 検証に使用するCA証明書のファイルを引数に指定 | |
| --cacertdir | 信頼されたCA証明書が保存されているディレクトリを引数に指定 | |
| --insecure | 証明書の検証をスキップ | |
| --cert | 認証に使用するクライアント証明書を引数に指定 | |
| --key | 認証に使用する秘密鍵のファイルを引数に指定 | |
| --tls-ciphers | TLS通信のネゴシエーションに使用する暗号スイートのリストの優先順位を指定（TLS 1.2以下） | |
| --tls-cipherssuites | TLS通信のネゴシエーションに使用する暗号スイートのリストの優先順位を指定（TLS 1.3） | |
| --help | ヘルプ表示 | |
| --version | バージョン表示 | |

以下のように実行します。

```
$ redis-benchmark -h 172.31.3.237 -p 6379 -n 100000 -r 10000 -P 10 -c 100 -d 15
====== PING_INLINE ======
  100000 requests completed in 0.31 seconds
  100 parallel clients
  15 bytes payload
  keep alive: 1
  host configuration "save": 3600 1 300 100 60 10000
  host configuration "appendonly": no
  multi-thread: no

Latency by percentile distribution:
0.000% <= 0.503 milliseconds (cumulative count 10)
50.000% <= 1.271 milliseconds (cumulative count 50340)
75.000% <= 2.311 milliseconds (cumulative count 75060)
87.500% <= 4.087 milliseconds (cumulative count 87510)
```

```
93.750% <= 5.767 milliseconds (cumulative count 93760)
96.875% <= 7.711 milliseconds (cumulative count 96890)
98.438% <= 8.767 milliseconds (cumulative count 98440)
99.219% <= 9.615 milliseconds (cumulative count 99220)
99.609% <= 11.407 milliseconds (cumulative count 99620)
99.805% <= 11.471 milliseconds (cumulative count 99810)
99.902% <= 11.527 milliseconds (cumulative count 99910)
99.951% <= 11.559 milliseconds (cumulative count 99970)
99.976% <= 11.575 milliseconds (cumulative count 99990)
99.994% <= 11.591 milliseconds (cumulative count 100000)
100.000% <= 11.591 milliseconds (cumulative count 100000)
:
```

先の実行例はコマンドごとの秒間当たりのリクエスト数に加え、全リクエスト数の処理に何秒の時間を要したか、指定したパラメータの値とともに時間を要したリクエスト数の分布を確認できました。-qオプションを指定して、コマンドごとの秒間当たりのリクエスト数のみ出力できます。

```
$ redis-benchmark -h 172.31.3.237 -n 100000 -r 10000 -q -P 10 -c 100 -d 15
PING_INLINE: 344827.59 requests per second, p50=1.359 msec
PING_MBULK: 209643.61 requests per second, p50=2.927 msec
SET: 236406.61 requests per second, p50=2.359 msec
GET: 546448.06 requests per second, p50=1.471 msec
INCR: 469483.56 requests per second, p50=1.823 msec
LPUSH: 460829.50 requests per second, p50=1.863 msec
RPUSH: 478468.88 requests per second, p50=1.791 msec
LPOP: 469483.56 requests per second, p50=1.831 msec
RPOP: 490196.09 requests per second, p50=1.735 msec
SADD: 558659.19 requests per second, p50=1.431 msec
HSET: 413223.16 requests per second, p50=2.111 msec
SPOP: 578034.69 requests per second, p50=0.983 msec
ZADD: 291545.19 requests per second, p50=3.127 msec
ZPOPMIN: 574712.69 requests per second, p50=0.967 msec
LPUSH (needed to benchmark LRANGE): 462962.94 requests per second, p50=1.863 msec
LRANGE_100 (first 100 elements): 83263.95 requests per second, p50=6.431 msec
LRANGE_300 (first 300 elements): 23719.16 requests per second, p50=15.639 msec
LRANGE_500 (first 500 elements): 13781.70 requests per second, p50=19.279 msec
LRANGE_600 (first 600 elements): 11576.75 requests per second, p50=19.631 msec
MSET (10 keys): 131578.95 requests per second, p50=7.095 msec
```

-tオプションでベンチマークするコマンドを制限もできます。たとえば、下記のように-t set,get,lpush,rpop,sadd,spopのように指定すると、SET/GET/LPUSH/RPOP/SADD/SPOPコマンドのみのベンチマークを取ることができます。なお、-tオプションを使用しないで実行するコマンドを直接指定もできます。

```
$ redis-benchmark -h 172.31.3.237 -p 6379 -n 100000 -r 10000 -q -t set,get,lpush,rpop,sadd,spop -P 10
 -c 100 -d 15
SET: 317460.31 requests per second, p50=2.343 msec
GET: 398406.41 requests per second, p50=1.519 msec
LPUSH: 276243.09 requests per second, p50=2.135 msec
RPOP: 483091.78 requests per second, p50=1.759 msec
SADD: 552486.19 requests per second, p50=1.455 msec
SPOP: 584795.31 requests per second, p50=0.975 msec
```

`--csv`オプションで、結果をパースしやすいCSVで出力できます。

```
$ redis-benchmark -h 172.31.3.237 -p 6379 -n 100000 -r 10000 -q -P 10 -c 100 -d 15 --csv
"test","rps","avg_latency_ms","min_latency_ms","p50_latency_ms","p95_latency_ms","p99_latency_ms","
max_latency_ms"
"PING_INLINE","448430.47","1.539","0.368","1.143","4.863","7.087","8.239"
"PING_MBULK","306748.47","2.613","0.264","1.655","7.151","10.127","15.559"
"SET","328947.38","2.554","0.712","2.199","5.127","8.223","11.983"
"GET","370370.34","2.053","0.544","1.431","5.703","10.135","18.143"
"INCR","465116.28","1.860","1.048","1.839","2.423","2.767","3.511"
"LPUSH","462962.94","1.890","0.784","1.871","2.431","2.711","3.215"
"RPUSH","476190.50","1.818","0.704","1.791","2.391","2.695","3.255"
"LPOP","467289.72","1.854","0.800","1.831","2.471","2.815","3.439"
"RPOP","485436.91","1.777","0.856","1.759","2.351","2.647","3.319"
"SADD","543478.25","1.518","0.656","1.471","2.215","2.703","3.359"
"HSET","420168.06","2.083","1.000","2.071","2.639","3.031","3.935"
"SPOP","588235.31","1.182","0.344","0.983","2.775","3.399","4.367"
"ZADD","292397.66","3.110","1.432","3.111","3.687","3.871","4.511"
"ZPOPMIN","571428.56","1.206","0.384","0.975","3.103","3.799","4.679"
"LPUSH (needed to benchmark LRANGE)","471698.12","1.843","0.800","1.823","2.375","2.631","3.311"
"LRANGE_100 (first 100 elements)","83263.95","6.894","1.176","6.191","12.559","14.543","16.687"
"LRANGE_300 (first 300 elements)","23963.58","14.904","2.208","13.375","28.815","36.863","40.191"
"LRANGE_500 (first 500 elements)","13721.19","20.846","5.656","19.551","33.951","47.199","56.543"
"LRANGE_600 (first 600 elements)","11704.12","22.046","6.064","20.303","40.223","53.055","67.391"
"MSET (10 keys)","134408.59","6.897","1.848","6.919","7.815","8.471","9.607"
```

ほかにもRedisで使えるベンチマークツールがいくつかあります。Redis社のmemtier_benchmark[*67]やTwitterのrpc-perf[*68]などです。

redis-benchmarkはRedis 6.0以降、`--cluster`オプショを使用することでRedisクラスターに対してベンチマークを取ることができます[*69][*70]。memtier_benchmarkでは、Redis 6.0未満からRedisクラスターのサポートやTLSのサポート、その他サイズの範囲やデータへのアクセス方法などのオプションや、`SETRANGE`/`GETRANGE`コマンドが利用できます[*71][*72][*73]。

なお、広く一般にベンチマークを実行する際の注意点があります。ベンチマークはあくまで仮想的な状況を再現してテストを行うものです。実際、本番環境にアプリケーションをリリースしてトラフィックを受けたとき、ベンチマークでカバーできていない状況に遭遇して問題が起きることは容易に想定されます。ベンチマークはあくまでおおよその参考程度に使用し、本番環境と同等もしくはなるべく近い環境でテストすることをおすすめします。

---

*67　memtier_benchmark https://github.com/redislabs/memtier_benchmark

*68　rpc-perf https://github.com/twitter/rpc-perf

*69　https://raw.githubusercontent.com/antirez/redis/6.0-rc1/00-RELEASENOTES

*70　https://github.com/redis/redis/pull/5889

*71　https://github.com/redis/redis/issues/2191

*72　https://redislabs.com/blog/memtier_benchmark-a-high-throughput-benchmarking-tool-for-redis-memcached/

*73　https://redislabs.com/blog/new-in-memtier_benchmark-pseudo-random-data-gaussian-access-pattern-and-range-manipulation/

Column

## RedisとMemcachedのベンチマーク

異なるソフトウェアの性能を比較するために、ベンチマークを実施することもあります。

Redisの作者Antirez氏がRedisとMemcachedを比較するベンチマークテストを行ったことがあります[*a]。Memcachedの作者dormando氏がそれに反応し、ベンチマークの内容について少し議論が行われました[*b*c*d]。

MemcachedのほうがRedisより優れている、反対にRedisのほうが優れているなど、ベンチマークの実行内容によって示す性能は変わります。

Redisがリクエストを主にシングルスレッド、Memcachedがマルチスレッドで処理するため、パフォーマンスを求めるときはRedisよりMemcachedのほうが望ましいと考える人がいます。筆者としては、この考え方には以下のような点で懐疑的です。

- **RedisとMemcachedは使い勝手が異なり単純な比較が難しい**
- **RedisのパフォーマンスはMemcachedに劣っているとは断定できない**
- **Redisのパフォーマンス上の課題は回避できるものが多い**

RedisとMemcachedは使用する場面も異なり、Redisのアトミックな複雑な処理とMemcachedにおける単純な処理による比較は困難です。似通ったユースケースでも優劣をつけがたい、好みに依存する側面があります。

Redisは基本シングルスレッドで処理するものの、Redisのプロセス数を増やせばマルチコアの恩恵は受けられます。また、Memcachedではそれほどスケールしないケースでも、Redisなら秒間当たりに処理できるコマンド数がスケールすることもあります。先述のように、ベンチマークでも必ずしもMemcachedのほうが優勢とは限りません。

Redisのパフォーマンス上の課題については解決できるものが多いです。計算量の多いコマンドやLua（エフェメラルスクリプト、Redisファンクション）の処理に1コアが使い尽くされる（CPU使用率100%）と、シングルスレッドのRedisではパフォーマンスに影響が出かねません。これらはコマンドやスクリプトの内容変更で回避できることもあります[*e]。

筆者としては、シングルスレッドだからというだけの理由でRedisを避け、Memcachedを選ぶことは推奨しません。シングルスレッドモデルが直接性能問題につながることはあまりありません。問題となっても、上述のコマンドやスクリプトの変更、マルチスレッド機能（5.8参照）、1台あたりのキャッシュノードに対する負荷分散[*f]で対応できます。

Redisのパフォーマンス面が気になったときは乗り換えの前に、Redisを不適切に使用している箇所があれば改善し、適した機能があればそちらを活用することを考えたほうがメリットは大きいです。

最終的には、ユースケースや扱うデータモデル、業務要件などを踏まえて判断すべきです。もちろん、ユースケースによってはMemcachedのほうが優れていることもあるでしょう。

---

*a http://oldblog.antirez.com/post/redis-memcached-benchmark.html

*b https://dormando.livejournal.com/525147.html

*c http://oldblog.antirez.com/post/update-on-memcached-redis-benchmark.html

*d Antirez氏はRedisがマルチスレッドによる実装をしない理由として、同一機能を達成するためにマルチスレッドで処理を行うと開発スピードが落ちることや、バグの修正や複雑なアトミックなコマンド処理の扱いの困難さを挙げています。

*e ワークロード的に止むを得ず、シングルスレッドの性能低下を避けられないこともあります。

*f 読み込みクエリであればレプリカを増やし、書き込みクエリであればRedisクラスターでシャードを増やすなど。

# 5.8 マルチスレッド処理

何度か言及したように、Redisのリクエスト処理は主にシングルスレッドです。ただし、部分的にマルチスレッド処理を行います。たとえばUNLINKコマンドでは削除対象のキーはいったんバックグラウンドでキューに入れられるため、ほかのスレッドによって非同期に順次削除していくことが可能です(Lazy Freeing)*74。lazyfree-lazy-user-delディレクティブ（Redis 6.0以降）の値をyesに設定することで、DELの挙動がUNLINKと同じ振る舞いになります（デフォルトはno）。

Redis 6.0以降、オプションでI/O部分はマルチスレッド処理を有効化できます。具体的にどの部分がマルチスレッド化されているのか理解するために、そもそもRedisがリクエストを受け付ける際にどのように動作するのかを説明します。

まず、Redisはメインスレッドでコネクション確立要求のリクエストを受け付けます。その後、ソケットを取得し、読み込み処理を待機するキューに情報を入れます。メインスレッドで読み込みイベントを処理し終えたら、I/Oスレッドへ順番に処理を割り当てていきます。メインスレッドはI/OスレッドがソケットからのIの読み込みが完了するのを待機し、解析されたコマンドを受け取ります。そして、コマンドを実行します。その後、メインスレッドはI/Oスレッドが結果をソケットへ書き込むのを待機します。書き込みを終えたら、メインスレッドはキューからリクエストを削除し、次のリクエストを受け付けます。

**図5.6　Redisにおけるマルチスレッドの動作イメージ**

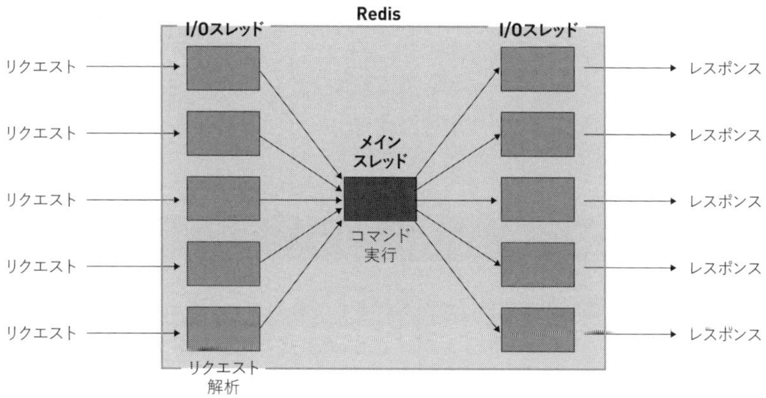


Redisサーバーでリクエストを処理後、ユーザーへデータを返す際にソケットへの書き込みを行います。Redis 6.0でマルチスレッドが利用できるようになりましたが、このI/O処理の部分で複数のスレッドで分担して代わりの処理可能です。io-threadsディレクティブでスレッド数の設定が可能です。

勘違いしやすい点ですが、解析されたコマンド内容を実行するデータアクセス部分は基本的にシング

*74　Redis 4.0以降、利用できます。

ルスレッドのままであることについては注意してください。このデータアクセス部分でマルチスレッドを使用すると、メモリーの共有に伴いロック競合などを考慮したしくみが必要になります。結果、パフォーマンスの低下や、Redisの複雑化を招きかねません。Redisではシンプルさを保ったまま高速な処理を実現するために、シングルスレッドを使用するスタンスを採用しています[*75][*76]。

公式では、スレッド化されたI/OはCPUを多く消費するため、パフォーマンスが問題になる場合のみマルチスレッド処理の利用を推奨しており、デフォルトでは無効化されています。また、4コア以上のみマシンの対してのみでこちらの機能を利用し、余分に最低1つのコアを残した状態でスレッドを使用する設定にすることを提案しています。

クライアントからのリクエストについて、ソケットからの読み込み時の処理もマルチスレッド処理を有効化できます。ユーザーから送られたリクエストの内容をソケットから読み込み、リクエスト内容を分析する処理で複数のスレッドで分担して代わりに処理できます。`io-threads-do-reads`ディレクティブで有効化（yesの値）、無効化（noの値）の設定が可能です。

公式には`io-threads`ディレクティブの値を8より大きくしても大きく役に立つわけではないことが言及されています。また、`io-threads-do-reads`ディレクティブでクライアントからのリクエストの内容をソケットから読み込む部分をマルチスレッド化する場合でも同様の言及をしています。しかし、実際はワークロードに大きく依存するので、本番環境のサービスのワークロードおよびそれに近い環境で検証していただくのが良いでしょう。

`redis-benchmark`でマルチスレッド処理の検証時は、`--threads`オプションでRedisのスレッド数の値に合わせて指定しないと、マルチスレッド処理による十分なパフォーマンス改善が確認できないでしょう。ほかのベンチマークツールで検証するときも考え方は同様です。

マルチスレッド処理を有効にしている場合には現状TLS機能が利用できない点は注してください[*77]。

なお、クラウドなどのマネジメントサービスを利用している場合は上記マルチスレッド機能を利用せず、独自の実装によるマルチスレッド化処理がRedis 6.0より前から利用できる場合があります。また、TLS環境でもマルチスレッド処理が利用できる場合もあります。利用するサービスのドキュメント等でそのような機能がないか確認してみると良いでしょう。

## 5.9 DEBUGコマンド

Redisでは、デバッグ用途の`DEBUG`コマンドが用意されています。ドキュメント上では、`DEBUG OBJECT`/`DEBUG SEGFAULT`の2種類のみですが、Redis 7.0.4現在は38種類用意されています[*78]。基本的には、ドキュメント外のコマンドについては突然削除される可能性もあり、デバッグで困った際にそれを解決するのに役立つサブコマンドがあれば利用してみるという形にとどめて利用すべきでしょう。

---

*75　Redis互換を謳うKeyDBやDragonflyは、データアクセス部分でマルチスレッド処理するなどの工夫を取っています。KeyDBやDragonflyの方がパフォーマンスが高い場面もたしかにあります。ただし、このような状況であっても同一ノードもしくは異なるノード上のCPUコアを活用するものとしてRedisクラスター（参照：第8章）があり、こちらの方がパフォーマンスが高くなることもあります。必ずしもマルチスレッドのアプローチによってパフォーマンスが改善されるわけではありません。 https://redis.com/blog/redis-architecture-13-years-later/ https://github.com/Snapchat/KeyDB https://github.com/dragonflydb/dragonfly

*76　https://github.com/redis/redis/blob/7.0.4/MANIFESTO

*77　https://github.com/redis/redis/blob/7.0.4/TLS.md

*78　https://github.com/redis/redis/blob/7.0.4/src/debug.c#L387-L998

あくまでデバッグ用途のため、本番環境での利用は避けるべきであることには注意してください。また、マネージドサービスで提供されている場合、コマンドの使用が制限されていることがあります。

表5.31 **DEBUGコマンドのサブコマンド**

| サブコマンド | 説明 |
| --- | --- |
| `AOF-FLUSH-SLEEP` <マイクロ秒> | AOFをフラッシュする前にRedisサーバーを指定した秒数だけスリープさせる。 |
| `ASSERT` | アサーション失敗によるクラッシュ |
| `CHANGE-REPL-ID` | ノードのレプリケーションID変更。レプリケーションのサブシステムのテストのためにのみに使用することを推奨 |
| `CONFIG-REWRITE-FORCE-ALL` | 元の設定ファイルに含まれていないキーワード、デフォルト値も含めてすべての設定オプションを書き出す。 |
| `CRASH-AND-RECOVER` <ミリ秒> | Redis 3.2.0以降利用可能。クラッシュさせて指定した時間のミリ秒後に再起動 |
| `DIGEST` | 現在のデータベースの内容を表す16進数の署名を出力 |
| `DIGEST-VALUE` <キー> [<キー> ...] | 指定した全キーの値の16進数の署名 |
| `ERROR` <文字列> | 与えられた文字列をメッセージとしてRedisプロトコルエラーを返す。 |
| `LEAK` <文字列> | 低数の文字列のメモリーリークを引き起こす。 |
| `LOG` <メッセージ> | Redis 5.0.0以降利用可能。 Redisサーバーのログに与えられた文字列を書き込む。 |
| `HTSTATS` <データベース番号> | Redis 3.2.0以降利用可能。 指定したRedisデータベースのハッシュテーブルの統計を返す。 |
| `HTSTATS-KEY` <キー名> | Redis 5.0.0以降利用可能。`HTSTATS`と似ているが、指定したキーが値として保存されているハッシュテーブルの情報を返す。 |
| `LOADAOF` | ディスク上にAOFバッファーをフラッシュし、メモリー中のAOFを再読み込み |
| `REPLICATE` <文字列> | 引数に与えた文字列をレプリカにレプリケーション |
| `MALLCTL` | mallocでチューニングされた整数の値の取得、保存 |
| `MALLCTL-STR` | mallocでチューニングされた文字列の値の取得、保存 |
| `OBJECT` <キー名> | 指定したキーとそれに関連づく値について低レベルの情報を表示 |
| `DROP-CLUSTER-PACKET-FILTER` <メッセージの種類> | クラスターに関する通信のメッセージについて、フィルターされた種類に一致するすべてのパケットをドロップ |
| `OOM` | OOM(Out Of Memory)をトリガー |
| `PANIC` | パニックをシミュレーションしてサーバーをクラッシュ |
| `POPULATE` <数> [プレフィックス] [サイズ] | 指定した数`key:`<数字>のキーと`value:`<数字>のデータを生成。プレフィックスでキー名の開始文字、サイズで値のサイズを指定。 |
| `PROTOCOL` <データ型> | 指定したデータ型のテスト値で応答 |
| `RELOAD` | ディスク上にRDBファイルを保存し、メモリー上に再度読み込み戻す |
| `RESTART` | Redis 3.2.0以降利用可能。正常に再起動を行う。設定ファイルやデータベースの保存と再起動 |
| `SDSLEN` <キー名> | キーと値を表す、低レベルなSDS文字列の情報を表示 |
| `SEGFAULT` | sigsegvでサーバーをクラッシュ。開発中にバグのシミュレーション等に使用 |
| `SET-ACTIVE-EXPIRE` <0\|1> | TTLが切れたキーのアクティブな方法によるキーの回収を有効にするか |
| `QUICKLIST-PACKED-THRESHOLD` | quicklistで圧縮する閾値の設定 |

<table>
<tr><th>サブコマンド</th><th>説明</th></tr>
<tr><td>SET-SKIP-CHECKSUM-VALIDATION <0 | 1></td><td>RDBファイルやRESTOREコマンドのペイロードに対するチェックサムの確認を有効にするか</td></tr>
<tr><td>SLEEP <秒数></td><td>指定した秒数だけRedisサーバーを停止</td></tr>
<tr><td>STRINGMATCH-TEST</td><td>stringmatchlen関数に対するfuzzテストを実行</td></tr>
<tr><td>STRUCTSIZE</td><td>Redis 3.2.0以降利用可能。RedisコアのC構造体のサイズのバイト数</td></tr>
<tr><td>LISTPACK <キー名></td><td>引数に与えたキーのlistpackのエンコーディングに関する低レベル情報を表示</td></tr>
<tr><td>QUICKLIST <キー名></td><td>引数に与えたキーのquicklistのエンコーディングに関する低レベル情報を表示</td></tr>
<tr><td>CLIENT-EVICTION</td><td>クライアントの退避プールの低レベルな情報を表示（maxmemory-clients）</td></tr>
<tr><td>PAUSE-CRON <0 | 1></td><td>定期的なcronジョブ処理の停止を有効にするか</td></tr>
<tr><td>REPLYBUFFER PEAK-RESET-TIME <NEVER||RESET|time></td><td>クライアントリプライバッファーのピークリセット間の待機時間（ミリ秒）を設定</td></tr>
<tr><td>REPLYBUFFER RESIZING <0 | 1></td><td>リプライバッファーのリサイズのcron jobを有効にするか</td></tr>
</table>

サブコマンドについては、DEBUG HELPコマンドで内容を確認できます。

特に便利なDEBUG SEGFAULTとDEBUG POPULATEコマンドを紹介します。

DEBUG SEGFAULTはRedisサーバーをクラッシュさせることができます。たとえば、レプリケーションでフェイルオーバーさせたときのアプリケーションの挙動をテストする際などに活用できます。実行すると、以下のようにRedisサーバーと未接続状態になります。

```
127.0.0.1:6379> DEBUG SEGFAULT
Error: Server closed the connection
(0.71s)
```

Redisサーバー側ではスタックトレースやレジスタの値、INFOコマンドなどのデバッグに必要な情報が出力されます。

```
=== REDIS BUG REPORT START: Cut & paste starting from here ===
16825:M 29 Aug 2022 08:03:56.515 # Redis 7.0.4 crashed by signal: 11, si_code: 2
16825:M 29 Aug 2022 08:03:56.515 # Accessing address: 0x7f9cf9675000
16825:M 29 Aug 2022 08:03:56.515 # Crashed running the instruction at: 0x55697ce8b9f7

------ STACK TRACE ------
EIP:
redis-server 127.0.0.1:6379(debugCommand+0x277)[0x55697ce8b9f7]

Backtrace:
/lib/x86_64-linux-gnu/libc.so.6(+0x42520)[0x7f9cf8df6520]
redis-server 127.0.0.1:6379(debugCommand+0x277)[0x55697ce8b9f7]
redis-server 127.0.0.1:6379(call+0xee)[0x55697ce148ee]
redis-server 127.0.0.1:6379(processCommand+0x820)[0x55697ce160d0]
redis-server 127.0.0.1:6379(processInputBuffer+0x107)[0x55697ce31237]
redis-server 127.0.0.1:6379(readQueryFromClient+0x318)[0x55697ce31778]
redis-server 127.0.0.1:6379(+0x17363c)[0x55697cf0863c]
```

```
redis-server 127.0.0.1:6379(aeProcessEvents+0x1e2)[0x55697ce0c2b2]
redis-server 127.0.0.1:6379(aeMain+0x1d)[0x55697ce0c5ed]
redis-server 127.0.0.1:6379(main+0x358)[0x55697ce03d98]
/lib/x86_64-linux-gnu/libc.so.6(+0x29d90)[0x7f9cf8dddd90]
/lib/x86_64-linux-gnu/libc.so.6(__libc_start_main+0x80)[0x7f9cf8ddde40]
redis-server 127.0.0.1:6379(_start+0x25)[0x55697ce04425]

------ REGISTERS ------
16825:M 29 Aug 2022 08:03:56.518 #
RAX:00007f9cf9675000 RBX:0000000000000002
RCX:00007f9cf8ed2bd7 RDX:0000000000000001
RDI:0000000000000000 RSI:0000000000001000
RBP:00007f9cf86c9600 RSP:00007ffe55d734c0
:
=== REDIS BUG REPORT END. Make sure to include from START to END. ===

       Please report the crash by opening an issue on github:

           http://github.com/redis/redis/issues

  If a Redis module was involved, please open in the module's repo instead.

  Suspect RAM error? Use redis-server --test-memory to verify it.

  Some other issues could be detected by redis-server --check-system
Segmentation fault (core dumped)
```

DEBUG POPULATEは複数のデータを生成するのに用います。DEBUG POPULATE 1000コマンドを実行した場合は以下のようになります。動作検証にサンプルデータをさくっとつくりたいとき便利です。

```
127.0.0.1:6379> DEBUG POPULATE 1000
OK
127.0.0.1:6379> KEYS *
   1) "key:450"
   2) "key:439"
   3) "key:399"
:
1000) "key:911"
127.0.0.1:6379> GET key:450
"value:450"
```

Column

## データベース

Redisにおけるデータベースはネームスペースのようなものです。Redisでは一つのキャッシュノード内に複数のデータベースを持つことができます。異なるデータベースであれば同じ名前のキーも持つことができます。

図5.7 **複数データベースとキーの関係**

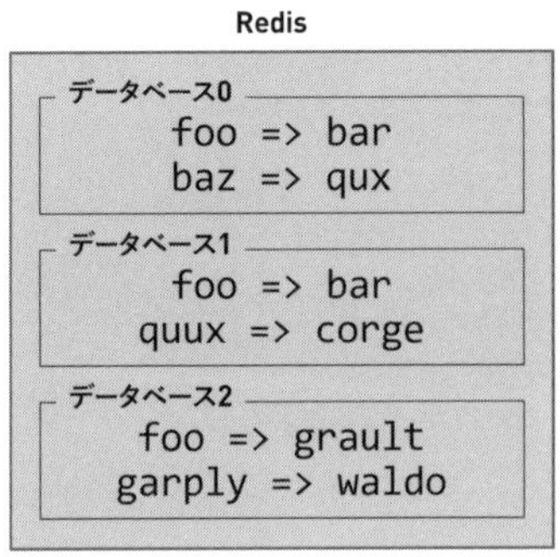


FLUSHDBやSWAPDB,RANDOMKEYコマンドなどはデータベース単位で実行されます。RDB/AOFファイルではすべてのデータベースが同じファイルとして保存されます。

デフォルトでは0番が選択されています。異なるデータベースへのアクセスは、SELECTコマンドで切り替えることができます。データベースの数はdatabasesディレクティブで制御します。

下記実行例です。

```
127.0.0.1:6379> SET foo bar0
OK
127.0.0.1:6379> SELECT 1
OK
127.0.0.1:6379[1]> GET foo
(nil)
```

0番のデータベースが選択されている場合は特に何も表示がありませんが、それ以外のデータベースが選択されている場合は、ポート番号の隣にデータベース番号が表示されます。上記実行例のように異なるデータベースでは同じキーであっても違うものとして認識されます。そのため、データベースが異なれば同じキー名であってもそれぞれの用途に使用できます。

しかしながら、これは非推奨の機能となっています[*a]。なお、Redisクラスターでは複数データベースは非対応となっています[*b]。また、Pub/Sub機能では異なるデータベースでメッセージを分離して管理されることはなく、全データベースのメッセージを受けます。そのため、チャンネル名をプレフィックスで識別し、メッセージの発行先を制御するなどの工夫で対応する必要があります。

*a　https://groups.google.com/forum/#!msg/redis-db/vS5wX8X4Cjg/8ounBXitG4sJ

*b　https://redis.io/docs/reference/cluster-spec/

# 6
# トラブルシューティング

Redis導入に際して、トラブルシューティングは最も気になるところでしょう。

各種RDBMSでは多く解説記事を見つけることができますが、Redisでなかなかまとまって解説している記事は多くありません。本章ではこの点を重点的に解説します。

トラブルシューティングの際には、エンジン内部の状況を確認する、INFOコマンドを主に活用します。

ただ、レイテインシーやメモリー関連で問題が発生した際には、INFOコマンドだけでは対応できません。そのほかのRedisの機能を活用した確認方法についても説明します。

これらの情報を元に、次のような視点で切り分けを行います。

- **特定コマンドのみもしくは全般的にコマンドの処理が遅くなっているか**
- **特定のキャッシュノードのみもしくは全キャッシュノードで問題が発生しているか**
- **特定のクライアントのみもしくはほかのクライアントでも事象が発生するか**
- **継続的に発生するものかもしくは過去の特定時間のみか（発生時間帯）**
- **事象発生頻度はどの程度か**

なお、10.3においても、トラブルシューティングを解説しています。クラウドでのトラブルシューティングをすすめていく上でのおおよその要領を説明しています。こちらはOSS版のRedisでサーバーを構築し運用している場合は、そのまま適用できず下準備が必要なこともありますが、参考になるポイントは非常に多いです。メトリクスから起こっている状況をどのように判断し、どのような対応が必要か解説しています。合わせて参照してください。

クラウドを利用しない場合の下準備として、たとえば、Prometheusを導入してRedis用のExporter（エクスポーター）等により各種データを収集する方法があります*1。タイムスタンプごとにレイテンシーや時間あたりの各種コマンドの実行数等のメトリクスの値を確認できるようになるため、運用のみだけではなくトラブルシューティングに役立てられます。

## 6.1 INFOコマンドによるサーバー情報取得

INFOコマンドはRedisサーバー内の状態を把握するのに用います*2。実行例を示します。

```
127.0.0.1:6379> INFO
# Server
redis_version:7.0.4
redis_git_sha1:00000000
redis_git_dirty:0
redis_build_id:c7d71d4b63066c
redis_mode:standalone
os:Linux 5.15.0-1011-aws x86_64
arch_bits:64
monotonic_clock:POSIX clock_gettime
multiplexing_api:epoll
atomicvar_api:c11-builtin
gcc_version:11.2.0
```

*1 https://prometheus.io/docs/instrumenting/exporters/

*2 INFO https://redis.io/commands/info

```
process_id:16706
process_supervised:no
run_id:9d3744fe9b200ea50324f5ab6aab8ed8fe9ada1e
tcp_port:6379
server_time_usec:1661758523453058
uptime_in_seconds:65
uptime_in_days:0
hz:10
configured_hz:10
lru_clock:814139
executable:/home/ubuntu/redis-server
config_file:/home/ubuntu/redis.conf
io_threads_active:0

# Clients
connected_clients:1
cluster_connections:0
maxclients:10000
client_recent_max_input_buffer:8
client_recent_max_output_buffer:0
blocked_clients:0
tracking_clients:0
clients_in_timeout_table:0

# Memory
used_memory:1038272
used_memory_human:1013.94K
used_memory_rss:10813440
used_memory_rss_human:10.31M
used_memory_peak:1038272
used_memory_peak_human:1013.94K
used_memory_peak_perc:100.22%
used_memory_overhead:933892
used_memory_startup:862952
used_memory_dataset:104380
used_memory_dataset_perc:59.54%
allocator_allocated:1183696
allocator_active:1507328
allocator_resident:4087808
total_system_memory:2033610752
total_system_memory_human:1.89G
used_memory_lua:31744
used_memory_vm_eval:31744
used_memory_lua_human:31.00K
used_memory_scripts_eval:0
number_of_cached_scripts:0
number_of_functions:0
number_of_libraries:0
used_memory_vm_functions:32768
used_memory_vm_total:64512
used_memory_vm_total_human:63.00K
used_memory_functions:184
used_memory_scripts:184
used_memory_scripts_human:184B
maxmemory:0
maxmemory_human:0B
```

```
maxmemory_policy:noeviction
allocator_frag_ratio:1.27
allocator_frag_bytes:323632
allocator_rss_ratio:2.71
allocator_rss_bytes:2580480
rss_overhead_ratio:2.65
rss_overhead_bytes:6725632
mem_fragmentation_ratio:10.65
mem_fragmentation_bytes:9798056
mem_not_counted_for_evict:0
mem_replication_backlog:20508
mem_total_replication_buffers:20504
mem_clients_slaves:0
mem_clients_normal:1800
mem_cluster_links:0
mem_aof_buffer:0
mem_allocator:jemalloc-5.2.1
active_defrag_running:0
lazyfree_pending_objects:0
lazyfreed_objects:0

# Persistence
loading:0
async_loading:0
current_cow_peak:0
current_cow_size:0
current_cow_size_age:0
current_fork_perc:0.00
current_save_keys_processed:0
current_save_keys_total:0
rdb_changes_since_last_save:0
rdb_bgsave_in_progress:0
rdb_last_save_time:1661758458
rdb_last_bgsave_status:ok
rdb_last_bgsave_time_sec:-1
rdb_current_bgsave_time_sec:-1
rdb_saves:0
rdb_last_cow_size:0
rdb_last_load_keys_expired:1
rdb_last_load_keys_loaded:4
aof_enabled:0
aof_rewrite_in_progress:0
aof_rewrite_scheduled:0
aof_last_rewrite_time_sec:-1
aof_current_rewrite_time_sec:-1
aof_last_bgrewrite_status:ok
aof_rewrites:0
aof_rewrites_consecutive_failures:0
aof_last_write_status:ok
aof_last_cow_size:0
module_fork_in_progress:0
module_fork_last_cow_size:0

# Stats
total_connections_received:1
total_commands_processed:2
```

```
instantaneous_ops_per_sec:0
total_net_input_bytes:81
total_net_output_bytes:91
total_net_repl_input_bytes:0
total_net_repl_output_bytes:0
instantaneous_input_kbps:0.00
instantaneous_output_kbps:0.00
instantaneous_input_repl_kbps:0.00
instantaneous_output_repl_kbps:0.00
rejected_connections:0
sync_full:0
sync_partial_ok:0
sync_partial_err:0
expired_keys:0
expired_stale_perc:0.00
expired_time_cap_reached_count:0
expire_cycle_cpu_milliseconds:0
evicted_keys:0
evicted_clients:0
total_eviction_exceeded_time:0
current_eviction_exceeded_time:0
keyspace_hits:0
keyspace_misses:0
pubsub_channels:0
pubsub_patterns:0
pubsubshard_channels:0
latest_fork_usec:0
total_forks:0
migrate_cached_sockets:0
slave_expires_tracked_keys:0
active_defrag_hits:0
active_defrag_misses:0
active_defrag_key_hits:0
active_defrag_key_misses:0
total_active_defrag_time:0
current_active_defrag_time:0
tracking_total_keys:0
tracking_total_items:0
tracking_total_prefixes:0
unexpected_error_replies:0
total_error_replies:0
dump_payload_sanitizations:0
total_reads_processed:3
total_writes_processed:2
io_threaded_reads_processed:0
io_threaded_writes_processed:0
reply_buffer_shrinks:1
reply_buffer_expands:0

# Replication
role:master
connected_slaves:0
master_failover_state:no-failover
master_replid:0ace726df624c7219be237524589dc7ec5f4aa78
master_replid2:0000000000000000000000000000000000000000
master_repl_offset:46
```

```
second_repl_offset:-1
repl_backlog_active:1
repl_backlog_size:1048576
repl_backlog_first_byte_offset:1
repl_backlog_histlen:46

# CPU
used_cpu_sys:0.033199
used_cpu_user:0.050588
used_cpu_sys_children:0.000000
used_cpu_user_children:0.000000
used_cpu_sys_main_thread:0.034001
used_cpu_user_main_thread:0.049549

# Modules

# Errorstats

# Cluster
cluster_enabled:0

# Keyspace
db0:keys=1002,expires=0,avg_ttl=0
db1:keys=2,expires=0,avg_ttl=0
```

7.0.4時点でINFOコマンドの出力結果は13個のセクションからなります*3。各セクションの有無、およびセクションの各項目については、バージョンによって異なることがあります。実際に実行してみてここに書かれている項目がない場合は、実行しているRedisのバージョンの違いによるものとお考えください。

- **Server**
  - Redisサーバーに関する一般情報
- **Clients**
  - クライアント接続情報
- **Memory**
  - Redisサーバーのメモリー使用状況
- **Persistence**
  - ROB/AOF情報
- **Stats**
  - 統計一般
- **Replication**
  - マスター/レプリカ情報
- **CPU**
  - CPU消費統計情報
- **Modules**
  - 読み込んでいるモジュールに関する追加情報

*3　ここでは、INFOを単体で使っているため、12項目のみ表示されています。

- **Commandstats**
  - Redisコマンド統計
- **Errorstats**
  - Redis内で起こった異なるエラーを追跡した情報
- **Latencystats**
  - レイテンシーのパーセンタイル分布統計（Redis 7.0以降）
- **Cluster**
  - Redisクラスター情報
- **Keyspace**
  - データベース関連情報

引数なしのINFOコマンド実行時は、commandstatsセクションを除く全セクションが表示されます。INFO ALLコマンドを実行するとcommandstatsセクションを含む全セクションが表示されます。なお、引数を指定しない場合はINFO DEFAULTコマンドの内容が実行されています。Redis 6以降では、INFO EVERYTHINGコマンドを実行すると、モジュールが生成したセクションも含めて全セクションが表示されます。

INFO Replicationコマンドのように**INFO <セクション名>**コマンドと指定すると、指定したセクション名の情報のみにフィルタリングも可能です。

出力内容について、各セクション名はシャープ#で始まり半角スペース1つ分の後最初は大文字でその後小文字が続くセクション名が表示されます。セクション内の各項目は、項目名をコロン:区切りでその後値が続きます。このように一定のフォーマットに従った表示となっているため、プログラム等で解析しやすい表示形式となっています。

以下、セクションごとに詳細を説明します。

#### Serverセクション

Serverセクションには、Redisサーバーに関する一般情報が表示されます。たとえば、以下の確認などに使うことが多いです。

- **Redisサーバーのバージョンをマイナーバージョンも含めてクライアントから確認**
- **Redisサーバーが意図せず再起動が発生していないかの確認**
- **起動してからの経過時間の確認**
- **どのパスからRedisサーバを実行しているかの確認**
- **現在読み込んでいる設定ファイルの確認**

セクション内には以下の情報が含まれます。

| 項目 | 詳細 |
|---|---|
| redis_version | Redisサーバーのバージョン |
| redis_git_sha1 | Git SHA1 |
| redis_git_dirty | Gitのダーティーフラグ |
| redis_build_id | ビルドID |
| redis_mode | Redisサーバーのモード（standalone,sentinel,cluster） |
| os | RedisサーバーをホストしているOSの種類 |
| arch_bits | アーキテクチャ（32,64ビット） |

| 項目 | 詳細 |
|---|---|
| monotonic_clock | コマンドの実行時間計測に使用するクロックの種類 |
| multiplexing_api | イベントループ機構の種類 |
| atomicvar_api | Atomicvar APIの種類（atomic-builtin,sync-builtin,pthread-mutex） |
| gcc_version | Redisサーバーをコンパイルするのに使用されたGCCコンパイラーのバージョン |
| process_id | RedisサーバープロセスのプロセスID |
| process_supervised | Redisサーバーのプロセスを管理しているシステムおよびサービスのマネージャー（upstart,systemd,unknown,no） |
| run_id | Redisサーバーを特定するランダムに生成された値 |
| tcp_port | プロセスをリッスンしているTCPのポート番号 |
| server_time_usec | システムのUNIX時間（マイクロ秒） |
| uptime_in_seconds | Redisサーバーの起動以降経過した秒数 |
| uptime_in_days | Redisサーバーの起動以降経過した日数 |
| hz | バックグラウンド処理を1秒間に呼び出す頻度（11.1.3参照） |
| configured_hz | Redisサーバーで設定されている、バックグラウンド処理を1秒間に呼び出す頻度 |
| lru_clock | LRU管理のために毎分増加させるクロック |
| executable | Redisサーバーを実行可能なファイルのパス |
| config_file | redis-server実行時に指定した、設定ファイルのパス |
| io_threads_active | I/Oスレッドがアクティブかを示すフラグ |

いくつか、ピックアップして見ていきましょう。

redis_versionはRedisサーバーのバージョンです。redis_modeで現在、Redisがどのモードで稼働しているか確認できます。スタンドアローンモード使用時はstandalone、Redis Sentinel使用時はsentinel、Redisクラスター使用時はclusterの表示です。uptime_in_seconds、uptime_in_daysはRedisサーバーが起動してからの経過時間を表します。それぞれ秒単位、日単位です。意図せず再起動が発生していないかに確認することがあります。

executableで稼働しているRedis-serverがどのファイルから起動したものか確認できます。インストール方法によりますが、/usr/bin/redis-serverや/data/redis-serverなどが入っています。設定ファイルを指定して起動した場合には、config_fileからどの設定ファイルが適用されて稼働しているのかを確認できます。

#### ●──── Clientsセクション

Clientsセクションはクライアントの情報が表示されます。現在のクライアントからの接続数など、クライアントの状況を把握するのに便利です。

| 項目 | 詳細 |
|---|---|
| connected_clients | 現在のクライアントからの接続数（レプリカからの接続を除く） |
| cluster_connections | クラスターバスによって使用されているおおよそのソケット数 |
| maxclients | maxclients設定ディレクティブの値 |
| client_recent_max_input_buffer | 最近のクライアントからの接続の中で最も長いクライアント入力バッファー |
| client_recent_max_output_buffer | 最近のクライアントからの接続の中で最も大きいクライアント出力バッファー |
| blocked_clients | ブロッキングの呼び出しで保留中のクライアント数 |
| tracking_clients | クライアントサイドキャッシュでトラッキングされているクライアント数 |

| 項目 | 詳細 |
| --- | --- |
| clients_in_timeout_table | クライアントのタイムアウトテーブル中のクライアント数 |

blocked_clientsはBLPOP,BRPOP,BRPOPLPUSHコマンドのようなブロッキングの操作やWAITコマンドで保留中のクライアント数となります。

**Memoryセクション**

Memoryセクションではメモリー使用量などが表示されます（メモリー管理については9.1参照）*4。メモリー消費の大きさが問題になるような場合において、現在のメモリー使用量や、その内訳などを把握するのにたいへん便利です。

メモリー使用量を確認するために、最も確認することが多い項目は以下でしょう。

| 項目 | 詳細 |
| --- | --- |
| used_memory | メモリーアロケーター（例：jemalloc）によって割り当てられたメモリー量のバイト数 |
| used_memory_human | used_memoryを人間にわかりやすい形式で表示*5 |
| used_memory_rss | OSが認識しているRedisに割り当てられたメモリー量（RSS）のバイト数 |
| used_memory_rss_human | used_memory_rssを人間にわかりやすい形式で表示 |
| used_memory_peak | Redisによって消費されたピークのメモリー量のバイト数 |
| used_memory_peak_human | used_memory_peakを人間にわかりやすい形式で表示示 |
| used_memory_peak_perc | used_memory_peakに対してused_memoryの割合を百分率で表した値 |

OSが認識しているRedisに割り当てられたメモリー量については、以降RSSと表記します。RSSの詳細は、本章のコラムを参照してください。

具体的にメモリー使用量の内訳を確認するときは上記項目と合わせて以下の項目を確認します。

| 項目 | 詳細 |
| --- | --- |
| used_memory_overhead | 内部のデータ構造を管理するためにRedisサーバーに割り当てられたオーバーヘッドの合計のメモリー量のバイト数 |
| used_memory_startup | Redis起動時に消費される初期のメモリー量のバイト数 |
| used_memory_dataset | データセットによって使用されるメモリー量のバイト数 |
| used_memory_dataset_perc | Redisのプロセスが認識するメモリー量から起動時の初期メモリー量を引いたメモリー量の内、データセットが占める割合の百分率 |
| used_memory_lua | Luaエンジンに使用されるメモリー量のバイト数（廃止予定） |
| used_memory_lua_human | used_memory_luaを人間にわかりやすい形式で表示（廃止予定） |
| number_of_cached_scripts | キャッシュされたスクリプトの数 |
| number_of_functions | Redisファンクションの関数の数 |
| number_of_libraries | Redisファンクションのライブラリの数 |
| used_memory_vm_eval | エフェメラルスクリプトでLuaのインタプリターによって消費されるメモリーサイズのバイト数 |
| used_memory_scripts_eval | エフェメラルスクリプトによって消費されるメモリー量のオーバーヘッドのバイト数 |
| used_memory_vm_functions | Redisファンクションですべてのエンジンによって消費される全関数のメモリー量のバイト数 |

*4 表中の人間にわかりやすい形式では、B（バイト）/K（キロ）/M（メガ）/G（ギガ）/T（テラ）/P（ペタ）のように単位を付けて表記します。

*5 _humanのサフィックスがついている項目は、このサフィックスがついていない項目をB（バイト）/K（キロ）/M（メガ）/G（ギガ）/T（テラ）/P（ペタ）のような人間にわかりやすい形式で表示します。

| 項目 | 詳細 |
|---|---|
| used_memory_functions | Redisファンクションですべてのエンジンによって消費される全関数のメモリー量のオーバーヘッドのバイト数 |
| used_memory_vm_total | used_memory_vm_evalとused_memory_vm_functionsの合計のメモリーサイズのバイト数 |
| used_memory_vm_total_human | used_memory_vm_totalを人間にわかりやすい形式で表示 |
| used_memory_scripts | used_memory_scripts_evalとused_memory_functionsの合計のメモリーサイズのバイト数 |
| used_memory_scripts_human | used_memory_scriptsを人間にわかりやすい形式で表示 |

メモリー使用量を監視する際、Redisサーバーが使用できる最大のメモリー量も大事な項目です。また、**maxmemory**の値に達した際、どのような動作をするかポリシーを確認しておくことも大事です。以下の項目から確認できます*6。

| 項目 | 詳細 |
|---|---|
| maxmemory | 設定ファイル中で設定したmaxmemoryディレクティブの値 |
| maxmemory_human | maxmemoryを人間にわかりやすい形式で表示 |
| maxmemory_policy | 設定ファイル中で設定したmaxmemory-policyディレクティブの値 |

Redisサーバーを運用しているとフラグメンテーションが問題になってくることがあります。その場合は、**mem_fragmentation_ratio**の値が最も約に立つでしょう。ほかにはアクティブデフラグメンテーションの実行中であるかの確認や、Lazy freeingの機能により非同期で削除する際に保留中のオブジェクト数の確認なども行うことができます。

| 項目 | 詳細 |
|---|---|
| mem_fragmentation_ratio | used_memoryに対するused_memory_rssの割合 |
| mem_fragmentation_bytes | (Redis 5.0.0以降) used_memory_rssからused_memoryを引いたメモリー量のバイト数 |
| mem_not_counted_for_evict | AOFバッファーとレプリカ用のクライアント出力バッファーで消費されたメモリー量の合計。退避する際にカウントされないメモリー量 |
| mem_replication_backlog | レプリケーションバックログにより消費されたメモリー量 |
| mem_total_replication_buffers | レプリケーションバッファーにより消費されている合計メモリー量 |
| mem_clients_slaves | レプリカ用のクライアント出力バッファーで消費されたメモリー量 |
| mem_clients_normal | クライアント用のクライアント出力バッファーで消費されたメモリー量 |
| mem_cluster_links | クラスターバス上で互いに接続するコネクションにより消費されるメモリー量 |
| mem_aof_buffer | AOFバッファーにより消費されたメモリー量 |
| mem_allocator | コンパイル時に使用されたメモリーアロケーター |
| active_defrag_running | アクティブデフラグメンテーションがアクティブの状態か |
| lazyfree_pending_objects | 非同期による削除待ちのオブジェクト数 |
| lazyfreed_objects | 非同期により削除されたオブジェクトの数 |

メモリーの使用量の内訳について確認するためには以下の項目も用意されています。筆者自身の経験

*6 ElastiCacheを利用している場合、スナップショットやレプリケーションなどデータセット以外に使用するメモリー領域をreserved-memory-percent (reserved-memory) パラメータで確認できます。INFOコマンドで確認できるmaxmemoryの値はこちらのパラメータを計算した結果が表示されます。

則としては、トラブルシューティングをする際にここまでの詳細の確認に迫られることはほとんどありませんが、いざというときのために押さえておきましょう。

| 項目 | 詳細 |
|---|---|
| allocator_allocated | 対象のプロセスによって割り当てられた、全メモリー割り当てを考慮したメモリー量のバイト数 |
| allocator_active | allocator_residentのうち、メモリーアロケーターが再利用のために予約しているメモリサイズを含まないメモリー量 |
| allocator_resident | RSSのうち、共有ライブラリやその他ヒープマッピングではないメモリー領域からのものを含まないメモリー量 |
| total_system_memory | Redisが稼働しているホストが持つメモリー量の合計 |
| total_system_memory_human | total_system_memoryを人間にわかりやすい形式で表示 |
| allocator_frag_ratio | allocator_allocatedに対するallocator_activeの割合 |
| allocator_frag_bytes | allocator_activeからallocator_allocatedを除外したメモリー量 |
| allocator_rss_ratio | allocator_activeに対するallocator_residentの割合 |
| allocator_rss_bytes | allocator_residentからallocator_activeを除外したメモリー量 |
| rss_overhead_ratio | allocator_residentに対するused_memory_rssの割合 |
| rss_overhead_bytes | used_memory_rssからallocator_residentを除外したメモリー量 |

いくつか、ピックアップして見ていきましょう。

used_memoryはRedis上から認識している使用中のメモリー量を表示します*7。基本的にはRedisエンジンのメモリー使用量についてはこちらを確認します。

used_memory_rssはRSSのサイズ、つまり、OSが認識しているRedisに割り当てられたメモリー量です。フラグメンテーションなどが激しい状況ではRedisエンジンが認識している以上にOSで認識しているメモリー量が大きいときがあります。

このような場合は、used_memory_rssをused_memoryで割った値であるmem_fragmentation_ratioが参考になります。経験則としてこちらの値が1.5以上超えるような場合はフラグメンテーションが激しい状態であり、パフォーマンスに影響がある可能性があります。逆に1.0を下回るような状態ではスワップが発生している可能性があります。こちらの対処方法については10.3、クラウドを活用したトラブルシューティングで取り上げる内容が参考になります。この値は/proc/<Process ID>/statという仮想ファイルから取得しています。実際の仮想ファイルの中身は以下のような内容となっています。この内の24番目の項目がRSSに対応するフィールドで、こちらの値が使用されます。

```
23260 (redis-server) S 1 23260 23260 0 -1 4194624 550 0 0 0 359 373 0 0 20 0 4 0 1043286944 163323904
 1240 18446744073709551615 1 1 0 0 0 0 0 4097 17610 0 0 0 17 0 0 0 0 0 0 0 0 0 0 0 0 0 0
```

used_memory_overheadは内部のデータ構造を管理するためにRedisサーバーへ割り当てられたオーバーヘッドの合計のメモリー量のバイト数となります。具体的にはクライアント出力バッファーやレプリケーションのバックログなどデータセット以外で使用しているメモリー量などがオーバーヘッドとして表されます。used_memory_datasetはRedisサーバー内でデータセットとして使用するメモリー量となります。used_memory_datasetはused_memoryからused_memory_overheadを引いた値になります。

*7　zmalloc上でメモリーアロケーターによってメモリーを確保します。メモリーアロケーターにはjemallocやlibc,tcmallocが使用されます。zmallocの詳細は11章のコラムをご参照ください。

used_memory_peakはピーク時に使用していた最大のメモリー使用量を表しています。筆者の感覚ではused_memoryに対してused_memory_peakの割合を百分率で表したused_memory_peak_percを確認することが多いです。たとえば、こちらの値が小さい上に直近のメモリー使用量がそれほど大きな値ではない場合、余剰にキャパシティを確保している可能性があるので、マシンのスペックを小さくすることでコスト削減などの目安にできます。もしくは一時的にメモリー消費量が激しく、取得しているメトリクスの粒度の平均値等ではいまいちその様子が確認できない場合などにも参照することがあります。

より厳密にメモリーの使用状況を分析する際には、allocator_ではじまる項目の値も合わせて確認することもありますが、基本的には上記の内容を押さえておけば十分でしょう。

active_defrag_runningはアクティブデフラグメンテーションがアクティブか確認できます。

lazyfree_pending_objectsは非同期による削除待ちのオブジェクト数を表します。具体的には、Redis 4.0で利用可能になったUNLINKコマンドやFLUSHALL/FLUSHDBコマンドのASYNCオプションによる非同期な削除時の削除待ちのオブジェクト数を表します。DELコマンドや以前のバージョンのでは、FLUSHALL/FLUSHDBコマンドでは、$O(N)$の時間計算量となるため、削除対象のキーが大量にあるとそのぶん処理時間が長くなります。基本的にRedisのリクエスト処理におけるシングルスレッド処理の性質上、その間ほかの接続が待機状態になってしまう問題がありました。非同期削除を使用することでバックグラウンドによる削除処理を行うことが可能になりました。

Column

### RSS

RSSはプロセスが使用するメモリー量のサイズを表す方法の一つです。関連する用語、およびそれぞれの概要は以下の通りです。

| 項目 | 詳細 |
|---|---|
| VSS（Virtual Set Size） | プロセスがアクセスできる仮想メモリー。未使用のメモリーを含む。 |
| RSS（Resident Set Size） | OSが実際にプロセスのために確保している物理メモリー量。プロセスが専有しているメモリー量と共有ライブラリが使用しているメモリー量の合計。 |
| PSS（Proportion Set Size） | プロセスが専有している物理メモリー量に、共有ライブラリが使用しているメモリー量をプロセス数分だけ分割した量を合計したもの。 |
| USS（Unique Set Size） | プロセスが専有している物理メモリー量。共有メモリーは含まれない。 |

mallocやforkが行われた時点で仮想メモリーが確保されるとVSSは増加しますが、その時点ではRSSは増加しません。実際に書き込みが行われて初めてRSSが増加します。Redisでよく使われるRSSは、Redisがデータ等のために利用しているメモリー量ではなくOSがRedisのために割り当てている文脈で使用されており、フラグメンテーションの状況などの判断材料に活用できます。

#### Persistenceセクション

Persistenceセクションでは、永続化関連の情報が表示されます。Redisにおける永続化の機能なので、スナップショット（RDBファイル）とAOFに関する情報ということになります。たとえば、スナップショットやAOFファイルの取得中か、前回の実行結果、取得に要している時間等を確認できます。問題発生時には、スナップショットの取得やAOFファイルの書き換えの影響を受けていないか等の点で確認していきます。

| 項目 | 詳細 |
|---|---|
| loading | RDBもしくはAOFファイルの読み込み中か |
| async_loading | |
| current_cow_size | fork処理中のCopy on Write（CoW）によるメモリーの消費サイズ |
| current_cow_size_age | fork処理中にCopy on Write（CoW）によるメモリーの消費サイズが最後に更新されてから経過した時間 |
| current_fork_perc | 現在のfork処理の進捗割合。current_save_keys_totalに対するcurrent_save_keys_processedの割合 |
| current_save_keys_processed | 現在の保存処理によって処理されたキーの数 |
| current_save_keys_total | 現在の保存操作開始時におけるキーの総数 |
| rdb_changes_since_last_save | 最後のRDBファイル保存以降の変更数 |
| rdb_bgsave_in_progress | BGSAVEコマンドでスナップショット（RDBファイル）を取得中か |
| rdb_last_save_time | 最後にスナップショット（RDBファイル）の取得が正常に実行された時間 |
| rdb_last_bgsave_status | 最後に実行したBGSAVEコマンドによるスナップショット（RDBファイル）の実行時の状態（ok,err） |
| rdb_last_bgsave_time_sec | 最後に実行したBGSAVEコマンドによるスナップショット（RDBファイル）取得の継続時間の秒数 |
| rdb_current_bgsave_time_sec | 現在実行しているBGSAVEコマンドによるスナップショット（RDBファイル）取得の継続時間の秒数 |
| rdb_saves | Redisサーバーが起動して以降、スナップショットを取得した回数 |
| rdb_last_cow_size | スナップショット（RDBファイル）の取得中CoWによって割り当てられたメモリー量のサイズ |
| rdb_last_load_keys_expired | 最後のRDB読み込み時に削除されたTTLを設定したキーの数 |
| rdb_last_load_keys_loaded | 最後のRDB読み込み時に読み込まれたキーの数 |
| aof_enabled | AOFが有効か |
| aof_rewrite_in_progress | AOF書き換えが進行中か |
| aof_rewrite_scheduled | 現在実行しているRDBファイル取得の完了後、AOF書き換えが予定されているか |
| aof_last_rewrite_time_sec | 最後に実行したAOF書き換えの継続時間の秒数 |
| aof_current_rewrite_time_sec | 現在実行しているAOF書き換えの継続時間の秒数 |
| aof_last_bgrewrite_status | 最後に実行したAOF書き換えの実行時の状態（ok,err） |
| aof_rewrites | Redisサーバーが起動して以降、AOF書き換えを実行した回数 |
| aof_rewrites_consecutive_failures | AOF書き換えに失敗した累積の回数 |
| aof_last_write_status | 最後に実行したAOF書き込みの実行時の状態（ok,err） |
| aof_last_cow_size | 最後に実行したAOF書き換え時にCoWによって割り当てられたメモリー量のサイズ |
| module_fork_in_progress | モジュールのfork処理が進行中かを示すフラグ |
| module_fork_last_cow_size | 最後のモジュールのfork処理中のCopy on Write（CoW）によるメモリーの消費サイズ |

パフォーマンスへの影響が発生しているとき、rdb_bgsave_in_progressの値が1になっている場合は、スナップショットでfork処理の影響を受けている可能性などが考えられます。逆に高負荷が原因でレプリケーションのリンクが切断されてしまい、完全同期によりスナップショットを取得することで値が大きくなっている可能性も考えられます。いずれの場合もこちらの値を参照することは有益です。ただし、スナップショットの取得が原因なのか、それとも結果なのか因果関係を整理することが大事です。

rdb_last_bgsave_statusで前回スナップショット取得時の結果を確認できます。スナップショット取得に時間がかかっている可能性がある場合はrdb_current_bgsave_time_secの値から裏取りが可能です。

AOFでもスナップショットと類似の情報が確認できます。AOF有効時はaof_enabledの値が1となります。AOFを有効にしている場合はスナップショットの取得時同様に書き換え処理ではfork処理による影響を受ける可能性があります。aof_rewrite_in_progressの値が1になっている場合はAOF書き換えが実行中であることが確認できます。

AOF有効時（aof_enabledが1の時）は、以下の情報が追加で表示されます。

| 項目 | 詳細 |
|---|---|
| aof_current_size | 現在のAOFファイルのサイズ |
| aof_base_size | 最後の起動、および書き換え時のAOFファイルのサイズ |
| aof_pending_rewrite | 現在実行しているRDBファイル取得の完了後、AOF書き換えが予定されているか（aof_rewrite_scheduledと同一の情報） |
| aof_buffer_length | AOFバッファーのサイズ |
| aof_rewrite_buffer_length | AOF書き換えバッファーのサイズ |
| aof_pending_bio_fsync | バックグラウンドのI/Oキューでジョブを中断しているfsyncの数 |
| aof_delayed_fsync | 遅延したfsyncの数 |

RDBもしくはAOFファイルのダンプ中（loadingが1の時）は、以下の情報が追加で表示されます。

| 項目 | 詳細 |
|---|---|
| loading_start_time | RDBもしくはAOFファイルの読み込み開始時間 |
| loading_total_bytes | RDBもしくはAOFファイルの読み込んでいるファイルの合計サイズ |
| loading_loaded_bytes | RDBもしくはAOFファイルの読み込んでいるファイルの、読み込みが完了したサイズ |
| loading_loaded_perc | RDBもしくはAOFファイルの読み込んでいるファイルの、読み込みが完了した割合 |
| loading_eta-_seconds | RDBもしくはAOFファイルの読み込みが完了する見込みの残り時間の秒数 |

#### Statsセクション

Statsセクションは名前のとおり、各種の統計とでもいうべきデータがまとまっています。これらのデータを参照することはパフォーマンス改善に大いに役立ちます。

たとえば、パフォーマンスに影響が出ているとき、最初に接続数を確認することは大事です。接続数を見るときは、現在の接続数、時間あたりの新規接続数の2点が大事です。

前者はStatsセクション中のrejected_connectionsで上限にあたっていないかを確認できます*8。後者は同じくtotal_connections_receivedを元に計算できます。

total_connections_receivedは、スループットが大きいような状況では、この値を元に必要な値を計算してホストの制限に触れていないかの確認に使用できます。

パフォーマンスに影響がある状況で、その時間帯にレプリケーションが切断されていることがわかった場合、完全同期か部分同期のいずれが行われていたかの参考にsync_*を確認するのも有用です。特に完全同期が発生している場合にはパフォーマンスへの影響が大きかったことが想定されます。

キャッシュミス（keyspace_misses）やキャッシュヒット率（keyspace_hits）の計算など、運用管理

*8　接続しているクライアント数から別途計算もできます。

に大事な情報が多く含まれています。

**表6.1 Statsセクションの統計情報**

| 項目 | 詳細 |
|---|---|
| total_connections_received | Redisサーバーが受け付けた合計接続数 |
| total_commands_processed | Redisサーバーによって処理された合計コマンド数 |
| instantaneous_ops_per_sec | 秒間当たりに処理されたコマンド数 |
| total_net_input_bytes | ネットワークから読み込まれた合計バイト数 |
| total_net_output_bytes | ネットワークに書き込まれた合計バイト数 |
| total_net_repl_input_bytes | レプリケーション処理のためのネットワークから読み込まれた合計バイト数 |
| total_net_repl_output_bytes | レプリケーション処理のためのネットワークに書き込まれた合計バイト数 |
| instantaneous_input_kbps | 秒間当たりのレプリケーション処理のためのネットワークの読み込み割合（KB/s） |
| instantaneous_output_kbps | 秒間当たりのレプリケーション処理のためのネットワークの書き込み割合（KB/s） |
| instantaneous_input_repl_kbps | 秒間当たりのネットワークの読み込み割合（KB/s） |
| instantaneous_output_repl_kbps | 秒間当たりのネットワークの書き込み割合（KB/s） |
| rejected_connections | maxclientsディレクティブの値の制限で拒否された接続数 |
| sync_full | レプリカと完全同期が行われた数 |
| sync_partial_ok | 部分同期のリクエストが受理された数 |
| sync_partial_err | 部分同期のリクエストが拒否された数 |
| expired_keys | キーの失効イベントの合計数 |
| expired_stale_perc | アクティブな方法によるキーの回収の際に、サンプリングしたキーの数の内の失効していたキーの数の割合を、5%の加重で加味して平均を取っていった値の百分率 |
| expired_time_cap_reached_count | アクティブな方法によるキーの回収の際に一定時間以上ブロックしていた場合において、タイムアウトして呼び出し元に処理を戻した数 |
| expire_cycle_cpu_milliseconds | アクティブな方法によるキーの回収に消費した累積時間 |
| evicted_keys | maxmemoryディレクティブの値により退避されたキーの数 |
| evicted_clients | maxmemory-clientsディレクティブの値により退避されたクライアントの数 |
| total_eviction_exceeded_time | Redisサーバーが起動して以降、used_memoryディレクティブの値がmaxmemoryディレクティブの値より大きかった時間の合計（マイクロ秒） |
| current_eviction_exceeded_time | used_memoryディレクティブの値がmaxmemoryディレクティブの値より大きい状態が継続している時間（マイクロ秒） |
| keyspace_hits | キャッシュからの呼び出しに成功した数 |
| keyspace_misses | キャッシュからの呼び出しに失敗した数 |
| pubsub_channels | クライアントがサブスクライブしているチャンネルの全体の数 |
| pubsub_patterns | クライアントがサブスクライブしているパターンの全体の数 |
| pubsubshard_channels | Sharded Pub/Sub機能でつくられているシャードチャンネルの数 |
| latest_fork_usec | 最後にfork処理を実行した際に継続していた時間のマイクロ秒 |
| total_forks | サーバーが起動して以降にfork処理をした総数 |
| migrate_cached_sockets | MIGRATEコマンドのために開放しているソケットの数 |
| slave_expires_tracked_keys | 書き込み可能なレプリカに対して書き込まれたキーの失効のために追跡しているキーの数 |
| active_defrag_hits | アクティブデフラグメンテーション処理によって値の再割り当てが実行された数 |
| active_defrag_misses | アクティブデフラグメンテーション処理によって値の割り当てが中止された数 |
| active_defrag_key_hits | アクティブデフラグメンテーション処理が行われたキーの数 |
| active_defrag_key_misses | アクティブデフラグメンテーション処理を飛ばしたキーの数 |

| 項目 | 詳細 |
|---|---|
| total_active_defrag_time | アクティブデフラグメンテーション処理を実施した合計時間 |
| current_active_defrag_time | アクティブデフラグメンテーション処理が継続している時間 |
| tracking_total_keys | クライアントサイドキャッシュでRedisサーバーによって追跡されているキーの数 |
| tracking_total_items | クライアントサイドキャッシュで、追跡されているもので、各キーに対するクライアントの合計 |
| tracking_total_prefixes | クライアントサイドキャッシュのブロードキャストモードで、Redisサーバーのプレフィックステーブル中でトラッキングされているプレフィックスの数 |
| unexpected_error_replies | AOFの読み込みもしくはレプリケーションからのエラーの種類で、予期せぬエラー応答の数 |
| total_error_replies | コマンド実行前に発生した拒否されたコマンドとコマンド実行内で発生した失敗したコマンドの合計 |
| dump_payload_sanitizations | ユーザー接続だけでなく、RDBファイルやRESTOREコマンドのペイロードの読み込み時にも内部エンコーディングされたデータの整合性検証を行った数 |
| total_reads_processed | 処理された読み込みイベントの合計数 |
| total_writes_processed | 処理された書き込みイベントの合計数 |
| io_threaded_reads_processed | メインスレッドとI/Oスレッドによって処理された読み込みイベント数 |
| io_threaded_writes_processed | メインスレッドとI/Oスレッドによって処理された書き込みイベント数 |
| reply_buffer_shrinks | 出力バッファーが縮小した合計の数 |
| reply_buffer_expands | 出力バッファーが拡張した合計の数 |

#### Replicationセクション

Replicationセクションではレプリケーションの情報がまとめてあります。レプリケーションで問題発生時に、レプリカの数やそれぞれのラグの状況、レプリケーションのリンクの状態を確認するのに使用します。

| 項目 | 詳細 |
|---|---|
| role | マスターかレプリカの役割（master,slave） |

roleはキャッシュノードの役割を表し、マスターであればmaster、レプリカであればslaveと表示されます。チェイン上のレプリーションの場合においては、最上位のみがマスターになります。

以下の情報はレプリカの場合のみ表示されます。

| 項目 | 詳細 |
|---|---|
| master_host | マスターのIPアドレスおよびホスト名 |
| master_port | マスターが稼働しているTCPポート番号 |
| master_link_status | レプリケーションのリンクの状態（up,down） |
| master_last_io_seconds_ago | マスターと最後にやりとりが行われて以降経過した時間の秒数 |
| master_sync_in_progress | マスターがレプリカと同期中か |
| slave_repl_offset | レプリケーションのオフセット |
| master_sync_left_bytes | （レプリケーション処理中）同期完了までの残りのサイズのバイト数 |
| master_sync_last_io_seconds_ago | （レプリケーション処理中）同期処理中に最後にI/Oが転送されて以降経過した時間の秒数 |
| master_link_down_since_seconds | （レプリケーション切断中）レプリケーションのリンクがダウンして以降経過した時間の秒数 |
| repl_sync_enabled | （ElastiCacheの場合）同期が有効な設定か |

| 項目 | 詳細 |
|---|---|
| slave_read_reploff | （ElastiCacheの場合）マスターにおける読み込みのレプリケーションのオフセット |
| slave_priority | フェイルオーバーの候補としての優先度 |
| slave_read_only | レプリカが読み込み専用か |

いくつかピックアップします。master_hostとmaster_portはそれぞれマスターのIPアドレスおよびホスト名、ポート番号を表します。master_link_statusはマスターとのリンクの状態を表し、正常であればup、ダウンしているとdownと表示されます。レプリケーションに問題が発生している場合はこちらの値を確認してみると良いでしょう。

以下の情報はマスターの場合のみ表示されます。

| 項目 | 詳細 |
|---|---|
| slaveX（Xは0から始まる整数） | （connected_slavesが1より大きい場合レプリカの数分だけ表示）IPアドレス、ポート番号、ノードの状態（online,wait_bgsave,send_bulk）、レプリケーションのオフセット、ラグ |

slaveXは、connected_slavesが1より大きい場合、レプリカの数の分だけ以下のフォーマットで表示されます。レプリカごとにIPアドレス、ポート番号、ノードの状態、レプリケーションのオフセット、ラグが表示されます。

```
slave0:ip=10.0.0.94,port=6379,state=online,offset=14670508,lag=0
```

以下は、マスター、レプリカに共通して表示されます。

| 項目 | 詳細 |
|---|---|
| connected_slaves | 接続中のレプリカの数 |
| master_failover_state | 進行中のフェイルオーバーの状態（no-failover,failover-in-progress,waiting-for-sync,unknown） |
| min_slaves_good_slave | （min-slaves-to-write有効時）正常だと判定されているレプリカの数 |
| master_replid | Redisサーバーのレプリケーション ID |
| master_replid2 | Redisサーバーの2つ目のレプリケーション ID。フェイルオーバー時のPSYNCに使用 |
| master_repl_offset | 現在のレプリケーションのオフセット |
| second_repl_offset | 受け付けられたレプリケーション IDまでのオフセット |
| repl_backlog_active | レプリケーションのバックログがアクティブ状態か |
| repl_backlog_size | レプリケーションのバックログのバッファーの合計サイズ |
| repl_backlog_first_byte_offset | レプリケーションのバックログのバッファーのマスターのオフセット |
| repl_backlog_histlen | レプリケーションのバックログのバッファー内のデータのサイズのバイト数 |

マスターと各レプリカ間のレプリケーションラグを計算するためには、以下のように計算します。このように、遅れているデータサイズ分を計算できます。マスターのデータがレプリカになかなか反映されない場合は、これらを計算すると良いでしょう。

```
レプリケーションラグ = master_repl_offsetの値 - slaveX（Xはゼロから始まる整数）の各項目中のoffsetの値
```

以下の例なら、マスターとレプリカが1台ずつの構成であることがまずわかります。続いて、master_repl_offsetとレプリカのオフセットの値であるslave0のoffsetの値はともに3528であり、差分がないことからレプリケーションラグがないことも確認できます。こちらの値の単位はバイトです。

```
127.0.0.1:6379> INFO Replication
# Replication
role:master
connected_slaves:1
slave0:ip=172.18.0.2,port=6379,state=online,offset=3528,lag=0
master_failover_state:no-failover
master_replid:62509463155149574b58deea48246db9f91e459f
master_replid2:0000000000000000000000000000000000000000
master_repl_offset:3528
second_repl_offset:-1
repl_backlog_active:1
repl_backlog_size:1048576
repl_backlog_first_byte_offset:1
repl_backlog_histlen:3528
```

#### Cpuセクション

CPUセクションは、CPUに関する情報が表示されます。たとえば、パフォーマンスに問題が発生しているような状況でCPUを確認することは大事な点です。ただし、INFOコマンドで確認できるCPUの値はRedisサーバーが起動してからの累積のCPU時間となります。直感的にはCPU使用率という形の方が理解しやすいので、INFOコマンドを定期的に取得した値を元に計算するなどの一工夫が必要です。実際には、サードパーティー製のモニタリングツールやクラウドのマネージドサービスを利用しているような場合には、ホストのCPU使用率の取得が別途提供されていることもあるのでこちらを利用することの方が多いでしょう。

| 項目 | 詳細 |
|---|---|
| used_cpu_sys | Redisサーバーによって消費されたシステムモードのCPU時間 |
| used_cpu_user | Redisサーバーによって消費されたユーザモードのCPU時間 |
| used_cpu_sys_children | バックグラウンド処理によって消費されたシステムモードのCPU時間 |
| used_cpu_user_children | バックグラウンド処理によって消費されたユーザモードのCPU時間 |
| used_cpu_sys_main_thread | Redisサーバーのメインスレッドによって消費されたシステムモードのCPU時間 |
| used_cpu_user_main_thread | Redisサーバーのメインスレッドによって消費されたユーザモードのCPU時間 |

#### Moduleセクション

Moduleセクション（Redis 6以降）は、モジュールに関する情報が表示されます。以下のような表示がされます。モジュールごとに行が追加されていく形になります。

```
module:name=mymodule,ver=1,api=1,filters=0,usedby=[],using=[],options=[]
```

それぞれの項目の意味は以下の通りです。

| 項目 | 説明 |
|---|---|
| name | モジュール名 |
| ver | モジュールのバージョン |
| apiver | モジュールAPIのバージョン |
| filters | モジュールが登録したフィルターの数 |
| usedby | このモジュールのAPIを使用しているモジュールのリスト |
| using | このモジュールから一部APIを使っているモジュールのリスト |
| options | モジュールのオプションおよび機能 |

#### Commandstatsセクション

Commandstatsセクションはコマンドの統計情報を示します。INFO ALLコマンドやINFO Commandstats、INFO EVERYTHINGコマンドを実行時に表示されるセクションです。INFOコマンドおよびINFO Defaultコマンドでは表示されません。

たとえば、RedisでCPUが100%に達することがあります。Redisサーバー上で実行するコマンドに起因して問題が発生しているような場合に、スローログと合わせてこちらの結果で計算量の多いコマンドが多用されていないかを確認することなどの用途に使うことが多いです。

以下の内容となります。xxxは小文字表記のコマンド名を示します。

| 項目 | 詳細 |
|---|---|
| cmdstat_xxx | 呼び出し回数、コマンドによる合計CPU時間、コマンド実行あたりの平均CPU時間、拒否した呼び出し回数、失敗した呼び出し回数 |

Commandstatsセクションでは、以下の内容が表示されます。

- **Redisサーバー内で実行されたコマンドごとに呼び出し回数**
- **コマンドによる合計CPU時間のマイクロ秒**
- **コマンド実行あたりの平均CPU時間のマイクロ秒**
- **拒否した呼び出し回数**
- **失敗した呼び出し回数**

以下の例の場合、GETコマンドが1回、合計で12マイクロ秒の実行時間、1実行あたりの平均CPU時間で12.0マイクロ秒を消費したことを表します。呼び出しを拒否したものや実行に失敗したことがないこともわかります。問題発生時は、usec_per_callなどで一回あたりのコマンドの実行時間が大きい場合には対応するコマンド起因で問題が発生している可能性などの目安にできます。

```
cmdstat_get:calls=1,usec=12,usec_per_call=12.00,rejected_calls=0,failed_calls=0
```

#### Latencystatsセクション

Latencystatsセクションはコマンドのレイテンシー統計情報を示します。INFO ALLコマンドやINFO Latencystats、INFO EVERYTHINGコマンドを実行時に表示されるセクションです。INFOコマンドおよびINFO Defaultコマンドでは表示されません。

以下の内容となります。xxxは小文字表記のコマンド名を示します。

| 項目 | 詳細 |
|---|---|
| latency_percentiles_usec_xxx | 各種コマンドのレイテンシーのパーセンタイル分布 |

デフォルトでは、以下のようにP50、P99、P99.9の値が出力されます。

```
latency_percentiles_usec_get:p50=12.031,p99=12.031,p99.9=12.031
```

latency-trackingディレクティブをyesに有効にでき、デフォルトで有効になっています。出力するパーセンタイル分布を変更するには、latency-tracking-info-percentilesディレクティブの値で変更できます。

#### Errorstatsセクション

Errorstatsセクションはエラーの統計表示を行います（Redis 6以降)。以下のような形式で、エラーの種類ごとにカウントが表示されます。

```
errorstat_ERR:count=7
```

#### Clusterセクション

Clusterセクションはクラスター関連の情報が表示されます。現状、稼働しているRedisサーバーについて、クラスターモードが有効であるかについて確認できます。以下の内容となります。

| 項目 | 詳細 |
|---|---|
| cluster_enabled | Redisクラスターが有効か |

#### Keyspaceセクション

Keyspaceセクションはキーに関する情報が表示されます。たとえば、Redisサーバー内に複数のデータベースが使用されていないかの確認や、メモリーが逼迫しているような状況でTTLがキーに適切に設定されているかの参考にする用途で使用することが多いです。

以下の内容となります。Xはデータベースの番号となります。

| 項目 | 詳細 |
|---|---|
| dbX | キーの数、失効するキーの数、平均TTL |

Keyspaceセクションではデータベースごとにキーの数、失効するキーの数、平均TTLが以下のような形式で表示されます。avg_ttlが0であれば、TTLを設定しているキーがないことがわかります。ユースケースに対して適切であるか、適切でない場合はTTLの設定を検討してください。

```
db0:keys=123456,expires=0,avg_ttl=0
```

#### モジュール生成のセクション

Redis 6.0以降では、モジュールがINFOコマンドに情報を表示させることができるようになっています。デフォルトでは表示されませんが、INFO MODULESコマンドもしくはINFO EVERYTHINGコマンドを実行します。

# 6.2 レイテンシーの調査

ここからは実際の調査についても解説していきます。

コマンドの実行に時間がかかっている場合、前述の方法のINFOコマンドのCommandstatsセクションで各コマンドの実行回数や実行当たりに要した時間の平均などを確認できます。さらに、合わせてスローログやレイテンシーモニタリングを活用することで詳細を確認できます。

ワークロード起因でCPUの値が大きくなっているとわかった場合には、筆者はまずスローログを確認することが多いです。それと合わせてINFOコマンドのCommandstatsセクション（もしくはINFO Commandstats）を見ます。ここで過去の実行履歴や、定期的な実行結果の差分を確認することが多いです。

KEYS *コマンドやLua（エフェメラルスクリプト、Redisファンクション）、トランザクション処理および計算量の多いコマンド等で時間を要している処理がないかを確認しましょう。

redis-cliのレイテンシー関連のオプションやLATENCYコマンドを調査に使用する頻度は、筆者自身はあまり多くありません。ほかの情報で十分なことがほとんどだからです。ただし、ほかの監視ツール等を導入しておらず必要な情報がある、もしくは普段使用しない場合であってもいざとなったときのために内容を押さえておく価値は十分にあるでしょう。

## 6.2.1 スローログ

Redisはスローログも備えます。スローログは、Redisサーバー上でクエリーの実行に時間がかかったものをログとして記録していく機能です*9。

たとえば、パフォーマンスの調査時に、CPU使用率の高さから問題が発生していると判明している状況を想定します。このとき、Redisサーバー内で実行したコマンドが原因とわかれば、アプリケーション側でどのように改修するかの参考のためにコマンドを特定する必要があります。そのような場合にスローログが役に立つことが多いです。

スローログは設定ファイル中の2種類のディレクティブが利用可能です。これらでスローログを検出する基準を調整します。

slowlog-log-slower-thanディレクティブで指定したマイクロ秒を閾値（しきい値）として、それ以上に時間がかかったクエリーを記録できます。

slowlog-max-lenディレクティブで指定した値が、Redisサーバーに保持するエントリー数となります。ほかの設定では単位が秒やミリ秒で扱われることが多いですが、スローログではマイクロ秒が単位である点については注意が必要です。

slowlog-log-slower-thanディレクティブの値がマイナスの場合はスローログの機能が無効化され、0だと全クエリーが記録されます。slowlog-max-lenディレクティブの値が大きい場合には、そのぶんメモリーも消費する点についてはご注意ください。

スローログ取得の際にはSLOWLOG GET 10コマンドのように指定した数字のエントリー数分だけ、スローログの条件に該当する直近のエントリーを表示します。

*9 SLOWLOG https://redis.io/commands/slowlog

各エントリーの例を示します。1つ目は各スローログのエントリーに増加して割り当てられていく一意な識別子を表します。2つめはUNIXタイムスタンプ、3つめは実行に要した時間のマイクロ秒、4つ目は実行コマンドがスペース区切りで分割された要素ごとに表示されます。Redis 4.0以降は5つ目として`<Client IP Address>:<Port Number>`が表示され、6つ目として、`CLIENT SETNAME`コマンドで設定されたクライアント名が表示されます。デフォルトでは""が表示されます。

```
2) 1) (integer) 54
   2) (integer) 1574582097
   3) (integer) 206750
   4) 1) "debug"
      2) "sleep"
      3) ".2"
   5) "127.0.0.1:50618"
   6) ""
:
```

パフォーマンス等の問題の原因調査の場合には、UNIXタイムスタンプで該当時間に対応するエントリーを確認する必要があります。実行に要した時間が特に大きいものが原因の主要因である可能性が高いと考えられます。当該エントリーに対応する実行コマンドを確認することで原因のコマンドを確認できます。また、対応するクライアント情報を確認できるため、特定クライアントのみに問題が発生している場合は、接続元のホストの調査へとつなげられます。

`SLOWLOG LEN`コマンドで、スローログのエントリー数を確認でき、`SLOWLOG RESET`コマンドでスローログに関する統計をリセットもできます。

```
127.0.0.1:6379> SLOWLOG LEN
(integer) 56
127.0.0.1:6379> SLOWLOG RESET
OK
127.0.0.1:6379> SLOWLOG LEN
(integer) 0
```

### 6.2.2 redis-cliのオプション

redis-cliには、レイテンシー検出用のオプションが存在します。これでも、レイテンシーを確認できます。

`--latency`、`--latency-history`、`--latency-dist`、`--intrinsic-latency`です。それぞれのオプションの説明は以下の通りです。

| オプション | 詳細 |
|---|---|
| --latency | レイテンシー情報の取得を行い続け、最小値、最大値、平均値の統計を継続して出力。デフォルトでは、Ctrl-Cで終了。 |
| --latency-history | --latencyオプションと同様ですが、デフォルトでは15秒おきに改行して、再度統計をリセットして計算を開始 |
| --latency-dist | レイテンシーの時間と割合ごとに色分けをされたスペクトラムを表示 |
| --intrinsic-latency | 指定した時間だけシステム固有のレイテンシーを測定 |

--latencyオプションの実行例を示します。Ctrl-Cで終了するまではサンプリングをし続けます。PINGコマンドを送り続けることでredis-cliを実行しているクライアントとRedisサーバー間のレイテンシーを取得します。たとえば、ネットワーク起因の問題かの切り分けに有用です。クライアントとRedisサーバー間のネットワークの問題の可能性がある場合は活用してみてください。

```
$ redis-cli --latency
min: 0, max: 1, avg: 0.11 (2176 samples)^C
```

--rawオプション、--csvオプション、もしくはTTYでない先に出力をリダイレクトすると、デフォルトで1秒間のサンプリング結果が表示されます。

```
$ redis-cli --latency --raw
0 1 0.09 100
```

--latency-historyオプションの出力例です。-i <number>オプションでサンプリングの時間を指定できます。--latencyオプションと同様にネットワークの問題の可能性の原因切り分けのために活用すると良いでしょう。こちらのオプションは時間経過に伴うレイテンシーの推移を確認するのに有用です。ネットワークの問題が発生し、状況が変動することが考えられるような状況もあります。その場合は、一回限りの--latencyオプションによる取得ではなく、--latency-historyオプションで一定時間間隔ごとのレイテンシーの値の変動の傾向をつかんで見るために実行してみるとよいでしょう。

```
$ redis-cli --latency-history -i 5
min: 0, max: 4, avg: 0.13 (487 samples) -- 5.00 seconds range
min: 0, max: 4, avg: 0.13 (488 samples) -- 5.01 seconds range
min: 0, max: 1, avg: 0.11 (488 samples) -- 5.00 seconds range
min: 0, max: 1, avg: 0.09 (150 samples)^C
```

--latency-distオプションは以下のように実行すると、レイテンシーの時間と割合ごとに色分けをされたスペクトラム表示がされます。デフォルトで1秒ごとに.-*#123456789ABCDEFGHIJKLMNOPQ?の文字列に対して、かかった時間が多いほど右側に色が付き、割合が多いほどグレーから赤色になっていきます。-i <number>オプションで間隔を指定できます。

```
$ redis-cli --latency-dist
```

--intrinsic-latencyオプションは指定した時間だけシステム固有のレイテンシーを測定し続け、レイテンシーの最大値が更新される度に改行して更新されます[*10]。システムコールとは関係がない部分で、稼働プロセスをカーネルが最大どれだけの時間、遅延させているのか測定するためのものとなります。そのため、Redisサーバーが稼働しているものと同一ホスト上で実行する必要があります。

```
$ redis-cli --intrinsic-latency 10
Max latency so far: 1 microseconds.
Max latency so far: 11 microseconds.
Max latency so far: 47 microseconds.
```

*10　https://github.com/redis/redis/blob/7.0.4/src/redis-cli.c#L8826-L8861

```
Max latency so far: 1930 microseconds.
Max latency so far: 3958 microseconds.
Max latency so far: 5766 microseconds.
Max latency so far: 6438 microseconds.

212091410 total runs (avg latency: 0.0471 microseconds / 47.15 nanoseconds per run).
Worst run took 136544x longer than the average latency.
```

### 6.2.3 レイテンシーモニタリング

レイテンシーモニタリング機能はレイテンシー関連のトラブルシューティングに活用できます[*11]。

レイテンシーモニタリング機能では、レイテンシーの問題につながることの多い動作をイベントとして捕捉します。また、イベントごとにレイテンシーのスパイクを時系列で記録できます。

コマンドに実行がかかる際には、スローログやINFO commandstatsのusec_per_call等を確認することが有用です。これらを活用しても原因特定に至らない場合には、レイテンシーモニタリング機能も活用してみましょう。ここで得た情報とスローログを照合することで、より詳細な情報を確認できます。もしくは直近の傾向や特定のイベントの傾向の分析結果を確認することにもレイテンシーモニタリング機能を利用できます。

レイテンシーモニタリング機能はLATENCYコマンドからアクセスします。6つのサブコマンドが提供されています。LATENCY HELPでサブコマンドとその概要について確認できます[*12]。

```
127.0.0.1:6379> LATENCY HELP
 1) LATENCY <subcommand> [<arg> [value] [opt] ...]. Subcommands are:
 2) DOCTOR
 3)     Return a human readable latency analysis report.
 4) GRAPH <event>
 5)     Return an ASCII latency graph for the <event> class.
 6) HISTORY <event>
 7)     Return time-latency samples for the <event> class.
 8) LATEST
 9)     Return the latest latency samples for all events.
1)  RESET [<event> ...]
2)      Reset latency data of one or more <event> classes.
3)      (default: reset all data for all event classes)
4)  HISTOGRAM [COMMAND ...]
5)      Return a cumulative distribution of latencies in the format of a histogram for the specified
command names.
6)      If no commands are specified then all histograms are replied.
7)  HELP
8)      Prints this help.
```

デフォルトでは無効化されているもののレイテンシーモニタリングで使用するメモリー量はわずかです。レイテンシーの問題がある場合は事象再現前に有効化してください。わずかではあるものの、レイテンシーモニタリングはデータの収集の際に、影響がある点については忘れないようにしてください。

また、レイテンシーについて許容できる程度はアプリケーションなどの性質に依存するため、要件に

＊11 Redis latency monitoring framework https://redis.io/docs/reference/optimization/latency-monitor/

＊12 LATENCY HELP https://redis.io/commands/latency-help/

応じてデフォルトの閾値が妥当かご確認ください。パラメーターとしてはlatency-monitor-thresholdディレクティブで設定可能で、閾値をミリ秒で指定します。

レイテンシーモニタリング機能の特徴の1つとして診断機能があります。LATENCY DOCTORコマンドで利用可能で、見られる症状からどのようなアクションを取るべきかなどのアドバイスを人間が確認しやすい形式で確認できます*13。レイテンシーのスパイク間の期間、その間に何回のスパイクがあったか、平均の時間、平均絶対偏差（MAD：Mean Absolute Deviation）の統計データが表示されます。イベントごとにそのほか詳細情報が表示されることもあります。

以下、LATENCY DOCTORコマンドの実行例です。commandイベントでレイテンシーのスパイクが見られたため、以下の点で確認することをアドバイスしています。

- **スローログを確認してどのコマンドの実行が遅いかの確認**
- **巨大なオブジェクトの削除や失効、退避で処理がブロッキングされていないかの確認**

```
127.0.0.1:6379> LATENCY DOCTOR
Dave, I have observed latency spikes in this Redis instance. You don't mind talking about it, do you
Dave?

1. command: 29 latency spikes (average 1251ms, mean deviation 1678ms, period 97.62 sec). Worst all
time event 12036ms.

I have a few advices for you:

- Check your Slow Log to understand what are the commands you are running which are too slow to
execute. Please check http://redis.io/commands/slowlog for more information.
- Deleting, expiring or evicting (because of maxmemory policy) large objects is a blocking operation.
 If you have very large objects that are often deleted, expired, or evicted, try to fragment those
objects into multiple smaller objects.
```

LATENCYイベントは、Redis 7.0.4時点で以下のようなものがあります*14。これらのイベントはLATENCY LATESTコマンドでイベント名として表示されたり、LATENCY HISTORY、LATENCY GRAPHコマンドのイベント名を指定したりする際にも使用します。

| 項目 | 詳細 |
|---|---|
| fork | RDBやAOF取得の際に実行するプロセスのfork処理に時間がかかったイベント |
| rdb-unlink-temp-file | バックグラウンドでのRDBファイルの取得処理がシグナルで終了する際に、PIDに関する一時RDBファイルの削除を行う際に時間がかかったイベント |
| eviction-del | キー保存でメモリーが不足した際に、キーを1つ削除する処理に時間がかかったイベント |
| eviction-cycle | キー保存でメモリーが不足した際に、退避する間全体でデータの削除を行う際に時間がかかったイベント。eviction-delの時間は含まない |
| aof-write-pending-fsync | appendfsyncでeverysecを指定時、1秒ごとに実行するAOFのスレッドがfsync実行の際に閾値以上に時間がかかったイベント |
| aof-write-active-child | AOFやRDB処理で別スレッドによるバックグラウンド処理時にRedisサーバーの書き込みに時間がかかったイベント |
| aof-write-alone | aof-write-eventでaof-write-pending-fsync,aof-write-active-childを除いたイベント |
| aof-write | aof-write-pending-fsync,aof-write-active-child,aof-write-aloneを合わせたイベント |

*13 LATENCY DOCTOR https://redis.io/commands/latency-doctor

*14 https://github.com/redis/redis/blob/7.0.4/src/latency.c

| 項目 | 詳細 |
|---|---|
| aof-fsync-always | appendfsyncでalwaysを指定時、fsync実行の際に閾値以上に時間がかかったイベント |
| aof-fstat | サイズなどのファイル情報の取得に時間がかかったイベント |
| aof-rewrite-diff-write | AOFのスレッド処理が書き換えを終了してから親プロセスでAOFバッファーの内容を書き込みする際の時間がかかったイベント |
| aof-rewrite-done-fsync | AOFのスレッド処理による書き換えでfsyncシステムコールが完了するのに時間がかかったイベント |
| aof-rename | AOFのスレッドで親プロセスの書き込みが完了したあとにリネームに時間がかかったイベント |
| expire-cycle | 失効したキーを積極的な方法により定期的に回収する際に時間がかかったイベント |
| expire-del | 失効したキーを積極的な方法により定期的に回収する際にキーを削除する処理に時間がかかったイベント |
| active-defrag-cycle | アクティブデフラグメンテーション有効時に行う処理に関するイベント |
| fast-command | 主に$O(1)$または$O(\log N)$のコマンドに関するイベント |
| command | fast-command以外のコマンドに関するイベント |
| command-unblocking | クライアントによるブロック処理が完了し、アンブロックするのに時間がかかったイベント |
| while-blocked-cron | RDB、AOFの読込中やブロックされたスクリプト実行中に一定間隔で仕事を行う際に時間がかかったイベント |

fast-commandイベントに関連するコマンドについては列挙すると、GET、SETNX、STRLEN、UNLINK、EXISTS、GETBIT、INCR、DECR、MGET、RPUSH、LPUSH、RPUSHX、LPUSHX、RPOP、LPOP、LLEN、SADD、SREM、SMOVE、SISMEMBER、SCARD、SPOP、SDIFF、ZADD、ZINCRBY、ZREM、ZCOUNT、ZLEXCOUNT、ZCARD、ZSCORE、ZRANK、ZREVRANK、ZPOPMIN、ZPOPMAX、BZPOPMIN、BZPOPMAX、HSET、HSETNX、HGET、HMSET、HMGET、HINCRBY、HINCRBYFLOAT、HDEL、HLEN、HSTRLEN、HEXISTS、INCRBY、DECRBY、INCRBYFLOAT、SELECT、SWAPDB、MOVE、RENAMENX、EXPIRE、EXPIREAT、PEXPIRE、PEXPIREAT、DBSIZE、AUTH、PING、ECHO、LASTSAVE、TYPE、MULTI、DISCARD、TTL、TOUCH、PERSIST、REPLICAOF(SLAVEOF)、PUSBLISH、WATCH、UNWATCH、ASKING、READONLY、READWRITE、TIME、PFADD、XADD、XLEN、XSETID、XACK、XCLAIM、XDEL、XTRIMがあります*15。

LATENCY GRAPH <event-name>コマンドによって、レイテンシーの傾向についてASCIIアートによって表されたグラフで大まかにイメージをつかめます*16。コマンドの引数としてされたイベントについて、レイテンシーモニタリング機能で設定された閾値を超えたものが時系列で表示されます。

以下、LATENCY GRAPH commandコマンドを実行した例になります。

```
127.0.0.1:6379> LATENCY GRAPH command
command - high 12036 ms, low 119 ms (all time high 12036 ms)
--------------------------------------------------------------------------------
        #
        |
      # |__#
-----#|_||||----------------

2222266665431115555554433333
22222mmmmmmmmmm9765431098765
```

*15　あるコマンドがfast-commandイベントに関連するかを確認する方法があります。COMMANDコマンドの実行結果の各コマンドの説明もしくは、COMMAND INFOコマンドの引数にコマンド名を指定して実行すると、詳細を確認できます。各コマンドの説明中の3つめの要素にfastという文字列が含まれていると、そのコマンドがfast-commandイベントに関連することを確認できます。

*16　LATENCY GRAPH https://redis.io/commands/latency-graph

```
mmmmm           sssssssssssss
```

コマンド実行後に、表示範囲内のレイテンシーの値が高い時間と低い時間、および全体で最もレイテンシーの値が高い時間が表示後、-で仕切られた後、実際のASCIIアートによるグラフが表示されます。

グラフの見方として、各内容について垂直方向に見ます。グラフは最大・最小のレイテンシーの値に合わせて正規化して表示されており、_のみの列が最小値当たりのイベントを表し、|が最も縦方向に長いものが最大値あたりのイベントを表します。

ASCIIアートによるグラフ後は各イベントの時間を表し、秒（s）/分（m）/時間（h）/日（d）単位で表示されます。上記の例では、22分前からイベントが表示されて、最後は35秒前の内容が記録されています。また、6分前にレイテンシーが高かった12036ミリ秒要したイベントがあったことを確認できます。

LATENCY HISTORY <event-name>コマンドでレイテンシーのイベントについて、時系列で生データを取得もでき、アプリケーションによる解析などに役立てられます*17。指定したイベントについて最大160までのUNIXタイムスタンプとレイテンシーのミリ秒を確認できます。

以下、LATENCY HISTORY commandコマンドを実行した例になります。

```
127.0.0.1:6379> LATENCY HISTORY command
 1) 1) (integer) 1574579305
    2) (integer) 125
 2) 1) (integer) 1574579306
    2) (integer) 206
 3) 1) (integer) 1574579308
    2) (integer) 324
 4) 1) (integer) 1574579311
    2) (integer) 531
:
:
```

LATENCY LATESTコマンドで各種イベントを横断して直近のイベントの記録を確認できます。出力内容としては順番に、イベント名/UNIXタイムスタンプ/レイテンシーのミリ秒/Redis起動以降およびLATENCY RESETコマンド実行以降におけるレイテンシーの最大値を確認できます*18。

以下、LATENCY LATESTコマンドの実行例です。

```
127.0.0.1:6379> LATENCY LATEST
1) 1) "command"
   2) (integer) 1574580622
   3) (integer) 121
   4) (integer) 12036
```

LATENCY RESET <event-name>コマンドで、指定したイベントに関するレイテンシーの統計情報をリセットできます。リセットする内容がありコマンドが正常に実行された場合は1の値が返されます。引数のイベント名を省略した場合は、全イベントがリセットされます*19。

---

*17　LATENCY HISTORY https://redis.io/commands/latency-history

*18　LATENCY LATEST https://redis.io/commands/latency-latest

*19　LATENCY RESET https://redis.io/commands/latency-reset

以下、LATENCY RESETコマンドを実行した例になります。

```
127.0.0.1:6379> LATENCY RESET
(integer) 1
```

LATENCY HISTOGRAMコマンドで、コマンドごとのレイテンシーの累積分布をヒストグラムの形式で返します。コマンド名の指定もできます*20。

```
127.0.0.1:6379> LATENCY HISTOGRAM
 1) "set"
 2) 1) "calls"
    2) (integer) 1
    3) "histogram_usec"
    4) 1) (integer) 1056
       2) (integer) 1
 3) "debug"
 4) 1) "calls"
    2) (integer) 2
    3) "histogram_usec"
    4) 1) (integer) 528
       2) (integer) 2
 5) "get"
 6) 1) "calls"
    2) (integer) 2
    3) "histogram_usec"
    4) 1) (integer) 4
       2) (integer) 2
:
```

Column

## ソフトウェアウォッチドッグ

ソフトウェアウォッチドッグ機能は指定した閾値の時間をミリ秒で設定し、コマンド実行の際に実行時間が閾値を超えると、Redisサーバー側にEIPレジスターとバックトレースが出力できる機能です。トラブルシューティングに役立てることができる可能性がありますが、現在も実験的な機能となっています*a*b。

こちらの機能はレイテンシー問題のトラブルシューティングの際に、ほかのデバッグ手段でも問題を解決できなかった際の最終手段として、一時的に有効にするという位置付けで使用します。ただし、本番環境での利用を想定しているものの、実験的な機能であり利用前にはバックアップを取るなど十分に注意の上で利用する必要があります。

利用するにあたっては、以下のようにCONFIG SETコマンドによってwatchdog-periodパラメーターで引数として閾値となる時間をミリ秒で指定します。設定ファイルからは設定できません。無効の際には、値を0に指定します。

```
127.0.0.1:6379> CONFIG SET watchdog-period 500
OK
```

*20　LATENCY HISTOGRAM https://redis.io/commands/latency-histogram/ Redis 7.0以降利用可能。

DEBUG SLEEP 0.5コマンドのように0.5秒間スリープするコマンドを実行すると、ウォッチドッグタイマーが失効してRedisサーバー側で以下のようにEIPレジスターとバックトレースを確認できます。トラブルシューティングの際、参考にできる情報の1つとなる可能性があります。

```
16842:signal-handler (1661760961)
--- WATCHDOG TIMER EXPIRED ---

------ STACK TRACE ------
EIP:
/lib/x86_64-linux-gnu/libc.so.6(clock_nanosleep+0xc8)[0x7f6610734868]

Backtrace:
/lib/x86_64-linux-gnu/libc.so.6(+0x42520)[0x7f6610691520]
/lib/x86_64-linux-gnu/libc.so.6(clock_nanosleep+0xc8)[0x7f6610734868]
/lib/x86_64-linux-gnu/libc.so.6(__nanosleep+0x17)[0x7f66107396e7]
redis-server 127.0.0.1:6379(debugCommand+0x147a)[0x55d15a3e6bfa]
redis-server 127.0.0.1:6379(call+0xee)[0x55d15a36e8ee]
redis-server 127.0.0.1:6379(processCommand+0x820)[0x55d15a3700d0]
redis-server 127.0.0.1:6379(processInputBuffer+0x107)[0x55d15a38b237]
redis-server 127.0.0.1:6379(readQueryFromClient+0x318)[0x55d15a38b778]
redis-server 127.0.0.1:6379(+0x17363c)[0x55d15a46263c]
redis-server 127.0.0.1:6379(aeProcessEvents+0x1e2)[0x55d15a3662b2]
redis-server 127.0.0.1:6379(aeMain+0x1d)[0x55d15a3665ed]
redis-server 127.0.0.1:6379(main+0x358)[0x55d15a35dd98]
/lib/x86_64-linux-gnu/libc.so.6(+0x29d90)[0x7f6610678d90]
/lib/x86_64-linux-gnu/libc.so.6(__libc_start_main+0x80)[0x7f6610678e40]
redis-server 127.0.0.1:6379(_start+0x25)[0x55d15a35e425]
16842:signal-handler (1661760961) --------
```

*a https://groups.google.com/d/msg/redis-db/2sSnSTgHJmM/bfV6etDMYZwJ

*b Redis latency problems troubleshooting https://redis.io/docs/reference/optimization/latency/

# 6.3 メモリー問題

RedisにはメモリーU使用量を確認できるMEMORYコマンドがあります。INFOコマンドで確認できるRedisのメモリー使用量をより詳細に確認できるようになりました[*21][*22][*23]。

MEMORYコマンドは、6つのサブコマンドが提供されています。MEMORY HELPコマンドを実行すると利用可能なサブコマンドとその概要について確認できます[*24]。

```
127.0.0.1:6379> MEMORY HELP
 1) MEMORY <subcommand> [<arg> [value] [opt] ...]. Subcommands are:
 2) DOCTOR
 3)     Return memory problems reports.
```

*21 http://antirez.com/news/110

*22 https://groups.google.com/forum/#!msg/redis-db/5Kh3viziYGQ/58TKLwX0AAAJ

*23 https://raw.githubusercontent.com/antirez/redis/4.0/00-RELEASENOTES

*24 https://redis.io/commands/memory-help

```
 4) MALLOC-STATS
 5)     Return internal statistics report from the memory allocator.
 6) PURGE
 7)     Attempt to purge dirty pages for reclamation by the allocator.
 8) STATS
 9)     Return information about the memory usage of the server.
10) USAGE <key> [SAMPLES <count>]
11)     Return memory in bytes used by <key> and its value. Nested values are
12)     sampled up to <count> times (default: 5, 0 means sample all).
13) HELP
14)     Prints this help.
```

LATENCY DOCTORコマンドのような診断機能がメモリー問題に対しても提供されました。MEMORY DOCTORコマンドはRedis 7.0.4現在、以下の基準で判定が行われます[*25][*26]。

1. **メモリー量が5MB以上使用されているか**
2. **ピーク時が現在使用されるメモリー量の150%以上か**
3. **RSSが大きいことによりフラグメンテーションが1.4以上かつメモリー量が10MB以上か**
4. **メモリーアロケーターで外部フラグメンテーションが1.1以上かつメモリー量が10MB以上か**
5. **メモリーアロケーターでRSSが大きいことにより、フラグメンテーションが1.1以上かつメモリー量が10MB以上か**
6. **エフェメラルスクリプトやモジュールなど、メモリーアロケーターではないプロセスによる外部フラグメンテーションが1.1以上かつメモリー量が10MB以上か**
7. **各クライアントがクライアント出力バッファーで平均200KB以上メモリーを消費しているか**
8. **各レプリカがクライアント出力バッファーで平均10MB以上メモリーを消費しているか**
9. **エフェメラルスクリプトが1000個以上キャッシュされているか**

```
127.0.0.1:6379> MEMORY DOCTOR
Sam, I detected a few issues in this Redis instance memory implants:

 * High total RSS: This instance has a memory fragmentation and RSS overhead greater than 1.4 (this
means that the Resident Set Size of the Redis process is much larger than the sum of the logical
allocations Redis performed). This problem is usually due either to a large peak memory (check if
there is a peak memory entry above in the report) or may result from a workload that causes the
allocator to fragment memory a lot. If the problem is a large peak memory, then there is no issue.
Otherwise, make sure you are using the Jemalloc allocator and not the default libc malloc. Note: The
currently used allocator is "jemalloc-5.1.0".

I'm here to keep you safe, Sam. I want to help you.
```

データがあまりない場合は、以下のように診断されません。

```
127.0.0.1:6379> MEMORY DOCTOR
Hi Sam, this instance is empty or is using very little memory, my issues detector can't be used in
these conditions. Please, leave for your mission on Earth and fill it with some data. The new Sam and
 I will be back to our programming as soon as I finished rebooting.
```

*25 https://redis.io/commands/memory-doctor

*26 https://github.com/redis/redis/blob/7.0.4/src/object.c#L1263-L1331

MEMORY STATSコマンドは以下の項目に関して、メモリーの詳細を確認できます*27。

| メトリクス | 詳細 |
|---|---|
| peak.allocated | ピーク時におけるメモリー量のバイト数（INFOコマンドのused_memory_peakと同様） |
| total.allocated | メモリーアロケーターを使用してRedisによって割り当てられた合計のメモリー量のバイト数（INFOコマンドのused_memoryと同様） |
| startup.allocated | 起動時にRedisが使用する初期のメモリー量（INFOコマンドのused_memory_startupと同様） |
| replication.backlog | レプリケーションバックログのサイズのバイト数（INFOコマンドのrepl_backlog_activeと同様） |
| clients.slaves | 全レプリカのオーバーヘッドの合計サイズのバイト数 |
| clients.normal | 全クライアントのオーバーヘッドの合計サイズのバイト数 |
| cluster.links | クラスター内のノード間で互いに接続するコネクションを維持するのに使用するメモリー量のバイト数 |
| aof.buffer | 現在のAOFバッファーとAOF書き換えバッファーの合計サイズのバイト数（INFOコマンドのaof_buffer_lengthとaof_rewrite_buffer_lengthを合わせた内容） |
| lua.caches | エフェメラルスクリプトのキャッシュのオーバーヘッドの合計サイズのバイト数 |
| functions.caches | Redisファンクションで利用可能なすべての種類のエンジン（現状Luaのみ）のオーバーヘッドの合計サイズのバイト数 |
| overhead.hashtable.main | （データベースごとに表示）Redisサーバーのメインの巨大なハッシュテーブルのオーバーヘッド |
| overhead.hashtable.expires | （データベースごとに表示）Redisサーバーの失効管理のハッシュテーブルのオーバーヘッド |
| overhead.hashtable.slot-to-keys | （データベースごとに表示）Redisクラスターにおいて同じスロット内のキーに使用される双方向リストのメタデータのオーバーヘッド |
| overhead.total | 全オーバーヘッドの合計（INFOコマンドのused_memory_overheadと同様） |
| keys.count | Redisサーバー内の全データベース中に保存されているキーの合計数 |
| keys.bytes-per-key | total.allocatedからstartup.allocatedだけ除いた値をkeys.countで割り、1つのキー当たりで計算したサイズ |
| dataset.bytes | データセットのサイズのバイト数（INFOコマンドのused_memory_datasetと同様） |
| dataset.percentage | total.allocatedからstartup.allocatedを除いた値に対してdataset.bytesが占める割合の百分率 |
| peak.percentage | total.allocatedに対するpeak.allocatedが占める割合の百分率 |
| allocator.allocated | 対象のプロセスによって割り当てられた全メモリー量のバイト数（INFOコマンドのallocator_allocatedと同様） |
| allocator.active | allocator.residentのうち、メモリーアロケーターが再利用のために予約しているメモリーサイズを含まないメモリー量（INFOコマンドのallocator_activeと同様） |
| allocator.resident | RSSのうち、共有ライブラリやその他ヒープマッピングではないメモリー領域からのものを含まないメモリー量（INFOコマンドのallocator_residentと同様） |
| allocator-fragmentation.ratio | allocator.allocatedに対するallocator.activeの割合（INFOコマンドのallocator_frag_ratioと同様） |
| allocator-fragmentation.bytes | allocator.activeからallocator.allocatedを除外したメモリー量（INFOコマンドのallocator_frag_bytesと同様） |
| allocator-rss.ratio | allocator.activeに対するallocator.residentの割合（INFOコマンドのallocator_rss_ratioと同様） |
| allocator-rss.bytes | allocator.residentからallocator.activeを除外したメモリー量（INFOコマンドのallocator_rss_bytesと同様） |
| rss-overhead.ratio | allocator.residentに対するINFOコマンドのused_memory_rssの割合（INFOコマンドのrss_overhead_ratioと同様） |

*27　https://redis.io/commands/memory-stats

| メトリクス | 詳細 |
| --- | --- |
| rss-overhead.bytes | INFOコマンドのused_memory_rssからallocator.residentを除外したメモリー量（INFOコマンドのrss_overhead_bytesと同様） |
| fragmentation | INFOコマンドのused_memoryに対するINFOコマンドのused_memory_rssの割合（INFOコマンドのmem_fragmentation_ratioと同様） |
| fragmentation.bytes | INFOコマンドのused_memory_rssからINFOコマンドのused_memoryを引いたメモリー量のバイト数（INFOコマンドのmem_fragmentation_bytesと同様） |

overhead.totalの詳細は、9.1のINFOコマンドのused_memory_overheadの説明をご参照ください。

以下、MEMORY STATSコマンドの実行例となります。overhead.hashtable.mainとoverhead.hashtable.expiresはデータベースごとに表示されます。

```
127.0.0.1:6379> MEMORY STATS
 1) "peak.allocated"
 2) (integer) 1362816
 3) "total.allocated"
 4) (integer) 1331744
 5) "startup.allocated"
 6) (integer) 862952
 7) "replication.backlog"
 8) (integer) 20508
 9) "clients.slaves"
1)  (integer) 0
2)  "clients.normal"
3)  (integer) 1800
4)  "cluster.links"
5)  (integer) 0
6)  "aof.buffer"
7)  (integer) 0
8)  "lua.caches"
9)  (integer) 0
10) "functions.caches"
11) (integer) 184
12) "db.0"
13) 1) "overhead.hashtable.main"
    1) (integer) 48232
    2) "overhead.hashtable.expires"
    3) (integer) 0
    4) "overhead.hashtable.slot-to-keys"
    5) (integer) 0
14) "overhead.total"
15) (integer) 933676
16) "keys.count"
17) (integer) 1001
18) "keys.bytes-per-key"
19) (integer) 468
20) "dataset.bytes"
21) (integer) 398068
22) "dataset.percentage"
23) "84.913566589355469"
24) "peak.percentage"
25) "97.720016479492188"
```

```
26) "allocator.allocated"
27) (integer) 1563640
28) "allocator.active"
29) (integer) 1949696
30) "allocator.resident"
31) (integer) 4530176
32) "allocator-fragmentation.ratio"
33) "1.2468956708908081"
34) "allocator-fragmentation.bytes"
35) (integer) 386056
36) "allocator-rss.ratio"
37) "2.3235294818878174"
38) "allocator-rss.bytes"
39) (integer) 2580480
40) "rss-overhead.ratio"
41) "2.488245964050293"
42) "rss-overhead.bytes"
43) (integer) 6742016
44) "fragmentation"
45) "8.5969038009643555"
46) "fragmentation.bytes"
47) (integer) 9961000
```

MEMORY MALLOC-STATSコマンドは、メモリーアロケーターからの内部統計情報を確認できます。現在はjemallocに対してのみ利用可能で、jemallocのバージョンやビルド時の設定等を確認できます*28。

こちらのコマンドの説明をするにあたってjemallocについて簡単に紹介します。jemallocは目標の1つとしてフラグメンテーションの削減を掲げています。フラグメンテーションの削減を実現するためのしくみとして、小さいサイズのメモリー割り当てのために複数のサイズクラスを用意します。実際に割り当てる際には、対象のメモリーサイズよりも大きいが最も小さいサイズクラスに割り当てる方法が取られています。MEMORY MALLOC-STATSコマンドではそのような割り当て状況なども確認できます。

```
127.0.0.1:6379> MEMORY MALLOC-STATS
___ Begin jemalloc statistics ___
Version: "5.2.1-0-g0"
Build-time option settings
  config.cache_oblivious: true
  config.debug: false
  config.fill: true
  config.lazy_lock: false
  config.malloc_conf: ""
  config.opt_safety_checks: false
  config.prof: false
  config.prof_libgcc: false
  config.prof_libunwind: false
  config.stats: true
  config.utrace: false
  config.xmalloc: false
Run-time option settings
  opt.abort: false
  opt.abort_conf: false
```

*28 https://redis.io/commands/memory-malloc-stats

```
  opt.confirm_conf: false
  opt.retain: true
  opt.dss: "secondary"
  opt.narenas: 8
  opt.percpu_arena: "disabled"
  opt.oversize_threshold: 8388608
  opt.metadata_thp: "disabled"
  opt.background_thread: false (background_thread: true)
  opt.dirty_decay_ms: 10000 (arenas.dirty_decay_ms: 10000)
  opt.muzzy_decay_ms: 0 (arenas.muzzy_decay_ms: 0)
  opt.lg_extent_max_active_fit: 6
  opt.junk: "false"
  opt.zero: false
  opt.tcache: true
  opt.lg_tcache_max: 15
  opt.thp: "default"
  opt.stats_print: false
  opt.stats_print_opts: ""
Arenas: 9
Quantum size: 8
Page size: 4096
Maximum thread-cached size class: 32768
Number of bin size classes: 39
Number of thread-cache bin size classes: 44
Number of large size classes: 196
Allocated: 1592984, active: 1982464, metadata: 2608256 (n_thp 0), resident: 4562944, mapped: 8273920,
 retained: 114688
:
large:          size ind    allocated      nmalloc (#/sec)      ndalloc (#/sec)    nrequests (#/sec)
 curlextents
               16384  39        49152            4       0            1       0            6       0
          3
               20480  40       204800           18       0            8       0           35       0
         10
               24576  41       368640           15       0            0       0           15       0
         15
                     ---
               32768  43        32768            1       0            0       0            1       0
          1
               40960  44            0            1       0            1       0            1       0
          0
                     ---
               81920  48        81920            1       0            0       0            1       0
          1
               98304  49            0            1       0            1       0            1       0
          0
                     ---
              131072  51       131072            1       0            0       0            1       0
          1
                     ---
              229376  54            0            1       0            1       0            1       0
          0
                     ---
              327680  56       327680            1       0            0       0            1       0
          1
                     ---
```

```
extents:        size ind       ndirty        dirty       nmuzzy        muzzy    nretained
retained       ntotal        total
                4096   0            0            0            0            0            5        2048
0           5        20480
                8192   1            0            0            0            0            3        2457
6           3        24576
               12288   2            0            0            0            0            1        1228
8           1        12288
               16384   3            0            0            0            0            2        3276
8           2        32768
                     ---
               24576   5            0            0            0            0            1        2457
6           1        24576
                     ---
--- End jemalloc statistics ---
```

MEMORY PURGEコマンドは、メモリーアロケーターによって回収されるようにダーティーページに対してページ処理を行います。現在はjemallocに対してのみ利用可能です*29。たとえば、まれにピーク時にメモリーを現在より多くメモリーを使用している状況でjemallocがメモリーをすぐに解放しない場合に、ほかにメモリーを再利用したい状況で活用できます。

```
127.0.0.1:6379> MEMORY PURGE
OK
```

MEMORY USAGEコマンドは、キーやそれに関連づく値、オーバーヘッドを含めデータを保存するのに必要なメモリー量のサイズのバイト数を表します*30。コマンドに続けてSAMPLES <number>オプションを付与すると、ネストされたデータ構造に対して、サンプリングするデータ数を指定できます。List型やHash型、Set型、Sorted Set型のように複数の要素からなるデータ構造では、サンプリングした要素から平均サイズを求めて計算をします。デフォルトでは5つのサンプリングを行い、0の場合はすべての値のサンプリングを行います。

```
127.0.0.1:6379> MEMORY USAGE foo
(integer) 56
```

*29　https://redis.io/commands/memory-purge

*30　https://redis.io/commands/memory-usage

# 7
# レプリケーション

一般にデータのレプリケーションとは、データの書き込みがあるごとに、それらの更新データをほかのサーバーに継続的に送っていくことで複製することを指します。サーバーを追加してリソースを増やしていくことで、読み込みクエリーに対するスケールアウトを実現します。また、冗長化やフェイルオーバーを実行することによる可用性も向上させられます。

本章ではRedisのレプリケーションを概念、しくみから詳細まで解説します。実践としてレプリケーションのセットアップ方法も取り上げます。

しくみを理解しておくことで、問題発生時にスムーズにトラブルシューティングできます。復旧、事前対策、再発防止対策を考えやすくなります。

図7.1　レプリケーションによって可用性を高められる

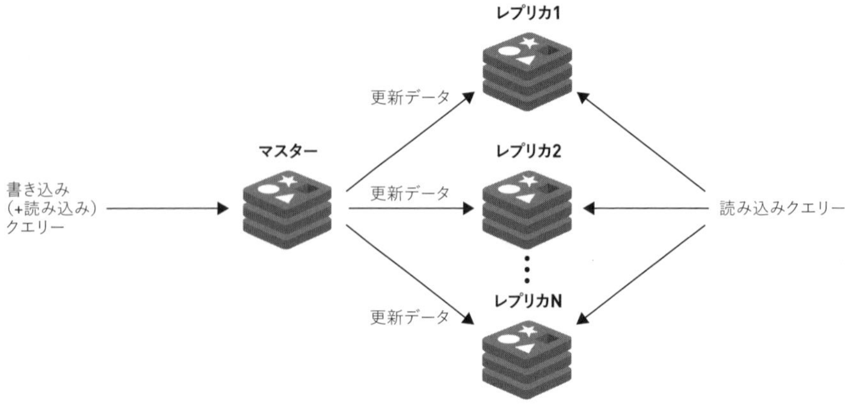


# 7.1 レプリケーションの機能

ここまでRedisを単体のキャッシュノードとして利用する例で紹介してきました。ただ、単体ノードだと障害やネットワーク疎通性、クラッシュなどの問題の影響を受けやすいという課題があります。そのため、本番環境でRedisサーバーを運用するときは、基本的に複数のキャッシュノードから構成することで可用性を高めることが求められます。

Redisには複数のキャッシュノードで運用するための機能として、レプリケーションが提供されています。単一マスターとレプリカのマスター・レプリカモデルで、マスターへの更新が1つ以上から構成されるレプリカ[*1]に継続的に反映されます[*2]。この点においてはRDBMSでも同様の方法を取っている

＊1　レプリカという用語を使用するようになった経緯の詳細について、"マスター/スレーブからマスター/レプリカへ"のコラムをご参照ください。

＊2　https://redis.io/docs/manual/replication/

ことが多くあるので、なんとなくイメージが湧く方も多いでしょう。

Redisのレプリケーション機能の主な目的は高可用性とデータの冗長化です*3。加えて、読み込みのスケールアウトのために利用するユーザーも多くいます。

### 7.1.1 非同期処理による実現

Redisのレプリケーションはノンブロッキングなイベントループの非同期処理により実現しています。非同期であるため、特に遅延が発生しているような状況では、マスターとレプリカ上のデータが同じであるとは限りません。そのため、マスターへ書き込んだ直後にレプリカへアクセスした場合、そのデータが存在する保証はありません。

### 7.1.2 レプリケーション利用時のRedisへの接続方法

各キャッシュノードのIPアドレスやエンドポイントを控えておき、Redisクライアントから直接アクセスもできます。あるいは、複数のレプリカを含めたリクエストのルーティングには、Twemproxyなどのプロキシも活用できます。

ElastiCacheを利用している場合、クラスターモード無効のRedisクラスター（10.1参照）で以下のエンドポイントを利用できるため、プロキシ等を自身で用意・管理する手間を省けます。

- **マスターへのリクエストのルーティングはプライマリエンドポイント**
- **レプリカへのリクエストのルーティングはリーダーエンドポイント**

### 7.1.3 レプリカは基本的に読み込み専用

レプリカを追加していくことで読み込みをスケールアウトできます。

実はレプリカには書き込みもできるものの、レプリカへの書き込みは問題がつきまといます。

やむを得ずレプリカへの書き込みを行うことが考えられる状況としては、たとえば実行に時間がかかる処理を実行する際です。--時的なデータ書き込んで複数回参照する場合などで活用できます。このような場合にレプリカへの書き込みを有効にするユースケースも考えられます*4*5。

しかし、意図せずレプリカへ書き込みを行える状態だと、データの整合性が崩れる可能性があります。そのため、基本的によほどの理由がない限りはおすすめしません。レプリカへの書き込みを制限することでこれを防ぎます。

現在はデフォルトではレプリカへの書き込みができないようになっています。`replica-read-only`ディレクティブで変更できますが、上記の理由で変更する場合は慎重になってください。クラウドのようなマネージドサービスから提供されている場合は、書き込みが制限されていることもあります。

---

＊3　http://www.odbms.org/2022/07/on-redis-architecture-principles-qa-with-yossi-gottlieb/

＊4　`CONFIG`コマンドや`DEBUG`コマンドなどの管理コマンドはデフォルトで許可するようになっています。

＊5　レプリケーションが再同期およびレプリカが再起動するとこれらの書き込みは削除されます。

### 7.1.4 マイグレーションへの活用

新しいRedisサーバーへの移行について、ダウンタイムを小さく実現する場合にもレプリケーションの機能が利用されることもあります。既存のRedisサーバーから移行後のRedisサーバーに対してレプリケーションを作成し、その後、移行後のRedisサーバーを独立させることで実現します。ダウンタイムはフェイルオーバーの時間に抑え込むことができます。Redisの組み込みの機能を利用した方法（7.4参照）やRIOT*6*7などのサードパーティソフトを利用した方法による実現が考えられます。

### 7.1.5 レプリケーションの注意事項

マスター側で永続化が設定されていない状態で、エンジンの再起動や終了をして再度起動するとデータセットが空の状態で起動します。その場合、レプリケーションされたレプリカ側もデータセットが空になります。この点は注意してください。

Column

#### マスター/スレーブからマスター/レプリカへ

アメリカを中心に人種的差別の意味合いを含むとして、スレーブ（slave）という用語をソフトウェアで利用することを避けるようになりました。Redisでは今後（Redis 5.0以降）はスレーブを使用せず、レプリカという用語を使う方針に変更されました*a*b*c*d*e。そのため、従来MySQLの用語から取ってきてマスター/スレーブという用語を使用していたところ、マスター/レプリカという用語が使われることになりました。それに伴い、`SLAVEOF`から`REPLICAOF`のようにコマンド名の変更が行われました。また、`min-slaves-max-lag`が`min-replicas-to-write`などパラメーターの名前の変更も加えられました。ただし、プロトコルの一部に組み込まれている場合、スレーブという用語は残っている部分もあります。

本書で使用する用語も基本的には、この動きを遵守しています。マスター/レプリカを基本的に使用します。プロトコルレベルで残っている部分についてはスレーブという単語が出てくることもあります。

なお、ElastiCacheではプライマリ（primary）/レプリカ（replica）という用語に置き換えられています。たとえば、`IsMaster`メトリクスを`IsPrimary`メトリクス、`MasterLinkHealthStatus`メトリクスを`PrimaryLinkHealthStatus`メトリクスのように変更されています。参考までに、MySQLでは8.0.21以降、ソース（source）/レプリカ（replica）という用語に置き換えられています*f*g。MySQLがプライマリという用語を採用しなかった理由は、双方向レプリケーションや多段レプリケーションなどのようにプライマリという用語がフィットしない状況を想定してのものです。

*a https://github.com/redis/redis/issues/3185
*b https://github.com/redis/redis/issues/5335
*c http://www.antirez.com/news/122
*d https://twitter.com/antirez/status/1037809132303208455
*e https://twitter.com/antirez/status/1039443441472688128
*f https://dev.mysql.com/blog-archive/mysql-terminology-updates
*g https://dev.mysql.com/doc/relnotes/mysql/8.0/en/news-8-0-21.html

*6 https://github.com/redis-developer/riot
*7 https://developer.redis.com/riot/index.html#_riot_redis

# 7.2 レプリケーション開始時のしくみ

レプリケーションのしくみを解説するにあたって、レプリケーション開始時とレプリケーションが確立されたあとの動作の段階に分けて説明します。まずはレプリケーションが行われるまでの流れを見ていきましょう。

1. **最初に、レプリカ側がその時点までに処理してきたレプリケーションIDとオフセットを送るためにPSYNCコマンドでマスターへ接続をリクエスト**
2. **マスター側は、リクエスト中のマスターのレプリケーションIDと自身のレプリケーションIDが一致するか確認し、オフセットがレプリケーションバックログのバッファー中にあるかを確認**
3. **リクエスト中のオフセットがレプリケーションバックログ中にあるかに応じて以下のように処理分岐**
   1. レプリケーションバックログから同期が可能な場合：リクエスト中のオフセットがレプリケーションバックログ中にあり、レプリケーションバックログから同期が可能な場合、部分同期の実行を決定
   2. レプリケーションバックログから同期ができない場合：レプリケーション切断中にマスターが受け取った書き込みのリクエストのサイズがバッファーサイズを超えて部分同期ができない場合、完全同期の実行を決定

同期開始時のしくみには、大きく完全同期と部分同期の2つの種類があります。完全同期、部分同期を使い分けている理由については、完全同期のリクエスト処理への影響の大きさが挙げられます。ざっくりとしたイメージとしては、完全同期はリクエスト処理への影響が大きいですが、あらゆる状況において実施可能な方法です。一方で部分同期はリクエスト処理への影響が抑えられますが、条件を満たさないと利用できない方法です。完全同期では、プロセスがfork処理されてマスター上のメモリーのデータをダンプしてディスクへRDBファイルの書き込みが行われることによる影響があります*8。また、マスターでダンプした全データを転送することにより、ネットワーク帯域を圧迫してしまう可能性などもあります。

そのため、部分同期が可能ならこちらを実行し、不可能なら完全同期が行われます。対象のレプリカが初めてマスターへレプリケーションの接続をする際には、部分同期を行う条件がそろっていません。このため完全同期が行われます。

それでは、完全同期、部分同期のしくみについて、それぞれ詳細を見ていきましょう。しくみを理解していくことでどのような点に注意するべきか見えてくるでしょう。

## 7.2.1 完全同期

完全同期が行われる場合、以下のようなしくみで進みます。

1. **レプリカがマスターへレプリケーション開始を要求。**
2. **マスターはBGSAVEコマンドを実行することで、プロセスをfork処理して、fork処理した先のプロセスでメモリーをスナップショット（RDBファイルを取得）。**
3. **BGSAVEが完了後、RDBファイルをレプリカへ送信。この間、マスターへの書き込みはレプリカのクライアント出力バッファーへ書き込み。レプリカは送られてきたRDBファイルをメモリーへ読み込み。**

*8　設定によります。

4. **RDBファイル送信完了後、レプリカのクライアント出力バッファーへ書き込まれたデータをレプリカへ送信。**
5. **レプリカのクライアント出力バッファーからの書き込みが完了後、マスターへの書き込みがリアルタイムでレプリカへ送信を継続。**

#### 完全同期開始時の詳細

マスターがRDBファイルを送り始める際に、レプリカにすでにRDBファイルがある場合はデータの一貫性のためにレプリカ上のファイルは削除されます。レプリカがマスターへレプリケーション開始を要求してからマスターからのRDBファイルのデータを受け取るまでの間にレプリカがクライアントからリクエストを受け付ける場合もあります。その場合、レプリカはデフォルトの動作としては応答するため、同期前の古いデータが返される可能性もあります。たとえば、レプリカからマスターへの最初の同期の際はデータセットが空といった状況が発生します。この挙動は、replica-serve-stale-dataディレクティブをデフォルトのyesからnoに変更することで、SYNC with master in progressのエラー文で応答するように変更できます*9。

#### レプリカが複数ある際の挙動

レプリカが複数ある場合のレプリカからマスターへの接続の際の挙動については、2つ目以降の接続のタイミングに依存します。先程説明した完全同期における5つのステップのうちの3番目の処理となる、マスターがBGSAVEコマンドを完了するまでに2つ目以降のレプリカが同期の要求をする場合もあります。それらのレプリカは1つ目と同一の内容でレプリケーションされます。それ以降に2つ目以降のレプリカが同期を要求することもありえます。その場合は、1つめのレプリカとのレプリケーション処理中の5番目の処理にあたるレプリカのクライアント出力バッファーからの書き込みが完了する際に、再度レプリケーション処理のプロセスが最初から行われます。

#### レプリケーションのコネクション切断時の挙動

レプリカのクライアント出力バッファー（9.1.2参照）が溢れた場合には、コネクションが切断されて再同期が試みられ、その際にレプリケーションバックログ次第では部分同期が行われます。部分同期ができない場合完全同期が行われます。このレプリカのクライアント出力バッファーは、client-output-buffer-limitディレクティブでclassとしてreplicaを指定して値を設定できます。デフォルトでは、client-output-buffer-limit replica 256mb 64mb 60 のようになっており、256MBはハードリミットでこの値を超えると即切断されます。一方で、64MBはソフトリミットを表しており、この値を次の引数となる60秒の時間が継続した場合に切断がされます。

#### TTLが設定されたキーの挙動

TTLを設定したキーがレプリケーションされる場合の挙動を説明します。レプリカではキーを失効せ

*9　ただし、INFO、replicaOF（Redis 5.0以前のSLAVEOF）、AUTH、PING、SHUTDOWN、REPLCONF、ROLE、CONFIG、SUBSCRIBE、UNSUBSCRIBE、PSUBSCRIBE、PUNSUBSCRIBE、PUBLISH、PUBSUB、COMMAND、POST、HOST:、LATENCYには応答します。POSTやHOST:は実際のコマンド名ではありません。クロスプロトコルスクリプティングと呼ばれる、無効なHTTPヘッダーが含まれる場合には切り捨て処理を継続する脆弱性を利用しセキュリティ攻撃への対策として使用されるものです。POSTやHost:ヘッダーがHTTPリクエスト中にある場合コネクションを終了し、ログ出力がデフォルト設定では、22848:S 23 Sep 2019 14:09:02.276 # Possible SECURITY ATTACK detected. It looks like somebody is sending POST or Host: commands to Redis. This is likely due to an attacker attempting to use Cross Protocol Scripting to compromise your Redis instance. Connection aborted.のようなメッセージがredis.logに出力されます。

ず、失効したキーの情報はマスターから全レプリカへDELコマンドが送られます。このときレプリカのAOFにもDELコマンドが同期されます。RDBファイルをダンプする際に失効したキーは含まれません。そのため、RDB読み込みの際にはRedisがマスター上に存在していた失効キーはリストアされません。この挙動により、TTLを設定したキーを含む場合マスターに保存されているキーの数がレプリカに保存されているキーの数より多く見える場合があります。マスター上では失効したキーも回収されるまではINFOコマンドやDBSIZEコマンドでは認識されます。しかし、レプリカではそのようなキーが読み込まれまず、INFOコマンドやDBSIZEコマンドでも確認できないことによるもので想定された挙動となります。

### ディスクレスレプリケーション

RDBファイルについてディスクバックアップによるレプリケーションに加えて、ディスクレスレプリケーション機能も用意されています。完全同期の際、前述のディスクバックアップによるレプリケーションではプロセスがfork処理されてマスター上のメモリーのデータをダンプしてディスクへRDBファイルの書き込みが行われます。しかし、ディスクが遅い場合は特に、これは負荷の高い処理です。ディスクレスレプリケーションではプロセスをfork処理後、RDBファイルを直接レプリカのソケットへ書き込みが行われます。repl-diskless-syncディレクティブで機能の有効・無効を制御でき、デフォルトではnoで無効化されています。そのため、有効にするためにはyesに変更する必要があります[*10]。

ディスクレスレプリケーションでは一度レプリケーションを開始してしまうと、その後追加されるレプリカに対するレプリケーションは実行中のものが完了するのを待たなければいけないことに注意が必要です。マスターはほかのレプリカが追加されることを想定してデフォルトで5秒待機します。この時間までにレプリカが追加されると、1つ目のレプリカと同様の内容で2つ目以降のレプリカへもレプリケーションが実行されます。こちらの待機時間はrepl-diskless-sync-delayディレクティブで制御可能です。ディスクレスレプリケーションは、巨大なデータセットを扱う場合やディスクが遅く広帯域なネットワークで特に有効です。実際の現場では有効にして運用しているところも多いでしょう。

### そのほか最適化の確認ポイント

そのほか最適化の確認ポイントとしてレプリカソケット上のTCP_NODELAYの無効化があります。TCP_NODELAYを有効にしていると、レプリケーションの遅延は軽減されるものの、使用する帯域幅が増加します。デフォルトではこちらの設定となっており、低レイテンシーが優先されています。TCP_NODELAYを無効にすると、より少ないTCPパケットでレプリカへデータを送るために帯域を小さくできます。しかし、レプリケーションの遅延が大きくなります。高いトラフィックやマスター/レプリカ間の距離がある場合はTCP_NODELAYを無効化することで効果がある可能性があります。repl-disable-tcp-nodelayディレクティブでyesにすることで変更可能です。

レプリケーションのパフォーマンスへの影響も考慮すべきです。レプリケーションはマスター上で追加のプロセスが稼働するため、レプリカ数が増加するとマスターへのパフォーマンスが影響することも考えられます。そのため、レプリカを追加する際には注意すべきです。

レプリカ数が多い場合ネットワーク帯域を多く消費することにつながります。そちらを意識して多段にする方法もあります[*11][*12]。

---

*10　Redis 7.0以降ではデフォルトで有効になっています。

*11　Redis 4.0以降、チェイン上にレプリケーションしている場合、いずれのレプリカも一番上のマスターから生成された同じレプリケーションのストリームを受け取る挙動となります。

### 7.2.2 部分同期

部分同期の場合は、レプリケーション切断中のすべての書き込み分だけレプリケーションバックログからレプリカへレプリケーションが行われます。

Redisのレプリケーションでは、マスター側にはレプリケーションバックログと呼ばれるリングバッファーで固定長のリスト上のメモリー領域があります。レプリケーション切断中は、このバックログでマスター上への書き込み情報を一定時間管理します。

このバックログのサイズは、repl-backlog-sizeディレクティブで設定可能であり、デフォルトでは1MBとなっています。レプリケーション切断中にマスターへの書き込みが1MBを超えると、レプリカからのPSYNCのリクエストでオフセットがバックログに含まれないため、部分同期を実行できません。そのため、完全同期を開始することになります。

また、レプリケーションが切断してから一定時間経過するとバックログの解放が行われますが、この秒数はrepl-backlog-ttlディレクティブで設定可能でありデフォルトでは3600秒（1時間）となっています。0を指定した場合は、無期限に保持する動作となります。

マスターへの書き込みが多い場合などには、repl-backlog-ttlディレクティブによる保持期間を考慮しつつ、repl-backlog-sizeディレクティブをチューニングすると改善される可能性があります。しかし、repl-backlog-sizeディレクティブの値を大きくすることによってマスター側で使用するメモリー量も大きくなります。メモリー使用量がもともと多い場合など、スワップの消費をより大きく引き起こす可能性には注意してください。

**同期レプリケーションを強制する**

7.1.1でも触れましたが、Redisのレプリケーションは非同期です。もし、同期レプリケーションを必要とするなら、Redis 3.0以降WAITコマンドを利用できます*13。このコマンドを利用することでデータロスに対する安全性を高められる効果もあります。フェイルオーバー中は書き込みを受け取ったレプリカをベストエフォートで昇格させます。WAITコマンドで指定した数のレプリカから応答がある（もしくは指定したタイムアウトの値に到達する）まで、現在のクライアントをブロックする動作となります。この動作により、データロスを抑制します。WAITコマンドは、部分同期の導入でレプリカからマスターへ送られるpingに対してレプリカがすでに処理したオフセットが含まれるようになったため、実現が可能となったものです。そのほか、オフセットが含まれることにより、レプリカのタイムアウト検知にも活用されています。

非同期レプリケーションの性質上、マスターへ書き込み後、クライアントに応答を返し、レプリカへそれらのデータが書き込まれる前にマスター側で障害が発生する可能性があります。その場合、レプリカに書き込まれていないデータは失う可能性があります*14。このような可能性を考慮して、アプリケーション側からのリトライ処理やRDBMSなどのデータベースなどからデータを取得してくるなど、Redis上のデータを適切に扱う必要があります。WAITコマンドなどで同期レプリケーションを実現する場合、パフォーマンスへの影響が懸念されることは考慮してください。

*12 マネージドサービスを使用している場合はPSYNC/SYNCコマンドが制限されており、多段にできないものもあります。

*13 強い一貫性を保証するものではない点について注意してください。

*14 10.1のコラムでも紹介していますが、Amazon Web Services（AWS）からAmazon MemoryDB for Redisというサービスが提供されています。こちらはメインのデータベースとしても使うことができ、このような状況でもデータロスは発生しません。

Column

**レプリケーション切断時の挙動の改良**

部分同期はRedis 2.8で導入された、PSYNCコマンドによって実現可能となりました。当時は、マスター・レプリカ間のコネクションの一時的な切断の際に短時間で再接続かつマスターが再起動をしていない場合に有効な動作でした。しかし、フェイルオーバーによるマスターの切り替えの際にはレプリカから見たマスターは変わっているため、部分同期を行うことができない仕様でした。レプリカの再起動の際にも部分同期を行うことができず、完全同期が行われる仕様でした。Redis 4.0以降ではPSYNCのバージョン2がリリースされ、レプリケーションIDを2種類保持するようになりました。追加されたレプリケーションIDは、一定のオフセットまではマスターが有効なレプリケーションの履歴を認識できるようになりました。そのようにすることでフェイルオーバーによってマスターが切り替わっても部分同期の実現が可能となり、動作が改善されました。また、Redis 4.0以降ではRDBファイルにマスターのレプリケーションIDとオフセットが保存されます。そのため、マスターやレプリカが再起動するような状況にもRDBファイルから読み込むことができますが、そのような状況でも部分同期が可能になりました。

## 7.3 レプリケーション動作中のしくみ

レプリケーションが確立されるまでの戦略と、それぞれの方法を見てきました。以降は確立された接続を通して、マスターに書き込まれたデータはレプリカへ継続的、かつ非同期に送られます。接続されたマスターとレプリカ間の接続がどのように死活監視されているか見ていきます。

### 7.3.1 マスターとレプリカ間のリンクの状態の死活監視

マスターからはデフォルト10秒間隔で全レプリカへpingが送られます。こちらの時間間隔はrepl-ping-replica-periodディレクティブで制御可能です。レプリカは毎秒REPLCONF ACK <offset>コマンドで、処理してきた位置を添えてpingを送り、マスターは各レプリカから受け取った最後のpingの時間を記録します。これはレプリケーションのリンクが切断された際、レプリカがタイムアウトの検知の前に、スムーズに問題発生を検出するためのしくみです。このしくみがないと、レプリケーションのリンクが切断されても、コネクションがダウン状態と認識できない状態が発生する可能性があります*15。そこで、マスターからレプリカの方向だけではなく、レプリカからマスターへもpingを送るように動作になっています。このとき、よりpingを有意義に活用するため、ping情報に加えてレプリケーションが現状処理していたオフセットも含めています*16。

マスターからレプリカへpingが送られますが、最後にマスターがレプリカからpingを受け取って以降、一定時間より大きい値に達すると対象のレプリカはマスターから接続状態と見なされなくなります。このラグの時間はmin-replicas-max-lagディレクティブで制御でき、デフォルト値は10秒です。

接続状態のレプリカの最小台数も指定できます。min-replicas-to-writeディレクティブによって制御可能で、デフォルトでは0、つまり無効化されています。この基準を満たさない場合マスターへの書

*15 この問題提起がRedis 2.8以降でレプリカがREPLCONF ACK <offset>コマンドを毎秒送るしくみが導入された理由です。
*16 http://antirez.com/news/58

き込みの受け付けを停止します。Redisは非同期レプリケーションを使うため、レプリカの最小台数がデフォルトの無効化状態では、レプリカが実際に書き込みを受け取ったことを確認しません。そのため、データが失われる可能性がある時間帯が発生します。レプリカの最小台数を指定するのは、レプリカの数が十分にない状態で問題が発生したときにマスターへの書き込みをエラーで返して制限することで、書き込みが失われるリスクを減らすためです。

なお、マスター/レプリカからのpingはタイムアウトがあり、ともにrepl-timeoutディレクティブで制御可能でデフォルト60秒です。repl-ping-replica-periodディレクティブの値はrepl-timeoutディレクティブより小さく設定しておく必要があります。そうではない場合マスター/レプリカ間でのトラフィックが少なくなる度に、repl-timeoutディレクティブの値を経過する度にレプリケーションのコネクションが切断されます。

## 7.4 フェイルオーバー

Redisに、ネイティブの機能としてはマスターで問題が発生した際に自動でフェイルオーバーする機能はありません。そのため、マスターがダウンした場合には昇格させる新マスター上でREPLICAOF NO ONEコマンドを手動で実行します*17。それ以外の新レプリカではマスターへ接続するためにREPLICAOF <new_master_ip> <new_master_port>コマンドを実行する必要があります*18。もしくは設定ファイルから行う場合、replicaof（slaveof）ディレクティブで設定します。

Redisクラスターや Redis Sentinelで、自動フェイルオーバー機能が利用可能です。マネージドサービスで、レプリケーション機能を利用すると上記コマンドは制限されており、代わりに自動フェイルオーバー機能が提供されていることもあります。Redisを提供しているサービスを利用する場合は、ドキュメントを見てどのような機能が提供されているのか確認しましょう。

フェイルオーバー中、クライアントからの書き込みが新しいマスターへ向くようにCLIENT PAUSEコマンドでクライアントからのアクセスを一時的に中断もできます。

Column

### レプリケーション時のエフェメラルスクリプト

エフェメラルスクリプトは現在、Luaを実行した結果の変更内容が1つのコマンドとして、スクリプトから生成されレプリカへ送られます。この動作をスクリプト効果レプリケーション（script effects replication）と呼びます*a。以前はスクリプト全体を送っていました。こちらは全体スクリプトレプリケーション（whole scripts replication）と呼びます。

■ **全体スクリプトレプリケーション**

- ■ メリット
  - *1つのコマンド（スクリプト効果レプリケーション）を送るより、スクリプトを送る（全体スクリプトレプリケーション）方が早いことがある
- ■ デメリット

*17　Redis 5.0以前はSLAVEOF NO ONEコマンド。

*18　Redis 5.0以前はSLAVEOF <new_master_ip> <new_master_port>コマンド。

  * ランダムな結果を返すスクリプトがあると結果がマスターとレプリカで変わる可能性が高い。ほかにも外部要因に依存
  * Redisで実施されている対処
    - ・外部へのアクセスを許可しない
    - ・ランダム関数実行でエラー
    - ・SMEMBERSコマンドは毎回同じ順番で返す
    - ・疑似乱数は同じ値を返す

- **スクリプト効果レプリケーション**
  - メリット
    * 全体スクリプトレプリケーションの弱点が問題となるときに利用
  - デメリット
    * 全体スクリプトレプリケーションより遅いこともある

---

*a　スクリプト効果レプリケーションは、Redis 5.0以降のデフォルト動作です（Redis 3.2から選択可能)。Redis 5.0からドキュメント外のパラメーターで`lua-replicate-commands`ディレクティブをyesにすることで従来の方式に切り替えることが可能です。もしくは以前は`DEBUG lua-always-replicate-commands 0`を実行することでも変更可能でしたが、Redis 7.0からは廃止されました。 https://github.com/redis/redis/issues/8370 メリット、デメリットをまとめます。

Column

## アプリケーションからのレプリケーションの活用

各種プログラミング言語で実装したアプリケーションからRedisへ接続する際は、`new Redis()`のようにRedisのインスタンスを生成し、適宜エンドポイントを指定して接続します（第4章参照）。

レプリケーション利用時の、アプリケーションからの接続方法を簡単に説明します。読み込みクエリーをスケールさせるためには、書き込みクエリーはマスターへ、読み込みクエリーはレプリカへ接続して処理するような対応が求められます。

クライアントごとに実装方法は異なります。以下のような方針が考えられます。

- **読み込みクエリーについてレプリカを優先に設定するというオプションがある場合は、複数のエンドポイントを登録しつつ、こちらのオプションを有効にしておきます。**
- **読み込みクエリーについてレプリカを優先に設定するというオプションがなければ、書き込み用のエンドポイントを指定したものと読み込み用のエンドポイントを指定したものの2つのRedisのインスタンスを生成します。書き込みのクエリーを実行の際には、前者のオブジェクトを使用します。読み込みクエリーを実行の際には、後者のオブジェクトを使用します。適宜、ラッパークラス等を作成して、アプリケーションから使用します。**

前者の方針として、JavaのRedisクライアントであるLettuceを例に取り上げます。`ReadFrom`関数でどのノードから読み込むか指定しますが、`REPLICA_PREFERRED`などのオプションを指定して、レプリカからの読み込みを優先するように指定できます*a。

後者の方針として、PHPのRedisクライアントを例に取り上げます。たとえば、以下のように実行します。`PRIMARY_ENDPOINT`と`READ_ENDPOINT`は、それぞれプライマリ宛、レプリカ宛の実際のエンドポイントに置き換えます。

リスト 7.1 **phpredis-replication.php**

```
<?php

$key = "foo";
$value = "bar";

$redis = new Redis();
$redis->connect("PRIMARY_ENDPOINT",6379);

$redis->set($key, $value);

$redis_ro = new Redis();
$redis_ro->connect("READ_ENDPOINT",6379);

$value = $redis_ro->get($key);
echo $value;
```

書き込み用に`new Redis()`のようにRedisのインスタンスを生成して、`$redis`という変数に格納しています。これに対して、マスターに対するエンドポイントに接続するように指定します。同様に、読み込み用に`new Redis()`のようにRedisのインスタンスを生成して、`$redis_ro`という変数に格納しています。これに対して、レプリカに対するエンドポイントに接続するように指定します。ElastiCacheではクラスターモードが無効のRedisクラスターで、プライマリエンドポイントと、読み込み用に読み込みエンドポイントを提供しています[*b]。そのため、それぞれのエンドポイントにこれらを指定します。

Redisクライアントでレプリケーション向け機能が提供されており、読み込みクエリーでレプリカを優先するというオプションがあって、要件を満たすようであればこちらを積極的に使っていくと良いでしょう。詳細は各Redisクライアントのドキュメントを確認してください。

*a　https://lettuce.io/core/release/api/io/lettuce/core/ReadFrom.html

*b　https://docs.aws.amazon.com/ja_jp/AmazonElastiCache/latest/red-ug/Endpoints.html

# 7.5 レプリケーションの導入方法

レプリケーションの設定および挙動を確認します。**図7.2**の構成のレプリケーションを構築します。Redisサーバーが稼働する2台のキャッシュノード（マスター・レプリカ）を用意し、マスターのIPアドレスとポートをレプリカに与えてレプリケーションを動作させます。

図7.2 **マスター1台、レプリカ1台のレプリケーション**

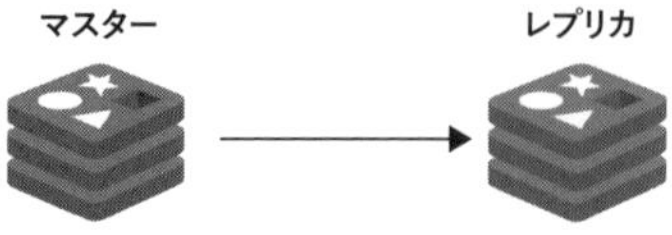

実際に複数台のキャッシュノードを用意しても良いですが、ここでは簡単のためDocker Composeを使用して一台のサーバーの中に複数のRedisを稼働するコンテナを実行して挙動を確認してみます。

構築にあたって、最初に設定ファイルを編集します。マスターとレプリカの設定ファイルをそれぞれ`redis-master.conf`、`redis-replica.conf`という名前で作成します。サンプルファイルを参照してください。

Redis 7.0.4のredis.confをGitHubのRedisのリポジトリ（https://raw.githubusercontent.com/redis/redis/7.0.4/redis.conf）から内容をそれぞれそのままコピーしてきます。その後、両方の設定ファイルを以下のように変更します。

1. **`requirepass`ディレクティブでパスワードを設定**
2. **`masterauth`ディレクティブでパスワードを、`requirepass`ディレクティブで設定したパスワードと同じものに設定（サンプルファイルでは`foobared`）**

レプリカ側にはマスターのIPアドレスとポートを設定します。

- **（redis-replica.conf）`replicaof master 6379`を設定。`master`はDocker Compose側で参照できるように設定**

マスター側には`DEBUG`コマンドを使用するための設定をします。

- **（redis-master.conf）`enable-debug-command yes`を設定**

Docker環境を使用せずに複数台のキャッシュノードでレプリケーション構成を組む場合には、受け入れ先のIPアドレスを許可するように設定します。

- **`bind`ディレクティブの値をデフォルトの`127.0.0.1`から受け入れ先のIPアドレスを許可するように設定**

前述の通り、ここではDocker Composeを使用するため、インストールしておきます。

```
$ sudo apt install docker docker-compose -y
```

`docker-compose.yaml`ファイルを作成します。

```
$ vi docker-compose.yaml
```

リスト7.2 **docker-compose.yaml**

```
version: '3'

services:
  master:
    image: redis:latest
    ports:
      - 6379:6379
    volumes:
      - $PWD/redis-master.conf:/usr/local/etc/redis/redis-master.conf
    command: redis-server /usr/local/etc/redis/redis-master.conf
  replica:
    image: redis:latest
    ports:
```

```
      - 6380:6379
    volumes:
      - $PWD/redis-replica.conf:/usr/local/etc/redis/redis-replica.conf
    command: redis-server /usr/local/etc/redis/redis-replica.conf
```

以下のように実行して、マスター/レプリカともにRedisのコンテナを起動します。

```
$ docker-compose up
```

起動時は以下のようなログになります。

```
replica_1  | 1:C 29 Aug 2022 08:55:54.971 # oO0OoO0OoO0Oo Redis is starting oO0OoO0OoO0Oo
replica_1  | 1:C 29 Aug 2022 08:55:54.972 # Redis version=7.0.4, bits=64, commit=00000000, modified=0
, pid=1, just started
replica_1  | 1:C 29 Aug 2022 08:55:54.972 # Configuration loaded
replica_1  | 1:S 29 Aug 2022 08:55:54.974 * monotonic clock: POSIX clock_gettime
replica_1  | 1:S 29 Aug 2022 08:55:54.975 * Running mode=standalone, port=6379.
master_1   | 1:C 29 Aug 2022 08:55:55.004 # oO0OoO0OoO0Oo Redis is starting oO0OoO0OoO0Oo
master_1   | 1:C 29 Aug 2022 08:55:55.004 # Redis version=7.0.4, bits=64, commit=00000000, modified=0
, pid=1, just started
master_1   | 1:C 29 Aug 2022 08:55:55.004 # Configuration loaded
master_1   | 1:M 29 Aug 2022 08:55:55.004 * monotonic clock: POSIX clock_gettime
replica_1  | 1:S 29 Aug 2022 08:55:54.975 # Server initialized
replica_1  | 1:S 29 Aug 2022 08:55:54.975 # WARNING overcommit_memory is set to 0! Background save
may fail under low memory condition. To fix this issue add 'vm.overcommit_memory = 1' to /etc/sysctl.
conf and then reboot or run the command 'sysctl vm.overcommit_memory=1' for this to take effect.
replica_1  | 1:S 29 Aug 2022 08:55:54.975 * Loading RDB produced by version 7.0.4
replica_1  | 1:S 29 Aug 2022 08:55:54.975 * RDB age 111 seconds
replica_1  | 1:S 29 Aug 2022 08:55:54.975 * RDB memory usage when created 0.82 Mb
replica_1  | 1:S 29 Aug 2022 08:55:54.975 * Done loading RDB, keys loaded: 0, keys expired: 0.
replica_1  | 1:S 29 Aug 2022 08:55:54.975 * DB loaded from disk: 0.000 seconds
replica_1  | 1:S 29 Aug 2022 08:55:54.975 * Ready to accept connections
:
master_1   | 1:M 29 Aug 2022 08:55:55.006 * Running mode=standalone, port=6379.
master_1   | 1:M 29 Aug 2022 08:55:55.006 # Server initialized
master_1   | 1:M 29 Aug 2022 08:55:55.006 # WARNING overcommit_memory is set to 0! Background save
may fail under low memory condition. To fix this issue add 'vm.overcommit_memory = 1' to /etc/sysctl.
conf and then reboot or run the command 'sysctl vm.overcommit_memory=1' for this to take effect.
master_1   | 1:M 29 Aug 2022 08:55:55.006 * Loading RDB produced by version 7.0.4
master_1   | 1:M 29 Aug 2022 08:55:55.007 * RDB age 112 seconds
master_1   | 1:M 29 Aug 2022 08:55:55.007 * RDB memory usage when created 0.82 Mb
master_1   | 1:M 29 Aug 2022 08:55:55.007 * Done loading RDB, keys loaded: 0, keys expired: 0.
master_1   | 1:M 29 Aug 2022 08:55:55.007 * DB loaded from disk: 0.000 seconds
master_1   | 1:M 29 Aug 2022 08:55:55.007 * Ready to accept connections
```

以降、ログの見やすさのため、マスターとレプリカのログは分離して記載します。

以下のように、マスターは、レプリカから完全同期が求められて行われます。その際、ディスクバックアップによるRDBファイルの取得が行われ、レプリカへ同期が行われています。

```
master_1   | 1:M 29 Aug 2022 08:55:55.992 * Replica 172.18.0.2:6379 asks for synchronization
master_1   | 1:M 29 Aug 2022 08:55:55.992 * Full resync requested by replica 172.18.0.2:6379
master_1   | 1:M 29 Aug 2022 08:55:55.992 * Replication backlog created, my new replication IDs are '
```

```
62509463155149574b58deea48246db9f91e459f' and '0000000000000000000000000000000000000000'
master_1    | 1:M 29 Aug 2022 08:55:55.992 * Delay next BGSAVE for diskless SYNC
master_1    | 1:M 29 Aug 2022 08:56:00.022 * Starting BGSAVE for SYNC with target: replicas sockets
master_1    | 1:M 29 Aug 2022 08:56:00.022 * Background RDB transfer started by pid 20
master_1    | 20:C 29 Aug 2022 08:56:00.023 * Fork CoW for RDB: current 0 MB, peak 0 MB, average 0 MB
master_1    | 1:M 29 Aug 2022 08:56:00.024 # Diskless rdb transfer, done reading from pipe, 1 replicas
 still up.
master_1    | 1:M 29 Aug 2022 08:56:00.033 * Background RDB transfer terminated with success
master_1    | 1:M 29 Aug 2022 08:56:00.033 * Streamed RDB transfer with replica 172.18.0.2:6379
succeeded (socket). Waiting for REPLCONF ACK from slave to enable streaming
master_1    | 1:M 29 Aug 2022 08:56:00.033 * Synchronization with replica 172.18.0.2:6379 succeeded
```

レプリカでは、マスター情報のキャッシュがないため、部分同期を行うことができず、完全同期が行われています。マスターからRDBファイルを取得して、古いデータを削除後、メモリーへ取得したデータが記録されていることがログに記録されています。

```
replica_1  | 1:S 29 Aug 2022 08:55:54.975 * Connecting to MASTER master:6379
replica_1  | 1:S 29 Aug 2022 08:55:54.985 * MASTER <-> REPLICA sync started
replica_1  | 1:S 29 Aug 2022 08:55:54.985 # Error condition on socket for SYNC: Connection refused
replica_1  | 1:S 29 Aug 2022 08:55:55.987 * Connecting to MASTER master:6379
replica_1  | 1:S 29 Aug 2022 08:55:55.988 * MASTER <-> REPLICA sync started
replica_1  | 1:S 29 Aug 2022 08:55:55.988 * Non blocking connect for SYNC fired the event.
replica_1  | 1:S 29 Aug 2022 08:55:55.988 * Master replied to PING, replication can continue...
replica_1  | 1:S 29 Aug 2022 08:55:55.992 * Partial resynchronization not possible (no cached master)
replica_1  | 1:S 29 Aug 2022 08:56:00.022 * Full resync from master: 62509463155149574b58deea48246db9
f91e459f:0
replica_1  | 1:S 29 Aug 2022 08:56:00.025 * MASTER <-> REPLICA sync: receiving streamed RDB from
master with EOF to disk
replica_1  | 1:S 29 Aug 2022 08:56:00.025 * MASTER <-> REPLICA sync: Flushing old data
replica_1  | 1:S 29 Aug 2022 08:56:00.025 * MASTER <-> REPLICA sync: Loading DB in memory
replica_1  | 1:S 29 Aug 2022 08:56:00.033 * Loading RDB produced by version 7.0.4
replica_1  | 1:S 29 Aug 2022 08:56:00.033 * RDB age 0 seconds
replica_1  | 1:S 29 Aug 2022 08:56:00.033 * RDB memory usage when created 0.90 Mb
replica_1  | 1:S 29 Aug 2022 08:56:00.033 * Done loading RDB, keys loaded: 0, keys expired: 0.
replica_1  | 1:S 29 Aug 2022 08:56:00.033 * MASTER <-> REPLICA sync: Finished with success
```

以降、クライアントからマスターへの新規接続時はRedis認証を設定しているため、コマンド実行前にAUTH <password>コマンドを実行して認証を通しておく必要があります。

レプリカ側でMONITORコマンドを実行しておくと、以下のように10秒おきにPINGコマンドがマスターから送られていることも確認できます。

```
1661765822.168558 [0 172.18.0.3:6379] "ping"
1661765832.200978 [0 172.18.0.3:6379] "ping"
1661765842.228628 [0 172.18.0.3:6379] "ping"
:
```

このとき、マスターのレプリケーション状態は、INFO Replicationコマンドにより以下のように認識されていることが確認できます。レプリカ1台がオンライン状態であることが確認できます。

```
127.0.0.1:6379> INFO Replication
# Replication
```

```
role:master
connected_slaves:1
slave0:ip=172.18.0.2,port=6379,state=online,offset=3528,lag=0
master_failover_state:no-failover
master_replid:62509463155149574b58deea48246db9f91e459f
master_replid2:0000000000000000000000000000000000000000
master_repl_offset:3528
second_repl_offset:-1
repl_backlog_active:1
repl_backlog_size:1048576
repl_backlog_first_byte_offset:1
repl_backlog_histlen:3528
```

レプリカのレプリケーション状態は、以下のように認識されています。マスターのIPアドレス・ポート番号が認識され、リンクの状態も上がっていることが確認できます。

```
127.0.0.1:6379> INFO Replication
# Replication
role:slave
master_host:master
master_port:6379
master_link_status:up
master_last_io_seconds_ago:0
master_sync_in_progress:0
slave_read_repl_offset:3556
slave_repl_offset:3556
slave_priority:100
slave_read_only:1
replica_announced:1
connected_slaves:0
master_failover_state:no-failover
master_replid:62509463155149574b58deea48246db9f91e459f
master_replid2:0000000000000000000000000000000000000000
master_repl_offset:3556
second_repl_offset:-1
repl_backlog_active:1
repl_backlog_size:1048576
repl_backlog_first_byte_offset:1
repl_backlog_histlen:3556
```

Column

## Systemdで実行する場合

本番環境でRedisサーバーを稼働させる場合、設定ファイルを編集して、以下のようにSystemdで起動することも多いでしょう。

```
$ sudo systemctl enable redis-server
$ sudo systemctl start redis-server
```

本書では各種実験をする際にログ出力を簡単に確認したり、フェイルオーバー時の挙動を確認したりするために、Systemdは用いません。

Column

## フェイルオーバーの挙動

マスターがダウンした際の挙動について確認します。単純にフェイルオーバーを実行するだけであれば、Redis 6.2以降であればFAILOVERコマンドが利用できます。しかし、ここではマスターがダウンしている状態を想定して、DEBUG SEGFAULTコマンドによりダウンさせてみます。

```
127.0.0.1:6379> DEBUG SEGFAULT
Error: Server closed the connection
not connected>
```

レプリカは自動昇格しません。roleがslaveのままで、master_link_statusはupからdownに変化します。このときのレプリカのレプリケーション状態は、以下のように認識されています。

```
127.0.0.1:6379> INFO Replication
# Replication
role:slave
master_host:master
master_port:6379
master_link_status:down
master_last_io_seconds_ago:-1
master_sync_in_progress:0
slave_read_repl_offset:4867
slave_repl_offset:4867
master_link_down_since_seconds:16
slave_priority:100
slave_read_only:1
replica_announced:1
connected_slaves:0
master_failover_state:no-failover
master_replid:7b283cb7b4d4223d1b60fa0e9da8249229ced45a
master_replid2:55205e4e036e6f8e3f6637bd0dbe5ee8fd807222
master_repl_offset:4867
second_repl_offset:4826
repl_backlog_active:1
repl_backlog_size:1048576
repl_backlog_first_byte_offset:4826
repl_backlog_histlen:42
```

レプリカからはマスターとのコネクションが失われたことを認識し、マスターへの同期の依頼を試みます。その後、Connecting to MASTER master:6379以降のメッセージが繰り返され続けます[*a]。

```
replica_1  | 1:S 29 Aug 2022 09:58:28.462 # Connection with master lost.
replica_1  | 1:S 29 Aug 2022 09:58:28.462 * Caching the disconnected master state.
replica_1  | 1:S 29 Aug 2022 09:58:28.462 * Reconnecting to MASTER master:6379
replica_1  | 1:S 29 Aug 2022 09:58:28.464 * MASTER <-> REPLICA sync started
replica_1  | 1:S 29 Aug 2022 09:58:28.464 # Error condition on socket for SYNC: Connection
refused
replica_1  | 1:S 29 Aug 2022 09:58:28.611 * Connecting to MASTER master:6379
replica_1  | 1:S 29 Aug 2022 09:58:28.621 # Unable to connect to MASTER: Resource temporarily
unavailable
replication_master_1 exited with code 139
:
```

その後、ダウンした状態からの復旧を想定して手動でレプリカをマスターへ昇格させます。REPLICAOF NO ONEコマンドを実行することで昇格させられます。

```
127.0.0.1:6379> REPLICAOF NO ONE
OK
```

roleはmasterへ変化し、レプリカが新マスターへと昇格したことが確認できます。

```
127.0.0.1:6379> INFO Replication
# Replication
role:master
connected_slaves:0
master_failover_state:no-failover
master_replid:edd585112528e851d2dc8eeba9212e844d083d65
master_replid2:7b283cb7b4d4223d1b60fa0e9da8249229ced45a
master_repl_offset:4867
second_repl_offset:4868
repl_backlog_active:1
repl_backlog_size:1048576
repl_backlog_first_byte_offset:4826
repl_backlog_histlen:42
```

このとき、旧レプリカ（新マスター）のログは以下のように出力され、マスターモードが有効になったことが確認できます。

```
replica_1  | 1:M 29 Aug 2022 09:59:40.714 * Discarding previously cached master state.
replica_1  | 1:M 29 Aug 2022 09:59:40.714 # Setting secondary replication ID to 7b283cb7b4d4223d1
b60fa0e9da8249229ced45a, valid up to offset: 4868. New replication ID is edd585112528e851d2dc8
eeba9212e844d083d65
replica_1  | 1:M 29 Aug 2022 09:59:40.714 * MASTER MODE enabled (user request from 'id=4 addr=127
.0.0.1:52812 laddr=127.0.0.1:6379 fd=9 name= age=92 idle=0 flags=N db=0 sub=0 psub=0 ssub=0 multi
=-1 qbuf=36 qbuf-free=20438 argv-mem=14 multi-mem=0 rbs=1024 rbp=0 obl=0 oll=0 omem=0 tot-mem=223
10 events=r cmd=replicaof user=default redir=-1 resp=2')
```

再復旧を想定して旧マスターを起動します。別ウィンドウを開いて以下のように実行します。ログが出力されます。

```
$ docker-compose up master
```

```
master_1    | 1:C 29 Aug 2022 10:03:22.552 # oO0OoO0OoO0Oo Redis is starting oO0OoO0OoO0Oo
master_1    | 1:C 29 Aug 2022 10:03:22.552 # Redis version=7.0.4, bits=64, commit=00000000,
modified=0, pid=1, just started
master_1    | 1:C 29 Aug 2022 10:03:22.552 # Configuration loaded
master_1    | 1:M 29 Aug 2022 10:03:22.553 * monotonic clock: POSIX clock_gettime
master_1    | 1:M 29 Aug 2022 10:03:22.554 * Running mode=standalone, port=6379.
master_1    | 1:M 29 Aug 2022 10:03:22.554 # Server initialized
master_1    | 1:M 29 Aug 2022 10:03:22.554 # WARNING overcommit_memory is set to 0! Background
save may fail under low memory condition. To fix this issue add 'vm.overcommit_memory = 1' to /
etc/sysctl.conf and then reboot or run the command 'sysctl vm.overcommit_memory=1' for this to
take effect.
master_1    | 1:M 29 Aug 2022 10:03:22.555 * Loading RDB produced by version 7.0.4
master_1    | 1:M 29 Aug 2022 10:03:22.555 * RDB age 351 seconds
master_1    | 1:M 29 Aug 2022 10:03:22.555 * RDB memory usage when created 0.98 Mb
master_1    | 1:M 29 Aug 2022 10:03:22.556 * Done loading RDB, keys loaded: 0, keys expired: 0.
master_1    | 1:M 29 Aug 2022 10:03:22.556 * DB loaded from disk: 0.000 seconds
master_1    | 1:M 29 Aug 2022 10:03:22.556 * Ready to accept connections
```

昇格していたレプリカ（新マスター）を再度元の旧マスターのレプリカに変更します。マスターのIPアドレスとして、先程旧マスター上でINFO Replicationコマンドを実行した際のレプリカのIPアドレスとして表示されていたものを指定します。

```
127.0.0.1:6379> REPLICAOF 172.18.0.2 6379
OK
```

旧マスターのログでは同期が試みられることが確認できます。

```
master_1    | 1:S 29 Aug 2022 10:06:40.740 * Before turning into a replica, using my own master
parameters to synthesize a cached master: I may be able to synchronize with the new master with
just a partial transfer.
master_1    | 1:S 29 Aug 2022 10:06:40.740 * Connecting to MASTER 172.18.0.2:6379
master_1    | 1:S 29 Aug 2022 10:06:40.741 * MASTER <-> REPLICA sync started
master_1    | 1:S 29 Aug 2022 10:06:40.741 * REPLICAOF 172.18.0.2:6379 enabled (user request from
'id=3 addr=127.0.0.1:52814 laddr=127.0.0.1:6379 fd=8 name= age=108 idle=0 flags=N db=0 sub=0 psub
=0 ssub=0 multi=-1 qbuf=46 qbuf-free=20428 argv-mem=23 multi-mem=0 rbs=1024 rbp=5 obl=0 oll=0
omem=0 tot-mem=22319 events=r cmd=replicaof user=default redir=-1 resp=2')
master_1    | 1:S 29 Aug 2022 10:06:40.741 * Non blocking connect for SYNC fired the event.
master_1    | 1:S 29 Aug 2022 10:06:40.741 * Master replied to PING, replication can continue...
master_1    | 1:S 29 Aug 2022 10:06:40.742 * Trying a partial resynchronization (request 6a58399ba
3cbbd9061f804961cf93365e666e73b:4826).
master_1    | 1:S 29 Aug 2022 10:06:45.108 * Full resync from master: cdd585112528e851d2dc8eeba921
2e844d083d65:4867
master_1    | 1:S 29 Aug 2022 10:06:45.109 * MASTER <-> REPLICA sync: receiving streamed RDB from
master with EOF to disk
master_1    | 1:S 29 Aug 2022 10:06:45.110 * Discarding previously cached master state.
master_1    | 1:S 29 Aug 2022 10:06:45.110 * MASTER <-> REPLICA sync: Flushing old data
master_1    | 1:S 29 Aug 2022 10:06:45.110 * MASTER <-> REPLICA sync: Loading DB in memory
master_1    | 1:S 29 Aug 2022 10:06:45.116 * Loading RDB produced by version 7.0.4
master_1    | 1:S 29 Aug 2022 10:06:45.116 * RDB age 0 seconds
master_1    | 1:S 29 Aug 2022 10:06:45.116 * RDB memory usage when created 0.99 Mb
master_1    | 1:S 29 Aug 2022 10:06:45.116 * Done loading RDB, keys loaded: 0, keys expired: 0.
master_1    | 1:S 29 Aug 2022 10:06:45.116 * MASTER <-> REPLICA sync: Finished with success
```

旧レプリカのログでは、新レプリカからの同期の依頼があり、開始されていることが確認できます。

```
replica_1  | 1:M 29 Aug 2022 10:06:40.742 * Replica 172.18.0.3:6379 asks for synchronization
replica_1  | 1:M 29 Aug 2022 10:06:40.742 * Partial resynchronization not accepted: Replication
ID mismatch (Replica asked for '6a58399ba3cbbd9061f804961cf93365e666e73b', my replication IDs are
 'edd585112528e851d2dc8eeba9212e844d083d65' and '7b283cb7b4d4223d1b60fa0e9da8249229ced45a')
replica_1  | 1:M 29 Aug 2022 10:06:40.742 * Delay next BGSAVE for diskless SYNC
replica_1  | 1:M 29 Aug 2022 10:06:45.108 * Starting BGSAVE for SYNC with target: replicas
sockets
replica_1  | 1:M 29 Aug 2022 10:06:45.108 * Background RDB transfer started by pid 26
replica_1  | 26:C 29 Aug 2022 10:06:45.110 * Fork CoW for RDB: current 0 MB, peak 0 MB, average 0
 MB
replica_1  | 1:M 29 Aug 2022 10:06:45.110 # Diskless rdb transfer, done reading from pipe, 1
replicas still up.
replica_1  | 1:M 29 Aug 2022 10:06:45.116 * Background RDB transfer terminated with success
replica_1  | 1:M 29 Aug 2022 10:06:45.116 * Streamed RDB transfer with replica 172.18.0.3:6379
succeeded (socket). Waiting for REPLCONF ACK from slave to enable streaming
replica_1  | 1:M 29 Aug 2022 10:06:45.116 * Synchronization with replica 172.18.0.3:6379
succeeded
```

作業を一通り終えたら、適宜Dockerコンテナのプロセスを終了してください。

```
$ docker-compose down
```

*a　replicaofディレクティブの値のように設定次第では、masterのところがIPアドレスで表示されます。

Column

## Redis Sentinel

Redis Sentinelは、監視機能や通知、自動フェイルオーバーなどRedisに高可用性を提供しています。Redis Sentinelは現在、バージョン2の利用が推奨されています*a。

1つのマスターと1つ以上のレプリカで構成されるRedisサーバーおよび、3つ以上のキャッシュノードで稼働するSentinelから構成されます。このSentinelが稼働するキャッシュノードは、マスターやレプリカと同一キャッシュノード上でも異なるキャッシュノードで動作させることも可能です。あるノードが利用できないことを複数のSentinelのキャッシュノードが確認したときに障害として検知します。これは単一ノードによる誤検知のリスクを減らすためです。ただし、すべてのノードが障害として検知することに同意しなくても動作するようになっています。これは単一障害点により障害検知ができないリスクを下げるためです。この2つのバランスによって、自動フェイルオーバーを実現しています。

この動作を実現するにあたって、ダウン状態にSDOWN（Subjectively Down condition）とODOWN（Objectively Down condition）の2種類の概念を導入しています。

具体的には、あるSentinelのキャッシュノードがマスターの障害を検知した場合、ほかのSentinelのキャッシュノードが互いに情報を交換しあいます。これによって自動フェイルオーバーを実行するSentinelのキャッシュノードを選出します。マスターの障害を検知した際にはSDOWNの状態になり、この時点ではフェイルオーバーは実行されません。

また、Quorumと呼ばれる概念があります。こちらはフェイルオーバー処理を開始するにあたってマスターに疎通性がないことを判断したと同意するのに必要なSentinelのキャッシュノードの台数になります。これらの数だけSDOWNと判定されるとODOWNの状態になります。ODOWNの状態になると、過半数以上のSentinelのキャッシュノードの承認がそろい次第フェイルオーバーが実行されます。

そのほかのSentinel以外のキャッシュノードに対しては、新マスターに`REPLICAOF NO ONE`コマンドを送信します。そして、フェイルオーバーを実行したSentinelのキャッシュノードが、新しい構成情報をブロードキャストします。

また、クライアントに対して、アップデートされたことを伝えます。そのため、クライアントもRedis Sentinelの機能に対応している必要があります。

マネージドサービスではRedisのレプリケーション機能でもRedis Sentinelを利用せずに、監視機能や通知、自動フェイルオーバー機能が提供されていることがあります。別途Redisクラスターは提供されていることもあるので、冗長化や高可用性の方法を選択される際には、利用するサービスの機能も確認しておきたい点です。

---

*a　Redis Sentinel Documentation https://redis.io/docs/manual/sentinel/

# 8
# Redis クラスター

本章では、Redisクラスターの概念、しくみの詳細を取り上げます。

レプリケーション同様にしくみを理解することで、より安定した運用が実現可能となります。

ここでは、Redisクラスターの概要から、そのメリットやしくみを説明します。Redisクラスターの要の機能となる障害検出のしくみについても説明します。

Redisクラスターは少々複雑な概念で難しいキーワードが出てくることもあります。そのため、各種大事なキーワードを説明する節を用意しました。

その後、Redisクラスターにはどういったコマンドが用意されていて、どういった操作ができるか説明します。本章の最後には実践として、Redisクラスターの導入を説明します。

# 8.1 Redisクラスター機能概要

Redisクラスターは複数台のキャッシュノードを連携し合うことで、ある種の障害があってもシステムを継続させるためにフェイルオーバー処理を備えます*1*2*3。また、Redisサーバーを稼働させながらキーをノード間で移動させるという、シャーディング*4を行うことができます。これらにより、高可用性、書き込みと読み込みの両方のスケーリングを実現します。

## 8.1.1 Redisクラスターの利点

レプリケーションを利用する際は、マスターに対してレプリカの数を追加することで読み込みのスケーリングは可能でした。しかし、書き込みは基本的にマスターに対してしか行うことができないため、書き込みのスケーリングは困難です。

Redisクラスターにおけるシャーディングは、各シャード内には1つのマスターと0個以上のレプリカからなり、複数シャードを設定することでマスターをシャードの数だけ配置できます。これにより、書き込みのスケーリングも可能となります。データベース内のデータを一定数のスロットにそれぞれ割り当て、複数あるシャードはどのスロットを担当するか決めていくことで、どのシャードにデータを保存するか決めていきます。読み込みのスケーリングをする場合はREADONLYコマンドを実行してレプリカで読み込みクエリーを実行できるようにすることで対応できます。

クライアントからのリクエストについて、クラスター内の各ノードへのリクエストの割り振りにはプロキシを利用しないことも特徴であり、プロキシを挟むことによるオーバーヘッドがありません。もし、データを持っていないノードにリクエストが行われた場合、Redisクラスターはクライアントにデータを持っているマスターの情報を伝え、そちらにリダイレクトをする動作をします。その際に得た情報をクライアントが保持する機能を持っていると、次回以降リダイレクトによるオーバーヘッドもなくすことが可能となります。

Redisクラスターでは、16384のハッシュスロットがあり、シャード間でこれらのスロットを割り当

*1 https://redis.io/docs/manual/scaling/
*2 https://redis.io/docs/reference/cluster-spec/
*3 イメージ図については、8.1.2で取り上げます。
*4 一般にシャーディングとはデータベースの負荷分散方法の1つで、大きなデータベースを小さいデータベースに分割して管理をし、スケールしやすくするための手法です。1つ以上のシャードから構成され、このシャードがそれぞれのデータベースを分割するパーティションの単位です。パーティションを何らかの方法で決定して保存先を決定します。

てます。保存するデータについては、キー情報からハッシュ計算した結果を元に該当するハッシュスロットを持つシャードでデータの処理が行われます。

図8.1 ハッシュスロット決定のイメージ

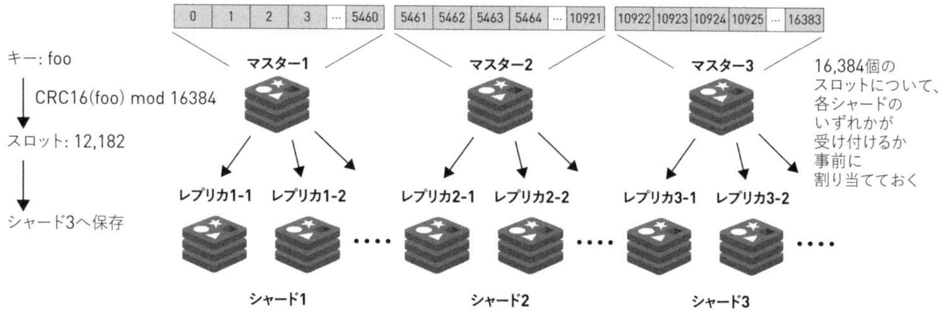


Redisの非同期のレプリケーションという設計を考慮しつつも、ある程度の可用性と一貫性を実現することを目的としています。CAPの定理にあるような分散システムの理論的制限を達成しようとしたものではありません。Antirez氏によると、分散データベースよりは一貫性や可用性が制限されますが、実際の世界の特性を考慮した機能実現を可能にしているとしています[*5]。一貫性モデルとしては結果整合性を採用しています。

### 8.1.2 Redisクラスターが利用する2つのTCPポート

Redisクラスターは2つのTCPのポートで受け付けます。クライアントからのTCPコネクションを受け付けるポート（デフォルトでは6379番ポート）、もう一つ別にクラスター内通信向けにはデフォルトで+10000の値を足したポート（6379番なら+10000で16379番ポート）を使用します。以降、後者をクラスターバスポートと呼びます。

NATやポートフォワーディングを利用するDockerのようなコンテナ環境では、マスターから見えるレプリカのIPアドレスやポート番号が変わります。そのため、クラスター内のほかのキャッシュノードに対して自身のキャッシュノードのIPアドレスとクラスターバスポートの番号として任意の値が設定できるようになっています[*6]。

*5　http://antirez.com/news/79

*6　Redis 4.0以降で対応。

図8.2　Redisクラスターと動作するポート

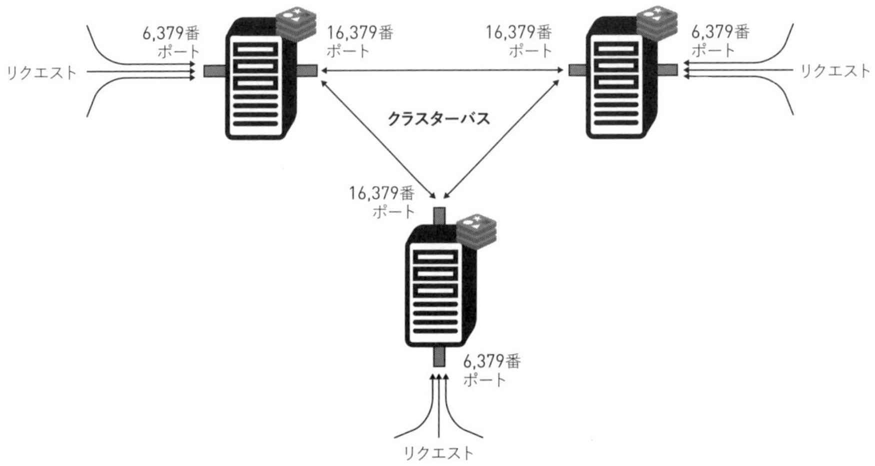


クラスター内ではノード間の通信は、クラスターバスポートで行います。こちらのポートを利用した通信チャネルはクラスターバスと呼ばれます。

Redisクラスターでは、各ノードはほかの全ノードに対してクラスターバスを利用して接続します。通信にはバイナリープロトコルが利用されます。フルメッシュ構造で構成され、ノード間では、構成情報や状態などの情報が交換されています。

図8.3 ノード間のフルメッシュ構造

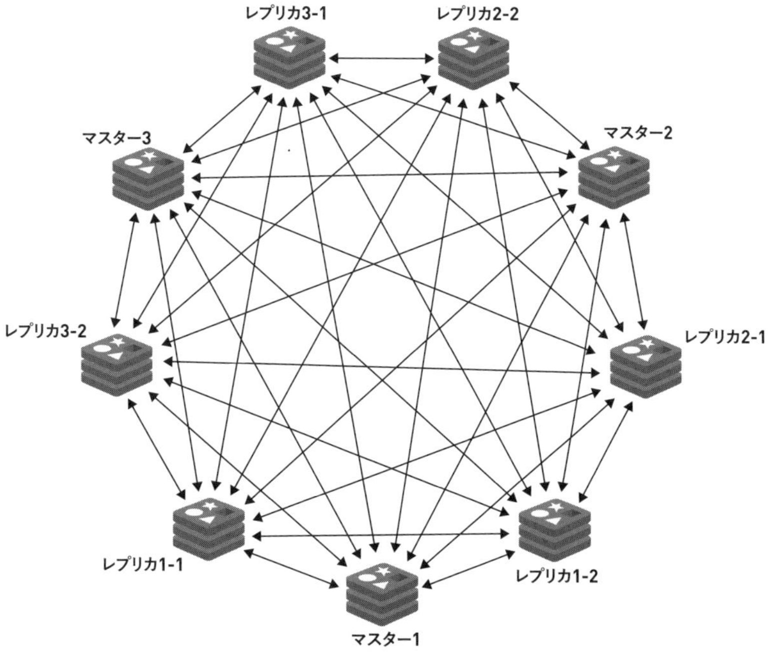


ハートビートパケットのやりとりが行われ、フェイルオーバーの認証、設定更新などに使用されています。クラスター内のノードが増加しても、指数関数上にノード間のメッセージの数が増加することはないように工夫してGossipプロトコルによる通信が行われています[*7]。クラスター内のノード間で設定情報を互いに把握するために、Raftという分散合意アルゴリズムをベースとして実現しています[*8]（11.1.6参照）。

## 8.1.3 動作のしくみ

Redisクラスターに対して、クライアントからのリクエストを処理する際のフローについて説明します。Redisクラスターを適切に運用したり、問題発生時のトラブルシューティングをしたりするためには、実際にどのようなフローでリクエストの処理が行われるかイメージをしておくことは不可欠です。

＊7 Gossipプロトコルはほかにも Cassandra などの P2P 型に分類される NoSQL にも利用されています。

＊8 ただし、Antirez氏によるとスロット設定には完全なRaftは必要ないとしています。 https://www.slideshare.net/NoSQLmatters/no-sql-matters-bcn-2014

以下のような流れで処理が行われます。

1. **クライアントが、クラスターを構成するキャッシュノードの1つのIPアドレスに対してアクセス**
2. **アクセス先がレプリカかマスターの場合で以下のように処理内容が条件分岐**
   - アクセス先がレプリカの場合
     - 読み込みクエリー:クライアントの設定等でREADONLYコマンドを実行しているかに応じて動作
       *READONLYコマンドが実行されていて、かつそのキーがキャッシュノードのスロット範囲内にある場合
       1. リクエストされたキャッシュノードでリクエストの処理

       *それ以外の場合
       1. RedisサーバーがMOVEDリダイレクトをクライアントへ応答
       2. MOVEDリダイレクトを受け取ったクライアントは、必要に応じてローカルのスロットのマッピングを更新
       3. クライアントはMOVEDリダイレクトを受け取り時に指示されたそのキーのスロットを持つシャードのマスターへアクセス
     - 書き込みクエリー
       1. RedisサーバーがMOVEDリダイレクトをクライアントへ応答
       2. MOVEDリダイレクトを受け取ったクライアントは、必要に応じてローカルのスロットのマッピングを更新
       3. クライアントはMOVEDリダイレクトを受け取り時に指示されたそのキーのスロットを持つシャードのマスターへアクセス
   - アクセス先がマスターの場合
     - キーがそのキャッシュノードのスロットの範囲内の場合
       1. リクエストされたマスター上で処理
     - キーがそのキャッシュノードのスロットの範囲外の場合
       1. RedisサーバーがMOVEDリダイレクトをクライアントへ応答
       2. MOVEDリダイレクトを受け取ったクライアントは、必要に応じて手元のローカルのマッピングを更新
       3. クライアントはMOVEDリダイレクトを受け取り時に指示されたそのキーのスロットを持つシャードのマスターへアクセス

図8.4　Redis クラスターにアクセスがあった場合の動作イメージ

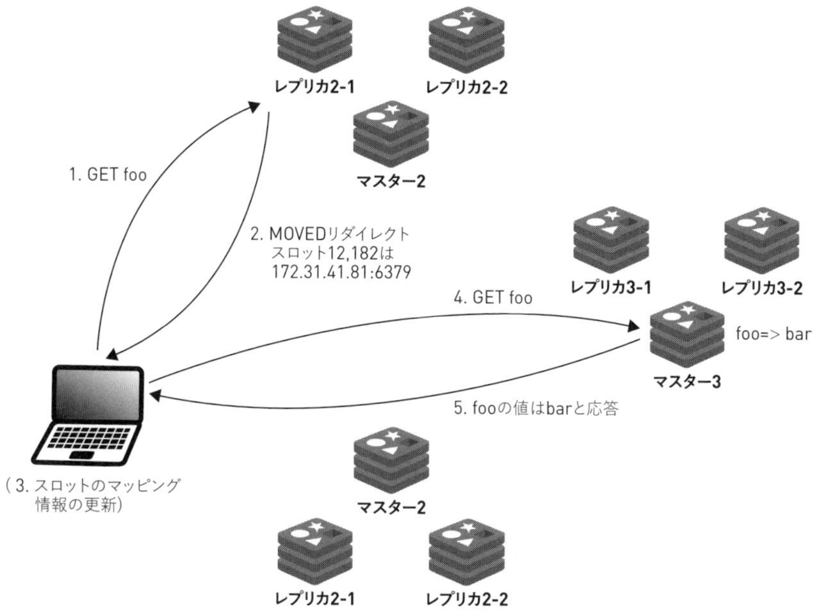


上の流れの説明のように、最初にクラスター内のいずれかのキャッシュノードに対してクライアントからアクセスが行われます。このアクセス先のキャッシュノードは、クライアントの環境に依存することがあります。たとえばクラスターを構成する各キャッシュノードのIPアドレスを1つのエンドポイントにAレコードとして登録している場合が考えられます。クライアント側で使用しているDNSのリゾルバーに応じて名前解決の結果のIPアドレスの順序が変わることがあるためです。こちらの名前引きの結果に応じて、アクセス先が決まります。

クライアントからのリクエストについて、クラスター内の各ノードへのリクエストの割り振りにプロキシを利用しません。そのため、プロキシを挟むことによるオーバーヘッドがありません。もしデータを持っていないノードにリクエストが行われた場合、Redis クラスターはクライアントにデータを持っているマスターの情報を応答し、クライアントからそちらにリダイレクトをする動作となります。Redis クラスターに対応したクライアントを利用していると、多くのRedis クライアントではクライアント側で状態をキャッシュしておくことができます。そのため、次回はリダイレクトによるオーバーヘッドをなくして直接アクセスします。それによって、単体のノードと同程度のレイテンシーを実現しています。

Column

### アクセス先のノードに偏りが出る場合

Redisの各種メトリクスを監視していると、時に意図せずRedisクラスターのアクセス先のノードが偏ることもありえます。

8.1.3で説明した挙動で動作します。アクセスするノードに偏りが出ていて、それがマスターである場合、以下を確認してください。

- **READONLYコマンドでレプリカへreadクエリを分散させているか（クライアントの設定を確認して対応）**

マスターのみに偏っているわけではない場合、以下の点にも注意してください。

- **名前引きの際に選ぶノードのIPアドレスの選び方で使用するDNSのリゾルバーに依存するためリゾルバー側の確認**
- **DNSキャッシュ**
- **スロット配置自体の偏りおよび特定スロットへ保存されるアイテムのサイズの偏り**
- **ハッシュタグの使用**

クラウドで利用していると用途ごとにエンドポイントが提供されていることがあります。そのため、以下の点でもご確認ください。

- **エンドポイントが適切に利用されているか**

エンドポイントの不適切な使用によって意図しない偏りが発生する可能性があります。たとえば、ElastiCacheではRedisクラスター（クラスターモード有効のRedisクラスター）では、設定エンドポイントとして提供されています。利用しているサービスごとのドキュメントを確認してみてください。

## 8.2 Redisクラスターの障害検出

複数のシャードから構成されるRedisクラスターで、あるシャードのマスターに障害等の問題が発生している状況を考えてみます。Redisクラスターではあるシャードのマスターに対して、複数のシャード内のそれぞれのマスターのうち過半数以上のマスターが応答を得られない状況が発生する可能性があります。その場合、問題の発生しているマスターが属するシャード内のレプリカをマスターへ昇格させます。障害検出では、こちらの動作をどのタイミングで実施するかを決定します。

### 8.2.1 障害検出のしくみ

各キャッシュノードの状態にはPFAILとFAILの2種類があります。RedisクラスターではGossipプロトコルが利用され、ほかのノードにpingを送る際にGossipセクションを送り、そのほかのノードの状態も含まれています。信頼しているノードからのほかのノードの状態の情報も信用ができるものとして、クラスター内のノードは互いの状態を把握していく形となります*9。

*9　Raftでは期間（term）という概念がありますが、Redisクラスターではエポック（epoch）という言葉を使用しています。

- **PFAIL**
  - Possible failureの略
  - あるノードがほかのノードに対してpingを送りcluster-node-timeout以内の時間に応答が返ってこないとき、ローカル情報についてping先のノードをPFAILとして情報を保持
  - ただし、pingに対してcluster-node-timeout/2の時間経過しても応答がない場合、接続を再度試行
  - マスターがこの状態でもフェイルオーバーは実行不可
- **FAIL**
  - こちらの状態になって初めてマスターはフェイルオーバーが実行可能
  - PFAILから以下の条件でFAIL状態へ変化
    - 対象のノードが過半数以上のマスターからある時間内にPFAILもしくはFAILの状態が報告されると、そのノードはFAILと判定
    - 判定のための時間はcluster-node-timeout * cluster-replica-validity-factorで計算

cluster-replica-validity-factorディレクティブの値が0に設定されている場合は、マスター・レプリカ間のコネクションの切断時間にかかわらず、フェイルオーバーが行われます。

上記の通り、Redisクラスターのフェイルオーバーは過半数以上のマスターが生き残っていることを前提としており、部分的にノードが利用できない状態の場合には復帰します。しかしながら、クラスター内のほとんどのノードが利用できない状態の場合には復帰できません。OSS版のRedisクラスターは規模の小さい部分的な障害に対する復旧を想定した障害検知となっていて、広範囲な障害時の復旧には適していません。マネージドサービスを利用している場合、そのような状況でも回復するように工夫されていることもあります。

こちらの動作に起因して、ネットワーク障害で分断されたときには、書き込みが失われる可能性があります。あるシャードを構成するマスターとレプリカについて、分断中にシャード内でマスターが2つに分かれてしまった状況を仮定します。障害復旧時に、それぞれのマスターに書き込まれたデータのマージには、"last failover wins"と呼ぶ手法が取られます。障害復旧時には過半数のマスターを含む側のレプリカが新しいマスターとして昇格します。過半数のマスターを含まない側にいたマスターの書き込みについては失われます。

また、シャード内におけるマスターとレプリカ間でのレプリケーションは非同期です。そのためマスターへ書き込み後クライアントに応答を返し、レプリカへそれらのデータが書き込まれる前にマスター側で障害が発生する状況では、レプリカに書き込まれていないデータは失う可能性があります。こちらはRedisクラスター未使用時のレプリケーションでも同様です（7.2.2参照）。

### 8.2.2 レプリカ選出

マスターが正常に動作していなければ、レプリカが新マスターとして自動でフェイルオーバーします。

以下の条件を満たすレプリカがマスターの候補となり、選出プロセスが開始されます。

1. **レプリカのマスターがFAIL**
2. **マスターが1つ以上のスロットを管理**
3. **レプリカが一定時間以上マスターとリンクが切断状態**

レプリカ選出の流れは以下のようになります。

1. **マスターがFAIL状態であることを検知したレプリカはある時間（DELAYミリ秒、詳細は後述）だけ待機。その後、クラスター内の各マスターにFAILOVER_AUTH_REQUEST（認証リクエスト）パケットをブロードキャストします。**

このとき、cluster-node-timeout * 2以内の時間を待機します。

2. **各マスターはパケット受け取ると、FAILOVER_AUTH_ACK（投票）で返信します。**

その後、cluster-node-timeout * 2の時間は、ほかのレプリカからのパケットに対して応答しません。マスターは各エポックに1回だけ投票できます。また、マスターが保持しているlastVoteEpochより古いcurrentEpochの投票は受け付けません。すなわち、マスターは古いエポックに対する投票は受け付けません。

3. **レプリカは、currentEpoch以下のエポックの応答は無視して、そうでなければ受け取ります。**

過半数以上のマスターから投票を受け取ると、そのレプリカが昇格対象としてフェイルオーバーが実行されます。もし、過半数に到達しない場合、cluster-node-timeout * 2の時間だけ待機。cluster-node-timeout * 4の時間後に、再投票が行われます。

4. **新しくマスターになったノードは、ほかのマスターよりも大きくなるようにconfigEpochを増加させます。**

次に、レプリカ視点での説明をします。DELAYの時間について、マスターがFAIL状態であることをレプリカが検知してから以下の時間だけ待機して、各マスターに対して投票のリクエストを送ります。

```
DELAY = 500ミリ秒 + ランダム遅延（0~500ミリ秒） + REPLICA_RANK * 1000ミリ秒
```

500ミリ秒の固定時間だけ待機する理由については、クラスター内でマスターがFAILの状態である情報が伝搬することを待機するためとなります。ランダム遅延は、レプリカが同時に選出を避けるために、ずらすことを意図しています。REPLICA_RANKはレプリカ内でレプリケーションオフセットが最も進んでいるものについて0から順に連番が割り振られます。

マスターの視点では、レプリカへ投票するために以下の点に従って動作します。

- **各マスターにはlastVoteEpochがあり、レプリカからの認証リクエスト中のcurrentEpochがこれより小さければ受け付けない。正常にマスターがレプリカに応答すると、マスターのlastVoteEpochがアップデートされ、ディスク上に保存**
- **レプリカのマスターがFAIL状態と判定している場合のみ、各マスターはレプリカへ投票を実施**
- **認証リクエストのcurrentEpochがマスターのcurrentEpochより小さい場合は受け付けない。そのため、マスターの応答は、認証リクエストと同じcurrentEpoch**

# 8.3 Redis クラスターのキーワード

Redis クラスターを効果的に運用するためには、関連する用語について深く知らないといけません。ここではRedis クラスターに関連するキーワードであるスロット、ハッシュタグ、クラスターバスについて詳細を掘り下げていきましょう。

## 8.3.1 スロット

シャードごとにマスター1台とレプリカ（0台以上）を持っており、各シャードに対して16384のスロットを分配します。Redis クラスターに保存するキーについては、CRC16を利用してハッシュ値を計算し、その結果から16384の$mod$で計算した値を求めます。その値のスロットを持つシャードでリクエストの処理を行われます。式で表すと以下のとおりとなります。

$HASH_SLOT = CRC16(key)\ mod\ 16384$

シャード間のデータの分散方法は、キーをハッシュ化した情報をベースとし、スロットと各シャードに割り当てる形となります。スロットの数がベースの分散となっています。データサイズは考慮していない点は要注意です。そのため、特定シャードに偏りがある場合、スロット配置自体の偏りの可能性に加えて、ハッシュタグを利用している等による特定のスロットに該当するデータセットのサイズが大きくなっている可能性があります。

スロット配置の様子は、CLUSTER SLOTSコマンドやCLUSTER NODESコマンドで確認できます。

## 8.3.2 ハッシュタグ

あるキーに紐付いた値を保存する際にはキー名をハッシュ化した情報をベースとしたスロットを決定し、そのスロットを持つシャードにデータが保存されます。Redis クラスターでは、パフォーマンスを引き出しながらデータの整合性も取るために、ここに制限があります。MSETコマンドのような複数のキーを同時に操作するようなコマンドやエフェメラルスクリプトを実行する際に、それらのキーはすべて同一のスロットに対するアクセスでないといけません。同じスロット内に対するアクセスでないとCROSSSLOTのエラーとなります。

```
$ redis-cli -c -h 172.29.0.4 --pass foobared
172.29.0.4:6379> SET key1 value1
-> Redirected to slot [9189] located at 172.29.0.7:6379
OK
172.29.0.7:6379> SET key2 value2
-> Redirected to slot [4998] located at 172.29.0.5:6379
OK
172.29.0.5:6379> SET key3 value3
OK
172.29.0.5:6379> MGET key1 key2 key3
(error) CROSSSLOT Keys in request don't hash to the same slot
```

Redis 7.0.3以降では、同時に操作するキーを複数指定したうち部分的にキーが存在しない場合やリシャーディング中で移行元と移行先でノードが別れている場合などにはTRYAGAINエラーを返します。

ハッシュタグはRedisクラスターへデータを保存する際に、同一スロットにアクセスするための機能です。このハッシュタグを利用することで異なるキーに対しても、同じスロットに対してアクセスが可能となります。ハッシュタグを利用するには、キー中の共通の文字列に対して {} で囲う形となります。たとえば、あるユーザーuser1000の情報を同一スロット内に保存する場合は{user1000}.followingのように表記します。ハッシュタグの乱用は、スロット間のリクエストの偏りの原因となり得ます。注意して利用してください。

なお、ハッシュタグと認識されるためには条件があります。以下のすべての条件がそろい、かつこの条件を満たすものが複数ある場合は最初に条件を満たすものが対象となります。

- **キーに{が含まれる**
- **{の右側に}が含まれる**
- **{と}の間に一文字以上が含まれる**

{{foo}}barの場合、{fooがハッシュ化される対象になります。

### 8.3.3 クラスターバス

Redisクラスターでは、クラスター内の各ノードはTCPバスでバイナリープロトコルによりフルメッシュ状で互いに接続されています（8.1.2参照）。このTCPバスをクラスターバスと呼びます。クラスターバスはデフォルトでRedisの待受ポートに10000を足した番号のポートを用います。Redis 7.0からはこのクラスターバスのためにリッスンするポート番号をcluster-portディレクティブで設定可能です*10。

NATやポートフォワーディングを利用するDockerのようなコンテナ環境では、マスターから見えるレプリカのIPアドレスやポート番号が変わります。そのため、クラスター内のほかのキャッシュノードに対して自身のキャッシュノードのIPアドレスとクラスターバスポートの番号を任意の値が設定できるようになっています*11。

クラスターバス上では互いの状態を把握するためにGossipプロトコルが利用されています。また、Raftという分散合意アルゴリズムをベースに設定情報を互いに把握し、フェイルオーバー機能を実現しています。

各ノードは相手のノードにpingを送ってその応答を受け取ることで正常であることを確認します。ただし、クラスター内の各ノードはクラスターバス上で互いに接続されていますが、フルメッシュ状の構造としてすべての組み合わせに対して互いpingを送り合うことはしません*12。この動作を採用すると、ノードが増えるにつれて、送るべきpingの数が急激に増えていき、クラスターの動作やネットワーク帯域に影響が及ぶ可能性があるからです。

---

*10 デフォルトでは0の値に設定されています。これは従来の動作と同様、コマンドを受け付けるポート番号に+10000 したものに設定することを意味します。

*11 Redis 4.0 以降で対応。

*12 基本的に影響の問題はないはずですが、大規模クラスターでキャッシュノードの数を増やしていくと、現状のRedis クラスターの動作では実際には線形にパフォーマンスが伸びないことがあります。ワークロードなど性能に影響する要因は複数ありますが、Gossip プロトコルによる影響なども観測されています。このあたりの動作は各種サービスによっては線形にスケールするように改良して工夫されていることもあります。Appendix A.2 でも簡単に触れますが、OSS の Redis クラスターではバージョン 2 として各種改善が今後予定されています。この一環として、Gossip プロトコルの負荷についても取り組むことが挙げられています。 https://github.com/redis/redis/issues/3929

そこで通常各ノードはランダムにほかのノードを選んでpingを送って、応答を受け取ります。このとき各ノードによって送られる全体のpingパケットの数が一定となるようにパケットが送られます。ただし、`cluster-node-timeout`の半分の時間以上の間で以下のいずれかの条件を満たすそのほかのノードすべてにpingが送られるようになっています。

- **pingが送られていない**
- **pingの応答を受け取ることができていない**

Gossipプロトコルと設定更新のしくみを利用することで、メッシュ構造とノード数増加による指数関数的なメッセージの増加を避けています。キャッシュノードの追加により、メッセージの数は線形に増えますが、メッセージのサイズは指数としては小さいものの指数関数的に増加します。

クラスターの一部として認識されていないノードからのpingであっても受け取れば応答を返しますが、クラスター外のノードへのパケットは破棄されます。クラスターの一部としてノードが認識されることは以下の手段によります。

- **MEETメッセージ**
  - `CLUSTER MEET <ip> <port>`コマンドを送ることにより、受け取ったノードは、対象のノードがクラスターの一部であると認識
- **Gossipプロトコル**
  - ノードAがもう一方のノードBに対して、ノードBが把握していないクラスター内のノード情報を把握している場合、ノードAからノードBへ送られるGossipメッセージによってノードBもそれらのノードを認識

この2つのしくみがあることで、クラスターにノードを追加してもすべてのノードから追加したノードが認識されます。

クラスター内のノード間のスロットの配置の管理には、以下の2種類のメッセージで行われます。これらのメッセージをきっかけにスロット構成の更新処理が行われます。

- **ハートビートメッセージ**
- **UPDATEメッセージ**

ハートビートメッセージは、ping/pongを送る側は常に受け取るスロット構成の情報を付与することで伝えます。ハートビートメッセージには送信元の`configEpoch`とスロット構成情報が含まれているので、受信側で送信元のノードの情報が古いことを検知するとUPDATEメッセージで更新を依頼します。たとえば、クラスターから外れたノードを再度加えた際にはほかのノードへpingを行います。そこで、情報が古いことを検知したほかのノードがUPDATEメッセージでの更新を依頼することで、追加されたノードは設定変更に関する通知をすぐに受け取ることができ、情報が更新されます。

### 8.3.4 パーティショニング

パーティショニングは、複数のRedisインスタンス間でデータセットを分割して保存する操作です。

パーティショニングによって複数のマシンのメモリーの合計サイズを活用してより大きいデータベースを使用したり、マシンパワー、ネットワーク帯域をスケールさせたりできます。

図8.5 パーティショニングのイメージ

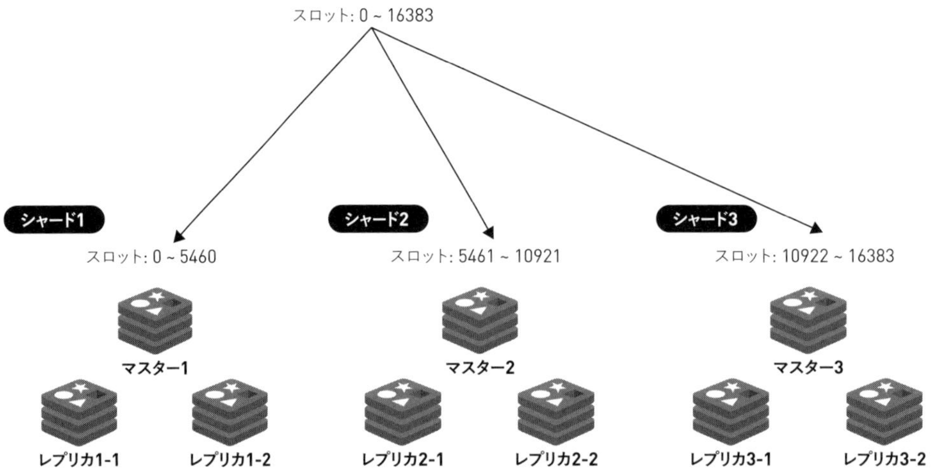


パーティショニングの対象のキーの分け方によって、レンジパーティショニングやハッシュパーティショニングなど種類があります。レンジパーティショニングはシンプルな一方で、レンジとノードのマッピングテーブルが別途必要であるデメリットがあります。それに対して、ハッシュパーティショニングはマッピングテーブルを必要とせず、キーの形式は問いません。

また、パーティショニングの実行方法によって、以下の方法によるシャーディングが考えられます。

- **クライアントサイドパーティショニング**
- **プロキシベースパーティショニング**
- **クエリールーティング**

クライアントサイドパーティショニングは、クライアント側の実装でクラスター内のどのノードにリクエストを送るかについて決める方式となっています。多くのRedisクライアントのクラスター機能では、スロットとそれに対応するキャッシュノードのマッピング情報のような形で保持する動作として実装されています。

プロキシベースパーティショニングは、直接クライアントからノードにリクエストを送らずにいったんプロキシがクライアントからのリクエストを受け取ります。そこから対象のノードへリクエストがルーティングされます。たとえば、twemproxy[*13]のようなOSSがあります。

Twemproxyは、RedisやMemcachedのASCIIモードに対応したデータシャーディングを行うことができるプロキシです。一部使用できるコマンドに制限がある点[*14][*15]や、ノードの追加・削除、設定変更に再起動を要する点は注意してください。Antirez氏はRedisクラスターをリリースする前に、複

*13 https://github.com/twitter/twemproxy
*14 https://github.com/twitter/twemproxy/blob/master/notes/redis.md
*15 https://github.com/twitter/twemproxy/blob/master/notes/memcache.md

数キーコマンドやトランザクションをサポートしていないためあらゆる場合に適したものではないが、Twemproxyは試してみる価値があることを言及しています*16。

クエリールーティングは最初ランダムなノードにリクエストを直接クライアントから送ります。もしそのノードがリクエストを処理するのに適切なノードでなければ、対象のノードへリクエストをリダイレクトさせる形式のルーティングです。

Redisクラスターは、この内のクライアントサイドパーティショニングとクエリールーティングを組み合わせたものと言えます。Redis Cluster Proxyはプロキシベースパーティショニングによるものとなります。

# 8.4 Redisクラスター対応クライアント

Redisクラスターを利用するには、クライアント側もRedisクラスター機能に対応している必要があります。redis-cliはもちろん対応していますが、各言語のクライアントが対応しているかについてはドキュメントで確認する必要があります。Redisクラスターの利用可否や使用方法の箇所がないかドキュメントで確認しましょう。

Redisクラスター対応クライアントの要件として、MOVEDリダイレクトやASKリダイレクトが扱えることが含まれています*17。

以下、Redisクラスター対応クライアントに関連するキーワードや動作、利用方法についてそれぞれ見ていきましょう。

## 8.4.1 MOVEDリダイレクトとASKリダイレクト

MOVEDリダイレクトについて、あらためて整理します。Redisクラスターは複数のシャードで構成でき、保存するキーはいずれかのシャードに保存されます。Redisクラスターでは、16,384個のスロットをそれぞれのシャードのいずれかに割り当てておきます。キーの値からハッシュ値を計算してスロットを計算するため、これによって保存するシャードが決まります。Redisクライアントは、Redisクラスター内のいずれのキャッシュノードにもアクセスできます。もし、アクセスしているキャッシュノードでコマンドを処理できない場合は処理可能なシャードのマスターへリダイレクトが行われます（8.1.3参照）。このリダイレクトを指示するものをMOVEDリダイレクトと言います。以下の実行例は、MOVEDリダイレクトが発生したときの状況のものです。

```
127.0.0.1:6379> GET foo
-> Redirected to slot [12182] located at 172.23.0.6:6379
"bar"
172.23.0.6:6379>
```

上記から、現在、172.31.46.30のプライベートIPアドレスのキャッシュノードにクライアントがア

*16 http://antirez.com/news/44

*17 マネージドサービスとして提供されている場合、利用者側でASKリダイレクトによる制御ができず使用しないこともあります。そのため、実際にはこちらの機能は実装されていなくても動作する場合もあります。

クセスした状態です。ここでfooというキーの値を取得しようとGETコマンドを実行したところ、当該キャッシュノードでは処理できないため、127.31.41.81のキャッシュノードにリダイレクトするようにクライアントに指示しています。その後、クライアントは127.31.41.81のキャッシュノードにアクセスして、fooのキーの値としてbarという値が取得できていることが確認できます。このとき、fooのキーのスロットは12182番のものと算出されていることもわかります。

MOVEDリダイレクトとASKリダイレクトの端的な違いをまとめます。MOVEDリダイレクトは以降のクライアントからのクエリーすべてにリダイレクトを指示します。対して、ASKリダイレクトは、次のクエリーのみにリダイレクトを指示します。たとえば、あるスロットをほかのキャッシュノードに移動させるときの一時的な対応のために使用されるものです。

### 8.4.2 Redisクラスター対応クライアントの動作

シャードごとのスロットのマッピングはクライアントで保持しておくことが推奨されており、パフォーマンスの向上を望めます。なお、マッピング情報は持たない、もしくは最新でなくても、リダイレクトが発生するため動作はします。Redisクラスターは、プロキシ等を持たないことで接続を終端せず、リクエストを処理する対象ノードへ直接接続しに行くことにより、1つのキャッシュノードに接続する時と同様のパフォーマンスが出るように工夫されています。

スロットのマッピングは、クライアントが起動時、スロットの構成を初期化する際やMOVEDリダイレクト時の際にクライアントが実行されているローカルのスロットに関するマップの更新が行われます。ASKリダイレクトのときには、このローカルのスロットに関するマップの更新は行われません。CLUSTER NODESコマンドやCLUSTER SHARDSコマンド（Redis 7.0以前はCLUSTER SLOTS）コマンドでシャードごとのスロット配置の情報を取得できます。実際に取得する方法は利用するクライアントごとによって変わります。

### 8.4.3 Redisクラスター対応クライアントの利用方法

実際にRedisクラスターに対応したクライアントを利用する際は、たとえばPhpRedisではnew Redisでオブジェクトを生成していたところを、new RedisClusterでオブジェクトを生成します*18。redis-cliでRedisクラスターを利用する場合、-cオプションを付与することにより対応します。使用方法は、実際に利用するクライアントごとのドキュメントをご参照ください。

Redisクラスターに対応していない方法でRedisを操作しても一見動作しているように見えることもあるため、そのまま使い続けてしまっている状況を見かけることがたびたびあります。その場合、エラーが発生したり、意図しない挙動を確認したりして初めて困ることも多いです。Redisクラスターを利用する際には、忘れずにRedisクラスター対応の方法で利用するようにしてください。

なお、Redis 6 RC1版のリリースと同時にRedis Cluster Proxyも発表されました*19*20。Redisクラスターはクライアントが機能に対応することを要求しているため、クライアント間で対応状況のばらつきがありました。そのため、社内で複数のプログラミング言語を使用している場合に、このような状

*18 https://github.com/phpredis/phpredis/blob/develop/cluster.markdown
*19 http://antirez.com/news/131
*20 https://github.com/RedisLabs/redis-cluster-proxy

況が壁になる可能性もあります。しかし、こちらのプロキシ機能を利用することで、Redisクラスター未対応のクライアントでもRedisクラスターを扱うことができます。Redis Cluster ProxyはRedisクラスターを抽象化し、1つのインスタンスのように扱うことができます。また、シンプルなコマンドなどの際には多重化もできます。そのほか、MOVEDエラー確認時のスロット配置の更新管理や、異なるスロットに対して処理を行う複数キーの操作は複数のクエリーに分割してルーティングされる等、Redisクラスターに対する処理を行います。ただし、現時点*21では3年近くGitHub上でアクティブな様子はなく、かつ、アルファバージョンの機能となっています。また、利用可能なコマンドにも制限があるのでご注意ください*22。

最近ではEnvoy Redisというプロキシもあります*23。Twemproxyでは対応していないRedisクラスターにも対応しています*24。プログラミング言語によってはRedisクライアントによるRedisクラスターの対応がイマイチなこともあります。そういった場合にも、これらのプロキシを利用することでRedisクラスター未対応のクライアントでも利用できます。採用する際はパフォーマンス特性等が業務要件を満たすものか事前にテストすることを忘れないようにしてください。

RedisRaftモジュールの機能が現時点で開発中です*25。Redisクラスターと比較して、読み込みと書き込みのデータの強い一貫性を実現します。コマンドが一部制限されていたり、パフォーマンスが低下するものの、魅力的なモジュールになっていくでしょう。

## 8.5 Redisクラスター関連のコマンド

Redisクラスターに関するコマンドとして、現在以下の29種類があります。

| コマンド | 説明 |
|---|---|
| CLUSTER INFO | クラスターの状態確認 |
| CLUSTER NODES | クラスターに参加しているノードの状態確認 |
| CLUSTER REPLICAS | (Redis 5.0.0以降) マスターに接続されたレプリカの状態確認 |
| CLUSTER SLAVES | CLUSTER REPLICASコマンド同様 |
| CLUSTER SHARDS | クラスターの各シャードに割り当てられたスロットの範囲と、シャードを構成するマスターとレプリカのIPアドレスおよびノードID等のノード情報 |
| CLUSTER SLOTS | Redis 7.0以降のCLUSTER SHARDSコマンドに相当。廃止予定。 |
| CLUSTER COUNTKEYSINSLOT | 指定したハッシュスロットの番号に保存されているキーの数確認 |
| CLUSTER GETKEYSINSLOT | 指定したハッシュスロットの番号に保存されているキーの確認 |
| CLUSTER KEYSLOT | 指定したキーのハッシュスロットの番号の確認 |
| CLUSTER COUNT-FAILURE-REPORTS | FAILおよびPFAILの数を確認 |
| CLUSTER MYID | ノードIDの確認 |
| READONLY | レプリカへ接続された際に読み込みクエリー処理を実行。デフォルトでは対象キーのスロットを持つマスターへリダイレクト処理 |

*21 2022年11月現在。

*22 https://github.com/RedisLabs/redis-cluster-proxy/blob/unstable/COMMANDS.md

*23 https://www.envoyproxy.io/docs/envoy/latest/intro/arch_overview/other_protocols/redis

*24 https://github.com/twitter/twemproxy/issues/271

*25 https://github.com/RedisLabs/redisraft

| コマンド | 説明 |
| --- | --- |
| READWRITE | デフォルトでは対象キーのスロットを持つマスターへリダイレクト処理。READONLYコマンド実行時は解除 |
| CLUSTER MEET | キャッシュノードをクラスターへ参加要求 |
| CLUSTER FORGET | キャッシュノードをクラスターから除外 |
| CLUSTER REPLICATE | キャッシュノードを指定したマスターのレプリカになるように設定 |
| CLUSTER ADDSLOTS | マスターへのスロットの割り当て |
| CLUSTER ADDSLOTSRANGE | マスターへのスロットの割り当て |
| CLUSTER DELSLOTS | マスターからスロットの解除 |
| CLUSTER DELSLOTSRANGE | マスターからスロットの解除 |
| CLUSTER FLUSHSLOTS | データベースが空の際に全スロット情報を削除 |
| CLUSTER SETSLOT | ハッシュスロットの状態変更。リシャーディング等に使用 |
| CLUSTER FAILOVER [FORCE\|TAKEOVER] | フェイルオーバーしてレプリカをマスターへ昇格 |
| CLUSTER SET-CONFIG-EPOCH | currentEpochを指定した値に設定 |
| CLUSTER BUMPEPOCH | configEpochの値が0もしくはクラスター内の最大のエポックより小さい場合に値を増加 |
| CLUSTER RESET [HARD\|SOFT] | クラスター情報のリセット。レプリカを持たない単体のマスターになる。 |
| CLUSTER SAVECONFIG | ディスク上のnodes.confとしてクラスターを構成するノードの状態を保存 |
| CLUSTER LINKS | クラスターバスでキャッシュノードがほかのノードと確立しているコネクションに関する詳細確認 |
| ASKING | ASKリダイレクト時にコマンドを実行するターゲットをリダイレクトする際にクライアントによって使用される |

READONLYコマンドなど、一部のコマンドはRedisクライアントのオプション機能として設定して実行できます。シャード内でマスターからレプリカへのレプリケーションは非同期です。レプリカからデータを読み取る場合には若干のデータの遅れがありえます。READONLYコマンドにより読み込みクエリーをスケールする場合にはこちらの点を念頭におきましょう。

また、ユーザー側で意識していなくてもRedisクライアントから実行されていることもあります。マネージドサービスを利用している場合、サービス側で管理しているため、一部コマンドが制限されていることがあります。

## 8.6 Redisクラスターの導入方法

Redisクラスターの設定および挙動を確認していきます。

**図8.6**のようなRedisクラスターを構築するために、6台のインスタンスに対してRedisサーバーをインストールし、セットアップします。1台1台に対して手動での設定は手間がかかるので、ここでもDockerを使います。

図8.6 **Redisクラスターの構成**

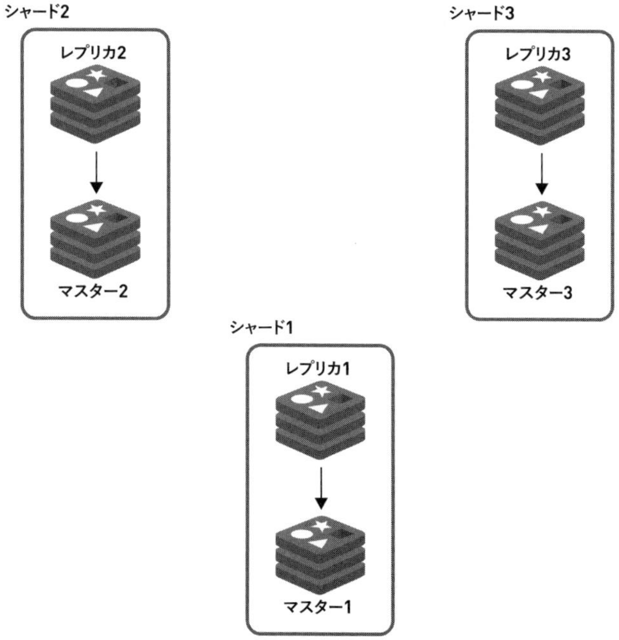


Redisクラスターの構築にあたって最初に設定ファイルを編集します。

```
$ cp /etc/redis/redis.conf .
$ vi redis.conf
```

redis.confを以下のような内容で編集をします。全キャッシュノード共通です。実際の設定内容はサンプルファイルを参照してください。

1. **cluster-enabledディレクティブの値をyesに変更**
2. **requirepassとmasterauthの値を設定（ここではfoobared）**[*26]

DEBUGコマンドを使用するために、本書では次の設定も行います。

- **enable-debug-commandをyesに設定**

本書ではDocker環境でキャッシュノードを構築します。もし、Docker環境を使用せずに複数台のキャッシュノードでクラスター構成を組む場合には次の設定も必要です。

*26　あくまで例示のためのパスワードであり、実際には推測が困難なパスワードに設定してください。

■ **bindディレクティブの値をデフォルトの127.0.0.1から受け入れ先のIPアドレスを許可するように設定**

```
$ sudo apt install docker docker-compose -y # 導入済みならスキップ
```

docker-compose.yamlファイルを作成します。

```
$ vi docker-compose.yaml
```

リスト8.1 **docker-compose.yaml**

```
version: '3'

services:
  node:
    image: redis:latest
    ports:
      - 6379
    volumes:
      - $PWD/redis.conf:/usr/local/etc/redis/redis.conf
    command: redis-server /usr/local/etc/redis/redis.conf
    networks:
      - redis_network

networks:
  redis_network:
```

以下を実行し、6つのコンテナを起動します。

```
$ docker-compose up --scale node=6
```

6つのコンテナが起動していることが確認できます。

```
$ docker-compose ps
     Name                  Command              State                     Ports
------------------------------------------------------------------------------------------------------
cluster_node_1   docker-entrypoint.sh redis ...   Up      0.0.0.0:49192->6379/tcp,:::49192->6379/tcp
cluster_node_2   docker-entrypoint.sh redis ...   Up      0.0.0.0:49191->6379/tcp,:::49191->6379/tcp
cluster_node_3   docker-entrypoint.sh redis ...   Up      0.0.0.0:49196->6379/tcp,:::49196->6379/tcp
cluster_node_4   docker-entrypoint.sh redis ...   Up      0.0.0.0:49194->6379/tcp,:::49194->6379/tcp
cluster_node_5   docker-entrypoint.sh redis ...   Up      0.0.0.0:49195->6379/tcp,:::49195->6379/tcp
cluster_node_6   docker-entrypoint.sh redis ...   Up      0.0.0.0:49193->6379/tcp,:::49193->6379/tcp
```

コンテナの一覧は以下のように取得します。そのうちの一つを適当に選んでCONTAINER IDよりコンテナIDを控えておきます。この例ではf271b59575d4を選ぶことにします。

```
$ docker container ps
CONTAINER ID   IMAGE          COMMAND                  CREATED              STATUS              PORTS
                                    NAMES
f271b59575d4   redis:latest   "docker-entrypoint.s…"   About a minute ago   Up About a minute   0.0.
0.0:49193->6379/tcp, :::49193->6379/tcp   cluster_node_6
2b5a132d52cb   redis:latest   "docker-entrypoint.s…"   About a minute ago   Up About a minute   0.0.
0.0:49195->6379/tcp, :::49195->6379/tcp   cluster_node_5
```

```
a3429ef41c4d   redis:latest   "docker-entrypoint.s…"   About a minute ago   Up About a minute   0.0.
0.0:49196->6379/tcp, :::49196->6379/tcp   cluster_node_3
ea158c36aa5a   redis:latest   "docker-entrypoint.s…"   About a minute ago   Up About a minute   0.0.
0.0:49191->6379/tcp, :::49191->6379/tcp   cluster_node_2
c400a38dd2e5   redis:latest   "docker-entrypoint.s…"   About a minute ago   Up About a minute   0.0.
0.0:49194->6379/tcp, :::49194->6379/tcp   cluster_node_4
1dba1f3f8c46   redis:latest   "docker-entrypoint.s…"   About a minute ago   Up About a minute   0.0.
0.0:49192->6379/tcp, :::49192->6379/tcp   cluster_node_1
```

以下のように実行してコンテナにログインします。

```
$ docker exec -it f271b59575d4 bash
root@f271b59575d4:/data#
```

以下、**redis-cli**の **--cluster**オプション機能でRedisクラスターの挙動を確認していきます。redis-cliの**--cluster**オプション機能の使い方に困った場合はヘルプコマンドを活用しましょう。使用できるコマンドと使用方法を確認できます。

```
$ redis-cli --cluster help
Cluster Manager Commands:
  create         host1:port1 ... hostN:portN
                 --cluster-replicas <arg>
  check          <host:port> or <host> <port> - separated by either colon or space
                 --cluster-search-multiple-owners
  info           <host:port> or <host> <port> - separated by either colon or space
  fix            <host:port> or <host> <port> - separated by either colon or space
                 --cluster-search-multiple-owners
                 --cluster-fix-with-unreachable-masters
  reshard        <host:port> or <host> <port> - separated by either colon or space
                 --cluster-from <arg>
                 --cluster-to <arg>
                 --cluster-slots <arg>
                 --cluster-yes
                 --cluster-timeout <arg>
                 --cluster-pipeline <arg>
                 --cluster-replace
  rebalance      <host:port> or <host> <port> - separated by either colon or space
                 --cluster-weight <node1=w1...nodeN=wN>
                 --cluster-use-empty-masters
                 --cluster-timeout <arg>
                 --cluster-simulate
                 --cluster-pipeline <arg>
                 --cluster-threshold <arg>
                 --cluster-replace
  add-node       new_host:new_port existing_host:existing_port
                 --cluster-slave
                 --cluster-master-id <arg>
  del-node       host:port node_id
  call           host:port command arg arg .. arg
                 --cluster-only-masters
                 --cluster-only-replicas
  set-timeout    host:port milliseconds
  import         host:port
```

```
                --cluster-from <arg>
                --cluster-from-user <arg>
                --cluster-from-pass <arg>
                --cluster-from-askpass
                --cluster-copy
                --cluster-replace
  backup        host:port backup_directory
  help

For check, fix, reshard, del-node, set-timeout, info, rebalance, call, import, backup you can specify
 the host and port of any working node in the cluster.

Cluster Manager Options:
  --cluster-yes  Automatic yes to cluster commands prompts
```

redis-cli --cluster createコマンドでRedisクラスターを作成できます。ここでは、--cluster-replicasオプションの値を1と設定しています。そのため、6つのうち前半3つがそれぞれマスターとなり、後半3つはそれぞれに対応する形でレプリカとなっていることを確認できます。Dockerを使用しない場合には以下のように実行します。

```
$ redis-cli --cluster create 172.20.0.3:6379 172.20.0.7:6379 \
  172.20.0.6:6379 172.20.0.5:6379 172.20.0.2:6379 172.20.0.4:6379 \
  --cluster-replicas 1
```

ここでは、Docker Composeを使用しているため、コンテナの外で以下のように実行します*27。キャッシュノードのIPアドレスとポート番号のペアの一覧を取得しておきます。

```
$ NODES=`docker network inspect cluster_redis_network | jq -r '.[0].Containers | .[].IPv4Address' |
sed -e 's/\/16/:6379 /g' | sed -e ':a' -e 'N' -e '$!ba' -e 's/\n//g'`
$ echo $NODES
172.20.0.3:6379 172.20.0.7:6379 172.20.0.6:6379 172.20.0.5:6379 172.20.0.2:6379 172.20.0.4:6379
```

以下のように実行してクラスターを作成します。

```
$ docker-compose exec node bash -c "redis-cli --cluster create ${NODES} --cluster-replicas 1 --pass
foobared"
Warning: Using a password with '-a' or '-u' option on the command line interface may not be safe.
>>> Performing hash slots allocation on 6 nodes...
Master[0] -> Slots 0 - 5460
Master[1] -> Slots 5461 - 10922
Master[2] -> Slots 10923 - 16383
Adding replica 172.20.0.2:6379 to 172.20.0.3:6379
Adding replica 172.20.0.4:6379 to 172.20.0.7:6379
Adding replica 172.20.0.5:6379 to 172.20.0.6:6379
M: d1913c6346d67e975db4f56ff1c750b69360620a 172.20.0.3:6379
   slots:[0-5460] (5461 slots) master
M: 7aaa86f25c5d838f02af91b97156384930e080e5 172.20.0.7:6379
   slots:[5461-10922] (5462 slots) master
```

*27 jqコマンドを使用するため、インストールしていない場合はsudo apt install -y jqのように実行してインストールしておいてください。

```
M: 3a9319a0e416b563c984c1790d83a0bcc5dcad1a 172.20.0.6:6379
   slots:[10923-16383] (5461 slots) master
S: 5338e6c9f2c920a8eb03c6facf5c1ec8d1231c34 172.20.0.5:6379
   replicates 3a9319a0e416b563c984c1790d83a0bcc5dcad1a
S: 03d2ff934de3087db278da03b31e4a23934764fc 172.20.0.2:6379
   replicates d1913c6346d67e975db4f56ff1c750b69360620a
S: c9b7d51ceb224ee9be78acb0077feccbb7fb3ec1 172.20.0.4:6379
   replicates 7aaa86f25c5d838f02af91b97156384930e080e5
Can I set the above configuration? (type 'yes' to accept): yes
>>> Nodes configuration updated
>>> Assign a different config epoch to each node
>>> Sending CLUSTER MEET messages to join the cluster
Waiting for the cluster to join
.
>>> Performing Cluster Check (using node 172.20.0.3:6379)
M: d1913c6346d67e975db4f56ff1c750b69360620a 172.20.0.3:6379
   slots:[0-5460] (5461 slots) master
   1 additional replica(s)
S: c9b7d51ceb224ee9be78acb0077feccbb7fb3ec1 172.20.0.4:6379
   slots: (0 slots) slave
   replicates 7aaa86f25c5d838f02af91b97156384930e080e5
S: 03d2ff934de3087db278da03b31e4a23934764fc 172.20.0.2:6379
   slots: (0 slots) slave
   replicates d1913c6346d67e975db4f56ff1c750b69360620a
M: 3a9319a0e416b563c984c1790d83a0bcc5dcad1a 172.20.0.6:6379
   slots:[10923-16383] (5461 slots) master
   1 additional replica(s)
M: 7aaa86f25c5d838f02af91b97156384930e080e5 172.20.0.7:6379
   slots:[5461-10922] (5462 slots) master
   1 additional replica(s)
S: 5338e6c9f2c920a8eb03c6facf5c1ec8d1231c34 172.20.0.5:6379
   slots: (0 slots) slave
   replicates 3a9319a0e416b563c984c1790d83a0bcc5dcad1a
[OK] All nodes agree about slots configuration.
>>> Check for open slots...
>>> Check slots coverage...
[OK] All 16384 slots covered.
```

マスター側のログをみると以下の内容となっています。レプリカからの同期のリクエストに対して、初回なので部分同期は失敗し、完全同期が行われています。マスターでBGSAVEが行われ、ディスク上に保存されており、その後同期に成功していることが確認できます。

```
node_3  | 1:M 29 Aug 2022 12:13:08.153 * Replica 172.20.0.5:6379 asks for synchronization
node_3  | 1:M 29 Aug 2022 12:13:08.153 * Partial resynchronization not accepted: Replication ID
mismatch (Replica asked for 'dd7f6ce13905fbb3e5c6a6e3af2c002ab40216e6', my replication IDs are '0b6eb
955f6eb15579c89c6d2fa08a5aba5665486' and '0000000000000000000000000000000000000000')
node_3  | 1:M 29 Aug 2022 12:13:08.153 * Replication backlog created, my new replication IDs are '499
c5b048c4fe565098b83d9a208ed63a68ce23b' and '0000000000000000000000000000000000000000'
node_3  | 1:M 29 Aug 2022 12:13:08.153 * Delay next BGSAVE for diskless SYNC
node_3  | 1:M 29 Aug 2022 12:13:11.169 # Cluster state changed: ok
node_3  | 1:M 29 Aug 2022 12:13:13.576 * Starting BGSAVE for SYNC with target: replicas sockets
node_3  | 1:M 29 Aug 2022 12:13:13.577 * Background RDB transfer started by pid 20
node_3  | 20:C 29 Aug 2022 12:13:13.578 * Fork CoW for RDB: current 0 MB, peak 0 MB, average 0 MB
node_3  | 1:M 29 Aug 2022 12:13:13.578 # Diskless rdb transfer, done reading from pipe, 1 replicas
```

```
still up.
node_3  | 1:M 29 Aug 2022 12:13:13.583 * Background RDB transfer terminated with success
node_3  | 1:M 29 Aug 2022 12:13:13.583 * Streamed RDB transfer with replica 172.20.0.5:6379 succeeded
 (socket). Waiting for REPLCONF ACK from slave to enable streaming
node_3  | 1:M 29 Aug 2022 12:13:13.583 * Synchronization with replica 172.20.0.5:6379 succeeded
```

redis-cli --cluster createコマンドは、クラスター構築の準備ができているかチェックを行いながら、一括で作業してくれるものです*28。

- **CLUSTER ADDSLOTSコマンド**
  - 各マスターにアクセスして、スロットを割り当て
- **CLUSTER MEETコマンド**
  - 1つのノードにアクセスして、そのほかのノードを認識させる
- **CLUSTER REPLICATEコマンド**
  - 各レプリカにアクセスして、それぞれマスターを認識させる

CLUSTER NODESコマンドの内容を示します。各行の最初のフィールドに40文字の文字列がいくつか表示されますが、これがノードIDです。slaveと表示される列にはslaveの隣に40文字の文字列がありますが、これが対応するマスターのノードIDです。

```
127.0.0.1:6379> CLUSTER NODES
3a9319a0e416b563c984c1790d83a0bcc5dcad1a 172.20.0.6:6379@16379 master - 0 1661775331032 3 connected 1
0923-16383
03d2ff934de3087db278da03b31e4a23934764fc 172.20.0.2:6379@16379 slave d1913c6346d67e975db4f56ff1c750b6
9360620a 0 1661775332035 1 connected
7aaa86f25c5d838f02af91b97156384930e080e5 172.20.0.7:6379@16379 master - 0 1661775330030 2 connected 5
461-10922
5338e6c9f2c920a8eb03c6facf5c1ec8d1231c34 172.20.0.5:6379@16379 slave 3a9319a0e416b563c984c1790d83a0
bcc5dcad1a 0 1661775331000 3 connected
d1913c6346d67e975db4f56ff1c750b69360620a 172.20.0.3:6379@16379 master - 0 1661775330000 1 connected 0
-5460
c9b7d51ceb224ee9be78acb0077feccbb7fb3ec1 172.20.0.4:6379@16379 myself,slave 7aaa86f25c5d838f02af91b97
156384930e080e5 0 1661775329000 2 connected
```

表示は以下のフォーマットに従っています*29。

```
<id> <ip:port@cport> <flags> <master> <ping-sent> <pong-recv> <config-epoch> <link-state> <slot> <
slot> ... <slot>
```

それぞれの項目の意味は以下のとおりです。

- **id**
  - 40文字のランダム生成された文字列
  - CLUSTER RESET HARDを実行しない限り変更されない
- **ip:port@cport**

*28　https://github.com/redis/redis/blob/7.0.4/src/redis-cli.c#L6108-L6401

*29　https://redis.io/commands/cluster-nodes

  - ノードのIPアドレス、リクエストを受け付けるポート番号、クラスターバスポートの番号が順番に表示
- **flags**
  - 各種フラグの状態をカンマ区切りで表示します。
- **master**
  - レプリカの場合はマスターのノードID。マスターの場合は-
- **ping-sent**
  - 現在アクティブなpingが送信されたUNIX時間（ミリ秒）。保留中のpingがない場合は0
- **pong-recv**
  - 最後のpingの応答を受け取ったUNIX時間（ミリ秒）
- **config-epoch**
  - configEpochの値
- **link-state**
  - クラスターバスの接続の状態。接続状態のときがconnected、切断時のときがdisconnectedと表示
- **slot**
  - スロットの範囲。スロットの番号が連続しているときはstart-endのフォーマットで、途中番号が途切れるとスペース区切りで列挙

なお、3つめのflagsについては以下の状態を取ります。

- **myself**
  - 接続しているキャッシュノード
- **master**
  - キャッシュノードのロールがマスター
- **slave**
  - キャッシュノードのロールがレプリカ
- **fail?**
  - キャッシュノードがPFAIL状態
- **fail**
  - キャッシュノードがFAIL状態
- **handshake**
  - ハンドシェイク中でキャッシュノードが信頼できない状態
- **noaddr**
  - キャッシュノードのIPアドレスが不明
- **nofailover**
  - レプリカがフェイルオーバーを試みない状態
- **noflags**
  - フラグがない状態

レプリカが172.20.0.4のIPアドレスのレプリカに対するマスターは、ノードIDの対応関係より172.20.0.7のものであることが確認できます。作成したマスターに対してredis-cli -h 172.20.0.7でログインして、マスター側のINFOコマンドの結果を確認すると以下の内容となります。roleがmasterでslave0の情報が表示されているため、こちらのキャッシュノードはマスターであり、一つのレプリカ

を持っていることが確認できます。

```
172.20.0.7:6379> INFO Replication
# Replication
role:master
connected_slaves:1
slave0:ip=172.20.0.4,port=6379,state=online,offset=294,lag=0
master_failover_state:no-failover
master_replid:078949365b4b978c0e5d82444dfe579f665ee5cd
master_replid2:0000000000000000000000000000000000000000
master_repl_offset:294
second_repl_offset:-1
repl_backlog_active:1
repl_backlog_size:1048576
repl_backlog_first_byte_offset:1
repl_backlog_histlen:294
```

Redis 7.0からCLUSTER SHARDSコマンドを利用できます。これは以前のバージョンのCLUSTER SLOTSコマンドに代わるコマンドです。実行すると、以下のように確認できます。シャードごとのスロットの範囲およびキャッシュノードの詳細が確認できます。

```
172.20.0.7:6379> CLUSTER SHARDS
1) 1) "slots"
   2) 1) (integer) 10923
      2) (integer) 16383
   3) "nodes"
   4) 1)   1) "id"
          2) "3a9319a0e416b563c984c1790d83a0bcc5dcad1a"
          3) "port"
          4) (integer) 6379
          5) "ip"
          6) "172.20.0.6"
          7) "endpoint"
          8) "172.20.0.6"
          9) "hostname"
         10) ""
         11) "role"
         12) "master"
         13) "replication-offset"
         14) (integer) 1120
         15) "health"
         16) "online"
      2)   1) "id"
          2) "5338e6c9f2c920a8eb03c6facf5c1ec8d1231c34"
          3) "port"
          4) (integer) 6379
          5) "ip"
          6) "172.20.0.5"
          7) "endpoint"
          8) "172.20.0.5"
          9) "hostname"
         10) ""
         11) "role"
         12) "replica"
```

```
         13) "replication-offset"
         14) (integer) 1120
         15) "health"
         16) "online"
2) 1) "slots"
   2) 1) (integer) 0
      2) (integer) 5460
   3) "nodes"
   4) 1)  1) "id"
          2) "d1913c6346d67e975db4f56ff1c750b69360620a"
          3) "port"
          4) (integer) 6379
          5) "ip"
          6) "172.20.0.3"
          7) "endpoint"
          8) "172.20.0.3"
          9) "hostname"
         10) ""
         11) "role"
         12) "master"
         13) "replication-offset"
         14) (integer) 1120
         15) "health"
         16) "online"
      2)  1) "id"
          2) "03d2ff934de3087db278da03b31e4a23934764fc"
          3) "port"
          4) (integer) 6379
          5) "ip"
          6) "172.20.0.2"
          7) "endpoint"
          8) "172.20.0.2"
          9) "hostname"
         10) ""
         11) "role"
         12) "replica"
         13) "replication-offset"
         14) (integer) 1120
         15) "health"
         16) "online"
3) 1) "slots"
   2) 1) (integer) 5461
      2) (integer) 10922
   3) "nodes"
   4) 1)  1) "id"
          2) "7aaa86f25c5d838f02af91b97156384930e080e5"
          3) "port"
          4) (integer) 6379
          5) "ip"
          6) "172.20.0.7"
          7) "endpoint"
          8) "172.20.0.7"
          9) "hostname"
         10) ""
         11) "role"
         12) "master"
```

```
        13) "replication-offset"
        14) (integer) 1120
        15) "health"
        16) "online"
     2)  1) "id"
         2) "c9b7d51ceb224ee9be78acb0077feccbb7fb3ec1"
         3) "port"
         4) (integer) 6379
         5) "ip"
         6) "172.20.0.4"
         7) "endpoint"
         8) "172.20.0.4"
         9) "hostname"
        10) ""
        11) "role"
        12) "replica"
        13) "replication-offset"
        14) (integer) 1120
        15) "health"
        16) "online"
```

Redis 7.0以前はCLUSTER SHARDSコマンドの代わりにCLUSTER SLOTSコマンドを使用していました。現時点でも利用できますが、廃止予定です。各要素について、最初はスロットの範囲の最初の番号、次がスロットの範囲の最後の番号、3つめがマスターのIPアドレス、リクエストを受け付けるポート番号、ノードID、ネットワークのメタデータです。以降はレプリカのIPアドレス、リクエストを受け付けるポート番号、ノードIDが繰り返されます。ここでは10923から16383までのスロット番号を持つシャードがあることが確認できます。

このシャードのマスターのIPアドレスは172.20.0.7で、6379番ポートでリクエストを受け付けます。ノードIDは7aaa86f25c5d838f02af91b97156384930e080e5であることがここからもわかります。

```
172.20.0.7:6379> CLUSTER SLOTS
1) 1) (integer) 0
   1) (integer) 5460
   2) 1) "172.20.0.3"
      1) (integer) 6379
      2) "d1913c6346d67e975db4f56ff1c750b69360620a"
      3) (empty array)
   3) 1) "172.20.0.2"
      1) (integer) 6379
      2) "03d2ff934de3087db278da03b31e4a23934764fc"
      3) (empty array)
2) 1) (integer) 5461
   1) (integer) 10922
   2) 1) "172.20.0.7"
      1) (integer) 6379
      2) "7aaa86f25c5d838f02af91b97156384930e080e5"
      3) (empty array)
   3) 1) "172.20.0.4"
      1) (integer) 6379
      2) "c9b7d51ceb224ee9be78acb0077feccbb7fb3ec1"
      3) (empty array)
3) 1) (integer) 10923
```

```
  1) (integer) 16383
  2) 1) "172.20.0.6"
     1) (integer) 6379
     2) "3a9319a0e416b563c984c1790d83a0bcc5dcad1a"
     3) (empty array)
  3) 1) "172.20.0.5"
     1) (integer) 6379
     2) "5338e6c9f2c920a8eb03c6facf5c1ec8d1231c34"
     3) (empty array)
```

ここでクラスターにノード追加した際の挙動について確認してみます。先程6台のノードであったところを2台増やした8つにスケールします。

```
$ docker-compose up --scale node=8
```

すると、先程と比較してcluster_node_7とcluster_node_8が追加されていることがわかります。

```
$ docker container ps
CONTAINER ID   IMAGE          COMMAND                   CREATED          STATUS          PORTS
                                 NAMES
b4d1a66ab8fb   redis:latest   "docker-entrypoint.s…"   22 seconds ago   Up 21 seconds   0.0.0.0:4919
8->6379/tcp, :::49198->6379/tcp   cluster_node_8
81e6739bfb8e   redis:latest   "docker-entrypoint.s…"   22 seconds ago   Up 21 seconds   0.0.0.0:4919
7->6379/tcp, :::49197->6379/tcp   cluster_node_7
f271b59575d4   redis:latest   "docker-entrypoint.s…"   8 minutes ago    Up 8 minutes    0.0.0.0:4919
3->6379/tcp, :::49193->6379/tcp   cluster_node_6
2b5a132d52cb   redis:latest   "docker-entrypoint.s…"   8 minutes ago    Up 8 minutes    0.0.0.0:4919
5->6379/tcp, :::49195->6379/tcp   cluster_node_5
a3429ef41c4d   redis:latest   "docker-entrypoint.s…"   8 minutes ago    Up 8 minutes    0.0.0.0:4919
6->6379/tcp, :::49196->6379/tcp   cluster_node_3
ea158c36aa5a   redis:latest   "docker-entrypoint.s…"   8 minutes ago    Up 8 minutes    0.0.0.0:4919
1->6379/tcp, :::49191->6379/tcp   cluster_node_2
c400a38dd2e5   redis:latest   "docker-entrypoint.s…"   8 minutes ago    Up 8 minutes    0.0.0.0:4919
4->6379/tcp, :::49194->6379/tcp   cluster_node_4
1dba1f3f8c46   redis:latest   "docker-entrypoint.s…"   8 minutes ago    Up 8 minutes    0.0.0.0:4919
2->6379/tcp, :::49192->6379/tcp   cluster_node_1
```

cluster_node_7に対して追加前のCLUSTER NODESコマンドの結果は以下の内容となっています。

```
127.0.0.1:6379> CLUSTER NODES
10071771f66781f2b3bdb148aed5582d22531491 :6379@16379 myself,master - 0 0 0 connected
```

cluster_node_8に対して追加前のCLUSTER NODESコマンドの結果は以下の内容となっています。

```
127.0.0.1:6379> CLUSTER NODES
704a229f6f1cc49dc2dda4abb47d1a18cf4ad38b :6379@16379 myself,master - 0 0 0 connected
```

先程と比較して172.20.0.8:6379と172.20.0.9:6379が追加されていることがわかります。

```
$ NODES=`docker network inspect cluster_redis_network | jq -r '.[0].Containers | .[].IPv4Address' |
sed -e 's/\/16/:6379 /g' | sed -e ':a' -e 'N' -e '$!ba' -e 's/\n//g'`
```

```
$ echo $NODES
172.20.0.3:6379 172.20.0.7:6379 172.20.0.8:6379 172.20.0.6:6379 172.20.0.9:6379 172.20.0.5:6379 172.2
0.0.2:6379 172.20.0.4:6379
```

redis-cli --cluster add-node 172.20.0.8:6379 172.20.0.3:6379で、cluster_node_7（172.20.0.8）を既存クラスターのノードの1つ（172.20.0.3）に追加します。

```
$ docker-compose exec node bash -c "redis-cli --cluster add-node 172.20.0.8:6379 172.20.0.3:6379 --
cluster-replicas 1 --pass foobared"
Warning: Using a password with '-a' or '-u' option on the command line interface may not be safe.
>>> Adding node 172.20.0.8:6379 to cluster 172.20.0.3:6379
>>> Performing Cluster Check (using node 172.20.0.3:6379)
M: d1913c6346d67e975db4f56ff1c750b69360620a 172.20.0.3:6379
   slots:[0-5460] (5461 slots) master
   1 additional replica(s)
S: c9b7d51ceb224ee9be78acb0077feccbb7fb3ec1 172.20.0.4:6379
   slots: (0 slots) slave
   replicates 7aaa86f25c5d838f02af91b97156384930e080e5
S: 03d2ff934de3087db278da03b31e4a23934764fc 172.20.0.2:6379
   slots: (0 slots) slave
   replicates d1913c6346d67e975db4f56ff1c750b69360620a
M: 3a9319a0e416b563c984c1790d83a0bcc5dcad1a 172.20.0.6:6379
   slots:[10923-16383] (5461 slots) master
   1 additional replica(s)
M: 7aaa86f25c5d838f02af91b97156384930e080e5 172.20.0.7:6379
   slots:[5461-10922] (5462 slots) master
   1 additional replica(s)
S: 5338e6c9f2c920a8eb03c6facf5c1ec8d1231c34 172.20.0.5:6379
   slots: (0 slots) slave
   replicates 3a9319a0e416b563c984c1790d83a0bcc5dcad1a
[OK] All nodes agree about slots configuration.
>>> Check for open slots...
>>> Check slots coverage...
[OK] All 16384 slots covered.
>>> Getting functions from cluster
>>> Send FUNCTION LIST to 172.20.0.8:6379 to verify there is no functions in it
>>> Send FUNCTION RESTORE to 172.20.0.8:6379
>>> Send CLUSTER MEET to node 172.20.0.8:6379 to make it join the cluster.
[OK] New node added correctly.
```

cluster_node_7のログにはクラスターの状態がokになった旨の内容が記録されます。

```
node_7  | 1:M 29 Aug 2022 12:33:52.473 # IP address for this node updated to 172.20.0.8
node_7  | 1:M 29 Aug 2022 12:33:57.399 # Cluster state changed: ok
```

この時、cluster_node_7のCLUSTER NODESコマンドは以下の内容となり、クラスターとして認識されていることが確認できます。追加したノードは172.20.0.8:6379のIPアドレスが記録されているmyselfと表示されている行のものとなりますが、このときスロットが割り当てられていないことも確認できます。

```
127.0.0.1:6379> CLUSTER NODES
```

```
03d2ff934de3087db278da03b31e4a23934764fc 172.20.0.2:6379@16379 slave d1913c6346d67e975db4f56ff1c750b6
9360620a 0 1661776486349 1 connected
d1913c6346d67e975db4f56ff1c750b69360620a 172.20.0.3:6379@16379 master - 0 1661776484337 1 connected 0
-5460
5338e6c9f2c920a8eb03c6facf5c1ec8d1231c34 172.20.0.5:6379@16379 slave 3a9319a0e416b563c984c1790d83a0
bcc5dcad1a 0 1661776485000 3 connected
c9b7d51ceb224ee9be78acb0077feccbb7fb3ec1 172.20.0.4:6379@16379 slave 7aaa86f25c5d838f02af91b971563849
30e080e5 0 1661776485340 2 connected
7aaa86f25c5d838f02af91b97156384930e080e5 172.20.0.7:6379@16379 master - 0 1661776482331 2 connected 5
461-10922
3a9319a0e416b563c984c1790d83a0bcc5dcad1a 172.20.0.6:6379@16379 master - 0 1661776485000 3 connected 1
0923-16383
16071771f66781f2b3bdb148aed5582d22531491 172.20.0.8:6379@16379 myself,master - 0 1661776483000 0
connected
```

cluster_node_8（172.20.0.9）を既存のクラスター内のノードである1つのcluster_node_7（172.20.0.8）のレプリカとして追加してみます。

```
$ docker-compose exec node bash -c "redis-cli --cluster add-node 172.20.0.9:6379 172.20.0.8:6379 --
cluster-slave --pass foobared"
Warning: Using a password with '-a' or '-u' option on the command line interface may not be safe.
>>> Adding node 172.20.0.9:6379 to cluster 172.20.0.8:6379
>>> Performing Cluster Check (using node 172.20.0.8:6379)
M: 16071771f66781f2b3bdb148aed5582d22531491 172.20.0.8:6379
   slots: (0 slots) master
S: 03d2ff934de3087db278da03b31e4a23934764fc 172.20.0.2:6379
   slots: (0 slots) slave
   replicates d1913c6346d67e975db4f56ff1c750b69360620a
M: d1913c6346d67e975db4f56ff1c750b69360620a 172.20.0.3:6379
   slots:[0-5460] (5461 slots) master
   1 additional replica(s)
S: 5338e6c9f2c920a8eb03c6facf5c1ec8d1231c34 172.20.0.5:6379
   slots: (0 slots) slave
   replicates 3a9319a0e416b563c984c1790d83a0bcc5dcad1a
S: c9b7d51ceb224ee9be78acb0077feccbb7fb3ec1 172.20.0.4:6379
   slots: (0 slots) slave
   replicates 7aaa86f25c5d838f02af91b97156384930e080e5
M: 7aaa86f25c5d838f02af91b97156384930e080e5 172.20.0.7:6379
   slots:[5461-10922] (5462 slots) master
   1 additional replica(s)
M: 3a9319a0e416b563c984c1790d83a0bcc5dcad1a 172.20.0.6:6379
   slots:[10923-16383] (5461 slots) master
   1 additional replica(s)
[OK] All nodes agree about slots configuration.
>>> Check for open slots...
>>> Check slots coverage...
[OK] All 16384 slots covered.
Automatically selected master 172.20.0.8:6379
>>> Send CLUSTER MEET to node 172.20.0.9:6379 to make it join the cluster.
Waiting for the cluster to join

>>> Configure node as replica of 172.20.0.8:6379.
[OK] New node added correctly.
```

cluster_node_7側のログをみると以下の内容となっています。マスターとして動作しており、レプリカからの同期のリクエストに対して初回なので部分同期は失敗し、完全同期が行われています。マスターでBGSAVEが実行され、ディスク上に保存されており、その後同期に成功していることが確認できます。

```
node_7  | 1:M 29 Aug 2022 12:37:41.253 * Replica 172.20.0.9:6379 asks for synchronization
node_7  | 1:M 29 Aug 2022 12:37:41.253 * Partial resynchronization not accepted: Replication ID
mismatch (Replica asked for 'e59941997ec332acf9e0e36c5fb63715748b6853', my replication IDs are '3c04
be01c81e742d94e1aa7caa8c9da905fe7524' and '0000000000000000000000000000000000000000')
node_7  | 1:M 29 Aug 2022 12:37:41.253 * Replication backlog created, my new replication IDs are '6be
7089b9ec5642e324ba8b105464c20e3373793' and '0000000000000000000000000000000000000000'
node_7  | 1:M 29 Aug 2022 12:37:41.253 * Delay next BGSAVE for diskless SYNC
node_7  | 1:M 29 Aug 2022 12:37:46.012 * Starting BGSAVE for SYNC with target: replicas sockets
node_7  | 1:M 29 Aug 2022 12:37:46.012 * Background RDB transfer started by pid 28
node_7  | 28:C 29 Aug 2022 12:37:46.013 * Fork CoW for RDB: current 0 MB, peak 0 MB, average 0 MB
node_7  | 1:M 29 Aug 2022 12:37:46.013 # Diskless rdb transfer, done reading from pipe, 1 replicas
still up.
node_7  | 1:M 29 Aug 2022 12:37:46.019 * Background RDB transfer terminated with success
node_7  | 1:M 29 Aug 2022 12:37:46.019 * Streamed RDB transfer with replica 172.20.0.9:6379 succeeded
 (socket). Waiting for REPLCONF ACK from slave to enable streaming
node_7  | 1:M 29 Aug 2022 12:37:46.019 * Synchronization with replica 172.20.0.9:6379 succeeded
```

cluster_node_8側のログは以下の内容となります。レプリカとして動作しており、こちらからもレプリカからの同期のリクエストに対して初回なので部分同期は失敗し、完全同期が行われていることが確認できます。

```
node_8  | 1:M 29 Aug 2022 12:37:40.290 # IP address for this node updated to 172.20.0.9
node_8  | 1:S 29 Aug 2022 12:37:41.251 * Before turning into a replica, using my own master
parameters to synthesize a cached master: I may be able to synchronize with the new master with just
a partial transfer.
node_8  | 1:S 29 Aug 2022 12:37:41.251 * Connecting to MASTER 172.20.0.8:6379
node_8  | 1:S 29 Aug 2022 12:37:41.252 * MASTER <-> REPLICA sync started
node_8  | 1:S 29 Aug 2022 12:37:41.252 # Cluster state changed: ok
node_8  | 1:S 29 Aug 2022 12:37:41.252 * Non blocking connect for SYNC fired the event.
node_8  | 1:S 29 Aug 2022 12:37:41.253 * Master replied to PING, replication can continue...
node_8  | 1:S 29 Aug 2022 12:37:41.253 * Trying a partial resynchronization (request e59941997ec332
acf9e0e36c5fb63715748b6853:1).
node_8  | 1:S 29 Aug 2022 12:37:46.012 * Full resync from master: 6be7089b9ec5642e324ba8b105464c20e33
73793:0
node_8  | 1:S 29 Aug 2022 12:37:46.014 * MASTER <-> REPLICA sync: receiving streamed RDB from master
with EOF to disk
node_8  | 1:S 29 Aug 2022 12:37:46.014 * Discarding previously cached master state.
node_8  | 1:S 29 Aug 2022 12:37:46.014 * MASTER <-> REPLICA sync: Flushing old data
node_8  | 1:S 29 Aug 2022 12:37:46.014 * MASTER <-> REPLICA sync: Loading DB in memory
node_8  | 1:S 29 Aug 2022 12:37:46.019 * Loading RDB produced by version 7.0.4
node_8  | 1:S 29 Aug 2022 12:37:46.019 * RDB age 0 seconds
node_8  | 1:S 29 Aug 2022 12:37:46.019 * RDB memory usage when created 1.78 Mb
node_8  | 1:S 29 Aug 2022 12:37:46.019 * Done loading RDB, keys loaded: 0, keys expired: 0.
node_8  | 1:S 29 Aug 2022 12:37:46.019 * MASTER <-> REPLICA sync: Finished with success
```

cluster_node_7のCLUSTER INFOコマンドの結果を示します。cluster_slots_assignedが16384よりクラスターにはすべてのスロットが割り当てられています。cluster_slots_okの値と一致しているため

FAILとPFAIL状態のノードに割り振られたスロットがないことも確認できます。cluster_sizeはスロットが割り当てられたシャードの数を表します。ここでは3つのシャードを持ったクラスターに1つのシャードを追加し、追加したシャードにはまだスロットを割り当てていないため3となっています。

```
127.0.0.1:6379> CLUSTER INFO
cluster_state:ok
cluster_slots_assigned:16384
cluster_slots_ok:16384
cluster_slots_pfail:0
cluster_slots_fail:0
cluster_known_nodes:8
cluster_size:3
cluster_current_epoch:7
cluster_my_epoch:7
cluster_stats_messages_ping_sent:340
cluster_stats_messages_pong_sent:319
cluster_stats_messages_meet_sent:1
cluster_stats_messages_sent:660
cluster_stats_messages_ping_received:318
cluster_stats_messages_pong_received:341
cluster_stats_messages_meet_received:1
cluster_stats_messages_received:660
total_cluster_links_buffer_limit_exceeded:0
```

INFO Replicationコマンドの結果を示します。このキャッシュノードのロールはマスターであり、1つのレプリカ（IPアドレスが172.20.0.9）を持っていることが確認できます。cluster_node_8から同様のコマンドを実行すると、マスターはcluster_node_7のIPアドレス（172.20.0.8）のものであることが確認できます。

```
127.0.0.1:6379> INFO Replication
# Replication
role:master
connected_slaves:1
slave0:ip=172.20.0.9,port=6379,state=online,offset=280,lag=1
master_failover_state:no-failover
master_replid:6be7089b9ec5642e324ba8b105464c20e3373793
master_replid2:0000000000000000000000000000000000000000
master_repl_offset:280
second_repl_offset:-1
repl_backlog_active:1
repl_backlog_size:1048576
repl_backlog_first_byte_offset:1
repl_backlog_histlen:280
```

cluster_node_7のCLUSTER NODESコマンドの結果を示します。この例では172.20.0.8のIPアドレスの行の一番右のフィールドにスロットが表示されていないことから、追加したシャードにはスロットがまだ割り当てられていないことがわかります。

```
127.0.0.1:6379> CLUSTER NODES
704a229f6f1cc49dc2dda4abb47d1a18cf4ad38b 172.20.0.9:6379@16379 slave 16071771f66781f2b3bdb148aed5582d
22531491 0 1661776875000 7 connected
```

```
03d2ff934de3087db278da03b31e4a23934764fc 172.20.0.2:6379@16379 slave d1913c6346d67e975db4f56ff1c750b6
9360620a 0 1661776875000 1 connected
d1913c6346d67e975db4f56ff1c750b69360620a 172.20.0.3:6379@16379 master - 0 1661776874000 1 connected 0
-5460
5338e6c9f2c920a8eb03c6facf5c1ec8d1231c34 172.20.0.5:6379@16379 slave 3a9319a0e416b563c984c1790d83a0
bcc5dcad1a 0 1661776876614 3 connected
c9b7d51ceb224ee9be78acb0077feccbb7fb3ec1 172.20.0.4:6379@16379 slave 7aaa86f25c5d838f02af91b971563849
30e080e5 0 1661776873000 2 connected
7aaa86f25c5d838f02af91b97156384930e080e5 172.20.0.7:6379@16379 master - 0 1661776875609 2 connected 5
461-10922
3a9319a0e416b563c984c1790d83a0bcc5dcad1a 172.20.0.6:6379@16379 master - 0 1661776875000 3 connected 1
0923-16383
16071771f66781f2b3bdb148aed5582d22531491 172.20.0.8:6379@16379 myself,master - 0 1661776872000 7
connected
```

次に追加したノードに対してリシャーディング*30を行ってみます。

```
$ docker-compose exec node bash -c "redis-cli --cluster reshard 172.20.0.8"
```

redis-cli --cluster reshard 172.20.0.8:6379 --pass foobaredでリシャーディングを実行します。コマンドを実行すると、移動するスロット数、スロットを受け取るノード、スロットを渡すノードIDの一覧が聞かれます。

ここでは4096個のスロットを移動させます。リシャーディングでスロットを受け取るノードIDを途中で聞かれます。ここでは追加したマスター（172.20.0.8）のノードID（16071771f66781f2b3bdb148aed5582d22531491）を指定することにします。スロットを渡すノードは全ノードを意味するallを指定できます。コマンドを実行するとどのようにスロットを移動するか計画が表示されます。実際に実行するか聞かれますが、問題がなければyesを選択します。

```
$ docker-compose exec node bash -c "redis-cli --cluster reshard 172.20.0.8:6379 --pass foobared"
Warning: Using a password with '-a' or '-u' option on the command line interface may not be safe.
>>> Performing Cluster Check (using node 172.20.0.8:6379)
M: 16071771f66781f2b3bdb148aed5582d22531491 172.20.0.8:6379
   slots: (0 slots) master
   1 additional replica(s)
S: 704a229f6f1cc49dc2dda4abb47d1a18cf4ad38b 172.20.0.9:6379
   slots: (0 slots) slave
   replicates 16071771f66781f2b3bdb148aed5582d22531491
S: 03d2ff934de3087db278da03b31e4a23934764fc 172.20.0.2:6379
   slots: (0 slots) slave
   replicates d1913c6346d67e975db4f56ff1c750b69360620a
M: d1913c6346d67e975db4f56ff1c750b69360620a 172.20.0.3:6379
   slots:[0-5460] (5461 slots) master
   1 additional replica(s)
S: 5338e6c9f2c920a8eb03c6facf5c1ec8d1231c34 172.20.0.5:6379
   slots: (0 slots) slave
   replicates 3a9319a0e416b563c984c1790d83a0bcc5dcad1a
S: c9b7d51ceb224ee9be78acb0077feccbb7fb3ec1 172.20.0.4:6379
   slots: (0 slots) slave
   replicates 7aaa86f25c5d838f02af91b97156384930e080e5
```

*30　シャーディングが行われた状態から再度実行すること。

```
M: 7aaa86f25c5d838f02af91b97156384930e080e5 172.20.0.7:6379
   slots:[5461-10922] (5462 slots) master
   1 additional replica(s)
M: 3a9319a0e416b563c984c1790d83a0bcc5dcad1a 172.20.0.6:6379
   slots:[10923-16383] (5461 slots) master
   1 additional replica(s)
[OK] All nodes agree about slots configuration.
>>> Check for open slots...
>>> Check slots coverage...
[OK] All 16384 slots covered.
How many slots do you want to move (from 1 to 16384)? 4096
What is the receiving node ID? 16071771f66781f2b3bdb148aed5582d22531491
Please enter all the source node IDs.
  Type 'all' to use all the nodes as source nodes for the hash slots.
  Type 'done' once you entered all the source nodes IDs.
Source node #1: all

Ready to move 4096 slots.
  Source nodes:
    M: d1913c6346d67e975db4f56ff1c750b69360620a 172.20.0.3:6379
       slots:[0-5460] (5461 slots) master
       1 additional replica(s)
    M: 7aaa86f25c5d838f02af91b97156384930e080e5 172.20.0.7:6379
       slots:[5461-10922] (5462 slots) master
       1 additional replica(s)
    M: 3a9319a0e416b563c984c1790d83a0bcc5dcad1a 172.20.0.6:6379
       slots:[10923-16383] (5461 slots) master
       1 additional replica(s)
  Destination node:
    M: 16071771f66781f2b3bdb148aed5582d22531491 172.20.0.8:6379
       slots: (0 slots) master
       1 additional replica(s)
  Resharding plan:
    Moving slot 5461 from 7aaa86f25c5d838f02af91b97156384930e080e5
    Moving slot 5462 from 7aaa86f25c5d838f02af91b97156384930e080e5
    Moving slot 5463 from 7aaa86f25c5d838f02af91b97156384930e080e5
    :
    Moving slot 12286 from 3a9319a0e416b563c984c1790d83a0bcc5dcad1a
    Moving slot 12287 from 3a9319a0e416b563c984c1790d83a0bcc5dcad1a
Do you want to proceed with the proposed reshard plan (yes/no)? yes
Moving slot 5461 from 172.20.0.7:6379 to 172.20.0.8:6379:
Moving slot 5462 from 172.20.0.7:6379 to 172.20.0.8:6379:
:
Moving slot 12287 from 172.20.0.6:6379 to 172.20.0.8:6379:
```

実行後、CLUSTER NODESコマンドを確認すると、新しく追加したマスターにもスロットが割り当てられるようになったことが確認できます。

```
127.0.0.1:6379> CLUSTER NODES
704a229f6f1cc49dc2dda4abb47d1a18cf4ad38b 172.20.0.9:6379@16379 slave 16071771f66781f2b3bdb148aed5582d
22531491 0 1661777345205 7 connected
03d2ff934de3087db278da03b31e4a23934764fc 172.20.0.2:6379@16379 slave d1913c6346d67e975db4f56ff1c750b6
9360620a 0 1661777348000 1 connected
d1913c6346d67e975db4f56ff1c750b69360620a 172.20.0.3:6379@16379 master - 0 1661777345000 1 connected 1
365-5460
```

```
5338e6c9f2c920a8eb03c6facf5c1ec8d1231c34 172.20.0.5:6379@16379 slave 3a9319a0e416b563c984c1790d83a0
bcc5dcad1a 0 1661777347000 3 connected
c9b7d51ceb224ee9be78acb0077feccbb7fb3ec1 172.20.0.4:6379@16379 slave 7aaa86f25c5d838f02af91b971563849
30e080e5 0 1661777349218 2 connected
7aaa86f25c5d838f02af91b97156384930e080e5 172.20.0.7:6379@16379 master - 0 1661777347212 2 connected 6
827-10922
3a9319a0e416b563c984c1790d83a0bcc5dcad1a 172.20.0.6:6379@16379 master - 0 1661777348215 3 connected 1
2288-16383
16071771f66781f2b3bdb148aed5582d22531491 172.20.0.8:6379@16379 myself,master - 0 1661777344000 7
connected 0-1364 5461-6826 10923-12287
```

### 8.6.1 全マスターもしくは全レプリカのみに特定処理を実行

Redisサーバーの全データベース内のデータを削除するのにFLUSHALLコマンドがあります。これをRedisクラスターで実行するとどうなるでしょうか。筆者が現在ログインしているサーバー上から実行すると以下のようなエラーが返ってきました。

```
127.0.0.1:6379> FLUSHALL
(error) READONLY You can't write against a read only replica.
```

エラー文にも書かれている通り、データセット内に変更が伴うFLUSHALLコマンドはマスター上でしか実行できません。FLUSHALLコマンドはMOVEDリダイレクトによるエラーハンドリングに対応していません。ログインしているサーバー先はレプリカだったので、マスター上で実行すれば良いだけです。

ただ、ここまでの説明のみでは困ってしまう場面があります。ElastiCacheのようなマネージドサービスを利用していると設定エンドポイントとして、Redisクラスターに接続するための一つのエンドポイントが提供されている場合があります。これはクライアント側の名前引きの設定に従って、Redisクラスター内のキャッシュノードの一つのエンドポイントを返すのですが、マスターとレプリカのどちらを返すか指定することは困難です。いちいちCLUSTER NODESコマンドやCLUSTER SHARDSコマンド（、Redis 7.0以前はCLUSTER SLOTS）コマンドでマスターのIPアドレスを調べて、ログインし直すのは面倒です。

そのようなときには--cluster-only-mastersオプションが便利です。これはRedisクラスターの全シャードにおいて、各シャード内のマスターに対してコマンドを実行するためのオプションです。

以下のように実行することでマスターのキャッシュノードに対してのみコマンドを実行できます。172.28.0.7は筆者の環境における例ですが、クラスターのエンドポイントおよびクラスター内のキャッシュノードのIPアドレスであればどのノードのものでも問題ありません。

```
$ redis-cli --cluster call 172.28.0.7:6379 FLUSHALL --pass foobared --cluster-only-masters
>>> Calling FLUSHALL
172.28.0.6:6379: OK
172.28.0.5:6379: OK
172.28.0.4:6379: OK
```

ほかにも役立つ場面があります。Redisファンクションの関数はデータセットと同様に自動でマスターからレプリカにレプリケーションされます。ただし、Redisクラスター内のシャード間の伝搬まで自動では行ってくれません。このような状況で先ほどの--cluster-only-mastersオプションで全マスターに対してFUNCTION LOADで関数を登録しておくとコマンド一つでRedisクラスター内に関数を登録しておけます。シャード内ではマスターからレプリカに関数が自動でレプリケーションされるため、全シャードのマスターのみに実行しておけば十分です。

同様にレプリカのみに対してコマンドを実行したい場合は、--cluster-only-replicasオプションが使用できます。

Column

### Redisクラスターのフェイルオーバーの挙動

先程と同じ手順で再度以下のように実行してクラスターを作成します。

```
$ NODES=`docker network inspect cluster_redis_network | jq -r '.[0].Containers | .[].IPv4Address'
 | sed -e 's/\/16/:6379 /g' | sed -e ':a' -e 'N' -e '$!ba' -e 's/\n//g'`
$ echo $NODES
172.21.0.5:6379 172.21.0.6:6379 172.21.0.7:6379 172.21.0.2:6379 172.21.0.4:6379 172.21.0.3:6379
$ docker-compose exec node bash -c "redis-cli --cluster create ${NODES} --cluster-replicas 1 --
pass foobared"
```

フェイルオーバーの挙動についても確認してみます。マスター（172.21.0.5）のノードID（17535f8bcfd0af327b15ed2ba7cc3e60d3074ba9）が止まった際の動作を確認します。ここでは、レプリカ（172.21.0.4）のノードID（fb449024bb024269f05153af829f6067e36b324a）が昇格する動作を確認します。

現状、CLUSTER NODESコマンドの結果は以下の通りとなります。

```
127.0.0.1:6379> CLUSTER NODES
17535f8bcfd0af327b15ed2ba7cc3e60d3074ba9 172.21.0.5:6379@16379 master - 0 1661779054205 1
connected 0-5460
e1c6f32d7688ae107fc3038066df55dc22914ae2 172.21.0.6:6379@16379 master - 0 1661779054000 2
connected 5461-10922
1d74c85db8b0b47caf49bb51cb98caffc24471d0 172.21.0.7:6379@16379 master - 0 1661779055207 3
connected 10923-16383
9464ada2e15726410772959889 7ae89d32c568c4 172.21.0.2:6379@16379 slave 1d74c85db8b0b47caf49bb51cb98
caffc24471d0 0 1661779052199 3 connected
fb449024bb024269f05153af829f6067e36b324a 172.21.0.4:6379@16379 myself,slave 17535f8bcfd0af327b15
ed2ba7cc3e60d3074ba9 0 1661779053000 1 connected
93f9618ab0d2385cb92a234d468b86636a6393e7 172.21.0.3:6379@16379 slave e1c6f32d7688ae107fc3038066df
55dc22914ae2 0 1661779053202 2 connected
```

マスター（172.21.0.5）をとめるためにDEBUG SEGFAULTコマンドを実行してみます。

```
172.21.0.5:6379> DEBUG SEGFAULT
Error: Server closed the connection
not connected>
```

レプリカ（172.21.0.4）のノードID（c9b7d51ceb224ee9be78acb0077feccbb7fb3ec1）のログは以下の内容が記録されています。

```
node_2  | 1:S 29 Aug 2022 13:18:16.635 # Connection with master lost.
node_2  | 1:S 29 Aug 2022 13:18:16.635 * Caching the disconnected master state.
node_2  | 1:S 29 Aug 2022 13:18:16.635 * Reconnecting to MASTER 172.21.0.5:6379
node_2  | 1:S 29 Aug 2022 13:18:16.635 * MASTER <-> REPLICA sync started
node_2  | 1:S 29 Aug 2022 13:18:16.635 * Non blocking connect for SYNC fired the event.
node_2  | 1:S 29 Aug 2022 13:18:16.635 # Failed to read response from the server: Connection
reset by peer
node_2  | 1:S 29 Aug 2022 13:18:16.635 # Master did not respond to command during SYNC handshake
node_2  | 1:S 29 Aug 2022 13:18:17.452 * Connecting to MASTER 172.21.0.5:6379
node_2  | 1:S 29 Aug 2022 13:18:17.452 * MASTER <-> REPLICA sync started
node_2  | 1:S 29 Aug 2022 13:18:35.358 * FAIL message received from e1c6f32d7688ae107fc3038066df5
5dc22914ae2 about 17535f8bcfd0af327b15ed2ba7cc3e60d3074ba9
node_2  | 1:S 29 Aug 2022 13:18:35.358 # Cluster state changed: fail
node_2  | 1:S 29 Aug 2022 13:18:35.419 # Start of election delayed for 541 milliseconds (rank #0,
 offset 532).
node_2  | 1:S 29 Aug 2022 13:18:36.022 # Starting a failover election for epoch 7.
node_2  | 1:S 29 Aug 2022 13:18:36.027 # Failover election won: I'm the new master.
node_2  | 1:S 29 Aug 2022 13:18:36.027 # configEpoch set to 7 after successful failover
node_2  | 1:M 29 Aug 2022 13:18:36.027 * Discarding previously cached master state.
node_2  | 1:M 29 Aug 2022 13:18:36.027 # Setting secondary replication ID to cc33e95e0d3dddb6b77
cd81d2f09435ab0d05a0b, valid up to offset: 533. New replication ID is 3c68fc1874f9a0821907f39bcba
4d7c8638939a8
node_2  | 1:M 29 Aug 2022 13:18:36.028 # Cluster state changed: ok
```

20秒前後でコネクションが拒否されていた状態から復旧していることが確認できます。
そのほかのレプリカのログは以下の内容が記録されています。

```
node_3  | 1:S 29 Aug 2022 13:18:35.357 * FAIL message received from e1c6f32d7688ae107fc3038066df5
5dc22914ae2 about 17535f8bcfd0af327b15ed2ba7cc3e60d3074ba9
node_3  | 1:S 29 Aug 2022 13:18:35.357 # Cluster state changed: fail
node_3  | 1:S 29 Aug 2022 13:18:36.032 # Cluster state changed: ok
```

そのほかのマスターのログは以下の内容が記録されています。

```
node_4  | 1:M 29 Aug 2022 13:18:35.356 * Marking node 17535f8bcfd0af327b15ed2ba7cc3e60d3074ba9 as
 failing (quorum reached).
node_4  | 1:M 29 Aug 2022 13:18:35.356 # Cluster state changed: fail
node_4  | 1:M 29 Aug 2022 13:18:36.025 # Failover auth granted to fb449024bb024269f05153af829f606
7e36b324a for epoch 7
node_4  | 1:M 29 Aug 2022 13:18:36.031 # Cluster state changed: ok
```

マスター（172.21.0.5）のノードID（17535f8bcfd0af327b15ed2ba7cc3e60d3074ba9）のフェイルオーバー時の状態遷移について確認してみます。
フェイルオーバー実行前、CLUSTER NODESコマンドの結果は以下の内容となっています。

```
172.21.0.4:6379> CLUSTER NODES
17535f8bcfd0af327b15ed2ba7cc3e60d3074ba9 172.21.0.5:6379@16379 master - 0 1661779054205 1
connected 0-5460
e1c6f32d7688ae107fc3038066df55dc22914ae2 172.21.0.6:6379@16379 master - 0 1661779054000 2
connected 5461-10922
1d74c85db8b0b47caf49bb51cb98caffc24471d0 172.21.0.7:6379@16379 master - 0 1661779055207 3
connected 10923-16383
9464ada2e157264107729598897ae89d32c568c4 172.21.0.2:6379@16379 slave 1d74c85db8b0b47caf49bb51cb98
caffc24471d0 0 1661779052199 3 connected
fb449024bb024269f05153af829f6067e36b324a 172.21.0.4:6379@16379 myself,slave 17535f8bcfd0af327b15
ed2ba7cc3e60d3074ba9 0 1661779053000 1 connected
93f9618ab0d2385cb92a234d468b86636a6393e7 172.21.0.3:6379@16379 slave e1c6f32d7688ae107fc3038066df
55dc22914ae2 0 1661779053202 2 connected
```

フェイルオーバー実行後、マスター（172.21.0.5）はしばらくするとfail?の状態になります。これがPFAILの状態です。

```
172.21.0.4:6379> CLUSTER NODES
17535f8bcfd0af327b15ed2ba7cc3e60d3074ba9 172.21.0.5:6379@16379 master,fail? - 1661779099358 16617
79095000 1 connected 0-5460
e1c6f32d7688ae107fc3038066df55dc22914ae2 172.21.0.6:6379@16379 master - 0 1661779111404 2
connected 5461-10922
1d74c85db8b0b47caf49bb51cb98caffc24471d0 172.21.0.7:6379@16379 master - 0 1661779112408 3
connected 10923-16383
9464ada2e157264107729598897ae89d32c568c4 172.21.0.2:6379@16379 slave 1d74c85db8b0b47caf49bb51cb98
caffc24471d0 0 1661779113412 3 connected
fb449024bb024269f05153af829f6067e36b324a 172.21.0.4:6379@16379 myself,slave 17535f8bcfd0af327b15
ed2ba7cc3e60d3074ba9 0 1661779111000 1 connected
93f9618ab0d2385cb92a234d468b86636a6393e7 172.21.0.3:6379@16379 slave e1c6f32d7688ae107fc3038066df
55dc22914ae2 0 1661779114415 2 connected
```

その後、fail?からfailに変化していることが確認できます。これはFAIL状態となります。

```
172.21.0.4:6379> CLUSTER NODES
17535f8bcfd0af327b15ed2ba7cc3e60d3074ba9 172.21.0.5:6379@16379 master,fail - 1661779099358 166177
9095000 1 connected 0-5460
e1c6f32d7688ae107fc3038066df55dc22914ae2 172.21.0.6:6379@16379 master - 0 1661779115419 2
connected 5461-10922
1d74c85db8b0b47caf49bb51cb98caffc24471d0 172.21.0.7:6379@16379 master - 0 1661779112408 3
connected 10923-16383
9464ada2e157264107729598897ae89d32c568c4 172.21.0.2:6379@16379 slave 1d74c85db8b0b47caf49bb51cb98
caffc24471d0 0 1661779114000 3 connected
fb449024bb024269f05153af829f6067e36b324a 172.21.0.4:6379@16379 myself,slave 17535f8bcfd0af327b15
ed2ba7cc3e60d3074ba9 0 1661779113000 1 connected
93f9618ab0d2385cb92a234d468b86636a6393e7 172.21.0.3:6379@16379 slave e1c6f32d7688ae107fc3038066df
55dc22914ae2 0 1661779114415 2 connected
```

そして、レプリカ（172.21.0.4）がslaveからmasterに変化することが確認できます。フェイルオーバーが完了したことが確認できます。このとき、旧マスターはダウン状態なのでFAIL状態のままであることも確認できます。

```
172.21.0.4:6379> CLUSTER NODES
17535f8bcfd0af327b15ed2ba7cc3e60d3074ba9 172.21.0.5:6379@16379 master,fail - 1661779099358 166177
9095000 1 connected
e1c6f32d7688ae107fc3038066df55dc22914ae2 172.21.0.6:6379@16379 master - 0 1661779122000 2
connected 5461-10922
1d74c85db8b0b47caf49bb51cb98caffc24471d0 172.21.0.7:6379@16379 master - 0 1661779122000 3
connected 10923-16383
9464ada2e157264107729598897ae89d32c568c4 172.21.0.2:6379@16379 slave 1d74c85db8b0b47caf49bb51cb98
caffc24471d0 0 1661779123449 3 connected
fb449024bb024269f05153af829f6067e36b324a 172.21.0.4:6379@16379 myself,master - 0 1661779121000 7
connected 0-5460
93f9618ab0d2385cb92a234d468b86636a6393e7 172.21.0.3:6379@16379 slave e1c6f32d7688ae107fc3038066df
55dc22914ae2 0 1661779122446 2 connected
```

新しいマスター（172.21.0.4）でのINFO Replicationコマンドの結果は以下の内容となります。

```
172.21.0.4:6379> INFO Replication
# Replication
role:master
connected_slaves:0
master_failover_state:no-failover
master_replid:3c68fc1874f9a0821907f39bcba4d7c8638939a8
master_replid2:cc33e95e0d3dddb6b77cd81d2f09435ab0d05a0b
master_repl_offset:532
second_repl_offset:533
repl_backlog_active:1
repl_backlog_size:1048576
repl_backlog_first_byte_offset:15
repl_backlog_histlen:518
```

ダウンしていた旧マスター（172.21.0.5）を復帰させてみます。

```
$ docker-compose up --scale node=6
```

新しいマスター（172.21.0.4）のログには以下の内容が記録されます。

```
node_2  | 1:M 29 Aug 2022 13:37:44.122 * Clear FAIL state for node 17535f8bcfd0af327b15ed2ba7cc3e
60d3074ba9: master without slots is reachable again.
```

その後、部分同期を試みますが、失敗して完全同期が実行されていることが確認できます。

```
node_2  | 1:M 29 Aug 2022 13:37:44.126 * Replica 172.21.0.5:6379 asks for synchronization
node_2  | 1:M 29 Aug 2022 13:37:44.126 * Partial resynchronization not accepted: Replication ID
mismatch (Replica asked for '59acd0927da6d11b259a8ceee2ce7c61c52b5995', my replication IDs are '3
c68fc1874f9a0821907f39bcba4d7c8638939a8' and 'cc33e95e0d3dddb6b77cd81d2f09435ab0d05a0b')
node_2  | 1:M 29 Aug 2022 13:37:44.126 * Delay next BGSAVE for diskless SYNC
node_2  | 1:M 29 Aug 2022 13:37:49.315 * Starting BGSAVE for SYNC with target: replicas sockets
node_2  | 1:M 29 Aug 2022 13:37:49.315 * Background RDB transfer started by pid 39
node_2  | 39:C 29 Aug 2022 13:37:49.317 * Fork CoW for RDB: current 0 MB, peak 0 MB, average 0 MB
node_2  | 1:M 29 Aug 2022 13:37:49.317 # Diskless rdb transfer, done reading from pipe, 1
replicas still up.
node_2  | 1:M 29 Aug 2022 13:37:49.320 * Background RDB transfer terminated with success
node_2  | 1:M 29 Aug 2022 13:37:49.320 * Streamed RDB transfer with replica 172.21.0.5:6379
succeeded (socket). Waiting for REPLCONF ACK from slave to enable streaming
node_2  | 1:M 29 Aug 2022 13:37:49.320 * Synchronization with replica 172.21.0.5:6379 succeeded
```

別のノードからのログには以下の内容が記録されます。

```
node_6  | 1:M 29 Aug 2022 13:37:44.122 * Clear FAIL state for node 17535f8bcfd0af327b15ed2ba7cc3e
60d3074ba9: master without slots is reachable again.
```

復帰したノード（172.21.0.5）は、新しいマスター（172.21.0.4）にレプリカとして追加されていることが確認できます。復帰したノード上からのCLUSTER INFOコマンドの結果は以下の内容となります。

```
172.21.0.5:6379> CLUSTER INFO
cluster_state:ok
cluster_slots_assigned:16384
cluster_slots_ok:16384
cluster_slots_pfail:0
cluster_slots_fail:0
cluster_known_nodes:6
cluster_size:3
cluster_current_epoch:7
cluster_my_epoch:7
cluster_stats_messages_ping_sent:236
cluster_stats_messages_pong_sent:225
cluster_stats_messages_sent:461
cluster_stats_messages_ping_received:225
cluster_stats_messages_pong_received:236
cluster_stats_messages_update_received:6
cluster_stats_messages_received:467
total_cluster_links_buffer_limit_exceeded:0
```

INFO Replicationコマンドの結果です。

```
172.21.0.5:6379> INFO Replication
# Replication
role:slave
master_host:172.21.0.4
master_port:6379
master_link_status:up
master_last_io_seconds_ago:8
master_sync_in_progress:0
slave_read_repl_offset:868
slave_repl_offset:868
slave_priority:100
slave_read_only:1
replica_announced:1
connected_slaves:0
master_failover_state:no-failover
master_replid:3c68fc1874f9a0821907f39bcba4d7c8638939a8
master_replid2:0000000000000000000000000000000000000000
master_repl_offset:868
second_repl_offset:-1
repl_backlog_active:1
repl_backlog_size:1048576
repl_backlog_first_byte_offset:547
repl_backlog_histlen:322
```

新しいマスター（172.21.0.4）からのCLUSTER INFOコマンドの結果です。

```
172.21.0.4:6379> CLUSTER INFO
cluster_state:ok
cluster_slots_assigned:16384
cluster_slots_ok:16384
cluster_slots_pfail:0
cluster_slots_fail:0
cluster_known_nodes:6
cluster_size:3
cluster_current_epoch:7
cluster_my_epoch:7
cluster_stats_messages_ping_sent:1800
cluster_stats_messages_pong_sent:1851
cluster_stats_messages_meet_sent:1
cluster_stats_messages_auth-req_sent:5
cluster_stats_messages_update_sent:1
cluster_stats_messages_sent:3658
cluster_stats_messages_ping_received:1846
cluster_stats_messages_pong_received:1800
cluster_stats_messages_fail_received:1
cluster_stats_messages_auth-ack_received:2
cluster_stats_messages_received:3649
total_cluster_links_buffer_limit_exceeded:0
```

INFO Replicationコマンドの結果です。

```
172.21.0.4:6379> INFO Replication
# Replication
role:master
connected_slaves:1
slave0:ip=172.21.0.5,port=6379,state=online,offset=910,lag=0
master_failover_state:no-failover
master_replid:3c68fc1874f9a0821907f39bcba4d7c8638939a8
master_replid2:cc33e95e0d3dddb6b77cd81d2f09435ab0d05a0b
master_repl_offset:910
second_repl_offset:533
repl_backlog_active:1
repl_backlog_size:1048576
repl_backlog_first_byte_offset:15
repl_backlog_histlen:896
```

なお、復帰前に先程確認したCLUSTER NODESは以下のような結果でした。

```
172.21.0.4:6379> CLUSTER NODES
17535f8bcfd0af327b15ed2ba7cc3e60d3074ba9 172.21.0.5:6379@16379 master,fail - 1661779099358 166177
9095000 1 connected
e1c6f32d7688ae107fc3038066df55dc22914ae2 172.21.0.6:6379@16379 master - 0 1661780087000 2
connected 5461-10922
1d74c85db8b0b47caf49bb51cb98caffc24471d0 172.21.0.7:6379@16379 master - 0 1661780088618 3
connected 10923-16383
9464ada2e157264107729598897ae89d32c568c4 172.21.0.2:6379@16379 slave 1d74c85db8b0b47caf49bb51cb98
caffc24471d0 0 1661780087614 3 connected
fb449024bb024269f05153af829f6067e36b324a 172.21.0.4:6379@16379 myself,master - 0 1661780085000 7
connected 0-5460
93f9618ab0d2385cb92a234d468b86636a6393e7 172.21.0.3:6379@16379 slave e1c6f32d7688ae107fc3038066df
55dc22914ae2 0 1661780087000 2 connected
```

復帰後はfail状態だったmasterがslaveとして加わっていることが確認できます。

```
172.21.0.4:6379> CLUSTER NODES
17535f8bcfd0af327b15ed2ba7cc3e60d3074ba9 172.21.0.5:6379@16379 slave fb449024bb024269f05153af829f
6067e36b324a 0 1661780265199 7 connected
e1c6f32d7688ae107fc3038066df55dc22914ae2 172.21.0.6:6379@16379 master - 0 1661780267206 2
connected 5461-10922
1d74c85db8b0b47caf49bb51cb98caffc24471d0 172.21.0.7:6379@16379 master - 0 1661780266204 3
connected 10923-16383
9464ada2e157264107729598897ae89d32c568c4 172.21.0.2:6379@16379 slave 1d74c85db8b0b47caf49bb51cb98
caffc24471d0 0 1661780264196 3 connected
fb449024bb024269f05153af829f6067e36b324a 172.21.0.4:6379@16379 myself,master - 0 1661780265000 7
connected 0-5460
93f9618ab0d2385cb92a234d468b86636a6393e7 172.21.0.3:6379@16379 slave e1c6f32d7688ae107fc3038066df
55dc22914ae2 0 1661780265000 2 connected
```

Column

## ログフォーマットについて

Redisではコンソールおよびlogfileディレクティブで設定した出力先にエンジンログが出力されます。ここでは、エンジンログの見方について解説します。現状、下記のように出力されます。

```
1:S 29 Aug 2022 08:55:54.975 * Ready to accept connections
```

順番に以下の項目を示します*a。

- **プロセスID**
- **プロセスのロール**
- **ログレベル**
- **ログメッセージ**

表8.1 **プロセスのロール表記**

| 表記 | ロール |
|---|---|
| M | マスター |
| S | レプリカ |
| C | RDB/AOFの書き込みプロセス |
| X | Redis Sentinel |

表8.2 **ログレベル表記**

| 表記 | ログレベル |
|---|---|
| . | debug |
| - | vervose |
| * | notice |
| # | warning |

ただし、上記フォーマットはAPIレベルで定義されたものではなく、今後変更される可能性もあることを留意してください*b。

*a https://github.com/redis/redis/blob/7.0.4/src/server.c#L101-L144
*b https://github.com/redis/redis/issues/2545

# 9
# メモリー管理

本章では、メモリー管理のアーキテクチャ、しくみについて説明します。問題発生時の原因追求や効率的なメモリーの使用につなげられます。

## 9.1 メモリー管理のアーキテクチャ

Redisサーバーはメモリー（OS上のRSS領域*1）を、次のようなかたちで使用します。

- **データ（および、その構造上のオーバーヘッド）**
- **クライアントクエリーバッファー**
- **クライアント出力バッファー**
- **AOFバッファー**
- **AOFリライトバッファー**
- **レプリケーションバックログ**
- **Redisファンクション**
- **エフェメラルスクリプト**
- **メモリーフラグメンテーション**

図9.1　**Redisのメモリー利用**

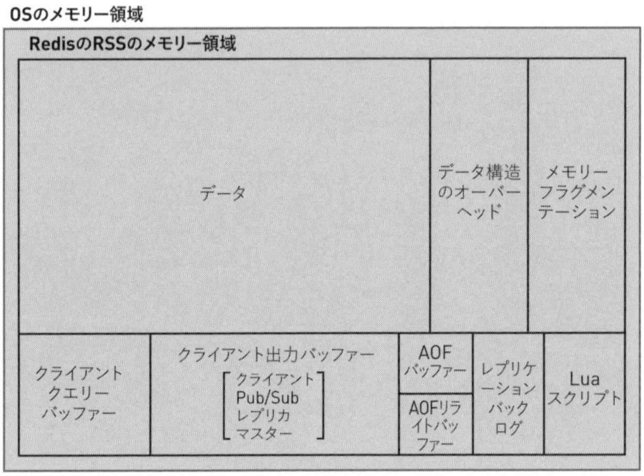


Redisサーバーのメモリーの内訳の詳細を確認するコマンドの1つとして`INFO Memory`コマンドがあります（6.1参照）。ここで踏まえたメモリーのアーキテクチャを理解しておくと、よりコマンドの出力結果を深く理解できるでしょう。

*1　RSSはResident Set Sizeの略称。実際のRAMの割り当てと同等と考えてください。

Redis側ではOSのメモリーページへの割り当てのマッピングを制御できません。そのため、Redis上でデータの削除コマンドを実行してもRedisからOSへはメモリーを常に返すわけではなく、通常RSSに変化はありません。これはmalloc関数の実装に由来します。

たとえば、5GBをデータに使用している状況で、2GB相当のデータをRedis上で削除したとします。Redisとしては5-2=3(GB)を使用していることが認識されていても、OSとしてRSS上（used_memory_rss、used_memory_rss_human）のメモリーサイズは5GBのままとなります。

ただし、メモリーアロケーター（mem_allocator）は基本的にメモリーの空きチャンクを再利用し、キーを追加する際にはそれらの領域を使用します。そのため、5GBを超えるまではRSSは5GBのままとなります。メモリーの空きが圧迫している状況で大量のキーを削除しても、OS視点ですぐにメモリーに余裕ができるといったことにはなりません。ご注意ください。

クライアントから送られたコマンドはいったん、クライアントごとに用意されたRedisサーバーのバッファーに保存されます。そしてソケットからRedisが増分的にデータを読みます。大きなコマンドは最後が送られるまで集約してバッファリングします。この領域をクライアントクエリーバッファーと呼びます。クライアント側のソフトウェアのバグなどでバッファーを極端に消費し、Redisサーバーがクラッシュするのを防止します。バッファーサイズは、Redis 4.0.7以降、client-query-buffer-limitディレクティブで制御可能です。それまではデフォルトの1GBから変更できませんでした。

逆に、コマンドの実行に対する出力もクライアントごとにバッファーが確保されて保存されます。Redisは増分的にソケットへデータを書き込みます。これによりアトミックな処理を可能としています。この領域をクライアント出力バッファーと呼びます。

バッファーサイズは、client-output-buffer-limitディレクティブの値ですnormal,pubsub,replicaの3種類の制御可能な項目があります。バッファーサイズを超えてメモリーを使用するとコネクションを切断する挙動になります。制限には2種類あり、ハードリミットを超えると即切断される挙動となり、ソフトリミットを超えると指定した時間だけ連続して超えていると切断される挙動になります。クライアント出力バッファーについては、9.1.2で詳細に扱います。

### 9.1.1 INFO Memoryの出力結果を読み解く

INFO Memoryコマンドの項目と照合しながら、読み解き方を解説します。

used_memoryは、メモリーアロケーター（jemallocなど）を使用してRedisによって割り当てられたメモリーサイズで、実際にデータなどに使用されているサイズとなります。maxmemoryはRedisが使用する最大メモリーサイズで、maxmemoryディレクティブで設定された値となります（ElastiCacheではreserved-memory-percentパラメーター設定値が反映され表示、10.1参照）。used_memoryの値がmaxmemoryの値を超えた際には、maxmemory-policyディレクティブで設定した値に従った挙動をします。Redisをキャッシュサーバーや一時的な保存場所として利用する限り、通常maxmemoryを設定することが望ましいです。

used_memoryにはクライアント出力バッファーなども含まれますので、データのみで使用しているわけではない点についてご注意ください。たとえば、クライアントクエリーバッファーの領域が急増した際には、used_memoryが大きくなり、maxmemoryを超える可能性があります。

なお、レプリカ出力バッファーやAOFバッファーサイズはused_memoryには含まれますが、maxmemoryでは考慮されないことにご注意ください。AOFバッファーやAOF書き換えバッファーとレプリカ用のクライアント出力バッファー、RDBによるスナップショット取得の際のCoWで消費されたメモリー量の合計はINFOコマンドのmem_not_counted_for_evictで確認します（6.1参照）。こちらは退避する際にカウントされないメモリー量を表します。そのため、used_memory - mem_not_counted_for_evict ≦ maxmemoryの関係が成り立つ限りmaxmemory-policyによるアクションが行われません*2。

maxmemoryはRSSのメモリー使用量を制限するわけではない点についても注意してください。また、maxmemoryはメモリーフラグメンテーションの状況については考慮しません。

maxmemoryディレクティブでは前述のとおり、データ以外のものも含めて制御されます。特にクライアント出力バッファーのメモリー消費量が最も多い傾向にあります。これにより、大量にメモリーを消費するクライアントがいれば、maxmemory-policyディレクティブの設定に従ってデータの退避を意図せず頻繁に発生する可能性もあります。client-output-buffer-limitディレクティブによる制御も可能ですが、これはあくまで1つのコネクションにおけるメモリーサイズの制御です。そのため、それなりにメモリー消費の大きいクライアントが複数いる状況などであまり機能しない状況が発生し得ます。

Redis 7.0以降ではクライアント退避機能が導入され、maxmemory-clientsディレクティブによって全クライアントで使用されるメモリー消費量を制限します。この制限を超えた場合、メモリー消費量の最も多いクライアントが切断されます。特定のクライアントはこの切断の対象から除外したい場合は、CLIENT NO-EVICT onコマンドを実行します。

used_memory_overheadは、内部データ構造を管理するのにサーバーに割り当てられたオーバーヘッドです。Redisが使用していると認識しているメモリーの内、実際のデータセットのサイズを除いた大きさとなります。関係式としては、大きく以下の通りとなります*3*4。

```
used_memory_overhead = サーバー初期メモリー使用量
                      + レプリケーションのバックログ
                      + クライアント出力バッファー "(replica、normal、pubsub、master)"
                      + Redisクラスターのクラスターバスでキャッシュノードが他のノードと確立しているコネ
クションに使用するメモリー
                      + AOFバッファー
                      + AOFリライトバッファー
                      + エフェメラルスクリプトのキャッシュ
                      + Redisファンクションの関数
                      + Redisサーバー内のメインのハッシュテーブルのデータ構造に関するオーバーヘッド
                      + Redisサーバー内の失効用のハッシュテーブルのデータ構造に関するオーバーヘッド
```

Redis 7.0以降、Redisクラスターのクラスターバスでキャッシュノードがほかのノードと確立しているコネクションに使用するメモリーについて、INFOコマンドのmem_cluster_linksやCLUSTER LINKSコマンドのsend-buffer-allocatedの値が参考になります。デフォルトでは、クラスターリンクの送信用バッファーのサイズに制限はされていません。Pub/Sub機能のメッセージにより多く消費されている場合などには、cluster-link-sendbuf-limitディレクティブの値をclient-query-buffer-limitディレクティブより大きい値に設定するなどして対策します。

MONITORコマンドにおけるクライアント出力バッファーは、used_memoryとused_memory_overheadの両方へ含まれます*5。

---

*2 https://github.com/redis/redis/blob/7.0.4/src/evict.c#L373-L433

*3 https://github.com/redis/redis/blob/7.0.4/src/object.c#L1134-L1253

*4 https://github.com/redis/redis/blob/7.0.4/src/server.h#L1298-L1332

used_memory_dataset/used_memory_dataset_percの値が大きい場合には、データセットが大きいことが原因と考えられます。その場合、問題となっているデータの分析をする必要があります。SCANコマンドによる走査やredis-cliの--bigkeysオプションを使用してデータセット中のサイズの大きいキーについて分析をすることで調査を行えます。used_memory_datasetはデータセットのメモリーサイズ、used_memory_dataset_percはデータセットが占める割合を表しています。

```
used_memory_dataset = used_memory - used_memory_overhead
used_memory_dataset_perc = used_memory_dataset / (used_memory - used_memory_startup)
```

AOFは書き込みを随時ファイルの末尾に追記していきますが、受け取ったコマンドをファイルへ書き込むために、一度ファイルをバッファーに保持します。このバッファーをAOFバッファーと呼びます。その後、バッファー上のデータをフラッシュすることで、ディスク上のファイルへと永続化されます。また、AOF書き換え処理は、子プロセスをfork処理で生成して新規の書き換え後のAOFファイルを生成します。その際、親プロセスはfork処理後に書き込み処理の内容をAOF書き換えバッファーにいったん保存し、子プロセスが作成した書き換え後のAOFファイルに差分を反映させる処理をします。

エフェメラルスクリプトについて、実行されたスクリプトは、再起動を含む削除のために操作しない限りRedisインスタンスのある実行についてスクリプトのキャッシュが残り続けます。スクリプトを残し続ける理由は、異なるスクリプトが多くあったとしてもメモリーの消費はわずかで問題を引き起こすと考えにくいことが挙げられます[*6][*7]。巨大なアプリケーションで数百程度持ったとして、アプリケーションが何回も修正されてスクリプトが変更されてもメモリーの使用量は無視できる量であると考えられます。このような挙動により、過去の履歴等から同じハッシュ値で同じスクリプトを実行できます。ハッシュ値による帯域削減や、リソース間で同じコマンドにもかかわらず違う実装になっていないことを保証するといったメリットを受けられます。

フラグメンテーション率（mem_fragmentation_ratio）は、メモリーフラグメンテーションの割合を示す値です。RSSの値に対して、Redisが現在使用していると認識しているメモリー使用量で割った値です。式にすると以下の関係となります。

```
mem_fragmentation_ratio = used_memory_rss / used_memory
```

メモリーフラグメンテーションの対処方法については後述します。

#### メモリーフラグメンテーションに対する対処

INFOコマンドの結果にメモリーフラグメンテーションの割合を表すmem_fragmentation_ratioの項目があります。この値をどのように読み解き対処するべきか説明します。

フラグメンテーション率が1.0もしくはそれより少々大きい程度だと良好な状態となりますが、1.5以上だと断片化が激しくパフォーマンスにも問題が発生している状態だと1つの目安にできます。逆に1より小さい場合は、スワップが発生している可能性があります。

＊5　Redis 5.0以前はused_memoryには含まれていましたが、used_memory_overheadに含まれていませんでした。https://github.com/redis/redis/pull/4953

＊6　https://redis.io/commands/eval/

＊7　規模が大きくなるにつれて、エフェメラルスクリプトの問題が大きくなります。Redis 7.0以降ではエフェメラルスクリプトに置き換わるものとしてRedisファンクションが利用できます。

フラグメンテーション率はRSSの値に対して、Redisが現在使用していると認識しているメモリー使用量で割った値という定義になります。そのため、現在の使用量よりピーク時にずっと大きいサイズのメモリーを使用していた場合にはフラグメンテーションが悪化していることを表しているわけではありません。このような状況では、参考になりにくい値となります*8。たとえば、大量のキーを一括削除した直後などにフラグメンテーション率が大きくなる状況が発生することが考えられます。

データの削除や書き込みが激しいワークロードでは、もともと使用していたメモリーについて、データが削除されて新たな書き込みを行う際にメモリーを有効に利用しきれない状況が発生することが考えられます。

その場合、Redisがデータ等に使用しているメモリー量に対して、OS視点でRedisに対して割り当てているメモリー量の比率が大きくなり、フラグメンテーションが激しくなる可能性があります。フラグメンテーションが激しく発生している場合、スワップが発生し、パフォーマンスの低下につながります。ご注意ください。

フラグメンテーションが発生した際には、以下の対処方法があります。

1. **Redisの再起動**
   - Redisの再起動後にRDB/AOFのファイルの読み込み（5.1参照）でデータの復元。
2. **アクティブデフラグメンテーション（Redis 4.0以降、9.3.2参照）**
3. **メモリースワップの制限**
4. **メモリーアロケーターの変更**
5. **`MEMORY PURGE`コマンドの実行（Redis 4.0.0以降かつメモリーアロケーターとしてjemallocを使用している場合に利用可能）**
   - ピーク時にメモリー使用量が高いにもかかわらず、jemallocがメモリーをすぐに解放しない状況で、メモリーを再利用したいとき活用。

Redisの再起動やメモリースワップの制限は、マネージドサービスでは一部成約があって使えないこともあります。代わりにノードの再作成等クラウドならではの対処方法がある場合もあります。サービスのドキュメント等を確認して参考にしてください。

メモリーアロケーターについては、jemallocの使用が推奨されています。Redisでは現在、Linux上でデフォルトjemallocが使用されています*9。

### 9.1.2 クライアント出力バッファー

クライアント出力バッファーについて掘り下げていきます。

Redisサーバーは各クライアントやレプリカ、Pub/Sub機能用にクライアント出力バッファー（以下、COB: Client Output Bufferの略）を持ちます。COBの制限は、何らかの理由でサーバーからデータをすぐに読まれないクライアントの接続を強制的に解除するといった形で使用されます。

クライアントごとにRedisサーバーはCOBを用意し、サーバーでの処理結果を直接クライアントへ送らず、いったんCOBに保存します。その後、COBに保存された情報はまとめてクライアントに送られ

*8 https://redis.io/docs/reference/optimization/memory-optimization
*9 http://oldblog.antirez.com/post/everything-about-redis-24.html

ます。たとえば、以下のような状況だと消費するバッファーサイズが大きくなります。

- **扱うデータサイズが大きい**
- **ストレージが遅い**
- **ネットワーク環境が貧弱**

もし、COBを多く使用するクライアント等があり、COBのサイズを制限していない状況であれば、ほかの処理に影響する可能性があります。しかしながら、バッファーサイズを制限しておくことで、COBが溢れた際には対象のCOBのコネクションが切断できます。

#### クライアント出力バッファーの種類

Pub/Sub機能を利用している際にPublisherがメッセージを生成し、Subscriberでメッセージを消費できないクライアントがいる状況が考えられます。このとき、Redisサーバー側のメモリー使用量が増加し続ける可能性があります。しかしながら、バッファーサイズを制限しておくことで、そのようなクライアントに対してはクライアント出力バッファーが溢れるためコネクションを切断できます。この挙動は、クライアント出力バッファーのうち、pubsubの種類のもので制御が可能です。

replicaの種類のものは、レプリカのクライアント出力バッファーです。マスター側でバッファーしておく領域であり、レプリケーション処理中のマスターへの書き込みについて、レプリカにも反映するために使用します。スナップショット取得でfork処理によるバックアップが行われる際には、キャッシュノード内のデータをシリアライズしてディスクへ保存処理が行われます。この間フォアグラウンドでは変更ログをレプリカ用のCOBに保存し、バックアップ取得が完了し転送が行われた後、キャッシュデータの変更ログをCOBからレプリカに送られます。

スナップショット取得の際、本番環境への影響を小さくするためにレプリカで取得することが1つのベストプラクティスとなります。その間、レプリカのクライアント出力バッファーに書き込みリクエストが溜ますので、レプリカのクライアント出力バッファーの管理にはご注意ください。たとえば、レプリカ用のCOBが溢れて切断される状況になると、レプリカがマスターに対して同期をリクエストしてその後同期が行われます。完全同期が行われるような状況ではリクエスト処理しているプロセスからfork処理をしてダンプするといったことが行われるため、負荷の大きい処理をトリガーすることにつながります。このようにCOBが小さいとレプリケーションの開始処理が繰り返され、完了しないことにもなりかねません。適宜、バッファーサイズを大きくする必要がないか、もしくは無効化する必要がないか確認しておきましょう。COBの種類によらず、client-output-buffer-limitディレクティブの値を0に設定することで、その種類のCOBを無効化できます。マネージドサービスでは、同期処理中にメモリー残量が低いような状況ではCOBの状況をみてスロットリングを行い、COBが溢れることが起こりにくいしくみを提供していることもあります。

normalの種類のものについては、クライアント出力バッファーの中でも通常のクライアント接続に使用される種類の領域です。多くのクライアントの実装では1つのコマンドを送り次のコマンドを送る前に応答が完全に読み込まれるまで待機するブロッキングを行う実装となっています。通常のクライアントへのコネクションを切断することが望ましくない場合が多いので、デフォルトでは制限値を0、つまりコネクションを切断するのに閾値を設けない設定になっています。

client-output-buffer-limitディレクティブで設定可能で、normal,replica,pubsubの3種類に対して、それぞれハードリミット、ソフトリミットの種類があります。ハードリミットの場合はそのメモリーサイズに達すると即切断されます。ソフトリミットの場合はCOBのメモリーサイズがその値に達して、指定された時間を連続して経過すると切断されます。

CLIENT LISTコマンドの結果のobl,ollから確認できる値について、Redis 7.0未満ではクライアント出力バッファーには16KBの固定長のものと動的なものがありそれぞれに対応します。固定長の領域に収まらない場合、動的な領域も使用します。Redis 7.0以降では大きめのコネクションプールをつくる際に、固定長のメモリーサイズも累積してメモリーを多く消費するため、動的に変更するよう改良されています*10。ピーク時のメモリー量を元に調整するアルゴリズムとなっています。CLIENT LISTコマンドにrbsとrbpという項目が追加され、クライアントのリプライバッファーの現在のサイズと最後に観測されたバッファーのピーク時におけるメモリー消費量を表しています。INFO Statsコマンドではreply_buffer_shrinksとreply_buffer_expendsで縮小と拡大した回数を確認できます。

マスター用COBもありますが、設定可能な値ではなく、通常意識することはありません。

# 9.2 キーの失効

キャッシュ用途で使われることが多いRedisでは、なるべくデータを最新の状態にして、古いデータは更新する必要があります。可能な限りキャッシュ上のデータを再利用し、バックエンドのデータベースへの取得を減らして効率的に処理していくことが望ましいです。同時に、あまりに現状と乖離している古いデータばかりを参照しては困る場面があります。そのために長すぎず、短すぎず、適度な値でTTLをアイテムに設定する必要があります。

TTLが切れたアイテムについては再利用するために失効させる必要があります。ここでは失効に関する動作の詳細をみていきましょう。

## 9.2.1 失効方法

Redisでは、キーの失効方法の挙動は大きく分けて2つ、アクティブとパッシブがあります。基本的にこれら2つを両方組み合わせて使用します。

Redisでは、TTLが失効してもすぐに対象のキーがメモリーから削除されるわけではなく、そのままメモリーに残り続けます。これらをアクティブ、パッシブの2つの方式で削除します。

パッシブな方法では、クライアントからキーにアクセスし、その際にキーのTTLが切れていることがわかった場合に削除します。

アクティブな方法では、1秒間に10回、20個のランダムなキーをサンプリングし、失効したキーを削除します。その際、もし失効したキーがサンプリングの内25%以上対象であれば、再度サンプリングから操作を繰り返します*11*12*13。その間、シングルスレッドの処理の性質上、ほかの処理はブロックされるためレイテンシーに影響します。EXPIREATコマンドでUNIX時間を指定するなど、同時に失効するキーの数が多いような状況では注意が必要です。

*10 https://github.com/redis/redis/pull/9822 https://github.com/redis/redis/pull/10371
*11 https://github.com/redis/redis/blob/7.0.4/src/expire.c#L107-L111
*12 https://redis.io/docs/reference/optimization/latency/
*13 https://redis.io/commands/expire/

Redisサーバーではバックグラウンドで一定時間ごとに実行されるタイマーイベントがあります(11.1.3参照)。設定ファイルのhzディレクティブの値により、こちらのイベントを1秒間に実行する回数を指定できます。Redis 5.0.0以降hzディレクティブの値をベースラインとして、dynamic-hzディレクティブにより、接続クライアント数に比例させることでアイドル状態のCPU使用量の調整が可能です。この定期実行されるタイマーイベント内でアクティブな方法による失効処理が実行されます。サンプリングするキーの数や閾値のパーセンテージなどはパラメーターで変更できません。

上記サイクルに加えて、ファスト失効サイクルの処理が行われます[*14]。Redisはイベントループ処理をベースとして動作をしますが、ファスト失効サイクルでは、このイベントループのサイクルごとに実行されます。失効したキーの数の割合が10%以下、もしくはメモリー合計の25%以下のサイズの消費になるように動作します。そのため、失効したキーが多くこちらの値を超える状況では、処理の時間が大きくなるためレイテンシーが増加します。active-expire-effortディレクティブで設定可能で1から10までの値を指定します。値が大きくなるほどメモリーの使用効率が上がりますが、CPUを消費してサイクル中の期間が長くなるため、レイテンシーの増加にもつながります。高いメモリー使用量が観測されて、CPU使用率の増加が許容できない限り、値をデフォルトの1のままに設定しておいてください。

### 9.2.2 退避ポリシー

先程説明したアクティブ/パッシブな方法によるキーの失効は、TTLが失効したキーの取り扱いに関するものでした。しかし、アクティブ/パッシブな方法によるキーの失効では利用可能なメモリーの空きをつくるのに間に合わない状況があります。その結果、メモリーの使用量が最大値に達します。あるいは失効させるキーがないために、メモリーの使用量が最大値に達してしまう状況もあります。

メモリー使用量がmaxmemoryディレクティブで設定された値に達した際には、メモリー確保のためにキーの退避が行われます。このときの退避の方法はmaxmemory-policyディレクティブで設定したポリシー（退避ポリシー）に従います。以下、maxmemory-policyで設定できる値の一覧です。

| ポリシー | 詳細 |
|---|---|
| noeviction | エラーを返し、キーを退避しない |
| volatile-random | TTLが設定されたキーの中からランダムに選択 |
| allkeys-random | 全キーの中からランダムに選択 |
| volatile-lru | TTLが設定されたキーの中からLRUにもとづいて選択 |
| allkeys-lru | 全キーの中からLRUにもとづいて選択 |
| volatile-ttl | TTLが設定されたキーの中から残りのTTLがより短いキーを選択 |
| volatile-lfu | TTLが設定されたキーの中からLFUにもとづいて選択 |
| allkeys-lfu | 全キーの中からLFUにもとづいて選択 |

volatile-で始まるポリシーは、TTLが設定されたキーを対象に退避が行われます。all-で始まるポリシーはTTLの設定の有無にかかわらず全キーが対象になります。volatile-で始まるポリシーを利用時に退避するキーがない場合には、noevictionの使用時と同様の挙動になります。

-randomで終わるポリシーはvolatile-,all-にもとづく対象のキーの中からランダムに選択して退避

*14 Redis 6.0以降、導入された機能で、失効サイクルのアルゴリズムが改良されました。従来のサイクルに相当するものは対比するように、スロー失効サイクルと呼ぶことがあります。

します。-lruで終わるポリシーはvolatile-,all-にもとづく対象のキーの中からLRUにもとづいてキーを選択して退避します。-lfuで終わるポリシーはvolatile-,all-にもとづく対象のキーの中からLFUにもとづいてキーを選択して退避します*15。-ttlで終わるポリシーは、TTLがより短いものを選択し、動作のしくみ上、volatile-のみとなります。

noevictionという退避をしないという選択肢があるという点には注目です。LRUの機能追加から約1ヵ月後に機能追加されました。noevictionを選択してmaxmemory以上のメモリーが要求される場合は、以下のエラーを返すようになります*16。

```
(error) OOM command not allowed when used memory > 'maxmemory'.
```

逆にLRUといった形で失効させるキャッシュ用途の場合には、maxmemoryで設定した値以上にメモリーを使用しても問題がないものとしてみなすユースケースがある点について注意です。デフォルトの動作はnoevictionになっています（Redis 3.0以降）。DELコマンドなどそれ以上にメモリーを要求しないコマンドのみ受け付ける状態となります*17。 v3.0以前は、volatile-lruになっていました。

なお、noevictionはOSS版のRedisにおけるデフォルト値です。マネージドサービスを利用しているときはvolatile-lruなどほかの設定の場合もあります。

allkeys-lruはべき分布で、特定のデータセットがほかのデータセットより極めてアクセスされることが多いときや傾向が読みにくい時には有効です。逆にallkeys-randomは全キーが継続的にアクセスされるときや、データセット全体にわたって均一にアクセスされるパターンで有効です。

以下のような状況で、メモリーの使用量がmaxmemoryに達している状況でさらにメモリーを消費するコマンドを実行すると、コマンドが実行できなくなります。

- **maxmemory-policyの値としてnoeviction指定時でキーを退避しない状況**
- **volatile-で始まるポリシーを利用していて、TTLを設定しているキーがほかになく、退避できるキーがない状況**

以下のエラーが返され、コマンドが実行できません。

```
(error) ERR command not allowed when used memory > 'maxmemory'
```

対処方法として、データセット内のキーでTTLの設定漏れがないか確認したり、ほかのmaxmemory-policyを試したりするのは有効です。

一時的な対処であればDELで不要なキーを削除、もしくはメモリー量を増設する（クラウド環境であればよりメモリー量が大きいキャッシュノードタイプを利用）のも有効です。ただ、長期的な視点で、根本的には退避ポリシーの変更などメモリー管理戦略を見直すことを優先すべきです。

＊15　Redis 4.0以降導入されました。

＊16　https://aws.amazon.com/jp/premiumsupport/knowledge-center/oom-command-not-allowed-redis/

＊17　このような状況が発生した場合、COMMANDコマンドの実行結果の各コマンドの説明を確認してください。もしく、COMMAND INFO SETコマンドのようにCOMMAND INFOコマンドに続いて引数に対象のコマンドを指定して実行してください。実行した際の説明で、3つめの要素にdenyoomが含まれているコマンドは実行できない可能性があります。

OSのRSS領域がキャッシュノード内のメモリーを圧迫するような状況では、LinuxがOOM Killer*18を発動し、プロセスを殺してしまうことも考えられます。この場合、Redisサーバーは停止することになります。このような状況を防ぐために日々メモリーの使用量を監視しておく必要があります。9.1.1の内容を参照してください。

#### LFUの挙動

LFU（Least Frequently Used）は最も使用される頻度の少ないものを退避の対象とするためのアルゴリズムです*19。

LFUを計算するためにRedisでは、値を保存する領域のサイズを抑えるよう、確率論を利用したカウント方法が取られます*20。考え方としては、底を決めたら数字は指数部分のみを覚えておき、この計算により実際の数字を近似します。指数が大きくなるにつれて対応する数字も大きくなるので、次の指数に対応する数字となる確率は、その前後の数字の差分だけどんどん小さくなっていきます。この確率にあたったときは数字が大きくなるものと想定したカウント方法となります。そのため数字が大きいほど誤差は大きくなります*21*22。つまり、RedisのLFUは近似的なものと言えます。

LFUは3つの動作からなり、キーがアクセスされる際のキーごとのカウンターの増加、時間経過によるカウンターの減少、小さいカウンターを持つキーの退避からなります。

デフォルトの設定では、100万リクエストあたりを上限とし、1分ごとにカウンターが減少するような設定になっています。パラメーターとしては`lfu-log-factor`ディレクティブと`lfu-decay-time`ディレクティブで設定可能です。前者は指数、後者はカウンターの値を減少させるために必要な時間を分単位で指定するものです。それぞれデフォルト値として10と1の値が指定されています。

LFUカウンターは、キーごとに8ビットが確保されているため、最大値が255となります。そのため、指数の値が大きくなるほどこの255の値へ達するのに必要なカウントの回数が増え、大きな値のリクエスト数を表現できることになります。その一方で精度が荒くなるというトレードオフの関係があります。デフォルト設定の100万リクエストあたりを上限とした場合については、デフォルトの指数が10であるため、指数を10としたとき、LFUカウンターが255の値へ達するのに100万回カウントする必要があることに相当します。

| factor | 100 hits | 1000 hits | 100K hits | 1M hits | 10M hits |
|---|---|---|---|---|---|
| 0 | 104 | 255 | 255 | 255 | 255 |
| 1 | 18 | 49 | 255 | 255 | 255 |
| 10 | 10 | 18 | 142 | 255 | 255 |
| 100 | 8 | 11 | 49 | 143 | 255 |

実際の実装としては`lfu_log_factor`ディレクティブについて、以下で定義される$P$に対して、0と1

*18 先程説明したmaxmemory以上のメモリーが要求された場合の`(error) OOM command not allowed when used memory > 'maxmemory'.`でのOOMと異なるものです。

*19 Redis 4.0以降で利用可能になりました。

*20 Using Redis as an LRU cache https://redis.io/docs/manual/eviction/

*21 https://www.inf.ed.ac.uk/teaching/courses/exc/reading/morris.pdf

*22 https://learning.oreilly.com/library/view/high-performance-python/9781449361747/

の間で出力される乱数の値が$P$未満であれば値をカウントするという内容になっています*23。

$$P = \frac{1}{(old_value * lfu_log_factor + 1)}$$

**LRUの挙動**

LRUとはメモリー割り当ての際に、アイドル時間が最も長いものを退避の対象として決定するアルゴリズムです。名前を目にする機会も多いでしょう。

LRUは一般的なアルゴリズムに思えますが、Redisにおいては、LRUで退避対象のキーの選択方法を考えるときに問題点があります。RedisのLRUは、ランダムで一定数のアイテムを選び、その中でアイドル時間が最も長いものを退避の対象にする仕様となっています。つまり、RedisのLRUは近似的なものと言えます*24。ランダムにサンプリングされるキーは、`maxmemory-samples`ディレクティブで設定します。

キーをランダムでサンプリングする際、大きな16個のキーのプール*25がキーの情報を集めるために使用されます*26。プール中のキーはアイドル時間が長い順でソートされており、キーを選ぶ際、そのキーのアイドル時間がプールのキーのアイドル時間の中で最も短いものより大きければプールに加えられる動作となります。プールの中で最もアイドル時間が長いキーを退避の対象とします*27。複数のデータベースにわたってLRUの退避対象のキーを選択します*28*29。

LRUは、最近アクセスされていても普段使われないアイテムが残り続けることがあります。LFUはこのような問題がなく、より一般的にさまざまなパターンに適用できることが想定されます。

LFUとLRUのいずれを使うか迷った場合は、どちらも試してみましょう。キャッシュヒット率などを比較してください。キャッシュヒット率が高いほうが、メモリーを効率的に利用できていると判断し、そちらを利用しましょう。特に理由がなければ、デフォルト設定で利用されることもあるLRUを用いてみてください。ワークロードの特徴により、利用頻度が低いけど直近でアクセスされるために、メモリーにデータが残り、メモリーが効率的に利用できない状況が考えられる場合にはLFUを検討してみるのも良いでしょう。

## 9.3 メモリーを効率的に使用するためのそのほかの工夫

Redisがメモリーを効率的に使用するための工夫について、最も重要なトピックの説明をしてきました。Redisはバージョンを重ねるにつれて、メモリーの利用効率の改善がほかにも加えられています。ここでは、アクティブリハッシュとアクティブデフラグメンテーションについて説明します。

*23 https://github.com/redis/redis/blob/7.0.4/src/evict.c#L297-L307
*24 http://oldblog.antirez.com/post/redis-as-LRU-cache.html
*25 https://github.com/redis/redis/blob/7.0.4/src/evict.c#L54
*26 Redis 3.0以降の挙動です。
*27 http://antirez.com/news/109
*28 https://github.com/redis/redis/issues/2647
*29 Redis 4.0以降の挙動です。Redis 4.0以前ではLRUの退避対象の決定は、各データベースへ接続する度にそのデータベース内で行われていました。その場合、LRUアルゴリズムの対象となる頻繁にアクセスされるキーを持ったデータベースが存在し、退避対象の候補となるキーが多く含まれるデータベースが放置されてしまう可能性の問題がありました。

### 9.3.1 アクティブリハッシュ

Redisは1つの大きなハッシュテーブルのような形でデータを管理しています。アクティブリハッシュは、大きなハッシュテーブルに対して使用状況に合わせてサイズの変更を自動で行います。

動作としては100ミリ秒の内1ミリ秒だけCPU時間を使い、リハッシュ中のテーブルに対して操作をする度に進行していきます。こちらの動作は増分的に行われます。そのため、アクセスがあまりこないテーブルはリハッシュが完了しないこともあります。

ハッシュテーブルのサイズは2のべき乗の単位です。キーのハッシュの衝突時の対応としてはチェイン法が使用されています。

リハッシュ中はサイズ変更後のテーブルをもう一つ用意し、新しいアイテムは変更後のテーブルに保存されます。操作する度に古いテーブルから新しいテーブルにデータが移動され、古いテーブルからデータがなくなると元のテーブルは削除されます。このような動作により、リハッシュ中もテーブルが利用できる状態を維持します。

高いレイテンシー要件があり、ときどきRedisからの応答でクエリーに2ミリ秒の遅延が発生して困る場合には、アクティブリハッシュを無効化しておくことも可能です。そのような要件がなく、すぐにメモリーを解放したい場合にはデフォルト設定のまま有効化する形で問題ありません。

アクティブリハッシュの設定の有効・無効は`activerehashing`ディレクティブで設定可能で、有効にする場合はyes、無効にする場合はnoにします。

### 9.3.2 アクティブデフラグメンテーション

Redisサーバーでは、使用していくとメモリーフラグメンテーションがある程度発生しえます。特にサイズの差が大きいデータを扱っている場合等にメモリーフラグメンテーションの割合が大きくなります。メモリーフラグメンテーションはどのメモリーアロケーターでも発生しますが、jemallocではメモリーフラグメンテーションが発生しにくい設計となっており、こちらの使用が推奨されています。多くの本番環境ではLinuxが利用されるので、jemallocがデフォルトです。

この断片化が大きくなり、問題になってくるような場合には、Redisサーバーを再起動するといった操作やキャッシュノードを再作成する等の対応が必要になります。それに対して、アクティブデフラグメンテーションを利用することで、再起動などの操作なしに断片化を解消する操作可能となります。

アクティブデフラグメンテーションの動作としては、ある閾値を超えた場合にjemallocの機能で連続したメモリー領域上に新しいデータのコピーをつくり始め、古いデータを解放していきます。このプロセスは全キーに対して増分で繰り返し処理が行われて実行され、フラグメンテーションを正常な値の範囲まで減少させます。

閾値については、メモリーフラグメンテーションによって有効に利用できないメモリーの最小サイズ、メモリーフラグメンテーションの割合の最大・最小の割合、CPU使用率の最大・最小が閾値となっています。List型やHash型、Set型、Sorted Set型でスキャンするフィールドの最大数も設定可能です。パラメーターとしてはそれぞれ以下のものになります。

- **`active-defrag-ignore-bytes`**
- **`active-defrag-threshold-lower`**
- **`active-defrag-threshold-upper`**

- **active-defrag-cycle-min**
- **active-defrag-cycle-max**
- **active-defrag-max-scan-fields**

Redis 4.0で実験的な機能として追加され*30、Redis 5.0でバージョン2がリリースされました*31。デフォルトでは無効化されています。なお、アクティブデフラグメンテーションは、jemallocの機能を使用するため、メモリーアロケーターとしてjemallocを使用する設定時にしか使用できません。

Column

## zmalloc

Redisでは、メモリー割り当てにzmalloc関数を使用しています。zmallocはプラットフォーム間での差異を吸収し、同様の方法でメモリーを割り当て可能にするラッパー関数です*a。

実際に割り当てたサイズを返すか、できないとき（HAVE_MALLOC_SIZEでないとき）は確保の際に引数として渡したサイズだけ確保したものとしており、なるべく正確に実施しようとしています。こちらの値は、INFOコマンドのused_memoryなどで確認できます。

Redisのメモリー管理はOSに大きく頼っています。zmallocによるメモリー確保の度に、mallocが呼び出され、OS内部の状況によってはレスポンスの処理速度にぶれが出る可能性があります。Memcachedでは対照的にメモリーフラグメンテーションを押さえるためにスラブアロケーションというしくみを導入し、OSに依存しすぎず、アプリケーション側でのメモリー管理が意識されています。

```
void *zmalloc(size_t size) {
    void *ptr = malloc(size+PREFIX_SIZE);

    if (!ptr) zmalloc_oom_handler(size);
#ifdef HAVE_MALLOC_SIZE
    update_zmalloc_stat_alloc(zmalloc_size(ptr));
    return ptr;
#else
    *((size_t*)ptr) = size;
    update_zmalloc_stat_alloc(size+PREFIX_SIZE);
    return (char*)ptr+PREFIX_SIZE;
#endif
}
```

HAVE_MALLOC_SIZEは、以下の条件時にtrueとします*b。

- **tcmallocのバージョン1.6以上、もしくは2以上を利用時**
- **jemallocのバージョン2.1以上、もしくは3以上を利用時**
- **macOSを利用時、glibc、Free BSDを利用時**

Linux標準ではjemallocという実装が利用されています。jemallocの目標の一つはフラグメンテーションの削減です。小さいサイズのメモリー割り当てのために複数のサイズクラスを用意します。実際にメモリーを割り当てる際には、対象のメモリーサイズよりも大きいがその中で最も小さいサイズクラスに割り当てます。その際、過剰に割り当てられる領域は約25%以下となるように設計されているため、メモリー

*30 active memory defragmentation #3720 https://github.com/redis/redis/pull/3720

*31 Active defrag v2 #4691 https://github.com/redis/redis/pull/4691

フラグメンテーションが抑えられるようになっています[*c][*d][*e]。

---

*a　https://github.com/redis/redis/blob/7.0.4/src/zmalloc.c

*b　詳細は`zmalloc.h`の実装を参照してください。 https://github.com/redis/redis/blob/7.0.4/src/zmalloc.h#L38-L90

*c　http://jemalloc.net

*d　https://github.com/jemalloc/jemalloc

*e　https://www.facebook.com/notes/facebook-engineering/scalable-memory-allocation-using-jemalloc/480222803919

# 10

# クラウドで利用する Redis

近年、システム構築の際にクラウドは欠かせない存在となっています。インメモリーのデータベースとして大きな人気があるため、Redis社を含め、Redisのマネージドなサービスを提供するクラウドも数多くあります。

これまでの章では、基本的にクラウドベンダーに依存しない形で説明してきましたが、本章はAWSのElastiCacheを例に用います*1*2*3。ElastiCacheは、RedisとMemcachedの2種類のエンジン（for Redis/for Memcached）を提供する、インメモリーキャッシュのサービスです。

AWSを例に使用しますが、ほかのクラウドベンダーやOSS版を運用している場合も適用可能な知識が多いので、ぜひ参考にしてください。特に10.3のトラブルシューティングは、別途準備やメトリクス名を読み替えて解釈する必要がありますが、プラットフォームによらない有用な知識が多くまとまっています。これまでの章で説明してきたコマンドの実行結果の確認方法やRedisのしくみの知識と組み合わせて現場で活用してみてください。

Redis社から提供されているサービスでは各種モジュール機能が利用できるなど、Redisを便利に扱うための機能があります。興味のある方は調べてみると良いでしょう*4。

# 10.1 OSSのRedisとの違い

ElastiCacheではほかのAWSのサービスと連携しやすいことはもちろん、Redis/Memcachedを問わず、次のようなメリットが存在します。ElastiCacheではこれらをマネージドサービスとして提供しているため、手間を軽減できます。OSS版のRedisだと、運用時には障害対応やメトリクス監視などを利用者側で用意する必要があります。

- **フルマネージド**
  - ハードウェアのプロビジョニング
  - ソフトウェアへのパッチの適用
  - セットアップ
  - 設定作業
  - モニタリング
  - 障害時の自動復旧
- **スケールが容易**
- **バックアップ（自動・手動）/リストア機能**
- **イベント通知機能**
- **セルフサービスアップデート機能**

ElastiCacheのRedisはさらに次の特徴も備えます。

- **自動フェイルオーバー**

*1 基本的に参照リンクのドキュメントで日本語版がある場合はそちらへのリンクとしています。ただし、日本語版の公式ドキュメントと英語版の公式ドキュメントの記載内容に差異がある場合、英語版の内容を正として参照してください。

*2 https://aws.amazon.com/jp/elasticache/

*3 https://docs.aws.amazon.com/ja_jp/AmazonElastiCache/latest/red-ug/WhatIs.html

*4 https://redis.com

- **インテリジェントなスワップメモリー管理**
- **独自パラメーター**
  - reserved-memory-percent（2017年3月16日以前からのユーザーの場合、reserved-memory）
  - close-on-replica-write（Redis 5.0未満ではclose-on-slave-write）
- **オンラインリシャーディング**
- **自動の書き込みスロットリング*5**
- **安全性とコンプライアンス**
- **一部キャッシュノードタイプ（M5/R5以上）で、ElastiCache向けに最適化**
- **一部キャッシュノードタイプ（M5/R5以上）で、I/O処理のマルチスレッド化**
- **リージョンをまたいだレプリケーション機能**
- **計画されたメンテナンスの実行をオンライン実施**
- **データ階層化**
- **Auto Scaling**

なお、ElastiCacheでは、クラスターモード有効のRedisクラスターとクラスターモード無効のRedisクラスターという用語が出てきます。前者は第8章で説明したRedisのネイティブの機能としてのRedisクラスターに相当するものです。後者は同機能を利用しない動作モードのRedisと理解しておくとよいでしょう。

「クラスターモード無効のRedisクラスター」のように一つのフレーズに2回もクラスターが出てくる上に、クラスターなのか、そうでないのか一見すると混乱する可能性があります。最初に出てくるクラスター（クラスターモード）は第8章で説明したRedisネイティブの機能としてのRedisクラスターの意味を持ちます。2回目に出てくるクラスターはElastiCacheの機能として、1つ以上のキャッシュノードの集合を表すものと理解しておいてください*6。この点について、明確に区別しておきましょう。

## 10.1.1 独自機能

ElastiCacheの操作にはマネジメントコンソール、およびAPIが提供されています。ほかのAWSサービスとの連携も容易です。先程ElastiCacheの特徴をいくつか挙げました。これらのうち、いくつか大事なトピックをピックアップします。

### イベント通知機能

クラスター上で重要なイベントが発生すると、通知されます。これはマネジメントコンソールだけではなく、AWS CLIやAWS SDKからも取り扱えます。SNS*7と連携することで、EメールやSMS、Lambda*8、SQS*9などのサービスをトリガーできます*10。ノード障害検知や一部のメンテナンス情報

*5 レプリケーションの安定性や最適なパフォーマンスを管理するための機能。Redisサーバーで処理できる以上にコマンドが送られてきた場合に、コマンドや監視、レプリケーションに割り当てるトラフィック量を調整することがあります。この調整が行われている場合は、TrafficManagementActiveメトリクスの値が1を示すことで確認できます。

*6 https://docs.aws.amazon.com/ja_jp/AmazonElastiCache/latest/red-ug/Clusters.html

*7 Amazon Simple Notification Service（Amazon SNS）。本書では、SNSと記載。

*8 AWS Lambda。本書では、Lambdaと記載。

*9 Amazon Simple Queue Service（SQS）。本書では、SQSと記載。

等の確認のために、設定しておくことをおすすめします[*11]。

**セルフサービスアップデート機能**

セルフサービスアップデート機能で、アップデートを適用するタイミングと内容をより柔軟に制御できます[*12][*13][*14]。

一般にメンテナンスにはダウンタイムはつきもので、マネージドサービスにおいても考慮事項です[*15]。メンテナンスウィンドウ内の時間を設定しておくことで、その実施時間を制御できます。特定の日時でシステムのメンテナンス時間を設けている現場も多いでしょう。そのような運用に合わせて、メンテナンスの実行タイミングを制御できる機能です。

メンテナンスウィンドウ以外に、より柔軟にメンテナンスの実施時間を制御できるしくみがあります。それがセルフサービスアップデート機能です。セルフサービスアップデートでは、適用のタイミングだけでなく、適用するアップデートの内容についても設定できます。

緊急性の高いものだけアップデートを早急に取り込み、それ以外は定期メンテナンス時に処理するといった運用が可能になります。

Column

### クラウドにおけるメンテナンスとの付き合い方

メンテナンスに備えて、社内できちんとしたワークフローを準備したいと考える方もいらっしゃるでしょう。しかしながら、事前にすべて明確にワークフローを決めるのは難しいことがあります。

メンテナンスの内容は、随時更新されえます。そのため、事前に完璧なメンテナンス計画を構築するのは困難です。

ElastiCacheのメンテナンスと付き合うには、情報をきちんとチェックし、そこからサービスへの影響を考慮しつつ対処する柔軟さが必要です。アップデート内容が記載されている、ルートアカウントへと送られるメールの内容は都度確認しましょう。

アップデートするときは、ここで参照として取り上げたようなメンテナンスに関連するドキュメントやヘルプページ、サービスのFAQ[*a]も合わせて確認してください。ドキュメントを読むのは当たり前のようですが、残念ながら多くの方がそうではなく、勢いでアップデートを適用してしまっている現状があります。

メンテナンスは特に情報の更新が激しい領域です。メンテナンス対応のたびに目を通し、意図せず問題がおきないようにしておくべきです。

*a　https://aws.amazon.com/jp/elasticache/faqs/

---

*10　https://docs.aws.amazon.com/ja_jp/AmazonElastiCache/latest/red-ug/ECEvents.html

*11　ただし、一部のイベントのみフィルタリングで取得できません。イベント通知機能ではElastiCacheからSNSが呼び出されますが、特定イベント飲み受け取る場合は、SNSのトピックの通知先に実際の受取先を指定してはいけません。いったんトピックの通知先としてAWS Lambdaを指定し、そこで特定イベントの場合のみ実際の受取先を指定したSNSのトピックにメッセージを発行するといったつくり込みが必要です。

*12　https://aws.amazon.com/jp/about-aws/whats-new/2019/06/elasticache-self-service-updates/

*13　https://docs.aws.amazon.com/AmazonElastiCache/latest/red-ug/Self-Service-Updates.html

*14　https://docs.aws.amazon.com/AmazonElastiCache/latest/red-ug/applying-updates.html

*15　ElastiCacheでは大きく2つの方法でメンテナンスを実施しています。継続的な管理メンテナンスの更新と、サービス更新です。いずれの方法が利用されるかはメンテナンスの内容によります。利用者側で決めるものではありません。https://aws.amazon.com/jp/elasticache/elasticache-maintenance/

### 自動フェイルオーバー

Amazon ElastiCacheは自動フェイルオーバーを有し、耐障害性が高いです。内部で監視機構を持つことにより実現しています。

キャッシュノードに障害が発生すると、自動復旧ともにフェイルオーバーが行われます。このとき旧レプリカへマスターが切り替わります*16。

フェイルオーバーの際には、レプリケーションの遅延が最短のレプリカが選択されます。クラスターモード無効のRedisクラスターでは自動フェイルオーバーの機能の利用の有無を選択できますが、特に理由がなければ有効にすることを強くおすすめします*17。

クラスターモード有効のRedisクラスターでは、過半数のマスターが利用できない場合は、過半数のマスターが利用できる状態に回復するまで自動で復旧作業が行われます。ElastiCacheではRedis Sentinelは利用できませんが、多くのユースケースでは提供されている機能で問題ないでしょう。

OSS版のRedisのレプリケーション機能は、マスターで障害が発生してもそれ単体では自動でフェイルオーバーは行われません。そのため、問題発生時は手動でレプリカをマスターへ昇格させるなどの操作が必要となります。自動フェイルオーバー機能を利用する場合は、RedisクラスターやRedis Sentinelを利用するか、自前でしくみを用意する必要があります。また、OSS版のRedisではRedisクラスター利用時に過半数のマスターが利用できない場合は、クラスターとしての機能が利用できなくなります（8.2.1参照）。

### マルチAZ

マルチAZという機能もあります。マルチAZは、AWSのAZ（論理的データセンターのグループ）を複数用いることで同時障害を避けるしくみです。マルチAZ有効時は自動フェイルオーバー機能も有効になります。こちらの機能を利用するだけで、利用者はほかに特に意識しなくてもフェイルオーバー先がもう一方のAZになり、高い可用性を実現します。

パフォーマンスを気にして、マルチAZを避けたいと考える読者もいるでしょう。しかし、筆者の経験上、大半のユースケースではAZ間のレイテンシーは問題になることがないぐらいに小さな値です*18。基本的に要件にもよりますが、可用性を高められるメリットの方が大きいでしょう。

極めて厳しいレイテンシーの要件があり、可用性のリスクを許容できる場合はシングルAZを選択します。多くの環境では、マルチAZが適しています。

### reserved-memory-percentパラメーター

ElastiCacheでは、独自パラメーターとしてreserved-memory-percent（2017年3月16日以前からのユーザーの場合、reserved-memory）があります*19。これにより、スナップショットの取得等に使用す

---

*16 https://docs.aws.amazon.com/ja_jp/AmazonElastiCache/latest/red-ug/AutoFailover.html

*17 レプリカを手動で昇格させる必要があるなど限られたケースで、一時的に無効を検討する場面があるでしょう。

*18 異なるAZ間の場合、同一のAZ間での通信遅延と比較して1回のラウンドトリップタイム自体はミリ秒程度の差があります。しかしながら、特にRDBMSなどの処理をしている場合に、この差を増幅させるような処理内容を実行すると全体で処理時間に大きな差となって現れることがあります。たとえば、データベースとの接続を頻繁に繰り返す、データベースへクエリーを細かい単位で実行しまたその結果を取得するなどを行った場合です。1回の処理時間あたりでは数ミリ秒であっても全体の処理で1万回のように多く繰り返すと、全体の遅延としては数十秒単位のように大きな差となってしまうことがあります。このような場合には、都度接続している場合にはコネクションプーリングなどで接続をまとめる、クエリーをより大きい粒度で行うなどの改修が一般的に有効です。修正対応した際はあらためて事前検証することをおすすめします。なお、Redisでこのようなレイテンシーが問題になるケースは通常ないと筆者は考えています。

るメモリー（Redisサーバー上で保存するデータセット以外のメモリー）をパラメーターで確保します。

Redisのメモリ管理は、なれない人には少しわかりづらい点があります。それは、一部の処理の実行時に、メモリーが元の使用量の最大2倍近くまで消費されるという特徴です。Redisはスナップショットの取得やレプリケーションによる完全同期時のRDB取得時、もしくはAOF書き換え時、プロセスをforkしてバックグラウンドで処理します。この際、書き込みが激しいとメモリーを大量に消費します。これはCoWに起因するものです。

こういった特徴があるため、OSS版のRedisではこの挙動を考慮して、普段のメモリー使用量をRedisが利用できる最大メモリー量の50%程度に抑えておくなど工夫が必要でした。ただ、この工夫はトラブルの元です。忘れて運用していた場合、いざとなったときにサービスへの影響などが避けられなくなります。たとえば、利用できるメモリーの大半を使用している場合、RDBファイルの取得に必要なメモリーが確保できないために取得できず、OOM Killerなどによる問題が発生する可能性も考えられます。

AWSではこの問題を軽減するために、メモリー使用量を最初から確保する`reserved-memory-percent`を用意しています。また、ElastiCacheではメモリーが十分にない状況などではプロセスをforkせずに同一プロセスで処理することにより、メモリーの使用量を抑えるという動作をします。これはOOM Killerを回避できる点では優れていますが、シングルスレッド動作のRedisでは性能問題にもつながるため注意が必要です[*20][*21]。ただし、プロセスが殺されてしまうことによる問題と比べると、多くのユースケースで影響は小さいと言えるでしょう。OSS版やElastiCache for Redisによらず、メモリーは十分に余裕を持っておく必要があります。なお、このようなしくみがありますため、`reserved-memory-percent`パラメーターは25%が推奨値[*22]となっています。

**オンラインリシャーディング**

ElastiCacheでは、オンラインリシャーディング機能が利用できます[*23]。オンラインリシャーディングとは、実行中のクラスターに対して、オンラインでシャード数の変更をできる機能です。

具体的には、シャードの追加によるスケールアウト、シャードの削除によるスケールイン、シャード間のスロットの配置がアンバランスな際に再分散できます。リクエスト処理を継続しながら、オンラインでこれらの変更を加えることができます[*24][*25]。

オンラインリシャーディングはスロットの計算（8.3.1参照）等、CPUのコストが高い処理を伴います。そのため、こちらを操作するタイミングとしては、CPU使用率が複数のvCPUを持ったキャッシュノードの場合で80%未満、1つのvCPUを持ったキャッシュノードの場合で50%未満のときを推奨します。

オンラインリシャーディングはメモリーを消費するため、空きメモリーが現状の使用メモリーの1.5倍以上あることを確認して実行してください。メモリーが十分にないと、意図通り処理が行われない可能性があるため注意が必要です。

---

*19 https://docs.aws.amazon.com/ja_jp/AmazonElastiCache/latest/red-ug/BestPractices.BGSAVE.html
*20 https://docs.aws.amazon.com/ja_jp/AmazonElastiCache/latest/red-ug/redis-memory-management.html
*21 https://docs.aws.amazon.com/ja_jp/AmazonElastiCache/latest/red-ug/backups.html#backups-performance
*22 Redis 2.8.22以降。それまでは50%が推奨値。
*23 バージョン3.2.10以降で利用できる機能です。
*24 https://aws.amazon.com/jp/about-aws/whats-new/2017/11/amazon-elasticache-for-redis-introduces-dynamic-addition-and-removal-of-shards-while-continuing-to-serve-workloads/
*25 https://docs.aws.amazon.com/ja_jp/AmazonElastiCache/latest/red-ug/best-practices-online-resharding.html

またリシャーディングの際にデータがシリアライズされますが、シリアライズ後に256MBを超えるアイテムはマイグレーションされない等一部制限があります。影響に懸念があり実際に操作する場合、本番環境に近い環境で事前に検証いただくこともご検討ください[*26]。

#### 安全性とコンプライアンス

クラウドサービスを使うと、情報の安全性やコンプライアンスは気になるところです。ElastiCacheもほかのAWSサービスと同じく、この点には注力しています。ディスク上のデータ保管時の暗号化機能、TLS通信による転送時の暗号化機能が提供されています[*27][*28][*29]。OSS版のRedisでは現在Redis 6.0以降のバージョンで利用できる状態となっています。TLS機能を利用する場合、クライアント側が対応している必要がある点については注意してください。詳細は、利用しているクライアントのドキュメントをご参照ください。また、上記の機能等を利用してコンプライアンス対応でFedRAMPやHIPAA、PCI DSSに準拠した形でも使用できます[*30][*31]。

ElastiCacheはVPC[*32]内に作成でき、基本的に同一VPC内のEC2のインスタンス以外からのアクセスを制限します[*33]。Redisに対する攻撃としては、悪意のある第三者からのauthorized.keysの書き換えによるバックドアの作成[*34]や、Redisの認証機能に対してAUTHコマンドで辞書攻撃によるログインの試行などが知られています。VPCを用いることでこれらを事前に回避できるのはメリットです。そもそも、Redisは基本的には信頼された環境からのアクセスのみを想定して設計されているため、VPC内で使うのが想定に近いはずです。

#### I/O処理のマルチスレッド化

ElastiCacheでは、4つ以上のvCPUが利用できるキャッシュノードタイプでI/O処理をマルチスレッド化して処理を行えます。よりパフォーマンスが強化されています[*35][*36][*37][*38]。このElastiCacheで独自に利用できるマルチスレッドの機能は、複数のクライアントからアクセスされる場合に最大のパフォーマンスが発揮するように設計されています。そのため、ベンチマークで単一のソースから検証す

---

*26 https://docs.aws.amazon.com/ja_jp/AmazonElastiCache/latest/red-ug/best-practices-online-resharding.html

*27 https://docs.aws.amazon.com/ja_jp/AmazonElastiCache/latest/red-ug/encryption.html

*28 https://docs.aws.amazon.com/ja_jp/AmazonElastiCache/latest/red-ug/at-rest-encryption.html

*29 https://docs.aws.amazon.com/ja_jp/AmazonElastiCache/latest/red-ug/in-transit-encryption.html

*30 https://docs.aws.amazon.com/ja_jp/AmazonElastiCache/latest/red-ug/SERVICENAME-compliance.html

*31 https://docs.aws.amazon.com/ja_jp/AmazonElastiCache/latest/red-ug/elasticache-compliance.html

*32 Amazon Virtual Private Cloud（VPC）。本書では、VPCと記載。

*33 近年は、Redis本体のセキュリティ機能を強化する流れもあり、ACL機能などはそのうちの一つです（5.6.2参照）。なお、SSHフォワーディングや、VPCピアリング、VPN接続等で異なるVPCやオンプレ環境等からのアクセスも行うことは可能です。1章でも触れましたが、AWSのサービスを活用する場合はAWS Systems Managerのポートフォワーディング機能が便利です。 https://docs.aws.amazon.com/ja_jp/systems-manager/latest/userguide/session-manager.html https://docs.aws.amazon.com/ja_jp/AmazonElastiCache/latest/red-ug/elasticache-vpc-accessing.html

*34 http://antirez.com/news/96

*35 バージョン5.0.3以降で利用できる機能です。

*36 OSS版でもRedis 6.0以降I/O処理のマルチスレッド化の機能が提供されており、オプションで有効にできます。TLS処理には現状未対応です（5.8参照）。

*37 https://aws.amazon.com/jp/about-aws/whats-new/2019/03/amazon-elasticache-for-redis-503-enhances-io-handling-to-boost-performance/

*38 https://aws.amazon.com/jp/blogs/database/boosting-application-performance-and-reducing-costs-with-amazon-elasticache-for-redis/

ると思ったほどのパフォーマンスが出ないことがあります*39。検証時は本番環境と同等およびそれに近い状況で検証することをおすすめします。

TLS処理の部分についてもこのI/O部分のマルチスレッド処理にオフロードすることで処理を効率化します*40*41。x86のキャッシュノードタイプはvCPUが8個以上、Graviton2のキャッシュノードタイプではvCPUが4個以上のものが対象です。

**リージョンをまたいだレプリケーション機能**

グローバルデータストアの機能により、リージョンをまたいだレプリケーション機能が利用できます*42*43。これにより1つのリージョンで書き込みを受け付け、最大2つの異なるリージョンでそれらのデータをレプリケーションして読み取ることができます。複数リージョンにアプリケーションを展開している場合にはこちらの機能を利用することで、同一リージョン内のRedisクライアントからのアクセスを可能にして地理的に距離を近付けるため、低レイテンシーな読み取りを実現します。また、災害対策にも利用できます。こちらの機能は、一部のキャッシュノードタイプ（M5/R5以上）のみで利用できます。

**計画されたメンテナンスの実行をオンラインで実施**

クラスターモード有効のRedisクラスターはしくみ上、計画されたメンテナンスにおいても、構成等によるもののダウンタイムが抑えられます*44*45。一方で、古いバージョンのクラスターモード無効のRedisクラスターではスケールアップ等に伴い、DNS更新で数秒間の中断が発生しました。また、バージョンアップ時にフェイルオーバーで60秒程度のダウンタイムが発生することもあります。

リトライ処理等で影響を抑え込むようなアプリケーションのつくりにしておければ、多少のパフォーマンスへの影響等で済みます。しかし、実際のところこのような準備ができていないところが多いでしょう。

計画されたメンテナンスの実行をオンラインで実施できる機能によって、クラスターモード無効のRedisクラスターにおいて、オンラインで計画されたメンテナンスの実行が可能です。たとえば、スケールアップやエンジンのアップグレード等の操作をリクエストの処理を継続しながら実行できます*46。これを用いるとダウンタイムは発生しても通常数秒程度、ごくわずかな時間を見越しておけば問題ないでしょう。運用者にとってはうれしい機能で、助かる方も多いはずです。エンジンのバージョンアップの場面では、古いバージョンからこの機能を利用できるバージョンにアップグレードする際に

*39 ベンチマークでスレッド数が少ない状態で単一のソースから検証すると、キャッシュノードタイプが大きいと、逆に複数のスレッドがスリープ状態から起動させる分パフォーマンスが低下する可能性もあります。

*40 バージョン6.2以降で利用できる機能です。バージョン6.2より前のI/O処理のマルチスレッド処理は、TCP処理についてはマルチスレッドで処理しますが、TLS処理の部分はシングルスレッド処理で行われていました。

*41 https://docs.aws.amazon.com/AmazonElastiCache/latest/red-ug/supported-engine-versions.html#redis-version-6.2

*42 バージョン5.0.6以降で利用できる機能です。

*43 https://aws.amazon.com/jp/about-aws/whats-new/2020/03/amazon-elasticache-for-redis-announces-global-datastore/

*44 バージョン5.0.5以降で利用できる機能です。

*45 https://aws.amazon.com/jp/about-aws/whats-new/2019/05/amazon_elasticache_for_redis_improves_cluster_availability/

*46 https://aws.amazon.com/jp/about-aws/whats-new/2019/09/amazon-elasticache-announces-online-configuration-changes-for-all-planned-operations-with-latest-redis-5-0-5/

も利用可能です。

#### データ階層化

データ階層化は、データをメモリーに加えてローカルのSSD（solid state drives）ストレージにも保存し、階層化して管理します*47。SSDはメモリーよりも大幅にコストが小さいことを利用したもので、安くRedisを利用できるのがメリットです。

メモリーがすべて消費されている場合には、LRUのアルゴリズムに従って、頻繁にアクセスしないデータをメモリーからSSDへデータを移動します*48。SSD上のデータをアクセスする場合には、リクエストを処理する前に自動的に非同期でメモリーへデータを読み込みます。

SSDからデータを取得する際はわずかにレイテンシーが上がります。そのため、レイテンシーの要件が強く求められず、データセットの一部（ワークロードや業務用件等にもよりますが、大雑把な目安として20%未満程度）に頻繁にアクセスする場合は良い選択肢になるでしょう*49*50。

#### Auto Scaling

Redis 6.0以降のクラスターモード有効のRedisクラスターでAuto Scalingを利用できます*51。シャードおよびレプリカの数を対象に、事前に定義したメトリクスにもとづいて自動でスケーリングします。一部のインスタンスタイプファミリー（M5/R5/M6g/R6g）の一部のインスタンスサイズでのみ、こちらの機能は利用できます。

### 10.1.2 制限

ElastiCacheでは、一部機能やコマンド*52の利用に制限があります。たとえば、現在マネジメントコンソールから選べるRedisのバージョンではAOFを利用できません*53。こちらの点については、AOFのログの膨張やそれに伴う起動時間の増加、書き込みのパフォーマンスも大幅に低下する面もあり、基本的にはスナップショットを取る運用を推奨しています。

多くのユースケースでは、AWS側で提供されている別サービスや機能で要件を満たせると考えています。ただ、すべての要件に対応できるかはわかりません。一般論ではありますが、サービスの利用開始前に業務要件を満たすかドキュメントを確認し、検証するようにしましょう。

Column

#### Amazon MemoryDB for Redis

Amazon MemoryDB for Redis（以下、MemoryDB）という、マルチAZで耐久性のあるRedis互換のイ

*47 バージョン6.2以降で利用できる機能です。キャッシュノードタイプはr6gdファミリーのみで利用できます。

*48 ディスクからの読み書きされたアイテム数を表すメトリクスとして、NumItemsReadFromDiskメトリクスとNumItemsWrittenToDiskメトリクスが提供されています。

*49 https://docs.aws.amazon.com/AmazonElastiCache/latest/red-ug/data-tiering.html

*50 https://aws.amazon.com/blogs/database/scale-your-amazon-elasticache-for-redis-clusters-at-a-lower-cost-with-data-tiering

*51 https://docs.aws.amazon.com/ja_jp/AmazonElastiCache/latest/red-ug/AutoScaling.html

*52 https://docs.aws.amazon.com/ja_jp/AmazonElastiCache/latest/red-ug/RestrictedCommands.html

*53 https://docs.aws.amazon.com/ja_jp/AmazonElastiCache/latest/red-ug/RedisAOF.html

ンメモリーデータベースのサービスがあります*a*b。ElastiCacheでは名前の通り、基本的にキャッシュ用途での利用を想定しています。対して、MemoryDBの大きな特徴としてはキャッシュ用途としてのみならず、MySQLなどのRDBMSのようにメインのデータベースとして使えることです。

MemoryDBはRedisの高い読み込み/書き込み性能を活かしながら、トランザクションログを使用することでデータの永続化を実現しています。性能のおおよその目安としては、読み込みはマイクロ秒単位、書き込みはミリ秒単位です。

操作には、クライアントがRedisクラスターに対応している必要があります。この点について、基本的にOSS版RedisやElastiCacheと同等です。

すでにRedisを使用していて、永続性の面で課題を抱えている場合は、強力な選択肢になるでしょう。メインのデータベースとしても利用できるため、バックエンドのデータベースを省略できるユースケースもあります。この場合、アーキテクチャの簡素化や、バックエンドデータベースの省略によるコスト減が期待できます。また、排他制御で分散ロックを効率的に実現する際、耐久性などの課題をクリアするためにRedlock*cを使用するとそれでも複雑になりかねません。要件次第ではこのような手段を使用せずとも実現できる可能性などの応用性もあります。

MemoryDBの導入を検討するにあたって、まずは現状Redisを使用していることに対してどういった問題があるかを考えてみてください。ElastiCache（もしくはOSS版のRedis）で問題がないかを考える必要があります。そのうえでアーキテクチャ面では特に問題がなく、ユースケース上、耐久性の面での課題が乗り越えられない場合等に検討してみてください。メインのデータベースとして使えるからといって、RDBMS上で管理しているデータをすべてMemoryDBに単純に移して管理できるものではけっしてありません。SQLはデータモデルの表現力が高く汎用性が高いですし、NoSQLよりも表現が得意なデータモデルもあります。

無理にRedisに落とし込もうとするのではなく、各種データベースで得意なデータモデルの扱いを意識したうえで比較し、適切なものを選択しましょう。ほかにもアーキテクチャや提供されている機能、ほかの既存のデータベースから移行する際のコストなどもしっかりと意識しておく必要があります。必ずしも既存のRedisをすべて上回るキラーアプリケーションとしてとらえるのではなく、サービスの特性を踏まえてユースケースに応じて技術選定することをおすすめします。

トランザクションログに書き込みを行う特性上、書き込みのパフォーマンスはElastiCacheと比較して、わずかにレイテンシーが大きくなります。どの程度差があるかについては、ワークロード特性に大きく依存します。パフォーマンス測定の際には、ElastiCache以上に出力結果の解釈に注意し、できるだけ本番環境に近いワークロードで検証することを検討してください。実際のパフォーマンス特性を数値としてある程度でも参考にしたい方は、Measuring database performance of Amazon MemoryDB for Redis*dのブログ記事を参考にしてみると良いでしょう。

MemoryDBもElastiCacheも、データの退避方法等、メモリー上での挙動は基本的に同じです。そのため、アプリケーションから見たときは、同様に操作できます。ただし、トランザクションログへの書き込みの処理方法など内部的な処理は異なります*e。

他にはメモリー予約のパラメーターの違いがあります。ElastiCacheではreserved-memory-percent（reserved-memory）パラメーターがあります。これによって、スナップショット等、データーセット以外の用途に使用するメモリー領域を予約します。一方で、MemoryDBでは、こちらのパラメーターはありません。内部的なしくみの工夫でスナップショットの取得が行われる設計になっているからです。スナップショット取得のパフォーマンスへの影響もなく、メモリー消費についても考慮しなくてかまいません。

*a　https://aws.amazon.com/jp/blogs/news/introducing-amazon-memorydb-for-redis-a-redis-compatible-durable-in-memory-database-service-jp/

*b　https://aws.amazon.com/memorydb/

*c　https://redis.io/docs/manual/patterns/distributed-locks/ https://redis.com/redis-best-practices/communication-patterns/redlock/ http://antirez.com/news/101

*d　https://aws.amazon.com/blogs/database/measuring-database-performance-of-amazon-memorydb-for-redis

*e　デフォルトではElastiCacheとは異なり、MemoryDBは退避しない設定になっている点も注意してください。ElastiCacheでは、`maxmemory-policy`に`volatile-lru`の値がデフォルトで設定されています。そのため、メモリー使用量が`maxmemory`で設定された値を超えた場合には、TTLを設定したキーの中からLRUに従ってキーを退避します。一方で、MemoryDBでは`maxmemory-policy`に`noeviction`の値がデフォルトで設定されています。そのため、メモリー使用量が`maxmemory`で設定された値を超えた場合にはコマンドを実行できません。具体的には、`(error) OOM command not allowed when used memory > ‘maxmemory’.`のエラーメッセージが返されます。参考までに、OSS版のRedisのデフォルト値は`noeviction`です。古くから利用されている方はLRUだった記憶がある方もいらっしゃるでしょう。Redis 3.0以前のバージョンでは`volatile-lru`がデフォルト値でした。

# 10.2 クラウドにおける利用方法

ElastiCacheは、OSS版のRedisと互換です。10.1でエンジン以外の機能も含めて説明しましたが、アプリケーションからは基本的に同様の方法で利用できます。ElastiCache上で利用できるエンジンの最新のバージョンより、OSSで利用できるエンジンの最新のバージョンの方が新しいこともあります。しかしながら、ElastiCacheで利用できるエンジンのバージョンが古すぎるということは通常ありません。ElastiCacheで利用できる最新のバージョンをなるべく利用することをおすすめします。

ElastiCacheキャッシュノードはWebブラウザから作成できます。Webブラウザ上からマネジメントコンソールでの画面に従い、たとえば以下のような項目の入力していくことで作成できます。

- **Redisのクラスター名**
- **バージョンの指定**
- **Redisクラスターを利用するか（ElastiCacheでは、クラスターモード有効/無効という用語を使用）**

なお、APIも提供されており、AWS CLIやAWS SDKからも作成可能です。

作成方法の手順は公式ドキュメントをご参照ください*54。

作成時にはセキュリティグループ*55に気を付けてください。作成したクラスターに設定された、セキュリティグループで接続元のIPアドレスのCIDR*56からTCPプロトコルの6379番ポートのインバウンド方向の通信が許可されていることをご確認ください*57。

基本的には同一VPC内のEC2からのアクセスに制限されている点もご注意ください（10.1参照）。

## 10.2.1 エンドポイント

ElastiCacheに接続する際には、エンドポイントが提供されています。`redis-cli`でリモートのホストで稼働しているRedisサーバーにアクセスする際は`-h`オプションにIPアドレスやホスト名を指定してア

*54　https://docs.aws.amazon.com/ja_jp/AmazonElastiCache/latest/red-ug/GettingStarted.html

*55　AWSに慣れていない方はファイアウォール相当の機能とここでは理解して読み進めてください。

*56　たとえば、VPCに設定されたIPアドレスのCIDRや接続元のEC2のインスタンスのネットワークインタフェース（ENI）に設定されたセキュリティグループからの接続を許可してください。

*57　https://docs.aws.amazon.com/ja_jp/vpc/latest/userguide/VPC-_SecurityGroups.html

クセスを行いました。ElastiCacheでも、同様に提供されているエンドポイントを指定して接続します。

```
$ redis-cli -h xxxxxxxx.xxxxxx.xx.xxxx.apne1.cache.amazonaws.com
```

ElastiCacheが提供するエンドポイントには、基本的に以下の種類のものがあります*58。

- **設定エンドポイント**
- **プライマリエンドポイント**
- **リーダーエンドポイント**
- **各ノードのエンドポイント**

設定エンドポイントは、クラスターモード有効のRedisクラスターで使用するエンドポイントとなります。そのため、こちらの利用時はクライアント側でRedisクラスター機能に対応している必要があります。redis-cliでは、下記のように-cオプションでクラスター機能に対応させることができます。

```
$ redis-cli -c -h xxxxxxxx.xxxxxx.xxxxxxxxxx.xxxx.apne1.cache.amazonaws.com
```

プライマリエンドポイントとリーダーエンドポイントは、クラスターモード無効のRedisクラスターで使用するエンドポイントとなります。プライマリエンドポイントは、フェイルオーバーが発生することがあっても、書き込み可能なマスターへ接続されるようになっています。読み込みを分散させる用途にはリーダーエンドポイントを使用でき、各レプリカへ接続されるようになっています。

ノードごとにもエンドポイントが発行され、これらを指定しても接続できます。

そのほか、OSS版のRedisではredis.confのような設定ファイルを通してパラメーターを設定します。ElastiCacheではホスト上の設定ファイルの編集等を行う必要がなく、パラメーターグループを通してパラメーターの設定できます*59。

なお、パラメーターについては、ElastiCache側で管理しているため一部編集できないものやデフォルト値がOSS版と異なっているもの、キャッシュノードタイプごとに値が決まっているものなどがあります。

パラメーターには動的なタイプと静的なタイプがあり、前者は変更後すみやかに反映が行われますが、後者は設定の反映に再起動を要します*60。

# 10.3 クラウドを活用したトラブルシューティング

ElastiCacheを利用して、パフォーマンス面や接続エラー等、運用の際に問題が起こったときはトラブルシューティングが必要になることもあります*61。

*58 https://docs.aws.amazon.com/ja_jp/AmazonElastiCache/latest/red-ug/Endpoints.html

*59 https://docs.aws.amazon.com/ja_jp/AmazonElastiCache/latest/red-ug/ParameterGroups.html

*60 https://docs.aws.amazon.com/ja_jp/AmazonElastiCache/latest/red-ug/ParameterGroups.Redis.html

*61 ElastiCacheでは公式ドキュメントでトラブルシューティングに関するドキュメントが提供されています。こちらも参考にしてみると良いでしょう。 https://docs.aws.amazon.com/ja_jp/AmazonElastiCache/latest/red-ug/TroubleshootingConnections.html

トラブルシューティングの際に、一般的にこのパターンでは必ずこれをしなければいけないといった決まった方法を提示することは困難です。しかし、ある程度の確認ポイントを列挙できます。筆者は最初に以下の3つの点を意識することが多いです。これらについて詳細を説明していきます。

- **各種メトリクスの確認**
- **メンテナンスウィンドウの時間との一致**
- **ElastiCacheのイベント確認**

## 10.3.1 最低限監視をするべきメトリクス

ElastiCacheはCloudWatch*62という監視サービスと連携しています*63*64。ユーザー側で特に設定しなくても、多種多様なモニタリングが可能です。

最低限、監視しておくことが推奨されるメトリクスとして以下のものが挙げられます*65。

- **CPU**
  - CPUUtilizationメトリクス
  - EngineCPUUtilizationメトリクス
- **メモリー**
  - SwapUsageメトリクス
  - Evictionsメトリクス
- **接続**
  - CurrConnectionsメトリクス

### CPUUtilizationとEngineCPUUtilization

1つめに挙げる監視項目はCPU使用率についてです。CPU使用率単体が高い状態であっても、マシンのCPUリソースを効率よく活用できていることを意味しており、問題ないこともあります。気をつけなくてはいけないのは、高いCPU使用率に伴い、レイテンシー関連などのほかのメトリクスや実際の挙動等に問題が観測される場合です。以下、CPU使用率関連のメトリクスを分析する際の確認の要領などを説明します。

`CPUUtilization`は、ホスト全体のCPU使用率の割合を表します。リクエスト処理を主にシングルスレッドで処理している状況で、ワークロードでCPUを大きく消費している場合には、複数のvCPUがあるような状況でも1つのvCPUが占領される状態となり、ほかのvCPUは空き状態となります。そのため、監視の目安は100%に対して利用するキャッシュノードタイプのvCPUの数で割った値が目安となります。

ただし、メトリクスを見るときにはいくつか注意点があります。メンテナンス等のエンジン外でのOSの動作でvCPUの数で割った値を超えることはありえます。また、大量の新規接続がある場合にも値が大きくなる可能性があります。

*62 Amazon CloudWatch。本書ではCloudWatchと記載。
*63 https://aws.amazon.com/jp/cloudwatch
*64 https://docs.aws.amazon.com/ja_jp/AmazonCloudWatch/latest/monitoring/WhatIsCloudWatch.html
*65 https://docs.aws.amazon.com/ja_jp/AmazonElastiCache/latest/red-ug/CacheMetrics.WhichShouldIMonitor.html

基本的にシングルスレッドでリクエストを処理するRedisの性質上、対象コアでCPUの使用状況を確認することも大事です。ElastiCacheでは、Redisエンジンコアでの使用量として`EngineCPUUtilization`メトリクスを確認できます。こちらの値が100%近くに達している場合にはCPUを上限まで使用していることが確認できます。`EngineCPUUtilization`の値が高い場合、基本的にエンジン内部でコマンド実行をしているクライアントによる処理が原因でワークロード起因です。

4vCPU以上のキャッシュノードタイプを利用している場合はこのワークロード起因の処理かの判断に`EngineCPUUtilization`の値を見る形で問題ありません。ただし、2vCPU以下のキャッシュノードタイプの場合、スナップショット取得やメンテナンスなどの処理とRedisのエンジンとしての処理でCPUコアを共有しているために、エンジン以外の影響が大きくなる可能性があります。結果として先に`CPUUtilization`メトリクスがボトルネックになる可能性があります。そのため、`CPUUtilization`メトリクスの方で監視することをおすすめします。vCPUの数にかかわらず、いずれの場合においても`EngineCPUUtilization`メトリクス、`CPUUtilization`メトリクスの両方を監視することは大事です。

ワークロード起因の場合に確認するべき点として以下が挙げられます。

- **計算量の高いコマンド**
- **最適ではないデータモデル**
- **スケールアップおよびスケールアウト**
- **スナップショットの取得による影響**

計算量の高いコマンドについて、Redisの公式ドキュメントの各コマンドの説明に$O$記法で計算量が記載されています。オーダーの大きいコマンドを実行している場合、CPUの影響を受けている可能性があります。

スローログ検出にはエンジン内の情報が利用できます。またRedis 6.0以降を利用していれば、CloudWatch LogsやAmazon Kinesis Data Firehoseと連携してログ出力もできます*66。消失リスクを回避し、確認や分析を容易にするため、CloudWatch Logsへログ出力をしておくのがおすすめです。

調査方法としては、`INFO Commandstats`で実行コマンドを確認するのもおすすめです。これで実行されたコマンドの統計を確認し、意図しないコマンドが実行されていなかったかなどを確認します。間違えて利用しがちなコマンドとして`KEYS`コマンドがあります。こちらを不適切に使用することが原因でCPUが100%に張り付いているサービスをよく目にします。本番環境では`KEYS`を使用しないことを推奨します。`SCAN`系コマンドなどで対応してください。Lua（エフェメラルスクリプト、Redisファンクション）の長時間実行がないかについても注意してください。

要素数が大きいSet型のデータを使用している場合、`SMEMBERS`、`SDIFF`、`SUNION`コマンドなどは計算量が大きいコマンドです。そのため、CPUを大きく消費する可能性があります。また、フィールド数の多いHash型のデータを扱っている場合でも同様のコマンドが考えられます。String型でキーと値のペアに分割するなど、Redisでのデータモデルの扱い方を見直さないといけない可能性があります。

上記を検討してもCPUを不足する状況が考えられます。その場合、リソースを追加することで対応できます。読み込みが激しいワークロードの場合、レプリカを追加します。書き込みが激しいワークロードの場合、クラスターモード有効のRedisクラスターを使用していれば、以下のような対応など1台あたりのキャッシュノードの負荷を減少させる対応も考えられます。

---

*66 https://docs.aws.amazon.com/ja_jp/AmazonElastiCache/latest/red-ug/Log_Delivery.html

- **シャード追加によるマスターの追加**
- **キーの再設計による負荷の均等化**

もしくは、現行世代のキャッシュノードタイプを利用し、最新のプロセッサー技術を使用して改善される場合もあるでしょう*67。

また、スナップショットはワークロードに影響を与える作業です。そのため、スナップショットはマスターではなくレプリカから取得して、書き込みへの影響を抑えるなどの工夫をしてください。ただし、Redisのレプリケーションは非同期処理なので、マスターの状態とラグがある可能性について留意してください。レプリケーションラグは`ReplicationLag`メトリクスを参考にできます。

なお、レプリケーションでスナップショットを取得する場合も、そのレプリカに対する読み込みのクエリーは影響を受けます。そのため、ワークロードへの影響が最も少ない時間帯にスナップショットを取得することをおすすめします。ElastiCacheで自動バックアップを利用している場合、バックアップウィンドウでスナップショット取得の期間を調整できます*68。

以上がCPU使用率の値が高いことに伴って、問題が発生している状況における基本的な対応方法になります。先ほど説明したように`EngineCPUUtilization`メトリクスの値が高い場合は基本的にクライアントによる処理が原因でワークロード起因です。

ただし、まれに例外的な状況も発生します。特にワークロードが変化しておらず、メンテナンス等が行われていない場合でも10%近くCPU使用率が変化することも起こりえます。たとえば、IntelのCPUを使用している場合に、条件を満たすことでターボブーストが発動するといった場合です。この場合は、パフォーマンスブーストのメリットを受けている状態なので特に問題ありません。ブーストした状態を基準に監視するのではなく、ベースラインである最低の状態に合わせて監視しておくことが大事です。

### SwapUsage

`SwapUsage`メトリクスはホストで使用されるスワップの量を表します。スワップという言葉から、即座に性能悪化へとつながるイメージを持ち、対応方法がわからず焦ってしまう方も多いです。しかし、必ずしも即座に性能悪化を意味するものではありません。

スワップは、物理メモリー上の回収可能ではないページをディスクにページアウトすることで、より効率的にメモリーを使用することを可能にしています。その結果、メモリーのキャッシュヒット率が改善されるなどの効果が期待されます。また、スワップ領域があることで、メモリースラッシングからOOM Killer発動までのタイミングを遅らせることもできます。

`SwapUsage`メトリクスについて、こちらの値が発生していること自体は問題ではありません。数十MB程度であれば問題にならないケースが多いでしょう。また、物理メモリー上では、保持したメモリー空間を使い回す挙動を行うため、`SwapUsage`メトリクスの値が発生していること自体がパフォーマンスに影響を与えることを意味しません。ユースケースによっては、`SwapUsage`メトリクスの値が大きくなっている状況で、性能へ影響が出ている可能性を考慮すべきです。

スワップが継続的に増加していき、`FreeableMemory`メトリクスの値を超えるような状況が発生してい

*67　https://aws.amazon.com/blogs/compute/amazon-elasticache-performance-boost-with-amazon-ec2-m5-and-r5-instances/

*68　https://docs.aws.amazon.com/ja_jp/AmazonElastiCache/latest/red-ug/backups-automatic.html

れば注意した方がよいでしょう。もしくはFreeableMemoryメトリクスの値が100MB以下など0に近いような状況では物理メモリーの取り合いが発生していることが考えられます。その場合、パフォーマンスへの影響が発生している可能性があります。ディスクへのアクセス速度は、メモリー速度よりも遅いため、頻繁にディスクへアクセスすることが求められる場合にはアクセス速度に影響します。

スワップがいつ行われるかはカーネル側の挙動に依存し、正確に予測するのは困難です。そのため、スワップ領域の消費が正常なものかスワップ領域が継続的に増加していって問題になる状況かは、空きメモリー状況なども見ながら時間をかけてサンプリングするデータポイントを増やして監視するのが良いでしょう。監視の閾値はキャッシュノードタイプや業務要件等に依存するため一概に言及できませんが、どのような値に設定しかわからない場合はひとまず300MBから始めてみて様子をみながら調整していくのもよいでしょう。

スワップ領域に最適なサイズについては、無名ページの数や回収する回数、スワップ領域を利用するデバイス等に依存します。ElastiCacheを利用している場合はマネージドサービスとして管理されている領域であるため、意識する必要はありません。

スワップの値が大きくなる要因として、以下のようなものがあります。

1. **プロセスが物理メモリー以上にメモリーを要求**
2. **コールドキーによる影響**
3. **ファイルのキャッシュシステムによるカーネルの圧迫**

1つめについては、キャッシュノードタイプで利用できるメモリー量以上にプロセスがメモリーを必要とする状況です。その場合、メモリー不足と考えられるのであれば、よりメモリー量の多いキャッシュノードタイプに変更するなどの対応が必要です。メモリーのメトリクスの見方の詳細は、10.3.2のメモリーの箇所で説明します。

2つめについては、キャッシュノード上のデータセットのほとんどがクライアントからアクセスされずアイドル状態の際に、カーネルがディスク上のアイドル状態のメモリーページをスワップすることがあります。実際には全メモリーページにアクセスすることで、カーネルがメモリーに全ページを保持するといった動作をすることもあるため、めったにこの状況は発生しません。

3つめについて、スナップショットやAOFに関する処理などの際に大量の読み込み/書き込みI/Oでファイルがキャッシュされ、ファイルのキャッシュシステムによりカーネルを圧迫することがあります。

スワップが発生している状況で、後述するSaveInProgressメトリクスの値が大きくなっている場合、バックグラウンド処理によってメモリーが物理メモリー以上に要求されていたことによる可能性などを考えられます。その場合、キャッシュノードのキャッシュノードタイプがメモリー量を十分に備えたものか確認してください。また、reserved-memory-percent（reserved-memory）のパラメーターでデータセット以外のメモリー領域を確保しておくこともご検討ください。

メモリーフラグメンテーションが高いような状況ではスワップにつながる可能性もあります。削除や挿入が激しいようなワークロードでは使用するアドレス空間が再利用しきれずにフラグメンテーションが大きくなりえます。INFOコマンドのfragmentation_ratioの項目の値の大きさを参考にできます*69。

フラグメンテーション率が1.0もしくはそれより少々大きい程度だと良好な状態となりますが、筆者

*69　https://redis.io/commands/info/

の経験則として1.5以上の場合、フラグメンテーションが激しくパフォーマンスにも問題が発生している可能性があります。以下のような対応方法が考えられます。

- **エンジンの再起動**
- **ノード入れ替え**
- **アクティブデフラグメンテーション9.3.2を有効**
- **メモリアロケーターの変更**

メモリアロケーターの変更について、具体的にはLinuxではデフォルトでjemallocが使用されていますが、jemallocのバージョンアップをするためにRedisのバージョンを上げることが考えられます。

逆に1より小さい場合は、スワップ領域にRedisのデータが格納されている可能性があります。そのため、SwapUsageメトリクスからもスワップが発生していないか確認してみると良いでしょう。その場合、メモリーが不十分であれば、メモリー量がより多く搭載されているキャッシュノードタイプに変更することなどで対応してください。なお、jemalloc 5以降（Redis 5以降のデフォルト）では、スワップが発生していなくてもフラグメンテーション率が1を下回ることがあることも確認しています。そのため、フラグメンテーション率が1を下回っていても必ずしもスワップが発生しているわけではないので、総合的に判断するようにしましょう。

### Evictions

Evictionsメトリクスは、Redis上でアイテムがメモリーから退避されている場合に確認できるメトリクスとなります。

maxmemoryディレクティブで設定された値の上限に達した際、設定されたmaxmemory-policyディレクティブの値の動作に応じて退避が行われます。ElastiCacheでは、maxmemoryディレクティブの値は利用するキャッシュノードタイプごとに決まっている値となっています（詳細は公式ドキュメント*70）。

ただし、Evictionsメトリクスの値が大きくなっていることは必ずしも問題とは限りません。たとえば、LRUキャッシュとして使用するなら、メモリーの退避に依存した設計も考えられます。そのため、こちらのメトリクスをどのように監視するかはRedisの利用方法に依存します。アプリケーションの要件に応じて、どの程度で閾値を設定する必要があるのか考える必要があります。

メモリーの退避が意図したものではなく、Evictionsメトリクスがコンスタントに発生している場合、メモリー不足が発生している可能性があります。以下の対応方法が考えられます。

- **利用可能なメモリー量が多いキャッシュノードタイプへスケールアップ**
- **TTLの設定**
- **（クラスターモード有効のRedisクラスターを利用時）シャードを追加することで書き込みをシャード間で分散**

EvictionsメトリクスはINFOコマンドのevicted_keysの項目から時間あたりの値として算出されています。

キーにTTLが設定されているかの確認方法は、5.3.1で説明しました。ElastiCacheを利用している場合には、さらにTTLを設定しているキーの数をCurrVolatileItemsメトリクスで確認できます。キャッシュ内全体のキーの数はCurrItemsメトリクスで確認できますので、全体のうちどれだけのキーがTTL

*70 https://docs.aws.amazon.com/ja_jp/AmazonElastiCache/latest/red-ug/ParameterGroups.Redis.html

を設定できているかの目安にすると良いでしょう。

### CurrConnections

CurrConnectionsメトリクスは、現在のクライアントの接続数を監視します。

監視する値の目安については、利用しているアプリケーションの性質にもとづいて考える必要があります。こちらの値が異常に大きくなっていると、アプリケーション側で問題が発生している可能性があります。アプリケーション側のログやコードを調査しましょう。こちらのメトリクスはINFOコマンドのconnected_clientsの項目から時間あたりの値が算出されています。

問題発生時はCLIENT LISTコマンドで対象のクライアントとその詳細の確認をすることで手がかりが得られる可能性もあります。

maxclientsのパラメーター値はElastiCacheでは現状65000の固定値が設定されています。大きな値のようですが、意図せずコネクションが切断されることで接続が残ってしまうといった事態の影響を受けて、CurrConnectionsメトリクスの値が増加する可能性については注意してください。アプリケーション側のRedisへの接続の終了処理が適切か等の点で確認してください。Amazon EC2 Auto Scalingを利用しており、クライアントが稼働するEC2インスタンスがスケールインする度にコネクションがたまっているといった接続リークが発生している状況も考えられます。

Redisではキャッシュノードから指定した秒数ごとにポーリングして接続が維持されているか確認できます。tcp-keepaliveのパラメータで値を設定でき、デフォルトで300秒です。しかしながら、3.2.4以前のバージョンを使っている場合はデフォルト値が0であり、無効化されています。また、timeoutのパラメーターの値はデフォルトの0の値のままになっている場合は、クライアントとの接続をRedisサーバー側から閉じない設定となっています。バージョンによってはデフォルトのままで使用していると、これら両方のパラメータによる機能が無効化されているような状況では言及した事象が発生する可能性があります。

## 10.3.2 注意を払うべきメトリクス

そのほか、以下のメトリクスも監視しておくと良いでしょう。

- **メモリー**
  - BytesUsedForCacheメトリクス
  - DatabaseMemoryUsageCountedForEvictPercentageメトリクス（もしくはDatabaseMemoryUsagePercentageメトリクス）
  - Reclaimedメトリクス
- **接続**
  - NewConnectionsメトリクス
- **その他**
  - SaveInProgressメトリクス
  - キャッシュの有効性
  - ネットワーク
  - レプリケーション
  - レイテンシー

**メモリー**

メモリー使用量の確認には、BytesUsedForCacheメトリクスやDatabaseMemoryUsagePercentageメトリクスを活用すると良いでしょう。

BytesUsedForCacheメトリクスは、データセットやそれ以外の用途に使用されるメモリーも含むRedisエンジンが使用するメトリクスとなります。こちらのメトリクスからメモリー使用量が多い場合などには問題が発生する可能性があります。たとえば、Evictionsメトリクスとは相関性が見られることも考えられます。こちらのメトリクスはINFOコマンドのused_memoryの項目から算出されています。

DatabaseMemoryUsagePercentageメトリクスはRedisが利用できる最大メモリー使用量のうち、実際に使用しているメモリー量の割合を表します。

DatabaseMemoryUsageCountedForEvictPercentageメトリクスは、退避する際に考慮されるメモリー量を考慮した使用中のクラスターで使用可能なメモリーの割合を表します。この値はINFOコマンドの結果のused_memory - mem_not_counted_for_evict / maxmemoryから計算されています。

mem_not_counted_for_evictはAOFバッファーとレプリカ用のクライアント出力バッファーで消費されたメモリー量の合計です（6.1、9.1.1参照）。こちらは退避する際にカウントされないメモリー量を表します。つまり、メモリー使用量のうち退避する際のカウントに焦点を当てたのが、こちらのメトリクスです。DatabaseMemoryUsagePercentageメトリクスよりもあとから利用可能になりましたが、退避するまでのメモリー量の使用状況について、より実情を把握しやすいといえます。

メモリー関連のメトリクスとしてFreeableMemoryもあります。こちらはホストレベルの視点のメトリクスであり、Redis以外のOS内のプロセスも影響します。しかしながら、基本的にはマネージドサービスで、OS内の環境はElastiCache側で管理が行われています。あくまでホスト内のメモリーの空き状況について、おおよその目安程度に参照してください。基本はBytesUsedForCacheメトリクスやDatabaseMemoryUsageCountedForEvictPercentageメトリクスを監視していただくことをおすすめします。後者は代わりにDatabaseMemoryUsagePercentageメトリクス、もしくは適宜両方参照いただくのも良いでしょう。

キャッシュノードで利用できるメモリー量に対して、メモリーを多く使用していることでメモリー不足が発生し、Evictionsメトリクスの値が大きくなっている場合には、前述の対応をご検討ください。また、キャッシュノード間で使用しているメモリー量に偏りがある場合、以下のような原因が考えられます。

- **（クラスターモード有効時）ハッシュタグの使用**
- **（クラスターモード有効時）スロット配置の偏り**
- **（レプリケーション使用時）マスター上で失効したキーがあった際に、マスター・レプリカのそれぞれでINFOコマンドやDBSIZEで確認した際のキー数が異なる**

上記分析のためには、以下を実施することなどで手がかりを探っていけます。

- **特定スロットに集中するようなホットキーを特定**
- **キー空間通知機能のnotify-keyspace-eventsのパラメーターによってRedisサーバー内で実行されている処理内容を分析**
- **MONITORコマンドによってRedisサーバー内で実行されている処理内容を分析**

特定スロットに集中するようなホットキーを特定するためには、redis-cliコマンドの--hotkeysオプションで確認できます。こちらのオプションを使用するためには、LFUを有効にする必要があります。すなわち、退避ポリシー（maxmemory-policyディレクティブ）としてvolatile-lfuもしくはallkeys-lfuを指定する必要があります（9.2.2参照）。ホットキーの結果をカスタムしたいような要件があるときは、各キーをSCANコマンドでスキャンして、OBJECT FREQコマンドでアクセス頻度を確認することで実現できます。

偏り発生時の対応としては、原因に応じて以下のような対応を検討してください。

- **クラスターモード有効時はハッシュタグの使用どころの見直し**
- **キーにプレフィックス（もしくはサフィックス）を付与することによる異なるシャードへのキーの分散**
- **スロット配置に偏りがある場合はクラスターの作成時もしくはスナップショットからのリストア時にスロット分散のカスタム設定**
- **キーの再設計**
- **多段キャッシュアーキテクチャ**

ホットキーが異なるハッシュスロットに属するような状況では、ハッシュスロットの配置をカスタムしないといけないこともあります。CLUSTER KEYSLOTコマンドであるキーに対するスロット番号の確認もできるため、調査に役立つ場合があるでしょう。

また、オンラインリシャーディングで解消される場合もあります。ただし、リシャーディングはスロット数に着目したもので、スロット内のデータサイズを考慮してバランスを取るものではない点について注意です。レプリケーション使用時におけるマスター上で失効したキーがあった際のマスター・レプリカ間でのキー数の差異は、正常な挙動によるものの可能性が考えられます。特にデータ削除直後でそのような事象が見られる可能性があります。

高負荷の影響を緩和するためにCDNやリバースプロキシ、ローカルキャッシュを利用したりしてキャッシュを複数ヵ所で利用するようなアーキテクチャを取ることもあります。アクセスの偏りでCPUやネットワーク帯域を大きく消費するような状況では、Redisの機能からはクライアントサイドキャッシュ（3.6参照）機能を活用して、状況を緩和できます。

Reclaimedメトリクスはキーの有効期限切れイベントの総数を表します。Redisのキーの失効によるメモリーの回収にはアクティブとパッシブ2通りの方法があります（9.2.1参照）

これらの際に回収されたイベントの総数について確認できます。たとえば、同時に失効するキーが多数ある場合、アクティブな方法による回収の処理が複数回ループで実行されます。ループ処理の間、リクエスト処理に影響が及ぶことも考えられるため、ご注意ください。こちらのメトリクスはINFOコマンドのexpired_keysの項目から算出されています。

#### 接続

CurrConnectionsメトリクスと並んで、監視すべきなのがNewConnectionsメトリクスです。

NewConnectionsメトリクスは、期間内にRedisサーバーによって受け入れられた接続の総数となります。こちらの値が極端に大きくなっているような状況ではキャッシュノードの処理能力を上回り、タイムアウトが発生するなどの状況が考えられます。その場合、クライアント側の機能で対応している場合はコネクションプーリングの機能を利用して接続を再利用することもご検討ください。TCP/TLS接続の処理によるオーバーヘッドの削減にもつながる可能性があります。こちらのメトリクスはINFOコマンドのtotal_connections_receivedの項目から時間あたりの値が算出されています。

なお、接続に問題が発生している場合、Redisサーバーが稼働するキャッシュノード側の問題だけでなく、クライアント側およびキャッシュノードとクライアント間のネットワーク間の調査も忘れないでください。ホストに問題が発生していたりローカルポートの枯渇等の制限にあたっていたりする可能性でも調査してください。

Redisクライアントと Redisサーバーのそれぞれから以下の視点でも調査を進めていくことが大事です。

- **Redisクライアント側について、接続に問題が発生しているクライアントが稼働するホストは特定のもののみか複数のホストで問題が発生しているか**
- **Redisサーバー側について、接続に問題が発生しているキャッシュノードは特定のもののみか複数のキャッシュノードで問題が発生しているか**

また、Redisクライアントと Redisサーバー間のネットワークでも問題がなかったか確認することが必要な場合もあります。VPCフローログでVPC内のトラフィックのログを取得できるので、事前に設定しておくことも検討すると良いでしょう*71。

起こっている事象について時系列を整理していくことも因果関係の整理には大事な点です。

#### ここまでの分類外のメトリクス

そのほかの監視を検討すべきメトリクスを解説します。SaveInProgressメトリクス、キャッシュの有効性関連、ネットワーク関連、レプリケーション関連、レイテンシー関連の順に取り上げます。SaveInProgressメトリクスはほかと異なる粒度で説明していますが、調査開始の最初に確認しておくべきメトリクスの一つであり、活用できると特に便利です。

##### SaveInProgressメトリクス

SaveInProgressメトリクスは、RDBファイルの保存が進行している場合に確認できるメトリクスです。以下のようなタイミングで確認できます。

- **レプリケーション切断等による完全同期**
- **RDBファイルのスナップショット取得**

SaveInProgressメトリクスの値が高いときは、パフォーマンス等に影響がある可能性があります（上記処理の影響は5.1.1参照）。こちらのメトリクスはINFOコマンドのrdb_bgsave_in_progressの項目の値を表しています。

SaveInProgressメトリクスの値が大きくなる原因として、まずはバックアップウィンドウに設定された時間と一致しているか確認してみると良いでしょう。もし該当していれば、自動バックアップ機能によるものの可能性があります。該当していなければ、手動でのバックアップ取得処理や意図しない事象で問題が発生していた可能性もあります。イベント履歴やAPIの実行履歴で当該時刻に起こっていた事象を確認しましょう。

紹介は後半になりましたが、調査の最初に確認すべきメトリクスの一つです。問題発生時にこのメトリクスの値が大きいと、レプリケーションかRDBまわりで問題が起こっていると絞り込めるため、原因の絞り込みが非常にスムーズになります*72。

*71 https://docs.aws.amazon.com/ja_jp/vpc/latest/userguide/flow-logs.html

#### キャッシュの有効性

キャッシュの有効性に活用できるメトリクスとして、CacheHitsメトリクスとCacheMissesメトリクスがあります。これはRedisサーバーの正常性というよりは、アプリケーションがRedisをどの程度有効活用しているか確認するためのメトリクスです。

たとえば、キャッシュサーバーが効果を発揮するのは、更新頻度の少ないデータが何度もアプリケーションから読み込まれるような場合です。このときキャッシュのヒット率が高ければ、キャッシュを有効に活用できていることが確認できます。CacheHitsメトリクスからキャッシュのヒット率が確認できます。

一方で、キャッシュミスしてバックエンドのデータベースなどに頻繁にアクセスしている場合は、キャッシュが有効活用できていません。キャッシュミスが多い場合に、キャッシュを有効に活用できていないことが確認できます。CacheMissesメトリクスからキャッシュのミス率が確認できます。

キャッシュヒット率が低く、キャッシュミス率が高い場合には、キャッシュを使うこと自体に意味があるのか考えてみるのも良いでしょう。

#### ネットワーク

ネットワーク関連のメトリクスまで確認できると、なお良いでしょう。ただし、筆者の経験上、ネットワークの上限に触れるより前に、ほかのメトリクスが先にボトルネックとなることが多いです。そのため、監視の優先度としてはほかに比べると低いです。とはいえ、ネットワーク関連の上限値に触れることで問題が発生するケースも経験があります。

ElastiCacheで提供されているキャッシュノードタイプにはベースライン帯域幅という、通常使用できる帯域幅の上限値が定められています。ただし、ネットワークI/Oクレジットのしくみがあり、ベースライン帯域幅を超えてバーストできます。インスタンスのサイズに応じて、一定時間数バースト帯域幅まで使用できます。

具体的には、キャッシュノードタイプは、起動時にネットワークI/Oクレジットの最大数を受け取ります。ネットワークI/Oクレジットを使い果たすと、ベースライン帯域幅に戻ります。実行中のインスタンスは、ベースライン帯域幅よりもネットワーク帯域幅の使用量が少ないと、ネットワークI/Oクレジットを取得します。バースト帯域幅は共有リソースであるため、インスタンスにクレジットが使用可能な場合でも、インスタンスのバーストはベストエフォートベースで行われます*73。バーストの時間については保証されたものはないため、こちらに依存した運用はおすすめしません。あくまでもベースライン帯域幅を上限として考え、たまたま一時的にバーストして取りこぼしのないように処理できる可能性があるものという位置付けで考えることをおすすめします。具体的には、短時間のワークロードのスパイクのように、一瞬ベースライン帯域幅の値をオーバーするときに本来処理しきれなかったものを取り扱うためのものというイメージです。

上記のような挙動があるため、ベンチマーク等で潜在的なキャパシティも含めて検証する際には最低1時間以上かけて実行することがベストです。本番環境もしくはそれに近いワークロードで検証しておくことも大事です。

インスタンスタイプの公式ドキュメント*74に記載されている種類ごとのリンク先に、それぞれのベースライン帯域幅とバースト帯域幅が記載されています。各インスタンスタイプをElastiCacheのキャッ

*72 https://docs.aws.amazon.com/ja_jp/AmazonElastiCache/latest/red-ug/CacheMetrics.html
*73 https://docs.aws.amazon.com/ja_jp/AWSEC2/latest/UserGuide/ec2-instance-network-bandwidth.html
*74 https://docs.aws.amazon.com/ja_jp/AWSEC2/latest/UserGuide/instance-types.html

シュノードタイプと対応づけて考えてください。

監視に利用できるメトリクスとしては、NetworkInメトリクスやNetworkOutメトリクスがあります。それぞれ観測の時間単位である期間内に受信および送信した合計パケットサイズを表します。これらのメトリクスを観測の時間単位の期間によって割ることで帯域幅の平均値を算出できます。上限に達した場合には、それぞれNetworkBandwidthInAllowanceExceededメトリクスやNetworkBandwidthOutAllowanceExceededメトリクスの値が大きくなります。

検証の際には、NetworkPacketsInメトリクスとNetworkPacketsOutメトリクスの値も見ておくと良いでしょう。それぞれ観測の時間単位である期間内に受信または送信した合計パケット数を表します。最大の負荷をかけた際の上限値をクラスターのキャパシティーの上限値として定義し、それを元に監視の基準を考えると良いでしょう。上限に達した場合には、NetworkPacketsPerSecondAllowanceExceededメトリクスの値が大きくなります。こちらのメトリクスは、受信と送信の両方が対象です。

ネットワークのリソースの上限値に達するように使用している場合の対処方法としては、より大きいインスタンスタイプに変更することが考えられます。読み込みクエリー起因で、クラスターモード無効の場合にはレプリカを増やすことを検討してください（第7章や第8章参照）。レプリカへのアクセスには、読み取りエンドポイントを利用できます。クラスターモード有効のRedisクラスターの場合にはレプリカを増やしたうえでREADONLYコマンドも合わせて使用します。書き込みクエリー起因で、クラスターモード有効の場合にはシャード数を増やすことが対処として考えられます。

そのほかには、NetworkConntrackAllowanceExceededメトリクスやNetworkLinkLocalAllowanceExceededメトリクスなども、異常がないか見ておくとよいでしょう。

NetworkConntrackAllowanceExceededメトリクスは、そのキャッシュノードタイプで追跡できる接続トラッキングがインスタンスの最大数を超えた分のパケット数がカウントされます。特に接続数が多い状況に注意しておくと良いでしょう。こちらが問題になる場合も同様に、より大きいインスタンスタイプに変更することや、ノード数を増やして一台あたりの接続数を分散させることなどの方法が考えられます*75。NetworkLinkLocalAllowanceExceededメトリクスは、ローカルプロキシサービスへのトラフィックのPPS*76がネットワークインタフェースの最大値を超えた分のパケットの数を表します。ローカルプロキシサービスとは、たとえば、Amazon Route 53 Resolverサーバー（Amazon Provided DNS）*77による名前引きやメタデータの取得等を指します。ElastiCacheにおいて、こちらのメトリクスが問題になることはほとんど見かけませんが、念の為確認しておくとよいでしょう。なお、Exceededをサフィックスに持つメトリクスは現状Nitro系の比較的新しいキャッシュノードタイプに限定されます*78。これらのキャッシュノードタイプはそのほかに各種改良が加えられていることがありますので、ノードタイプ選定の際には積極的に活用していくと良いでしょう。

**――レプリケーション**

レプリケーションに関連するメトリクスとしては、以下のものがあります。

- **ReplicationBytesメトリクス**
- **ReplicationLagメトリクス**

---

*75 https://docs.aws.amazon.com/ja_jp/AWSEC2/latest/UserGuide/security-group-connection-tracking.html
*76 packets per second
*77 https://docs.aws.amazon.com/ja_jp/vpc/latest/userguide/VPC_DHCP_Options.html#AmazonDNS
*78 https://docs.aws.amazon.com/ja_jp/AWSEC2/latest/UserGuide/instance-types.html#ec2-nitro-instances

- IsPrimaryメトリクス（旧：IsMasterメトリクス）
- PrimaryLinkHealthStatusメトリクス（旧：MasterLinkHealthStatusメトリクス）
- GlobalDatastoreReplicationLagメトリクス

この内、監視に最も活用しやすいメトリクスはReplicationLagメトリクスでしょう。プライマリからの変更がレプリカに適用されるのにどの程度の時間のラグが発生しているかを表します。この値が大きい場合には、レプリケーションの処理が追いついていないことを意味します。

このような状況は完全同期をトリガーする可能性があります。完全同期は負荷が大きい処理で、パフォーマンスに大きな影響を与えかねません（7.2.1参照）。

IsPrimaryメトリクスは、そのキャッシュノードがマスターであれば1、レプリカであれば0の値を示します。この値が変化している場合には、フェイルオーバーが発生している可能性があります。意図したものでなければ、何らかの問題が発生していたと考えられます。

PrimaryLinkHealthStatusメトリクスは、マスターとレプリカ間のレプリケーションの接続が維持されているかを1と0で表します。0の場合は何らかの問題が発生している可能性があります。

ReplicationBytesメトリクスは、マスターがすべてのレプリカに送ったバイト数を表します。ヘルス状態の視点で直接情報を得るためには、前述したメトリクスの方が役に立ちますが、レプリケーションの状況把握のメトリクスの一つとして参考にできます。

一部のキャッシュノードタイプ（M5/R5以上）でグローバルデータストアの機能によりリージョンをまたいだレプリケーション機能が利用できることを説明しました。GlobalDatastoreReplicationLagメトリクスはこちらの機能を利用している際に活用できるメトリクスです。逆に言うと、グローバルデータストアの機能を利用しない場合は監視する必要ありません。プライマリとセカンダリのリージョンのそれぞれのマスター間のラグを表します。クラスターモード有効のRedisクラスターの場合は、シャード間の最大遅延時間を表します。

**• レイテンシー**

Redisの各種データ型や機能ごとにレイテンシーのメトリクスが用意されています。単位はマイクロ秒単位です。メトリクス名はデータ構造や機能名に続いてCmdsLatencyというサフィックスの形を取ります。これを元にどのデータ型および機能で異常が出ているかの目安にできます。レイテンシーに問題が見られる場合のトラブルシューティング方法については、6.2をご参照ください。

### 10.3.3 メンテナンスウィンドウに注意を払う

ElastiCacheでは、作成したクラスターには週次のメンテナンスウィンドウが設定されています。こちらのメンテナンスウィンドウはユーザー側で設定可能です。一週間のどの曜日のどの時間帯の幅でメンテナンスを開始しても良いかという形で指定します。

このメンテナンスウィンドウに設定されている時間にメンテナンスの実施や保留状態の変更等が行われます*79。逆に言うと、メンテナンスウィンドウ内の時間ではメンテナンスがいつでも実施される可能性があるということです。ここ一ヵ月のメンテナンスウィンドウでメンテナンスがなかったからといって、その週のメンテナンスウィンドウ内でメンテナンスが開始されない保証はありません。そのため、メンテナンスウィンドウの時間内ではいつでもメンテナンスが開始される可能性があるものとして

*79 https://docs.aws.amazon.com/ja_jp/AmazonElastiCache/latest/red-ug/maintenance-window.html

備えておきましょう。

利用するアプリケーションへの影響が最も少ない時間帯に設定しておくことが推奨されます。Redisに問題が発生した際は、メンテナンスウィンドウの時間帯と一致しないかについても確認してください。事前に通知されるメンテナンスは、AWS側からルートアカウントにメールで告知されます。

そもそも論とはなりますが、特にキャッシュサーバーとしてRedisを運用している場合、キャッシュノードが障害などでダウンしている状態であってもサービス全体としては継続するようなしくみの準備をしておくべきです。Redisがダウンしている間は、アプリケーション側のエラーハンドリングでバックエンドのRDBMS等にデータを取得しにいってサービスを継続するような実装にしておくなどして備えておきましょう。その間のサービスのレイテンシーの増加やRDBMSへの負荷の増加などが想定されます。こういった状況も考慮しておいて、キャッシュノードはいつでもダウンする可能性があるものとして準備しておくことをおすすめします。

### 10.3.4 イベント確認

これまで説明した情報をチェックしつつ、AWS Health Dashboard*80*81*82 やイベント*83 等も確認しておきましょう。イベントはAPIの仕様上直近14日分までのものしか確認できない点についてはご注意ください。

ElastiCacheのイベントを確認すると、以下のようなメッセージを確認できることもあります。ElastiCacheでは、キャッシュノードでAWS基盤側の障害等で問題が発生している場合には、問題を検知して自動で復旧作業が行われます。こちらのメッセージはAWS基盤側の問題に限ったものではありませんが、原因の切り分けのために参照できます。

```
Recovering cache nodes 0001 Finished recovery for cache nodes 0001
```

エンジンログも確認できます。Redis 6.2以降を利用していれば、CloudWatch LogsやAmazon Kinesis Data Firehoseと連携してエンジンログ出力もできます*84。通常は、メトリクス調査やイベント情報等で情報が十分なことも多いですが、場合によってはこのエンジンログを確認することで原因特定の手がかりを得られることもあります。

*80 以前のPersonal Health Dashboard(PHD)とService Health Dashboard（SHD）が統合されたものです。
*81 https://health.aws.amazon.com/health/status
*82 https://docs.aws.amazon.com/health/latest/ug/getting-started-health-dashboard.html
*83 https://docs.aws.amazon.com/ja_jp/AmazonElastiCache/latest/red-ug/ECEvents.Viewing.html
*84 https://aws.amazon.com/jp/about-aws/whats-new/2022/01/amazon-elasticache-streaming-storing-redis-engine-logs

# 11

# Redis の構造を知る

ここからは、トラブルシューティングが困難な場合にRedis本体を調査するための知識など、より上級者向けの内容です。Redisを深く知るためのもので、興味のあるトピックのみを確認していく形でも問題ありません。

# 11.1 Redisの関連技術

ここでは、Redisに深く関わる用語や技術を説明します[*1]。

Redisでは既存のライブラリをそのまま利用せずに自前で用意したり拡張したりすることが多くあります。次に示すのはそのような技術の一覧です。

- **RESP**
- **SDS**
- **ae**
- **RAX**

Redis特有ではありませんが、Redisを使用する上で深く理解しておくと良い、以下の用語・概念についても説明します。

- **Copy On Write（CoW）**
- **Raft**
- **HyperLogLog**

## 11.1.1 RESP（REdis Serialization Protocol）

RESPはREdis Serialization Protocolから取られた略称（頭字語）です。RESPは、Redis向けに設計されたプロトコルで、クライアント・サーバーモデルを前提とします[*2]。

Redisクライアントとサーバー間の通信には、基本的にこのプロトコルが利用されます[*3][*4]。こちらのプロトコルはアプリケーションレイヤー上でのメッセージ形式を定義したもので、それより低いレイヤーのTCPなどに設定を意識したものではありません。そのため、RESP自体の利用はTCPに限定されません。ただし実用上、RedisではTCPを利用し、redis-cliや多くのライブラリはRESPで定義されたメッセージを通してTCP接続上でやりとりを行います。

RESPは、以下の3つを目標に設計されたプロトコルです。

1. **実装容易**

---

*1　実際には、スタンドアローンプロジェクトとしてRedis以外にも使用できるものもありますが、Redis向けに設計されていることもあるためここで取り上げます。

*2　Redisクラスターのノード間通信は、クライアント・サーバーモデルではなく、クラスターバスを利用した異なるバイナリープロトコルで通信が行われています。

*3　RESPはRedis以外にもクライアント・サーバーの形のリクエスト・レスポンスモデルのものであれば利用できます。また、レスポンスはRESP形式であるものの、`SET foo bar`コマンドのようにRESPでなくてもコマンドを直接Redisサーバーへ送ることで動作するようになっています。

*4　https://redis.io/docs/reference/protocol-spec/

2. **パースが高速**
3. **人間が読める**

### RESPの利用

実際にRESPを通してリクエストを処理する例を見ていきましょう。NetcatやTelnetを使用して、RESPの形式でRedisサーバーにリクエストを送った際の挙動について確認してみます。たとえば、`set foo bar`というリクエストをRESP形式で表現すると、`*3\r\n$3\r\nset\r\n$3\r\nfoo\r\n$3\r\nbar\r\n`のようになります。

Netcatでは RESP形式で以下のように送ることができます。

```
$ echo -e "*3\r\n\$3\r\nset\r\n\$3\r\nfoo\r\n\$3\r\nbar\r\n" | nc localhost 6379
+OK
```

Telnetを使用して、RESP形式で以下のように送ることもできます。`*3`の行から`bar`までの行が入力、`+OK`は応答です。

```
$ telnet localhost 6379
Trying 127.0.0.1...
Connected to localhost.
Escape character is '^]'.
*3
$3
set
$3
foo
$3
bar
+OK
```

上記のメッセージのやりとりについて、具体的にどのようなプロトコルで処理がされているのかみていきます。RESPのフォーマットは、5つの型それぞれで最初に始まる文字列を以下の通り定義しています。

| データ型 | 記号 | 実行例 |
|---|---|---|
| シンプル文字列 | + | `+OK\r\n` |
| エラー | - | `-Error message\r\n` |
| 整数 | : | `:1000\r\n` |
| バルク文字列 | $ | `$6\r\nfoobar\r\n` |
| 配列 | * | `*2\r\n$3\r\nfoo\r\n$3\r\nbar\r\n` |

シンプル文字列は、バイナリーセーフではない文字列について、小さいオーバーヘッドで送ることを目的としています。`+`で始まり、CRやLFを含まない文字列が続き、最後にCRLF`\r\n`で終端します。

エラーは、“-”で始まり、その後、続けてスペースもしくは改行までをエラープレフィックスとしエラーの種類をクライアントに伝えます。エラープレフィックスは、汎用的なものに加えて、特定の状況を表すものが多数用意されています。

- **特定の状況向けのプレフィックス**
  - WRONGTYPE
  - NOSCRIPT
  - LOADING
  - BUSY
  - MASTERDOWN
  - MISCONF
  - READONLY
  - NOAUTH
  - OOM
  - EXECABORT
  - NOREPLICAS
  - BUSYKEY
- **汎用的なプレフィックス**
  - ERR

ERRの場合、続くメッセージ内容で詳細を確認する必要があります。シンプル文字列との違いは、“-”を受け取ることで、クライアントは例外として扱うように指示できる点にあります。

整数はINCRコマンドやDBSIZEコマンドのような整数の応答、SISMEMBERコマンドのような真偽値についてtrueを1、falseを0として値を返すために利用されます。

バルク文字列は、最大512MBのバイナリーセーフな文字列を送ることを目的としています。シンプル文字列では扱えない種類の文字列も利用できます。

バルク文字列は$で始まり、送る対象の文字列のバイト数となる数字が続きます。その後、実際に送る文字列が続き、最後にCRLF\r\nで終端します。またバルク文字列は空文字列やNULL値を扱うことができ、それぞれ空文字列は$0\r\n\r\n、NULL値は$-1\r\nのように表されます。

配列は複数の要素を扱うのに加えて、クライアントからRedisサーバーへコマンドを送る際にも使用されます。*で始まり、その後配列の要素数が続きます。それ以降は配列の要素が続き、利用するデータ型に応じて続きます。配列の要素間は異なるデータ型を混合させることも可能です。

先程のRESPを通したメッセージのやりとりの例についてあらためて振り返ってみましょう。set foo barのRESP形式である*3\r\n$3\r\nset\r\n$3\r\nfoo\r\n$3\r\nbar\r\nの文字列に着目します。まさにこの配列が使われていることが確認できます。

クライアントから送るset foo barについては、スペース区切りで各要素を数え、set,foo,barの3つの要素を持つ配列であると考えます。そのため、最初の1バイトで配列を表す*、次の1バイトで要素数を表す3が続きます。以降要素ごとに改行のCRLFを表す\r\nがきます。最初の要素であるsetはサイズが3バイトのバルク文字列であるため、$3\r\nset\r\nとなります。実際には$はエスケープして\$とします。同様にfooは $3\r\nfoo\r\n、barは$3\r\nbar\r\nとなります。それらを合わせるとRESP形式となります。なお、NULL配列の場合、要素数を-1として*-1\\r\\nのように表現します。

キーfooに対してINCRコマンドを実行すると整数ではないため-ERRが返され、エラーの理由もメッセージとして表示されます。

```
$ echo -e "*2\r\n$4\r\nincr\r\n$3\r\nfoo\r\n" | nc localhost 6379
-ERR value is not an integer or out of range
```

redis-cliや多くのRedisクライアントではコマンドを入力すると、RESPの形式で表現しRedisサーバーにリクエストを送ります。その後、RESP形式でレスポンスを受け取ると、パースして解釈しやすい形で結果が表示されます。

### RESP3

前述のRESPの説明は、バージョン2（RESP2）に関するものでした。アップグレードしたバージョンのRESP3もあります*5。RESP3はRedis 6.0以降でオプトイン機能として利用できます。接続開始時はRESP2のモードですが、redis-cliなどクライアント側から`HELLO 3`コマンドをRedisサーバーに対して実行することで、ハンドシェイクによりRESP3のモードへと切り替えられます。

RESP2では、セマンティクスの種類が少ないため、型の暗黙的な変換が必要なことが多い状態となっています。クライアントは適切な型へ変換するために、送ったコマンドを覚えておく必要なことがあります。浮動小数点数や真偽値は文字列と整数で扱っていること、またバイナリーセーフなエラーを返す方法がないなどの問題があります。

このような挙動に改良を加えるためにRESPのバージョンアップの策定が始まり、プロトコルとしての表現力を増やして暗黙変換に依存しないことを目標とした変更が加えられています。

その結果、RESP3では次のような成果があります。

- **応答の処理、サーバー・クライアント間での同意について、Redisで対応しているPub/Sub機能よりも汎用的なプッシュモードをサポートしました。応答の属性などをデータ外で返すように改良しました。**
- **レプリケーションのような文字列長が最初にわからないストリーミングについて、レプリカなしのレプリケーションでも問題のないようにRESP自体で特殊モードとして仕様を策定しました。**
- **RESP2では改行に`CRLF`を使用していましたが、サイズを減らすためにRESP3では`LF`のみで良い仕様に変更されました。**

RESP3ではMessagePackやBSONのような既存のライブラリを利用せずにシリアライズ機能を実装しています。これらがリクエスト/レスポンスのサーバー/クライアントモデルに最適化されていないことや、プロトコルの複雑さ、いくつかの機能がないなどRedisが求める要件にマッチしなかったためです。

配列、BLOB、文字列、エラー、数値はRESP2と共通です

以下の内容はRESP2と異なります。データに合わせて記号を使用します。使用方法は基本的にRESP2と同様です。

| データ型 | 記号 | 実行例 |
|---|---|---|
| NULL | $-1 | RESP2の*-1を$-1に置き換えて表現を1つにして無駄な方法を取り除く |
| 倍精度浮動小数点数 | , | ,1.23<LF> |
| 真偽値 | #t, #f | True: #t\\n, False: #f\\n |
| BLOBエラー | ! | !21\<LF\>SYNTAXinvalidsyntax\<LF\> |
| 逐語文字列 | = | =15\<LF\>txt\<LF\>Some string\<LF\>。エスケープやフィルタリングなしで表示するバイナリーセーフな文字列 |
| マップ | % | %2\<LF\>+first\<LF\>:1\<LF\>+second-\<LF\>:2\<LF\> |

*5 https://gist.github.com/antirez/2bc68a9e9e45395e297d288453d5d54c

| データ型 | 記号 | 実行例 |
|---|---|---|
| 集合 | ~ | ~5\<LF\>+orange\<LF\>+apple\<LF\>#t-\<LF\>:100\<LF\>:999\<LF\>。フィールドと値のペアを並べたもの |
| 属性 | \ | |
| プッシュ | > | Pub/Sub, MONITORコマンドに使用。クライアント・サーバーモデルでリクエスト・レスポンス形式を使用するRedisの例外に対応 |
| Hello | @ | Mapと同様の形だが、単にサーバー情報をクライアントに通知するために利用。serverは必須項目 |
| 巨大な数 | ( | (3492890328409238..（略）..8543825024385\<LF\> |

Column

## RESP形式ではないクエリーのリクエスト処理

Netcatや TelnetではレスポンスはRESP形式であるものの、クライアントからのリクエストはRESPでなくてもRedisサーバーは適切に応答を返しています*a。以下、get hogeが入力行で$4と fugaの行が応答となります。

```
$ telnet localhost 6379
Trying 127.0.0.1...
Connected to localhost.
Escape character is '^]'.
get hoge
$4
fuga
```

当然ながら、実際にパケットキャプチャから確認しても入力したままの文字列としてクライアントから送られています。以下、sudo tcpdump -i eth0 port 6379 -A のコマンドで確認したものとなります。

```
08:31:18.259843 IP ip-172-31-13-135.ec2.internal.40500 > ip-172-31-3-237.ec2.internal.redis:
Flags [P.], seq 1:11, ack 1, win 491, options [nop,nop,TS val 3534704482 ecr 3792044618], length
10: RESP "get hoge"
E..>..@.@.!..........4../...........b.....
..Ob...Jget hoge
```

参考までにRedisクライアントから送った例を示します。RESPプロトコルの形で送られていることが確認できます。

```
08:32:28.124368 IP ip-172-31-13-135.ec2.internal.40502 > ip-172-31-3-237.ec2.internal.redis:
Flags [P.], seq 28:51, ack 170719, win 1142, options [nop,nop,TS val 3534774346 ecr 3792102401],
length 23: RESP "get" "hoge"
E..K.%@.@...........6...@.3Q.~....v.......
..`J....*2
$3
get
$4
hoge
```

RESP形式ではないクエリーを処理できる理由は、networking.cの処理から確認できます。

RedisサーバーではリクエストをPROTO_REQ_MULTIBULKとPROTO_REQ_INLINEの2種類に分けて処理して

います。実際にはクライアントから送られてきたデータのバッファー中の最初の文字が*であればRESPと判断してPROTO_REQ_MULTIBULKに分類します。そうでない場合はPROTO_REQ_INLINEに分類しており、それぞれの種類に応じて処理が行われています。PROTO_REQ_MULTIBULKの場合はprocessMultibulkBuffer関数、PROTO_REQ_INLINEの場合はprocessInlineBuffer関数でそれぞれ処理が行われています[*b]。

リスト 11.1 **networking.c**

```
/* Determine request type when unknown. */
if (!c->reqtype) {
    if (c->querybuf[c->qb_pos] == '*') {
        c->reqtype = PROTO_REQ_MULTIBULK;
    } else {
        c->reqtype = PROTO_REQ_INLINE;
    }
}

if (c->reqtype == PROTO_REQ_INLINE) {
    if (processInlineBuffer(c) != C_OK) break;
} else if (c->reqtype == PROTO_REQ_MULTIBULK) {
    if (processMultibulkBuffer(c) != C_OK) break;
} else {
    serverPanic("Unknown request type");
}
```

RESPは前述の通り実装が簡単でパースが高速で、読みやすいことを目標としながらもバイナリープロトコル相当のパフォーマンスが実現できるように設計されています。そのため、Redisクライアントを利用しているときにおいて多くはPROTO_REQ_MULTIBULKの種類で送られています。

*a https://raw.githubusercontent.com/antirez/redis/2.8/00-RELEASENOTES
*b https://github.com/redis/redis/blob/7.0.4/src/networking.c#L2517-L2532

### 11.1.2 SDS（Simple Dynamic Strings）

SDSは可変長文字列に関するC言語のライブラリです。Redisで使用されていた実装がフォークされ、現在はスタンドアローンなプロジェクトとして公開されています。

Redisの実装は、文字列にSDSが利用されています[*6][*7][*8]。SDSのコンセプトは以下です。

1. **利用が簡単**
2. **バイナリーセーフ**
3. **計算効率が良い**
4. **通常のC文字列との互換性（未解決）**

文字列長を効率的に取得したり、都度メモリーを確保せずに文字列を末尾に足したりできます。

C言語では文字列の終わりをNULL文字で認識しているため、文字列の途中にNULL文字を含めるこ

*6 https://redis.io/docs/reference/internals/internals-sds/
*7 https://github.com/antirez/sds
*8 https://github.com/redis/redis/blob/7.0.4/src/sds.c

とができません。したがってNULL文字が入りうる、任意のバイナリーデータを保持できません。対して、SDSでは、末尾がNULL文字で終わるか気にする必要がなくバイナリーセーフであるように工夫されています。文字列の終わりについて、長さ情報も一緒に管理することで実現しています。そのため、JPEGのような画像ファイルなどバイナリーファイルも扱えるという特徴があり、Redisの文字列でも同様に扱えます。

SDSの文字列は、構造体は以下のように定義されています。現在の文字列長（len)、空きスペース（free)、実際の文字列（buf）が定義されています*9。実際に利用する際には、sdsnewlen("redis", 5)のように文字列を生成して利用します。

リスト11.2 **sds.h**

```
struct sdshdr {
    unsigned int len;
    unsigned int free;
    char buf[];
};
```

freeフィールドは、使用できるバイト数を保存しています。len変数は、途中NULL文字列が途中であっても文字列の終わりと認識させずに、全体の文字列長を管理するためにあります。ほかの情報から求めることもできますが、一定時間で長さを取得するための工夫となります。

C言語の文字列ライブラリは、従来、文字列の格納にポインターが使用されていました。SDSでは長さ指定のない配列が定義されています。従来の方法では、構造体のメンバーにアクセスする形で指定したり、関数で呼び出したりすることによって処理していました。SDSではたとえば変数出力の際にprintf("%s\n", sds_string)のようにSDSの文字列変数を直接指定できます。以下、SDSのREADME中に記載の図になります*10。

リスト11.3 **README.md中に記載の図**

```
+--------+-------------------------------+-----------+
| Header | Binary safe C alike string... | Null term |
+--------+-------------------------------+-----------+
         |
         `-> Pointer returned to the user.
```

SDSを利用するユーザーには、実際に文字列が格納されている部分をポインターとして返すため、構造体のメンバーへアクセスするといった必要がありません。また、図中のHeaderは前述のsdshdr構造体のlenとfreeの2つのunsigned int型（2.8.14未満ではint型）となっています。sdshdr構造体のサイズ分だけSDS文字列の変数をさかのぼると対象の構造体の先頭を計算できるため、解放も可能です。

SDSの文字列の新規作成時はfreeフィールドで、できるだけメモリーを消費しないように使用します。追加のスペースを末尾に作成する場合などに、あらかじめ空きスペースをつくって余裕をもたせておく挙動をします。文字列長を増加させるときはSDS_MAX_PREALLOC（=1MB*11）と比較し、それ未満な

*9 Redis 3.2以降ではSDSのバージョン2が使用されていますが、ここでは理解のしやすさからバージョン1について説明します。Redis 3.2以前の説明になっていることは注意してください。

*10 https://github.com/antirez/sds

*11 https://github.com/redis/redis/blob/7.0.4/src/sds.h#L36

らリクエストされたメモリーの2倍を確保、それ以上ならリクエストされたサイズ+SDS_MAX_PREALLOCを確保します。

### SDSバージョン2

Redis 3.2以降から使えるSDSバージョン2では、メモリー使用量の最適化や文字列の最大長の512MB制限の撤廃が行われました*12*13*14。文字列長のビット数に応じて、ヘッダーサイズを変化させるという動的なしくみにより実現しています。実際には、以下のように定義されています。

**リスト11.4 sds.c**

```
static inline char sdsReqType(size_t string_size) {
    if (string_size < 1<<5)
        return SDS_TYPE_5;
    if (string_size < 1<<8)
        return SDS_TYPE_8;
    if (string_size < 1<<16)
        return SDS_TYPE_16;
#if (LONG_MAX == LLONG_MAX)
    if (string_size < 1ll<<32)
        return SDS_TYPE_32;
    return SDS_TYPE_64;
#else
    return SDS_TYPE_32;
#endif
}
```

ヘッダーサイズが決まったあとは各種構造体が以下のように定義されています*15。

**リスト11.5 sds.h**

```
#define SDS_HDR_VAR(T,s) struct sdshdr##T *sh = (void*)((s)-(sizeof(struct sdshdr##T)));
```

**リスト11.6 sds.h**

```
/* Note: sdshdr5 is never used, we just access the flags byte directly.
 * However is here to document the layout of type 5 SDS strings. */
struct __attribute__ ((__packed__)) sdshdr5 {
    unsigned char flags; /* 3 lsb of type, and 5 msb of string length */
    char buf[];
};
struct __attribute__ ((__packed__)) sdshdr8 {
    uint8_t len; /* used */
    uint8_t alloc; /* excluding the header and null terminator */
    unsigned char flags; /* 3 lsb of type, 5 unused bits */
    char buf[];
};
struct __attribute__ ((__packed__)) sdshdr16 {
```

*12 Redis 3.2リリース時は依然512MB制限の影響を受けたままでしたが、その後proto-max-bulk-lenディレクティブが導入され、512MB制限が取り除かれました。デフォルトでは現在もこの制限値ですが、パラメータの値を変更することで上限を事実上なくせます。詳細は2章のコラムを参照してください。 https://github.com/redis/redis/pull/4568

*13 https://github.com/redis/redis/issues/757

*14 https://github.com/redis/redis/pull/2509

*15 https://github.com/redis/redis/pull/2509

```
    uint16_t len; /* used */
    uint16_t alloc; /* excluding the header and null terminator */
    unsigned char flags; /* 3 lsb of type, 5 unused bits */
    char buf[];
};
struct __attribute__ ((__packed__)) sdshdr32 {
    uint32_t len; /* used */
    uint32_t alloc; /* excluding the header and null terminator */
    unsigned char flags; /* 3 lsb of type, 5 unused bits */
    char buf[];
};
struct __attribute__ ((__packed__)) sdshdr64 {
    uint64_t len; /* used */
    uint64_t alloc; /* excluding the header and null terminator */
    unsigned char flags; /* 3 lsb of type, 5 unused bits */
    char buf[];
};
```

### 11.1.3 ae

aeはイベント駆動ライブラリです*16*17*18。Redisの大きな特徴の一つ、シングルスレッドによるリクエストのイベント駆動処理を実現するのがaeです。epoll、kqueue、select等のラッパーです*19*20。

図11.1 aeによるイベント駆動の動作イメージ

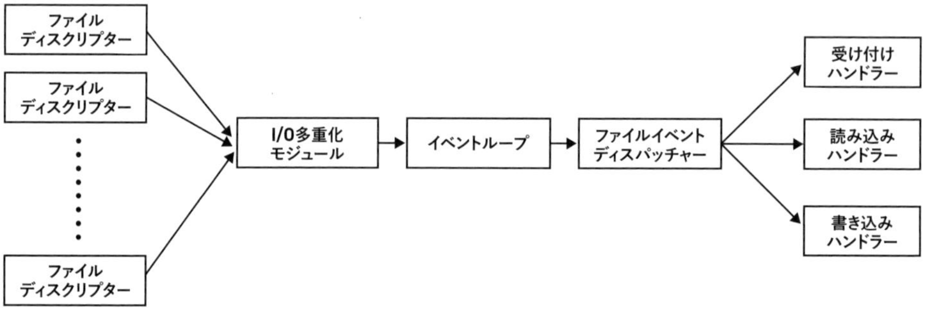


複数のファイルディスクリプターに対してソケットリクエストがあると、I/O多重化モジュールで一

*16 Antirez氏はTclの制約を克服したJimというプログラミング言語を作成しました。その際に実装したイベント駆動プログラミングのためのライブラリが副産物となって、Redisでもaeとして利用されています。

*17 http://jim.tcl.tk/index.html/doc/www/www/index.html

*18 http://antirez.com/articoli/tclmisunderstood.html

*19 ソースコードとしては、ae.h、ae.cが本体であり、そこからI/O多重化モジュールの設定内容に応じてae_epoll.c、ae_evport.c、ae_kqueue.c、ae_select.cが呼び出されます。

*20 https://redis.io/docs/reference/internals/internals-rediseventlib/

本化されます。その後、イベントループによりイベントハンドラー（受け付けハンドラー、読み込みハンドラー、書き込みハンドラー）に割り当てられます。

I/O多重化として、select、epoll、kqueueが利用されます[*21][*22]。本番環境でRedisサーバーを動作させる場合、多くの環境ではLinuxが使用されるため、その場合はepollが使用されています。手元のmacOSで検証するなら、kqueueが使われます。

| システムコール | 説明 |
| --- | --- |
| select | POSIX準拠 |
| epoll | Linuxのデフォルト |
| kqueue | macOS,FreeBSD,OpenBSD,NetBSDのデフォルト |

Redisにはファイルイベントとタイマーイベントの2種類のイベントがあり、クライアントからのリクエスト処理はファイルイベントで、定期的な処理等はタイマーイベントで行われます[*23]。aeProcessEventsが全タイマーイベントを処理後に、ファイルイベントの処理が行われています[*24]。

リスト11.7 **ae.h**

```
/* File event structure */
typedef struct aeFileEvent {
    int mask; /* one of AE_(READABLE|WRITABLE|BARRIER) */
    aeFileProc *rfileProc;
    aeFileProc *wfileProc;
    void *clientData;
} aeFileEvent;

/* Time event structure */
typedef struct aeTimeEvent {
    long long id; /* time event identifier. */
    monotime when;
    aeTimeProc *timeProc;
    aeEventFinalizerProc *finalizerProc;
    void *clientData;
    struct aeTimeEvent *prev;
    struct aeTimeEvent *next;
    int refcount; /* refcount to prevent timer events from being
           * freed in recursive time event calls. */
} aeTimeEvent;
```

Redisサーバー上にはバックグラウンドで一定時間ごとに実行されるタイマーイベントがあります。設定ファイルのhzディレクティブの値により、こちらのイベントを1秒間に実行する回数を指定できます。タイマーイベントでは、1秒間にhzのパラメータで指定した値の回数だけservreCron関数を起動し、たとえば以下のような処理を行っています[*25]。

*21 https://github.com/redis/redis/blob/7.0.4/src/config.h#L89-L109

*22 https://github.com/redis/redis/blob/7.0.4/src/ae.c#L50-L64

*23 https://github.com/redis/redis/blob/7.0.4/src/ae.h#L71-L90

*24 https://github.com/redis/redis/blob/7.0.4/src/server.c

*25 Redis 5.0以降、hzディレクティブの値をベースラインとして、接続クライアント数に比例させることでアイドル状態のCPU使用量の調整が可能になりました。パラメータとしてはdynamic-hzディレクティブで設定可能です。

- アクティブな方法による失効済みキーの回収
- ソフトウェアウォッチドッグ
- 一部統計更新
- DBハッシュテーブルの増分リハッシュ
- BGSAVE/AOF書き換えのトリガーと、終了した子プロセスの処理
- 異なる種類のクライアントタイムアウト
- レプリケーションの再接続

main関数からaeMain関数を呼び出しwhile文でひたすらループを回します。その中でaeEventLoop構造体を利用してaeProcessEvents関数中でクライアントからのリクエストを処理しながら、処理結果をクライアント出力バッファーに格納していきます。また、beforesleepの要素を確認して、クライアント出力バッファーにあるデータをクライアントに送信します。

aeEventLoop構造体の実装は以下の内容となっています*26。

リスト 11.8 **server.c**

```
/* State of an event based program */
typedef struct aeEventLoop {
    int maxfd;   /* highest file descriptor currently registered */
    int setsize; /* max number of file descriptors tracked */
    long long timeEventNextId;
    aeFileEvent *events; /* Registered events */
    aeFiredEvent *fired; /* Fired events */
    aeTimeEvent *timeEventHead;
    int stop;
    void *apidata; /* This is used for polling API specific data */
    aeBeforeSleepProc *beforesleep;
    aeBeforeSleepProc *aftersleep;
    int flags;
} aeEventLoop;
```

main関数からaeMain関数が呼ばれて以降、以下の箇所でループ処理が行われます*27。

リスト 11.9 **ae.h**

```
void aeMain(aeEventLoop *eventLoop) {
    eventLoop->stop = 0;
    while (!eventLoop->stop) {
        aeProcessEvents(eventLoop, AE_ALL_EVENTS|
                                   AE_CALL_BEFORE_SLEEP|
                                   AE_CALL_AFTER_SLEEP);
    }
}
```

libeventのようなイベント駆動ライブラリもある中で、Antirez氏が自前で実装した理由には、外部依存を減らしたいという狙いもありました。外部ライブラリを極力減らすことでRedisの導入が用意になり、予測しないバグの混入の可能性を下げ、カスタムのしやすさも向上します*28。

*26 https://github.com/redis/redis/blob/7.0.4/src/ae.h#L98-L111
*27 https://github.com/redis/redis/blob/7.0.4/src/ae.c#L493-L500

イベント駆動処理のメリット/デメリットは以下のものが挙げられます。

■ **メリット**

- スレッド/プロセスをリクエストの都度用意する必要がなく、メモリー消費量を抑えられる
- スレッド/プロセスの切り替えに伴うコンテキストスイッチのオーバーヘッドを抑えられる
- ノンブロッキングI/Oで、すぐに処理できない状態ではほかの処理に移ることで処理の並行性が高められる

■ **デメリット**

- 1リクエストの処理に時間がかかる処理があると、後続処理が引きずられる

### 11.1.4 RAX

RAXはメモリー管理用のデータ構造です。もともとはRedisのパフォーマンス問題を解決するためにAntirez氏がつくった、Radix tree（日本語では"基数木"と呼ばれるもの）の実装です。

Redis 4.0からRAXを利用したメモリー管理が導入されています。パフォーマンスが下がらないように考慮しつつも、メモリー使用量を小さくするようにバランスを取りながら実装されています。現在はほかでも利用できるようにスタンドアローンのプロジェクトとなっています*29。ソースコードは、rax.h,rax.c,rax_malloc.hで実装されています*30*31*32。Redis 5.0から利用可能になったRedisストリームでも利用されています。

基数木を構成する接続されたノード間の各辺は、単一の文字ではなく複数の文字からなるラベル付けがされ、親ノードが1つしか子ノードを持たない場合マージされてラベルもそれに伴って変更されます。そのため、ほかの要素と共通する接頭辞が長いほどより空間の使用効率が上がります。

たとえば、foobarとfooterの文字列があるとき、各文字をノードとして、親ノードから子ノードをたどっていた際に経由する連続した文字をラベルとし付与していきます。以下、ソースコード中で挙げられている例から説明します。

**リスト 11.10 rax.h**

```
              (f) ""
                \
                (o) "f"
                  \
                  (o) "fo"
                    \
                  [t   b] "foo"
                  /     \
         "foot" (e)     (a) "foob"
                /         \
      "foote" (r)         (r) "fooba"
              /             \
    "footer" []             [] "foobar"
```

*28 https://groups.google.com/forum/#!topic/redis-db/tSgU6e8VuNA
*29 https://github.com/antirez/rax
*30 https://github.com/redis/redis/blob/7.0.4/src/rax.h
*31 https://github.com/redis/redis/blob/7.0.4/src/rax.c
*32 https://github.com/redis/redis/blob/7.0.4/src/rax_malloc.h

子ノードが1つしか持たない親ノードはマージされて、共通化することで、余分なメモリー空間を確保せずにメモリーをより効率的に使用する形となります。

リスト 11.11 **rax.h**

```
              ["foo"] ""
                 |
              [t   b] "foo"
              /     \
    "foot" ("er")    ("ar") "foob"
             /          \
   "footer" []          [] "foobar"
```

そこにfirstという文字列を挿入する場合、foobarとfooterとはfを共通の親ノードとしますが続く次の文字は異なります。それぞれiとoの異なる文字列を持つため、木が分岐します。fisrtのi以降の文字は子ノードを1つしか持たないため、マージして圧縮されます。foobarとfooterのo以降については特に変更がないため、先程の構成が維持されたままとなります。その結果、以下のような形に基数木が構成されます。

リスト 11.12 **rax.h**

```
                  (f) ""
                  /
               (i o) "f"
               /   \
  "firs"  ("rst")  (o) "fo"
            /        \
  "first" []       [t   b] "foo"
                   /     \
         "foot" ("er")    ("ar") "foob"
                  /          \
        "footer" []          [] "foobar"
```

Redis 5.0から利用可能になったRedisストリームでも基数木が利用されています。Redisストリームで利用されるstream構造体は以下のように定義されています*33。

リスト 11.13 **stream.h**

```
typedef struct stream {
    rax *rax;               /* The radix tree holding the stream. */
    uint64_t length;        /* Current number of elements inside this stream. */
    streamID last_id;       /* Zero if there are yet no items. */
    streamID first_id;      /* The first non-tombstone entry, zero if empty. */
    streamID max_deleted_entry_id;  /* The maximal ID that was deleted. */
    uint64_t entries_added; /* All time count of elements added. */
    rax *cgroups;           /* Consumer groups dictionary: name -> streamCG */
} stream;
```

*33 https://github.com/redis/redis/blob/7.0.4/src/stream.h#L16-L24

### 11.1.5 Copy on Write（CoW）

Copy on Write（CoW）は、リソース削減のために用いられる、ある種の戦略です。この用語をファイルシステムやデータベースの文脈で見たことがある方もいらっしゃるでしょう。

簡単にまとめると、コピー作成時にすぐに実際のコピーは行わず、ファイルに変更があるまではコピーライクな参照を用意するという手法です。こうすることでディスクやRAMの使用量を実際に必要となるまで削減できます。

Redisではスナップショットの取得やAOF書き換え時にCoWを採用しています。CoWの挙動によりスナップショット取得時にはデータセットと同じサイズのメモリーを単純に2倍必要とせず、読み込みが基本であれば省メモリーに処理を実現できます。ただし、書き込みが激しい環境であれば、結局メモリーを元の2倍近く消費することになります。

#### LinuxにおけるCoW

この理由について、Linuxのしくみからみていきましょう。しくみを理解しておくと、事故を起こすような運用を避けることができます。また、より効率的なパラメータの調整や問題発生時の効率的なトラブルシューティングにつなげられます。

メモリー管理のしくみはCPUのアーキテクチャによって異なりますが、ここではx86を前提に説明します。また、仮想記憶の実装の種類として、利用の多いページング方式を前提とします。

Linux環境ではあるプロセスがfork処理を実行した際、システムコールを実行した段階では親プロセスと子プロセスは物理ページが共有した状態としておきます。必要に応じて物理アドレス空間を新しく確保します。もし、子プロセスが自身で親プロセスのメモリーのコピーを割り当てた場合、使用しないメモリー領域が多く存在する可能性があります。メモリーの読み込みで親プロセスと同じ領域を使用できる場合、共通に使用することで、不要なメモリーを確保することを抑えて、メモリーを効率的に使用できます。

ここで、CoWの説明に必要なページテーブルについて簡単に説明します。現在CPUの支援もしくはCPUのエミュレーションで仮想記憶の機能が提供されています。こちらの機能により各プロセスは、物理メモリーへ直接アクセスを行わずに仮想アドレスを経由して間接的にアクセスが行われます。この物理アドレスと仮想アドレスの相互変換はMMU（Memory Management Unit）と呼ばれる制御回路によって行われます。現在はほとんどのCPUに内蔵されています。

仮想記憶の実装としてページング方式を利用している場合、メモリーはページ単位で管理されますが、仮想アドレスと物理アドレスとの対応表はMMUのページテーブルとして管理されています。このページテーブルはプロセスごとに管理されています。

forkシステムコール時の動作の説明に入ります。forkシステムコール実行時には、親プロセスからfork処理して子プロセスが生成されます。

CoWはforkシステムコール実行した段階では実際にページ用の物理メモリーを確保せず、ページテーブルのみのコピーが行われ、親プロセスと子プロセスは物理ページが共有された状態となります。

また、親プロセスと子プロセスのそれぞれのページテーブルの各エントリーについてページの書き込みを禁止しておきます。

そのため、読み込みのアクセスのみでは、この状態が継続します。親プロセスもしくは子プロセスが書き込みを行いページの更新を試みた際にはページフォールトがCPUにより発生し、カーネルのページフォールトハンドラーによって物理ページを別途確保されます。プロセスに物理ページを割り当て後、物理ページの内容を書き換えます。親プロセスと子プロセスのそれぞれのページテーブルについては、該当項目の仮想アドレスに対応する物理アドレスを更新しつつ書き込みを可能に設定することで、以降対象のページについて例外なく読み書きのアクセスが可能となります。

Redisではスナップショットの取得やAOF書き換え時に、リクエストを処理するスレッド上からプロセスをfork処理して別プロセスでバックグラウンド処理として対象の処理が行われます。この際にCoWが利用されます[*34][*35]。スナップショットの取得が実行されるタイミングとしては、以下のようなものがあります。

- **saveディレクティブで指定したタイミング**
- **BGSAVEコマンド実行時**
- **レプリケーションによる完全同期時**
- **（マネージドサービスを利用時）自動/手動バックアップ機能のタイミング**[*36]

AOF書き換えが実行されるのは、auto-aof-rewrite-percentageディレクティブで指定したタイミングやBGREWRITEAOFコマンドのタイミングです。

これらのしくみにより、読み込みのみの際はfork実行時に増加するメモリー量はわずかなものですが、書き込みが激しいワークロードでは最大2倍近くのメモリー使用量が増加することになります。

このように、CoWの挙動でメモリー量が最大2倍近く消費されることがあります。この挙動に注意する必要があります。OSのRSS領域がキャッシュノード内のメモリーを圧迫するような状況では、LinuxのOOM Killerが発動し、プロセスを殺してしまう状況も考えられます。

Linuxカーネルでは、オーバーコミットというしくみで、物理メモリー以上にプロセスへメモリーを割り当てることができます。これは、要求されたメモリーについては仮想メモリーを割り当てつつ、物理メモリーは実際に必要となるまで割り当てないことで実現します。

オーバーコミットの挙動は現状vm.overcommit_memoryのパラメータで制御可能です。0の場合は十分にメモリーがある場合にオーバーコミット、1であれば常にオーバーコミットを実行、2ではオーバーコミットを実行しない動作となります。Redisでは公式にvm.overcommit_memoryの値を1として常にオーバーコミットし、楽観的に仮想メモリーを確保する方法を推奨しています[*37][*38]。オーバーコミットの際には、十分なスワップ領域をシステム側で確保しておく必要があります。

マネージドサービスを利用せずに、ご自身でRedisを管理する場合には、vm.overcommit_memoryの値を1に設定しておくと良いでしょう。また、スワップをキャッシュノードに搭載されたメモリー量と同程度もしくは1%多いぐらいの値に設定しておくのもおすすめします。

Redisが使用できるメモリー使用量のうち、データで使用するメモリー使用量もCoWの挙動を考慮して、余裕をもっておく必要があります。メモリーの消費量として、キャッシュノードで最大に使用できるメモリー量の半分程度で監視しておくことをおすすめします。なおfork処理自体についてもCPU消

*34 https://redis.io/docs/manual/persistence/
*35 http://oldblog.antirez.com/post/a-few-key-problems-in-redis-persistence.html
*36 実際にCoWの処理が行われるかはメモリー残量等の条件に依存する場合もあります。
*37 https://www.kernel.org/doc/Documentation/vm/overcommit-accounting
*38 https://redis.io/docs/manual/admin/

費も伴い、基本的にシングルスレッドでリクエストを処理するRedisの性質上、クライアントからのリクエスト処理でレイテンシーの影響が及ぶ可能性もあります。ご注意ください*39*40。

Redisで CoWの際に使用されるメモリー量は、`/proc/self/smaps`の`Private_Dirty`の合計となります*41*42。RDBからの取得時やAOF書き換え時には、`pid`を`-1`、`field`の値を`Private_Dirty:`として取得が行われます*43*44。

### 11.1.6 Raft

Raftは分散合意アルゴリズムです。Paxosが難解であることから理解のしやすさを目標として設計されたものとなります*45*46*47。

Redisクラスターにおけるサーバー間の設定管理はRaftのアルゴリズムから着想を得ています。なお、Antirez氏はRedisクラスターのスロット設定は実際にはRaftは完全に準拠しなくても動作するようになっているとしています*48。Redis 5.0のリリース前より実験的なサイドプロジェクトとして開発が始まったRedisRaftもRaftのアルゴリズムを利用しています*49*50*51。

Raftでは、各サーバーは以下の3種類の中のいずれかの役割を担います。

- **リーダー**
- **フォロワー**
- **候補者**

クライアントからのすべてのリクエストはリーダー経由で行われることになります。このリーダーがすべての変更内容の管理し、候補者、フォロワーに対して変更内容をログとして送ります。

Raftでは理解しやすさのために、大きく以下の3つの問題に分けて解決に取り組んでいます。

- **リーダー選出**
- **ログレプリケーション**
- **安全性**

リーダー選出について、Raftでは期間（term）という概念があります。期間内の最初にリーダー選出

---

*39 https://redis.io/docs/manual/persistence/

*40 https://redis.io/docs/reference/optimization/latency/

*41 http://antirez.com/news/42

*42 https://github.com/redis/redis/blob/7.0.4/src/zmalloc.c

*43 https://github.com/redis/redis/blob/7.0.4/src/rdb.c#L1466-L1500

*44 https://github.com/redis/redis/blob/7.0.4/src/aof.c#L2389-L2455

*45 https://raft.github.io/

*46 https://raft.github.io/raft.pdf

*47 http://thesecretlivesofdata.com/

*48 https://www.slideshare.net/NoSQLmatters/no-sql-matters-bcn-2014

*49 RedisRaftは現在開発中です。RedisRaftは設定変更だけではなく、クライアントから発行されたコマンドについてもRaftベースで管理して、読み込みと書き込みのデータの強い一貫性を実現するモジュールです。

*50 https://github.com/RedisLabs/redisraft

*51 https://redis.com/blog/redisraft-new-strong-consistency-deployment-option/

がされて、再投票が行われるまでの期間、その状態の構成が続きます。以下の流れでリーダーの選出が行われます。

1. **アルゴリズム開始時点では、全サーバーはフォロワーの状態。**
2. **リーダーがいる場合、リーダーからフォロワーに対して定期的にハートビートを送信し続ける。**
3. **フォロワーは一定時間リーダーからハートビートが来ない場合、候補者に役割を変えて、リーダー選出のプロセスが開始。**
    - このタイムアウトの時間はランダム。
4. **候補者は、期間を増加させて自身に投票し、RequestVote RPCをブロードキャスト。**
5. **RequestVote RPCを受け取ったサーバーは最初に送ってきた送り元に投票。**
6. **過半数のサーバーから投票された候補者がリーダーに昇格。**

この過半数のサーバーからの投票によって各期間でリーダーが最大で1つ選出されます。候補者が2つ以上同時に選ばれた場合でも、両方が過半数の票を得ることができないため、リーダーが2つ以上選出されることがないようになっています。また、過半数に達しなかった場合などにはリーダーがいない期間が存在することになります。

ただし、過半数のサーバーから投票された候補者がリーダーに昇格するという性質上、過半数以上のマスターが停止状態の場合は機能しなくなります。Redisクラスターについても同様に局所的な障害を想定したものとなっており、過半数以上のマスターの障害など広範囲な問題に対する復旧は想定されていません。マネージドサービスの場合、過半数以上のマスターが復旧するまでサーバーの復旧が行われ、過半数以上のマスターが存在する状態まで回復する処理を行うものもあります。

リーダーからフォロワーに一連のコマンドからなるログをレプリケーションします。各サーバーはステートマシンを持っており、それぞれのサーバーは保持しているログを適用していくことでサーバー間の整合性を取ります。その際のログレプリケーションの方法について、以下の流れでシステムの状態について合意を取ります。

1. **クライアントからのリクエストをリーダーが受け取るとAppendEntries RPCとして各フォロワーにログを送信。この時点では、リーダーは各変更がサーバーのログにエントリーとして追記されているのみで、変更内容はコミットしていない状態**
2. **その後、リーダーは過半数以上のフォロワーから応答を受け取ると、リーダーは変更内容をコミット**
3. **リーダーは、フォロワーに変更内容がコミットされたことを通知**

もし、サーバー間でログに差異が生じた場合、共通箇所までさかのぼりリーダーのログからフォロワーのログに追記をしていきます。

上記のようにリーダー選出とログレプリケーションで基本的な動作をしますが、データの安全性が保証されない場合があります。そのために、現在の期間のログエントリーのみコミットし、それ以前の期間のログはコミットをしないという制約やログが新しい候補者のみリーダーに選出という制約を加えることで担保しています。ログが新しい候補者のみリーダーに選出する制約については、フォロワーが期間とログのインデックスをRequestVote RPCから受け取り、この2つの情報からログの新旧を判断します。過半数のフォロワーから候補者の方が新しいもしくは同じログを持っていると判断された場合にのみ、候補者はリーダーに選出されるという内容になります。

### 11.1.7 HyperLogLog

HyperLogLogは、演算の際に使用するメモリー使用量の削減を実現しながら、ユニークな数を計算する手法です[*52][*53]。確率的な方法で多少の誤差が発生します。このため、これを許容できる場合に使用します。概要については2.7.4で説明しました。ここではRedisにおけるHyperLogLogの詳細を説明します。

HyperLogLogのアイデアとしては、コインを連続して投げたときに同じ目が連続して何個でるかという試行を何回か試すことを想定します。多くの連続した同じ結果が出たということは、多くの回数を試行したのであろうことを示すという発想に近いものです。偶然のこともあるので誤差も含まれます。要素数が少ない場合は誤差が大きくなります。

HyperLogLogは、LogLogアルゴリズムの拡張となっています。両アルゴリズムではいったん対象となる集合の要素をスケッチと呼ばれる表現に変換して、そこから推定値を算出します。このスケッチに変換することで、メモリーを小さく効率的な処理を実現することを可能にします。スケッチはマージも可能なため、たとえば再利用性の高い単位で管理しておくことで求めたい単位での値の集計や、和集合や積集合に相当する計算での集計が可能で分析がしやすくなります。

LogLogアルゴリズムでは、対象の要素をハッシュ化した際のビット列で先頭から連続する0ビットの数を数えます。$N$の数を表すために、2の何乗の近似かのべき乗部分の数値のみを保持するため、$\log N$までの数を表せられれば十分ということになります。$\log N$の数を表すためには$\log \log N$ビットのメモリーを確保する必要があります。この$\log \log$のように$\log$が連続して現れる特性がLogLogアルゴリズムの名前の由来となっています。

しかしながら、単一のハッシュ関数では精度が悪い場合もあります。精度を上げるために複数のハッシュ関数を使って平均を取るアイデアもありますが、計算コストの高い処理となり、また独立したハッシュ関数を複数用意する必要があります。

そこで確率的平均という手法で、1つのハッシュ関数を使用しながらもレジスターを複数用意し、データを分けることで対応しています[*54][*55]。

#### HyperLogLogの計算方法

スケッチの作成の流れを求めます。スケッチの作成は、要素数に比例した時間を要します。用意するレジスターの数を$m$個として、それを表す2のべき乗の値を$b$とします。また、使用するハッシュ関数について、$x$を演算対象のキーとした時$h(x)$として表すことにします。

1. **$m = 2^b$ 個のレジスター $M[i] (i = 0...2^b - 1)$ を用意。**
2. **ハッシュ値$h(a)$の先頭$b$ビットでレジスターを振り分け。残りのビット列を対応するレジスターに保存。**
3. **各レジスターでハッシュ化した際に連続する上位から続く0のビット数について、最大値$max$を保存。**

その後、以下のように推定値を求めます。$\alpha_m$をバイアス補正係数として表すことにします。

*52 http://antirez.com/news/75

*53 http://algo.inria.fr/flajolet/Publications/FlFuGaMe07.pdf

*54 http://algo.inria.fr/flajolet/Publications/DuFl03-LNCS.pdf

*55 https://engineering.fb.com/data-infrastructure/hyperloglog

4. **各レジスターで連続する上位から続く0のビット数の最大値について、一定時間で全レジスター間での平均を計算。**
5. **推定値として$E := \alpha_m * m * 2^{\frac{1}{m} * \sum M[i]}$。**

HyperLogLogでは、以下のように4の順番における推定値の計算方法を改め、調和平均を求めることで改良されています。

4. **各レジスターで推定値を$2^{max}$として計算。**
5. **計算した各レジスターの推定値の調和平均$Z = \frac{m}{\sum 2^{-M[i]}}$を計算。**
6. **推定値として$E := \alpha_m * m * Z = \frac{\alpha_m * m^2}{\sum 2^{-M[i]}}$を計算。**

以上が基本的なHyperLogLogの考え方です。

Redisではそこから派生したHyperLogLog++[*56]相当の実装およびLogLog-Beta[*57]のアルゴリズムを使用します。HyperLogLogではエッジケースに対する計算精度の改善も行われますが、HyperLogLog++やLogLog-Betaではこれらをさらに改良します。HyperLogLogとHyperLogLog++では要素数が小さい場合、線形関数を使用する条件分岐を行います。また、HyperLogLogでは要素数が多くハッシュ関数が衝突するような場合には、補正して問題に対応します。

HyperLogLog++の手法では元の論文から改良を加え、64ビットのハッシュ関数を使用することでカバーできる要素数を広げます。また、要素数が多い場合における補正を事実上必要とせずに計算を実現します。

LogLog-Betaのアルゴリズムでは、前述の条件分岐をなくして、1つの推定関数で精度を同等もしくは向上を実現します。LogLog-Betaでは推定値として、前述の6の手順で使用した推定関数をより一般化したものを使用します。

### HyperLogLogで実現する省メモリー

HyperLogLogの一番のメリットは、メモリー使用量が抑えられることです。では、具体的にどの程度メモリーを消費するのかみていきます。

メモリー使用量は、**レジスターの数 × <各レジスターのハッシュ化した際に連続する上位から続く0のビット数>**となります。特に工夫なく要素数を計算する方法として、それぞれの集合に要素を格納していき、それらの各集合の要素数を数える方法が考えられます。その場合線形に増加します。

対して、HyperLogLogではメモリー使用量が大幅に削減されます。また、HyperLogLog++の手法では値が小さい場合にはSparseと呼ばれる圧縮形式で管理して、レジスターのインデックスと連続している0の数をペアとして管理します。Denseの形式のサイズの方が小さい場合にはこちらに切り替えられます。

RedisのHyperLogLogではHyperLogLog++相当の実装がされています。16384個のレジスタと64ビット長のMurmurHash2のハッシュ関数を利用します。16384個のレジスタをあらかじめ用意し、64ビットのうち14ビットの値に応じて、各レジスタに分類されます。

残りの50ビットを要素数の計算のために使用します。0、1の数値を並べても最大で50個以下の数になるので、$2^6 (= 64)$以下、すなわち6ビットのサイズのレジスタがあれば十分ということになります。

---

*56 http://static.googleusercontent.com/media/research.google.com/en//pubs/archive/40671.pdf

*57 https://arxiv.org/pdf/1612.02284v2.pdf

そのため、メモリー使用量としては1つのキーあたり理論上、$6bit * 16384/8 = 12k$バイトが必要ということになります。

実際には、キャッシュ目的で最後に計算したカーディナリティーの値をエンコードした8バイトを追加のメモリーとして使用します[*58]。そのため、正確には1つのキーあたり最大で$12k + 8$バイトのメモリーを必要とします。

ただし、内部エンコーディングとしてSparseとDenseの2種類を使用します。`hll-sparse-max-bytes`ディレクティブの値以下のときには内部でSparseとして表現され、0ビットの羅列が多いときにランレングス圧縮の表現が利用されます。そのため、メモリーが効率的に使用されます。`PFDEBUG ENCODING <キー名>`コマンドを実行することでどのエンコーディングが使用されているか調べられます。

### HyperLogLogの計算精度

HyperLogLogが省メモリーを実現する引き換えに、トレードオフとなるのが計算精度です。

精度については、相対誤差は$1.04/\sqrt{m}$となります。Redisでは、16384個のレジスタを利用するため、$1.04/\sqrt{16384} \fallingdotseq 0.81\%$が標準エラーの誤差となります。この誤差の数値はあくまで標準誤差です。各要素のハッシュ値の先頭ビットが同じでいずれも同じレジスターに振り分けられ、かつ残りのビット列について連続する上位から続く0のビット数が同じ傾向が強い性質をデータが持っている場合には特に誤差が大きくなります。

前述の通りHyperLogLogは要素数が小さい場合は精度が悪くなる側面があります。Redisでは、$m * 2.5$未満の要素数、すなわち、レジスター数が16384のため約4万未満の要素数の場合、精度が低くなってしまうため、Redis 4.0以前は条件を分岐させて線形カウントが使用されていました[*59]。

Redis 4.0以降は、LogLog-Betaによってこの条件分岐をなくして数を推定する関数を利用するように改良されています[*60][*61]。しかしながら、このアルゴリズムを用いた改良ではマジックナンバーに依存した関数を推定関数中で使用します[*62]。Redis 5.0以降では、最初にレジスターのヒストグラムを見つけて推定値の計算に利用するように変更することで改良されています[*63][*64][*65][*66]。また、前述の64ビットのハッシュ関数を使用することで、要素数が大きい場合における補正は事実上必要としない方法が取られています。

### RedisにおけるHyperLogLogの操作

RedisではHyperLogLogに対する操作として、下記4つのコマンドが用意されています。これらのコマンドで、HyperLogLogをシンプルで省メモリーかつ高速に扱うことができます。

---

*58 https://redis.io/commands/pfcount/

*59 https://github.com/redis/redis/blob/4.0-rc2/src/hyperloglog.c

*60 https://github.com/redis/redis/pull/3677

*61 https://raw.githubusercontent.com/antirez/redis/4.0/00-RELEASENOTES

*62 https://github.com/redis/redis/blob/4.0-rc3/src/hyperloglog.c

*63 http://oertl.github.io/hyperloglog-sketch-estimation-paper/paper/paper.pdf

*64 https://github.com/redis/redis/pull/4749

*65 https://arxiv.org/pdf/1702.01284.pdf

*66 https://github.com/redis/redis/blob/7.0.4/src/hyperloglog.c#L1003-L1049

- PFADD
- PFCOUNT
- PFMERGE
- PFDEBUG

PFADDコマンドで指定したキーに要素を追加し、PFCOUNTコマンドでHyperLogLogのアルゴリズムにもとづいて推定値を算出します。PFMERGEコマンドで、キーごとの集合の要素をマージした和集合としてデータを保持します。

最後のPFDEBUGコマンドはほかとは違い特殊です。Redis自体の開発に関わり、HyperLogLog機能に関する実装をする場合でない限り活用する場面は基本的にないはずです。サブコマンドとして、GETREG、DECODE、ENCODING、TODENSEコマンドの4種類が現状利用でき、続けてキー名を指定する形で使用します。強いて使う場面があるとすると、HyperLogLogの内部エンコーディングを調べるためのENCODINGは可能性があります。

# 11.2 ソースコードから見るRedis

Redisは、本体の中身、ソースコードを意識しなくても利用できます。しかしながら、時にはソースコードを読み解く能力が大きく役立ちます。ソースコードレベルで調査できると問題解決が容易だったり、パフォーマンスチューニングに知識が活かせたりという効果が期待できます。

ここでは発展的な内容として、ソースコードの読み解き方を学びます。Redisを構成する各種ファイルの概要から説明し、動作の上で特に重要な部分を取り上げます。

内部エンコーディングのしくみ等も把握しておくことで、どういった場面で効果を発揮するのか、オーバーヘッドになる可能性があるのかイメージできる能力を養うことを目指します。

## 11.2.1 各種ファイルの概要

Redisではsrc/以下に本体となる実装があります。Redis 7.0.4現在、ディレクトリ含め、150以上のファイルおよびディレクトリから構成されます。以下Redisの機能に関連するファイルの概要です。

表11.1 メイン処理および各種初期設定等

| ファイル名 | 説明 |
|---|---|
| server.h, server.c | Redisサーバーの起動から起動時における処理。各種コマンドの実装等。redis-server処理のメイン部分 |
| config.h, config.c | 設定ファイルのパースと、CONFIG GET/SETコマンドの実装 |
| commands.c | src/commands/以下のJSONファイルを元にutils/generate-command-code.pyのスクリプトにより自動生成される*67。以前はserver.cにハードコーディングされていたものを分離したもの。 |

*67 https://github.com/redis/redis/pull/9656

表11.2 データ型実装

| ファイル名 | 説明 |
|---|---|
| object.c | Redisオブジェクトの実装 |
| t_string.c | String型のAPIの実装 |
| t_list.c | List型のAPIの実装 |
| t_hash.c | Hash型のAPIの実装 |
| t_set.c | Set型のAPIの実装 |
| t_zset.c | Sorted Set型のAPIの実装 |

表11.3 各種データの操作に関するRedisの機能実装

| ファイル名 | 説明 |
|---|---|
| pubsub.c | Pub/Sub機能の実装 |
| script_lua.h, script_lua.c | スクリプト処理でLuaを実行する実装*68 |
| script.h, script.c | スクリプト内からRedisとやりとりをする実装 |
| function_lua.c | Redis FunctionにおけるLuaエンジンに関する実装 |
| functions.h,functions.c | Redis Functionの実装 |
| eval.c | エフェメラルスクリプト機能の実装 |
| call_reply.h,call_reply.c | Luaやモジュール、Redis Functionで共通に使用することを目的とした、応答をパースして、分析ができるように異なるコールバック関数を呼び出す関数に関する実装*69 |
| multi.c | トランザクション機能の実装 |
| sort.c | SORTコマンドの実装 |
| bitops.c | GETBITコマンドやSETBITコマンドなどのBitmap機能の実装 |
| hyperloglog.c | HyperLogLogのAPIの実装 |
| geo.h,geo.c | GeohashのAPIの実装 |
| geohash.h,geohash.c | Geohash自体の実装 |
| geohash_helper.h,geohash_helper.c | Geohashのヘルパー関数 |
| redismodule.h,module.c | モジュール機能の実装 |
| stream.h,t_stream.c | RedisストリームのAPIの実装 |

表11.4 データ構造の実装

| ファイル名 | 説明 |
|---|---|
| sds.h, sds.c, sdsalloc.h | SDS (Simple Dynaic Strings) の実装*70。Redisでの文字列に使用 |
| zmalloc.h, zmalloc.c | Redisのメモリー割り当てに使用。プラットフォーム間での差異を吸収し、同様の方法でメモリーの割り当てを可能にするラッパー関数 |
| adlist.h, adlist.c | Redisの双方向リストの実装。ziplist等で利用 |
| dict.h, dict.c | Redisのディクショナリー実装。Set型やHash型に利用。Redisのデータセットを格納するディクショナリーの実装にも利用 |

*68 https://github.com/redis/redis/pull/9780

*69 https://github.com/redis/redis/pull/9202

*70 https://github.com/antirez/sds

表11.5 内部エンコーディングの実装

| ファイル名 | 説明 |
|---|---|
| intset.h, intset.c | intsetのデータ構造。Set型で全要素が整数、かつ要素数が少ないときの内部エンコーディング |
| ziplist.h, ziplist.c | ziplistのデータ構造。Redis 7.0未満でHash型、Sorted Set型のサイズやエントリ数が小さいときの内部エンコーディング。以前はList型でも使用 |
| quicklist.h, quicklist.c | quicklistのデータ構造。List型の内部エンコーディング |
| zipmap.h, zipmap.c | Redis 2.6以前で、Hash型が利用していた内部エンコーディング。RDBファイルからの読み込みで使用 |
| rax.h,rax.c ,rax_malloc.c | RAX（基数木）に関する実装*71。Redis 4.0以降におけるメモリー管理に使用。Redisストリームでも利用。rax_malloc.cはコンパイル時のRAXアロケーターを変更するために使用することを想定して作成 |
| listpack.h, listpack.c, listpack_malloc.h | listpackのデータ構造*72*73*74 |

表11.6 データベース関連の実装

| ファイル名 | 説明 |
|---|---|
| db.c | 全コマンド共通処理（キーの削除処理等）。データベースの実装 |
| lazyfree.c | Lazy Expirationアルゴリズム |
| defrag.c | アクティブデフラグメンテーションの実装 |
| evict.c | LRUによる退避やその他メモリー退避方法のポリシーの実装 |
| expire.c | EXPIREコマンドなど失効関連のコマンドの実装 |
| rdb.h,rdb.c | RedisのRDBによる永続化処理 |
| aof.c | RedisのAOFによる永続化実装 |
| notify.c | キー空間通知機能の実装 |
| acl.c | ACL機能の実装 |
| tracking.c | クライアントサイドキャッシュ機能の実装 |

表11.7 接続関連の実装

| ファイル名 | 説明 |
|---|---|
| ae.h,ae.c, | Redisのイベントハンドラーの実装 |
| ae_*.c（ae_epoll.c,ae_evport.c,ae_kqueue.c,ae_select.c） | Redisのイベントハンドの実装ごとのモジュール |
| anet.h,anet.c | TCPソケット通信周りの実装。anetTcpServer関数からリッスンするディスクリプターを返す処理等 |
| tls.c | TLS機能の実装 |
| networking.c | Redisのネットワーク接続ライブラリで、コマンド応答の送信とコマンド要求の受け入れを担当し、クライアントの作成/破棄、通信プロトコル分析等の処理 |
| connection.h,connection.c | ネットワーク接続の抽象化レイヤー。TCP接続やTLS接続を透過的に扱うことを主な目的とする。 |

*71 https://github.com/antirez/rax

*72 ziplistの置き換えの候補としてよりメモリーを効率的に使用することを目的に設計された内部エンコーディング。

*73 https://github.com/antirez/listpack

*74 RedisストリームにおいてRAXのツリー構造で構成されたストリームの各ノードの構成に利用。Redis 7.0以降ではList型、Hash型、Sorted Set型のサイズやエントリ数が小さいときの内部エンコーディングにも利用。

| ファイル名 | 説明 |
|---|---|
| connhelpers.h | 異なる接続実装間における共通のヘルパー関数。connection.cとtls.cで利用される。接続ハンドラーの呼び出し、接続参照の追跡、ハンドラー内から安全に接続破壊する実装が用意されている。 |
| timeout.c | タイムアウトに関連する実装 |

**表11.8 レイテンシーのトラブルシューティング**

| ファイル名 | 説明 |
|---|---|
| slowlog.h, slowlog.c | スローログ機能の実装 |
| latency.h, latency.c | レイテンシーモニタリング機能の実装 |

**表11.9 I/O処理**

| ファイル名 | 説明 |
|---|---|
| bio.h,bio.c | スレッド間で競合しないようにI/Oのブロッキング処理 |
| blocked.c | BLPOPコマンドやWAITコマンド等のブロッキング処理 |
| rio.h,rio.c | rio[*75]の抽象パッケージとして提供され、rdb.cにおけるRDBメモリーの読み書きとファイルの読み書き等に使用 |
| syncio.c | ソケットやファイルのI/O操作の同期処理。MIGRATEコマンドのような2つのインスタンス間の整合性が必要な処理ためのブロッキング処理[*76] |

**表11.10 複数ノードに関する処理の実装**

| ファイル名 | 説明 |
|---|---|
| replication.c | レプリケーション機能の実装 |
| sentinel.c | Redis Sentinelの実装 |
| cluster.h,cluster.c | Redisクラスターの実装 |

**表11.11 数学的処理**

| ファイル名 | 説明 |
|---|---|
| crc16.c | Redisクラスターでハッシュスロット決定の際のHASH_SLOT = CRC16(key) motd 16384の計算式で使用。cluster.cでcrc16(key,keylen) & 0x3FFFのように使用 |
| crc16_slottable.h | RedisのCRC16によって、最短の可能な英数字文字列とあるRedisクラスターのスロットがマッピングされたテーブル。あるスロットを指定すると、そのスロットを保持するシャードにリクエストをルーティングすることに使用。redis benchmark中で使用 |
| crc64.h,crc64.c | RDBファイルのチェックサム計算に使用。RDBバージョン5が使用され、rdbchecksumディレクティブのパラメーターの有効時（デフォルト有効）に付与 |
| crcspeed.h,crcspeed.c | Mark Adler氏によって考案された、高速化されたCRC64計算の実装。crc64.c中で使用 |
| sha1.h,sha1.c | SHA1の実装 |
| sha256.h,sha256.c | SHA256の実装 |
| rand.h,rand.c | デフォルトのmath.random()のLuaの実装は、異なるシステム間で期待する挙動にならないので、pysamのdrand48()由来の独自の擬似ランダム関数(PRNG)を実装 |

*75 rioはストリーミング志向のI/Oの抽象化で、特定のI/Oデバイスを消費/生成するための読み書きインタフェースを提供しています。

*76 レプリカからの同期処理を除いたほとんどの処理はノンブロッキングI/Oです。

| ファイル名 | 説明 |
|---|---|
| lzf.h,lzf_c.c,lzf_d.c,lzfP.h | LibLZFの実装。quicklistや、rdbcompressionディレクティブのパラメーターが有効時（デフォルト有効）にRDBファイルの圧縮に使用*77 |
| pqsort.h,pqsort.c | クイックソート。NetBSDのlibc qsort実装をRedisのレンジによる部分ソートに対応するために改良した実装 |
| endianconv.h,endianconv.c | エンディアンの変換の実装。Redisは基本リトルエンディアンとして解釈*78 |
| siphash.c | SipHashの実装*79*80。Redisのディクショナリーで、デフォルトのハッシュ関数としてSipHashの実装を利用 |
| mt19937-64.h,mt19937-64.c | メルセンヌ・ツイスタの疑似乱数生成器の64ビット版の実装 |

表11.12　その他

| ファイル名 | 説明 |
|---|---|
| childinfo.c | fork処理を行うRDBやAOFの処理において、親プロセスと子プロセス間でCoWのデータのやりとりに関連する処理 |
| atomicvar.h | __atomicもしくは__syncマクロを利用したアトミックなカウンターの実装。利用できない場合はmutexを使用した異なるスレッドの同期により実現 |
| localtime.c | ロックを使用しないlocaltime()関数の安全版で、fork関数の処理に適する。 |
| monotonic.h,monotonic.c | Monotonic clockの実装。単調増加するクロックソース。時間の正確さについては保証がなく、相対的な時間合わせに使用。もともとはgettimeofdayを使用していたが、手動やNTPなどによりシステム時間が変更されると日時が変更されると、クロックが進んだかの確認に問題が発生する可能性があることを受けての対応。 |
| setcpuaffinity.c | CPUアフィニティーの設定の実装 |
| lolwut.h, lolwut.c, lolwut5.c, lolwut6.c | LOLWUTコマンドというジョーク機能の実装。バージョンごとにおもしろおかしいコマンドに置き換わることを想定。lolwut.cは汎用的で、デフォルトでは稼働しているバージョンに対応してlolwut5.cのlolwut5Command()関数、lolwut6.cのlolwut6Command()関数が呼び出される。Redis 6.0からはオプションで呼び出すバージョンも指定可能 |
| util.h,util.c | C言語の型変換処理や文字列に関する処理、パス周りの処理等、一般的に利用できる関数 |
| help.h | ヘルプコマンドで利用する変数を定義。表示内容の文字列が格納されたディクショナリー等を定義 |
| testhelp.h | 最低限のテストフレームワーク |
| debug.c | デバッグ用に各種レジスターの中身の情報をダンプする関数等を定義 |
| debugmacro.h | 一時ファイルにログを書き込む関数定義 |
| version.h | Redisのバージョンを文字列で指定するマクロ変数を定義 |
| redisassert.h,redisassert.c | ログファイルに詳細とともにスタックトレースを出力するassert()を定義 |
| mkreleasehdr.sh | リリースする度にRedisのGitのSHA1やダーティな状態に関する定数が定義されたrelease.hを生成。release.cをビルド対象にするためにtouchを実行 |
| release.c | RedisのGitのSHA1やダーティな状態に関する情報を返す。 |
| asciilogo.h | Redis Serverの起動時に表示されるRedisのASCII文字によるアイコン |
| fmacros.h | OS周りの定数定義 |

*77　http://oldhome.schmorp.de/marc/liblzf.html

*78　多くのプロダクション環境でもリトルエンディアンだが、いくつかのものは後方互換性のためにビッグエンディアンを使用。ziplists,intsets,zipmapsなどは、メモリー上であっても、RDBファイルへのシリアライズを1回のwrite(2)で行うのでエンディアンとして中立の立場である必要がある。

*79　短いメッセージに対しても高速で、ハッシュの衝突を意図的に起こすDoS攻撃に耐性のある暗号論的な疑似乱数生成器。

*80　https://131002.net/siphash/

| ファイル名 | 説明 |
|---|---|
| sparkline.h,sparkline.c | ASPARKというASCIIスパークラインを表示する実装について、ターミナル出力からSDS文字列で返すように改良*81 |
| memtest.c | メモリーテスト。memtest86やmemtesterを併用した確認も提案する。 |
| solarisfixes.h | Solaris特有部分の修正 |
| setproctitle.c | Linux/Darwinのsetproctitleでプロセス名の設定に関する実装 |
| syscheck.h, syscheck.c | システムチェックの実装(clocksourceがxenのものでないことの確認、overcommit有効になっていることの確認、Transparent Huge Pageが常に有効になっていないことの確認) |
| gopher.c | (Redis 6のみ)Gopherと呼ばれるテキストベースの情報検索システムに関連する実装 |

表11.13 各種ツール実装

| ファイル名 | 説明 |
|---|---|
| redis-benchmark.c | Redis Benchmarkツール(redis-benchmarkコマンド)の実装 |
| redis-check-aof.c | Redis AOFチェックツール(redis-check-aofコマンド)の実装 |
| redis-check-rdb.c | Redis RDBチェックツール(redis-check-rdbコマンド)の実装 |
| redis-cli.c | Redisコンソールツール(redis-cliコマンド)の実装 |
| cli_common.h,cli_common.c | Redisコンソールツールの共通処理の実装。Redis Benchmarkツールでも使用 |
| redis-trib.rb | Redisクラスターの操作をするスクリプト。現在は廃止されており、redis-cliの--clusterオプションを使用 |

### 11.2.2 ハッシュテーブル(hashtable)

Redisサーバーでは、データセットを1つの巨大なハッシュテーブルで管理しています。コードを見ると、hashtableを保持するdict構造体の定義は以下のようになります。

リスト11.14 dict.h

```
struct dict {
    dictType *type;

    dictEntry **ht_table[2];
    unsigned long ht_used[2];

    long rehashidx; /* rehashing not in progress if rehashidx == -1 */

    /* Keep small vars at end for optimal (minimal) struct padding */
    int16_t pauserehash; /* If >0 rehashing is paused (<0 indicates coding error) */
    signed char ht_size_exp[2]; /* exponent of size. (size = 1<<exp) */
};
```

dict構造体ではht_table[2]のようにdictEntryの構造体のポインターのポインターで要素数2の配列を宣言していることから、ハッシュテーブルとなるdictEntry構造体を2つ持つことを確認できます。2

*81 https://github.com/antirez/aspark

つ持っている理由は増分リハッシュの際に利用されるからです。

増分リハッシュの挙動は、ハッシュの初期サイズを4として、ハッシュテーブル中で使用するメモリー量が全体のサイズを占めてきたときに2乗したサイズだけ大きく拡張されます。その際の前後のハッシュテーブルを確保しておくために2つめのdictEntry構造体が利用されます。リハッシュが実行中でない場合は、rehashidxの値が-1となります*82。

dictEntry構造体は、以下のように定義されています。同じハッシュ値で衝突した場合にはチェイン法が使用されています。

リスト 11.15 **dict.h**

```
typedef struct dictEntry {
    void *key;
    union {
        void *val;
        uint64_t u64;
        int64_t s64;
        double d;
    } v;
    struct dictEntry *next;     /* Next entry in the same hash bucket. */
    void *metadata[];           /* An arbitrary number of bytes (starting at a
                                 * pointer-aligned address) of size as returned
                                 * by dictType's dictEntryMetadataBytes(). */
} dictEntry;
```

ハッシュテーブルが拡張されるのは、スロット数に対して要素数が平均して上回りかつバックグラウンド処理が行われていないとき、もしくは5倍の数となったときに強制的に実行されます。

この挙動は_dictExpandIfNeeded関数の定義となり、以下のような内容の関数となります*83。バックグラウンド処理の際、プロセスをforkしたあとにRedisはCoWを利用します。ここでメモリーをあまり使用したくありません。そのため、バックグラウンド処理が行われていないときにハッシュが拡張する動作となっています。

リスト 11.16 **dict.c**

```
/* Expand the hash table if needed */
static int _dictExpandIfNeeded(dict *d)
{
    /* Incremental rehashing already in progress. Return. */
    if (dictIsRehashing(d)) return DICT_OK;

    /* If the hash table is empty expand it to the initial size. */
    if (DICTHT_SIZE(d->ht_size_exp[0]) == 0) return dictExpand(d, DICT_HT_INITIAL_SIZE);

    /* If we reached the 1:1 ratio, and we are allowed to resize the hash
     * table (global setting) or we should avoid it but the ratio between
     * elements/buckets is over the "safe" threshold, we resize doubling
     * the number of buckets. */
    if (d->ht_used[0] >= DICTHT_SIZE(d->ht_size_exp[0]) &&
        (dict_can_resize ||
```

*82 https://github.com/redis/redis/blob/7.0.4/src/dict.h

*83 https://github.com/redis/redis/blob/7.0.4/src/dict.c

```
        d->ht_used[0]/ DICTHT_SIZE(d->ht_size_exp[0]) > dict_force_resize_ratio) &&
        dictTypeExpandAllowed(d))
    {
        return dictExpand(d, d->ht_used[0] + 1);
    }
    return DICT_OK;
}
```

増分リハッシュは以下の箇所で行われます。移行が完了するまで、この関数は1を返し続けます。

リスト 11.17 **dict.c**

```
/* Performs N steps of incremental rehashing. Returns 1 if there are still
 * keys to move from the old to the new hash table, otherwise 0 is returned.
 *
 * Note that a rehashing step consists in moving a bucket (that may have more
 * than one key as we use chaining) from the old to the new hash table, however
 * since part of the hash table may be composed of empty spaces, it is not
 * guaranteed that this function will rehash even a single bucket, since it
 * will visit at max N*10 empty buckets in total, otherwise the amount of
 * work it does would be unbound and the function may block for a long time. */
int dictRehash(dict *d, int n) {
    int empty_visits = n*10; /* Max number of empty buckets to visit. */
    if (!dictIsRehashing(d)) return 0;

    while(n-- && d->ht_used[0] != 0) {
        dictEntry *de, *nextde;

        /* Note that rehashidx can't overflow as we are sure there are more
         * elements because ht[0].used != 0 */
        assert(DICTHT_SIZE(d->ht_size_exp[0]) > (unsigned long)d->rehashidx);
        while(d->ht_table[0][d->rehashidx] == NULL) {
            d->rehashidx++;
            if (--empty_visits == 0) return 1;
        }
        de = d->ht_table[0][d->rehashidx];
        /* Move all the keys in this bucket from the old to the new hash HT */
        while(de) {
            uint64_t h;

            nextde = de->next;
            /* Get the index in the new hash table */
            h = dictHashKey(d, de->key) & DICTHT_SIZE_MASK(d->ht_size_exp[1]);
            de->next = d->ht_table[1][h];
            d->ht_table[1][h] = de;
            d->ht_used[0]--;
            d->ht_used[1]++;
            de = nextde;
        }
        d->ht_table[0][d->rehashidx] = NULL;
        d->rehashidx++;
    }

    /* Check if we already rehashed the whole table... */
    if (d->ht_used[0] == 0) {
        zfree(d->ht_table[0]);
```

```
        /* Copy the new ht onto the old one */
        d->ht_table[0] = d->ht_table[1];
        d->ht_used[0] = d->ht_used[1];
        d->ht_size_exp[0] = d->ht_size_exp[1];
        _dictReset(d, 1);
        d->rehashidx = -1;
        return 0;
    }

    /* More to rehash... */
    return 1;
}
```

### 11.2.3 各種コマンド定義

Redisの各種コマンドは以下のようにredisCommand構造体で定義されています*84。

リスト 11.18 server.h

```
struct redisCommand {
    /* Declarative data */
    const char *declared_name; /* A string representing the command declared_name.
                                * It is a const char * for native commands and SDS for module ⮐
commands. */
    const char *summary; /* Summary of the command (optional). */
    const char *complexity; /* Complexity description (optional). */
    const char *since; /* Debut version of the command (optional). */
    int doc_flags; /* Flags for documentation (see CMD_DOC_*). */
    const char *replaced_by; /* In case the command is deprecated, this is the successor command. ⮐
*/
    const char *deprecated_since; /* In case the command is deprecated, when did it happen? */
    redisCommandGroup group; /* Command group */
    commandHistory *history; /* History of the command */
    const char **tips; /* An array of strings that are meant to be tips for clients/proxies ⮐
regarding this command */
    redisCommandProc *proc; /* Command implementation */
    :
    struct RedisModuleCommand *module_cmd; /* A pointer to the module command data (NULL if native⮐
 command) */
};
```

declared_nameにはコマンド名、procには各コマンドを実行した際、実際に呼び出される関数のポインタが入ります。実際にはcommands.cのredisCommandTable[]変数等で以下のように定義されています*85。こちらのファイルはsrc/commands/以下のJSONファイルを元にutils/generate-command-code.pyのスクリプトにより自動生成されるものです。以前はserver.cにハードコーディングされていたものを分離したものです。これらの情報はCOMMANDコマンドを通して確認できます*86*87。

*84 https://github.com/redis/redis/blob/7.0.4/src/server.h
*85 https://github.com/redis/redis/blob/7.0.4/src/commands.c
*86 https://redis.io/commands/command/
*87 https://redis.io/commands/command-info/

リスト11.19 **commands.c**

```
/* Main command table */
struct redisCommand redisCommandTable[] = {
/* bitmap */
{"bitcount","Count set bits in a string","O(N)","2.6.0",CMD_DOC_NONE,NULL,NULL,↩
COMMAND_GROUP_BITMAP,BITCOUNT_History,BITCOUNT_tips,bitcountCommand,-2,CMD_READONLY,↩
ACL_CATEGORY_BITMAP,{{NULL,CMD_KEY_RO|CMD_KEY_ACCESS,KSPEC_BS_INDEX,.bs.index={1},KSPEC_FK_RANGE,.↩
fk.range={0,1,0}}},.args=BITCOUNT_Args},
{"bitfield","Perform arbitrary bitfield integer operations on strings","O(1) for each subcommand ↩
specified","3.2.0",CMD_DOC_NONE,NULL,NULL,COMMAND_GROUP_BITMAP,BITFIELD_History,BITFIELD_tips,↩
bitfieldCommand,-2,CMD_WRITE|CMD_DENYOOM,ACL_CATEGORY_BITMAP,{{"This command allows both access ↩
and modification of the key",CMD_KEY_RW|CMD_KEY_UPDATE|CMD_KEY_ACCESS|CMD_KEY_VARIABLE_FLAGS,↩
KSPEC_BS_INDEX,.bs.index={1},KSPEC_FK_RANGE,.fk.range={0,1,0}}},bitfieldGetKeys,.args=↩
BITFIELD_Args},
{"bitfield_ro","Perform arbitrary bitfield integer operations on strings. Read-only variant of ↩
BITFIELD","O(1) for each subcommand specified","6.0.0",CMD_DOC_NONE,NULL,NULL,COMMAND_GROUP_BITMAP↩
,BITFIELD_RO_History,BITFIELD_RO_tips,bitfieldroCommand,-2,CMD_READONLY|CMD_FAST,↩
ACL_CATEGORY_BITMAP,{{NULL,CMD_KEY_RO|CMD_KEY_ACCESS,KSPEC_BS_INDEX,.bs.index={1},KSPEC_FK_RANGE,.↩
fk.range={0,1,0}}},.args=BITFIELD_RO_Args},
:
{"watch","Watch the given keys to determine execution of the MULTI/EXEC block","O(1) for every key↩
.","2.2.0",CMD_DOC_NONE,NULL,NULL,COMMAND_GROUP_TRANSACTIONS,WATCH_History,WATCH_tips,watchCommand↩
,-2,CMD_NOSCRIPT|CMD_LOADING|CMD_STALE|CMD_FAST|CMD_ALLOW_BUSY,ACL_CATEGORY_TRANSACTION,{{NULL,↩
CMD_KEY_RO,KSPEC_BS_INDEX,.bs.index={1},KSPEC_FK_RANGE,.fk.range={-1,1,0}}},.args=WATCH_Args},
{0}
};
```

コマンド実行の際にはserver.cのprocessCommand関数を経由し、上に示したredisCommandTable変数の配列の11番目の名前の関数が実行されます。たとえば、BITCOUNTコマンド（bitcount）ならbitcountCommandです*88。

redisCommandTable変数の配列の13番目のフラグは、各種コマンドの性質を表すものとなっています。各種コマンドのフラグは以下の内容になっています。

| 7以降 | 6 | 6未満 | 詳細 |
|---|---|---|---|
| CMD_WRITE | write | w | 書き込みコマンド |
| CMD_READONLY | read | r | 読み込みコマンド |
| CMD_DENYOOM | use-memory | m | メモリーを消費する可能性があるコマンド。Out Of Memory(OOM) 時において実行に注意が必要 |
| CMD_ADMIN | admin | a | 管理者コマンド |
| CMD_PUBSUB | pub-sub | p | Pub/Sub機能のコマンド |
| CMD_NOSCRIPT | no-script | s | Luaスクリプト中で実行できないコマンド |
| N/A | random | r | 非決定的、すなわちランダムな挙動をするコマンド |
| N/A | to-sort | S | 結果がソートされるコマンド |
| CMD_LOADING | ok-loading | l | データベース読込中に実行可能なコマンド |
| CMD_STALE | ok-stale | t | レプリカがマスターとレプリケーションを開始中、もしくはその間の接続が失われている間に、実行を許可するコマンド |
| CMD_SKIP_MONITOR | no-monitor | M | MONITORコマンドの対象外のコマンド |
| CMD_SKIP_SLOWLOG | no-slowlog | N/A | スローログへの記録の対象外のコマンド |

*88　bitops.cで実装されています。 https://github.com/redis/redis/blob/unstable/src/bitops.c#L796

| 7以降 | 6 | 6未満 | 詳細 |
|---|---|---|---|
| CMD_ASKING | cluster-asking | k | RedisクラスターでスロットがIMPORTING中でも実行可能なコマンド |
| CMD_FAST | fast | F | 計算量が $O(1)$ および $O \log N$ のコマンド |

フラグは1つのコマンドで複数持てます。Redis 6.0以降は、各フラグの表記がそれ単体で意味がわかりやすいように名前が変更されています。また、**no-slowlog**のフラグはRedis 6.0以降にのみ存在しており、それ以前のバージョンでは対応するフラグがないため**N/A**と表記しています。

Redis 7.0以降、**CMD_**ではじまるフラグが**server.h**に定義されています。Redis 6.0未満で存在したフラグに対応しないものもありますが、Redis 7.0以降では上記表に加えて大幅に種類が追加されました*89。

なお、Redis 6.0以降、ACL機能のカテゴリーからコマンドを分類するための以下のフラグも追加されています。これらのフラグは1つのコマンドで複数の値を持つことができます*90。

リスト11.20 **server.h**

```
/* Command flags that describe ACLs categories. */
#define ACL_CATEGORY_KEYSPACE (1ULL<<0)
#define ACL_CATEGORY_READ (1ULL<<1)
#define ACL_CATEGORY_WRITE (1ULL<<2)
#define ACL_CATEGORY_SET (1ULL<<3)
#define ACL_CATEGORY_SORTEDSET (1ULL<<4)
#define ACL_CATEGORY_LIST (1ULL<<5)
#define ACL_CATEGORY_HASH (1ULL<<6)
#define ACL_CATEGORY_STRING (1ULL<<7)
#define ACL_CATEGORY_BITMAP (1ULL<<8)
#define ACL_CATEGORY_HYPERLOGLOG (1ULL<<9)
#define ACL_CATEGORY_GEO (1ULL<<10)
#define ACL_CATEGORY_STREAM (1ULL<<11)
#define ACL_CATEGORY_PUBSUB (1ULL<<12)
#define ACL_CATEGORY_ADMIN (1ULL<<13)
#define ACL_CATEGORY_FAST (1ULL<<14)
#define ACL_CATEGORY_SLOW (1ULL<<15)
#define ACL_CATEGORY_BLOCKING (1ULL<<16)
#define ACL_CATEGORY_DANGEROUS (1ULL<<17)
#define ACL_CATEGORY_CONNECTION (1ULL<<18)
#define ACL_CATEGORY_TRANSACTION (1ULL<<19)
#define ACL_CATEGORY_SCRIPTING (1ULL<<20)
```

先程、**COMMAND**コマンドを通して上記内容を確認できることを説明しましたが、**GET**コマンドを例に挙げると以下の通りとなります。**COMMAND INFO GET**コマンドのように実行します。もしくは**COMMAND**コマンドでRedisのコマンドの一覧とそれぞれの詳細も確認できます。先程説明した各種フラグについては3つめの要素から確認でき、ここでは**readonly**と**fast**が確認できます。ACL機能のカテゴリーは6つめの要素で確認できます。ここでは、**@read**と**@string,@fast**が指定されています。**COMMAND**コマンドの詳

*89　https://github.com/redis/redis/blob/7.0.4/src/server.h#L192-L221

*90　Redis 6では、Redis7のフラグに対応して**@**ではじまるものが使用されます。たとえば、**ACL_CATEGORY_KEYSPACE**は**@keyspace**に対応します。

細についてはドキュメントをご参照ください*91*92*93。

```
127.0.0.1:6379> COMMAND INFO GET
1)  1) "get"
    1) (integer) 2
    2) 1) readonly
       1) fast
    3) (integer) 1
    4) (integer) 1
    5) (integer) 1
    6) 1) @read
       1) @string
       2) @fast
    7) (empty array)
    8) 1) 1) "flags"
          1) 1) RO
             1) access
          2) "begin_search"
          3) 1) "type"
             1) "index"
             2) "spec"
             3) 1) "index"
                1) (integer) 1
          4) "find_keys"
          5) 1) "type"
             1) "range"
             2) "spec"
             3) 1) "lastkey"
                1) (integer) 0
                2) "keystep"
                3) (integer) 1
                4) "limit"
                5) (integer) 0
   1)  (empty array)
```

### 11.2.4 クライアント定義

Redisサーバーは、処理結果を直接クライアントに送りません。いったんクライアント用のバッファー、クライアント出力バッファーに結果を格納します。

クライアント出力バッファーにはRedis 7.0未満では動的なものと静的なものがありました。client構造体のreplyとbufでそれぞれ管理することにより実現していました*94。どちらで管理されるかはデータのサイズに応じます。16KBの静的なバッファーであるbufが溢れると動的なバッファーであるreplyに格納されます。これらの情報はCLIENT LISTコマンドの結果のoll,oblからそれぞれ確認できます。ただし、大量のコネクションプールを使用するような状況ではこの固定長のメモリー（buf）の消費が大きいため、動的に変更されるようRedis 7.0以降ではbuf_peakの変数を導入するなどして動作を

*91 https://redis.io/commands/command/
*92 https://redis.io/commands/command-info/
*93 https://redis.io/docs/reference/command-tips/
*94 https://github.com/redis/redis/blob/7.0.4/src/server.h#L1084-L1193

実現しています。

また、クライアントから受け取ったリクエストはいったんクエリーバッファーに格納されますが、client構造体のquerybufに相当します。

リスト 11.21 server.h

```
typedef struct client {
    uint64_t id;            /* Client incremental unique ID. */
    uint64_t flags;         /* Client flags: CLIENT_* macros. */
    connection *conn;
    int resp;               /* RESP protocol version. Can be 2 or 3. */
    redisDb *db;            /* Pointer to currently SELECTed DB. */
    robj *name;             /* As set by CLIENT SETNAME. */
    sds querybuf;           /* Buffer we use to accumulate client queries. */
    size_t qb_pos;          /* The position we have read in querybuf. */
    size_t querybuf_peak;   /* Recent (100ms or more) peak of querybuf size. */
    int argc;               /* Num of arguments of current command. */
    robj **argv;            /* Arguments of current command. */
    int argv_len;           /* Size of argv array (may be more than argc) */
    int original_argc;      /* Num of arguments of original command if arguments were rewritten. ↩
*/
    robj **original_argv;   /* Arguments of original command if arguments were rewritten. */
    size_t argv_len_sum;    /* Sum of lengths of objects in argv list. */
    struct redisCommand *cmd, *lastcmd;  /* Last command executed. */
    struct redisCommand *realcmd; /* The original command that was executed by the client,
                                     Used to update error stats in case the c->cmd was modified
                                     during the command invocation (like on GEOADD for example). ↩
*/
    user *user;             /* User associated with this connection. If the
                               user is set to NULL the connection can do
                               anything (admin). */
    int reqtype;            /* Request protocol type: PROTO_REQ_* */
    int multibulklen;       /* Number of multi bulk arguments left to read. */
    long bulklen;           /* Length of bulk argument in multi bulk request. */
    list *reply;            /* List of reply objects to send to the client. */
    unsigned long long reply_bytes; /* Tot bytes of objects in reply list. */
    list *deferred_reply_errors;    /* Used for module thread safe contexts. */
    :
    /* Response buffer */
    size_t buf_peak; /* Peak used size of buffer in last 5 sec interval. */
    mstime_t buf_peak_last_reset_time; /* keeps the last time the buffer peak value was reset */
    int bufpos;
    size_t buf_usable_size; /* Usable size of buffer. */
    char *buf;
} client;
```

### 11.2.5 サーバー定義

Redisサーバーに関する各種状態はredisServer構造体で定義されています*95。パラメーターで設定した内容の多くがこちらに格納されます。

レプリケーションの情報もここに格納されています。レプリケーションは、レプリケーションIDと

*95 https://github.com/redis/redis/blob/7.0.4/src/server.h#L1449-L1940

オフセットのペア情報を元に行います。レプリケーション切断中のマスターへの書き込みは別で保存しておきます。回復時にレプリケーションのバックログ中にそのレプリケーションIDとオフセットの情報があり、かつ無効な情報でなければ、完全同期ではなく部分同期を実行できます。このようにすることで効率的なレプリケーションを実現しています*96。

レプリケーションIDについて、redisServer構造体中にreplidとreplid2のように2つのIDを持っていることが確認できます*97。フェイルオーバーで旧レプリカが新マスターへと昇格したときに、新マスターは旧マスターのレプリケーションIDを覚えていると、そのほかのレプリカが新マスターから同期を行うときに再同期の効率化が達成できます。そのほかのレプリカがこの旧マスターIDを使って部分同期を試みることで不要な処理を減らせるからです。

リスト 11.22 **server.h**

```
struct redisServer {
    /* General */
    pid_t pid;                  /* Main process pid. */
    pthread_t main_thread_id;         /* Main thread id */
    char *configfile;           /* Absolute config file path, or NULL */
    char *executable;           /* Absolute executable file path. */
    char **exec_argv;           /* Executable argv vector (copy). */
    int dynamic_hz;             /* Change hz value depending on # of clients. */
    int config_hz;              /* Configured HZ value. May be different than
                                   the actual 'hz' field value if dynamic-hz
                                   is enabled. */
    mode_t umask;               /* The umask value of the process on startup */
    int hz;                     /* serverCron() calls frequency in hertz */
    int in_fork_child;          /* indication that this is a fork child */
    redisDb *db;
    dict *commands;             /* Command table */
    dict *orig_commands;        /* Command table before command renaming. */
    aeEventLoop *el;
    :
    /* Replication (master) */
    char replid[CONFIG_RUN_ID_SIZE+1];  /* My current replication ID. */
    char replid2[CONFIG_RUN_ID_SIZE+1]; /* replid inherited from master*/
    long long master_repl_offset;   /* My current replication offset */
    long long second_replid_offset; /* Accept offsets up to this for replid2. */
    :
    /* Coordinate failover info */
    mstime_t failover_end_time; /* Deadline for failover command. */
    int force_failover; /* If true then failover will be forced at the
                         * deadline, otherwise failover is aborted. */
    char *target_replica_host; /* Failover target host. If null during a
                                * failover then any replica can be used. */
    int target_replica_port; /* Failover target port */
    int failover_state; /* Failover state */
    int cluster_allow_pubsubshard_when_down; /* Is pubsubshard allowed when the cluster
                                                is down, doesn't affect pubsub global. */
    long reply_buffer_peak_reset_time; /* The amount of time (in milliseconds) to wait between ↩
reply buffer peak resets */
    int reply_buffer_resizing_enabled; /* Is reply buffer resizing enabled (1 by default) */
```

*96 https://github.com/redis/redis/blob/7.0.4/src/replication.c#L710-L811

*97 Redis 4.0以降の部分同期に関するPSYNC2の改良によるものです。

```
};
```

### 11.2.6 内部エンコーディング

Redisでは各種データを保存する際、内部的にエンコーディングを実施します。同一のデータを保存する場合でも、内部エンコーディングで適切なものを使用すれば、メモリー使用量を抑えられます。ただし、エンコーディングの変換処理はCPUを使用します。

CPU/メモリーの使用のトレードオフを考慮して、要件に応じて適切にパラメーター等で設定することで、Redisサーバーの能力をより引き出せます。それぞれのエンコーディングがどのように定義されているかを知ることで、変換すればどの程度の意義があるかが見いだせます。押さえておくべき、いくつかのエンコーディングをピックアップして取り上げて実装の説明をします。

- **String型**
  - int
  - embstr
  - raw
- **List型**
  - quicklist
    *listpack（Redis 7.0未満ではziplist） + LZF
- **Hash型**
  - listpack（Redis 7.0未満ではziplist）
  - hashtable
- **Set型**
  - intset
  - hashtable
- **Sorted Set型**
  - listpack（Redis 7.0未満ではziplist）
  - skiplist
- **HyperLogLog**
  - Sparse
  - Dense
- **地理空間インデックス**
  - 52ビットのGeohash
- **Redisストリーム**
  - ストリームはRAXによるツリー型のデータ構造で、ツリーの各ノードにlistpackを使用

#### int

intはString型で値が64ビットの符号付き整数の際に使用されます。intはlong型の値をそのまま格納します*98。

*98 object.c https://github.com/redis/redis/blob/7.0.4/src/object.c

リスト 11.23 **object.c**

```
if (o->encoding == OBJ_ENCODING_RAW) {
    sdsfree(o->ptr);
    o->encoding = OBJ_ENCODING_INT;
    o->ptr = (void*) value;
    return o;
```

### embstr

embstrはString型で値が44バイト以下の文字列の際に使用されます。

以下の箇所で、44バイト以下の文字列のときにはembstr、それより大きい文字列のときにはrawを使用して文字列を使用するように判定しています。

リスト 11.24 **object.c**

```
#define OBJ_ENCODING_EMBSTR_SIZE_LIMIT 44
robj *createStringObject(const char *ptr, size_t len) {
    if (len <= OBJ_ENCODING_EMBSTR_SIZE_LIMIT)
        return createEmbeddedStringObject(ptr,len);
    else
        return createRawStringObject(ptr,len);
}
```

embstrは`sdshdr8`構造体を通して`buf`中にcharの配列として格納します[*99]。以下の箇所で値を設定しています。embstrでは、`redisObject`と`sdshdr`、格納する値のサイズを一度にメモリー確保します。

リスト 11.25 **sds.h**

```
robj *createEmbeddedStringObject(const char *ptr, size_t len) {
    robj *o = zmalloc(sizeof(robj)+sizeof(struct sdshdr8)+len+1);
    struct sdshdr8 *sh = (void*)(o+1);

    o->type = OBJ_STRING;
    o->encoding = OBJ_ENCODING_EMBSTR;
    o->ptr = sh+1;
    o->refcount = 1;
    if (server.maxmemory_policy & MAXMEMORY_FLAG_LFU) {
        o->lru = (LFUGetTimeInMinutes()<<8) | LFU_INIT_VAL;
    } else {
        o->lru = LRU_CLOCK();
    }

    sh->len = len;
    sh->alloc = len;
    sh->flags = SDS_TYPE_8;
    if (ptr == SDS_NOINIT)
        sh->buf[len] = '\0';
    else if (ptr) {
        memcpy(sh->buf,ptr,len);
        sh->buf[len] = '\0';
    } else {
        memset(sh->buf,0,len+1);
    }
```

*99　sds.h https://github.com/redis/redis/blob/7.0.4/src/sds.h

```
    return o;
}
```

以下は、sdshdr8構造体の定義となります。

```
struct __attribute__ ((__packed__)) sdshdr8 {
    uint8_t len; /* used */
    uint8_t alloc; /* excluding the header and null terminator */
    unsigned char flags; /* 3 lsb of type, 5 unused bits */
    char buf[];
};
```

### raw

rawはString型で値が44バイトより大きい文字列の際に使用されます。

rawはSDS文字列をそのまま格納する方法です。OBJ_STRINGはserver.hで文字列オブジェクトを表す定数として定義されています。

リスト11.26 **object.c**

```
robj *createRawStringObject(const char *ptr, size_t len) {
    return createObject(OBJ_STRING, sdsnewlen(ptr,len));
}
```

上記createObject関数は、以下の箇所で呼び出されます。rawでは、sdshdrと格納する値のメモリーを確保した後、redisObjectのメモリー確保を分けて行います。

リスト11.27 **object.c**

```
robj *createObject(int type, void *ptr) {
    robj *o = zmalloc(sizeof(*o));
    o->type = type;
    o->encoding = OBJ_ENCODING_RAW;
    o->ptr = ptr;
    o->refcount = 1;

    /* Set the LRU to the current lruclock (minutes resolution), or
     * alternatively the LFU counter. */
    if (server.maxmemory_policy & MAXMEMORY_FLAG_LFU) {
        o->lru = (LFUGetTimeInMinutes()<<8) | LFU_INIT_VAL;
    } else {
        o->lru = LRU_CLOCK();
    }
    return o;
}
```

44バイト以下の場合はembstrが使用され、それより大きいとrawを使用することを説明しました。Redis 3.2より前のバージョンでは、39バイトが境界でした。redisObjectが16バイト、SDSヘッダー(sdshdr)が3バイト、NULLが1バイトで計20バイトを使用しました。3バイトは、SDSヘッダーがデータ長にもとづいて3,5,9,17バイトの4種類のデータ型を利用し、データ長が短い場合を考慮してのものとなります。Redis 3.2以前はsdshdrが8バイトのため計25バイトを使用していました。jemallocは、32,64,128バイトの単位でメモリーが割り当てられます。その時、上記を考慮するとデータに使用できるサイズが32バイトより1回り大きい64バイトを使用することが多いと想定し、$64 - 20 = 44 (64 - 25 = 39)$ のように計算して境界としています。メモリーフラグメンテーションが小さくなることを考慮してエンコーディングがされています。

### quicklist

quicklistはList型で使用されます。List型の両端はパラメーターが以下の両方の条件を満たす範囲で未圧縮状態のlistpack（Redis 7.0未満ではziplist）が使用されます。それ以外はLZFで圧縮されたものが使用されます。

- **`list-max-listpack-size`（Redis 7.0未満では`list-max-ziplist-size`）ディレクティブの値以下**
- **`list-compress-depth`ディレクティブの値以下**

Redis 3.2以降では、両者のメリットを取り入れるようにquicklistという内部エンコーディングが使用されています*100。quicklistでもlistpack（Redis 7.0未満ではziplist）を利用します。リストでアクセスされる可能性が最も高いデータは両端です。そのため、一定以上の深さの中間のデータはあまり使用されません。quicklistはこれを利用し、圧縮してメモリー空間を効率よく使用する工夫がされています。また、圧縮前のサイズも基準として制御できます。

圧縮にはLZFが使用されます。パラメータとしては、深さ`list-compress-depth`ディレクティブ、サイズは`list-max-ziplist-size`ディレクティブで設定可能です。

圧縮時は`quicklistLZF`構造体が使用されchar型配列にデータを格納します。

Redis 3.2以前では上記設定を満たす範囲でziplistが使用されます。それ以外のときはLinked Listが使用されます。

ziplistとLinked Listは、それぞれ以下のような特徴がありました。

- **ziplist**
  - メリット
    - *メモリー領域を利用するように設計されており、メモリーの使用効率が高い
  - デメリット
    - *データが変更されるとメモリーの再割り当てのためにコピーが発生する確率が高くなるため、データ量が大きくなるにつれてコピーのコストが大きい
    - *中間のデータ等は順番にたどっていくしかない
- **Linked List**
  - メリット
    - *テーブルの両端で簡単にプッシュ/ポップできる
  - デメリット
    - *Linked Listの各ノードが別々のメモリーブロックでありアドレスが連続していないため、ノード内でメモリーフラグメンテーションが発生する可能性が高い（メモリーのオーバーヘッドが大きい）

#### quicklistの実装

quicklistの定義、quicklist構造体を示します。

---

*100 https://github.com/redis/redis/blob/7.0.4/src/quicklist.h

リスト 11.28　quicklist.h

```
typedef struct quicklist {
    quicklistNode *head;
    quicklistNode *tail;
    unsigned long count;        /* total count of all entries in all listpacks */
    unsigned long len;          /* number of quicklistNodes */
    signed int fill : QL_FILL_BITS;       /* fill factor for individual nodes */
    unsigned int compress : QL_COMP_BITS; /* depth of end nodes not to compress;0=off */
    unsigned int bookmark_count: QL_BM_BITS;
    quicklistBookmark bookmarks[];
} quicklist;
```

quicklist中の各要素はquicklistNode構造体として以下のように定義されています。

リスト 11.29　quicklist.h

```
typedef struct quicklistNode {
    struct quicklistNode *prev;
    struct quicklistNode *next;
    unsigned char *entry;
    size_t sz;             /* entry size in bytes */
    unsigned int count : 16;     /* count of items in listpack */
    unsigned int encoding : 2;   /* RAW==1 or LZF==2 */
    unsigned int container : 2;  /* PLAIN==1 or PACKED==2 */
    unsigned int recompress : 1; /* was this node previous compressed? */
    unsigned int attempted_compress : 1; /* node can't compress; too small */
    unsigned int extra : 10; /* more bits to steal for future usage */
} quicklistNode;
```

LZF圧縮時はquicklistNode構造体のzlが以下のquicklistLZF構造体をポイントします。

リスト 11.30　quicklist.h

```
typedef struct quicklistLZF {
    size_t sz; /* LZF size in bytes*/
    char compressed[];
} quicklistLZF;
```

### ziplist

ziplistはRedis 7.0未満で、Hash型、Soted Set型、List型（特定条件下のみ）で使用されていました。

ziplistの各エントリーのフォーマットは、大きく分けると、前のエントリーのサイズ/現在のエントリーのサイズ/対象の文字列という形で構成されます*101。

ziplistは連続したメモリー領域を利用するように設計されており、メモリーの使用効率が高いのが特徴です。一方で、データが変更されるとメモリーの再割り当てのため、コピーが発生する確率が高くなります。データ量が大きくなるにつれ、コピーのコストが大きくなることが想定されます。そのため、hash-max-ziplist-entriesディレクティブ、hash-max-ziplist-valueディレクティブの値を適切なものに設定する必要があります。

#### ziplistの実装

ziplistの特徴となる、データ構造は以下のような定義になっています。このように前のデータのサイ

*101　ziplist.c https://github.com/redis/redis/blob/7.0.4/src/ziplist.c

ズに関する情報と現在のデータのサイズに関する情報を保持することで、連続したメモリー領域を利用できる工夫がなされています。

リスト 11.31 **ziplist.c**

```
typedef struct zlentry {
    unsigned int prevrawlensize; /* Bytes used to encode the previous entry len*/
    unsigned int prevrawlen;     /* Previous entry len. */
    unsigned int lensize;        /* Bytes used to encode this entry type/len.
                                    For example strings have a 1, 2 or 5 bytes
                                    header. Integers always use a single byte.*/
    unsigned int len;            /* Bytes used to represent the actual entry.
                                    For strings this is just the string length
                                    while for integers it is 1, 2, 3, 4, 8 or
                                    0 (for 4 bit immediate) depending on the
                                    number range. */
    unsigned int headersize;     /* prevrawlensize + lensize. */
    unsigned char encoding;      /* Set to ZIP_STR_* or ZIP_INT_* depending on
                                    the entry encoding. However for 4 bits
                                    immediate integers this can assume a range
                                    of values and must be range-checked. */
    unsigned char *p;            /* Pointer to the very start of the entry, that
                                    is, this points to prev-entry-len field. */
} zlentry;
```

Column

## zipmap

Redis 2.6未満では、Hash型はzipmapという内部エンコーディングを利用できました。現在は前述のziplistが利用されています。

zipmapはziplistのような構造体で管理せず、char型のポインタとして管理されています。たとえば、"foo" => "bar"、"hello" => "world"のようなマッピングであれば以下の形式で保存されます。現在は、RDBファイルからの読み込みで互換性のために使用されています[*a]。

```
<zmlen><len>"foo"<len><free>"bar"<len>"hello"<len><free>"world"
```

以下の箇所で初期化を行っています。

リスト 11.32 **zipmap.c**

```
unsigned char *zipmapNew(void) {
    unsigned char *zm = zmalloc(2);

    zm[0] = 0; /* Length */
    zm[1] = ZIPMAP_END;
    return zm;
}
```

以下の箇所で要素を追加しています。

リスト 11.33 zipmap.c

```
unsigned char *zipmapSet(unsigned char *zm, unsigned char *key, unsigned int klen, unsigned ⏎
char *val, unsigned int vlen, int *update) {
    unsigned int zmlen, offset;
    unsigned int freelen, reqlen = zipmapRequiredLength(klen,vlen);
    unsigned int empty, vempty;
    unsigned char *p;

    freelen = reqlen;
    if (update) *update = 0;
    p = zipmapLookupRaw(zm,key,klen,&zmlen);
    if (p == NULL) {
        /* Key not found: enlarge */
        zm = zipmapResize(zm, zmlen+reqlen);
        p = zm+zmlen-1;
        zmlen = zmlen+reqlen;

        /* Increase zipmap length (this is an insert) */
        if (zm[0] < ZIPMAP_BIGLEN) zm[0]++;
    } else {
        /* Key found. Is there enough space for the new value? */
        /* Compute the total length: */
        if (update) *update = 1;
        freelen = zipmapRawEntryLength(p);
        if (freelen < reqlen) {
            /* Store the offset of this key within the current zipmap, so
             * it can be resized. Then, move the tail backwards so this
             * pair fits at the current position. */
            offset = p-zm;
            zm = zipmapResize(zm, zmlen-freelen+reqlen);
            p = zm+offset;

            /* The +1 in the number of bytes to be moved is caused by the
             * end-of-zipmap byte. Note: the *original* zmlen is used. */
            memmove(p+reqlen, p+freelen, zmlen-(offset+freelen+1));
            zmlen = zmlen-freelen+reqlen;
            freelen = reqlen;
        }
    }

    /* We now have a suitable block where the key/value entry can
     * be written. If there is too much free space, move the tail
     * of the zipmap a few bytes to the front and shrink the zipmap,
     * as we want zipmaps to be very space efficient. */
    empty = freelen-reqlen;
    if (empty >= ZIPMAP_VALUE_MAX_FREE) {
        /* First, move the tail <empty> bytes to the front, then resize
         * the zipmap to be <empty> bytes smaller. */
        offset = p-zm;
        memmove(p+reqlen, p+freelen, zmlen-(offset+freelen+1));
        zmlen -= empty;
        zm = zipmapResize(zm, zmlen);
        p = zm+offset;
        vempty = 0;
    } else {
        vempty = empty;
```

```
    }
    /* Just write the key + value and we are done. */
    /* Key: */
    p += zipmapEncodeLength(p,klen);
    memcpy(p,key,klen);
    p += klen;
    /* Value: */
    p += zipmapEncodeLength(p,vlen);
    *p++ = vempty;
    memcpy(p,val,vlen);
    return zm;
}
```

*a　zipmap.c https://github.com/redis/redis/blob/7.0.4/src/zipmap.c

### listpack

listpackは、RedisストリームにおいてRAXのツリー構造で構成されたストリームの各ノードの構成に利用されています。Redis 7.0以降ではList型、Hash型、Sorted Set型のサイズやエントリ数が小さいときの内部エンコーディングにも利用されています。

listpackはziplistの置き換えの候補としてよりメモリーを効率的に使用することを目的に設計された内部エンコーディングです*102。ziplistはLRANGEコマンドのようなモデル化をするために、後ろの要素からさかのぼって探索できる必要があります。そのため、前のデータのサイズに関する情報を持ちます。この性質の問題点として、真ん中の要素を挿入、削除した場合に連先的に前のデータのサイズや前のデータのサイズがエンコーディングされるバイト数が変化し、連鎖的に影響を与える可能性があります。このような問題点を克服しつつ、ziplistのメリットも活用しようとして実現したものがlistpackです。listpackでは各エントリーのローカルの情報のみを使用することで改善しています。

listpackのデータ構造の最初に4バイトでlistpackを表現する全体のバイト数を格納します。次の2バイトで要素数を格納します。最後はFFで終わる終端を表すデータが格納されており、これはlistpackの終わりを表すアドレスを保持せずスキャンできるようにし、またlistpackが破損していないことを認識するために使用します。

```
<tot-bytes> <num-elements> <element-1> ... <element-N> <listpack-end-byte>
```

各要素は以下のようなフォーマットを使用します。エンコーディングの種類と全体長は必ず含まれ、その間に要素のデータが配置されます。

```
<encoding-type><element-data><element-tot-len>
```

エンコーディングには、小さい数やちょっとした文字列、マルチバイトエンコーディングの種類があります。実際のソースコードを見ていきましょう。下記の箇所がlistpackを新規で作成する部分です。最初にlistpackを表現するバイト数を格納しつつ、要素数として0、終端を表す記号がセットされていることが確認できます*103。

*102　https://github.com/antirez/listpack/blob/master/listpack.md

```
unsigned char *lpNew(size_t capacity) {
    unsigned char *lp = lp_malloc(capacity > LP_HDR_SIZE+1 ? capacity : LP_HDR_SIZE+1);
    if (lp == NULL) return NULL;
    lpSetTotalBytes(lp,LP_HDR_SIZE+1);
    lpSetNumElements(lp,0);
    lp[LP_HDR_SIZE] = LP_EOF;
    return lp;
}
```

要素の挿入はlpInsert()関数、要素の取得はlpGet()関数で行われますので、興味がある方はsrc/listpack.cのコードを確認してみてください。

### intset

intsetはSet型のデータに対して、全要素が整数かつエントリー数がset-max-intset-entriesディレクトリで設定された値以下の際に使用されます。値の大きさに応じたエンコーディングと8バイトの符号付きint型の配列として定義されています*104。

リスト11.34 **intset.h**

```
typedef struct intset {
    uint32_t encoding;
    uint32_t length;
    int8_t contents[];
} intset;
```

エンコーディングの種類としては、全要素の値が16ビット以下、32ビット以下もしくはそれ以上の値であるかに応じて異なるものを選択します*105。

リスト11.35 **intset.c**

```
static uint8_t _intsetValueEncoding(int64_t v) {
    if (v < INT32_MIN || v > INT32_MAX)
        return INTSET_ENC_INT64;
    else if (v < INT16_MIN || v > INT16_MAX)
        return INTSET_ENC_INT32;
    else
        return INTSET_ENC_INT16;
}
```

探索には2分木探索が利用されています。

リスト11.36 **intset.c**

```
while(max >= min) {
    mid = ((unsigned int)min + (unsigned int)max) >> 1;
    cur = _intsetGet(is,mid);
    if (value > cur) {
        min = mid+1;
```

*103 https://github.com/redis/redis/blob/7.0.4/src/listpack.c
*104 https://github.com/redis/redis/blob/7.0.4/src/intset.h
*105 https://github.com/redis/redis/blob/7.0.4/src/intset.c

```
        } else if (value < cur) {
            max = mid-1;
        } else {
            break;
        }
    }
```

**skiplist**

skiplistはSorted Set型でziplistのエンコーディングを利用できない場合に使用します。Apache HBaseやApache Lucene*106などでも使用されるデータ構造です。

skiplistはレイヤー（level）の概念を持ち、一番低いレイヤーではソートされたリスト（`zskiplistNode`）を持ちます*107。ソートは`zskiplistNode`構造体中の`score`順となり、Sorted Set型のデータのスコアに使用されます。一番低いレイヤー中にはスコアを持った要素がソートされて並んでいますが、各要素（`ele`）は事前に定義された確率`ZSKIPLIST_P(=1/4)`で、1つの上のレイヤーでも別途要素を持つようになります。こちらの要素も同様の確率で、1つ上のレイヤーで要素を持つということを繰り返していきます。そのため、レイヤーが上がるごとに、ある項目から次の項目までの飛ばす数（`span`）が大きくなる傾向があります*108。

Redisではskiplistを少々改良しています。レベルが高いほどデータ構造によるメモリーのオーバーヘッドも大きくなるため、最大のレベルに`ZSKIPLIST_MAXLEVEL(=64)`の制限を加えています。さらに同一のスコアでも保持可能にしています（このとき値は異なっている必要がある）。また、探索の都合上、後ろ方向へのポインタを持つようにしています（`zskiplistNode`構造体の`backward`に相当）。

挿入や探索の際には、一番上のレイヤーから探索していき、対象の項目がなければ下のレイヤーを探索していく動作をします。各操作の計算量は、平均$O(\log n)$、最悪の場合$O(n)$です。

平均レイヤー数は、$1*(1-p)+2*p(1-p)+3p^2(1-p)+....=(1-p)\sum k*p^{k-1}=\frac{1}{1-p}$で表されます。Redisの場合、平均$\frac{4}{3}$のレイヤーがある計算となります。平衡木は各項目`left`と`right`の2つのポインタを持ちます。対して、skiplistは各項目平均$\frac{1}{1-p}$のポインタを持ち、メモリー空間をより効率的に使用できます。

skiplistはスコアにもとづいてデータを照合するために利用されます。このとき、`dict`構造体が使用され、スコアとデータの対応関係を照合します。

現在Sorted Set型では要素数が一定数以下、かつ一定サイズ以下のときにはziplistが使用され、それ以外のときにはskiplistが使用されます。パラメーターとしては、要素数は`zset-max-ziplist-entries`ディレクティブ、サイズとしては`zset-max-ziplist-value`ディレクティブで設定可能です。

ziplistとskiplistは、それぞれ以下のような特徴があります*109。

- **ziplist**
  - メリット
    - ziplistは連続したメモリー領域を利用するように設計されており、メモリーの使用効率が高い
  - デメリット

*106 https://hbase.apache.org/ https://lucene.apache.org/

*107 https://github.com/redis/redis/blob/7.0.4/src/server.h

*108 https://www.epaperpress.com/sortsearch/download/skiplist.pdf

*109 https://news.ycombinator.com/item?id=1171423

  * データが変更されるとメモリーの再割り当てのためにコピーが発生する確率が高くなるため、データ量が大きくなるに連なれてこちらのコピーのコストが大きい
  * 中間のデータ等は順番にたどっていくしかない
- **skiplist**
  - メリット
    * データが増えても計算量は平均 $O(\log n)$ に抑えられる
    * メモリー使用率はそれほど激しくない（平衡木と比較しての大小はワークロード依存な場合あり）
    * キャッシュの局所性はほかの平衡木同様に有効利用できる
  - デメリット
    * メモリー空間効率の工夫がされているもののziplistほどではない

#### skiplistの実装

skiplistは、zskiplist構造体として以下のように定義されています。

リスト 11.37 **server.h**

```
typedef struct zskiplist {
    struct zskiplistNode *header, *tail;
    unsigned long length;
    int level;
} zskiplist;
```

skiplistの各ノードはzskiplistNode構造体として以下のように定義されており、レベルに応じた階層を持っていることも確認できます。

リスト 11.38 **server.h**

```
typedef struct zskiplistNode {
    sds ele;
    double score;
    struct zskiplistNode *backward;
    struct zskiplistLevel {
        struct zskiplistNode *forward;
        unsigned long span;
    } level[];
} zskiplistNode;
```

skiplistの肝となる、上のレイヤーを使用する確率的な挙動は以下の関数で定義されています[*110]。

リスト 11.39 **t_zset.c**

```
int zslRandomLevel(void) {
    static const int threshold = ZSKIPLIST_P*RAND_MAX;
    int level = 1;
    while (random() < threshold)
        level += 1;
    return (level<ZSKIPLIST_MAXLEVEL) ? level : ZSKIPLIST_MAXLEVEL;
}
```

*110 https://github.com/redis/redis/blob/7.0.4/src/t_zset.c

# Appendix

## Redis を活用し続けるために

Appendixでは補足的な内容を解説します。RedisとMemcachedの比較、今後のRedisの方向性を取り上げます。

# A.1 Memcachedとの機能・動作比較の詳細

Memcachedの機能や特徴を深堀しながら、より詳細にRedisと比較していきます*1*2。Redisを扱う上で必須の内容ではないですが、興味のある方は技術選定の参考に読んでください。

Redisは豊富なデータ型を有し、データモデルの表現の幅が広いです。さらに永続化機能やレプリケーション、クラスターなど機能が充実しています。Memcachedにはない多くの魅力を持っています。

最近は筆者が観測する範囲では、新規サービスにはMemcachedではなく、Redisを採用するケースの方が多いです。ただし、Memacachedを採用した方が良いユースケースも考えられます。

## A.1.1 シンプルな形でデータを格納

Memcachedは、キーと値が文字列から文字列へと1対1で対応付けられた、非常にシンプルなKVSです。キーと値、メタデータを1回の割り当てで一緒に保存します。このため、メモリー割り当てでのオーバーヘッドが小さく、サービスの運用期間として短期的にはメモリー使用効率はRedisより優れている可能性があります。

対して、Redisでは格納できる値は多岐にわたります。そのため、オーバーヘッドはMemcachedより高くなると予想されます。ただし、データ型ごとの最適化が行われているため*3、オーバーヘッドはごくわずかです。さらに、実際のサービスでは多様／大量なデータを扱います。サービスの運用期間として長期的な視点に立つと、Redisの方がメモリー使用効率で優れている可能性もあります。

## A.1.2 シンプルで余分な機能がなく安定した動作

Memcachedは、シンプルで余分な機能がなく、高い安定性を誇ることが知られています。Memcachedは1つのリスナースレッドと複数のワーカースレッド、そのほかのタスクを行うスレッドの単純なモデルで処理が行われています。

しかしながら、かつて宣伝されたほどのシンプルさを現在も保っているかは少し検討の余地があります。ロックの取得管理などでバージョンアップにつれて、少しずつですが複雑さが増してきています*4。また、LRUの管理方法なども改善されています。LRU Crawler、LRU Maintainerなどのスレッドの種類や処理の内容にも変化があります*5。

機能の改善は喜ばしいですが、本当に検討材料に足るほどのシンプルさかについては調査したほうがいいでしょう。

*1 https://github.com/memcached/memcached/wiki/Overview

*2 https://docs.aws.amazon.com/ja_jp/AmazonElastiCache/latest/mem-ug/SelectEngine.html

*3 データ型ごとに内部エンコーディングを最適化し、特定条件ではCPUと引き換えにメモリーの使用効率を上げる工夫がされています。

*4 https://raw.githubusercontent.com/memcached/memcached/master/doc/-threads.txt

*5 https://raw.githubusercontent.com/memcached/memcached/master/doc/-new_lru.txt

### A.1.3 スラブクラス単位でのLRUによるデータ管理

Memcachedも LRUをデータ管理に用いています。この管理の内容も、MemcachedとRedisでは差異があります。Memcachedでは、アイテムの管理にスラブアロケーション（スラブクラス）のしくみを取ります。

1. **あらかじめ決められた大きさごとにスラブクラスというグループを用意**
2. **ホスト上のMemcachedから利用できるメモリーをスラブクラスごとに決められた大きさのスラブとして分割**
3. **アイテムを保存する際には、そのサイズより大きいスラブの中で最も小さいチャンクのサイズをもったスラブクラスに保存**
    - スラブクラスの対象のページに空きチャンクがあれば保存
    - 空きチャンクがなければメモリープールからそのスラブクラス用にページを確保
    - メモリーの再利用が間に合わずメモリー確保の際に不足した場合には、削除対象としてLRUの挙動に従って退避

図A.1 スラブクラス単位のLRUの動作イメージ

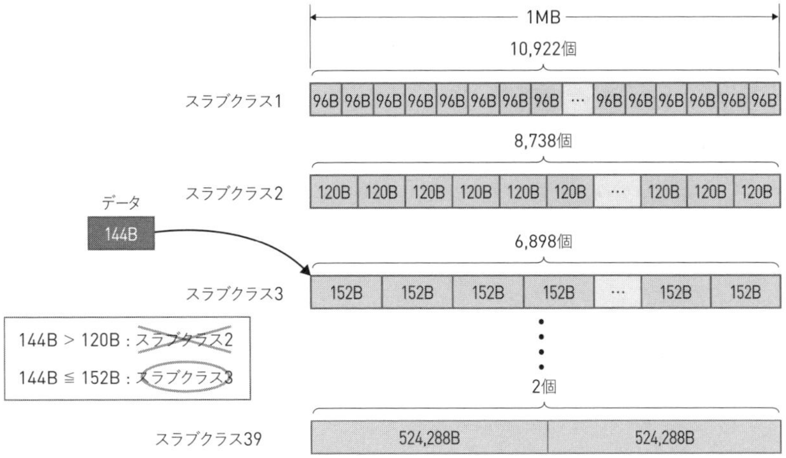


Memcachedの LRUは、スラブクラス単位となるため、全体としてみるとLRUに期待する挙動から離れた動作になることがあります。

さらに、MemcachedではサブLRUとしてHOT/WARM/COLDもしくはTEMPのようにセグメント化されたLRUを使用することで、効率的な処理を実現します[*6]。前述したLRU Maintainerは、バックグラウンドスレッドでアイテムをセグメント間で移動させるためのものです。

*6 Memcached 1.4.24以降に利用可能な機能です。1.4.33以降にはデフォルトで有効化されました。詳細は公式ブログを参照してください。 https://memcached.org/blog/modern-lru

アクセスパターンに一貫性がない状況で、キューの真ん中の状態のアイテムが失効していると、サイズが特に大きいとスペースが無駄になるためサイジングが難しいといった問題があります。LRU Crawlerはこのような課題に対応するため、バックグラウンドスレッドにより非同期でアイテムを一通り確認し、失効しているものは退避するものとなります。

Redisでは、巨大なハッシュテーブル上でキーと値の対を管理するアーキテクチャ上、LRUを厳密に計算するにはコストが高い処理となります。そのため、バージョンによって候補となるキーをプーリングするように改良が加えられていることはあるものの、いずれのバージョンも共通して、いくつかのキーをサンプリングします。サンプリングした中で最も最近アクセスが行われていないキーを退避対象として、近似的にLRUの対象を算出します。

### A.1.4 マルチスレッドによるイベント駆動処理

Redisでは主な処理がシングルスレッドで行われる性質上、複数のCPUコアを持つ場合でも基本的に1つのCPUコアしか活用しきれません。そのため、CPUがボトルネックになりえます。複数のCPUコアを持つマシンでは、複数のRedisサーバーのプロセスを起動して利用するといった運用もあります。マルチコアを使い切ろうとすると、Memcachedに比べると多少は運用が複雑化しますが、問題になることはあまりないでしょう*7。

Redis 6.0以降では、データアクセス部分はシングルスレッドのまま、オプションでI/O部分はマルチスレッド処理を有効化でき、この点について改善されています。ただし、TLS機能でのマルチスレッド機能は現状制限されています*8。

イベント駆動処理に、Memcachedはlibevent*9、Redisは独自ライブラリのaeを採用しています。aeのメリットとしては、外部依存関係を持たせないことによるRedisを利用し始めるシンプルさ、外部ライブラリの利用による予測しないバグの混入可能性の低下、カスタムのしやすさがあります。運用中にこれらの違いを意識することは、ほとんどないでしょう。

### A.1.5 互いに独立したノード

Memcachedでは構成する各キャッシュノード間は互いに独立しています。レプリケーションするといった動作をしません。そのため、レプリケーションをどうしても必要とする場合は外部ツール導入の必要があります。

一方で、Redisではエンジンとしてレプリケーション機能が組み込まれています。

#### キーの値を保存する先のノードはクライアント側の処理で決める

前述の通り、Memcachedでは各ノードは独立し、ノード間では互いの状態は認識していません。各ノードは、単にクライアントからリクエストされたキーを保存する形となります。そのため複数のキャッシュノードから構成される場合、あるキーを保存するキャッシュノードはクライアント側によっ

*7 http://antirez.com/news/94

*8 マネージドサービスとして提供されている場合、それ以前のバージョンからI/O処理のマルチスレッド化が利用できることもあります。また、TLS機能でもマルチスレッド機能が利用できることもあります。

*9 https://libevent.org

て決定されます。

多くはConsistent Hashing、モジュロ計算による方法などが取られます[*10][*11][*12]。モジュロ計算では、キャッシュノードがN台あるとすると、キーのハッシュ値に対してNで割ったあまりからどのキャッシュノードで担当するか計算します。この方法はシンプルな一方で、問題点もあります。キャッシュノードを追加・削除する際に、各キャッシュノードが担当するデータが大幅に変わってしまいます。この際、キャッシュミスが多く発生することに伴いパフォーマンスにも影響があります。

Consistent Hashingはこの点の問題を解消しています。基本的な考え方としては以下のようなしくみを取っています。

**図A.2　Consistent Hashingの動作のしくみ**

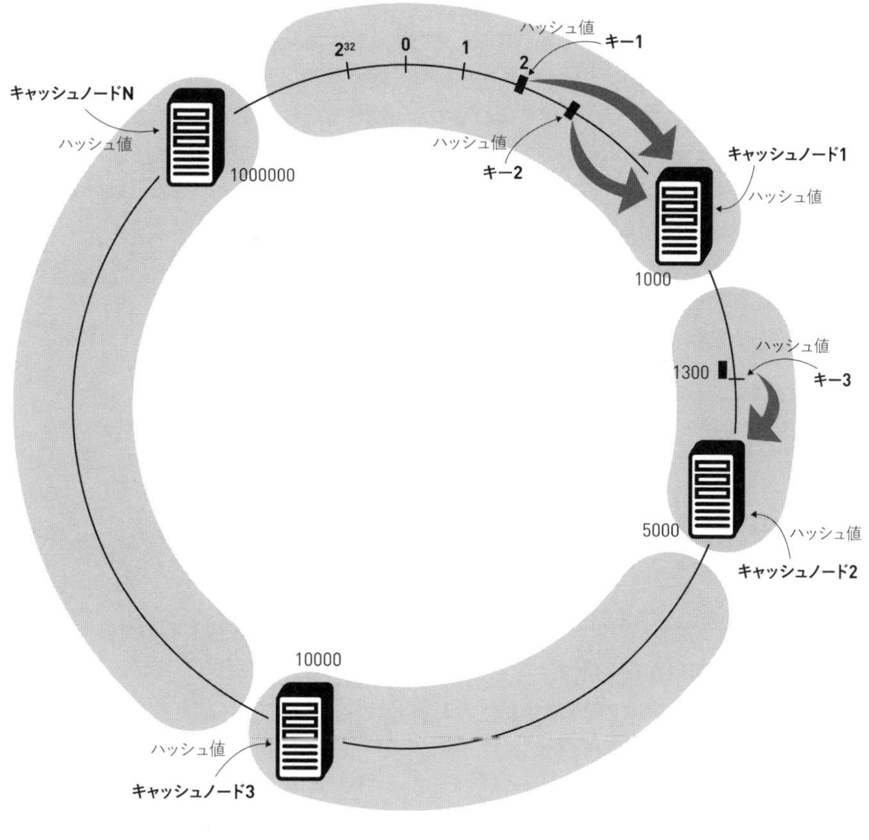


*10　https://github.com/memcached/memcached/wiki/ConfiguringClient

*11　マネージドサービスとして提供されている場合、専用クライアントが提供されているなど、別途接続方法が利用できる場合もあります。

*12　Redisにおいてもtwemproxyなどのプロキシを使用している場合は、このしくみを利用することがあります。

0から2の32乗までの値が割り振られた連続体（continuum）の円が用意されていると想定します。あらかじめ用意しているサーバーのリストの要素のそれぞれをハッシュ計算し、対応する値のところにサーバーを配置しておきます。データを保存する際は、クライアントが対象のキーからハッシュ値を計算します。その値よりも次に大きい値に配置されたサーバーが、データの保存先です。

このしくみにより、キャッシュノードを追加削除した際の影響範囲が抑えられます。キャッシュノードを追加した場合は、そのキャッシュノードのハッシュ値と次のキャッシュノードのハッシュ値の間のデータのみが影響します。キャッシュノードを削除した場合は、そのキャッシュノードのハッシュ値と前のキャッシュノードのハッシュ値の間のデータのみが影響します。

ただ、この方法をそのまま使用するとキャッシュノードの配置に偏りが出るため、保存するデータ量もノード間で差が大きくなる可能性があります。そのため、実際には各キャッシュノードが担当するポイントを仮想ノードという形で複数用意して、偏りが小さくなるようにすることもあります。キャッシュノードのメモリーサイズを考慮して、各キャッシュノードが担当する仮想ノードの数を調整し、差分が小さくなるようにするなどの工夫が取られていることもあります。

Memcachedを利用する場合、上記の点をユーザー側で意識して管理しないといけません。管理がシンプルになる場合もありますが、考慮事項が増える可能性もあるので、留意しておくべきでしょう。

Redisでは、レプリケーション構成の場合はデフォルトではマスターのみ書き込み可能なので、クライアント側ではマスターを指定して書き込みます*13。Redisクラスターの場合、最初にクラスターを構成するいずれかのノードに接続後、そのノードがリクエストされた内容を処理できればそのまま処理をします。そうでない場合は、いったんクライアントにリクエストを差し戻し、適切なシャードのマスターへリダイレクトするように促す形でリクエストがルーティングされます。

### A.1.6 コマンドの特徴

Memcachedのコマンドの特徴を挙げます。

#### コマンド実行の計算量が $O(1)$

Memcachedのコマンドは原則計算量が $O(1)$ です。キーの数によらず実行時間が一定になるよう設計されています*14。

Redisでは、柔軟な処理が可能なコマンドを採用しており、全キー取得もそのままできます。ただし、柔軟さのために多様な計算量を持つコマンドがデフォルトで実行可能になっています。そのため、利用時には注意が必要です。Redisから各種コマンドについての公式ドキュメントがありますが、計算量も記載されているため、こちらを確認しておくと良いでしょう。

この点についてはトレードオフと言えるでしょう。

*13　マネージドサービスとして提供されている場合、リクエストがマスターへ向かうエンドポイントが提供されていることがあります。

*14　この制約によって全キーを操作できないデメリットがありました。例外として計算量が $O(1)$ ではない、デバッグインタフェースのコマンドとして `stats cachedump`が用意されておりキーを走査可能です。ただし、指定したスラブクラスに限定されます。また、部分的な取得（上限2MB）かつメモリーをロックし、取得も重いといった課題点が多くありました。この点の問題はMemcached 1.4.18以降に改善されており、LRU Crawlerを有効にしている場合、全キーを取得できます（具体的には、`lru_crawler metadump all`コマンド）。

### 複雑なコマンドがなく、データを複数ノードに分散する設計が容易

Redisではさまざまな機能やデータ型をサポートするため、コマンドの種類が多く、執筆時点で300弱の種類があります。

一方で、Memcachedでは非常にシンプルなKVSであるため、コマンドの種類は限られています*15。基本的に処理内容もシンプルです*16。シンプルさから、複数ノードを利用する場合においても考慮事項が比較的少なく、スケーラビリティの点において設計が容易です。

## A.1.7 ネットワーク・通信関連

TLSやネットワークの機能などの差異を取り上げます。

### TCP/UDPおよびUNIXソケットのインタフェース

RedisではTCPとUNIXソケットのインタフェースが利用可能ですが、Memcachedでは追加でUDPインタフェースも利用できます。

### ASCIIモードとバイナリーモードの2種類の動作モード

MemcachedではASCIIモードに加えて、バイナリーモードを通信プロトコルに使用できます。バイナリーモードではテキストパース処理の省略による処理の高速化、テキスト形式に起因する脆弱性問題の防止が期待できます。

ASCIIモードでは、キー長の制限が250バイトでしたが、バイナリーモードでは、$2^{16}(=65,536)$バイトまで扱えるようになっています。また、バイナリーモードによってコマンドの種類増加など拡張性も上がっています。

Redisでは基本的にRESPというテキストのプロトコルが使用されます。RESPの詳細は11.1.1で説明します。

### TLS機能

Memcached 1.5.13（2019年リリース）以降、TLSがサポートされています*17*18。Redisでも、Redis 6.0（2020年リリース）以降で利用できます*19*20。この点では大きなMemcachedとRedisに違いはないでしょう*21。

ただ、MemcachedとRedisのいずれも機能を採用したのは比較的新しいバージョンであることに注意が必要です。古いバージョンを利用していると対応していないこともありますので、バージョン情報

---

*15 Memcachedのコマンドの種類としては現状、set、add、replace、append、prepend、get、gets、gat、gats、delete、flush_all、incr、decr、cas、touch、shutdown、stats、slabs、lru、lru_crawler、watch、version、verbosity、misbehave、quitのコマンドがあります。

*16 ASCIIモードの場合における内容となります。バイナリーモードでは種類が増加しています。

*17 https://github.com/memcached/memcached/-wiki/TLS

*18 https://raw.githubusercontent.com/memcached/memcached/master/doc/-tls.txt

*19 http://www.antirez.com/news/131

*20 https://github.com/redis/redis/pull/6236

*21 クラウドプロバイダーから提供されている場合、それ以前のバージョンのRedisでもTLS機能が提供されていることがあります。逆にMemcachedで1.5.13以降のバージョンであってもバージョンによってはTLS機能が提供されていないこともあります。たとえば、ElastiCacheではMemcached 1.6.12以降の対応です。また、TLS機能であっても、マルチスレッド機能が提供されていることもあります。

を確認しておきましょう。以前のバージョンでTLS機能を利用するためには、Spipedやstunnel等のプロキシを別途用意し運用する必要があります。

RedisでTLS機能利用時にはマルチスレッド機能を利用できない点についても注意してください。

### A.1.8 インメモリーKVSとしての高い性能

MemcachedもRedisと同じくインメモリーで動作します。

ここに起因するMemcachedの弱点として、データの揮発性の問題があります。データの永続化を行わないMemcachedのプロセスが停止や再起動した場合にはデータが消えてしまいます*22*23*24。

同じくインメモリーで動作するものの、Redisではデフォルトでディスクへの永続化機能を備えています。起動時にデータを再生（AOF）することや、もしくはスナップショットを取得して復元するといった形で、永続化問題に対応します。性能が気になる場合などはオフにもできます。

### A.1.9 そのほかにおさえておくと良い特徴

MySQL 5.6以降ではMemcachedのInnoDB Memcachedプラグインを提供しています。このプラグインを利用することでInnoDBテーブルに対してMemcached同様にデータをアクセスできます。RedisではInnoDB Memcachedプラグインのように普及したプラグインはないため、要件によってはMemcachedの活用の幅が広がります。ただし、RedisとMemcachedの比較のために紹介しましたが、この機能はMySQL 8.0.22時点で非推奨となっており今後削除予定です。

## A.2 Redisの今後

Redisはバージョン6がリリースされて、ACL導入でセキュリティ機能が強化されました。エンタープライズ業界を含め、より幅広く利用可能になりました。さらに、2022年はバージョン7がGAになり、Redis Functionsをはじめ、Sharded Pub/SubやACL、AOFの機能強化、50以上のコマンド追加等今もなお進化を続けています。

今後もさまざまな機能追加が予定されており、ますます魅力的なものになっていくでしょう*25。

たとえば、以下は当初Redis 7.0の機能として導入予定でしたが、現状まだ実装されていません。今現在もバックログとして積まれており、今後のリリースが予定されています。

- **Hash型の各要素に対するTTLの設定*26**
- **キー空間通知のより信頼できる通知*27**

---

*22 Memcached 1.5.18以降、Warm Restart機能でRAMディスクへの書き込みを利用することでキャッシュからデータを削除せず再起動できるようになり、改善が加えられています。ただし、限定的な環境における対応です。

*23 https://github.com/memcached/memcached/wiki/WarmRestar

*24 https://memcached.org/blog/persistent-memory

*25 https://github.com/redis/redis/milestone/11

*26 https://github.com/redis/redis/issues/6620

*27 https://github.com/redis/redis/issues/5766

■ キーアノテーション*28

## A.2.1 Hash型のTTLの強化

Hash型は現状、キーとハッシュを関連付けたものに対して、キーに対してしかTTLを設定できません。

今後、ハッシュ内の各フィールドに対してTTLが設定できるようになることが予定されています。現状、この動作を実現するためにはTairHashのようなモジュールを利用する必要があります*29。TTLの設定を意識する部分が増えるため、事前の十分なスキーマ設計が要求されるようになるでしょう。巨大ハッシュに対する重いコマンドの実行に悩まされてきた方もいらっしゃるでしょう。こちらの機能を活用することで、Hash型の活用の幅が広がる可能性があります。

## A.2.2 より信頼できるキー空間通知

キー空間通知は現状Pub/Sub機能で通知が送られています。Pub/Sub機能では、ネットワークの切断等が発生してリトライをした場合、再接続の間に発行されたメッセージについては受け取れない問題があります。

これに対して、キー空間通知をRedisストリームの機能で実現してより信頼性のあるデータの送受信を実現する提案がされています。

## A.2.3 キーアノテーション

Redisではデータベース内のデータを、キーに対して、一意に特定される各種データ型や機能の値のペアで構成されるべきものと考えています。2.1.3でも取り上げましたが、Redisから提供されるデータ型や機能を活用して、キーどうしでは関係性を持たないことを想定しています。しかしながら、実際の現場においては、異なるキーどうしに関係性を持たせてデータを管理しているところも多くあります。

RDBMSではパフォーマンスや柔軟性とトレードオフで、スキーマやビュー、トリガーやそのほかの構造を利用して処理を実現しています。

一方でRedisはRDBMSとは異なる形で進化を遂げてきたため、違う方法で同様の問題を解決しようとしました。キーアノテーションの機能です。

事前に設定ファイルやコマンドの実行によりパターンファイルを定義しておき、そのパターンを満たすキーを実行する際には即座にアクションのトリガーを実行します。たとえば、ユーザーとその友達関係を管理するデータセットに対してあるユーザーを削除したときに、その友達からも削除されたユーザー情報を同時に削除するといった利用に活用できます。

## A.2.4 Redisクラスターの改良

Redisは3.0以降、Redisクラスターが利用できるようになりました。このRedisクラスターの、バー

*28 https://github.com/redis/redis/issues/8372

*29 https://github.com/alibaba/TairHash

ジョン2として機能改良したものが新たにリリースされる予定です*30。

### 小型クラスターでのフェイルオーバー

Redisクラスターでは現状複数のシャードがある場合に、フェイルオーバーの際の新しいマスターの選出に過半数以上のマスターが正常に動作することを前提としています。レプリカは関与しません。

そのため、シャードが1つのような小さいクラスターでは、フェイルオーバー活用できません。この状況に対して、レプリカもこの新しいマスターの選出に加わるような提案がされています。

現状、OSS版のRedisのレプリケーションには自動フェイルオーバー機能がありません。このためにRedisクラスターとRedis Sentinelの選択肢があります。高可用性のためにクラスターバスの機能のみで実現することによる、Redis Sentinelからの置き換えの提案がされています。

### Redisクラスターのクライアント依存の軽減

現状Redisクラスターはクラスターの構成を把握するために、クライアント側のロジックに大きくしています。Redisクラスターは、クライアントがRedisクラスター機能に対応することを要求します。このため、クライアント間で対応状況のばらつきがありました。

この対策として、クライアントからのリクエストを目的のキャッシュノードにプロキシすることで、クライアント側の処理を簡素化する提案がされています。

*30 https://github.com/redis/redis/issues/8948

## おわりに

Redisは登場から10年以上の月日が経ち、利用実績もたいへん多くなってきています。今現在も開発はアクティブに行われ、Redis 6ではACLやTLSの機能など大幅な機能追加が行われています。2022年にはバージョン7がGAになり、Redis Functionsをはじめ、Sharded Pub/SubやACL、AOFの機能強化、50以上のコマンド追加等がされました。今後も機能追加および改善等が予定されており、今もなお進化を続けています。

この本はRedis初心者から上級者まで幅広い読者、多様なニーズを想定して書きました。筆者がこれまで実際に得てきた知見や、よく間違えがちなミスやそれによるサービスへの影響、頻繁に相談を受けるポイントなどのエッセンスを盛り込んで執筆しました。読者の皆様の現場でも役に立つであろう実践的な知識を、可能な限りお伝えできるよう努めました。

読者に実りがあれば幸いです。

## 謝辞

本書の執筆にあたって、多くの方に協力していただきました。

レビューに参加していただいた、大橋勇人さん、邵正さん、堤勇人さん、坪和樹さん、程 紀嘉さん、成田俊さん、羽賀亮太さん、渡邉亮藏さん（順不同）から、お忙しい中で有益なコメントをたくさんいただきました。大変ありがとうございました。ほかにも様々なかたに協力していただきました。

本書の出版に尽力していただいた技術評論社の野田大貴さんに感謝します。おかげさまで本書が魅力的なものになり、野田さんの編集に感銘を受けています。

株式会社Green Cherryの山本宗宏さんには組版でお世話になりました。最後に、執筆を進めることができたのは、妻の協力があってこそです。心から感謝します。

# 参考文献

本書で参照したリンクやRedisを扱う上で役に立つリンクを記載します。詳細は、1.5.3や各章中でリンクされている内容を確認してください。


- **Redis** https://redis.io
- **GitHub - redis/redis** https://github.com/redis/redis
- **Try Redis** http://try.redis.io
- **Redis** https://redis.com
- **The Home of Redis Developers** https://developer.redis.com
- **Redis Launchpad** https://launchpad.redis.com
- **Redis Discord server** https://discord.com/invite/redis
- **Redis Community Forum** https://forum.redis.com
- **Redis DB - Google Groups** https://groups.google.com/forum/#!forum/redis-db
- **Redis News Feed** https://twitter.com/redisfeed
- **antirez** http://antirez.com（**旧antirezブログ： antirez weblog** http://oldblog.antirez.com）

# 索引

## 記号・数字



## A



## B



## C



## D



## E



## F

## M



## N



## O



## P



## R

## Z



## あ



## か

## さ



## た



## な



## は

## ま



## や



## ら

**■著者プロフィール**

**林 昌吾**（はやし しょうご）

Amazon　EMR開発チーム、システム開発エンジニア。2017年にAWSにジョイン。5年間AWSサポートにて技術支援を担当。
Redis/Memcachedやロードバランサーの複数の分野で社内エキスパートとして従事。社内のグローバルからのエスカレーションを受けながら開発チームとの間に立ってトラブルシューティング対応などの業務に取り組む。2022年より現職にて、Amazon EMRのリリース周りのコンポーネント開発などの業務に取り組む。

**●本書サポートページ**

https://gihyo.jp/book/2022/978-4-297-13142-5
本書記載の情報の修正／補足については、当該Webページで行います。

**●装丁デザイン**：西岡裕二
**●本文デザイン**：西岡裕二、山本宗宏（株式会社Green Cherry）
**●作図**：酒徳葉子
**●編集**：野田大貴

**実践《じっせん》Redis《レディス》入門《にゅうもん》**
**技術《ぎじゅつ》の仕組《しく》みから現場《げんば》の活用《かつよう》まで**

2022年12月22日　初　版　第1刷発行

著　者　林 昌吾《はやししょうご》
発行者　片岡 巌
発行所　株式会社技術評論社
　　　　東京都新宿区市谷左内町21-13
　　　　TEL：03-3513-6150　販売促進部
　　　　TEL：03-3513-6177　雑誌編集部
印刷／製本　昭和情報プロセス株式会社


ISBN978-4-297-13142-5　C3055
Printed in Japan

**■お問い合わせについて**
本書の内容に関するご質問は記載内容についてのみとさせていただきます。本書の内容以外のご質問には一切応じられませんのであらかじめご了承ください。なお、お電話でのご質問は受け付けておりませんので、書面または小社Webサイトのお問い合わせフォームをご利用ください。
情報は回答にのみ利用します。

〒162-0846
東京都新宿区市谷左内町21-13
㈱技術評論社　雑誌編集部
「実践Redis入門 技術の仕組みから現場の活用まで」質問係
FAX：03-3513-6173
URL：https://gihyo.jp/book/2022/978-4-297-13142-5